“十二五”国家重点图书出版规划项目

海河流域水循环演变机理与水资源高效利用丛书

蒸散发尺度效应与时空尺度拓展

许 迪　刘 钰　杨大文　张宝忠 等 著

科 学 出 版 社

北 京

内容简介

本书以973计划课题和国家自然科学基金项目研究成果为基础，围绕蒸散发尺度效应与时空尺度拓展，系统构建和阐述相关方法与模型及其应用案例。第1章为绪论。全书主要内容分为上、下两篇，第2~8章主要阐述不同尺度蒸散发观测和估算方法，描述不同尺度蒸散发变化规律及其尺度效应，对比分析蒸散发时间尺度拓展方法，构建蒸散发空间尺度提升与转换方法，开展区域（灌区）尺度蒸散发估算模型研究；第9~12章以华北地区为背景，基于蒸散发尺度效应，借助相关模型开展不同空间尺度下的农业用水效率与效益评价。

本书可供水文学、农田水利、水资源管理等学科的科学技术人员、教师和管理人员参考，也可作为相关专业研究生与本科生的学习参考书。

图书在版编目(CIP)数据

蒸散发尺度效应与时空尺度拓展／许迪等著.—北京：科学出版社，2015.8

(海河流域水循环演变机理与水资源高效利用丛书)

“十二五”国家重点图书出版规划项目

ISBN 978-7-03-041611-7

Ⅰ.蒸…　Ⅱ.许…　Ⅲ.农业资源-水资源-效用分析-研究　Ⅳ.S279

中国版本图书馆CIP数据核字（2014）第184199号

责任编辑：李　敏　张　菊／责任校对：邹慧卿

责任印制：肖　兴／封面设计：王　浩

科学出版社 出版

北京东黄城根北街16号

邮政编码：100717

http://www.sciencep.com

中国科学院印刷厂 印刷

科学出版社发行　各地新华书店经销

*

2015年8月第　一　版　开本：787×1092　1/16

2015年8月第一次印刷　印张：31 1/2　插页：2

字数：1 100 000

定价：288.00元

（如有印装质量问题，我社负责调换）

总　　序

流域水循环是水资源形成、演化的客观基础，也是水环境与生态系统演化的主导驱动因子。水资源问题不论其表现形式如何，都可以归结为流域水循环分项过程或其伴生过程演变导致的失衡问题；为解决水资源问题开展的各类水事活动，本质上均是针对流域“自然–社会”二元水循环分项或其伴生过程实施的基于目标导向的人工调控行为。现代环境下，受人类活动和气候变化的综合作用与影响，流域水循环朝着更加剧烈和复杂的方向演变，致使许多国家和地区面临着更加突出的水短缺、水污染和生态退化问题。揭示变化环境下的流域水循环演变机理并发现演变规律，寻找以水资源高效利用为核心的水循环多维均衡调控路径，是解决复杂水资源问题的科学基础，也是当前水文、水资源领域重大的前沿基础科学命题。

受人口规模、经济社会发展压力和水资源本底条件的影响，中国是世界上水循环演变最剧烈、水资源问题最突出的国家之一，其中又以海河流域最为严重和典型。海河流域人均径流性水资源居全国十大一级流域之末，流域内人口稠密、生产发达，经济社会需水模数居全国前列，流域水资源衰减问题十分突出，不同行业用水竞争激烈，环境容量与排污量矛盾尖锐，水资源短缺、水环境污染和水生态退化问题极其严重。为建立人类活动干扰下的流域水循环演化基础认知模式，揭示流域水循环及其伴生过程演变机理与规律，从而为流域治水和生态环境保护实践提供基础科技支撑，2006 年科学技术部批准设立了国家重点基础研究发展计划（973 计划）项目“海河流域水循环演变机理与水资源高效利用”（编号：2006CB403400）。项目下设 8 个课题，力图建立起人类活动密集缺水区流域二元水循环演化的基础理论，认知流域水循环及其伴生的水化学、水生态过程演化的机理，构建流域水循环及其伴生过程的综合模型系统，揭示流域水资源、水生态与水环境演变的客观规律，继而在科学评价流域资源利用效率的基础上，提出城市和农业水资源高效利用与流域水循环整体调控的标准与模式，为强人类活动严重缺水流域的水循环演变认知与调控奠定科学基础，增强中国缺水地区水安全保障的基础科学支持能力。

通过 5 年的联合攻关，项目取得了 6 方面的主要成果：一是揭示了强人类活动影响下的流域水循环与水资源演变机理；二是辨析了与水循环伴生的流域水化学与生态过程演化的原理和驱动机制；三是创新形成了流域“自然–社会”二元水循环及其伴生过程的综合模拟与预测技术；四是发现了变化环境下的海河流域水资源与生态环境演化规律；五是明晰了海河流域多尺度城市与农业高效用水的机理与路径；六是构建了海河流域水循环多维临界整体调控理论、阈值与模式。项目在2010年顺利通过科学技术部的验收，且在同批验收的资源环境领域973计划项目中位居前列。目前该项目的部分成果已获得了多项省部级科技进步奖一等奖。总体来看，在项目实施过程中和项目完成后的近一年时间内，许多成果已经在国家和地方重大治水实践中得到了很好的应用，为流域水资源管理与生态环境治理提供了基础支撑，所蕴藏的生态环境和经济社会效益开始逐步显露；同时项目的实施在促进中国水循环模拟与调控基础研究的发展以及提升中国水科学研究的国际地位等方面也发挥了重要的作用和积极的影响。

本项目部分研究成果已通过科技论文的形式进行了一定程度的传播，为将项目研究成果进行全面、系统和集中展示，项目专家组决定以各个课题为单元，将取得的主要成果集结成为丛书，陆续出版，以更好地实现研究成果和科学知识的社会共享，同时也期望能够得到来自各方的指正和交流。

最后特别要说的是，本项目从设立到实施，得到了科学技术部、水利部等有关部门以及众多不同领域专家的悉心关怀和大力支持，项目所取得的每一点进展、每一项成果与之都是密不可分的，借此机会向给予我们诸多帮助的部门和专家表达最诚挚的感谢。

是为序。

海河973计划项目首席科学家

流域水循环模拟与调控国家重点实验室主任

中国工程院院士

2011年10月10日

前　言

蒸腾蒸发（简称蒸散发，ET）作为区域水量平衡和能量平衡的主要成分，不仅在水循环和能量循环过程中占有极其重要的地位，也是生态过程与水文过程之间的重要纽带。开展以蒸散发为核心的水资源管理研究，对实现区域社会人水和谐发展具有重要意义和作用。

近年来，虽然蒸散发测定技术与方法不断发展和完善，但对蒸散发尺度效应的模糊认识，仍严重阻碍着人们对不同尺度下水量和能量的平衡特征及其关系的深入理解。其中，大尺度的蒸散发量并非是小尺度值的简单叠加，而小尺度的蒸散发量也不能通过点与点之间的线性插值或从大尺度值分解得到，不同尺度的蒸散发量之间存在复杂的非线性关系。以往人们对蒸散发的研究多集中在田间以下小尺度上，但在实际应用中，农田以上尺度的蒸散发量对评价农业用水效率与效益以及指导科学灌溉管理具有更为重要的价值。为此，亟待在客观描述蒸散发的空间异质性和时间变异性的基础上，构建不同尺度蒸散发扩展与提升方法，建立不同尺度蒸散发估算模型，这已成为全面了解农业生态系统信息资源的有效手段和核心内容，也成为贯穿农业用水效率与效益评价的基础性科学命题。

近年来，针对蒸散发尺度效应与时空尺度拓展问题，本书作者开展了大量相关研究工作。2006 ~2010 年，依托 973 计划课题“基于水循环的水资源利用效用评价基础理论与方法（2006CB403405）”，开展了“基于蒸散发尺度效应的水资源利用效率评价理论与方法”和“湿地耗水规律及水资源利用效率评价理论与方法”等研究，并在 2010 ~2013 年完成了多个国家自然科学基金项目，包括“农田变化环境下作物蒸散发时空变异及尺度转换效应研究（50909098）”、“农业用水效用评价方法及其尺度效用研究（50909099）”、“农田蒸散发时空尺度耦合与转换方法研究（51009151）”、“基于耦合互补相关和 Penman（Budyko）假设的蒸散发理论与应用研究（50909097）”和“基于水分与能量耦合循环机理的灌区分布式水文模型研究（50679029）”等。以这些研究项目和课题为支撑，系统开展了野外观测、数据分析、理论探讨、模型构建、典型区验证和应用等大量室内外研究，采用试验观测与理论分析相结合的方法，揭示了蒸散发的尺度效应，构建了蒸散发时空尺度扩展与提升方法，建立了不同尺度的蒸散发估算模型，开展了基于蒸散发尺度效应的农业用水效率与效益评价研究，取得的主要创新性成果如下。

1）揭示并阐析了华北地区主要农作物生长期蒸散发的尺度变异规律与变化趋势，科学辨识出影响蒸散发尺度效应的各类主控因子，为实现蒸散发时空尺度扩展与提升以及合理评价农业用水效率与效益奠定了可靠的基础。

基于华北地区蒸散发长期定位观测试验，刻画了冬小麦和夏玉米作物生长期内的蒸散发尺度效应，阐析了蒸散发尺度效应随陆地下垫面状况差异呈现出的变异演化规律，揭示了作物充分供水条件下微观尺度叶片蒸腾量较大、田块尺度蒸散发量次之、农田尺度蒸散发量相对最小的蒸散发尺度效应变化趋势，量化了冬小麦和夏玉米相邻尺度蒸散发量间的差异，指出冬小麦（夏玉米）典型日的田块尺度要比叶片尺度以及农田尺度要比田块尺度的蒸散发量分别小 20.0% ~40.8%（25.5% ~39.8%）和 17.3% ~49.8%（4.3% ~13.3%），整个生育期的农田平均蒸散发量要比田块尺度小 11.9% ~30.5%（10.0% ~16.3%）；基于通径分析原理与方法，定量辨识出影响蒸散发尺度效应的各类主控因子，指出气象因子主要是净辐射、饱和水汽压差和气温，而作物因子则主要为叶面积指数或作物株高，且不同空间尺度下作物各生育时段的蒸散发量对主控因子的响应程度有所差异。

2）分析评价了从瞬时到日和从日到全生育期的蒸散发时间尺度扩展方法在华北地区的适用性，建立了基于非线性插值修正函数的蒸散发全生育期时间尺度扩展方法，为基于瞬时遥感蒸散发数据估算日和全生育期蒸散发量提供了时间扩展方法。

以华北地区冬小麦和夏玉米作物为主要对象，系统分析和评价了从瞬时蒸散发到日蒸散发以及从日蒸散发到全生育期蒸散发的两类不同时间尺度扩展方法的区域适用性，建立的基于非线性插值修正函数的蒸散发全生育期时间尺度扩展方法提高了估值精度，指出基于作物系数法、改进的作物系数法和改进的蒸发比法，以中午或下午整点时刻的蒸散发瞬时值开展日时间尺度扩展的效果较好，与当日内基于其他时刻的模拟结果相比，日蒸散发估值精度可提高 3% ~20%，而基于作物系数法的蒸散发全生育期时间尺度扩展效果要优于其他方法，且估值精度与典型日是否具有代表性密切相关。

3）建立了冬小麦和夏玉米作物从叶片气孔导度到冠层导度的半理论空间尺度提升模型，创建了基于权重积分法的阴阳叶冠层导度提升模型，为蒸散发从叶片向田块和农田尺度的空间提升提供了有效方法。

根据冬小麦和夏玉米作物的叶片气孔导度对光合有效辐射、饱和水汽压差、气温等环境要素的非线性响应特征，建立了从叶片气孔导度到冠层导度的半理论尺度提升模型，较好地诠释了田块和农田尺度蒸散发的空间变化规律及其特点；针对作物阴阳叶截获光合有效辐射存在明显差异的事实，在对阴叶气孔导度实施积分运算的基础上，创建了基于权重积分法的阴阳叶冠层导度尺度提升模型，明显降低了现有权重法对阴叶截获的辐射值做均一化处理所产生的估算误差，使冠层导度和蒸散发估值精度分别提高 7.8% 和 7.1%，有效改善了农田尺度蒸散发估算效果。

4）建立了适用于任意时间尺度的水热耦合平衡方程，构建了基于蒸散发互补相关理论的非线性函数模型，统一了蒸散发研究中对实际与潜在蒸散发之间关系的认识，发展和丰富了水热耦合平衡原理和蒸散发互补相关理论的内容。

从土壤—植被—大气系统中陆面和近地面大气两个子系统出发，分别构建了适用于任意时间尺度的水热耦合平衡方程和蒸散发互补相关非线性函数模型，前者从理论上对 Budyko 假设和 Penman 假设进行了统一阐释，后者则在理论上基于空气动力学项和辐射项的影响作用，分析了不同气候和不同时间尺度下实际与潜在蒸散发之间相关关系的变化规律及其趋势，即日内小时时间尺度下一般呈正相关性，与气候条件无关，且主要受辐射项影响较大，而对日或年时间尺度而言，湿润气候下多呈正相关性，干燥条件下多呈负相关性，且主要受空气动力学项影响较大；阐析了干旱半干旱地区实际蒸散发与潜在蒸散发和土壤水分、降水及灌溉间的定量关系，揭示了灌溉既影响灌区陆面水分供给又影响区域耗水需求的机制，发现受长期灌溉影响我国多年平均降水量小于400mm 地区的潜在蒸散发量年均下降 1. 94mm，而未受灌溉影响的同类地区年均潜在蒸散发量仅下降 0. 61mm，因长期灌溉引起的局地小气候变化似乎明显加快了我国干旱半干旱地区潜在蒸散发量下降的速度。

5）提出了基于蒸散发尺度效应的农业用水效率与效益综合评价方法及其评价指标体系，模拟评价了不同空间尺度的水分利用效率变化规律，为农业高效用水提供了综合评估方法。

基于蒸散发尺度效应，提出了农业用水效率与效益综合评价方法，建立了相应的评价指标体系，以区域（灌区）尺度水循环模型和经济价值评估模型为纽带，将农业用水效率评价和效益价值评估有机连接，实现了农业用水效率与效益的统一评价；基于建立的水动力学模型、生态水文模型、水循环模型等，模拟评价了不同空间尺度下水分利用效率的变化规律，探讨了未来全球气候变化情景下不同灌溉情景对作物生长、灌溉水量、产量和水分利用效率等的定量影响。

全书共分 12 章，第 1 章综述蒸散发尺度效应与时空尺度拓展以及农业用水效率与效益评价的研究现状及其发展趋势；第 2 ~8 章为上篇，主要阐述蒸散发尺度效应与时空尺度扩展及提升；第 9 ~12 章为下篇，主要介绍基于蒸散发尺度效应的农业用水效率与效益评价案例。

全书由参加上述 973 计划课题和国家自然科学基金项目的科研人员，按照章节内容分工合作撰写，参编者分别来自中国水利水电科学研究院、清华大学、中国农业大学和大连理工大学，负责和参与各章撰写的人员如下。

第 1 章，张宝忠、雷波、许迪、刘钰；
第 2 章，蔡甲冰、彭致功、陈鹤、黄权中、许士国、许迪；
第 3 章，张宝忠、蔡甲冰、雷慧闽、黄权中、许士国、许迪；
第 4 章，陈鹤、雷慧闽、张宝忠、刘钰、许迪；
第 5 章，张宝忠、陈鹤、王建东、许迪、刘钰；
第 6 章，张宝忠、蔡甲冰、魏征、张彦群、许迪、刘钰；
第 7 章，杨汉波、杨大文、韩松俊；
第 8 章，韩松俊、胡和平、许迪、杨大文；
第 9 章，黄权中、黄冠华、刘钰、许迪；
第 10 章，雷慧闽、陈鹤、杨大文；
第 11 章，雷波、王蕾、彭致功、杜丽娟、刘钰、许迪；
第 12 章，马涛、许士国。

全书由许迪、刘钰、杨大文负责各章修改和审定，许迪完成统稿。

除上述编写人员外，先后参加研究工作的人员还有中国水利水电科学研究院刘国水、赵娜娜、白美健等；清华大学易永红等；中国农业大学徐旭、王相平等。在完成项目研究过程中，得到了973计划项目“海河流域水循环演变机理与水资源高效利用”负责人王浩院士的指导和其他课题组成员的帮助。此外，在田间试验观测和数据收集工作中，还得到北京大兴区和通州区水务局及试验站、山东位山灌区管理局、河北白洋淀地区水务局等单位的大力协助，在此一并感谢。

由于研究水平所限，本书仅对蒸散发尺度效应与时空尺度拓展方法等相关内容进行了探讨，理论分析尚不够全面，对基于蒸散发尺度效应的农业用水效率与效益评价方法的研究也还处于探索阶段，书中难免存在不足和疏漏之处，恳请同行专家批评指正，不吝赐教。

作　者

2014年12月

目　　录

上篇　蒸散发尺度效应与时空尺度扩展及提升

下篇　基于蒸散发尺度效应的农业用水效率与效益评价

第1章　绪　论

在当今世界面临的人口、资源、环境三大问题中，水资源短缺是首要问题之一。由于我国水资源时空分布不均，水土资源布局不相匹配，我国西北、华北和东北部分地区的水资源供需矛盾十分尖锐，而南方部分地区也出现了严重的季节性和水质性缺水问题，农业领域首当其冲。为此，解决或有效缓解农业水资源短缺问题的根本出路在于强化农业水管理发展策略与对策，采用高效节水的水资源利用模式与方法，大幅度提高农业用水效率（许迪等，2010a）。

蒸腾与蒸发（简称蒸散发，ET）作为区域水量平衡和能量平衡的主要组分，不仅在水循环和能量循环过程中起着极其重要的作用，也是连接生态过程与水文过程的重要纽带，更是有效评价农业用水效率的重要基础和关键环节。开展以ET为核心的农业水管理研究，对推动区域社会人水和谐发展具有重要意义。随着对ET测定和估算方法的不断改进与完善，人们发现ET尺度效应正极大地影响着人们对不同时空尺度水量平衡和能量平衡过程的认识。其中，大尺度下的ET并非是小尺度ET值的简单叠加，而小尺度下的ET也不能通过简单的插值或分解得到，两个尺度ET之间存在着复杂的非线性关系。以往人们对ET的研究多集中在田间小尺度，但在实际应用中，区域耗水量的动态变化及其分布对农业水资源配置和灌溉管理具有更重要的价值。因此，监测不同尺度下的ET、客观描述其空间异质性和时间变异性、构建不同时空尺度间的定量转换模型已成为全面了解农业生态系统信息资源的有效手段和核心内容，也成为贯穿农业用水效率评价的基础性科学问题。

ET多时空尺度耦合关系的缺乏会导致人们对农业用水效率评价的片面性，导致灌溉制度确定的不科学性。近年来，国内外不少学者开展了相关研究，但尚未取得突破性进展，这主要是由于一方面ET过程及农业用水效率是涉及作物、气象、土壤等众多因子的复杂异质性系统，有限的财力和资源使得对大多数因子的测定往往被局限在短时间、小范围内，可利用的典型实测值严重不足；另一方面则由于农业用水效率与空间异质性及可重复利用的水量之间关系密切，人们对多时空尺度下的农业用水效率分异规律及其影响机理尚不明晰。

要实现农业高效用水的目标，正确认识农业用水效率与效益的内涵和外延十分必要，而ET作为农田系统水量平衡和能量平衡的最主要组分，具有明显的时空尺度效应。为此，要想科学合理地全面评价农业用水效率与效益就离不开ET尺度效应分析。从ET时空尺度效应的视角出发，构建农业用水效率与效益评价体系，对提高农业水资源管理利用水平具有重要的意义和作用。

1.1 蒸散发测定和估算研究现状与发展趋势

国外对 ET 的研究已有 200 多年历史，取得了一系列成果。在 1802 年提出了综合考虑风、空气温度、湿度对蒸发影响的道尔顿（Dalton）蒸发定律后，蒸发理论计算才有了明确的物理意义，该定律对近代蒸发理论的创立起到决定性作用。1926 年，Bowen 从能量平衡原理出发，提出计算 ET 的波文比能量平衡法（Bowen，1926）。1939 年，Thornthwaite 和 Holzman 利用近地面边界层相似理论，建立了计算 ET 的空气动力学方法（Thornthwaite and Holzman，1939）。1948 年，Penman 和 Thornthwaite 同时提出“蒸发力”的概念及其相应计算公式（Penman，1948；Thornthwaite，1948）。1951 年，Swinbank 提出采用涡度相关法计算各种湍流通量（Swinbank，1951）。20 世纪 50 年代，苏联学者提出大区域平均蒸发量的气候学估算公式及其水量平衡法（司建华等，2005）。1965 年，Monteith 在研究下垫面 ET 时引入冠层阻力的概念，导出了著名的 Penman-Monteith 公式（简称 P-M 公式），为非饱和下垫面的 ET 研究开辟了新的途径（Monteith，1965）。20 世纪 70 年代末，Hillel 等（1980）从土壤水运动规律出发，结合土壤物理学原理确定蒸发量，开辟了蒸发计算领域的另一重要分支。1966 年，Philip 提出较完整的土壤—植被—大气连续系统（SPAC）的概念，将土壤—植被—大气系统视为一个连续、动态的复杂反馈系统进行深入研究，克服了利用传统方法存在的缺陷，在理论上是继 Monteith 之后 ET 计算领域的又一重大突破（Philip，1966）。20 世纪 70 年代初以来，遥感技术被应用在区域 ET 测定方面（司建华等，2005）。目前，在叶片、单株、田块、农田和区域（灌区）等不同尺度上测定和估算 ET 的方法较多，初步形成不同时空尺度 ET 监测和估算的理论构架及方法体系。

1.1.1 ET 测定方法

ET 实测是开展多时空尺度模拟的基础，随着科学技术的迅猛发展和学科之间的相互渗透，各种新的 ET 测定方法不断涌现并显现出其独特的优越性。与此同时，一些经典的 ET 测定方法也不断得到改进和完善，一大批先进的仪器设备在科研和实践中孕育和诞生，使得 ET 观测的高精度和自动化成为可能，在大大提高观测结果可靠性和工作效率的同时，有效节约了人力物力（屈艳萍等，2006）。

ET 测定方法主要包括叶片水平上的光合作用仪法；单株水平上的热技术法（热平衡法、热扩散法和热脉冲法）；田块和农田尺度上的蒸渗仪（测坑）法、水量平衡法、涡度协方差法、波文比能量平衡法；区域（灌区）尺度上的大孔径激光闪烁仪法、遥感法和水量平衡法等，各种 ET 测定方法的区别见表 1-1。

表 1-1　各种 ET 测定方法的区别

尺度范围	测定方法	测定类型	测定结果
叶片	光合作用仪法	直接测定	蒸腾
单株	热技术法	直接测定	蒸腾
田块和农田	蒸渗仪（测坑）法	直接测定	蒸腾+蒸发
	涡度协方差法	直接测定	蒸腾+蒸发
	波文比能量平衡法	间接测定	蒸腾+蒸发
	水量平衡法	间接测定	蒸腾+蒸发
区域（灌区）	大孔径激光闪烁仪法	间接测定	蒸腾+蒸发
	遥感法	间接测定	蒸腾+蒸发
	水量平衡法	间接测定	蒸腾+蒸发

1.1.1.1　光合作用仪法

研究植物生理生态特性可从生理机制上探讨植物物质代谢、能量流动以及植物在不同环境条件下的适应性，光合作用仪作为一种典型的测定植物叶片蒸腾的仪器，大约在 20 世纪 50 年代就开始有小规模的商业产品问世，并逐步形成规模化生产。目前，光合作用仪已被广泛应用于研究植物叶片蒸腾与光合作用的动态变化规律（Peng et al.，2007）、植物对变化环境（光、温、水、气、营养等）的生理生态响应机制（Irmak et al.，2008；Maruyama and Kuwagata，2008），以及植物生长过程动态模拟（Friend，1995；Müller et al.，2014）等，由于能够从植物生理机制上解释许多问题，因而该仪器得到了日益广泛的重视与应用。

1.1.1.2　热技术法

热技术法（热平衡法、热扩散法和热脉冲法）是指在树木自然生长状态下，测量树干木质部上升液流流动速率及流量，从而间接确定树冠蒸腾耗水量。

热脉冲法最早由德国科学家 Huber（1932）用于测量单株树木的木质部树液流速，首开该技术用于植物水分生理研究之先河。Edwards 和 Warwick（1984）将 Huber 的热脉冲补偿系统、Marshall 的流速流量转换分析及 Swanson 的损伤分析综合起来，提出了较为完整的热脉冲理论与技术，并研制出与之配套的热脉冲速度记录仪。Hatton 等（1990）在加权平均法的基础上，对椭圆形树干液流速度的校正进行了论述，以减小计算误差。在此基础上，热脉冲速度用于估测植株尺度蒸腾速率的有效性在大量树种中得到了证实，该法被称为“最美妙的测定方法”（Tyree and Zimmermann，1983）。

1.1.1.3　蒸渗仪（测坑）法

蒸渗仪（测坑）法就是将蒸渗仪（装有土壤和植物的容器）埋设于自然土壤中，通过对土壤水分进行调控有效模拟实际的 ET 过程，再通过对蒸渗仪自身的称量，即可得到蒸散发量。该法的优点是能够直接测定 ET 的动态变化过程，测定时间步长从几分钟到几小时，测定精度可达0.01～0.02mm，缺点是测定数据可能缺乏代表性，仅为田间特定地点处的数值，此外，安装的蒸渗仪设备可能会限制植物根系生长，不宜用于高大植物，且仪器与作物间会产生热流交换（Rana and Katerji，2000）。因此，该法在使用过程中要注意样地的代表性并保持表面的连续性，避免平流效应的影响，尽量降低“绿岛效应”导致的测定误差（Brutsaert，1982；刘昌明和王会肖，1999）。

1.1.1.4 涡度协方差法

涡度协方差法是基于涡度相关理论，通过直接测定和计算下垫面潜热和显热的湍流脉动值而求得下垫面的蒸散发量，是一种直接测定方法。1895年雷诺建立了雷诺分解法，初步形成了涡度协方差的理论框架。Scrase（1930）在记录垂直方向风速分量和水平分量成正比的信号时，首次将涡度协方差技术用于计算水平动量的垂直涡度通量。Swinbank于1955年着重研究了测量显热和潜热的涡度相关技术。20世纪50年代，随着数字计算机、快速响应的风速仪和温度计的研制成功，涡度协方差理论开始转化为实践应用。但当时的涡度协方差系统只能用于大气边界层结构、动量和热量传输方面的研究（于贵瑞和孙晓敏，2006）。直到20世纪70年代末80年代初，商用的超声风速仪和快速响应湿度计的出现，才极大地促进了涡度协方差水汽观测的实践进程，应用该技术对矮秆植被的ET进行监测。90年代中期，高精度的CO_2-H_2O红外分析仪研制成功，实现了水汽和CO_2通量的同步监测，这是涡度协方差技术上的一次重大突破与创新。

涡度协方差法的理论假设少，精度高，被认为是测定ET的标准方法，即可对ET实施长期、连续和非破坏的定点监测，也可在短期内获取大量高时间分辨率的ET与环境变化信息。但该法要求有足够大而平坦且均一的下垫面，需要进行平流校正，且夜间的观测结果误差较大（李思恩等，2008）。此外，涡度协方差法测定ET存在能量不闭合及低估现象（Wilson et al.，2002），需根据当地实际特点选取数据校正与插补方法，计算工作较为复杂。由于涡度协方差法属于直接测定技术，故不能解释ET的物理过程和影响机制。

对涡度协方差法的研究主要集中在方法对比和适用性分析（Pauwels and Samson，2006）、下垫面ET估算及影响因素分析等（Anthoni et al.，1999）。尽管对涡度协方差法在观测理论与技术、水循环及环境控制机理等研究方面取得了丰硕成果，但在实际应用中，仍存在很多不完善和有待提高之处：①对仪器系统精确探头的进一步研制与改进，以提高探头的分辨率和对各种天气环境的适应性；②进一步研究该法在各种气象和地形条件下的通量观测精度，建立较为完善的数据校正模型；③通量贡献区域在空间上的分布受很多因素影响，目前尚无完善的理论，需深入探索水汽源区的空间分布规律，这对解释观测的代表性以及校正数据系列等具有重要意义；④不应单纯地观测辐射、大气温（湿）度、土壤通量和水分状况，还应同时对作物生理生态特性指标（如液流、基径、果实等）和土壤特性指标（如土壤盐分、养分等）作同步动态监测，以便建立起比较完善的土壤—植被—大气系统之间物质流和能量流的动态耦合关系。

1.1.1.5 波文比能量平衡法

波文比能量平衡法作为一种微气象方法，其理论基础是地面能量平衡方程与近地层梯度扩散理论。该法的物理概念明确、所需实测参数少、计算相对简便，无需知道空气动力学特性方面的信息，并能估算大面积（约1000 m^2）和小时间尺度（不足1min）的潜热通量（Ibanez and Castellvi，2000）。通常情况下，该法的测量精度较高（Angus and Watts，1984；Rana and Katerji，1996），常可作为检验其他ET测定方法的判别标准。其最大优点是可以分析ET对太阳辐射、大气温（湿）度等环境因子的响应关系，并能揭示出不同地带条件下的ET特点（孙鹏森和马履一，2002）。

波文比能量平衡法的缺点是热量和水汽湍流交换系数相等的假定将该方程的有效使用区域局限于均质下垫面，当空气温（湿）度铅直廓线非相似时，显热与潜热湍流交换系数的非等同性将导致该法的观测精度下降。在夜间和早晚时段，或由于空气温（湿）度铅直廓线的非相似性，或由于净辐射和土壤热通量的差值很小甚至出现负值，或由于ET速率很小，导致波文比能量平衡法的误差较大。尤其是在实测温（湿）度的差值小于或等于仪器传感器精度时，采用该法常出现较大误差。除此之外，平流作用也会造成该法的重大误差，为了提高测量精度，需将观测点布置在水平均一的田块中，并保证足够的风浪区长度。

自Bowen于1926年提出波文比能量平衡法以来，有关学者已对其适用性和观测精度进行了大量评价，并运用该法监测各种生态系统的水热通量、确定蒸散发量、计算作物系数、调查植被水分关系等（司建华等，2005）。

1.1.1.6　水量平衡法

水量平衡法是测定ET的最基本方法，其通过计算区域内水量的收支差额来推求ET，即将下垫面的ET作为水量平衡方程中的余项求取，属于间接测定方法。该法的优点是适用范围广，测量空间尺度可小至几平方米，大至几十平方千米，非均匀下垫面和任何天气条件下都可应用（魏天兴和朱金兆，1999），不受微气象方法中许多条件的限制（左大康和谢贤群，1991），最适合下垫面不均一、土地利用状况复杂下的大面积ET测定。只要能弄清计算区域边界范围内外的水分交换量和取得足够精确的水量平衡各分量测定值，就可以得到较为准确的蒸散发总量，可用来对其他测定或估算方法进行检验或校核。

水量平衡法的缺点是不能解释ET的动态变化过程，无法阐明控制和影响ET的各类因子的作用，故反映不出植被的生理生态特性，也不能在短期内获得可靠的蒸散发量，而只能给出长时段（一般为1周以上）的蒸散发总量。只有在水量平衡各分量（特别是土壤含水率）得到准确测定的基础上，水量平衡法才具有较高精度。此外，若深层渗漏或径流量较大，水量平衡法的使用也会受到较大限制（张和喜等，2006）。

1.1.1.7　大孔径激光闪烁仪法

大孔径激光闪烁仪（LAS）是可观测千米级像元尺度显热通量的仪器。LAS仪通过一套信号发射器和信号接收器测定空气折射系数，并结合大气资料和地表参数估算显热通量，通过能量平衡方程，最终获得像元尺度上的潜热通量（即ET）。由于LAS仪不能直接测定潜热通量，故测量精度会受到输入参数精度的影响，如波文比、零平面位移等。针对

LAS 仪的 ET 测量和估算工作已逐渐展开（卢俐等，2009；徐自为等，2010）。其中，朱治林等（2010）通过对比 LAS 仪和涡度协方差系统的 ET 实测值发现，二者观测值总体相关关系较好，且日 ET 变化规律一致，说明基于 LAS 仪测量的显热通量基本可行，但当下垫面为非均匀状态时，二者间的偏差较大。波文比、零平面位移等输入参数的精度也会影响 LAS 的输出结果。Tang 等（2011）基于 LAS 仪实测的冬小麦和夏玉米 ET 数据对三种区域的 ET 模型在禹城地区的适用性进行了研究。

1.1.1.8 遥感法

由于陆地表面的空间非均匀性，传统的通量观测手段难以由点向面拓展。卫星遥感具有很好的时效性和区域性，因而借助遥感手段使传统的 ET 估算方法在不同时空尺度上得以扩展（易永红等，2008）。早在 1973 年，Brown 和 Rosenberg 就通过在飞行器上搭载传感器，反演热红外温度用于 ET 计算（Brown and Rosenberg，1973），自此采用遥感数据计算 ET 的研究迅速发展。根据不同假设条件和计算机理已开发出多种遥感 ET 模型，并在不同气候和下垫面条件下加以验证，根据该类模型遵循的物理基础，可粗略地区分为经验性和机理性两类遥感 ET 模型。

经验性遥感 ET 模型通常根据线性回归方程，直接建立 ET 与地表温度及空气温度之间的关系（Jackson et al.，1977），采用地表实测值对经验公式进行拟合，确定模型中的经验系数。通常来说，该类模型中的经验系数在不同类型的下垫面有所差异，在应用之前，需先进行模型拟合（Carlson et al.，1995）。经验模型的优点在于模型结构简单，只需要每日一次的遥感地表温度观测值和气象站的空气温度观测值，缺点是需要针对每个站点进行拟合，不利于模型在区域 ET 模拟中的应用。

机理性遥感 ET 模型通常是在忽略水平方向能量传输的情况下，根据能量平衡方程估算潜热通量，此类模型间的主要区别在于显热通量（H）的计算。根据 H 计算中是否区分土壤和植被，模型又可进一步分为单层模型和双层模型。单层模型不区分土壤和植被，在每个遥感像元内，认为地表是均匀的，植被和土壤作为一个整体与大气进行水分与能量交换，单层模型的结构较为简单，均匀下垫面条件下的模拟结果良好，被广泛应用于各种气候类型及下垫面条件中。双层模型考虑土壤对稀疏植被地表通量的贡献，将地表划分为土壤层和植被冠层，认为水汽和热量在两个层面之间是相互叠加的，土壤层的水分与热量只能通过植被冠层进入或离开，整个植被冠层的总显热通量是上下两层显热通量之和，因此需对土壤和植被分别进行模拟，通常也称为串联双层模型（Shuttleworth and Wallace，1985）。在植被主要以丛集或者块状形式分布的地区，可对该类模型进行简化，将土壤和植被看作两个独立的通量源，分别与外界进行能量交换，单位地表面积的总通量是不同组分通量的面积加权之和，这称为平行双层模型（Norman et al.，1995）。通常来说，双层模型考虑了裸土表面和植被冠层的反射率、表面温度等参数的差异，更具有物理机理性，对输入的参数更为敏感，计算结果也更加准确（French et al.，2005）。然而，由于双层模型需要分别输入土壤和植被两套参数，因此不确定性和误差也由此产生，而单层模型虽在计算中加以简化，在一定程度上削弱了模型的物理机理性，但其计算结果往往并不比双层模型差（Timmermans et al.，2007）。

除上面提到的基于能量平衡原理的机理性模型之外，另一类遥感 ET 模型是经验性的特征空间模型，原理是根据地表温度、植被指数（如 NDVI、SAVI 等）与 ET 之间的关系，构建出特征空间，为分析植被指数和温度的关系最终获得 ET 开辟了新途径（Brisson et al.，1998）。Carlson 等（1994）提出植被指数与地表温度的空间变异存在三角形关系，并由此提出了估算根区和土壤表面水分及植物覆盖度的方法。Moran 等（1994）对灌溉农田和草地的研究显示，地表与大气的温差与植被覆盖度呈现接近梯形的关系。

各类遥感 ET 模型已在全球得到广泛应用，如 Jiang 和 Islam（1999）利用三角形关系，逐像元估算了 P-T 系数，从而利用 P-T 公式估算了美国南大平原的 ET。Patel 等（2006）利用 MODIS/Terra 数据和 SEBAL 模型估算印度小麦产区的 ET。Tang 等（2009）利用 MODIS 数据和地球同步卫星建立了准实时 ET 估算体系。遥感 ET 模型在国内的研究也取得了一定进展，如 Sun 等（2004）在黄河流域采用 AVHRR 卫星提供的 NDVI 数据，计算了 1982～2000 年逐月的 ET 值。Tang 等（2010）在海河流域采用 Terra 卫星搭载的 MODIS 传感器对 Ts-Ⅵ三角形法进行了验证，提出在半干旱地区确定干边和湿边的方法。

经多年发展，遥感 ET 模型及其数据同化技术虽已在水文模型及陆面过程模型的模拟和预报研究中取得了发展，但该研究领域内依然缺乏系统、深入的分析及全面的整合。主要存在的问题有：第一是对遥感 ET 模型的验证和应用还不够充分，缺乏在中国地区长系列的模拟分析；第二是对数据同化的研究多半是基于观测系统模拟实验的数值模拟研究，对实际应用中的模拟及预报还有待进一步分析；第三是对遥感 ET 模型与数据同化技术间的结合还不够，需加强彼此间的紧密联系。

综上所述，用于测定 ET 的方法多种多样，但没有一种方法是完美的，都有着自己的适用条件和优势，同时也存在各自的不足。为此，在测定不同尺度 ET 时，应根据当地的客观实际条件和测定目的，以及各种方法的特点与适用范围，选择最优的 ET 测定方法。

1.1.2　ET 估算方法

对 ET 估算方法的研究最早可追溯到 1802 年的道尔顿蒸散发定律，随着现代技术水平、实验设备和观测手段的不断提升，人们相继提出了一系列用于 ET 估算的理论和方法。这些方法在估算精度上均得到一定程度的提升，但由于 ET 所包括的基础过程较多且非常复杂，另外对 ET 求解或近似解的过程多基于不同的假设条件，故始终存在不完善之处（王笑影，2003）。目前，常用的 ET 估算方法主要包括直接估算 ET 的一步法（包括单源 P-M 模型、双源 S-W 模型和多源模型等）以及通过参考作物 ET 间接估算 ET 的两步法（包括作物系数法等）。

1.1.2.1　一步法

（1）单源 P-M 模型

Penman 于 1948 年首先将能量平衡原理和空气动力学原理结合起来，针对英格兰南部

Rothansted 地区，提出了无水汽水平输送情况下计算水面蒸发、裸地和牧草蒸发的理论公式。之后，通过对植物水分蒸腾生理机制的研究，于 1953 年提出单叶片气孔蒸腾的计算模式。1956 年，Penman 又从能量平衡公式出发引入干燥力的概念，得到了只需利用普通气象资料计算的 Penman 公式。Covey 在 1959 年把气孔阻力的概念应用到整个植被表面。Monteith（1965）在 Penman 和 Covey 工作的基础上，引入了冠层阻力的概念，形成了著名的 Penman-Monteith 模型（简称 P-M 模型）。

P-M 模型全面考虑了影响 ET 的大气物理特性和植被的生理特性，具有很好的物理依据，可比较清楚地了解 ET 变化过程及其影响机制，为非饱和下垫面 ET 的研究开辟了新途径。该模型计算相对简单，已在农田尺度蒸散发量估算中得到广泛应用（Monteith and Unsworth，1990；Katerji and Rana，2006；Teixeira et al.，2008）。Allen 等于 1989 年在 P-M 模型的基础上，假设作物冠层阻力与作物高度成反比，空气动力学阻力与风速成反比关系，得到了在假想条件下的 P-M 模型近似式，并用该式和其他几个 Penman 修正式的计算结果与分布在世界各地 11 个蒸渗仪的实测资料进行了比较研究，表明采用 P-M 模型计算的参考作物潜在蒸散发量与实测值最为接近。Jensen 等（1990）用 20 种计算或测定蒸散发量的方法与蒸渗仪实测的参考作物蒸散发量作出比较后，列出了他们的计算精度排名顺序，证明不论在干旱还是在湿润地区，P-M 模型都是最好的一种计算方法。刘钰等（1997）及刘钰和 Perira（2001）应用河北省雄县和望都两地气象资料，利用 Penman 修正式和 P-M 模型分别计算了参考作物蒸散发量，建议在国内推广应用标准化的 P-M 模型，并提出了在气象资料不足的情况下适应我国北方平原区气候条件的参考蒸散发量计算方法。龚元石于 1995 年用 Penman 公式与 P-M 模型估算了北京地区的参考作物蒸散发量。史海滨等于 1997 年采用内蒙古 135 个气象站 30 年月平均气象资料对 P-M 模型进行了初步评价。

大量研究结果表明，P-M 模型将植被冠层视为位于动量源汇处的一片大叶，将植被冠层和土壤作为一层，这忽略了植被冠层与土壤间的水热特性差异，仅能较好地估算稠密冠层的实际蒸散发量，而对稀疏植被，由于蒸腾与蒸发的通量源汇面之间存在较大差异，且二者之间的相互作用比较强烈，故 P-M 模型不适合用来估算稀疏植被的实际蒸散发量（Farahani and Bausch，1995）。然而，也有一些学者将具有变化冠层阻力的 P-M 模型成功地应用于稀疏植被下的蒸散发量估算，在不同水分条件下都具有较高的精度（Rana et al.，1997a）。P-M 模型能否很好地用于估算稀疏植被的蒸散发量还存在较大争议。

Priestley 和 Taylor（1972）基于湍流对 ET 的影响小于辐射影响的假设条件，对 Penman 公式进行简化，提出了 Priestley-Taylor 模型（简称 P-T 模型）。由于 P-T 模型要求输入的气象参数相对较少，故在区域水资源和农业灌溉管理中也得到较为广泛的应用。

（2）双源 S-W 模型

由于对 P-M 模型能否很好地用于稀疏植被的蒸散发量估算还存在较大争议，且该模型很难将植物蒸腾和土壤蒸发区分开来，Shuttleworth 和 Wallace 于 1985 年将植被冠层、土壤表面看成两个既相互独立、又相互作用的水汽源，建立起稀疏植被下估算 ET 的双源 Shuttleworth-Wallace 模型（简称 S-W 模型）。由于 S-W 模型较好地考虑了土壤蒸发，故有效地提高了较低叶面积指数（LAI）下的 ET 估算精度，用于估算行作物和灌丛作物的 ET

取得了较好结果（Nichols，1992；Farahani and Ahuja，1996；莫兴国等，2000；Gentine et al.，2007）。

Ortega-Farias 等（2007）应用S-W模型估算了智利酿酒葡萄园的潜热通量，并用涡度相关系统进行了验证，结果表明该模型的估算精度较高。Anadranistakis 等（2000）利用 S-W 模型估算了雅典农业大学试验站的棉花、小麦和玉米耗水量，其误差均在 8% 以内。Kato 等（2004）在日本鸟取大学高粱试验田中应用了 P-M 和 S-W 模型，并用波文比能量平衡法进行了验证，结果表明 S-W 模型显著提高了稀疏植被下的估算精度，并对高粱的蒸腾比和水分利用效率进行了探讨。Stannard（1993）以涡度协方差法得到的实测值为基础，比较了 P-M、S-W 和 P-T 模型，结果表明 S-W 模型的估算精度最高。Sene（1994）应用 S-W 模型估算了西班牙南部半干旱气候条件下葡萄园的蒸散发量。Teh 等（2006）利用 S-W 模型研究了玉米、向日葵套种模式下的 ET 规律，表明尽管该模型估算的蒸散发量在峰值时略有低估，但就总体而言，对土壤蒸发和作物蒸腾的估算精度都比较高。

（3）多源模型

尽管 S-W 模型在稀疏植被 ET 估算方面取得了较大进步，但其仍存在许多假定和不完善之处。对作物密度很低且非均匀下垫面的作物来讲，难以很好地满足 S-W 模型的假定条件，估算效果会出现较大偏差。Brenner 和 Incoll（1997）基于 S-W 模型理论框架，逐步发展形成了 Clumping 模型（简称 C 模型），该模型将土壤蒸发进一步细化为冠层盖度范围内的地表蒸发和裸露地表蒸发，其估算效果要优于 S-W 模型（Zhan et al.，2008），其主要用于土壤含水率空间分布相对比较均匀、地表阻力空间变异性较小的状况。张宝忠等构建了局部湿润灌溉方式下稀疏植被的 ET 估算模型，获得了较好的效果（Zhang et al.，2009）。此外，其他形式的多源模型也得到了进一步发展（Tourula and Heikinheimo，1998；Domingo et al.，1999；Ramírez et al.，2007；Park et al.，2008），使其理论更加完善和合理，但多源模型的参数相对较为复杂，且随着测取参数的增加累计的误差也会不断加大，估算效果和实际应用将受到很大限制。

1.1.2.2　两步法

两步法一般指通过参考作物 ET 间接估算 ET 的作物系数法。其中，作物系数 K_c 被定义为 ET 与实测或估算的参考作物蒸散发量 ET_0 的比值，是计算作物需水量的重要参数（Allen et al.，1998）。Wright 于 1982 年最早提出现已被联合国粮食及农业组织（FAO）采纳和修正的作物系数概念及其作物需水量计算公式。尽管 FAO 推荐了作物系数的计算方法和标准状态下（白天平均最低相对湿度 45%，平均风速 2m/s，半湿润气候条件下）各类作物的作物系数参考数值，但由于作物系数受土壤、气候、作物生长状况和作物栽培管理方式等诸多因素的影响，确定各地区（孙景生等，2002；杨晓光等，2006）、各作物（樊引琴和蔡焕杰，2002；彭世彰和索丽生，2004）下的实际值时，必须充分利用当地灌溉试验资料进行修正或重新计算。作物系数法通常分为单作物系数法和双作物系数法两种类型。

单作物系数法的 ET 计算公式为

$$ET = K_c ET_0 \tag{1-1}$$

式中，ET_0为参考作物蒸散发量（mm）；K_c为综合作物系数，与作物种类、品种、生育期和作物的群体叶面积指数等因素有关，是作物自身生物学特性的反映。

双作物系数法的 ET 计算公式为

$$ET = (K_{cb}K_s + K_e) ET_0 \tag{1-2}$$

式中，K_{cb}为基础作物系数，是表层土壤干燥而作物根区平均含水率不构成水分胁迫条件下 ET 与 ET_0的比值，侧重反映作物潜在蒸腾的影响作用；K_s为土壤水分胁迫系数，主要和田间土壤有效水分有关，当土壤供水充足时，$K_s = 1$；K_e为表层土壤蒸发系数，代表作物地表覆盖较小的苗期和前期生长阶段中，除 K_{cb}中包含的残余土壤蒸发效果外，在降雨或灌溉发生后由大气蒸发力引起的表层湿润土壤的蒸发损失比。

FAO 于 1998 年确定了作物系数的计算方法和步骤，并给出不同地区不同作物系数的推荐值。国内外学者以此为基础，在实践中不断修正计算方法，并结合当地具体气候和作物条件确定适宜的作物系数（Mohan and Arumugam，1994；Liu et al.，1998；Allen，2000；Tyagi et al.，2000）。

1.2 蒸散发尺度效应和时空尺度扩展与提升研究现状及发展趋势

灌溉水文学是研究灌溉农业生态系统的一门科学，强调不同时空尺度上的水循环变化分析及其尺度转换过程，面临着许多需要精确定义却具有高度非线性、异质性特征的时空尺度过程的挑战。灌溉农业生态系统通常由地表水、地下水（饱和与非饱和水）、大气、土壤和植物等分系统构成，其中涉及的空间尺度变化域从微观尺度（10^{-5} ~ 10^{-2}m）→中观尺度（10^{-2} ~ 1m）→宏观尺度（1 ~ 10^4m）→全球尺度（10^4 ~ 10^8m），宏观尺度下的水循环要素包括蒸散发、入渗、降雨、径流、排水等，时间尺度变化范围则从秒→时→天→年→百年→千年，不同时空尺度组合下的研究过程之间存在较大差异（许迪，2006）。

灌溉水文学重点研究农田灌溉水循环过程和农田生态系统耗水过程，探索土壤—植被—大气系统中的水分运动、溶质运移、根系发育、植物生长、能量交换等过程间的相互关系及其系统中各界面间的转化机制与规律，分析从微观尺度土壤水到全球尺度水文气候变化中不同时空尺度间水循环过程的转换关系，监测不同时空尺度蓄水量与排水量、景观和生物过程以及灌溉农业生态系统的变化趋势，评价不同时空尺度下农业节水效果间的转换过程及其相应的节水潜力。如何将微观自然尺度下具有高度非线性物理、化学和生物特性的过程尺度转换到灌溉农业生态系统这类宏观尺度上，如何监测和描述尺度转换非线性过程中存在的自然异质性问题，如何获得不同时空尺度上相关过程或特性变异性的可靠估值等一系列问题，已成为当今灌溉水文学研究的热点与难点。由此可见，对灌溉水文学尺度转换问题的研究涉及多学科间的交叉融合与协同，具有明显的边缘学科特点，是一门处于发展成长过程中的新兴分支学科。

ET 是宏观尺度水循环过程的重要组分之一，其尺度效应通常指 ET 的变化对采样网格尺度大小和采样时间尺度长短的依赖性。在特定的采样尺度下，只能揭示出相应尺度的ET变化规律与特征，而特定时空尺度的ET特征只能在相应的采样尺度下才能得以充分表现，不同时空尺度下的ET之间存在着复杂的非线性关系。同时，尺度扩展与转换就是基于对不同时空尺度ET相关过程或特性变异性的认识和了解，在识别和寻找影响ET时空变化主控因子的基础上，借助适当的方法和手段建立起不同时空尺度ET扩展与转换间的定量函数关系，实现不同时空尺度ET间的相互推演与演绎，克服将单个试验站点的观测结果应用到区域范围上时所存在的空间局限性和时间分辨率限制（徐英等，2004；崔远来等，2007）。

1.2.1　ET尺度效应及其主控影响因子识别

国内外对不同空间尺度（叶片、单株、田块、农田和区域等）ET测定结果的对比分析表明，ET尺度效应已得到人们的广泛关注。蔡甲冰等（2010）研究表明华北地区冬小麦叶片尺度、田块尺度和农田尺度之间存在ET尺度效应，刘国水等（2011）进一步指出裸土面积所占比重不同将导致田块和农田之间存在ET尺度效应。Zhang等（2010）指出流域内不同作物之间的ET差异将导致尺度效应。McCabe和Wood（2006）基于多分辨率遥感数据，系统分析了田块、农田和区域之间的尺度效应问题。

尽管ET尺度效应已得到人们的普遍认同，但由于不同时空尺度下的ET受到植被、土壤、气象等因子的综合影响，为此，如何准确地识别影响ET尺度效应的主控因子并获取其时空变异规律，是开展ET时空尺度转换所需解决的首要问题。目前，识别影响ET尺度效应主控因子的常用方法有逐步回归分析法、主成分分析法、层次分析法和聚类分析法等。莫兴国等（1996）基于对冬小麦两个品种三个生育期的观测数据，分析了群体叶片的气孔导度，发现近轴面气孔导度要比远轴面偏大，二者之比呈近似正态分布，最大概率出现在1.5左右，且该比值在冠层垂直方向的变化不显著，但随季节变化较大，抽穗期最大。此外，叶片气孔导度从冠层顶部向下迅速递减，递减系数约为0.57，这表明叶位和生育期等作物参数指标是影响叶片气孔导度和ET的主控因子之一。孙龙等（2007）应用相关分析和逐步回归分析表明，影响生长季红松树干液流的环境主控因子为饱和水汽压差和光合有效辐射，植被主控因子为边材面积，并通过统计方法获得了边材面积和胸径的时空分布规律，成功实现了由单株到农田的尺度转换。夏桂敏等（2006）应用逐步回归方法分析了西北柠条树干液流的主控因子，得到气象因素对柠条树干液流量影响的大小表现为饱和水汽压差>太阳辐射>气温>风速的结论。熊伟等（2008）研究了不同空间位置和周围树木遮阴影响的松树干液流之间的差异，提出基于林木空间差异估计华北落叶松林分蒸腾发的方法。乔国庆等（2005）应用主成分分析法提取了影响水稻ET的两个主成分。尽管在ET尺度效应、主控因子识别及其时空变异方面已有不少报道，但相关研究成果多局限于单因子对ET的简单相关或回归统计以及其变化趋势性的表面观测上，并没有从机理入手开展深入研究。研究各主控因子对不同尺度ET影响的内在联系和时空变化将是进一步工作的重点，且由于对ET主控因子识别方法之间的对比分析较少，各种方法在不同农田的适用性亟待探讨。

1.2.2 ET 时间尺度扩展

利用遥感卫星过境时刻获得的影像资料，可得到瞬时区域的 ET 数据。然而瞬时 ET 数据对科研和实际生产的意义有限，需将其扩展到日及更长时间步长的 ET 数据。为此，Jackson 等（1983）提出，晴朗天气下的日太阳辐射和日内瞬时太阳辐射间存在正弦曲线关系，日 ET 和日内瞬时 ET 之比可用日太阳辐射和日内瞬时太阳辐射之比代替。基于上述原理，可将日内瞬时 ET 扩展至日 ET。基于蒸渗仪测量的 44 个晴朗无云日小麦 ET 数据，Jackson 等对上述方法进行了验证，当日内数据测量时间为 13：40～14：00 时，上述方法的估算效果较好。

Shuttleworth 等（1989）提出了蒸发比的概念，即潜热通量与潜热通量加显热通量之和的比值。在晴朗天气条件下，蒸发比的日内变化较小，且 12：00～14：00 的蒸发比均值与 9：00～17：00 的蒸发比均值误差仅为 1.5%。Brutsaert（1982）重新定义了蒸发比的概念，即潜热通量与剩余能量（净辐射和土壤热通量之差）的比值，并被广泛应用于瞬时到日的 ET 时间尺度转换中。Crago（1996）研究表明，尽管正午时分的蒸发比和日蒸发比在数值上的差异显著，但二者间的相关性较好，利用正午的蒸发比数据进行日内到日的 ET 时间尺度扩展，可获得较好的日 ET 数据。Gentine 等（2007）研究发现，蒸发比在日内的稳定性不受太阳辐射、风速等主要驱动因素的影响，但却随着土壤含水率和冠层覆盖的变化而变化，需针对特定气候区下垫面讨论蒸发比的日内稳定性。Hoedjes 等（2008）同样也表明，在干旱条件下，蒸发比在日内为常数，湿润条件下的蒸发比为下凹型曲线，需对该值进行校正，以满足蒸发比方法的基本假设。Li 等（2008）基于干旱区葡萄园的观测数据发现，当潜热通量和显热通量之和大于 200W/m^2 时，蒸发比在日内较为稳定，小于 200W/m^2 的蒸发比在日内的变化趋于不稳定，利用日内不同时刻观测的蒸发比进行日 ET 估算时，基于 14：00～15：00 的观测值估算的日 ET 与实测值的模拟效果最好。

鉴于蒸发比方法的输入参数较为简单，易于获取，该法已被广泛应用于遥感 ET 反演模型，如 SEBAL 模型和 SEBS 模型等。利用蒸发比方法进行遥感 ET 反演在不同地区的适用性也逐步展开。Ma 等（2007）利用 Landsat 7 ETM+数据估算了西藏地区的 ET，与实测数据对比发现，估算的瞬时蒸发比与实测值较为接近，基于该瞬时蒸发比进行时间尺度扩展估算的日 ET 与实测值的模拟效果也较好。Venturini 等（2004）在美国南佛罗里达州利用 MODIS 遥感影像数据和 AVHRR 遥感影像数据对蒸发比进行了估算，其对地表温度不敏感，受当地大气条件和遥感卫星观测角度的影响较小。

Tasumi 等（2003）定义了一种基于作物系数的时间尺度扩展方法，将瞬时作物系数代替日作物系数进行由瞬时到日的时间尺度扩展。Romero（2004）利用蒸渗仪实测数据，对作物系数在日内的稳定性以及由日内到日的 ET 时间尺度扩展效果进行了验证，该法在土豆生育期内取得了较好的模拟效果。Trezza（2002）将 SEBAL 模型中的蒸发比时间尺度扩展方法替换为作物系数方法，基于 Landsat 7 ETM+和 Landsat 5 TM 遥感影像资料对美国爱达荷州 ESPA 区域的 ET 进行了估算，与蒸渗仪实测结果对比发现，该法的模拟效果较为理想。与此同时，张宝忠（2011）以冠层阻力在白天不变为假设条件，开展了由瞬时到日的 ET 时间尺度扩展研究。

Colaizzi 等（2006）利用 FAO 推荐的参照 ET 代替作物系数方法中美国土木工程协会（ASCE）推荐的参照蒸散发量。基于蒸渗仪观测的多种作物的 ET 数据，Colaizzi 等对上述由日内到日的 ET 时间尺度扩展方法的模拟效果进行了对比，结果发现，当有作物覆盖时，基于 FAO 推荐参照 ET 的作物系数方法的估算效果最好。Chavez 等（2008）利用遥感影像资料，在美国艾奥瓦州核桃溪流域对 ET 时间尺度扩展方法进行了对比分析，与作物系数方法相比，蒸发比法的模拟效果最优。Chavez 等将上述结果间的差异归结为气候区、下垫面和土壤情况的差异，而未考虑区域 ET 反演模型估算误差对最终结果的影响。

研究表明，只有基于晴朗天气条件下获得的高质量遥感影像资料，才可模拟得到高质量的区域 ET 数据，但受卫星重访周期和大气条件的影响，对特定研究区，并非每天都能获得高质量的遥感影像资料，为了研究需要，应将由瞬时 ET 数据扩展得到的日 ET 数据再次扩展到整个生育期等更长时间尺度的 ET 数据。熊隽等（2008）等构建了 LAI 与冠层阻力转换的公式，利用时间序列谐波分析 HANTS 方法计算的逐日 LAI 值可获得逐日冠层阻力，并最终获得逐日的 ET 数据，基于此法已在山东禹城县获得了较好的估算效果。分析发现，该法的模拟效果较难单独验证，区域 ET 模型的整体估算误差不能用来解释该法是否可行，这致使其应用受到一定限制。Allen 等（2007）假设作物系数在短期内可视为常数，基于两景晴朗天气条件下获得的高质量遥感影像资料估算的作物系数，得到这两个晴朗天之间的非晴朗天的作物系数，并利用观测的气象数据计算得到非晴朗天的区域 ET。

除了上述几种已应用到由日至生育期时间尺度的 ET 时间尺度扩展方法外，还有两类方法值得注意，即基于蒸发互补理论的 ET 估算方法及 Katerji 和 Perrier 建立的冠层阻力方法。经晴朗天气条件下估算的日区域 ET 率定后，这两类方法在理论上也可进行由日到生育期的 ET 时间尺度扩展。

1.2.3　ET 空间尺度提升与转换

由于变量的时空变异性广泛存在于自然界中，故需借助各种尺度提升与转换的途径与方法分析该变量尺度提升与转换过程中存在的复杂非线性问题，建立不同时空尺度间变量的定量提升与转换关系，据此调整和修正不同尺度下存在的变量或过程间的非线性过程。

从植物单叶到植被冠层水平的 ET 空间尺度提升与转换，主要集中在关键参数如气孔导度的尺度提升与转换上。目前，该类尺度提升与转换大多通过实测和统计分析相结合的方法加以实现。在利用气孔计、光合作用仪等直接测定不同叶位的叶片气孔导度的基础上，根据整体平均法、顶层阳叶分层采样法、权重法、有效叶面积指数法、水平冠层分层法和多冠层叶倾角分类法等方法计算获得植被尺度的气孔导度（于贵瑞和孙晓敏，2006）。该测定方法需在一定空间尺度范围内布设大量观测点以便覆盖植被群落，故存在测定成本高、空间变异性影响大、易产生测量误差等缺陷。近年来，很多研究者致力于探讨利用非线性模型实现叶片气孔导度向冠层气孔导度的尺度提升（Magnani et al.，1998；Furon et al.，2007）。其中，一些方法是假定叶片气孔导度仅由辐射的垂直分布状况所决定，对其进行积分直接获得冠层气孔导度（Choudhury and Monteith，1988），但由于考虑的环境因子有限，致使该法具有较大的局限性和片面性。另外一些方法则是利用 Jarvis 叶片气孔导度模型等直接估算冠层气孔导度，这虽然较为全面地考虑了环境因子的变化，但需要依据冠层气孔尺度的实测值对估算模型参数进行率定，因此并未实现真正意义上的尺度提升。由于目前构建的此类模型间差别较大，相关模型参数间也存在着一定的区域性差别，故尚未形成较为统一的理论和模式。

从单株作物到田块或农田尺度 ET 提升与转换的方法，主要为地理统计学方法，但相关研究主要集中在果园和森林，采用的尺度提升方法相对较为简单，常借助茎液流和形态因子间的关系，如利用茎直径（Kumagai et al.，2005）和叶面积（Yue et al.，2008）等推算样地内每个个体的蒸腾量，并结合微型蒸渗仪实测的土壤蒸发量获得农田尺度 ET。相关研究表明，这种依靠经验线性回归方法估算的林分群体蒸散发量有着很强的地域局限性。若将作物生育期、土壤含水率、作物直径和叶面积等因子的空间变异性在液流外推模型中加以考虑时，估算农田尺度 ET 的准确性和适用性会大为提高。对单株作物生长指标的空间变异性研究尚需做深入探索。

农田与区域（灌区）尺度间的 ET 转换主要是通过分布式水文模型等予以实现的，该模型首先将整个流域划分成足够多的不嵌套单元面积，以便考虑降雨及下垫面条件等空间分布不均引起的问题，然后再基于各单元面积的分析结果确定整个区域的情况。杨大文等（2004）将 SHE 模型在黄河流域上进行应用，基于美国地质调查局（USGS）数据库，模拟了河道流量、实际蒸发量和土壤水分的空间分布及季节变化。郭方和刘新仁（2000）将 TOPMODEL 模型用于淮河流域史河水系，网格尺度拓宽到 500m。

近年来，随着分形、小波变换、谱分析、信息熵、变异函数等理论和方法的不断发展，特别是遥感和地理信息系统技术与方法在尺度研究中发挥着重要作用，进一步丰富了尺度提升与转换的分析理论和方法。以室外试验数据为基础，综合考虑气候、土壤水分、地形、植被、灌溉农业发展及生产力水平提高等因素对区域（灌区）尺度 ET 的综合影响作用，运用分形、小波变换、信息熵、谱分析等复杂理论和方法，研究 ET 时空尺度特征的不确定性、不均匀性、差异性、突发性和随机性等，开发既有理论基础又便于应用的区域（灌区）尺度 ET 估算模式已成为当前的热点和焦点。

综上所述，尽管已有不少有关 ET 时空尺度扩展和提升与转换方面的研究成果报道，但多主要集中在某一或某两个尺度的规律性探讨与分析上，尚缺乏对长期、系统的 ET 时空尺度效应分析和空间变异性的探讨，且采用的方法多为统计分析法，对普适性较强的理论模型的研究依然较为薄弱。目前，对 ET 时空尺度扩展和提升与转换方法的研究主要集中在以下几个方面。

1）ET 空间尺度提升与转换。研究重点主要在于构建具有物理意义的叶片、单株、田块、农田、区域（灌区）尺度之间的 ET 转换理论公式，包括识别不同空间尺度间的 ET 主控影响因子，量化这些主控影响因子的空间变异特点和对 ET 影响的机制，构建跨越不同空间尺度的理论提升与转换模式等。

2）ET时间尺度扩展。研究重点主要是量化不同气候、作物类型、灌溉制度、管理制度下的ET时间尺度扩展误差和不确定性，探索阴雨等特殊天气条件下的尺度扩展模式，优化推荐不同区域的ET时间尺度扩展函数。

3）ET时空尺度耦合扩展与转换。由于特定的空间尺度往往对应着相应的时间尺度，故对相关过程或系统的空间尺度进行提升与转换的同时也会出现相应的时间尺度扩展问题，但以时空尺度同步耦合扩展与转换为出发点的研究成果甚少，构建具有物理概念的ET时空尺度耦合扩展与转换方法是未来的研究重点。

4）ET时空尺度扩展与转换理论及方法。研究重点主要集中在农业用水效率的多时空尺度评价上，建立农业高效用水多尺度协同耦合提升模式，将水-热-碳纳入统一体系进而构建相应的多时空尺度ET扩展与转换体系将成为研究的热点和焦点。

1.3　基于蒸散发尺度效应的农业用水效率与效益评价研究现状及发展趋势

据预测，未来20年全球粮食产量翻番才能满足世界人口急剧增长、物质生活质量不断提高对食物的需求，其中近一半以上的粮食产量将来自灌溉农业，这势必进一步加剧灌溉用水与其他用水部门间的激烈竞争，有可能带来因灌溉不当引起的环境负效应。为此，改善和加强灌溉水管理活动与措施对提高农业用水效率与效益、确保食物安全、减少环境负效应、增加农业产出效益具有十分重要的意义和作用。灌溉农业当前承受的经济社会发展压力、灌溉用水量日益紧缺、灌溉可能引起的环境负效应等一系列问题所带来的严峻挑战，正迫使人们重新审视以往在灌溉水管理活动中奉行的一些基本理念与评价准则是否仍适用于未来，进而相继涌现出一些值得探讨的发展理念及改善对策，如考虑农田排水或灌溉回归水再利用的灌溉效率、考虑灌溉经济社会净收益极大化的经济效率、考虑灌溉用水时空尺度的水分生产率等，而灌溉效率、经济效率、水分生产率等也是评价农业用水效率与效益的重要指标（许迪等，2008）。

国内外对农业用水效率与效益的评价对象已从叶片、植株、田块等小尺度逐步向区域（灌区）乃至流域等大尺度延伸。ET是评价农业用水效率与效益的关键要素，其明显的时空尺度效应影响其对自身的选用，致使农业用水效率与效益评价也具有显著的时空尺度效应。目前，农业用水效率的尺度问题已被人们普遍认可，但农业用水效益的尺度问题尚未取得一致看法。ET作为农田水平衡和能量平衡的重要组分，相对于其他变量要素便于观测和估算，适宜作为不同尺度农业用水效率与效益评价的关联及转换因子，故从ET尺度效应的视角出发，构建农业用水效率与效益评价体系，将有利于人们科学合理地评价农业用水效率与效益。

1.3.1　农业用水效率评价

科学合理地评价农业用水效率是当前农业水管理发展过程中亟须解决的迫切问题，以往在评价农业用水效率时，常忽略农田排水或灌溉回归水在整个灌溉系统内的重复利用问题，这往往导致基于不同空间尺度定义的农业用水效率之间存在差异。为此，应根据农业用水平衡架构及其组成分析，研究和探讨考虑农田排水或灌溉回归水再利用下的、基于ET尺度效应的农业用水效率评价准则和指标。

1.3.1.1 农业用水效率评价指标

早期农业用水效率评价主要是基于植株蒸腾或田块尺度的ET开展。由于灌溉在农业用水中占有重要地位和作用，故农业用水效率通常指灌溉效率。Hansen等（1980）将灌溉效率（irrigation efficiency，IE）定义为作物生长过程中通过蒸腾和蒸发消耗的田间灌溉用水与从水源引入或提取的灌水量的比值。多年来，尽管人们提出了许多不同的灌溉效率评价表达式和方法，但基本定义并未发生实质性变化。

$$\mathrm{IE}_i = \frac{\mathrm{ET}_i - P_{\mathrm{e}}}{W_{\mathrm{g}}} \tag{1-3}$$

式中，IE_i为作物i的灌溉效率（%）；ET_i为作物i的蒸散发量（mm）；W_{g}为灌溉引水量（mm）；P_{e}为有效降水量（mm）。

除单纯比较灌溉与作物耗水之间的关系外，一些国外学者也提出了基于作物产量的灌溉效率问题（Hall，1960），此类评价指标与国内学者常称的灌溉水分生产率指标相类似，表达式中的分子是作物产量，而分母是灌溉用水量。

国外对灌溉效率大致分为两类：一类是基于水量（包括水深）比值的指标；另一类是基于产量和水量比值的指标。国内学者在研究农业用水效率时，为了区分这两类指标，常将基于水量比值的指标称为灌溉水分利用率或灌溉有效利用系数（灌溉效率），而将基于产量和水量比值的指标称为水分利用效率（water use efficiency，WUE）。刘文兆（1998）把WUE定义为消耗单位水量所生产的经济产品数量。段爱旺（2005）根据水量构成特点将WUE划分为4类：农田总供水利用效率（$\mathrm{WUE_a}$）、田间水分利用效率（$\mathrm{WUE_f}$）、灌溉水利用效率（$\mathrm{WUE_i}$）和降水利用效率（$\mathrm{WUE_p}$）。

$$\mathrm{WUE_a} = \frac{Y}{W_{\mathrm{a}}} \tag{1-4}$$

$$\mathrm{WUE_f} = \frac{Y}{W_{\mathrm{f}}} \tag{1-5}$$

$$\mathrm{WUE_i} = \frac{Y}{W_{\mathrm{i}}} \tag{1-6}$$

$$\mathrm{WUE_p} = \frac{Y}{W_{\mathrm{p}}} \tag{1-7}$$

式中，Y为作物产量（kg）；W_{a}为农田供水量（mm），即作物生长期间的灌水量和降水量之和；W_{f}为田间消耗的总水量（mm），即为整个作物生育期内实际消耗利用的水量之和，包括灌溉、降水、土壤储水和地下水的补给量；W_{i}为灌溉用水量（mm）；W_{p}为降水量（mm）。

1977年国际灌溉排水委员会（ICID）提出了灌溉效率的标准，将灌溉效率划分为输水效率、配水效率和田间灌水效率，灌溉效率为三者之积。随后Hart等（1979）提出了储水效率、田间潜在灌水效率、相对供水量等灌溉效率指标。我国在20世纪50~60年代以苏联提出的灌溉水利用系数指标体系为参照，建立了灌溉水利用系数指标体系。山西省水利科学研究所于1986年采用静水法对18个典型灌区进行了大规模的渠道渗漏试验研究，并对重点灌区的渠道水利用系数进行了计算。汪富贵（2001）提出了用3个系数分别反映渠系越级现象、回归水利用以及灌溉管理水平，再将这3个系数与灌溉水利用系数连乘修正灌溉水利用系数。高传昌等（2001）提出将渠系划分为串联、等效并联和非等效并联等形式，分别引用不同的公式对灌溉水利用系数进行计算。谢柳青等（2001）结合南方灌区的特点，根据灌溉系统水量平衡原理，利用灌区骨干水利工程和塘堰等水利设施供水量统计资料，通过作物灌溉定额反推灌区渠系水利用系数和灌溉水利用系数。沈小谊等（2003）提出采用动态空间模型计算灌溉水利用系数，考虑了回归水、气候、流量、管理水平和工程变化等因素的影响。沈逸轩等（2005）提出年灌溉水利用系数的定义，即一年灌溉过程中被作物消耗水量的总和与灌区内灌溉供水总和的比值。近年来，一些单位开展了全国灌溉水利用系数的测算研究，采用基于首尾测算分析法的宏观测算法，即定义灌溉水利用系数为田间实际净灌溉用水量与毛灌溉用水量的比值，并强调以年为周期进行计算，其中毛灌溉用水量是指灌区从水源地实际取水的测算统计值，不能忽视从灌区其他水源（塘坝或其他水库）的取水值。由此可知，这些从工程角度出发，大多以作物和农田尺度为对象的农业用水效率评价指标通常被称为经典效率指标，其在灌溉工程设计和评价中发挥着重要作用。

1.3.1.2　基于ET尺度效应的农业用水效率评价

尽管传统的农业用水效率评价指标已在灌溉工程设计和评价中发挥着重要作用，但就农田以上大尺度而言，田间水资源利用效率的提高并不能总是与整个流域的生产力提高相一致。Bagley（1965）指出，若不能正确地看待灌溉效率的边界特征将会导致错误的结论，因低效率产生的水资源损失对大尺度区域而言或许并不存在。Bos（1985）界定了几个水资源进入和流出灌区的流程，清楚界定了返回流域的水资源以及可供下游使用的水资源量。Willardson（1985）指出单个田间灌溉系统的效率对整个流域系统而言并不是很重要，除要考虑水质问题外，增加灌溉效率对全流域产生的影响是不确定的。Bos和Wolters指出就整个流域而言，灌溉水中未被消耗的部分并未产生实质性损失，其绝大部分会被下游重新利用，较高的用水重复利用实际上增加了总的利用效率。

在以往评价农业用水效率时，人们常忽略了作为灌溉用水非消耗部分的农田排水或灌溉回归水在整个灌溉系统内的重复再利用问题，而是将其视为无法被循环再利用的资源量，这就导致基于不同空间尺度范围上定义的指标和采用的方法之间存在差异。由于在传统的农业用水效率评价指标定义中并没有考虑灌溉回归水和排水再利用问题，而当空间尺度增大、水量损失途径增多后，就有可能降低评价指标值。由于大尺度灌溉系统通常包含诸多空间变异个体，所以传统的农业用水效率评价指标值随空间尺度的改变呈现出何种变化规律，将取决于该灌溉系统的空间变异性及水量损失途径等的综合作用。

灌溉的目的在于满足作物自身生理耗水需求，故灌溉用水通常由消耗和非消耗两部分构成（表 1-2）。其中，消耗部分由有益消耗（生产性消耗）和无益消耗（非生产性消耗）组成，有益消耗即为蒸散发量，其又细分为生产性直接消耗（如作物蒸腾、作物体内水分）和生产性间接消耗（如作物棵间蒸发），而无益消耗则主要包括来自地表蓄水体（水库、渠道等）水面蒸发、湿生植物腾发、喷灌水分蒸发以及来自过量的土壤水蒸发等。在非消耗部分中，用于淋洗盐分的水量对作物生长是有益的，且其最终进入淡水体而非咸水体的淋洗水量可被重新利用灌溉作物，而来自渠道和田间的灌溉弃水与排水对作物生长是无益的，且其最终流入淡水体而非咸水体的这部分水量可被加以重新利用，但水质是最终限制非消耗灌溉用水量被再利用的重要前提条件。

表 1-2　灌溉用水平衡架构及其组成

消耗部分		非消耗部分	
		可被重新利用	不可被重新利用
有益消耗 （生产性消耗）	作物蒸腾 作物体内水分 作物棵间蒸发	进入淡水体的盐分淋洗水量	进入咸水体的盐分淋洗水量
无益消耗 （非生产性消耗）	地表蓄水体（水库、渠道等）水面蒸发 湿生植物腾发 喷灌水分蒸发 过量的土壤水蒸发	流入淡水体的渠道和田间灌溉弃水与排水	流入咸水体的渠道和田间灌溉弃水与排水

由表 1-2 可以看出，开展节水灌溉、提高灌溉效率的主要途径如下：①采用有效改善 WUE、减少作物奢侈性耗水、降低作物棵间蒸发、提高盐分淋洗用水效率等措施与手段，实现极大化有益用水效应的目标；②采用有效提高灌溉效率、降低无效水（土）面蒸发、减少灌溉过程中的水分蒸发、有效再利用农田排水或灌溉回归水等措施与手段，达到极小化无益用水损失的目的。由此可见，为了全面合理地评价改善灌溉水管理的活动和措施对提高农业用水效率的影响和作用，有必要在灌溉效率评价准则中考虑农田排水或灌溉回归水在整个灌溉系统内的重复利用问题。与此同时，需要特别指出的是，考虑到灌溉用水自身所具备的商品价值以及灌溉水管理活动本身涉及的经济内涵，应尽力减少灌溉用水的非消耗部分，极大化灌溉用水的一次利用率，极小化因重复利用农田排水或灌溉回归水可能对当地淡水体产生污染的潜在威胁，达到节水、降耗、增效、减少环境负效应的综合目的。

以上分析表明，造成农业用水效率评价存在尺度效应的主要原因包括灌溉系统的非线性和空间异质性、ET 尺度效应、灌溉回归水和农田排水再利用。

针对灌溉系统的非线性和空间异质性引起的灌溉用水效率评价尺度效应问题，人们多是应用相关统计理论和数学方法对各种水平衡要素和灌区实体进行空间变异性分析，间接为建立灌溉用水效率评价尺度转换关系提供基础。其中，采用的统计理论与方法主要有等级理论、分形理论、统计自相似理论、地理统计学、回归分析、自相关分析、小波分析等，分析的水量平衡要素主要包括降水量、蒸散发量、地下水位、土壤含水率、地表径流、灌溉需水量等，同时还包括引水量、排水量和地下水抽水量等，分析的灌区实体含有塘堰面积、渠系以及河流水系等，但现有成果大多只揭示了灌区相关要素的尺度非线性特征或空间变异现象，对这些现象的物理机制开展深入分析以及跨尺度域的变量物理规律变异性尚未给予足够的关注。

针对灌溉回归水和农田排水再利用引起的灌溉用水效率评价尺度效应问题，尽管在考虑农田排水或灌溉回归水再利用的前提下，人们已对灌溉效率评价准则与定义及其应用进行了初步研究和探讨，但迄今为止尚未形成公认的具有实际应用价值的灌溉效率评价准则，对不同尺度灌溉效率之间存在的定量关系也缺乏了解，且缺少用于描述不同灌溉尺度性能参数关系的分析方法。当考虑农田排水或灌溉回归水再利用时，在实际过程中往往难以准确识别和划分灌溉用水的消耗与非消耗部分以及有益消耗与无益消耗间的构成，即使当灌溉用水的构成可被适当加以识别时，农田子单元间的排水循环再利用仍会引起灌溉用水消耗量以及有益消耗量在子单元间的分布变化，这还有待开展深入研究。

由于 ET 存在着明显的尺度效应现象，故其对不同空间尺度下的农业用水效率评价具有直接影响作用。当农业用水效率评价采用基于水量（包括水深）比值的指标灌溉效率进行时，ET 尺度效应的作用将通过灌溉效率计算式中的分子加以反映，而当基于产量和水量比值的指标 WUE 开展农业用水效率评价时，则将通过 WUE 计算式中的分母体现 ET 尺度效应的影响。当农业用水效率评价由小尺度向大尺度延伸时，会带来 ET 尺度转换问题。为克服传统农业用水效率评价指标和方法在大尺度区域应用中存在的缺陷，许多学者提出了基于 ET 尺度效应的农业用水效率评价问题，其具有三个明显的基本特征：一是评价方法建立在灌溉用水平衡架构的基础上；二是评价范围由田块小尺度向农田、区域（灌区）大尺度延伸；三是评价指标间的尺度转换问题（许迪等，2008）。

1.3.2　农业用水效益评价

水分生产率是衡量农业用水效益的重要指标，其从产出的角度反映单位水量所生产的物质产量或经济产值。通过改善单位用水量的生物或经济产出量来提高水分生产率，对减轻水资源竞争压力、预防环境退化、确保粮食安全具有举足轻重的作用。水分生产率与灌溉用水尺度及其对象密切相关，用水尺度间存在的差异意味着人们的关注点及其内容将各不相同，并会严重影响相应尺度的农业用水效益评价。随着人们对农业灌溉生态环境和社会经济等非工程方面的影响效果日趋关注，单纯采用效率指标评价农业用水效果存在明显局限性，亟待开展基于 ET 尺度效应的农业用水效率与效益评价。

1.3.2.1　农业用水效益评价指标

在农业用水效率评价的基础上，国际水资源管理研究所（IWMI）等提出了用于评价农业用水效益的指标为水分生产率（water productivity，WP）（刘鹄和赵文智，2007）。WP 为单位（体积或价值）水量所产出的产品数量或价值。从概念上看，WP 与 WUE 较为相似，但二者的区别主要体现在空间尺度和评价范围上。WUE 更多地被用来衡量植株或田块尺度的水分利用效率，而 WP 则主要强调农田以上大尺度的农业用水所产生的效益和价值。就单株作物或田块而言，提高 WUE 意味着让每一滴灌溉水生产出更多的粮食，但对整个社会而言，提高 WP 则意味着获得单位水量的最大价值。

当比较 WUE 和 WP 的评价结果时，人们还注意到 WUE 的评价对象一般多限于叶片和单株尺度的作物蒸腾量或再加上田块尺度的土壤蒸发，而 WP 的评价对象主要集中在农田、区域（灌区）尺度的农业用水，包括生产性消耗和非生产性消耗。在水量平衡的前提下，WP 比 WUE 具有更为广阔的适应范围。在农业灌溉条件下，WP 也可采用单位水量产出的粮食产量或其价值表示；在农业灌溉、工业和城市供水、渔业和环境用水等多用途条件下，WP 可通过各种用途下产生的总效益与总支出差值除以相应的流入量加以确定（许迪等，2010b）。与此同时，不同灌区之间以及相同灌区不同时期内也均可用 WP 比较评价农业用水效益（董斌等，2003）。

近年来，人们开始致力于将 WP 评价与水资源经济效益评估相结合，尝试用经济学资源配置的方法开展农业用水效益评价研究。在经济效益分析中，考虑产出的价值、投入的机会成本和外部效应等，通过对稀缺资源的合理配置获得最大经济价值是确保水资源投入获取最大净收益的衡量标准。经济效益分析通常涉及技术和配置两个部分，若对水资源利用在技术和经济配置上都同时有效，其利用效率肯定高效。Seckler 等（2003）在描述灌溉效率的缺点和经济效益的重要性时指出，即便是流域尺度的灌溉效率也仅涉及水量，而不能表述水资源在不同利用途径之间的价值问题。农业用水效益的提出促使灌溉管理由过去的满足作物需水量向取得灌溉经济效益极大化的目标转变（Kirda and Kanber，1990）。Perry（1996）将该观点定义为灌溉最优化。国际食物政策研究所（IFPRI）在原有 IMPACT 模型中增加了以流域为单位的水资源限制模块，发展成 IMPACT-WATER 模型。该模型在流域水资源平衡的基础上，分析和评价了全球农产品生产和贸易均衡问题。廖永松（2006）将中国农业政策分析与预测模型（CAPSIM）和水资源情景分析对话模型（Podium）相链接，开发了一个可供水资源管理和农业发展政策制定和研究之需的 CAPSIM-PODIUM 模型。这些与水资源有关模型的一个重要特点就是不仅考虑了水资源利用的数量限制和工程技术问题，还考虑了水价、水权及国家和地区水资源政策等因素，以及水资源环境功能等对水资源开发利用的影响，进而从更广泛的角度对农业用水效益进行评价。

1.3.2.2 基于 ET 尺度效应的农业用水效益评价

灌溉水管理活动横跨作物、田间、农田、灌区、流域等多种灌溉用水尺度，人们所关注的内容会依尺度差异发生变化（表 1-3）。其中，作物尺度关注的是光合作用、养分吸收、水分胁迫等作物生理学过程；田间尺度为养分利用、保水耕作措施、施肥管理等；农田尺度有田间配水、极大化净收入等；灌区尺度是农田配水、工程运行与管理、排水等；流域尺度包括水量在不同用水部门间的配置、防控环境污染等。由此可见，不同灌溉用水尺度间具有密切的关联性，特定灌溉用水尺度上的行为会影响其他尺度上发生的事件，如流域尺度水量配置将受个体农户用水量以及农田水管理措施影响的制约，而增加田间尺度单位灌水量的生产力或许会降低较大尺度上的相应值。

表 1-3　灌溉用水尺度与水分生产率定义

项目	灌溉用水尺度				
	作物	田间	农田	灌区	流域
关注内容	水和养分吸收利用、光合作用等	耕作、施肥、覆盖等	田间配水、极大化净收入	农田配水、工程运行管理、排水等	不同用水部门的配水、防控水污染
关注者	育种学家、植物生理学家	土壤和作物学家	农业工程师及经济学家	灌溉工程师与社会学家	经济学家、水文学家、工程师
WP	产量/蒸腾量 T	产量/ET	产量或产值/ET 或灌水量	产量或产值/输水量、ET、耗水量、可利用水量	产值/可利用水量

由表 1-3 可知，灌溉用水尺度差异将严重影响水分生产率的定义，故应依据不同尺度所关注的内容及尺度间的相互作用与联系开展尺度分析，定义相应的水分生产率。在人们已提出的适宜不同尺度范围使用的水分生产率定义中，产量水分生产率被定义为物质产量与蒸腾量 T、蒸散发量 ET、灌水量、输水量等的比值，而产值水分生产率则为经济产值与蒸散发量 ET、灌水量、输水量、可利用水量的比值。在作物和田间尺度上，人们关注的兴趣在于物质产量；而在农田尺度，则更为关注经济产值或粮食安全供给。此外，在灌区尺度，水管理人员或许并不关心用水带来的产出，而只关注水量配置所产生的直接收益，但政策制定者、工程设计人员和研究者则对灌溉系统的经济产出表现出强烈关注；而对流域尺度，人们常将灌溉用水效益与其他部门的用水效益进行比较权衡，在缺水状况下尤为如此。同时，根据灌水量定义的水分生产率主要用于农田尺度；基于输水量定义的水分生产率是度量灌区水管理的重要标准，可用于不同地点间的比较但却不宜于跨尺度比较；流域尺度适宜采用根据可利用水量定义的水分生产率，其中产出是以经济产值为度量，可利用水量不仅包括农业用水也涉及非农业用水（如生态环境用水），且水量将在不同用水户间进行合理分配。综合可见，基于 ET 定义的水分生产率受灌溉用水尺度的影响相对较小，基本适用于各种空间尺度，但 ET 尺度效应也必然会影响水分生产率的大小。

随着农业用水从以往关注效率评价向效率与效益综合评价的方向发展，评价尺度由植株、田块、农田向区域（灌区）乃至整个流域拓展，这是人们深入认识和了解农业用水多功能性的必然结果。虽然满足农作物生产过程中所需的蒸散发是人类利用水资源最为直接的目的，但人们也在直接或间接享受水资源在参与农业生产过程中提供的其他服务功能，包括维持区域生物多样性、净化水体污染、改善小气候等生态环境功能以及促进当地农业生产和经济发展的社会功能等（雷波，2010）。尽管效益是农业生产追求的目标，但从技术角度来说，效率仍是重要的考核指标。为了从更广义的视角来评价农业用水效率与效益以及其他非经济效果，应在构建起综合反映农业用水效率与效益评价的指标体系基础上，基于多目标综合评价方法，通过无量纲化方式，对农业用水的多种效益进行综合度量，实现农业用水效率与效益的综合评价。

1.4 主要研究内容

综上所述，建立基于 ET 尺度效应的农业用水效率与效益评价体系，对全面认识和了解农业用水的多功能性、提升农业用水的管理水平具有十分重要的意义和作用。尽管目前已有一些有关 ET 尺度效应与尺度扩展及提升、农业用水效率与效益评价等方面的成果，但尚缺乏长期系统的 ET 尺度效应分析成果，亟待开展 ET 时空尺度扩展与提升方法及模式的研究，建立基于 ET 尺度效应的农业用水效率与效益评价体系。为此，本书涉及的主要研究内容分为上、下两篇。

1.4.1 蒸散发尺度效应和时空尺度扩展与提升方法

在上篇“蒸散发尺度效应与时空尺度扩展及提升”中，侧重介绍和阐述不同空间尺度 ET 的观测方法、估算方法与模型，系统分析不同尺度 ET 的变化规律及其尺度效应，对比分析不同 ET 时间尺度扩展方法，研究建立 ET 空间尺度提升与转换方法，开展基于水热耦合平衡方程和互补相关理论的区域（灌区）尺度 ET 估算模型的研究。

第 2 章介绍叶片、植株、田块、农田、区域（灌区）等不同空间尺度下的 ET 测定方法，以及这些方法在实际应用中的特点，阐述在华北地区布设的 4 个典型 ET 测定试验站的基本情况、测定方法与设备、灌溉试验设计与处理、观测试验频率与采样方法等，为开展基于 ET 尺度效应的农业用水效率与效益评价提供基础支撑条件。

第 3 章以华北地区冬小麦和夏玉米作物以及白洋淀湿地植被（芦苇和香蒲）为研究对象，通过连续多年的作物叶片、植株、田块、农田和区域（灌区）尺度实测的 ET 数据资料，分析各种作物不同时空尺度下的 ET 变化规律与特点，明确相应的 ET 尺度效应，识别多尺度 ET 主控影响因子。

第 4 章探讨基于双作物系数模型、遥感反演模型的农田和区域（灌区）尺度 ET 估算方法研究，借助分布式生态水文模型，采用陆面数据同化系统与生态水文模型和遥感数据相结合的模式，建立区域（灌区）尺度 ET 估算模型。

第 5 章以北京大兴试验站和山东位山试验站 ET 实测数据为参照，借助各种时间尺度扩展方法，将瞬时 ET 扩展到日时间尺度，再将日 ET 扩展到全生育期尺度，通过对比分析，推荐适宜华北平原应用的 ET 时间尺度扩展方法。

第 6 章以北京大兴试验站实测数据为依据，通过从叶片气孔导度到冠层导度的空间尺度提升，建立 ET 空间尺度提升方法与模型，开展冬小麦和夏玉米生育期内基于单叶导度提升模型的田块和农田尺度 ET 估算研究，构建基于权重积分法的阴阳叶冠层导度提升模型，有效改善 ET 空间尺度提升方法，探讨不同空间尺度 ET 间的转换及关联性。

第 7 章和第 8 章分别基于水热耦合平衡方程和 ET 互补相关理论，构建区域（灌区）尺度 ET 估算方法与模型。基于偏微分方程基本理论并辅以量纲分析方法，推导水热耦合平衡方程，揭示实际与潜在 ET 之间的定量关系，开展区域（灌区）尺度 ET 估算。在分析互补相关模型边界条件特性的基础上，构建 ET 互补相关非线性模型，量化分析不同空间尺度下实际与潜在 ET 之间的关系，分析模拟灌溉变化对区域（灌区）尺度潜在 ET 的影响，开展未来情景变化下的灌区需水预测。

1.4.2　基于蒸散发尺度效应的农业用水效率与效益评价

在下篇“基于蒸散发尺度效应的农业用水效率与效益评价”中，从 ET 尺度效应的视角出发，以北京大兴和通州井灌区、山东位山渠灌区、河北白洋淀湿地为例，基于水氮作物耦合模型、生态水文模型、SWAT 模型、生态服务功能评价模型等各类模型，开展不同空间尺度下的农业用水效率与效益评价。

第 9 章将土壤水分运移、氮素迁移转化、土壤温度、作物生长等过程的模拟相结合，构建土壤水、热、氮迁移转化与作物生长耦合模型，以北京通州和大兴井灌区为典型研究区域，利用该耦合模型模拟各子区域内冬小麦-夏玉米轮作下的土壤-作物系统水氮迁移转化过程及作物生长过程，开展不同农田水氮管理模式下的作物水氮利用效率区域空间分布评价。

第 10 章基于改进的 Hydrus-1D 模型和生态水文模型 HELP-C 分别对田间水循环过程和作物耗水及产量进行模拟，分析田间尺度水分利用效率的变化规律与特点，描述冠层尺度作物耗水和碳同化量变化过程，分析冠层（农田）尺度水分利用效率的季节性变化规律及其主控因素，开展未来气候变化对山东位山灌区气象要素影响的模拟分析，分析灌区尺度水分利用效率的变化规律与特征。

第 11 章在分析农业用水多功能性的基础上，构建起农业用水效率与效益综合评价理论，建立了基于层次分析法的农业用水效率与效益综合评价方法，以北京大兴井灌区为典型研究区域，借助 SWAT 模型开展区域（灌区）尺度水平衡过程模拟，综合评价农业用水效率与效益。

第 12 章以河北白洋淀湿地为典型研究区域，在评价生态服务功能价值的基础上，将该湿地的水资源利用量划分为不同类型的生态环境需水量，并对其进行量化估算，建立湿地生态环境需水量与生态服务功能间的耦合关系，开展白洋淀湿地生态系统水资源利用效率分析评价。

上篇　蒸散发尺度效应与时空尺度扩展及提升

第 2 章　不同尺度蒸散发测定方法与观测试验

在水文学和水资源学研究中，尺度通常是指空间范围的大小和时间历时的长短，与之相对应的即为空间尺度和时间尺度（李远华等，2005）。灌溉水文学中涉及的空间尺度变化域是从微观尺度（$10^{-5}\sim10^{-2}$m）→中观尺度（$10^{-2}\sim1$m）→宏观尺度（$1\sim10^{4}$m）→全球尺度（$10^{4}\sim10^{8}$m），而时间尺度的变化范围则从秒→时→天→年→百年→千年，不同时空尺度组合下的研究过程之间存在较大差异（许迪，2006）。为此，应针对 ET 的物理含义及其时空属性，借助各种适宜的测定方法和手段，通过各种合理的室外观测试验，达到获取不同时空尺度 ET 的目的。

本章介绍叶片、植株、田块、农田、区域（灌区）等不同空间尺度下的 ET 测定方法，以及这些方法在实际应用中的特点，阐述在中国华北地区布设的 4 个典型 ET 测定试验站的基本情况、测定方法与设备、灌溉试验设计与处理、观测试验频率与采样方法等，为开展基于 ET 尺度效应的农业用水效率与效益评价提供基础支撑条件。

2.1　不同尺度蒸散发测定方法

针对从叶片（cm^2）→植株（$10\sim10^{4}cm^2$）→田块（$1\sim10^{2}m^2$）→农田（几百平方米至几平方千米）→区域（灌区）（$10\sim10^{4}km^2$）等不同空间尺度，相应的 ET 观测精度和环境要求各不相同（Richard et al.，2011）。其中，光合作用仪和茎流计主要用于测定特定植物叶片或特定植株的蒸腾量，点尺度的概念明确；直接测算田块蒸散发量的土壤水分平衡法和蒸渗仪（测坑）法属于传统的方法，其观测布点必须考虑土壤特性空间变异性的影响，以便确定其代表性；能量平衡法，如波文比法和激光闪烁仪法需在测定同期净辐射和土壤热通量的基础上，获得农田尺度以上的蒸散发量，对非均匀下垫面，需布设多台设备进行观测，而考虑了湍流边界层气体和水分交换的涡度协方差方法对仪器的架设高度、传感器的精度有着较高要求；卫星遥感数据被用于计算区域（灌区）尺度的蒸散发量，具有空间上连续、时间上动态变化的优点，既弥补了因传统气象观测站布点稀少、空间插值误差大、山区难以观测的弱点和不足，使大范围 ET 监测成为可能，也同时提供了地面植被、土壤等参数信息，明显节省了人力、资金和时间的投入，但多源、多传感器、多时空分辨率的遥感数据也存在不确定性问题。

2.1.1　叶片尺度

植物经常处于吸水和失水的动态平衡过程中，一方面植物需从土壤吸收水分；另一方面又从其自身向大气中散失水分。陆生植物在一生中耗水很大，但其中只有少量水分用于体内物质代谢（占 1.5% ~2%），绝大多数都散失到体外。其散失水分的方式，除少量以液体状态通过吐水方式散失外，大部分水分均以气态，即以蒸腾的方式散失。蒸腾作用（transpiration）是指植物体内的水分以气态散失到大气中的过程。与物理学的蒸发过程不同，蒸腾作用不仅受外界环境条件影响，还受到植物本身的调节和控制。蒸腾是一种复杂的生理过程，通过植物上部表皮，主要是其上的气孔进行，组成气孔的保卫细胞响应植物体内外条件的变化而运动，使得气孔开闭，引起水蒸气扩散阻力的变化。因此，蒸腾作用实质上是植物生理调节（气孔运动）下的物理过程。

叶片气孔是植物水汽交换、能量转化的通道。影响叶片气孔蒸腾的主要因素有两部分：一是气孔本身的状态和结构对蒸腾的影响，如气孔大小、开度、频度、气孔下腔和构造；二是外界条件对气孔蒸腾的影响，如光照、温度、湿度、风速等。蒸腾作用的昼夜变化主要是由外界条件决定。以水稻为例，在 1 天中，7：00 开始逐渐增大，到 10：00 迅速上升，于 13：00 左右达到高峰，14：00 以后逐渐下降，18：00 后迅速下降。蒸腾强度的这种日变化规律与光强和气温变化规律相一致，特别是与光强的关系更为密切。对绿色植物来说，在阳光充足的白天，其利用阳光能量进行光合作用，以获得生长发育所必需的养分，这个过程的关键参与者就是内部的叶绿体。叶绿体在阳光作用下，把经由气孔进入叶子内部的二氧化碳和由根部吸收的水分转变成为葡萄糖，同时释放出氧气。

$$12H_2O+6CO_2+\text{阳光}\xrightarrow{\text{与叶绿素产生化学作用}}C_6H_{12}O_6\ (\text{葡萄糖})\ +6O_2+6H_2O \tag{2-1}$$

目前，用于测量作物叶片蒸腾的测量方法一般如下（王忠和顾蕴洁，2006）：①植物离体部分的快速称重法，切取植物体的一部分（叶、苗、枝或整个地上部分）迅速称重，2 ~3min 后再次称重，两次质量之差即为单位时间内的蒸腾失水量。②测量质量法，将植株栽在容器中，茎叶外露进行蒸腾作用，容器口适当密封，使容器内的水分不发生散失。在一定间隔时间里，用电子天平称得容器及植株质量的变化，就可得到蒸腾速率。③量计测定法，适合于田间条件下测定瞬时蒸腾速率，主要是应用灵敏的湿度敏感元件测定蒸腾室内的空气相对湿度的短期变化。近年来应用较多的是稳态气孔计，其透明小室的直径仅为 1 ~2cm，将叶片夹在小室间，在微电脑控制下向小室内通入干燥空气，流速恰好能使小室内的湿度保持恒定，然后可根据干燥空气流量的大小计算出蒸腾速率。④红外线分析仪测定法，红外线对双元素组成的气体具有强烈的吸收能力，该仪器是可测定两种空气流中水浓度（绝对湿度）的差值，且可作两种类型的测量：一是绝对测量，即测定蒸腾室中水蒸气浓度与封闭在参比管内的惰性气体或含有已知浓度水蒸气的浓度的差值；二是相对测量，即测定流入蒸腾室前和流出蒸腾室后的两种水蒸气浓度间的差值。

目前，常用的为美国 LI-COR 公司生产的 LI-6400 系列便携式光合作用仪，其工作原理就是根据参考气体与叶室气体的 CO_2/H_2O 浓度差、气体流速、叶面积等参数，计算光合作用/呼吸作用速率和蒸腾速率。根据参考气体与叶室 H_2O 浓度和蒸腾速率计算叶面水分总导度，又据此以叶片两面的气孔密度比例计算水分气孔导度即气孔导度（其倒数为气孔阻力）。根据气孔水分导度、叶片两面气孔密度比例、叶面边界层阻力，计算气孔对 CO_2的导度。最后由气孔 CO_2导度、蒸腾速率、参考气体 CO_2浓度、光合速率，计算得到

胞间 CO_2浓度（蒋高明，1996）。LI-6400 仪器能够测定的植物光合与水分生理指标有净光合（呼吸）速率、蒸腾速率、总气孔导度、气孔导度、胞间 CO_2浓度等，以及随机的传感器测量的关键环境参数。图 2-1 给出了 LI-6400 开放系统内的气流工作原理示意图，以及利用光合作用仪进行田间测定的实际情况。

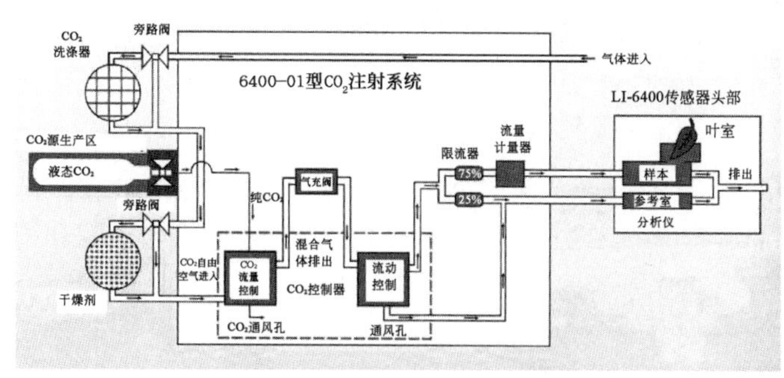

（a）LI-6400系列光合作用仪的气流工作原理示意图

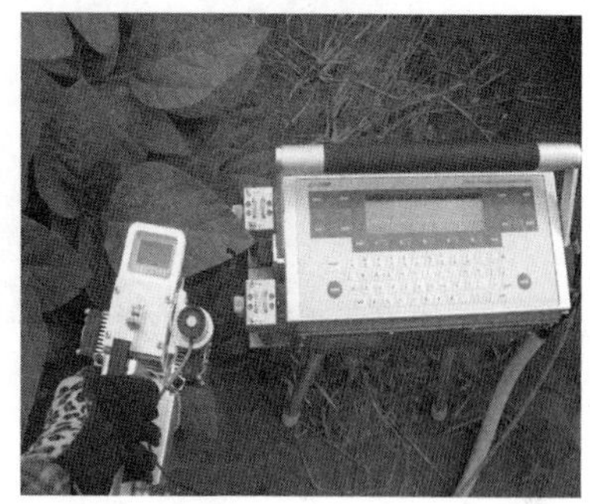

（b）田间测定叶片的光合作用和蒸腾

图 2-1　利用 LI-6400 系列光合作用仪测定田间作物光合与蒸腾

2.1.2　植株尺度

作物从根系吸水，经过茎秆运移，通过植株叶片蒸腾作用向外散失水分。德国植物生理学家 Hubert 于 1932 年提出热脉冲法，最先利用热脉冲作为植株液流的示踪物，并率先运用于实际研究。经过多年的研究和发展，茎流计测定植物液流速率的工作原理主要归结为以下 4 种：热脉冲法、热平衡法、热扩散法和激光热脉冲法，其中热平衡法和热扩散法将成为未来研究树木液流的重要方法，而鉴于激光热脉冲法的优越性，未来也会有广阔的应用前景（龙秋波和贾绍凤，2011）。

目前，广为人们采用的直接测定作物植株尺度蒸腾速率的设备是茎流计，其为通过加热植物茎秆测量茎流速度变化进而计算植物蒸腾量的仪器。图 2-2 是观测试验中常见的两种茎流计，分别为包裹式茎流计（如热平衡茎流计）和插针式茎流计（热脉冲速率茎流计、热扩散速率茎流计）。

采用茎流计测得典型植株茎秆中液体的流量后，再根据作物的种植密度即可计算出各试验小区内的平均蒸腾量。

$$T_{sf} = 24 \times 10^{-3} qd \tag{2-2}$$

式中，T_{sf}为根据茎流计实测数据计算的平均蒸腾量（mm/d）；q 为茎流计测得的典型植株茎秆中液体的流速（g/h）；d 为作物的种植密度（株/m^2）。

茎流计测量方法能够直接测定蒸腾量，在耦合微气象系统（如涡度相关法）数据下，可将土壤蒸发 E 从下垫面植被 ET 中分离出来。但茎流计也存在一些缺陷，在实际应用中要特别注意：①探针位置和茎秆形状对测量结果影响很大，是误差最大的来源；②不同茎秆的木质对探针热脉冲反应不同，造成计算误差；③探针植入茎秆会造成植物不同程度的

(a) 包裹式茎流计

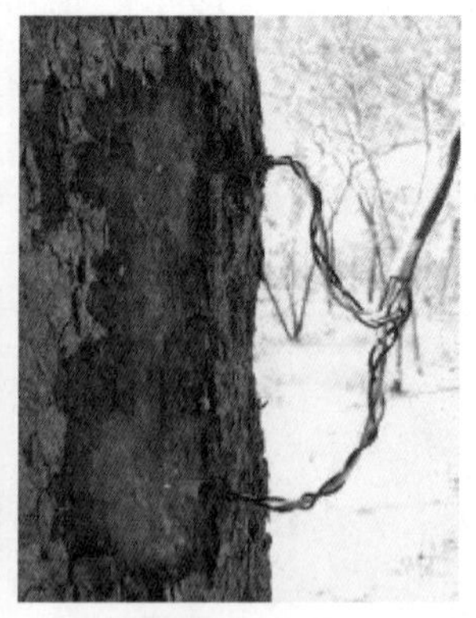

(b) 插针式茎流计

图 2-2　利用茎流计测定作物和树干的茎流

损伤；④由茎流计测量结果上推 ET 时，存在尺度效应和尺度转换问题，需要同步土壤蒸发数据，将带来不确定性问题，同时选择茎流计监测个体性植株时需考虑代表性。

2.1.3　田块尺度

观测田块尺度 ET 的方法通常包括水量平衡法和蒸渗仪（测坑）法。

2.1.3.1　水量平衡法

水量平衡法是基于水平衡原理，通过观测得到水量平衡方程中的其他变量项，间接计算获得小区范围内的平均 ET（Allen et al.，1998）。

$$ET = I + P - RO - DP + CR \pm \Delta SF \pm \Delta SW \tag{2-3}$$

式中，I 为灌水量（mm）；P 为降水量（mm）；RO 为地表水径流量（mm）；DP 为深层渗漏量（mm）；CR 为毛管上升水量或地下水补给量（mm）；ΔSF 为作物根区内水平方向流入流出变化水量（mm）；ΔSW 为作物根区内的土壤水变化量（mm），该变量是水量平衡方程中最重要的观测项，可借助各种仪器设备（如取土烘干、中子仪、负压计、TDR、Trime 土壤水分仪等）定期监测的土壤含水率变化情况计算得到。

2.1.3.2　蒸渗仪（测坑）法

蒸渗仪（测坑）法是利用水平衡原理推算 ET 的测定设施，因测量结果的直观性和准确性，常被用来校核和检验 ET 估算模型的精度。在大多数情况下，蒸渗仪（测坑）的主体部分是一个装有原状土或者均匀土的圆柱体或方体，土体上种植有作物，内部安装有观测土体水分、温度、盐分、渗漏等参数的传感器（图 2-3）。按照蒸腾量获取的计算方法来分，蒸渗仪（测坑）可分为称重式和水量平衡式两种类型。其中，称重式蒸渗仪（测坑）主要用于陆生植物，需在干燥状况下构造和长期使用；水量平衡式蒸渗仪（测坑）适合于湿地或者湖泊环境下使用（Abtew and Melesse，2012）。随着社会的发展和科研的需要，蒸渗仪（测坑）的建设已向群集式、规模化方向发展，数据采集更为精细和密集，为农业水管理、水文循环、气象服务、生态环境下的作物蒸腾、水分下渗、径流及排水中可溶解成分的淋失等研究，提供了重要的基础数据。

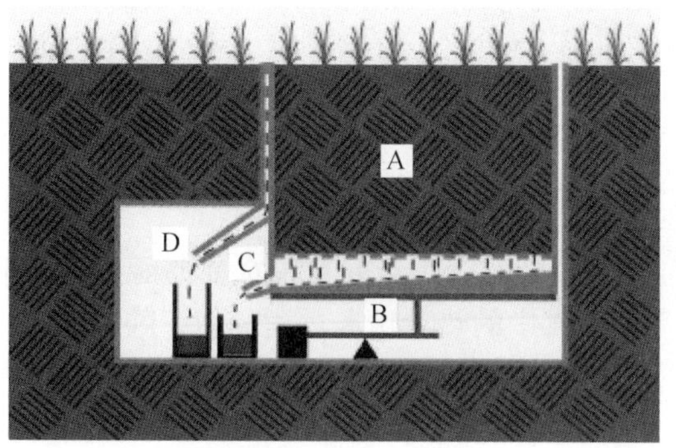

(a) 蒸渗仪（测坑）组成
A.土体；B.称重系统；C.坑体渗漏；D.坑体径流。

(b) 单体蒸渗仪（测坑）

(c) 群集式蒸渗仪（测坑）地表部分

(d) 群集式蒸渗仪（测坑）地下部分

图 2-3　利用蒸渗仪（测坑）测定作物蒸散发

利用蒸渗仪（测坑）可直观地在计算机监控下测定 ET，所需环境条件要小于微气象学方法，且系统能够直接机械标定。但蒸渗仪（测坑）存在的缺陷如下：①由于造价因素影响，其测量区域较小，在利用其结果进行田间水土管理时要考虑尺度问题；②难以减少周边植被的边际影响，筒体内外的土壤空间变异性、植物密度分布差异等都会影响计算精度；③难以测量大尺度空间林木间的土壤蒸发；④由于筒体切断了四周土壤，故难以测量根际水分交换。

2.1.4　农田尺度

在农田尺度下，也可根据水量平衡原理进行 ET 估算，但随着空间面积的增大，需在农田范围内布设较多的监测点或传感器，才能尽可能地削减因土壤特性存在空间变异性引起的水分非均匀分布的状况。此外，目前多根据能量平衡原理（Allen et al.，1998），间接计算获得农田潜热通量，即代表农田蒸散发量。

$$R_n - G - \lambda ET - H = 0 \tag{2-4}$$

式中，R_n为净辐射［MJ/(m^2·d)］；G为土壤热通量［MJ/(m^2·d)］；λ为水的汽化潜热［MJ/(m^2·d)］；λET为潜热通量［MJ/(m^2·d)］，即农田蒸散发量；H为显热通量［MJ/(m^2·d)］，可根据下垫面的温度梯度测量值确定。

基于以上能量平衡原理，常采用波文比能量平衡法和涡度协方差（eddy covariance）系统确定农田尺度的水汽通量λET。

2.1.4.1 波文比能量平衡法

波文比能量平衡法是1926年英国物理学家Bowen在研究自由水面的能量平衡时提出的，认为水分子蒸发扩散过程与同一水面向空气中的热量输送过程相似，并提出了波文比（β）的概念，即水面与空气间的湍流交换热量（H）与自由水面向空气中蒸发水汽的耗热（λET）之比。根据湍流扩散方程可得（吴家兵等，2005）

$$\beta = \frac{H}{\lambda ET} = \frac{\rho_a C_p K_h \dfrac{\Delta\theta}{\Delta z}}{\rho_a \lambda K_w \dfrac{\Delta q}{\Delta z}} \tag{2-5}$$

式中，ρ_a为空气密度（kg/m^3）；C_p为空气定压比热［MJ/(kg·℃)］；$\Delta\theta$和Δq分别为两个观测高度上的位温（℃）和湿度差（%）；Δz为观测高度差（m）；K_h和K_w分别为热量和水汽的湍流交换系数。

根据Monin-Obukhov相似理论，热量和水汽的湍流交换系数相等，即$K_h = K_w$，又因$q = \varepsilon e/P$及$\varepsilon = PC_p/\gamma\lambda$，则可得到：

$$\beta = \frac{C_p}{\lambda} \cdot \frac{\Delta\theta}{\Delta q} = \gamma \frac{\Delta\theta}{\Delta e} \tag{2-6}$$

式中，e为水汽压（kPa）；P为大气压（kPa）；ε为水汽分子量与干燥气体相对分子质量的比值，为0.622；γ为干湿球湿度计常数（kPa/℃）。

式（2-4）又可表达为

$$R_n = H + \lambda ET + G \tag{2-7}$$

联立式（2-5）和式（2-7）可得到下式：

$$\lambda ET = \frac{R_n - G}{1 + \beta} \tag{2-8}$$

由式（2-6）和式（2-8）可见，利用波文比测算潜热通量（蒸散发量），除了观测常规易测的净辐射和地热通量外，只需测量温度和湿度梯度两个参数，从而大大简化了测算过程。

图2-4是典型的波文比自动观测系统，其确定农田ET的优点主要如下（宋从和，1993）：①对梯度的测量误差、假设湍流交换系数$K_h = K_w$的误差所导致的对λET的总误差要比空气动力学方法产生的误差小；②无需测量风速廓线资料，对风浪区的要求不是很严格；③只需测量两个高度的梯度要素观测值；④在仪器及观测技术良好的条件下，β值越小，1在（1+β）中所占的比重越大，（1+β）的误差就越小，最后的结果越准确。

（a）波文比自动观测系统

（b）多层波文比观测塔

图 2-4　波文比自动观测系统及其主要传感器

波文比能量平衡法应用中存在的主要问题如下：①R_n和 G 的误差在计算 λET 过程中是累积的，尤其是对 G 难以确定的下垫面，λET 误差较大；②当下垫面不均一致使边界层的温度和湿度垂直梯度偏离正常值以及处于非稳定大气状态下，λET 可能与实际方向相反；③有时会出现计算结果与实际情况在数量级上相差很大。基于这些存在的问题，利用波文比能量平衡法时要注意以下几点：①要求的观测仪器误差小；②$K_h=K_w$假定与实际情况不符引起的误差不能忽略，尤其是强烈逆温下 $K_h \neq K_w$，必须做该假定的补充订正；③适合于较潮湿大气条件，在风速较小时应用要优于空气动力学方法；④测点应位于田块中央，风浪区长度为所布设的温度传感器和风速仪器高度的 100～200 倍；⑤观测高度应为作物株高的 1.5 倍，使 $K_h \approx K_w$；⑥要求天气平稳少变，辐射和风速不过于剧烈变化；⑦应避开早晚（R_n-G）很小或为负值的短暂时段。

2.1.4.2　涡度协方差系统

涡度协方差系统是建立在澳大利亚微气象学家 Swinbank 提出的涡度相关理论基础之上，通过直接测定和计算下垫面显热和潜热的湍流脉动值而求得植物蒸腾蒸发的一种方法。

$$H=\rho_a C_p w'T' \tag{2-9}$$

$$\lambda ET=\lambda\rho_a w'q' \tag{2-10}$$

式中，T'、w'、q' 分别为垂直温度（℃）、风速（m/s）和脉动湿度（%）。

Dyer 于 1961 年制作出世界上第一台涡动通量仪，后经一系列改进，形成了目前的涡度相关仪（黄妙芬，2003）。涡度相关仪主要包括以下传感器：①三维超声风速仪，用于测量三个方向（U_x、U_y、U_z）的风速；②反应灵敏的热电偶，用于测量脉动温度；③反应灵敏的湿度计，用于测量脉动湿度 q'。另外，测量二氧化碳和水汽浓度快速变化的红外气体分析仪，有闭路式和开路式两种。当前国内多用 LI-7500 开路式气体分析仪，其系统轻小、耗能低、高频响应好，信号相对于超声仪的滞后小，但与闭路气体分析仪相比又易受天气影响，无法进行自动化例行校准等缺点。开路系统，如 LI-7500 的探头可装在超声探头附近，且尽量不妨碍流场，探头可与水平成 15°～30°，以减少雨水或露水对探测窗口的影响。使用中应注意定期利用专用装置做二氧化碳浓度的标定，且计算二氧化碳和水汽通量时要加入热通量订正（WPL 订正）。

图 2-5 是涡度协方差观测系统，与其他方法相比，涡度相关法不是建立在经验关系基础之上，而是严格依据空气动力学理论推导而来，物理学基础最为完备。其通过直接测量各种物理属性的湍流脉动值来确定交换量，不受平流限制，具有较高的精度和良好的稳定性。涡度相关仪可以连续观测二氧化碳、水汽通量和环境要素，评价不同时间尺度的水碳通量特征及其环境响应；因其相对较大的空间代表性，填补了航空观测与地面定点调查之间的空间尺度，是地球观测系统的主要内容。涡度相关法只需在一个高度上进行观测，作业非常灵活，而且仪器的可移动性强，在森林等高杆植物或高粗糙度地表安装很方便。但由于该法是一种直接测定技术，故不能解释植物蒸散发的物理过程和影响机制。另外，对于严重干旱缺水地区，因空气中的水汽含量较少，测出的植物蒸散发量往往误差较大。

(a) 涡度协方差观测系统

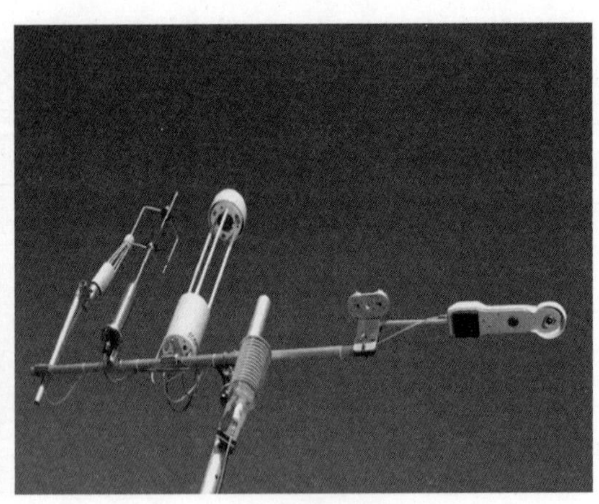
(b) 主要传感器

图 2-5　涡度协方差系统及其主要传感器

涡度相关法的误差可能来源于理论假设与客观实际的偏差，也可能由仪器本身或使用不当造成。由于探头、记录仪的频率响应特性的限制以及有限的观测时间，不可能观测到对垂直通量起作用的整个湍流的频率范围，主要表现在对高频部分的截断上，且高频损失程度还与仪器架设的高度、大气稳定度等有关。另外，当测量垂直风速脉动量时，该仪器的安装倾斜也可能导致误差。在实际应用中，特别要注意观测相关仪器的定期维护和校正，在使用数据时要严格进行野点剔除、缺失插补等程序，尽量排除恶劣天气、人为干扰或者仪器内部引起的异常数据（Burba and Anderson，2010）。

2.1.5　区域（灌区）尺度

在区域（灌区）尺度上，测定 ET 的方法分为地面观测和遥感观测两类，其中地面观测常用的是激光闪烁仪，遥感观测则主要采用卫星搭载的传感器，通过观测可见光和近红外波段的地表参数反演计算得到蒸散发量。

2.1.5.1 激光闪烁仪

激光闪烁仪自 20 世纪 90 年代开始投入使用后，已成为应用最为广泛的区域（灌区）尺度 ET 地面测定方法。激光闪烁仪主要由发射器和接收器两部分组成（图 2-6），彼此之间要保持一定的距离，安装高度距地面几米到数十米。此外，激光闪烁仪还包括数据采集单元、对准系统、安装底座和防水机箱等配套部分。测量原理为闪烁原理，即发射器发射电磁波（电磁波可以是可见光、红外光和微波辐射等，目前应用最多的是近红外光，波长范围在 670 ~ 940 nm），光束在大气中传播时，由于大气温度、湿度和气压波动引起大气折射系数的波动，导致波束的无规则折射和吸收，从而影响接收器接收信号的密度变化。根据接收到的光强自然对数的方差，可计算出空气折射指数的结构参数，并由此推算湍流通量，进而通过能量平衡原理计算潜热通量，即蒸散发量。由于该仪器的安置高度、发射器和接收器之间的距离以及发射器孔径等参数存在一定差异，故激光闪烁仪的观测覆盖范围在几百米到几千米。根据激光闪烁仪的光学孔径不同，可分为小孔径（small aperture scintillometer，SAS）、大孔径（large aperture scintillometer，LAS）和超大孔径（extra-large aperture scintillometer，XLAS）三类激光闪烁仪，其中 SAS 的孔径为 2.5mm，工作距离为 200 ~ 250 m；LAS 的孔径为 0.15m，工作距离为 500 ~ 5000m；XLAS 的孔径为 0.32m，工作距离为 10km。

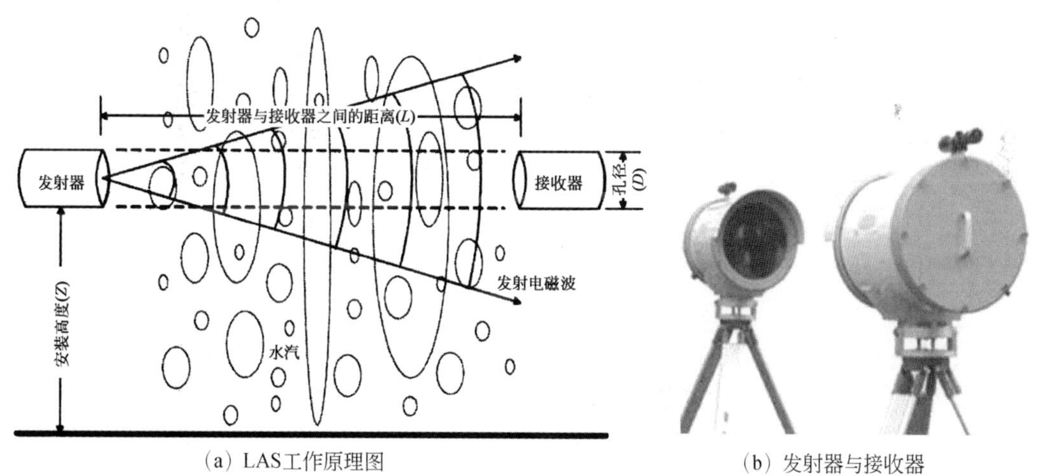

(a) LAS工作原理图　　(b) 发射器与接收器

图 2-6　大孔径激光闪烁仪构成

由于激光闪烁仪直接测量的是空气折射率强度和折射率的结构参数，因此需要通过公式计算得到显热通量。激光闪烁仪接收器接收到的光强自然对数的方差（$\sigma_{\ln I}^2$）与空气折射指数的结构参数（C_n^2）的关系为

$$C_n^2 = 1.12\sigma_{\ln I}^2 D^{7/3} L^{-3} \tag{2-11}$$

式中，D 为接收器的光学孔径（m）；L 为发射器和接收器之间的距离（m）。

在湍流大气中，大气闪烁主要是由温度和湿度的波动引起，实测的 C_n^2 和 C_T^2、C_q^2 的结构参数及其它们之间的协变项 C_{Tq} 都有关系。对于可见和近红外区内的电磁波来说，湿度引起的闪烁比温度引起的小得多，在忽略 C_q^2 及 C_{Tq} 的前提下，温度结构参数 C_T^2 可近似由下式得到。

$$C_T^2 \approx C_n^2\left(\frac{T^2}{-0.78\times10^{-6}P}\right)^2\left(1+\frac{0.03}{\beta}\right)^{-2} \tag{2-12}$$

式中，P 为大气压（Pa）；T 为热力学温度（K）；β 为波文比（$\beta=H/\lambda ET$，其中 H 为显热通量，λET 为潜热通量），表示湿度对闪烁的修正项。一般认为当波文比大于 0.6 时，该项可以忽略。

根据莫宁–奥布霍夫大气相似性理论（Monin-Obukhove similarity theory），大气不稳定条件下显热通量和温度结构参数的关系为

$$\frac{C_T^2(z_{LAS}-d)^{2/3}}{T_*^2}=f_T\left(\frac{z_{LAS}-d}{L_{MO}}\right)=f_T(\zeta)\qquad L_{MO}<0 \tag{2-13}$$

$$T_*=\frac{-H}{\rho C_p u_*} \tag{2-14}$$

式中，d 为零平面高度（m）；z_{LAS} 为闪烁仪架设高度（m）；ρ 为空气密度（kg/m^3）；C_p 为空气定压比热［MJ/(kg·℃)］；L_{MO} 为莫宁–奥布霍夫长度（m）。

$$L_{MO}=Tu_*^2/kgT_* \tag{2-15}$$

式中，T_* 为温度标度（K）；u_* 为摩擦速度（m/s）。

$$u_*=\frac{ku}{\ln\left(\frac{z_{LAS}-d}{z_0}\right)-\Psi_m\left(\frac{z_0-d}{L_{MO}}\right)} \tag{2-16}$$

式中，z_0 为地表粗糙长度（m）；u 为风速（m/s）；k 为卡曼常数，通常取 0.41；Ψ_m 为动量综合稳定度函数。

$$\Psi_m=\begin{cases}-5\zeta & \zeta>0\\ 2\ln\left(\frac{1+x}{2}\right)+\ln\left(\frac{1+x^2}{2}\right)-2\arctan x+\frac{\pi}{2} & \zeta<0\end{cases} \tag{2-17}$$

式中，$x=(1-16\zeta)^{1/4}$。

在大气不稳定情况下，式（2-13）中的函数 $f_T(\zeta)$ 被表达为

$$f_T(\zeta)=4.9(1-9\zeta)^{-2/3}\qquad \zeta<0 \tag{2-18}$$

显热通量需通过式（2-12）~式（2-18）的迭代计算得到。需注意的是，激光闪烁仪仅能测量 C_n^2，故显热通量的计算还需辅助通量观测塔实测的风速和气温等观测数据。另外，潜热通量计算过程中还用到零平面高度 d 和地表粗糙长度 z_0，需根据作物高度估算得到。波文比可通过独立的仪器观测得到，也可先假定一个初值，在求出潜热通量之后计算得到真实的波文比，再代回公式中迭代计算显热通量，进行微调。在计算得到显热通量后，可根据能量平衡方程计算潜热通量，该过程中需要净辐射和土壤热通量的观测值或模拟值。

2.1.5.2 遥感方法

与地面直接观测相对应的是遥感观测，其主要是依靠传感器主动发射或被动接收到的

信息，根据多通道多波段的辐射亮度温度、反射率等信息，采用不同算法得到所需要的产品。对 ET 而言，通常不能够根据传感器得到的数据直接获取，而是通过传感器反演得到的地面参数所建立的遥感 ET 模型，再配合地面资料计算得到遥感 ET 数据。

Brown 和 Rosenberg（1973）通过在飞行器上搭载传感器，反演热红外温度用于田间尺度 ET 的计算。目前，遥感 ET 计算仍需辅助部分气象观测数据，通常采用建立的遥感 ET 模型计算得到蒸散发量。根据不同假设条件和计算机理已开发出多种遥感 ET 模型，并在不同气候和下垫面条件下加以验证。根据遥感 ET 模型是否遵循物理基础，可将遥感 ET 模型大致分为经验性模型和机理性模型两大类（图 2-7），相应的优缺点见表 2-1（陈鹤，2013）。

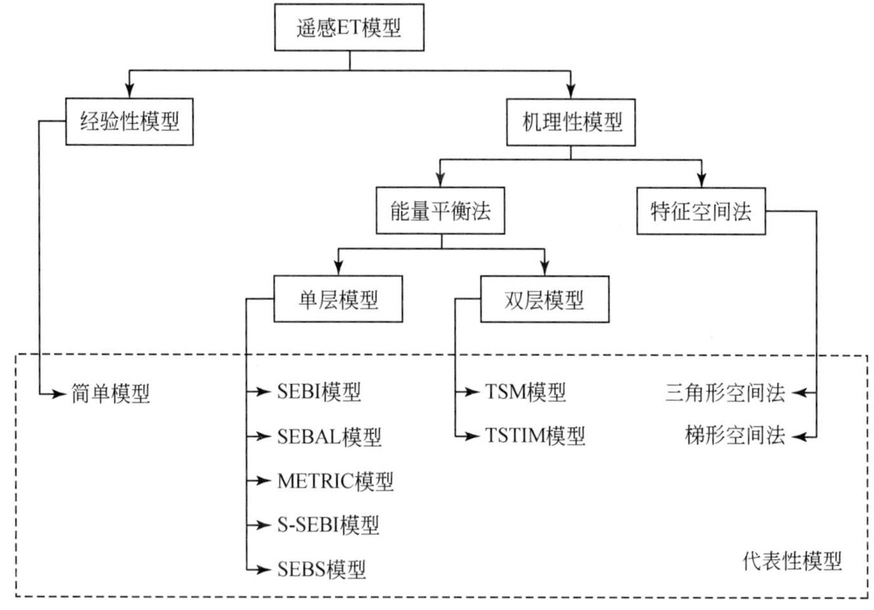

图 2-7　遥感 ET 模型分类

表 2-1　典型遥感 ET 模型比较

模型	假定条件	优点	缺点
简单模型	忽略 G_0；$\lambda ET/R_n$ 在白天保持恒定	模型简单	计算区域面积小，各站点回归参数不同
SEBI 模型	最干点 $\lambda ET=0$，最湿点 $\lambda ET=\lambda ET_p$	λET 与 T_s、r_a 相关	需要地面观测数据
SEBAL 模型	T_s-T_a 与 T_s 呈线性关系，最干点 $\lambda ET=0$，最湿点 $H=0$	少量地面观测数据，自动率定参数，不需要大气校正	要求地形平坦，人工选取控制点
METRIC 模型	最干点 $\lambda ET=0$，最湿点 $\lambda ET=1.05\lambda ET_p$	同 SEBAL 模型，考虑了地形因素	人工选取控制点
S-SEBI 模型	$\lambda ET/R_n$ 与 T_s 呈线性变化，T_s 最大时 λET 最小，T_s 最小时 λET 最大	不需要地面观测	T_s 的最大值和最小值各地域不同

续表

模型	假定条件	优点	缺点
SEBS 模型	最干点 $\lambda ET = 0$，最湿点 $\lambda ET = \lambda ETp$	减小不确定性，不需要参数率定	输入参数多，需要迭代计算
三角形空间法	存在干边、湿边，不考虑大气影响，$\lambda ET/R_n$ 与 T_s 呈线性变化	不需要地面观测	干边和湿边不易确定，需要高分辨率遥感影像
梯形空间法	干边、湿边与 NDVI 线性相关，$\lambda ET/R_n$ 与 T_s 呈线性变化	仅需要确定极限点	极限点选取造成误差，输入参数多
TSM 模型	土壤与植被无相互作用，需要植被先验驱动模型	考虑了地形因素，不需要剩余阻抗	输入参数多，方程组不闭合
TSTIM 模型	需要先验的 T_s 时间分布	不需要剩余阻抗	需要多时相遥感数据

经验性模型通常根据线性回归方程，直接建立起 ET 与地表温度及空气温度之间的关系，采用地表实测值对经验公式进行拟合，确定模型中的经验系数。通常来说，经验性模型中的经验系数在不同类型的下垫面下是不同的，在应用之前需先进行模型拟合。经验性模型的优点在于模型结构简单，只需每日一次的遥感地表温度观测值和气象站的空气温度观测值作为模型输入，缺点是需要针对每一个站点进行拟合，不利于模型在区域 ET 模拟中的应用。

机理性模型通常根据能量平衡方程，在忽略水平方向能量传输的情况下，根据已知的 R_n、G、H 值，将 λET 作为能量平衡方程的余项进行计算。通常 R_n 和 G 的计算方法比较固定，R_n 是向上/向下长波辐射和短波辐射等四项辐射值的累加，G 通过建立其与 R_n 相关的经验公式计算，在 G 的绝对值较小地区，可直接给定 G 所占 R_n 的比例关系计算。因此，机理性模型与经验性模型的主要区别在于显热通量 H 的计算，根据是否区分土壤和植被，机理性模型又可进一步划分为单层模型和双层模型。

在单层模型中不区分土壤和植被，在每个遥感像元像元内，认为地表是均匀的，植被和土壤作为一个整体与大气进行水分与能量交换。通常来说，在单层模型中，通过阻抗公式计算显热通量 H。

$$H = \rho \cdot C_p \cdot \frac{T_s - T_a}{r_a} \tag{2-19}$$

式中，T_s 和 T_a 分别为地表和空气温度（℃）；r_a 为空气动力学阻抗（s/m），计算该值时要引入一些假设和订正，如大气边界层相似性假设和空气动力学修正等。

根据不同的假设条件，单层模型又逐渐分化出各种代表性模型，如 SEBAL 模型、S-SEBI 模型、SEBS 模型、METRIC 模型、SEBI 模型等。单层模型通常结构较为简单，在均匀的下垫面条件下，模拟结果良好，已被广泛用于各种气候类型及下垫面条件中。

在双层模型中则是考虑了土壤对稀疏植被地表通量的贡献，将地表进一步划分为土壤层和植被冠层，认为水汽和热量在下层土壤和上层植被之间是相互叠加的，土壤层的水分与热量只能通过植被冠层进入或离开，整个植被冠层的总显热通量是上、下两层显热通量之和，因此需要对土壤和植被分别进行模拟，通常也称为串联双层模型。而在植被较为稀疏的地区，可以对模型进行简化，将遥感像元内划分为土壤和植被两部分，且两部分分别与外界进行能量交换，各像元内的总通量就是土壤和植被各自通量的面积加权之和，这种模型称为平行双层模型。

双层模型考虑了裸土表面和植被冠层的反射率、表面温度等参数的差异，更具有物理机理性，对输入参数更加敏感，计算结果也更加准确。然而，由于双层模型需要分别输入土壤和植被两套参数，因此不确定性和误差也由此产生，而单层模型虽然在计算中加以简化，在一定程度上削弱了模型的物理机理，但其计算结果往往并不比双层模型差。

除上面提到的基于能量平衡原理的机理性模型之外，另一类遥感 ET 模型是经验性的特征空间模型。其原理是根据地表温度、植被指数（如 NDVI、SAVI 等）与 ET 之间的关系构建起特征空间，这为分析植被指数和温度的关系并最终获得 ET 开辟了新途径。Carlson 等（1994）提出植被指数与地表温度的空间变异存在三角形关系，并由此提出估算根区和土壤表面水分及植物覆盖度的方法。Moran 等（1994）对灌溉农田和草地的研究成果显示，地表与大气的温差及植被覆盖度呈现接近梯形的关系。

2.2　不同尺度蒸散发观测试验

针对开展华北地区基于 ET 尺度效应的农业用水效率与效益评价的目的，选择了 4 个试验站开展不同尺度的 ET 观测试验，包括位于北京井灌区的大兴试验站和通州试验站、位于山东渠灌区的位山试验站以及位于河北白洋淀的湿地试验站（图 2-8）。

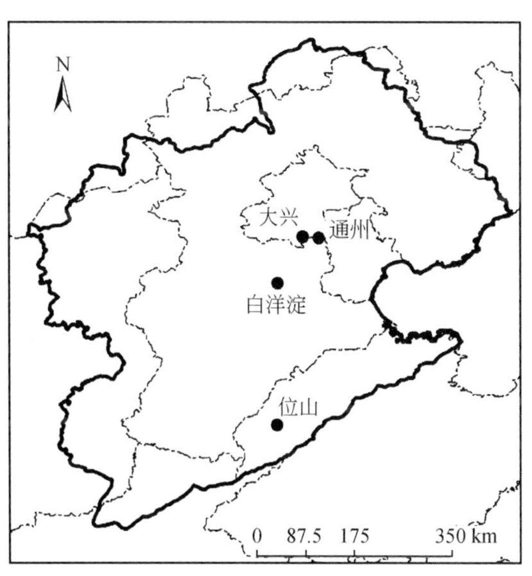

图 2-8　在华北地区选取的 4 个 ET 观测试验站位置

在北京大兴试验站，借助光合作用仪、茎流计、微型蒸发器、Trime 土壤水分仪、蒸渗仪（测坑）、涡度协方差系统、大口径激光闪烁仪等设备，开展冬小麦、夏玉米从叶片到农田尺度的 ET 观测试验；在北京通州试验站，利用 Trime 土壤水分仪和取土法，对冬小麦田块尺度的 ET 变化规律进行观测；在山东位山试验站，采用涡度协方差系统、波文比自动观测系统、大口径激光闪烁仪等设备，从事冬小麦以农田和区域（灌区）尺度为主的 ET 监测试验；在河北白洋淀湿地试验站，使用研发的多筒蒸散发仪设备，开展湿地植被田块尺度 ET 观测试验。

2.2.1 北京大兴试验站

北京大兴试验站位于北京市大兴区魏善庄镇（北纬 39°37′15″，东经 116°25′31″，海拔为 40m），距北京城南约 30km，占地面积 $4hm^2$，多年平均降水量 540mm，最大降水量 971mm（1954 年），最小降水量 206mm（1962 年），降水多集中在汛期 6～9 月，降水量占全年总降水量的 80% 以上，其中汛期降水又主要集中在 7～8 月，约占全年总降水量的 60%。该站多年平均气温 12.1℃，极端最高温度 39.5℃（7 月），极端最低温度 -25℃（1 月）。东北风和西北风为该地区的主要风向，年均风速 1.2m/s。表层土壤上冻期平均从每年的 12 月 10 日到次年的 3 月初，最大冻土深约 50cm，出现在 2 月。全年大于 10℃的有效积温 4730℃，分布在 2 月 22 日～12 月 4 日，共 285 天。年均无霜期 185 天，全年日照时数约 2600h，年均水面蒸发量在 1800mm 以上。上述水文气象条件形成了当地“冬季寒冷少雨，春季干燥多风，夏季炎热多雨”的典型大陆季风型气候特征。

大兴区丰富的光热自然条件适宜于冬小麦、玉米、花生、芝麻、豆类等多种作物生长发育，其中冬小麦-夏玉米轮作是当地采用的主要作物种植模式，平均复种指数 1.4。在正常年份，冬小麦生长期内需补充灌溉；在平水年以上，夏玉米生长期通常不灌溉。大兴试验站土质以砂壤土为主（表 2-2），土层深厚，有机质含量较高，灌溉水源为地下水，水位埋深在 18m 左右。

表 2-2 大兴试验站土壤物理特性

土壤深度/cm	土壤干容重 /（g/cm^3）	饱和含水率 /（cm^3/cm^3）	田间持水量 /（cm^3/cm^3）	凋萎含水量 /（cm^3/cm^3）
0～10	1.30	0.46	0.32	0.09
10～20	1.46	0.46	0.34	0.13
20～40	1.48	0.47	0.35	0.10
40～60	1.43	0.45	0.33	0.11
60～100	1.39	0.44	0.31	0.16

2.2.1.1 ET 测定设施

大兴试验站拥有茎流计、光合作用仪、微型蒸发器、Trime 土壤水分仪、称重式蒸渗仪（测坑）、涡度协方差系统、大口径激光闪烁仪等多种用于监测不同尺度 ET 的仪器设备（图 2-9）。其中，采用光合作用仪（LI-6400，美国 LI-COR 公司）测定叶片尺度作物蒸腾量；使用茎流计（Dynagage 系列，美国 Dynamax 公司）测定植株尺度作物蒸腾量；利用称重式蒸渗仪（测坑）、Trime 土壤水分仪和微型蒸发器测定田块尺度 ET 和 E；基于涡度协方差系统（CSAT3 超声风速仪，LI-7500 CO_2/H_2O 分析仪，美国 Campbell Scientific 公司）测定农田尺度 ET；借助大口径激光闪烁仪（BLS450，德国 Scintec AG 公司）测定区域（灌区）尺度 ET，表 2-3 给出了采用上述仪器设备观测的相关参数指标及其观测频率。此外，除光合作用仪、微型蒸发器以及 Trime 土壤水分仪等仪器需人工操作外，其他仪器和设备在安装调试完成后，即可按照设定的时间间隔，进行自动实时监控和数据存储及传输。

（a）茎流计　（b）微型蒸发器　（c）Trime土壤水分仪

（d）称重式蒸渗仪（测坑）　（e）涡度协方差系统　（f）大口径激光闪烁仪

图 2-9　大兴试验站 ET 监测仪器和设备

表 2-3　大兴试验站 ET 观测仪器和设备获得的参数指标与观测频率

仪器和设备	参数指标	观测频率
茎流计	植株蒸腾	间隔 0.5h
光合作用仪	叶片蒸腾、气孔导度、温度及湿度	作物生育期 5～6 次，日测定时段 8：00～18：00，每 2h 测定 1 次
微型蒸发器	棵间蒸发量	每天称重，5～7 天换土 1 次，降水或灌溉后换土
Trime 土壤水分仪	0～100cm 土层土壤含水率	间隔 4 天，降水和灌水后加测
称重式蒸渗仪（测坑）	作物蒸散发量	1h
涡度协方差系统	潜热通量、显热通量及土壤热通量	0.5h
大口径激光闪烁仪	显热通量	10min

图 2-10 显示出大兴试验站主要农作物 ET 监测试验总体布置图，其中叶片和植株尺度的蒸腾试验布设在站内中东部，主要考虑水分胁迫对作物生长发育及减少蒸散发量的作用；称重式蒸渗仪（测坑）、涡度协方差系统及大口径激光闪烁仪等布设在站内中西部，侧重田块及以上尺度的 ET 变化规律研究。

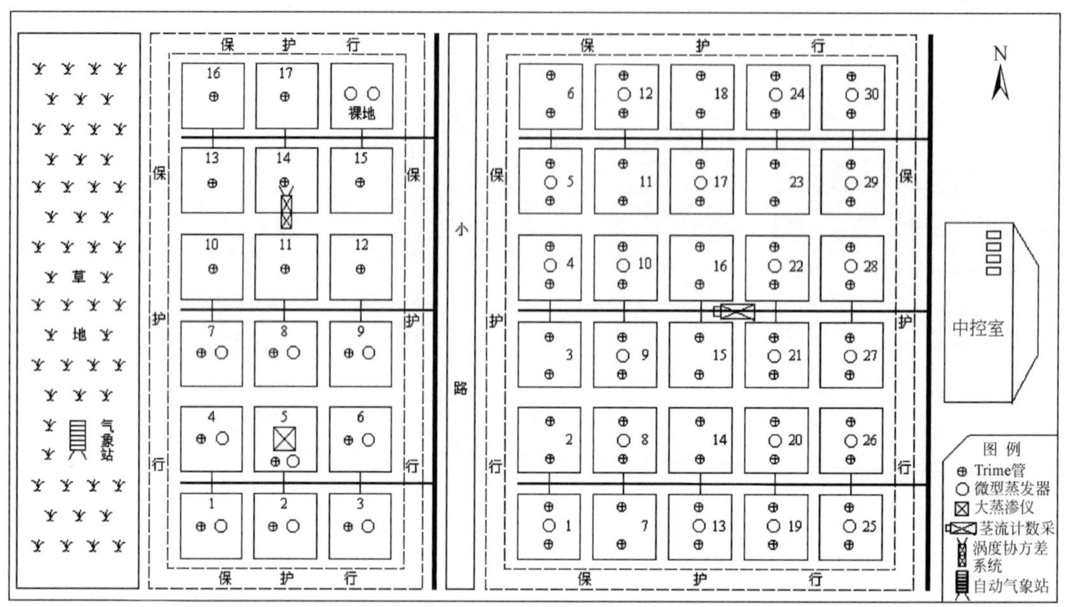

图 2-10　大兴试验站 ET 监测仪器和设备的总体布置图

2.2.1.2　灌溉试验设计

作物灌溉试验及其 ET 监测在 2007 ~ 2011 年进行，主要供试作物为冬小麦（京麦 9428）和夏玉米（雪糯 2 号）。冬小麦设置有播前灌和冬灌，每个小区的灌水量相同，考虑到水分胁迫对冬小麦作物生长发育的影响，返青后根据不同灌水下限设置了不同的灌溉处理，表 2-4 给出了 5 个不同灌溉水分处理试验设计情况。夏玉米生长期处于雨季，根据田间土壤水分监测情况，除设置播前灌外，基本不灌溉，后续章节中涉及的夏玉米不同处理是根据各试验小区土壤含水率差异定义的。此外，在试验小区附近布设有裸土区，开展土面蒸发观测，观测的频率与作物棵间蒸发观测相一致。

表 2-4　大兴试验站冬小麦灌溉水分试验设计

时期	播前灌/mm	冬灌水量/mm	返青后灌溉下限/%（占田间持水量的百分比）			返青后灌溉处理	
			T1	T2	T3	T4	T5
2007 ~ 2008 年	60	70	70	60	50	根据作物冠温差和土壤墒情综合决策	与本地农民灌溉习惯一致
2008 ~ 2009 年	60	60	70	60	50	同上	同上
2009 ~ 2010 年	60	60	70	60	50	同上	同上

作物灌溉采用地面畦灌方式，由地下输水管道和田间闸管系统将机井抽取的地下水输送到田间，采用超声波水表计量水量。农艺管理措施，如耕作、施肥、除草等，均与当地农民习惯保持一致。

2.2.1.3 常规观测

在灌溉试验期间，观测的作物生长指标主要有气象要素、作物株高、叶面积指数、消光系数、地上生物量、作物产量、作物棵间蒸发等。

(1) 气象要素

利用自动气象站连续监测 2007 ~ 2011 年的气象数据，包括太阳辐射、气温、地温、空气相对湿度、反射辐射、净辐射、日照时数、水面蒸发量（A 级蒸发器）及日降水量等气象数据，每 0.5h 采样 1 次，将采集的数据自动存储到数据模块内。

(2) 作物株高和叶面积指数

株高和叶面积每 5 天测定 1 次，每次选 5 株有代表性的植株，测定各植株的株高，取其平均值作为农田整体水平的株高。同时，测取各植株的所有有效叶片长度，根据实测的折算系数计算每个植株的叶面积并取其平均值，再根据种植密度得到整体叶面积指数。

(3) 消光系数

采用 SunScan 冠层分析系统（Dynamax，Inc.，USA）测定消光系数，每次选取 45 个测点，并于 10：00 ~ 12：00 连续测定冠层顶部和底部的光合有效辐射并取其平均值，最后根据实测的叶面积指数，推求冠层消光系数。

(4) 地上生物量及作物产量

出苗后对主要农作物植株的地上部分干物质每 10 天测定 1 次，每次选择 3 株有代表性的植株，获取植株的地上部分后烘干，后用精度为 0.01g 的电子天平称重。待作物收获时，在小区内取 $1m^2$ 植株，测定穗籽粒质量，估算作物产量。

(5) 作物棵间蒸发

采用置于行间的微型蒸发器进行测定［图 2-9（b）］。该微型蒸发器是用 PVC 管做成，分为内外筒。内筒高 17cm，内径 10cm，壁厚 0.5cm。每次取土时将内筒垂直压入土壤内，取得原状土，用塑胶袋封底称重后，置于固定在作物行距间的外筒内。外筒高 17cm，内径 12cm，壁厚 2.5mm，其作用是防止破坏蒸发器周边的土壤结构。保持筒内土面与田间土面持平。每天 17：00 用精度为 0.01g 的电子天平称重。为保证蒸发器内的土壤含水率与田间土壤含水率一致，每 5 ~ 7 天换土一次，降水和灌水后换土。

2.2.2 北京通州试验站

北京通州试验站位于北京市通州区永乐店镇（北纬 37°36′，东经 114°41′，海拔为 20m），地处永定河、潮白河洪冲积平原，属北温带半湿润半干旱大陆性季风气候。全区地势平坦开阔，农业生产历史悠久，是华北平原都市农业的典型代表区。该区光温资源丰富，年均日照时数 2459h，年均总辐射 5343 MJ/m^2，年均气温 11.3℃，>10℃积温

3470.3℃，最热为7月，平均23.7℃，最冷为1月，平均-2.9℃。丰富的光温资源为农业的发展提供了良好的条件，粮食作物满足一年两熟或两年三熟，以冬小麦-夏玉米轮作一年两熟制最为普遍。多年平均降水量620mm，主要集中在6～8月三个月，占全年总降水量的67.8%，9月至次年5月降水量144 mm，占全年降水量的32.2%。由于雨热同季，夏季生长的作物正逢雨季，降水基本上可满足其生长。但在冬小麦-夏玉米轮作种植模式下，降水时间分布不均使冬小麦易受干旱胁迫，但如果适当灌溉，仍可获得较高产量。

通州试验站供试土壤为粉壤质潮土，是华北平原分布较为广泛的一种土壤类型。典型土壤剖面的基本理化性质见表2-5和表2-6。土壤质地在剖面上不均一，主要是粉壤，中间夹有黏壤，下部是粉黏土；土壤容重在1.35～1.56g/cm^3，最大值在犁底层25～40cm处；田间持水量在0.3～0.4，沿土壤剖面深度而增加；土壤饱和导水率在16～40cm/d。土壤养分在剖面上的分布也不均匀，从上至下逐渐下降，耕作层（0～25 cm）土壤养分含量明显高于其他土层。从耕作层土壤的有机质含量来看，农田属中等肥力，土壤养分状况为低氮、高磷、缺钾。

表2-5　通州试验站土壤物理性质

土壤深度/cm	土壤质地（美国制）	土壤容重/（g/cm^3）	田间持水量/（cm^3/cm^3）	饱和导水率/（cm/d）
0～25	粉壤	1.35	0.298	19.0
25～40	黏壤	1.56	0.325	37.6
40～80	粉壤	1.41	0.317	29.2
80～125	粉壤	1.41	0.373	41.4
125～180	粉黏土	1.38	0.366	15.6

表2-6　通州试验站土壤化学性质

土壤深度/cm	有机质/%	全氮/%	全磷/%	碱解氮/(mg/kg)	有效磷/(mg/kg)	有效钾/(mg/kg)
0～25	1.31	0.098	0.174	69.0	10.10	95.8
25～40	0.75	0.064	0.143	41.8	0.80	53.5
40～80	0.47	0.044	0.126	23.5	0.71	61.5
80～125	0.31	0.038	0.121	16.5	0.78	37.5
125～180	0.25	0.036	0.116	13.9	0.80	30.0

2.2.2.1　ET测定设施

基于水量平衡法［式（2-3）］确定冬小麦ET。由于土壤水测量深度为170cm，且每次喷灌的水量小于40mm，故可忽略深层渗漏损失，即DP=0，此外地下水位大于10m，可认为没有地下水补给，故只需监测灌溉水量I、降水P和土壤储水变化量ΔSW。

土壤水量平衡要素观测设施如图2-11所示，小型气象站（Campbell Scientific，Inc.，

USA）可定时获得空气温湿度、太阳辐射、风速等气象数据，利用 TDR 传感器（Campbell Scientific，Inc.，USA）监测土壤水分变化，采用水表直接量测喷灌水量。

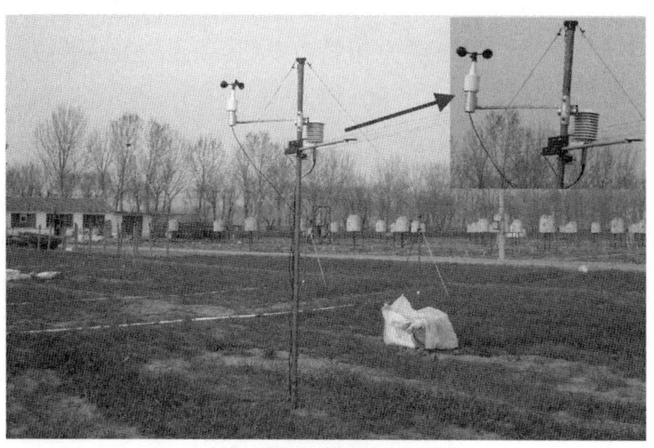

（a）田间小气候观测系统

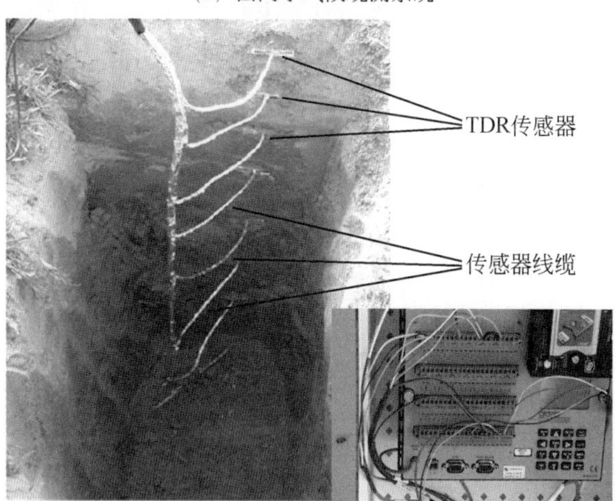

（b）土壤水分观测装置

（c）喷灌系统和量水设备

图 2-11　通州试验站的 ET 观测设施

2.2.2.2 灌溉试验设计

灌溉试验安排在2005～2008年3个冬小麦生长季节内进行。根据灌水量差异，设置了8个灌溉水分试验处理，灌水量分别为布置在冠层顶部20cm蒸发皿水面蒸发量的0.25倍（0.25E）、0.375倍（0.375E）、0.50倍（0.50E）、0.625倍（0.625E）、0.75倍（0.75E）、1.00倍（1.00E）和1.25倍（1.25E）以及返青后不灌水对照（RF）。在每个生长季节内包括不灌水处理和选择的4个灌水处理：2005～2006年的灌水处理分别为0.50E、0.75E、1.00E和1.25E；2006～2007年将1.25E灌水处理调整为0.25E，其余不变；2007～2008年的4个灌水处理分别为0.375E、0.50E、0.625E和0.75E，增加0.375E和0.625E处理有利于找到最优灌水量。

每个灌水处理下设计4个重复，共有16个试验小区，按完全随机设计布置。每个试验小区为8m×8m的正方形田块，在田块四角处分别安装可调节角度的喷头（elgo 80B2，China），喷头角度可调整成90°对喷，射程可调节达到8m。在试验小区南边，布置有不灌水处理，田块长宽分别为20m×20m。在试验小区北边建有容积为20m^{3}的蓄水池，灌溉系统首部包括一台潜水泵（额定流量10m^3/h，额定扬程35m）、水表、调压阀和压力表。灌水压力一般调节到0.2MPa，每次同时打开相同试验处理下的4个小区，控制16个喷头。

灌溉从冬小麦返青开始，每隔5～7天灌水1次，每次灌水量根据这次灌水日期和上次灌水日期之间的20cm蒸发皿累计水面蒸发量确定。第1次灌水日期为4月9～10日，灌水量40mm，这次灌水量较多是由于小麦追肥，以便追施的尿素全部溶解进入土壤，同时经过越冬期后，土壤较干燥。从4月9日或10日开始，当累计的水面蒸发量达到40mm时，开始灌水。3个试验期内（4月1日～6月15日）的灌水量见表2-7。

表2-7 冬小麦灌溉试验处理下的灌水量和降水量

试验时间	喷灌灌水量/mm							
	RF	0.25E	0.375E	0.50E	0.625E	0.75E	1.00E	1.25E
2005～2006年	0.0	—	—	155.0	—	211.5	269.9	327.4
2006～2007年	0.0	97.7	—	155.4	—	213.1	270.8	—
2007～2008年	0.0	—	68.5	78.0	87.5	97.0	—	—

在冬小麦灌溉试验中，供试的冬小麦品种均为京冬8号，播种日期为当年的10月9～10日，收获日期为相应年份的6月16日左右。播种前施底肥二铵333kg/hm^2，尿素42kg/hm^2，氯化钾92kg/hm^2。在4月9日或10日第1次灌水时，追施尿素375kg/ hm^2。其他农业管理措施与当地相同。

2.2.2.3 常规观测

常规观测的内容主要有冬小麦生长与生理指标及土壤水分等。

（1）冬小麦生长指标

冬小麦生长指标测量主要有株高、叶面积、生物量和穗质量的变化等，在灌后第3天进行，间隔一般为 5 ~7 天。

1）株高：每个处理下选取两个小区，随机选取 20 株小麦用卷尺量测株高，取其平均值作为平均株高。从作物返青开始，每 2 ~3 天测量 1 次，抽穗后停止测量。

2）叶面积指数：对所取的小麦样品进行叶片和茎秆分离，随机选取 50 个叶片，量测各叶片的长度 L 和宽度 W，计算单个叶面的叶面积 A。

$$A = 0.7634LW \tag{2-20}$$

将测量后的叶片放入烘箱，在 105℃杀青后，85℃烘干条件下至恒重。根据测量的叶片质量（$g_{样}$）和未测量的叶片质量（$g_{余}$），计算总叶面积。

$$A = (g_{样} + g_{余}) \times \frac{\sum A_i}{g_{样}} \tag{2-21}$$

式中，A_i 为第 i 个单叶的叶面积。根据取样的总叶面积计算得到各处理下的冬小麦叶面积指数（LAI）。

$$\text{LAI} = \frac{A/10\ 000}{L \times 0.15} \tag{2-22}$$

3）生物量：冬小麦地上部分的生物量包括叶的生物量、茎秆的生物量，以及抽穗以后穗的生物量。对各处理下获取的样本，分开茎秆和叶片，抽穗后还要分开麦穗，分别装在不同的信封内烘干称重，取两个样本的平均值。

4）冬小麦产量：在每个试验季节的 6 月 16 日左右人工收割小麦，每个小区内随机选取 5 个 1.0m^2 样方。对不灌水处理，随机选取 10 个 1m^2 样方。所有样方取完后晒干，用小麦脱粒机脱粒后测产。

5）考种：考种包括测定每穗的小穗数、每穗的穗粒数和千粒重。在每个小区内选取一个 50cm 长的样方，剪取全部麦穗。从中随机选取 20 个麦穗进行小穗数和穗粒数的调查，千粒重是从每个测产的样品中数取 1000 粒进行称重。

（2）冬小麦生理指标

冬小麦生理指标主要包括叶片水分含量和叶绿素。在灌溉开始后进行测量，测量日期为灌前 1 天，因为这时土壤含水率最低，灌溉处理对作物生理指标的影响最为显著。在 7：00 ~8：00，于每个小区内选取最新完全生长的叶片 5 ~8 片，每个处理进行混合。取样后立即放入塑料袋内，防止水分蒸发。

1）叶绿素含量：采用丙酮无水乙醇混合液提取法测定。在取样袋内随机取出 5 片叶子并剪碎，称取剪碎且混合均匀鲜样 0.1g，放入 10 mL 的刻度试管内，加入无水乙醇和丙酮的混合液（体积比 1：1）至刻度线，放在黑暗中浸泡提取，至叶片完全发白。每个处理重复 3 次，共 15 个样品。在 663nm 和 645nm 下用 722S 型分光光度计测样品液的吸光度，每次重复 3 次，取其平均值，计算叶绿素浓度后再得到叶绿素含量。

$$C = 20.29\,A_{645} + 8.05\,A_{663} \tag{2-23}$$

$$y = \frac{C \times v}{w \times 1000} \times 100 \tag{2-24}$$

式中，C 为叶绿素提取液浓度（mg/L）；A_{645} 为提取的叶子在 645 nm 下的吸光度；A_{663} 为提取的叶子在663 nm下的吸光度；y 为叶片的叶绿素浓度（mg/g）；v 为样品提取液的总体积（mL）；w为样品鲜重（g）。

2）叶片水分含量：提取的鲜叶在去除测定叶绿素含量的叶片后进行称重，记录鲜叶的质量（$w_{鲜}$），然后在烘箱中烘干至恒重（$w_{干}$），计算叶片的水分含量（W_f）。

$$W_f = \frac{w_{鲜} - w_{干}}{w_{干}} \times 100 \tag{2-25}$$

观测冬小麦生育期间的土壤含水率分为三个阶段。第一阶段为播种至越冬（10 ~ 12 月），每隔 10 天取样 1 次，取样深度为 170cm，每 10cm 为一层。第二个阶段为 12 ~ 3 月底，这时因土壤冻结，土壤含水率停止测量。第三阶段为从 3 月底至收获，其中 2006 年采用取土烘干法测定土壤水分，2007 年和 2008 年采用 TDR 测定土壤水分。

（3）土壤水分

2006 年试验期内采用取土烘干法测定土壤水分，灌溉处理前（2006 年 4 月 5 日）和小麦收获时（2006 年 6 月 18 日）的取样深度为 170 cm，其他时间内 5 ~ 7 天测量 1 次，测量深度为 100 cm，间隔 10cm。为了实现对土壤水分连续采集、减少取土烘干法测定土壤水分的工作量和降低取样对试验小区的破坏，在 2007 年和 2008 年 4 ~ 6 月于每个灌水处理内分别选取一个小区埋设 TDR 探针（Campbell Scientific，Inc.，USA），埋深为 5cm、15cm、25cm、40cm、60cm、80cm、100cm 和 120cm。在作物收获时，于每个小区用烘干法测定土壤水分，取样深度 170cm，间隔 10cm。不灌水处理的土壤含水率用取土烘干法测定。

2.2.3 山东位山试验站

山东位山试验站位于山东省茌平县肖庄乡（北纬 36°12′，东经 115°24′，海拔为 30m），在位山灌区内。该站所在地区属温带季风、半湿润气候，具有明显的季节变化和季风气候特征。年均气温为 13.8℃，年均降水量为 534mm，年均潜在蒸发量为 1021mm。试验站土壤类型为潮土。5cm、10cm、30cm、50cm 和 100cm 深度处的土壤有机质含量分别为 1.7%、1.7%、0.9%、0.4% 和 0.3%，表层 0 ~ 20cm 土壤的平均有机碳含量为 14.5g/kg。典型土壤物理特性见表 2-8。采用冬小麦-夏玉米轮种的种植模式（表 2-9），每年夏玉米收割后进行农田翻耕，冬小麦收割之后不翻耕，实行秸秆还田。试验站紧邻灌渠，灌溉便利，地下水埋深年内变化范围为 1.0 ~ 3.5m。

表 2-8　位山试验站土壤物理特性

土壤深度/cm	土壤干容重/(g/cm^3)	饱和含水率/(cm^3/cm^3)	田间持水量/(cm^3/cm^3)	残余含水量/(cm^3/cm^3)	饱和导水率/(cm/d)
0 ~ 18	1.43	0.41	0.32	0.09	133.5
18 ~ 45		0.37		0.10	78.9
45 ~ 85		0.42		0.18	45.8
85 ~ 400		0.43		0.09	24.8

表 2-9　位山试验站冬小麦和夏玉米主要生长阶段及相应日期

作物	日期	主要生长阶段
冬小麦	10 月 5 日	播种
	10 月 12 日	出苗
	11 月 4 日	分蘖
	12 月 6 日	停止生长
	2 月 24 日	返青
	4 月 8 日	拔节
	4 月 30 日	抽穗
	5 月 21 日	乳熟
	6 月 3 日	成熟
夏玉米	6 月 8 日	播种
	7 月 19 日	拔节
	8 月 5 ~ 12 日	开花、吐丝、乳穗
	8 月 29 日	乳熟
	9 月 13 日	成熟

2.2.3.1　ET 测定设施

采用涡度协方差系统和波文比自动观测系统观测农田尺度 ET。其中，涡度协方差系统安装在作物冠层上方 3.7m 处（图 2-12），由三维超声风速仪（CSAT3，Campbell Scientific，Inc.，Logan，UT，USA）以及开路红外 CO_2/H_2O 气体分析仪（LI-7500，LI-COR，Inc.，Lincoln，NE，USA）组成；波文比自动观测系统由辐射仪（CNR1，Kipp & Zonen，Delft，the Netherlands）、土壤热通量板（Huks-HFP01-SC，Hukseflux，Delft，the Netherlands），以及安装在不同高度处（1.5m 和 3.6m）的空气温/湿度仪组成（Vaisala Inc.，Helsinki，Finland）。此外，利用大孔径激光闪烁仪（BLS450，Scintec AG）监测区域（灌区）尺度 ET，其发射器和接收器分别安装于铁塔两侧（图 2-13），高度 11.5m，光程 878m，接收器的光学直径 145mm。考虑到该区内盛行风向为南偏东方向（2008 年白天全年约 37% 为南风），为减小源区下垫面不均一带来的影响，大孔径激光闪烁仪被设置为东北-西南朝向，采样频率 1min，后期分析时采用半小时平均数据。

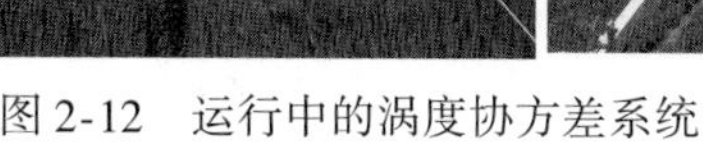

图 2-12　运行中的涡度协方差系统

图 2-13　运行中的大孔径激光闪烁仪

2.2.3.2 常规观测

常规观测数据主要包括气象要素、土壤特性和作物生长等内容。

(1) 气象要素

观测的气象参数有降水、日照时数、风速/风向、空气温(湿)度、辐射、大气压等。降水量由置于地表的自记式雨量计(Campbell-TE525MM)测量;风速仪置于高度10m处;采用3个安装在不同高度处(1.5m、3.55m、6.0m)的空气温度湿度仪(HMP45C, Vaisala Inc., Helsinki, Finland)测定作物冠层上方的大气温度和湿度梯度;4台辐射仪(CNR-1, Kipp & Zonen, Delft, Netherlands)被安装在作物冠层上方3.47m处,分别用于测量向上、向下的短波和长波辐射;采用光合有效辐射仪(LI190SB, LI-COR, Lincoln, NE, USA)测量向上及向下的光合有效辐射;表面温度则采用红外温度计(CML-303N, CLIMATEC, Inc., Japan)测量。上述测量得到的数据每10min输出1次,自动存储在数据存储器中。

(2) 土壤特性

观测的土壤参数有土壤热通量、土壤水分、土壤温度以及地下水埋深。土壤热通量板(HFP01SC, Hukseflux, Delft, Netherlands)被埋置于观测铁塔的东西两侧,埋深3cm;在铁塔东西两侧,还各埋置有一个0~160cm深的土壤水分和温度观测剖面,埋深分别为5cm、10cm、20cm、40cm、80cm和160cm;地下水位仪被放置于紧邻观测铁塔旁的水井当中。这些观测获得的数据每10min自动输出1次。灌水量由灌溉前后的土壤水分垂向剖面推求得到,在忽略灌前与灌后地表无积水期间的蒸散发量假设下,土壤剖面水分特征曲线之差再乘以土层厚度即为本次灌水量。土壤表层到5cm处的平均含水量近似认为和5cm处的相等,而以下土层(5~10cm、10~20cm、20~40cm、40~80cm、80~160cm)的平均含水量是其上下边界处含水量的均值。

(3) 作物生长

观测的作物生长参数有叶面积指数、作物含水率、干物质重以及作物产量等,观测频率是每两周1次。叶面积采用直接测量方法,对冬小麦随机选取3个$1m^2$小地块,记录每块总的小麦蘖数,再从每块随机抽样,记录各样本的蘖数。采用叶面积仪测量每个样株的总叶面积,并称量样株的鲜重,之后在70℃下烘烤8h得到样株干重,鲜重与干重之差便是作物含水率。通过各地块与样本的蘖数之比可得到各地块的作物水分、干重以及叶面积,取其平均值代表下垫面农田的植被参数。夏玉米采样则基于玉米植株,其他流程与冬小麦相同。从2008年6月夏玉米季节开始,叶面积指数采用冠层分析仪(LI2000, LI-COR, Inc., Lincoln, NE, USA)间接测量。采用随机采样法估算作物产量,随机选取3处1m×1m地块,收割作物果实后,风干称重。

2.2.4 河北白洋淀试验站

河北白洋淀试验站位于河北保定市（北纬 38°53′，东经 116°01′，海拔为 10m），距北京城西南 90km。白洋淀是海河流域典型的湖泊湿地，东西长约 39.5km，南北宽约 28.5km，总面积为 $366km^2$，由大小 143 个淀泊和 3700 多条壕沟组成，是华北地区面积最大的淡水湿地，素有“北国江南”、“华北明珠”之称。

白洋淀试验站由 3 个密闭单元组成（图 2-14）。其中Ⅰ单元面积 $11.6\times10^3m^2$，围堰总长 450m；Ⅱ单元面积 $127\times10^3m^2$，围堰总长 1520m；Ⅲ单元面积 $170\times10^3m^2$，围堰总长 1770m。Ⅰ单元内部无植被分布，Ⅱ单元和Ⅲ单元内均分布有一定面积的芦苇（*Phragmites australis*）和香蒲（*Typha latifolia*）群落。

图 2-14 白洋淀试验站的研究单元分布示意图

2.2.4.1 ET 测定设施

采用研发的多筒蒸散发仪设备，在湿地环境下监测水生植物蒸散发量 ET 和自由水面蒸发量 E_w，并实现数据的远端无线传输。

结合湿地环境的特点，研发出一种操作简单、性价比高、可对植被蒸散发量和水面蒸发量进行区分监测并可同时测量多种植被蒸散发量的直接测量方法——多筒蒸散发仪法（MCETM）。该法简化了陆面蒸渗仪的地下装置，避免了传统蒸渗仪昂贵的地下建筑物投入，适合湿地特殊环境下的蒸散发监测。如图 2-15 所示，蒸散发补偿观测系统由 3 个具有不同功能的监测筒组成，为了客观地反映湿地自然蒸散发状态，将测筒置入原生状态芦苇群落中，筒壁压入底层淤泥，筒内外具有一维可控水分交换能力。

对 3 个测筒内的芦苇进行不同方式处理（图 2-15），其中测筒 a 内保持原生态芦苇状态，其水量损失包含植被群落蒸散发量（植被蒸腾和棵间水面蒸发）和下渗量；测筒 b 内仅保留稍高出水面的芦苇秆茎，其水量损失包含明水面蒸发量和下渗量两部分。测筒 a 和 b 内的水量平衡表达式分别如下：

$$\Delta_a = \mathrm{ET} + S - P - I_a \tag{2-26}$$

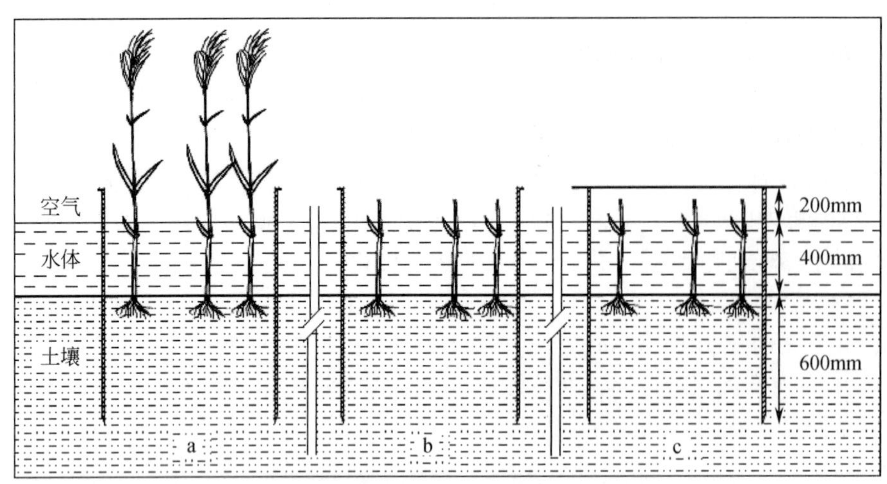

图 2-15　蒸散发补偿观测系统示意图

a. 蒸散监测筒；b. 蒸发监测筒；c. 渗流补偿监测筒。

$$\Delta_b = E_w + S - P - I_b \tag{2-27}$$

式中，Δ_a 和 Δ_b 分别为测筒 a 和测筒 b 内的水位变化量（mm）；I_a 和 I_b 分别为测筒 a 和测筒 b 内的补水量（mm）；ET 为植被群落的蒸散发量（mm）；E_w 为明水面蒸发量（mm）；S 为渗漏量（mm）；P 为降水量（mm）。

测筒 c 为渗流补偿监测筒（图 2-15），筒内仅保留稍高出水面的芦苇茎秆，且在测筒上方被密封，仅在筒壁处留有直径 5mm 的通风口，用于调节测筒内外的气压平衡，其水量损失只包括下渗量。测筒 c 内的水量平衡表达式为

$$\Delta_c = S - I_c \tag{2-28}$$

式中，Δ_c 为测筒 c 内的水位变化量（mm）；I_c 为测筒 c 内的补水量（mm）。

为了满足蒸散发补偿观测系统的监测条件，各测筒应安装在地理和水文条件相似的环境中。测量开始前，应打开安装在各测筒筒壁上的水下阀门，使各筒的内外水位一致，以降低各筒间的水头差对下渗量的影响。测量开始时，关闭水下阀门，通过超声波传感器监测补偿期（如 1 天）内各筒的水位变化量。

根据所设置的各测筒的监测状态及假设条件，通过监测各测筒的水位变化量、降水量以及补水量，便可通过相互间的补偿关系得出植被群落的蒸散发量和明水面蒸发量。其中，测筒 c 的水量损失为下垫面的下渗量；测筒 a 的水量损失（考虑降水量和补水量后）除渗流补偿测筒 c 的渗漏量外，即为群落蒸散发量；测筒 b 的水量损失量（考虑降水量和补水量后）除渗流补偿测筒 c 的渗漏量外，即为水面蒸发量。

基于以上“蒸散发补偿观测系统”工作原理，设计开发出多筒蒸散发仪设备，由一组蒸散发监测筒、连通管和数据处理系统组成（图 2-16）。各测筒之间相互独立，测筒均高 1200mm、筒口面积 $3000cm^2$，等同于标准 E-601 蒸发皿面积。根据所起的作用不同，可将监测筒划分为 3 种类型：蒸散发监测筒、蒸发监测筒和渗流补偿监测筒。其中，蒸散发监测筒的数量最多，筒内分布有不同种类或状态的挺水植物，测筒数量可根据研究区内挺水

植物的分布状态自行确定。各监测筒内部自下而上分布有：600mm 植物根系层，400mm 水体层，200mm 防止降水引起漫溢的空气层。测筒底部处于自然水体中，以消除土壤温度影响，营造最为接近原生态的芦苇生境。在筒壁距上端筒口 500mm 处，开有直径 20mm 的小孔，用于安装连通管，将监测筒与数据处理系统相连，利于同一超声波传感器（T30U，BANNER，USA）对各监测筒水位的同步观测。其优点是便于湿地环境中的数据采集与仪器维护，最大限度地减少监测过程中对监测对象的损伤，此外，使用相同超声波传感器进行数据监测可减小仪器的系统误差。

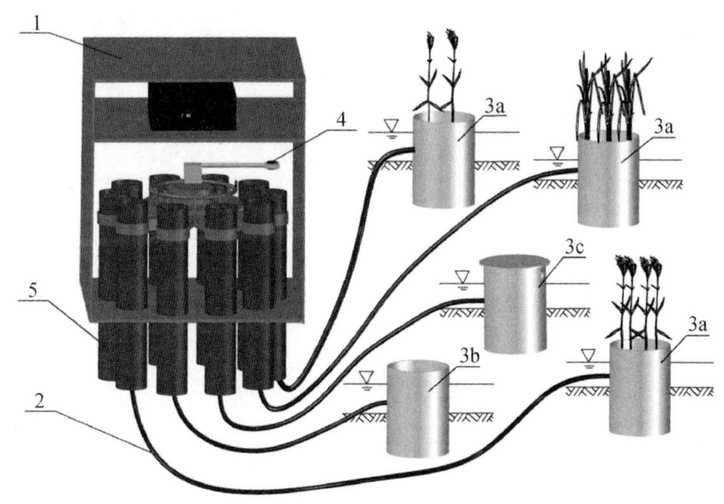

图 2-16　多筒蒸散发仪设备的结构

1. 数据处理系统；2. 连通管；3. 监测筒，蒸散发（3a）、蒸发（3b）、渗流补偿（3c）；4. 超声波传感器；5. 数据采集筒。

2.2.4.2　ET 测定试验设计

（1）原生芦苇生长状态

芦苇是白洋淀湿地分布面积最大、最典型的水生植被，分布面积约 80km^2。2007 年 7 月下旬，针对进入成熟期的原生芦苇群落，采用植被破坏取样法，选取了 3 个典型群落测量其生长状态。针对芦苇叶片大小不均但形状相近的特点，采用模板法对芦苇的叶面积指数进行测量。首先在原生芦苇群落中随机选取 10 棵，对其所有叶片进行对比，最后选定 6 片最普遍（大小、形状分别与其他叶片相近）的叶片作为模板，使用刻度尺分别测量其叶面积。然后，另外选取具有代表性的粗、中、细（以茎秆直径划分）芦苇各 3 棵，使用制作的叶片模板求得各芦苇的整株叶面积（表 2-10）。最后，在芦苇分布区域内，选取 3 个面积为 1m^2 的典型群落，分别统计其粗、中、细芦苇的株数，计算得到各区域的叶面积指数（表 2-11）。由此可见，3 个芦苇区的生长密度分别是 47 株/m^2、79 株/m^2 和 88 株/m^2，芦苇高度在 2.92 ~ 4.09m，直径范围在 5.5 ~ 11.0mm。采用方格法测量选取的 3 个典型群落的叶面积指数分别为 4.9m^2/m^2、7.8m^2/m^2 和 8.7m^2/m^2。

表 2-10 芦苇植株生长状态测量结果

级别	直径/mm	高度/cm	叶片数/个	整株叶面积/cm^2	平均叶面积/cm^2
粗	9.2	368.9	14	1057	1093
	8.4	386.3	17	1197	
	11.0	409.3	13	1026	
中	7.0	335.8	15	983	1050
	7.2	363.4	16	1090	
	6.3	355.6	17	1077	
细	5.5	302.2	15	851	834
	5.6	308.4	15	778	
	5.5	292.0	14	872	

表 2-11 原生芦苇群落植株密度及叶面积指数

区域	密度/（株/m^2）		叶面积指数/（m^2/m^2）
1	粗	30	4.9
	中	12	
	细	5	
2	粗	22	7.8
	中	31	
	细	26	
3	粗	15	8.7
	中	47	
	细	26	

（2）原生香蒲生长状态

香蒲的叶面除顶端外，其余部分宽度基本一致，故在叶面积测量过程中，将香蒲叶片顶端部分作为三角形、顶端以外的部分作为矩形进行计算。在香蒲分布区域内选取 3 个面积为 $1m^2$ 的典型群落，统计其中香蒲叶片的个数，然后分别随机选取 3 个叶片计算其单叶面积，再根据其平均值最终计算得到各群落的叶面积指数（表 2-12）。

表 2-12 原生香蒲群落叶面积指数

区域	叶片数/个	单叶长度/cm	单叶宽度/cm	单叶面积/cm^2	平均单叶面积/cm^2	叶面积指数/（m^2/m^2）
1	167	200	0.65	130.0	194.8	3.3
		180	0.81	145.8		
		245	1.26	308.7		
2	156	190	0.61	115.9	202.2	3.2
		220	0.94	206.8		
		215	1.32	283.8		
3	173	185	0.71	131.4	217.2	3.8
		215	0.89	191.4		
		235	1.40	329.0		

(3) ET 观测设计

根据以上原生芦苇群落生长状态的观测结果，于 2007 年 7 月分别在移植式多筒蒸散发仪中按照 40 株/m^2（芦苇带Ⅰ）、60 株/m^2（芦苇带Ⅱ）和 90 株/m^2（芦苇带Ⅲ）的密度移栽了 3 种具有不同叶面积指数的芦苇群落和 1 个香蒲群落作为研究对象。移栽过程中发现芦苇主根深入地下至少半米以上，而须根则主要分布在地下 20 ~ 40cm 范围内，故在移栽过程中，至少需保留 40cm 的原根系土层。由于移栽过程中对芦苇根系的扰动不可避免，故 2007 年主要以芦苇培育为主，ET 观测工作于 2008 年及 2009 年 4 ~ 10 月进行，期间芦苇长势良好。多筒蒸散发仪的现场试验状态如图 2-17 所示。

(a)

(b)

图 2-17　多筒蒸散发仪的现场试验状态

(4) 试验对象的生物量测量

单个叶片的叶面积采用如下经验公式（Herbst and Kappen，1999）计算：

$$s = 0.51 \times l \times w + 5.7 \tag{2-29}$$

式中，s 为单个叶片的叶面积（cm^2）；l 为叶片长度（cm）；w 为叶片宽度（cm）。

在 2008 年和 2009 年 5 ~ 9 月，通过观测叶长与叶宽，于每月 15 日测量 1 次各芦苇带内的叶面积指数。测量时将叶片分为 3 个级别，每个级别分别选取 6 片典型叶片测量其叶长和叶宽，并求得各级别单叶片的叶面积平均值。然后，通过人工数个数方法，得到各级别的叶片总数，进而求得整个芦苇带的叶面积指数（表 2-13）。

表 2-13　芦苇带叶面积指数测量结果

芦苇带	参数	2008 年					2009 年				
		5 月	6 月	7 月	8 月	9 月	5 月	6 月	7 月	8 月	9 月
Ⅰ	LAI/（m^2/m^2）	0.9	2.8	4.3	3.5	2.3	0.7	2.0	4.1	3.7	2.9
	标准差	0.14	0.26	0.15	0.38	0.21	0.15	0.31	0.32	0.39	0.31
Ⅱ	LAI/（m^2/m^2）	1.4	3.8	4.9	4.5	3.5	1.2	2.9	5.2	4.6	3.5
	标准差	0.21	0.31	0.24	0.14	0.23	0.11	0.35	0.43	0.25	0.27
Ⅲ	LAI/（m^2/m^2）	1.7	5.2	8.2	7.3	5.5	1.5	4.3	8.7	7.5	5.6
	标准差	0.27	0.30	0.42	0.36	0.33	0.23	0.28	0.43	0.34	0.33

2.2.4.3 常规观测

常规观测的内容主要由气象数据和植被生长数据组成。

(1) 气象数据

在现场安装了微气象自动观测系统，包括数据采集器（SQ2020，GRANT，UK）、空气温湿度传感器（HMP45D，VAISALA，Finland）、风速传感器（AV-30WS，AVALON，USA）、净辐射传感器（AV-71NR，AVALON，USA）、雨量传感器（AV-3665R，AVALON，USA）、土壤热通量传感器（AV-HFT3，AVALON，USA）、红外表面温度传感器（AV-IRT3，AVALON，USA）以及液压式水位传感器（PTH601，昊胜，中国）等，用于收集各研究单元内的空气温度、相对湿度、2m 处风速、净辐射、降水量、土壤热通量、冠层温度以及水位等资料。

(2) 植被生长数据

采用 GPS 导航仪（GPS315，MAGELLAN，USA）测量各研究单元内的植被分布面积；采用稳态气孔计（SC-1，DECAGON，USA）测量芦苇叶片的气孔导度；利用便携式光合作用测量系统（LI-6400，LI-COR，USA）测量芦苇叶片的光合速率和蒸腾速率等指标。此外，还定期监测芦苇的茎秆直径、株高、叶片数目以及叶面积指数等指标（图 2-18）。

(a) (b)

图 2-18 白洋淀试验站内的数据采集现场

2.3 小 结

不同尺度的 ET 测定方法多种多样，各具有其独特的学科背景、理论基础、假设条件及适用范围，且各种方法之间的相关性、可比性和可检验性较为复杂，这就为同步比较各种测定方法以及准确标定带来困难。在实际应用中，应根据各地区的客观情况选择和确定相应的 ET 测定方法和设备。对 ET 测定中涉及的时空尺度问题，即准确的 ET 时间尺度延拓和 ET 空间尺度扩展及下推，正成为植被 ET 测定和农业水管理中的热点及难点问题。

北京大兴试验站和通州试验站、山东位山试验站和河北白洋淀试验站是华北地区具有典型代表性的 ET 测定试验站，均配备有较为完善的 ET 测定设备和灌溉试验手段，可获得流域内叶片、植株、田块、农田、灌区、湿地等不同尺度的 ET 数据以及水文、气象、土壤等实测资料，为深入分析当地不同土地利用状况和作物类型下的 ET 时空尺度变化规律，以及基于 ET 尺度效应的农业用水效率与效益评价提供了科学依据。

第3章 不同尺度蒸散发变化规律与尺度效应

蒸散发（ET）作为区域水量平衡的主要组分，是农业水土资源平衡计算、灌排工程规划设计与运行管理中不可缺少的基础数据。由于环境保护意识的增强与其研究范围的扩大，以及区域性灌排规划和农业水管理对时空格局要求的扩展与提高，人们急需了解和明确多尺度ET的变异规律与特点以及ET不同时空尺度间的内在联系。但目前尚缺乏长期系统的对不同典型区的ET尺度效应分析结果，这导致人们对农业用水管理认识的局限性和片面性。随着全球水资源日益短缺和现代灌溉对农业用水管理的精细化要求，开展不同时空尺度ET变化规律与尺度效应的研究需求日益迫切和必要。

本章主要以华北地区冬小麦和夏玉米作物以及白洋淀湿地植被（芦苇和香蒲）为研究对象，通过连续多年的作物叶片（cm^2）、植株（$10\sim10^4cm^2$）、田块（$1\sim10^2m^2$）、农田（几百平方米至几平方千米）和区域（灌区）（$10\sim10^4km^2$）尺度实测的ET数据资料，分析各种典型作物不同时空尺度ET变化规律与特点，明确相应的ET尺度效应，并基于通径分析方法识别多尺度ET主控影响因子。

3.1 叶片尺度蒸腾变化规律

作物叶片尺度蒸腾变化规律观测试验于2005～2010年在北京大兴试验站和通州试验站开展。在冬小麦和夏玉米作物各生育阶段内，采用LI-6400型光合作用仪对不同水分试验处理下的作物叶片蒸腾速率及其相关参数进行测定，具体的水分试验处理设置及其观测方法详见第2章。

3.1.1 冬小麦

在北京大兴试验站，开展冬小麦作物叶片尺度蒸腾变化规律的观测试验。冬小麦灌溉采用水分下限控制，水分处理阶段为返青期到收获期，其中T1、T2、T3处理的灌溉下限分别为田间持水量的70%、60%和50%，T4处理为根据作物冠气温差和墒情综合决策确定灌水量，T5为对比处理，其与当地大田灌溉习惯一致。

图3-1～图3-3分别给出了大兴试验站2008～2010年连续3个冬小麦生长季节内不同水分处理下叶片蒸腾速率（T_r）的典型日变化过程。可以看出，高水分处理下的冬小麦叶片蒸腾速率普遍高于低水分处理，且中后期该趋势较为明显。对灌水量较少的T3处理而言，尽管作物前期有较高的蒸腾速率，但到后期却迅速降低，这可能是因为长期水分胁迫导致其迅速衰老，后期叶片的活性下降，致使蒸腾速率迅速降低（图3-2），而对T4处理，

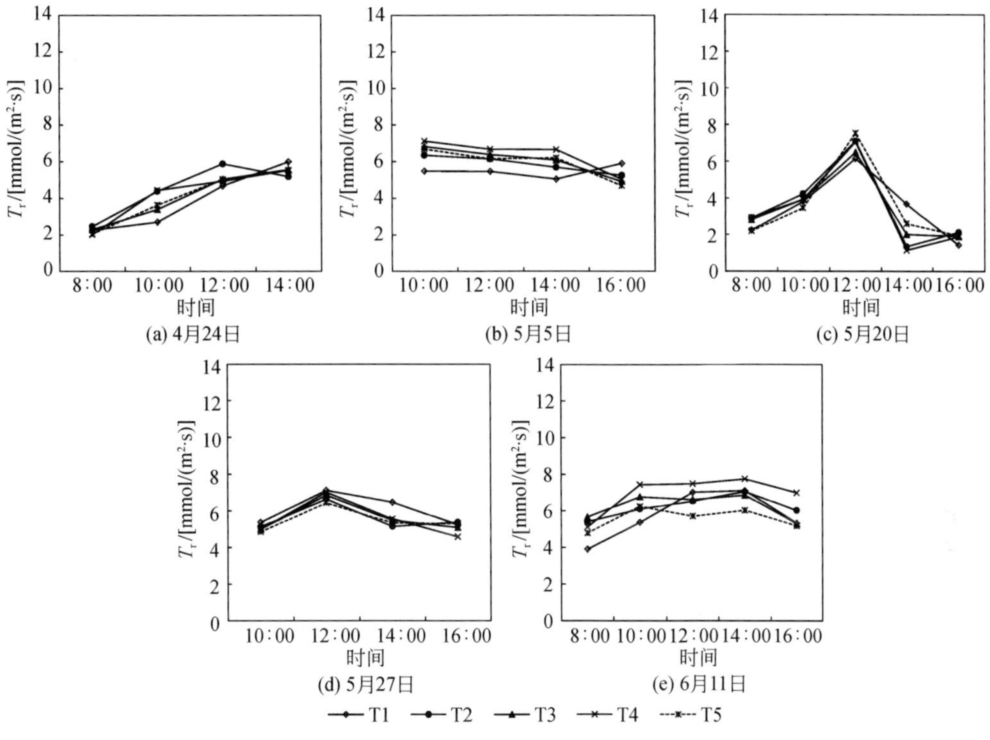

图 3-1　2008 年冬小麦生长期内叶片蒸腾速率的典型日变化过程

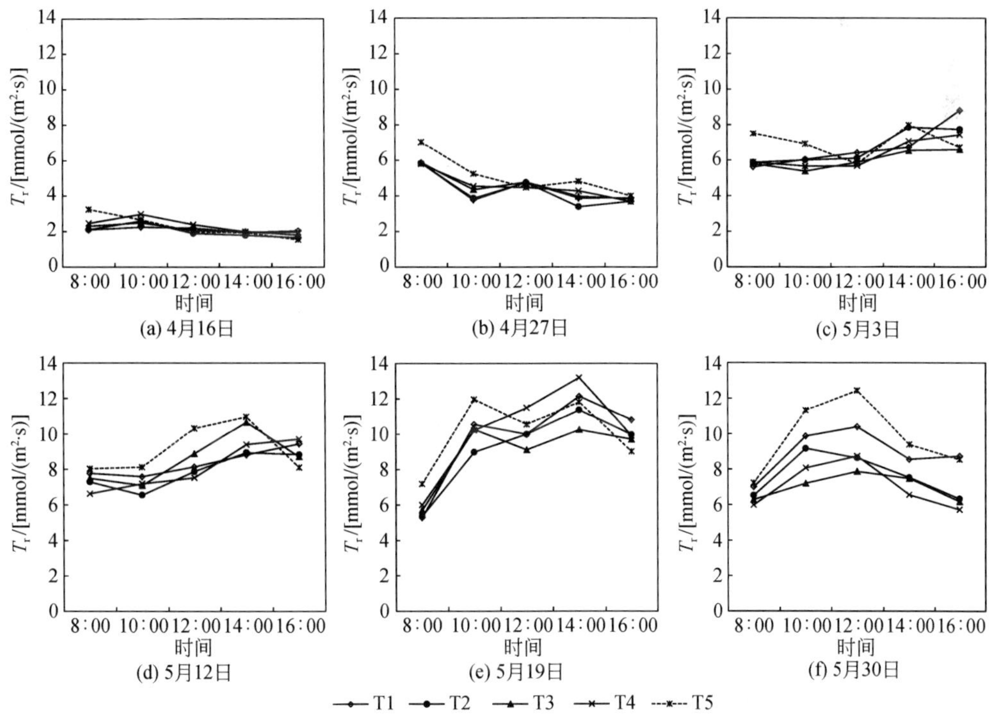

图 3-2　2009 年冬小麦生长期内叶片蒸腾速率的典型日变化过程

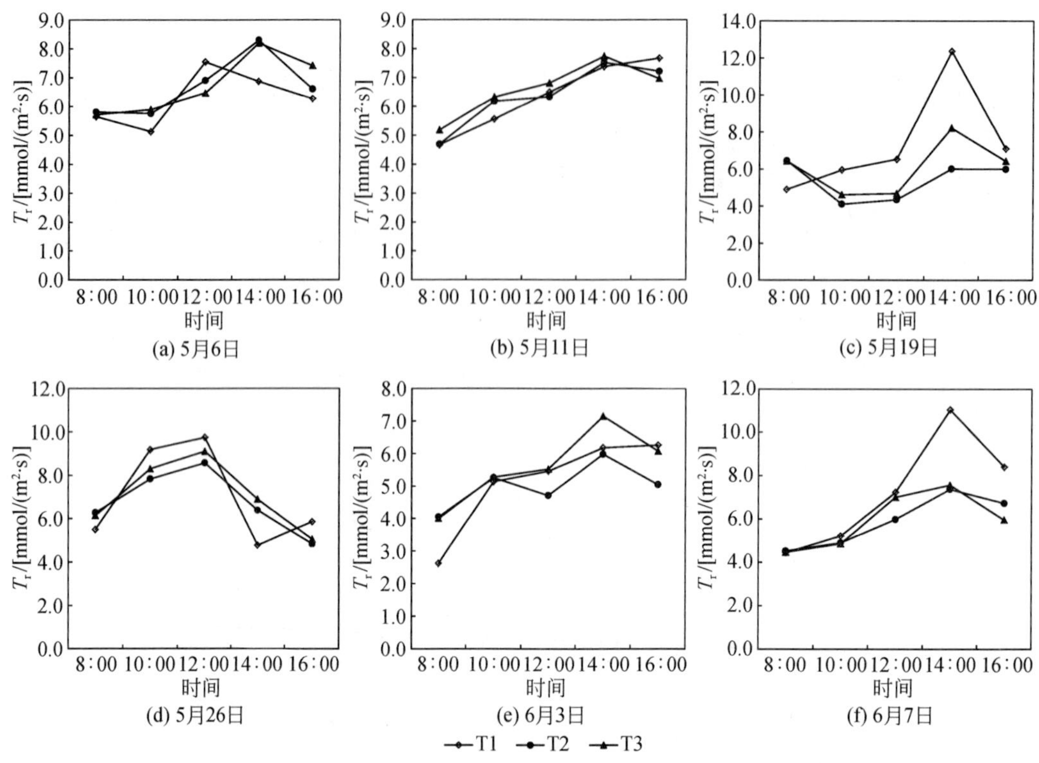

图 3-3　2010 年冬小麦生长期内叶片蒸腾速率的典型日变化过程

整个作物生育期内的蒸腾速率处于平均水平。此外，冬小麦单叶的蒸腾速率一般从 8：00 开始增加，呈现出单峰或双峰曲线，双峰曲线的峰值分别在 10：00 和 14：00 出现，单峰曲线的峰值一般在 10：00～14：00，低水分处理下的峰值不如高水分下明显，且在一天当中叶片蒸腾速率的变化相对平缓。

为了进一步探索不同水分处理引起冬小麦叶片蒸腾量差异的内在原因，2005～2008 年在北京通州试验站布置田间观测试验，分析冬小麦叶片含水率、叶绿素含量对不同水分处理的响应关系。冬小麦灌溉根据布置在作物冠层顶部 20cm 处蒸发皿水面蒸发量的 0.25 倍（0.25E）、0.375 倍（0.375E）、0.50 倍（0.50E）、0.625 倍（0.625E）、0.75 倍（0.75E）、1.00 倍（1.00E）和 1.25 倍（1.25E），以及返青后不灌水对照（RF）进行设置。

图 3-4 为通州试验站冬小麦 2006～2008 年连续 3 个作物生长期内顶部第一片完全伸展叶和抽穗后旗叶的叶片含水率的变化过程。可以看出，在冬小麦抽穗-灌浆期，由于冬小麦叶片含水率的变化较小，2006 年的叶片含水率在 5 月 7 日左右（抽穗开始前）达到最大，质量含水率为 83%，然后开始逐渐减小，该现象和其他两个生长期内有所不同，这有待进一步研究。从图 3-4 中还可看出，灌水量对冬小麦叶片含水率有着明显影响。不灌水处理 RF 下的叶片含水率要显著小于灌水处理，当灌水处理为 0.50E 以下时，相应的叶片含水率一般要小于灌水量较多的处理（0.50E 以上），而当灌水处理为 0.50E 以上时，灌水量的增加对叶片含水率的影响并不显著，这说明此时再增加灌水量对作物生长的影响相对较小。

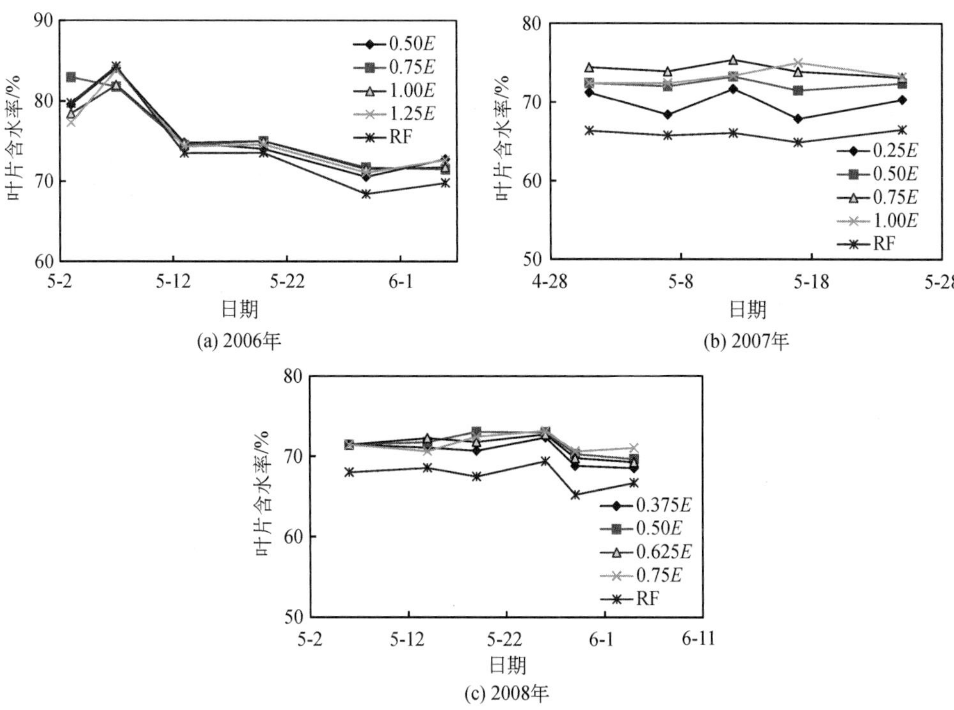

图 3-4　2006 ~ 2008 年冬小麦生长期内叶片含水率的变化过程

图 3-5 显示出通州试验站冬小麦 2006 ~ 2008 年连续 3 个作物生长期内完全伸长叶片的

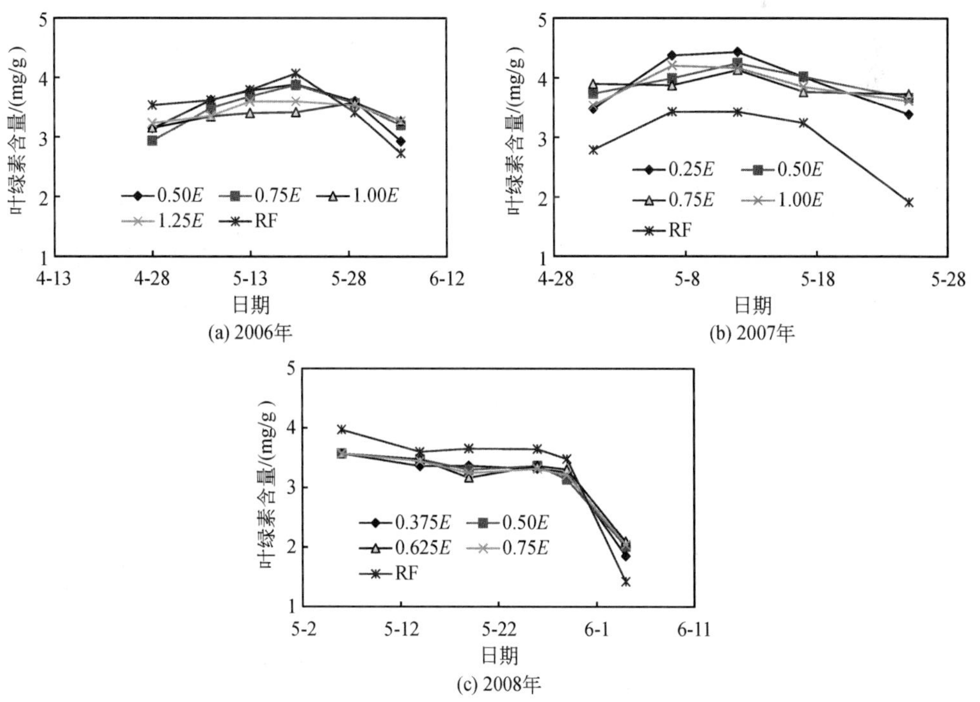

图 3-5　2006 ~ 2008 年冬小麦生长期内叶片叶绿素含量的变化过程

叶绿素含量的变化过程。可以看出，在冬小麦挑旗期-灌浆中期，统一处理下的叶片叶绿素含量变化较小，但在灌浆后期，叶片的叶绿素含量会迅速降低。不同喷灌水量处理之间的叶绿素含量差异并不显著，且不灌水处理下的叶绿素含量在 3 个生长季节内的表现并不一致。2007 年，不灌水处理下的叶绿素含量要显著低于灌水处理，但 2006 年和 2008 年，不灌水处理下的叶绿素含量与灌水处理下的叶绿素含量相当或大于灌水处理，引起的原因还需进一步研究。在灌浆后期，3 年的观测数据表明，不灌水处理 RF 下的叶绿素含量下降较快，且低于所有灌水处理的叶绿素含量。

3.1.2 夏玉米

大兴试验站夏玉米生育期处于雨季，通常不需要灌溉，因此玉米生育期所有小区都作为同一处理。如图 3-6 所示，在对利用光合作用仪实测的典型玉米所有上、中、下共 3 片功能

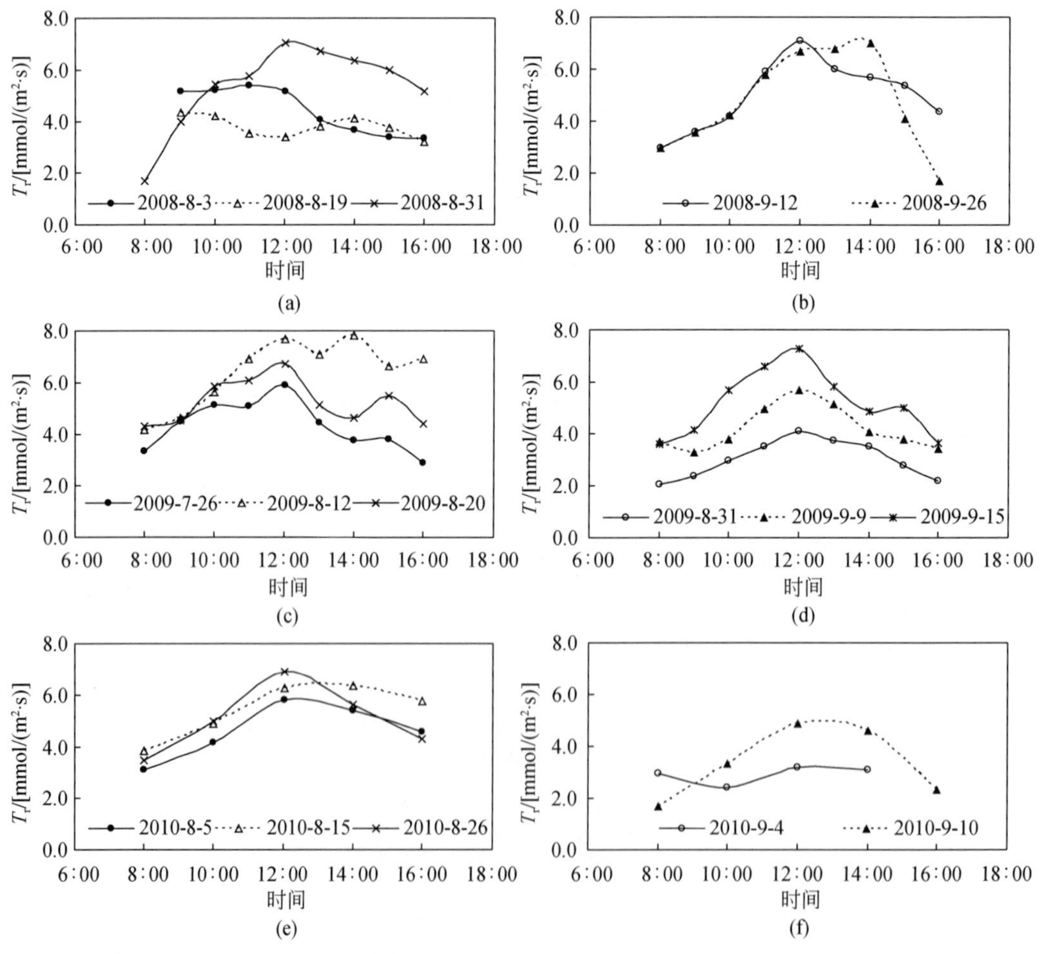

图 3-6　2008～2010 年夏玉米生长期内叶片蒸腾的典型日变化过程

叶片的结果取平均值后，可获得 2008 ~ 2010 年夏玉米 3 个连续生长期内不同生育阶段叶片蒸腾的典型日变化过程。可以看出，叶片蒸腾基本呈现出单峰型的日变化特征。一般情况下，叶片蒸腾的峰值出现在 12：00 左右，峰值大小随生育期不同而在 3.7 ~ 7.5mmol/（m^2 · s）浮动变化，日叶片蒸腾的变化特征主要与光合有效辐射强度、叶龄和土壤含水率等情况有关。

控制叶片蒸腾的最直接要素是叶片气孔开闭程度，图 3-7 给出了 2008 ~ 2010 年夏玉米不同生育阶段内叶片气孔导度（g_s）的典型日变化过程。叶片气孔导度与叶片蒸腾的变化规律基本一致，峰值一般出现在 12：00 左右，且随生育期不同而在 5.1 ~ 7.5mm/s 浮动变化。与此同时，叶片气孔导度与叶片蒸腾的变化规律之间也并非完全一致，这主要是由于叶片蒸腾不仅受到叶片气孔导度的控制，还受到叶片内外水汽压差等因素的影响。

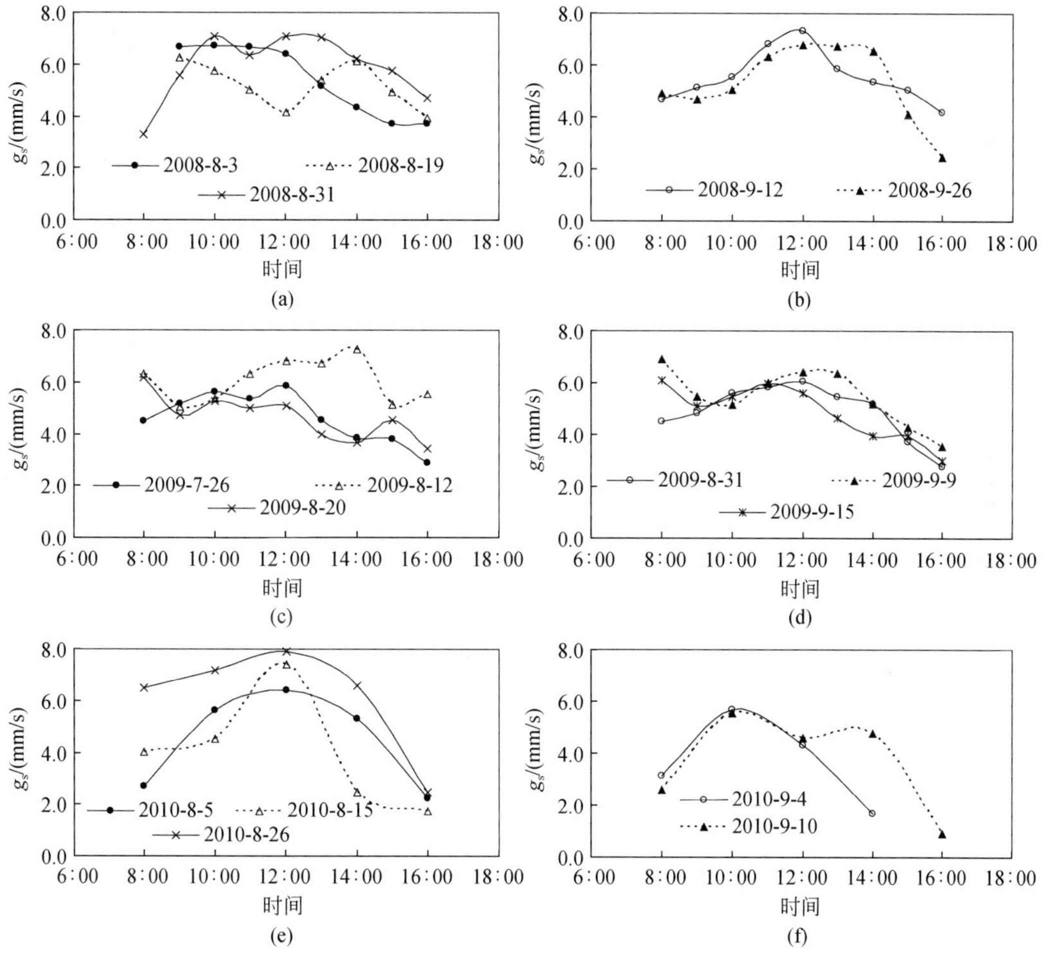

图 3-7　2008 ~ 2010 年夏玉米生长期内叶片气孔导度的典型日变化过程

为了进一步探索光照与叶位对夏玉米叶片蒸腾的影响，在 2010 年实测了夏玉米不同叶位处的阳叶和阴叶的叶片蒸腾 T_r与光合有效辐射 PAR 的典型日变化过程（图 3-8）。从图中可以看出，随着 PAR 增加，T_r逐渐增大，其中阳叶在 10：00 ~ 14：00 达到峰值，此

后 T_r 随 PAR 减小而逐渐下降；阴叶的叶片蒸腾 T_r 值约为阳叶的一半，这主要是由于阴叶所截获的 PAR 较低所致。如图 3-8（b-ⅳ）、图 3-8（b-ⅴ）、图 3-8（b-ⅵ）和图 3-8（e-ⅰ）所示，在 12：00 左右的叶片蒸腾较小，主要是由于测定时刻受到天空云量的影响，PAR 急剧减小所致。当 PAR 之间的差别不大时，冠层下部的叶片蒸腾略小于冠层中上部，这可能与叶龄有关。

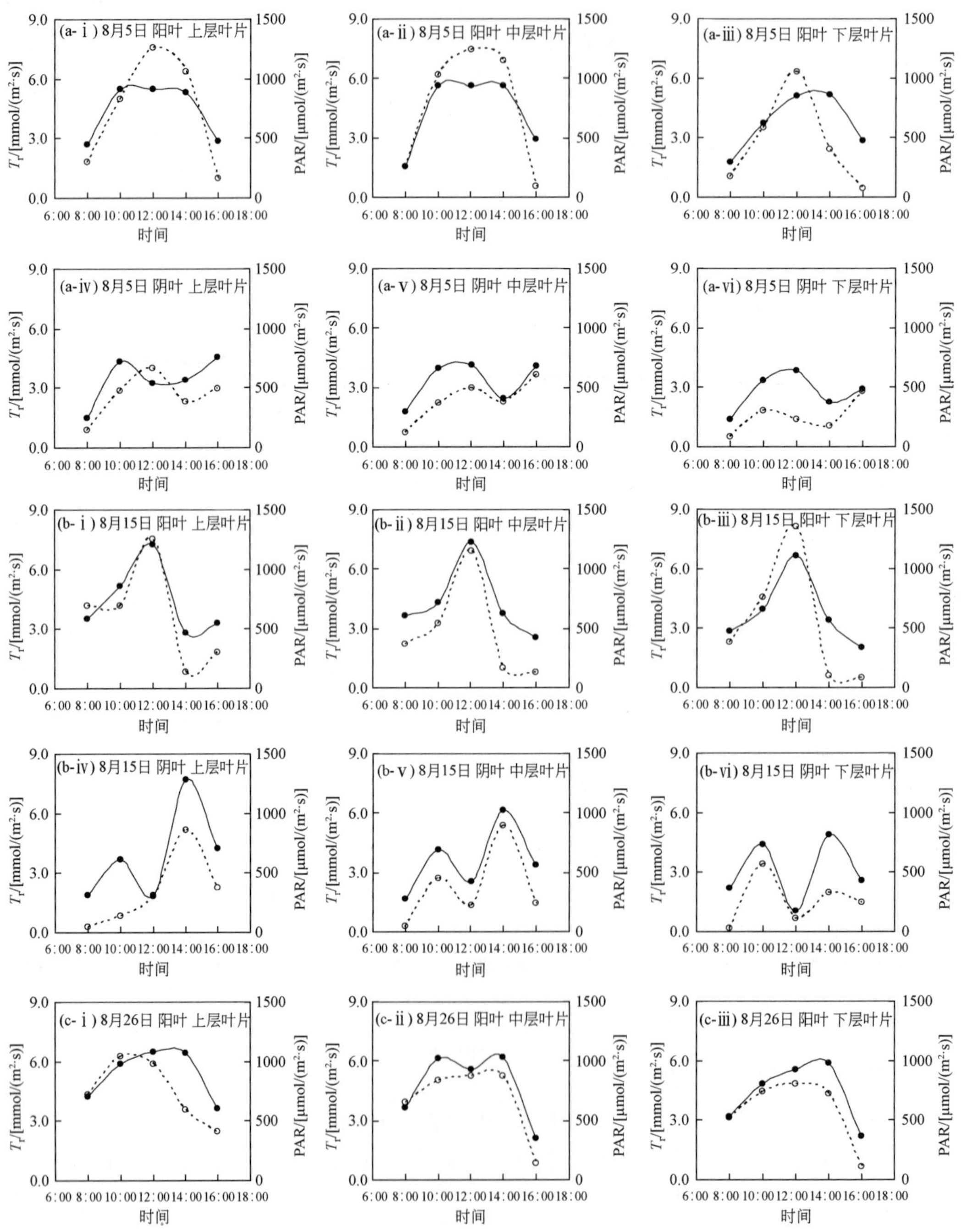

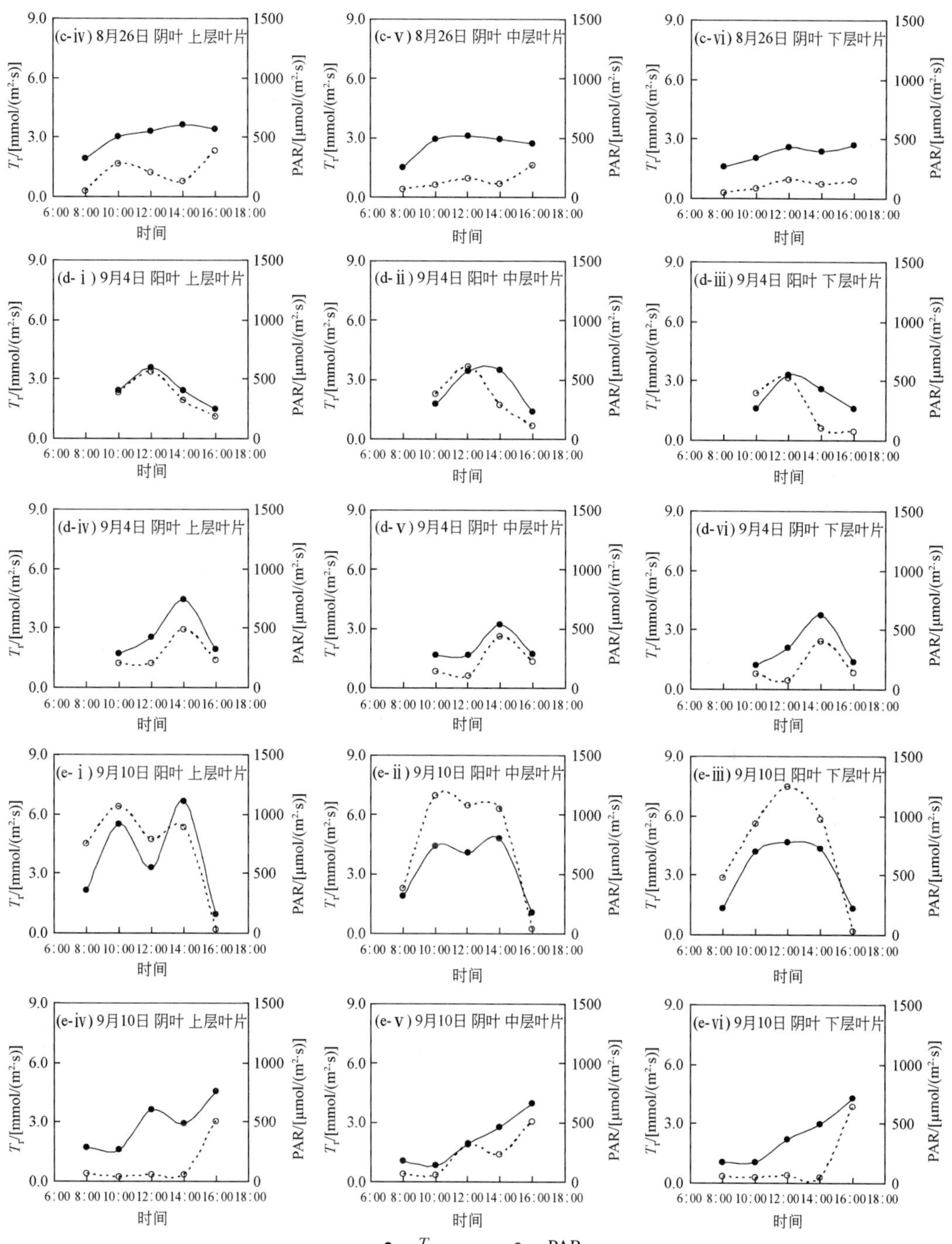

图 3-8　2010 年夏玉米生长期内不同叶位处叶片蒸腾和光合有效辐射的典型日变化过程

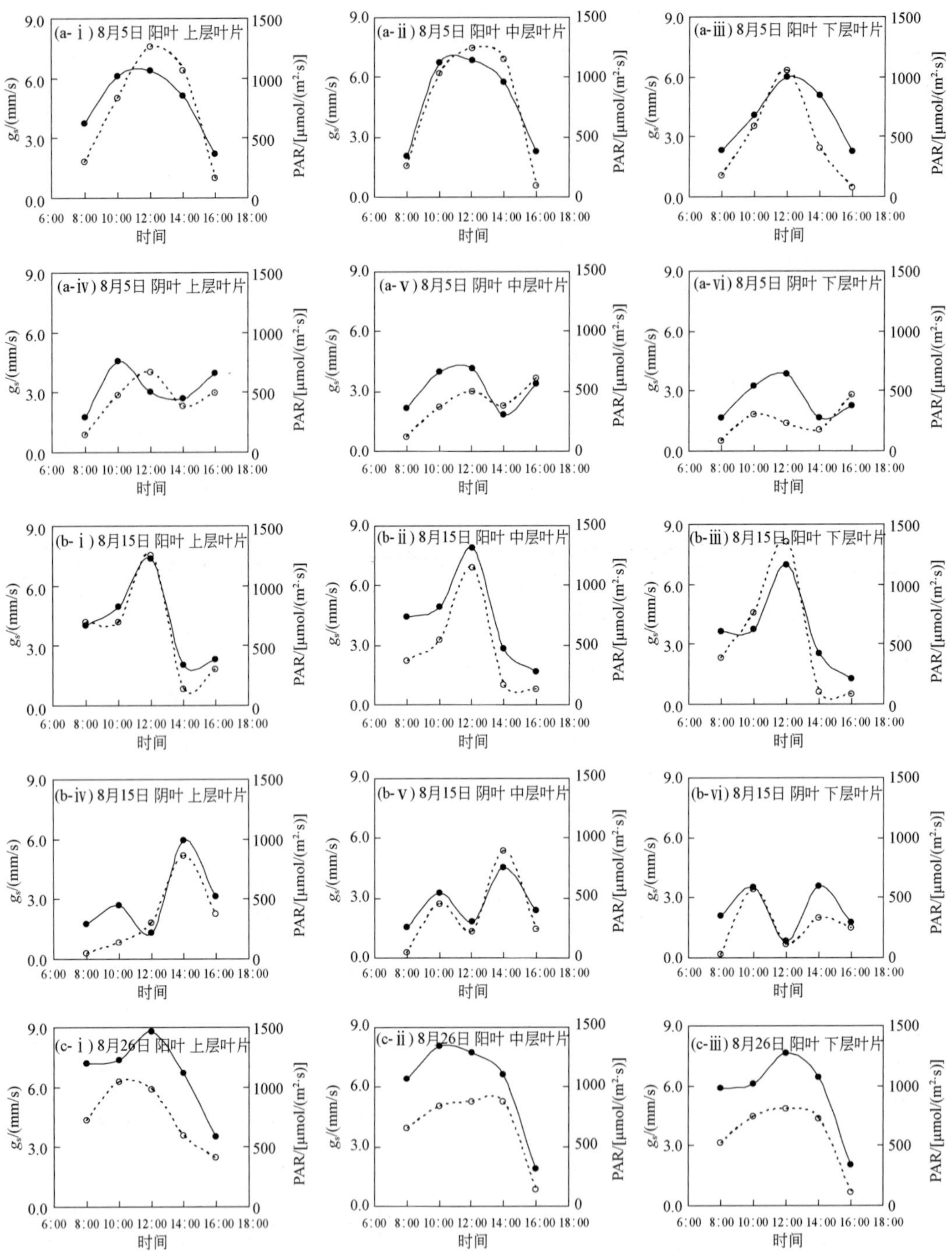
(a-ⅰ) 8月5日 阳叶 上层叶片
(a-ⅱ) 8月5日 阳叶 中层叶片
(a-ⅲ) 8月5日 阳叶 下层叶片
(a-ⅳ) 8月5日 阴叶 上层叶片
(a-ⅴ) 8月5日 阴叶 中层叶片
(a-ⅵ) 8月5日 阴叶 下层叶片
(b-ⅰ) 8月15日 阳叶 上层叶片
(b-ⅱ) 8月15日 阳叶 中层叶片
(b-ⅲ) 8月15日 阳叶 下层叶片
(b-ⅳ) 8月15日 阴叶 上层叶片
(b-ⅴ) 8月15日 阴叶 中层叶片
(b-ⅵ) 8月15日 阴叶 下层叶片
(c-ⅰ) 8月26日 阳叶 上层叶片
(c-ⅱ) 8月26日 阳叶 中层叶片
(c-ⅲ) 8月26日 阳叶 下层叶片
g_s/(mm/s)
PAR/[μmol/(m²·s)]
时间
6:00 8:00 10:00 12:00 14:00 16:00 18:00

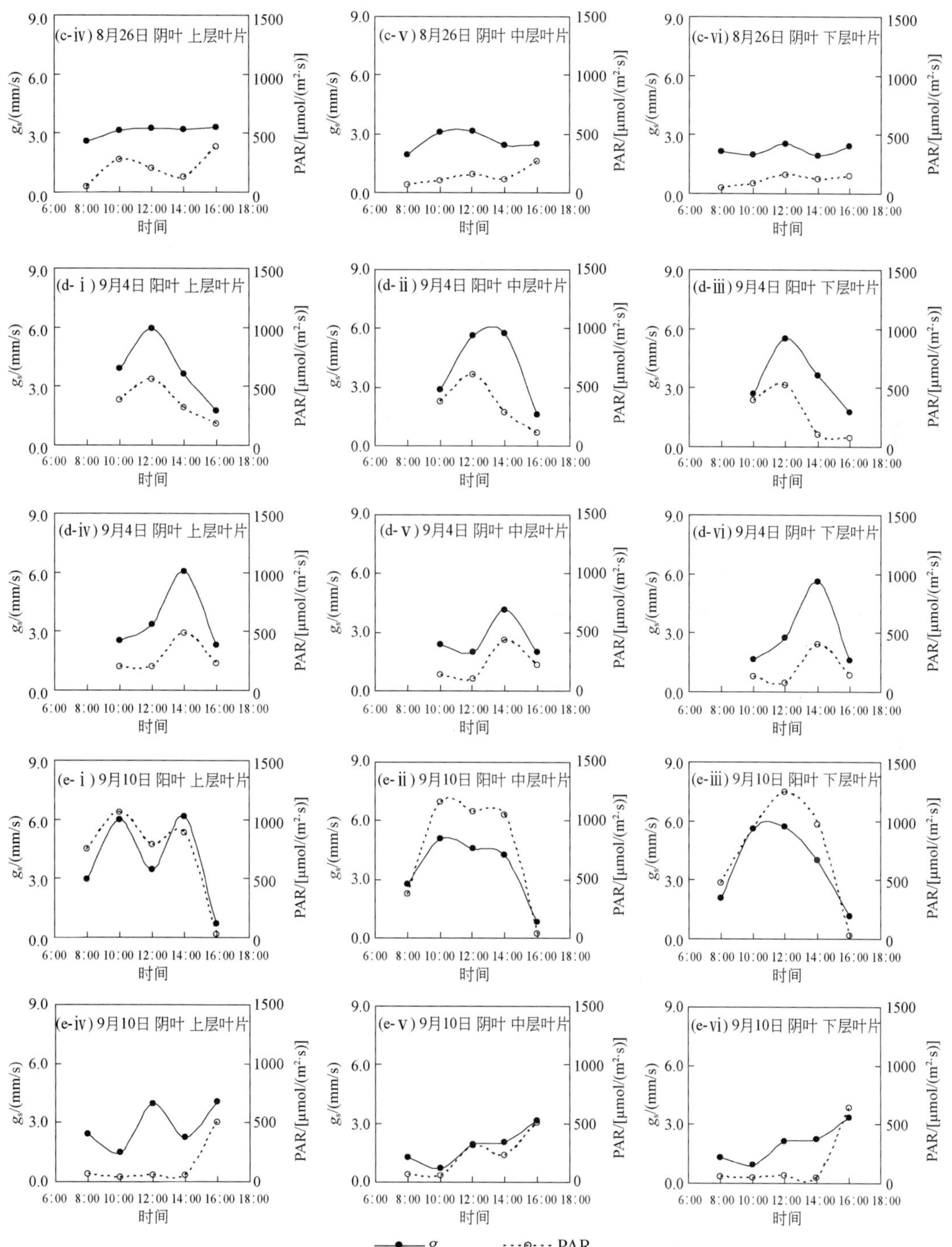

图 3-9 2010 年夏玉米生长期内不同叶位处叶片气孔导度和光合有效辐射的典型日变化过程

图 3-9 给出了 2010 年夏玉米生长期内不同叶位处阳叶和阴叶的叶片气孔导度 g_s 与光合有效辐射 PAR 的典型日变化过程。随着 PAR 增加，g_s 逐渐增大，其中阳叶在12：00左右达到峰值，此后 g_s 随 PAR 减小而迅速下降，该日变化趋势在水稻（Maruyama and Kuwagata，2008）、牧草（Wright et al.，1995）等作物上也有表现，这主要是由于作物自身具有一定的调节能力所致。通常晴朗天气午后的饱和水汽压差 VPD 和气温较高，作物为避免自身水分过度散失而减小了气孔开度，这导致 g_s 下降较快，较高的 VPD 和气温值对 g_s 有着较为明显的限制作用。此外，如图 3-9（b-ⅱ）和图 3-9（b-ⅲ）所示，在 8：00 左右的 g_s 较大，这与此时的 PAR 变化趋势不太协调，这可能与叶片表面比较潮湿、叶内细胞水分较为充足有关，也可能与叶片表面的水汽蒸发导致蒸腾速率观测偏大有关。随着太阳辐射的增强，叶片表面的水汽逐渐散失，g_s 与 PAR 的一致性有所增强。Whitehead（1998）、Mielke 等（1999）等研究成果也表明，当土壤水分充足时，辐射是决定叶片气孔导度的最关键因子，由于 2008 ~ 2010 年夏玉米生长期内的降水较多，根区土壤水分充足，故阳叶和阴叶的叶片气孔导度与 PAR 的关系十分密切，且这两部分叶片的气孔导度对 PAR 的响应也基本一致。同时，从图 3-9 也可看出，阴叶的气孔导度值约为阳叶的一半，阳叶冠层下部的气孔导度略小于冠层中上部的气孔导度，这与夏玉米叶片蒸腾规律基本一致。

通过以上分析可知，夏玉米叶片蒸腾和气孔导度受植被、土壤和气象等多种因子的综合影响。其中，植被因子主要包括作物种类和叶龄等；气象因子主要包括光合有效辐射 PAR、气温 T_a、相对湿度 RH、饱和水汽压差 VPD 和风速 u 等；土壤因子主要包括根区土壤含水率 θ_z 等。在分析大兴试验站夏玉米叶片瞬时（1h 或 2h）蒸腾和气孔导度对变化环境的响应时，选取的因子有 PAR、VPD、RH、T_a 和叶温 T_L。表 3-1 列出了 2008 ~ 2010 年夏玉米 1h 或 2h 时间步长上叶片蒸腾与各环境因子间的回归统计分析结果，可以看出，夏玉米叶片蒸腾与各环境因子的相关程度强弱顺序依次是 PAR>VPD>T_a>T_L>RH。这表明光合有效辐射对叶片蒸腾的影响最大，其次为饱和水汽压差、气温和叶温，而相对湿度的影响最小。表 3-2 为根据几种常见的叶片气孔导度函数形式回归分析得到的 2008 ~ 2010 年夏玉米 1h 或 2h 时间步长叶片气孔导度与各环境因子间的关系，其中光合有效辐射对叶片气孔导度的影响最大，其次为气温、叶温和饱和水汽压差。

表 3-1　2008 ~ 2010 年夏玉米叶片蒸腾与各环境因子之间的回归关系

环境因子	回归方程	相关系数 r
光合有效辐射 PAR	T_r=0.003PAR+1.6831	0.812
饱和水汽压差 VPD	T_r=-0.9529VPD^2+5.8728VPD-4.0985	0.476
相对湿度 RH	T_r=-0.0038RH^2+0.2288RH+1.672	0.451
气温 T_a	T_r=0.0158T_a^2-0.8482T_a+14.781	0.460
叶温 T_L	T_r=0.0137T_L^2-0.6726T_L+11.305	0.457

表 3-2　2008～2010 年夏玉米叶片气孔导度与各环境因子之间的回归关系

环境因子	回归方程	相关系数 r
光合有效辐射 PAR	$g_s=7.4476\times\frac{PAR}{PAR+381.8507}$	0.766
	$g_s=8.7377\times\frac{8.7378\times PAR}{10.2513\times PAR+3914.4282}$	0.766
饱和水汽压差 VPD	$g_s=7.37\exp(-0.15VPD)$	0.343
	$g_s=\frac{35.50}{4.61+VPD}$	0.329
气温 T_a	$g_s=5.50\times\frac{T_a(40-T_a)^{(40-27.55)/27.55}}{27.55\times(40-27.55)^{(40-27.55)/27.55}}$	0.354
	$g_s=0.0093\times(-1.8585T_a^2+101.0850T_a-770.8613)$	0.367
叶温 T_L	$g_s=5.42\times\frac{T_L(40-T_L)^{(40-27.87)/27.87}}{27.87\times(40-27.8696)^{(40-27.8696)/27.87}}$	0.335
	$g_s=0.0097\times(-2.04T_L^2+115.00T_L-1048.90)$	0.344

3.2　植株尺度蒸腾变化规律

作物植株尺度蒸腾变化规律观测试验于 2009～2010 年在北京大兴试验站开展。在夏玉米作物各生育阶段内，采用 SGB-25M 型包裹式茎流计测定不同水分试验处理下的植株茎流速率，使用 Galileo 型植物生理生态系统测定植株茎秆直径，具体的水分试验处理设置及其观测方法详见第 2 章。

3.2.1　夏玉米植株蒸腾变化规律

植物茎秆液流速率可有效反映作物蒸腾及耗水情况，故植株尺度蒸腾一般可采用茎流速率表示。图 3-10 和图 3-11 分别为 2009 年和 2010 年典型晴天、多云天和阴雨天夏玉米植株茎流速率与太阳辐射的典型日变化过程。可以看出，晴天下夏玉米植株茎流速率的日变化过程呈现出单峰曲线状态，夏玉米茎秆在 8：00 左右开始产生液流并随太阳辐射的增强而迅速升高，当太阳辐射值于 12：00 左右达到最大值时，茎流速率峰值出现在 13：00 左右，之后茎流速率随太阳辐射减弱逐渐降低，约至 20：00 左右降至较小值，并在整个夜间维持在低值。夏玉米植株茎流速率的变化总滞后太阳辐射的变化约 1h，这可能是由于当太阳辐射变化时，作物需约 1h 的调整时间以适应该变化。此外，夏玉米茎流速率在中午峰值附近出现了较小波动，这可能是由于茎流速率过高所致，当茎流速率高于根系吸水速率时，植物导管内的水柱会出现空穴化而产生时断时续现象。在阴天或多云天气下，太阳辐射呈现为不规则的变化，但茎流速率仍随太阳辐射值的波动而变化，并滞后太阳辐射变化约1h，这一特点与晴天天气下的变化规律基本一致。在雨天，由于太阳辐射很弱，茎流速率维持在较低水平，仅为10g/h左右。综上所述，夏玉米植株茎流速率的变化通常随太阳辐射的变化而波动，其对太阳辐射的变化非常敏感，太阳辐射是影响茎流速率变化的主要驱动因素。

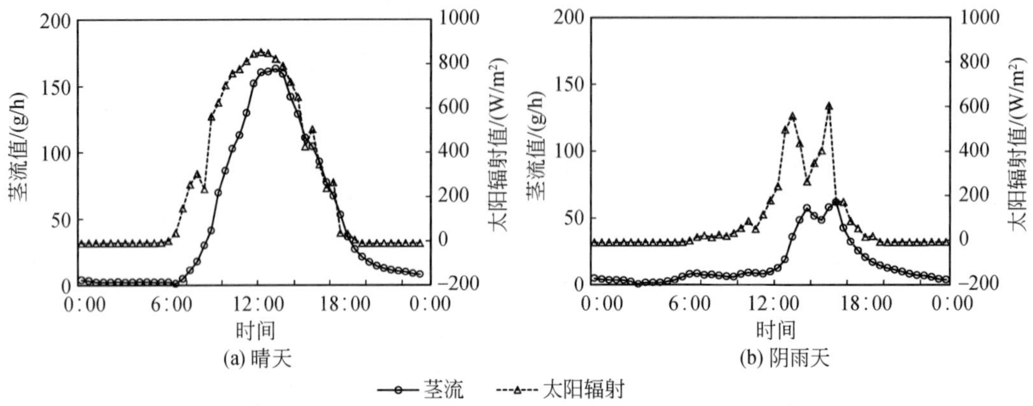

图3-10　2009年夏玉米生长期内典型天气状况下茎流速率与太阳辐射的日变化过程

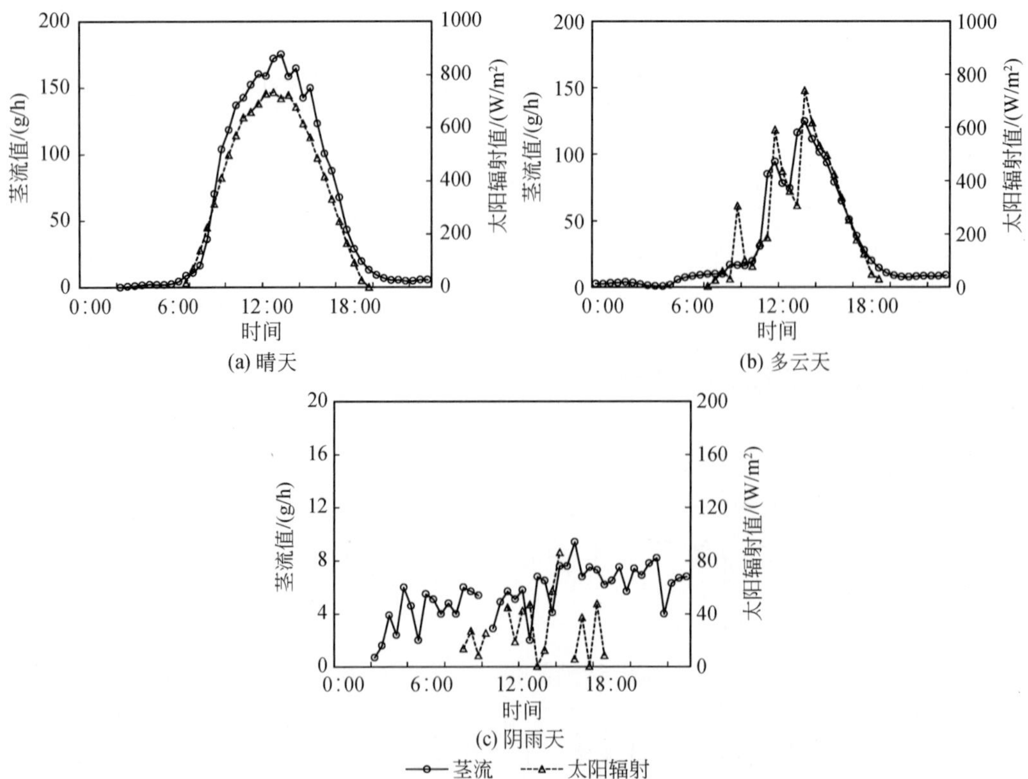

图3-11　2010年夏玉米生长期内典型天气状况下茎流速率与太阳辐射的日变化过程

除太阳辐射外，茎流速率还受湿度、风速等环境因子的影响。从图 3-12 可以看出，随着气温升高和饱和水汽压差的加大，会增大细胞间隙与外界间的水汽压差，从而加速蒸腾水分的扩散和空气湿度的降低，叶片细胞间的水汽压差与空气的水汽压差增大，将导致水分子的扩散速率加快，从而增强茎流速率。在高气温和低湿度的共同作用下，作物叶内外的蒸汽压差加大，有利于水分从叶内逸出，蒸腾作用加强，导致茎流速率升高，反之茎流速率降低。由图 3-12 还可看出，VPD 稍滞后于茎流速率，二者间的变化关系呈正相关性，VPD 越大，叶片蒸腾的动力越大，反之则小；风能将气孔外的水蒸气吹走，进而减小叶片边界层的阻力，影响植物体内的茎流速率。当白天风速较大时，茎流速率与风速呈正相关，在无风的晚上（如 2010 年 9 月 5 日），茎流速率一般保持在接近于零的低值，但在 2010 年 9 月 1 ~3 日晚上，风速较大，茎流速率值偏高，且在 4：00 左右就开始上升，这说明风速对茎流速率有一定影响。此外，降水对茎流速率也有较大的制约作用，雨天下的茎流速率保持低值，甚至可以忽略。

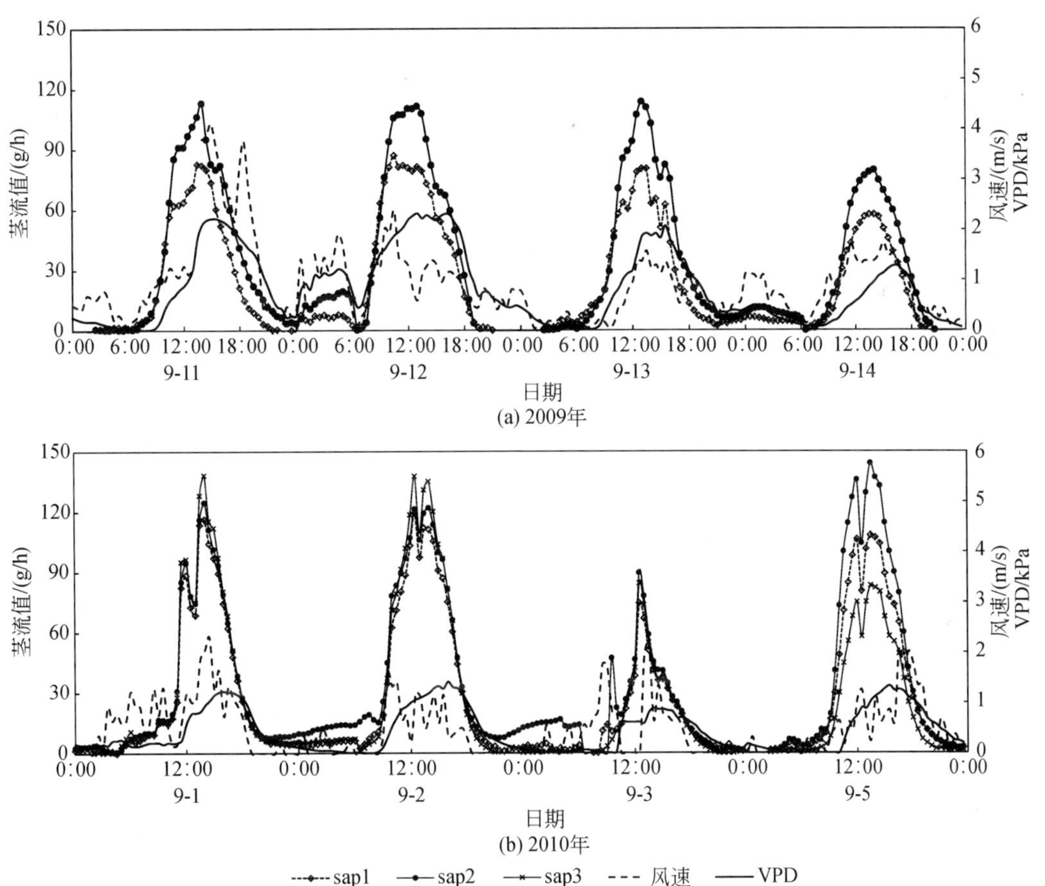

图 3-12　2009 年和 2010 年夏玉米生长期内茎流速率与风速和饱和水汽压差之间的关系

为了进一步明确不同夏玉米植株间的茎流差异，选取试验小区中 4 株具有代表性的植株茎流数据，用于分析不同植株液流间变化的同步性。从图 3-13 和图 3-14 给出的晴天和多云天或阴雨天这 4 株夏玉米的茎流速率（sap1 ~ sap4）值的对比可以发现，该 4 株玉米的茎流速率变化趋势相似，但大小会由于茎粗、叶面积等差异而存在不同。

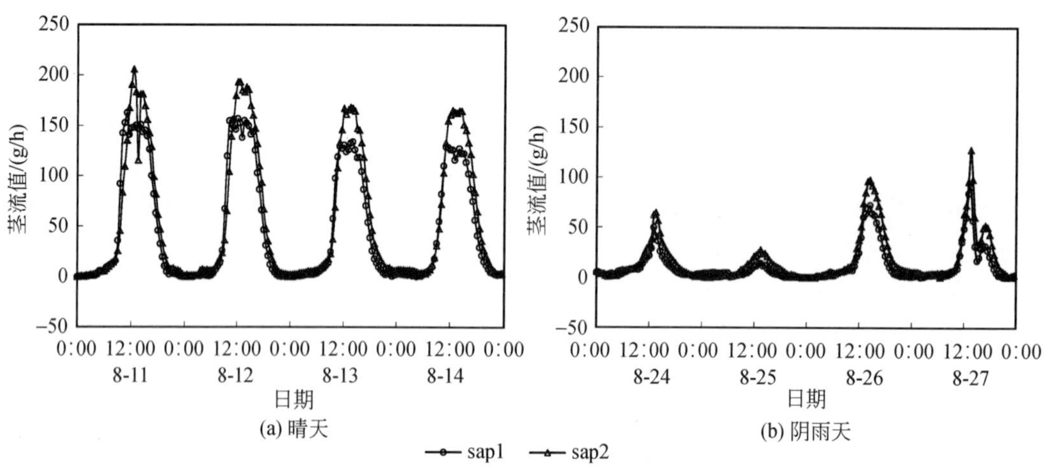

图 3-13　2009 年夏玉米生长期内典型植株的茎流速率同步变化对比

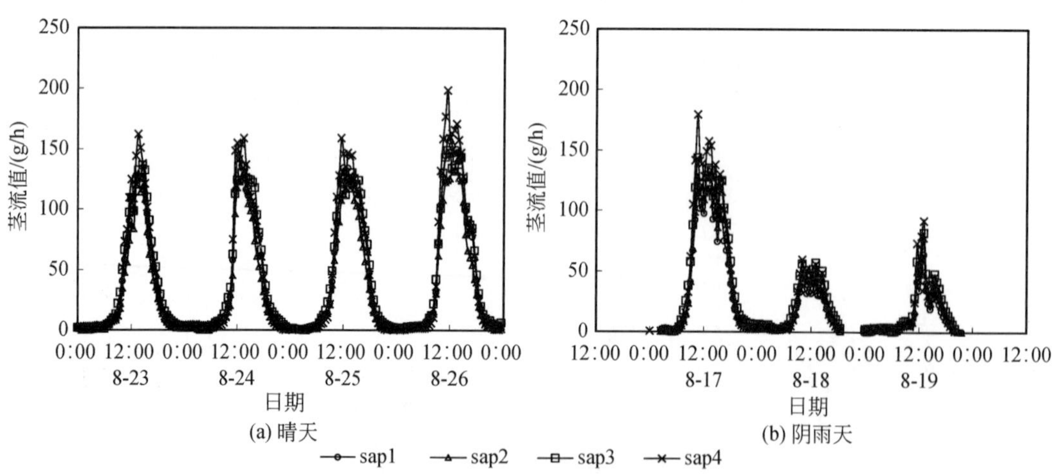

图 3-14　2010 年夏玉米生长期内典型植株茎流速率同步变化对比

图 3-15 为 2009 年和 2010 年夏玉米生育中期的植株日蒸腾变化过程，可以看出，该生育阶段内的植株蒸腾量差异很大，作物快速生长期的最高日蒸腾量可达到4 ~6mm/d。此外，夏玉米植株蒸腾量对天气状况也较为敏感，阴雨天的蒸腾量明显减小，常低于 1mm/d。

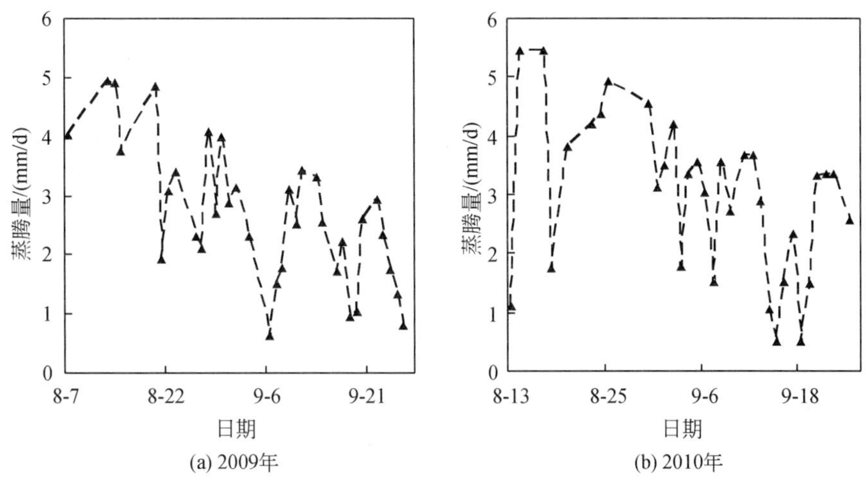

图 3-15　2009 年和 2010 年夏玉米生育中期的植株日蒸腾量变化过程

3.2.2　夏玉米茎秆直径变化规律

图 3-16 显示出 2010 年 8 月 26 日 ~9 月 10 日夏玉米茎秆直径的日变化过程，此时为夏玉米生育中期，植株茎秆已基本成熟，期间的天气状况均为晴天，土壤含水率从田间持水量的 85% 降至 70%。从该图可以看出，夏玉米茎秆直径呈 24h 周期性微变化状况，8：00 左右开始收缩，直径变小，14：00 ~ 15：00 达到最小值，随后开始恢复性膨大，直至第二天清晨恢复到最大值，此变化趋势恰好与茎流速率的变化相反，这说明白天茎流速率加大，作物蒸腾失水，茎秆收缩，而夜间茎液流量较小，作物根系吸水补充了茎秆在白天失去的水分，茎秆直径复原。由图 3-16 还可看出，2010 年 8 月 26 ~ 28 日的土壤含水率较高（田间持水量的 80% ~ 85%），夏玉米茎秆直径的日最大值（MXSD）有增加趋势，但直径的日变幅较小，这说明在水分充足条件下，植株茎粗的收缩幅度小，复原能力较强。8 月 28 日 ~9 月 3 日的土壤含水率下降（田间持水量的 75% ~80%），MXSD 值较之前有所下降，直径的日变幅开始变大，但基本还可复原。9 月 3 ~ 10 日的土壤含水率降至田间持水量的 75% 以下，作物白天蒸腾散失的水分在夜间未得到完全补充，导致茎秆开始萎缩，MXSD 值逐步下降，直径的日变幅变大，茎秆直径的复原能力越来越差，该趋势反映了夏玉米茎秆对水分胁迫的敏感性，采用茎秆直径的微变化反映作物水分状况和蒸腾变化具有可行性。此外，图 3-16 还显示出日茎秆直径的变化过程中有波动现象，且在相邻两日土壤水分相近条件下，茎秆直径的日变幅也具有一定波动，这说明植株茎秆直径的微变化不仅受到土壤水分的影响，可能还会受气象条件作用。

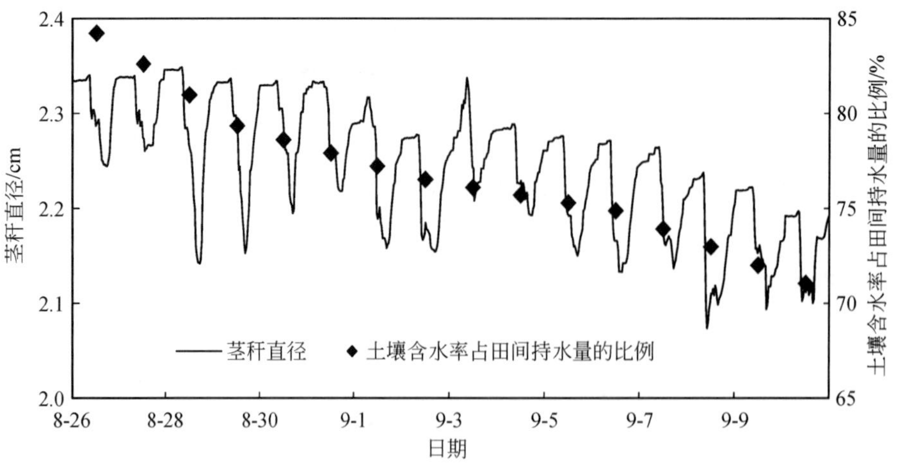

图 3-16 2010 年夏玉米生长期内茎秆直径与土壤含水率的日变化过程

3.3 田块尺度蒸散发变化规律

田块尺度蒸散发变化规律观测试验于 2005 ~ 2010 年在北京大兴试验站和通州试验站以及白洋淀试验站开展。在冬小麦和夏玉米作物各生育阶段内以及典型湿地植被生长期内，采用大型称重式蒸渗仪、多筒蒸散发仪和水量平衡法测定及估算不同水分试验处理下的田块尺度 ET，利用微型蒸发器测定棵间蒸发 E，具体的水分试验处理设置及其观测方法详见第 2 章。

3.3.1 冬小麦

3.3.1.1 北京大兴试验站

在北京大兴试验站，田块尺度 ET 观测试验于 2008 ~2010 年冬小麦连续 3 个生长季节内进行。冬小麦 T1 ~ T5 水分处理见 3. 1. 1 节，其中 T1 水分处理下的 ET 采用大型称重式蒸渗仪测定，其余处理下的 ET 由水量平衡法估算得到。与此同时，在冬小麦不同水分处理下的各试验小区内布设有微型蒸发器，并将其观测结果与裸土下的测定结果进行对比。

(1) 冬小麦株高、叶面积指数和累积生物量的变化

图 3-17 ~ 图 3-19 分别给出了 2008 ~2010 年冬小麦生长期内返青后株高、叶面积指数和累积生物量的变化过程。可以看出，从返青期开始，冬小麦株高开始缓慢增长，至扬花期达到最大值 0. 65m 左右，随后茎秆将基本保持在该高度，且高水分处理下要高于低水分处理，但彼此之间的差异不大（图 3-17）。从图 3-18 可以看出，冬小麦叶面积指数变化均为单峰曲线状态，至扬花期达到最大值，后因叶片衰老而下降。不同水分处理对叶面积指数的影响显著，高水分处理下明显高于低水分处理，且年际间的叶面积指数变化规律稍有差异，主要原因在于外部环境因子不同所致。从冬小麦生物量来看，灌浆期可达到 15t/hm^2 左右。

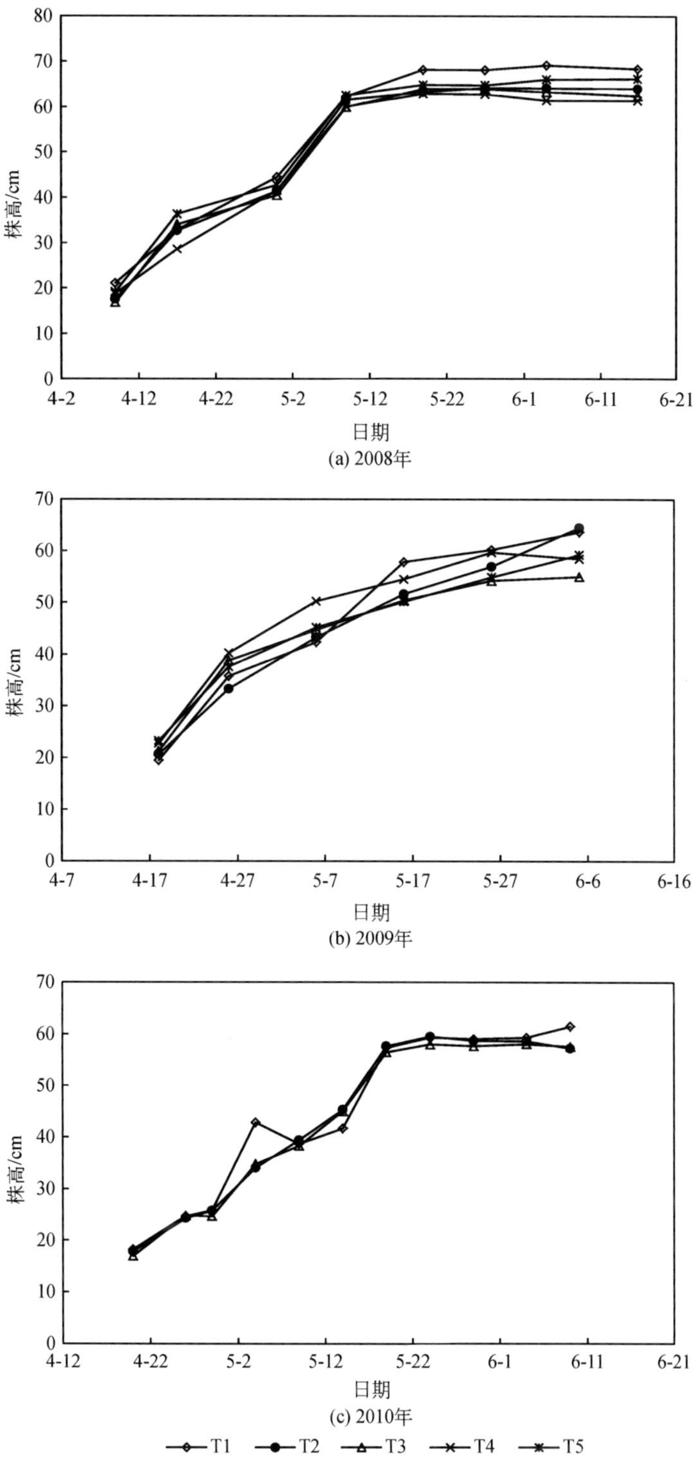

图 3-17　2008 ~ 2010 年冬小麦生长期内返青后事株高的变化过程

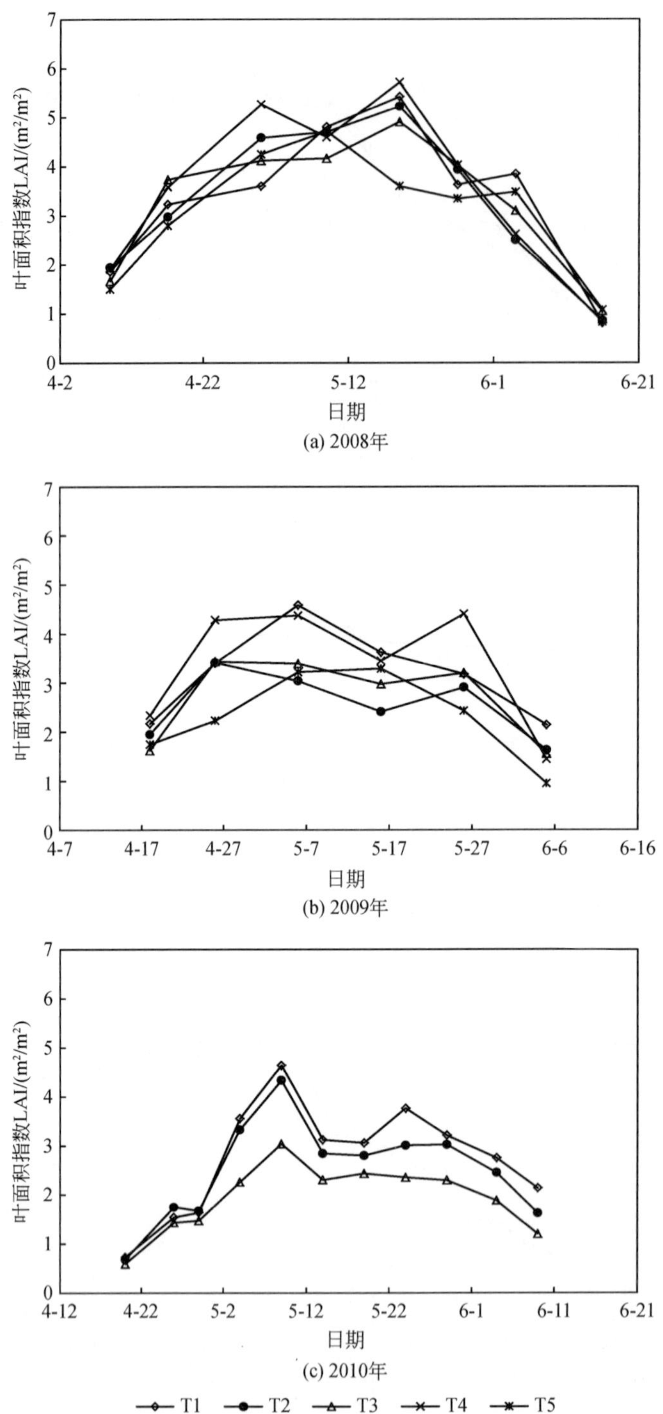

图 3-18　2008～2010 年冬小麦生长期内叶面积指数的变化过程

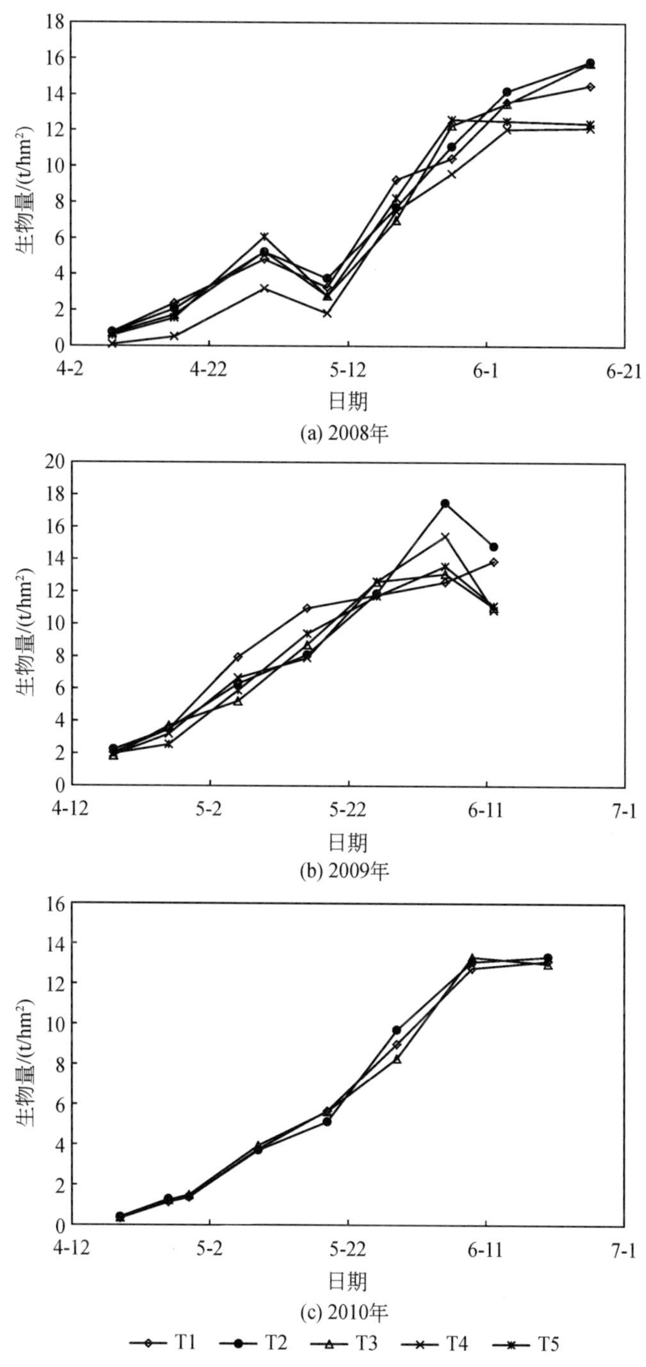

图 3-19　2008～2010 年冬小麦生长期内累积生物量的变化过程

（2）冬小麦日棵间蒸发量、累积蒸发量、降水量和灌水量的变化

以上分析表明，在冬小麦连续 3 个生长季节内的株高、叶面积指数和累积生物量大体上相当，故以 2009 年冬小麦生长期为例，分析田块尺度蒸散发特点。图 3-20 给出了冬小麦

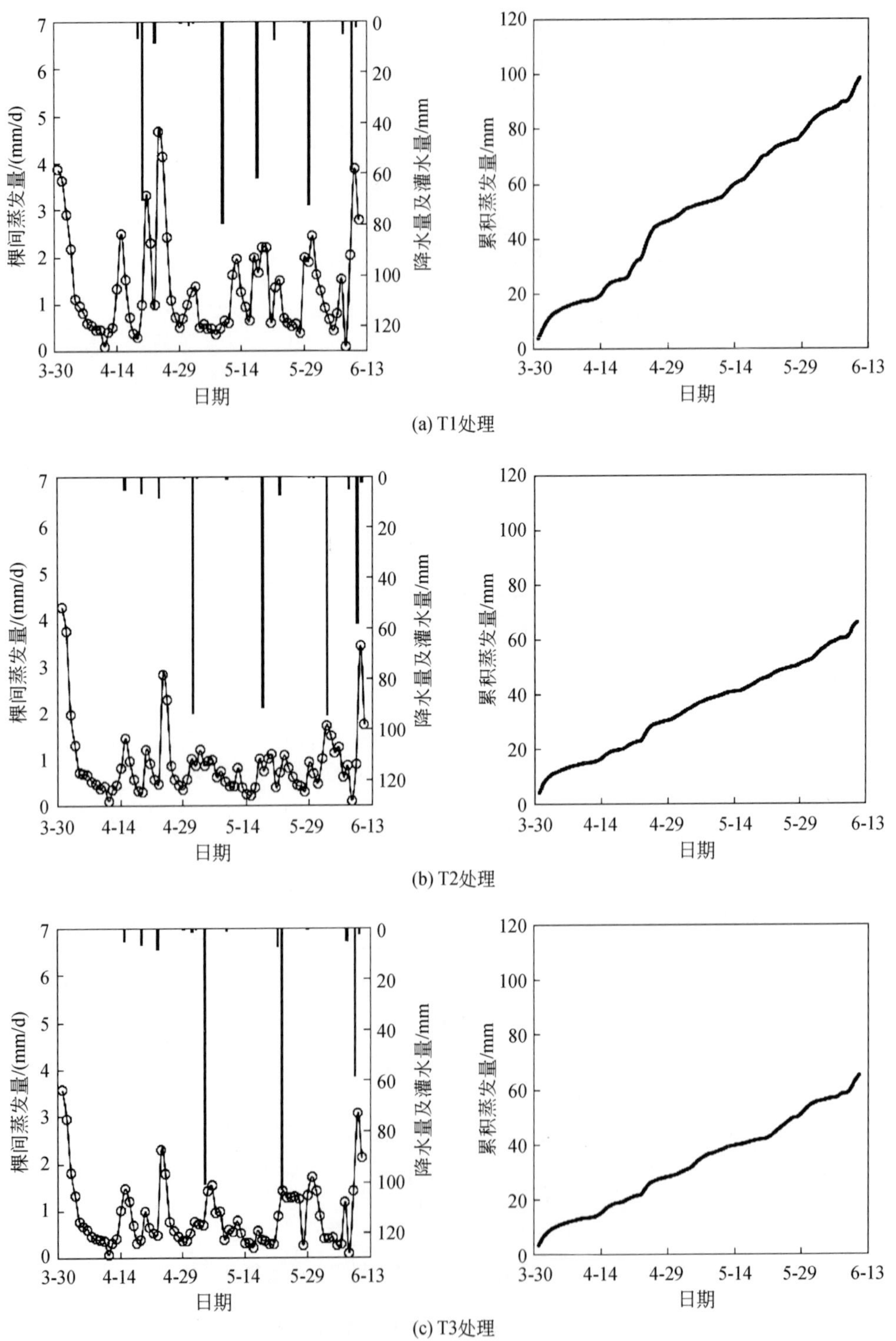

(a) T1处理

(b) T2处理

(c) T3处理

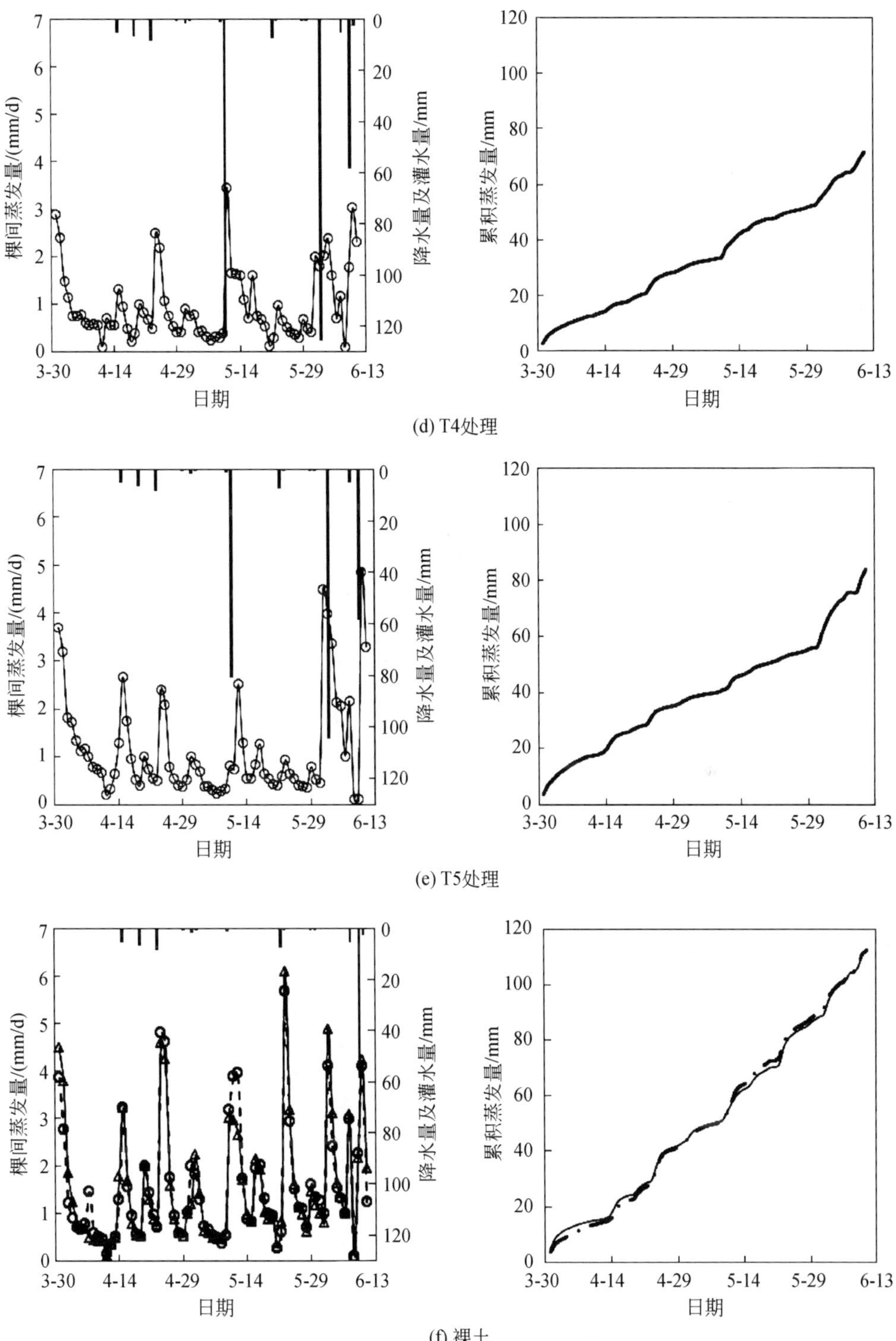

(d) T4处理

(e) T5处理

(f) 裸土

图 3-20　2009 年冬小麦生长期内返青后不同水分处理下日棵间蒸发量、累积蒸发量、降水量和灌水量的变化过程

不同生育期内日棵间蒸发量随降水量和灌水量的变化过程，可以看出，在降水或灌水后，土壤蒸发量明显增大，之后逐日递减，速率越来越小。由于土壤表层含水率的增大，致使棵间土壤蒸发处于大气蒸发力控制阶段，随后进入土壤水分控制阶段，蒸发量逐渐减小，这说明棵间蒸发与表层土壤含水率之间有着密切的关系。2009 年 3 月 31 日 ~ 6 月 11 日，T1 ~ T5 处理下的累积蒸发量分别为 98.6mm、66.4mm、65.2mm、71.6mm 和 83.9mm，作物生长后期（6 月 1 日）灌水使得 T4 和 T5 处理下的累积蒸发量偏大。由于冬小麦生育后期叶片发黄，植株蒸腾逐渐减小，土壤蒸发不断增大，故后期灌水会明显加大土面蒸发量。从图 3-20 中还可看出，由位于保护区的两个裸土蒸发器所测得的土面蒸发量间的差异很小，分别为 112.5mm 和 112.6mm，其明显高于其他水分处理下的累积蒸发量。

图 3-21 为 2009 年冬小麦充分灌溉条件（T1 处理）下返青后日棵间蒸发量、蒸散发量以及降水量和灌水量的变化过程，以及蒸散发各组分的比例关系（表 3-3）。可以看出，冬小麦返青后日棵间蒸发量最大值为 4.68mm/d（2009 年 5 月 1 日），当 5 月中旬冬小麦处于灌浆期时，作物需水量达到最大，日均蒸散发量为 6.5mm/d，最大蒸散发量为 9.3mm/d（2009 年 5 月 17 日），灌浆结束后的蒸散发量开始降低。结合表 3-3 的结果可知，冬小麦返青后日棵间蒸发量占田块尺度蒸散发量的比值较大。在作物快速生育期，即冬小麦拔节到孕穗阶段，土面蒸发强度逐渐减小，日均蒸散发量为 1.45mm/d，而作物蒸腾量开始增大，日均值为 2.41mm/d，平均日田块尺度蒸散发量为 3.87mm/d。到作物生育中期，叶面积指数基本上达到最大值，此时裸露的土壤面积很小，日棵间蒸发量最小为 1.09mm/d，作物蒸腾量达到最大值 4.66mm/d。冬小麦开始抽穗–灌浆时的作物需水量最大，日均蒸散发量为 5.75mm/d；灌浆结束时，冬小麦进入乳熟期，叶片开始发黄，作物蒸腾量逐渐减小为 3.99mm/d，日棵间蒸发量逐渐增大到 1.41mm/d，日均蒸散发量为 5.45mm/d。

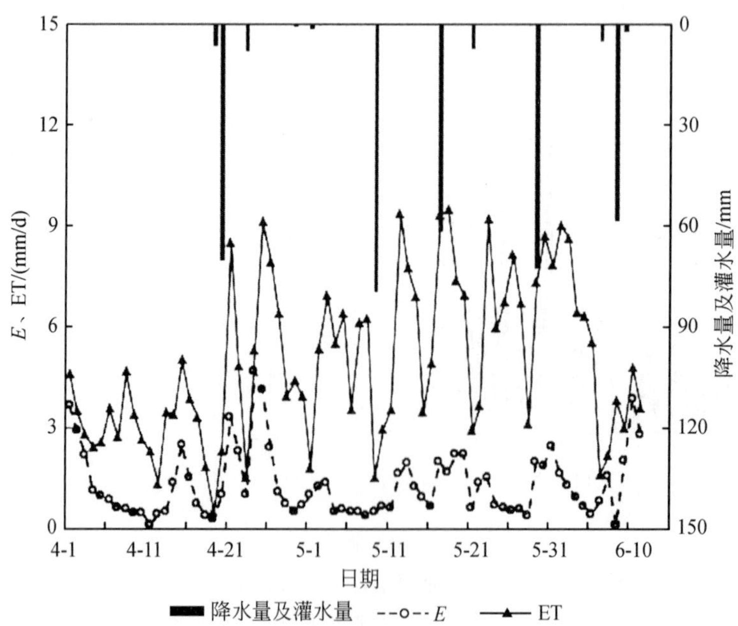

图 3-21 2009 年冬小麦返青后的日棵间蒸发量、蒸散发量以及降水量和灌水量的变化过程

表 3-3　2009 年冬小麦返青后的日棵间蒸发量 E、蒸腾量 T、蒸散发量 ET 及其组分占比

生长阶段	快速发育期	生育中期	生育后期	总量
起止日期	4 月 1 ~30 日	5 月 1 ~25 日	5 月 26 日 ~6 月 11 日	4 月 1 日 ~6 月 11 日
ET/(mm/d)	3. 87	5. 75	5. 42	356. 4mm
E/ (mm/d)	1. 45	1. 09	1. 41	94. 8mm
T/ (mm/d)	2. 41	4. 66	3. 99	261. 6mm
(E/ET)/%	37. 6	18. 9	29. 5	26. 6%
(T/ET)/%	62. 4	81. 1	70. 5	73. 4%

从表3-3 中还可看出，冬小麦从4 月1 日 ~6 月11 日共计72 天，日棵间蒸发量、作物蒸腾量和田块尺度蒸散发量分别为 94. 8mm、261. 6mm 和 356. 4mm，棵间蒸发和作物蒸腾占田块尺度蒸散发的比例分别为 26. 6% 和 73. 4%。从冬小麦各生育阶段来看，快速发育期内的棵间蒸发和作物蒸腾占比分别为 37. 6% 和 62. 4%；生育中期内的棵间蒸发和作物蒸腾占比分别为 18. 9% 和 81. 1%，棵间蒸发的比例明显下降，作物蒸腾占比超过 80%，叶片茂盛，叶面积指数增大，使得棵间蒸发量明显减少；生育后期的棵间蒸发和作物蒸腾占比分别为 29. 5% 和 70. 5%，棵间蒸发的占比有所增加，而作物蒸腾的占比又开始减小。

3. 3. 1. 2　北京通州试验站

在北京通州试验站，田块尺度 ET 观测试验于 2006 ~2008 年冬小麦连续 3 个生长季节内进行。不同水分试验处理下的田块尺度 ET 根据水量平衡法估算获得，并对田块尺度 ET 可能对冬小麦生理生态指标、生物量以及土壤含水率等状况的影响进行分析。

(1) 冬小麦生理生态指标和生物量的变化

图 3-22 给出了 2006 ~2008 年冬小麦 3 个连续生长季节内株高的变化过程。其中，不灌水处理 RF 下的株高均显著（P<0. 05）小于灌水处理下的株高，对灌水处理而言，0. 50E 处理（2006 年）和 0. 25E 处理（2007 年）下的株高要显著（P<0. 05）小于其他灌水处理，而在 2008 年，4 个灌水处理下的株高差异并不显著，这可能是由于在 2006 年和 2007 年冬小麦生长阶段内的降水量较少，灌溉对株高的影响较为明显，而在 2008 年冬小麦生长阶段，由于较多的降水量，使得灌溉处理对株高的影响并不显著。综合分析显示，对 0. 50E 以下的灌水处理，灌水量会对株高产生影响。

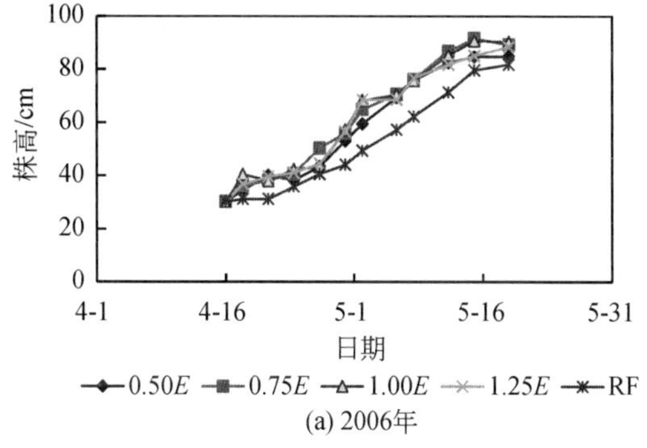

(a) 2006年

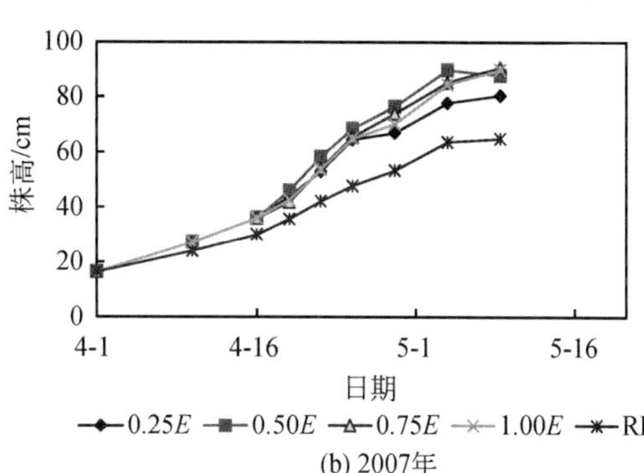

(b) 2007年

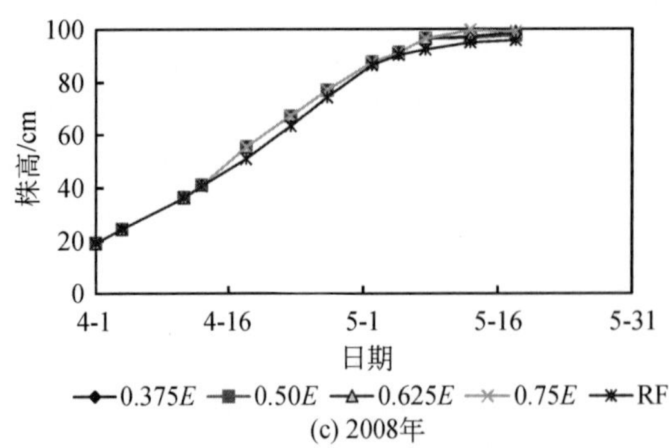

(c) 2008年

图 3-22 2006～2008 年冬小麦生长期内株高的变化过程

图 3-23 给出了 2006～2008 年冬小麦 3 个连续生长季节内返青以后叶面积指数的变化过程。从返青期开始，LAI 逐渐增加，在抽穗时（5 月 10 日左右）达到最大值，然后逐渐减小，进入 6 月以后 LAI 迅速降低为最大值的一半。在抽穗和灌浆前期（5 月 10～25 日），LAI 较大但变幅较小，这有利于小麦籽粒灌浆的顺利进行。不灌水处理 RF 下的 LAI 要显著（$P<0.05$）小于灌水处理，灌水处理 $0.50E$（2006 年）和 $0.25E$（2007 年）下的 LAI 要显著（$P<0.05$）小于其他灌水处理。在 2006 年，$1.25E$ 处理下的 LAI 要显著（$P<0.1$）小于 $0.75E$ 和 $1.00E$ 处理，这可能是由于灌水量较多限制了小麦生长所致。在灌水处理中，$0.75E$ 和 $1.00E$ 处理下的 LAI 较高且最大 LAI 持续的时间较长，而灌水过多（$1.25E$ 处理）和过少（$0.50E$ 处理）都会影响作物的 LAI。

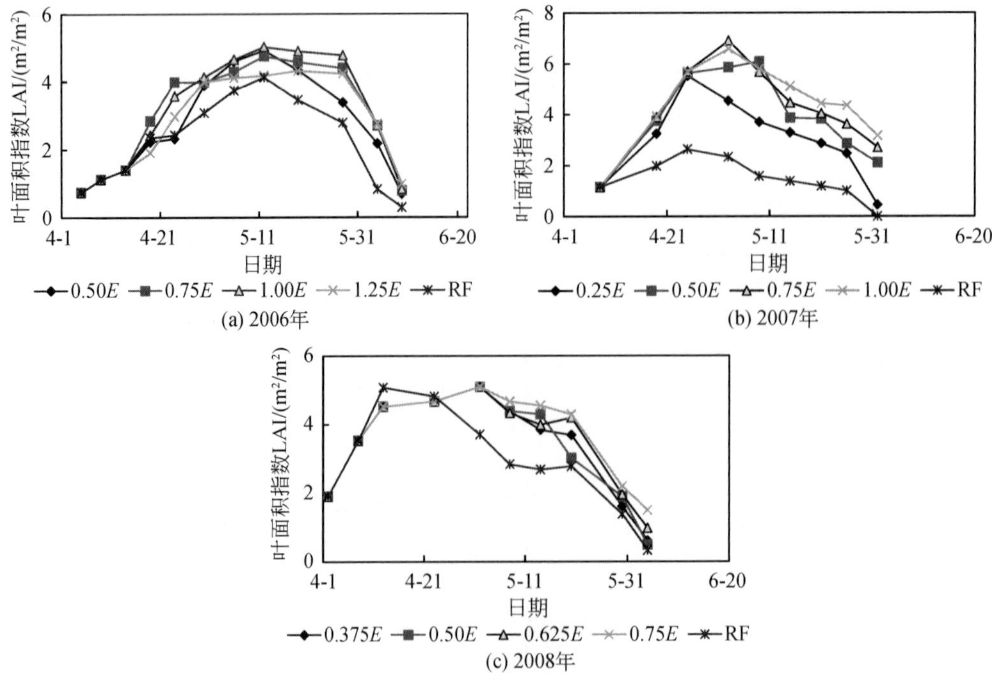

(c) 2008年

图 3-23 2006～2008 冬小麦生长期内叶面积指数的变化过程

图 3-24～图 3-26 给出了 2006 年冬小麦生长期内叶片生物量、茎秆生物量和穗生物量的变化过程。可以看出，叶片生物量在 5 月初达到最大，随后基本保持稳定，直至 6 月 10 日以后，叶片生物量迅速减小，这可能是由于叶内物质开始向穗转移的缘故（图 3-24）。不灌溉水处理 RF 下的叶片生物量要显著小于灌水处理，但对低于 0. 50E 的灌水处理而言，叶片生物量也会不同程度地有所降低。当灌水处理大于 0. 50E 时，各灌水处理之间的叶片生物量差异并不显著。

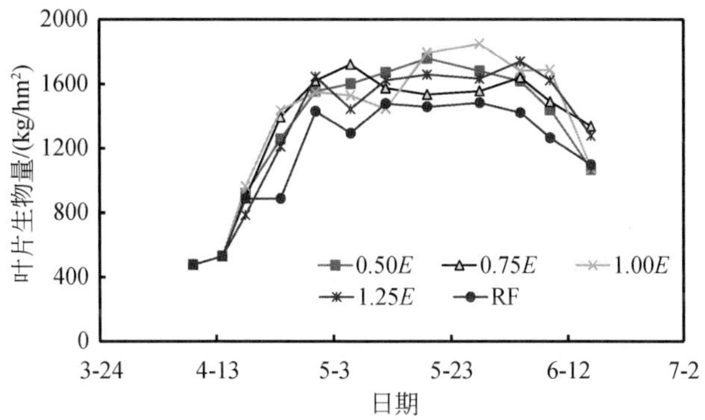

图 3-24　2006 年冬小麦生长期内叶片生物量的变化过程

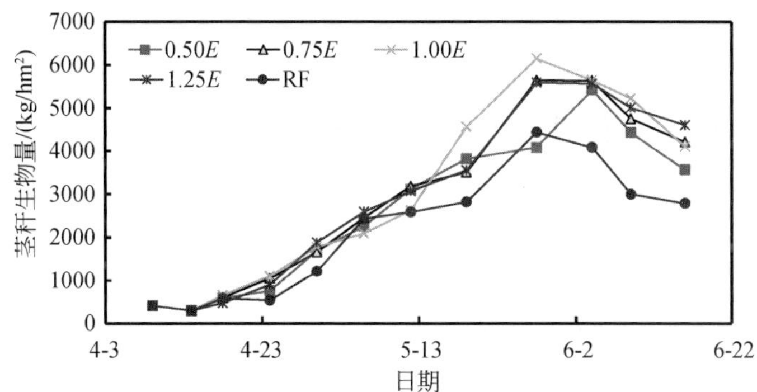

图 3-25　2006 年冬小麦生长期内茎秆生物量的变化过程

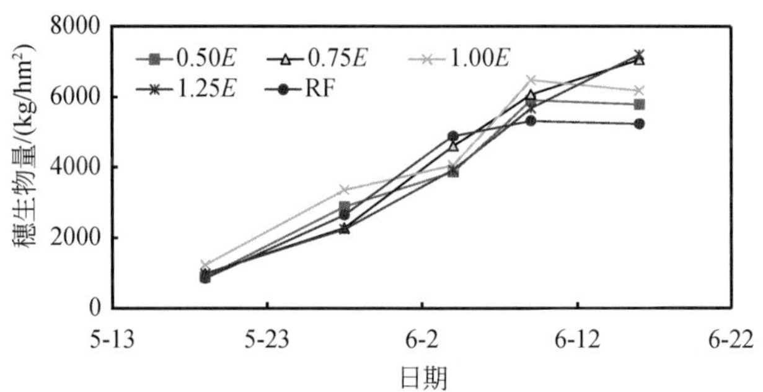

图 3-26　2006 年冬小麦生长期内穗生物量的变化过程

从冬小麦返青至灌浆中期，茎秆生物量逐渐增加，灌水处理下的茎秆生物量一般都大于不灌水处理（图 3-25）。低于 0. 50E 灌水处理下的茎秆生物量小于不灌水处理，且灌水处理下的茎秆生物量都大于不灌水处理。不灌水处理下的茎秆生物量显著（$P<0.05$）小于灌水处理，低于0.50*E*的灌水处理均会显著影响作物生物量。同时，冬小麦穗生物量在生长期内一直处于增加趋势，但在各灌水处理之间稍有不同（图3-26）。在乳熟前（约6月5日），穗生物量都在显著增加，之后不灌水处理下的穗生物量增长速率明显下降。到收获时，不灌水处理下的穗生物量最小，而0.75*E*灌水处理下的穗生物量最大，且全穗质量占总生物量的56%～59%。

图3-27描述了2006～2008年冬小麦3个连续生长季节内冬小麦地上部分生物量在返青-收获期的变化过程，地上部分生物量包括茎、叶和穗的干重。在乳熟前（约6月5日），地上部分生物量随时间逐渐增加，此后稍微降低，这可能是由于随着叶面积的减少，同化物质的下降，已累积的干物质将从茎秆和叶片向穗部转移，此时小麦生长消耗量较大，使得其生物总量稍微有所降低。到作物收获时，叶、茎和穗生物量在总生物量中的占比分别约为10%、35%和55%。不灌水处理下的生物量显著小于灌水处理，低于0.50*E*的灌水处理会在一定程度上减少生物量。

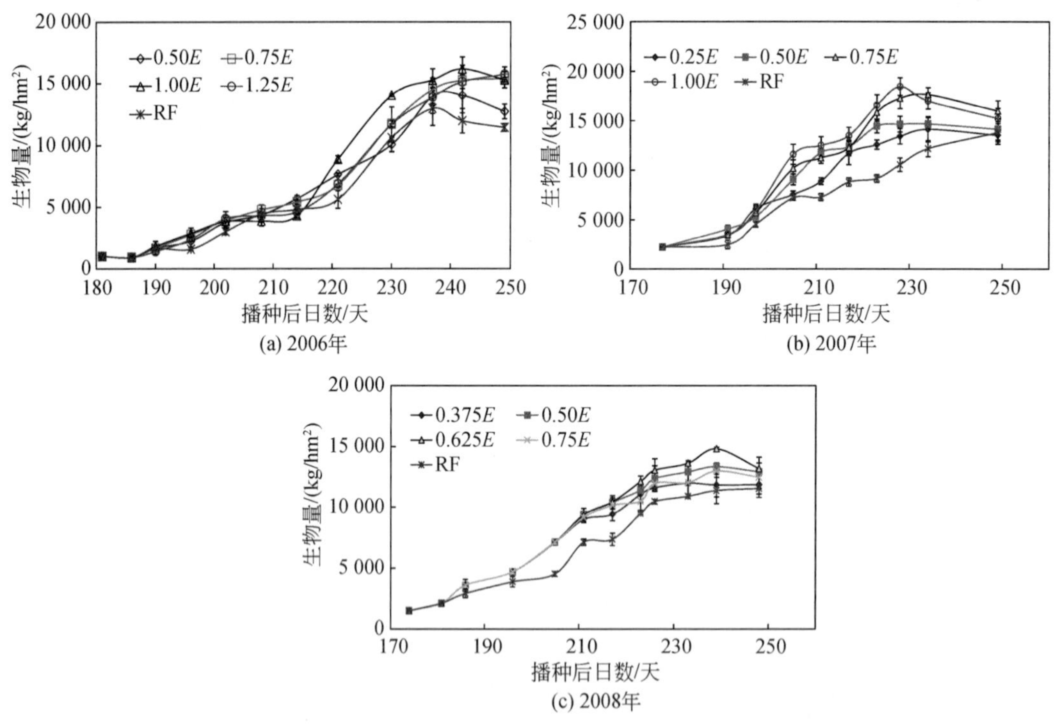

图3-27　2006～2008年冬小麦生长期内生物量的变化过程

（2）土壤含水率剖面分布的变化

图3-28描述了2005～2006冬小麦生长期内土壤含水率剖面分布的变化过程。就4种灌水处理而言，土壤含水率变化主要发生在表层0～60cm。从5月27日至冬小麦收获阶段的土壤含水率分布状况中可以看出，0～140cm深度内的土壤水分明显下降，且在收获时，100～140cm深度的土壤含水率小于田间持水量，而140cm深度以下的土壤含水率已达到

田间持水量，这说明灌水处理下的土壤水分变化主要是在 0 ~ 140cm 深度的土壤范围内。从图 3-28（e）中可以看出，不灌水时的土壤含水率在 0 ~ 100cm 深度内变化比较剧烈。比较灌水前的土壤含水率（4 月 5 日）和收获时（6 月 18 日）的土壤含水率可知，100 ~ 170cm 土层内的土壤水分利用量要明显大于灌水条件，这说明当上层土壤水分不足时，根系的向水性将使得根系向水分较为充足的深层土壤发展，利用深层土壤水达到调节自身生长的目的。从图 3-28（d）中可以看到，5 月 24 日灌水 59.1mm 和 5 月 27 日强降水 47.9mm 以后，0 ~ 100cm 深度内的土壤含水率达到田间持水量，有 44mm 水量运移到 100 cm 深度以下，1.25E 灌水处理下易引起水量深层渗漏。

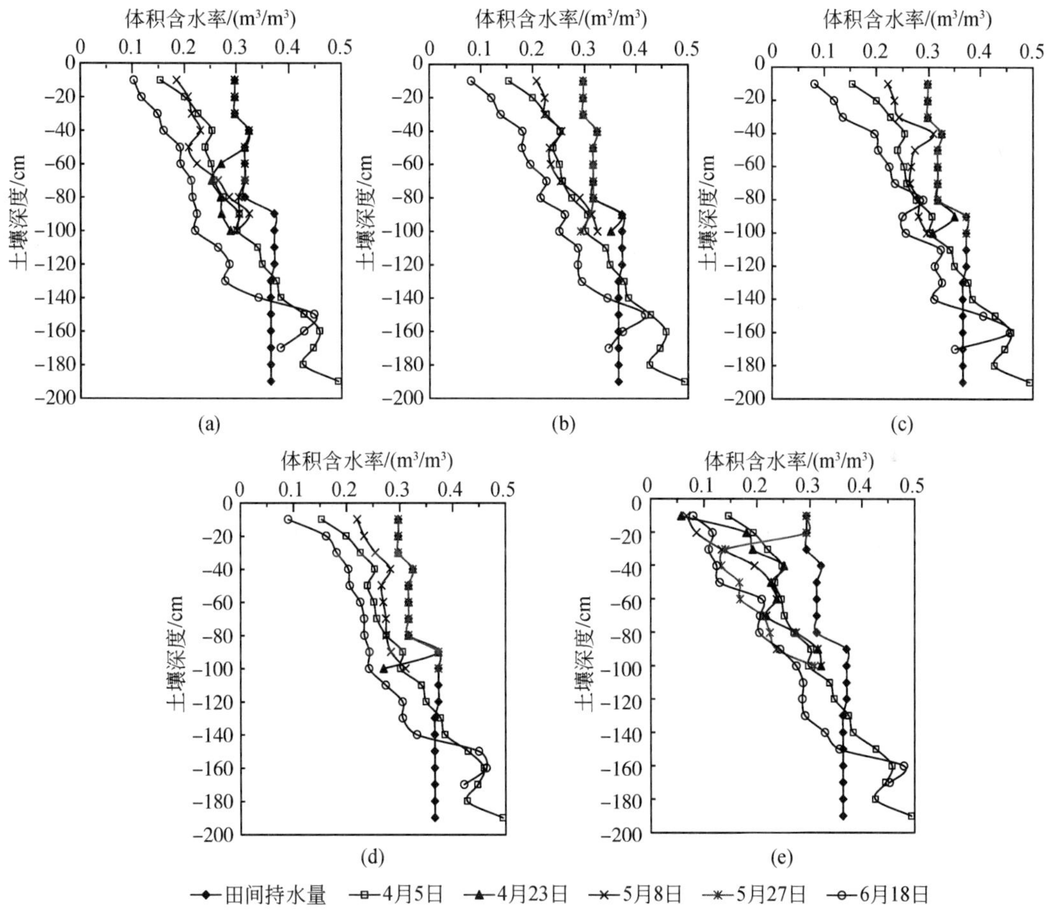

图 3-28　2005 ~ 2006 年冬小麦生长期内土壤含水率剖面分布的变化过程

图 3-29 给出了 2006 ~ 2008 年冬小麦连续 3 个生长季节内 0 ~ 60cm 深度平均土壤含水率的变化过程。可以看出，不灌水处理下的土壤含水率最低，一般都小于灌水处理，尤其是在降水量较少的 2006 年和 2007 年。在 2008 年，由于降水量较多，不灌水处理下的土壤含水率与其他灌水处理的土壤含水率较为接近［图 3-29（c）］。

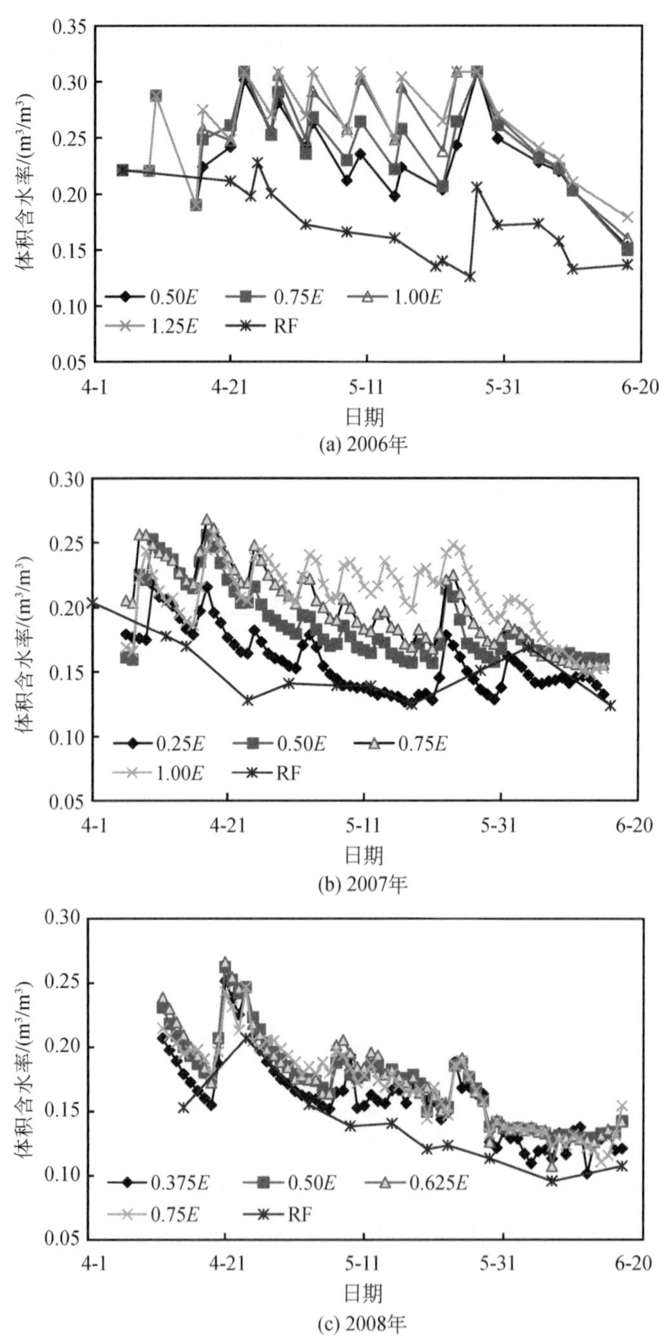

图 3-29 2006 ~ 2008 年冬小麦生长期内 0 ~ 60cm 深度平均土壤含水率的变化过程

(3) 田块尺度蒸散发的变化

冬小麦生长季节内的降水量一般不能满足其耗水要求，需通过灌溉补充土壤水分，满足作物生长需求。2006 年冬小麦生长季节内的降水量为 77. 4mm，远小于冬小麦蒸散发

400 ~ 500mm 的需求。由表 3-4 可知，在播种-返青阶段，冬小麦没有进行灌溉，所有处理下的蒸散发都为 51. 5mm，该阶段时间虽长，但由于气温较低，冬小麦耗水较小；返青后，气温开始回升，冬小麦进入营养生长时期，叶、茎等生长加快，这时的蒸散发为 132. 3 ~ 202. 3mm，占比 33. 4% ~39. 8%；进入拔节期后，冬小麦转入生殖生长阶段，叶面积增大导致蒸散发增加，是产量形成的关键期，蒸散发为 196. 4 ~ 253. 9mm，占比 43. 1% ~52. 5%。

表 3-4　2006 年冬小麦生长期内的蒸散发及其构成

水分处理	播种-返青		返青-抽穗		抽穗-成熟		总蒸散发/mm
	蒸散发/mm	占比/%	蒸散发/mm	占比/%	蒸散发/mm	占比/%	
0. 50*E*	51. 5	13. 5	132. 3	34. 8	196. 4	51. 7	380. 2
0. 75*E*	51. 5	11. 7	156. 7	35. 8	230. 1	52. 5	438. 3
1. 00*E*	51. 5	11. 0	175. 3	37. 3	243. 3	51. 8	470. 1
1. 25*E*	51. 5	10. 1	202. 3	39. 8	253. 9	50. 0	507. 7
不灌水 RF	51. 5	23. 4	73. 5	33. 4	94. 8	43. 1	219. 8

图 3-30 为 2008 年冬小麦生长期内不同水分处理下的蒸散发量对比。可以看出，冬小麦蒸散发一般随灌水量的增加而加大，不灌水处理下的蒸散发要明显小于灌水处理。对相同处理而言，2007 年的蒸散发量要稍高于 2006 年，但这两个生长季节内的蒸散发量都明显高于 2008 年。

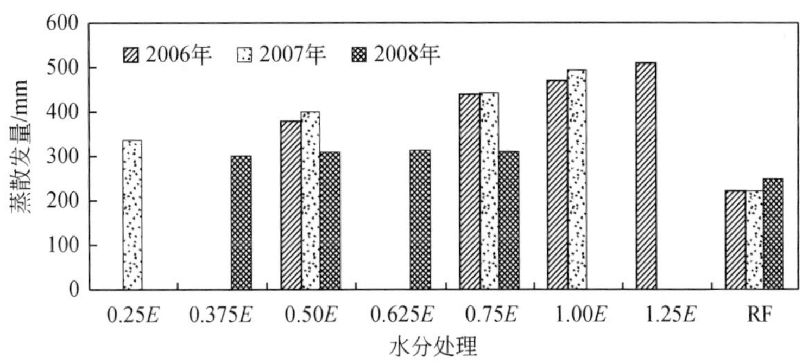

图 3-30　2006 ~ 2008 年冬小麦不同水分处理下的蒸散发量对比

图 3-31 给出了 2006 ~ 2007 年冬小麦生长返青后 0. 50*E* 灌水处理下的日棵间蒸发量变化过程。可以看出，每次灌水或降水后的日棵间蒸发量会明显增加，随后逐渐减小，并维持在 0. 5mm 左右。除灌溉或降水后的日棵间蒸发量可达到 2. 0 ~ 3. 0mm/d 外，其他时间多在 1. 5mm/d 以下。

图 3-32 显示出 2007 冬小麦生长返青至收获期不同水分处理下的累积棵间蒸发量和累积蒸散发变化过程，0. 25*E*、0. 50*E*、0. 75*E* 和 1. 00*E* 灌水处理下的累积棵间蒸发量分别为 65. 7mm、67. 1mm、75. 4mm 和 77. 9mm，占蒸散发的比例分别是 27. 6%、21. 6%、22. 7% 和 20. 6%，不同水分处理在此时的累积棵间蒸发量随灌水量的增加而加大，而累积棵间蒸发占作物蒸散发量的比例却随灌水量的增加而减少。高鹭等（2006）在华北地区栾城开展

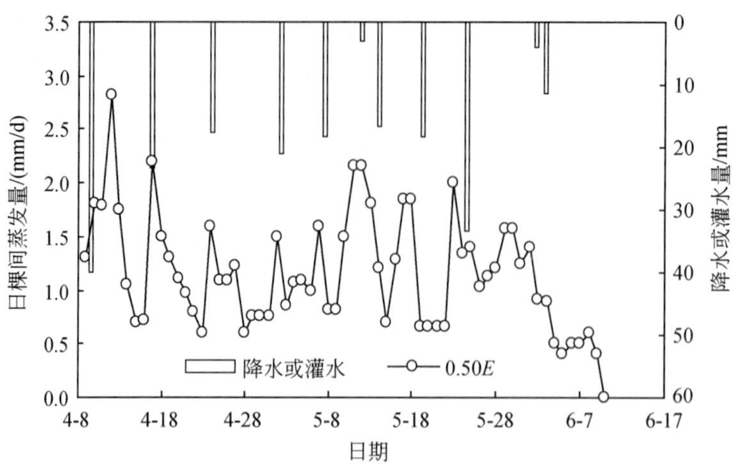

图 3-31　2007 年冬小麦返青后 0.50E 灌水处理下日棵间蒸发量变化过程

的喷灌研究也得到类似规律，但冬小麦返青后棵间蒸发占蒸散发的比例为12%，与前者之间存在差异的原因可能是后者的灌水次数较少（4 次）但灌水定额相对较大，本研究中采用的灌水定额相对较小，但灌水次数较多（7 次），故表土保持了相对较高的水分，这有利于棵间蒸发。

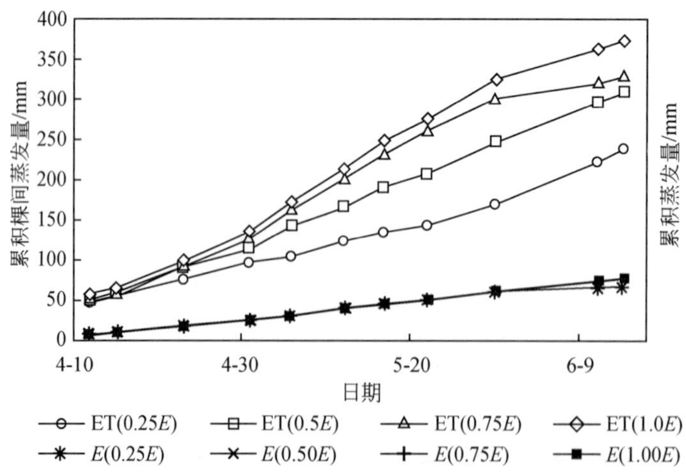

图 3-32　2007 年冬小麦返青至收获期不同水分处理下的累积棵间蒸发量和累积蒸散发量变化过程

（4）田块尺度蒸散发与冠层上 20cm 蒸发皿水面蒸发量的关系

作物覆盖度和表土水分通常是影响棵间蒸发的重要因素。一般情况下，作物棵间蒸发占蒸散发的比例（E/ET）随作物地上部分群体及土壤含水率的变化而改变（图 3-33），当1<LAI<3 时，E/ET 随 LAI 的增加显著下降；当 LAI>3 时，E/ET 下降速率放缓，E/ET 与 LAI 的关系可用下式表示。

$$\frac{E}{\mathrm{ET}} = \exp(-0.3478\mathrm{LAI}) \qquad R^2 = 0.507 \tag{3-1}$$

作物蒸腾由整个根层土壤水分的状况所决定，而棵间蒸发主要受表层（0 ~ 10cm）土

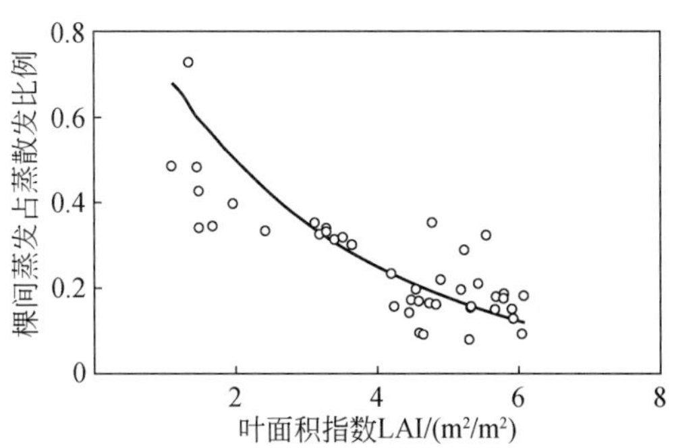

图 3-33　冬小麦生长期棵间蒸发占蒸散发比例与叶面积指数关系

壤水分控制。图 3-34 给出了棵间蒸发占蒸散发的比例与表层土壤含水率 θ_V 间的关系，当表层土壤水分较高时，如灌水或降水后，土壤水分能充分满足蒸发要求，此时 E/ET 也较大；此后 E/ET 随水分散失而迅速下降，并随表层土壤含水率的继续降低而达到相对较低的稳定值，E/ET 与 θ_V 的关系可用下式表示：

$$\frac{E}{\mathrm{ET}} = 22.54\,\theta_V^2 - 3.99\theta_V + 0.31\theta_V \qquad \theta_V \geqslant 0.08,\ R^2 = 0.6748 \tag{3-2}$$

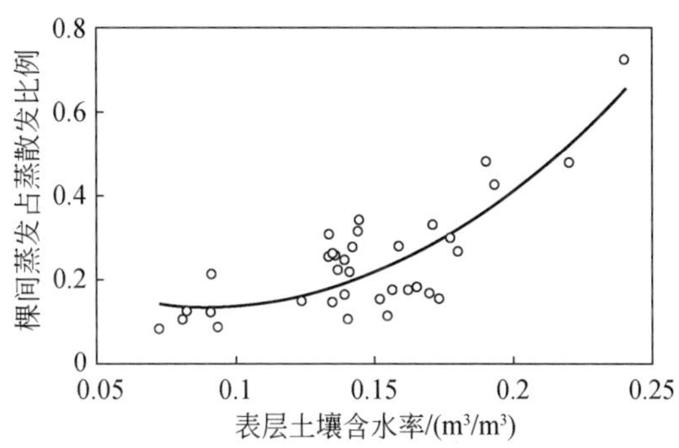

图 3-34　冬小麦生长期棵间蒸发占蒸散发比例与表土含水率关系

蒸散发与气象条件（采用冠层上 20cm 蒸发皿的水面蒸发量表示）、叶面积指数、土壤水分的变化密切相关，可表示为

$$\mathrm{ET} = 1.221E_{20}^{0.924}\mathrm{SWC}^{0.756}\mathrm{LAI}^{0.264} \qquad R^2 = 0.71,\ n = 125,\ F = 97,\ P = 0.000 \tag{3-3}$$

$$\mathrm{ET} = 0.428E_{20}^{0.921}\mathrm{LAI}^{0.279}\mathrm{e}^{1.085\mathrm{SWC}} \qquad R^2 = 0.71,\ n = 125,\ F = 97,\ P = 0.000 \tag{3-4}$$

式中，E_{20}为冠层上 20cm 蒸发皿的水面蒸发量（mm）；SWC 为土壤含水率（%），用占田间持水量的百分比表示；F 为回归方程的方差；P 为回归方程的显著性水平。

如图 3-34 所示，在冬小麦拔节–灌浆期，蒸散发与 20cm 蒸发皿的水面蒸发量的比值（ET/E_{20}）较为稳定，其受叶面积指数的影响较小；当土壤含水率高于田间持水量的 50% 时，ET/E_{20}与土壤含水率的关系得到加强。

1）当土壤含水率控制在田间持水量的 50% 以上时

$$\mathrm{ET} = 1.078E_{20} \tag{3-5}$$

2）当土壤含水率控制在田间持水量的 55% 以上时

$$\mathrm{ET} = 1.104E_{20} \tag{3-6}$$

3）当土壤含水率控制在田间持水量的 60% 以上时

$$\mathrm{ET} = 1.124E_{20} \tag{3-7}$$

由此可见，在冬小麦生育期内，蒸散发与冠层上 20cm 蒸发皿的水面蒸发量之间有着较好的相关性。在拔节-灌浆期，当表层 60cm 土壤水分在一定范围变化时，蒸散发和水面蒸发量的比值较为稳定，当土壤水分较为充足时，采用 20cm 蒸发皿的水面蒸发量能较好地估算蒸散发；在灌浆后期-收获期，蒸散发不仅和大气蒸发力有关，同时还受到土壤水分和叶面积的影响。

3.3.2 夏玉米

在北京大兴试验站，田块尺度 ET 观测试验于 2008 ~ 2010 年夏玉米连续 3 个生长季节内进行。夏玉米生育期适逢雨季，仅在降水偏少时进行少量补灌，故所有试验小区都作为同一水分处理。采用大型称重式蒸渗仪测定 ET，棵间蒸发 E 采用微型蒸发器测定，并将田块尺度 ET 可能对夏玉米生理生态指标、生物量以及土壤含水率等状况的影响进行分析。

（1）夏玉米生理生态指标和生物量的变化

图 3-35 ~ 图 3-37 为 2008 ~ 2010 年夏玉米 3 个生长季节内株高、叶面积指数和生物量的变化过程。可以看出，株高的变化趋势基本一致，8 月 20 日左右达到最大值 2.5m 左右，叶面积指数也于 8 月 20 日左右达到最大值，随后由于叶片衰老及脱落，叶面积指数逐渐减小。与此同时，不同年份下夏玉米作物的生物量积累过程变化趋势相同，受土壤肥力、灌水时间、灌水量等因素的影响，变化过程间存在一定差异。但在生育前期，冠层生长迅速致使生物量增长明显，生育后期，由于同化产物开始向营养器官转化，生物量增长率降低。

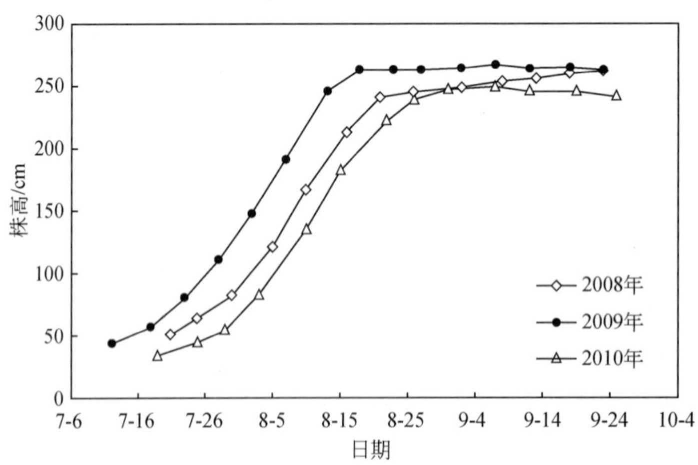

图 3-35　2008 ~ 2010 年夏玉米生长期内株高的变化过程

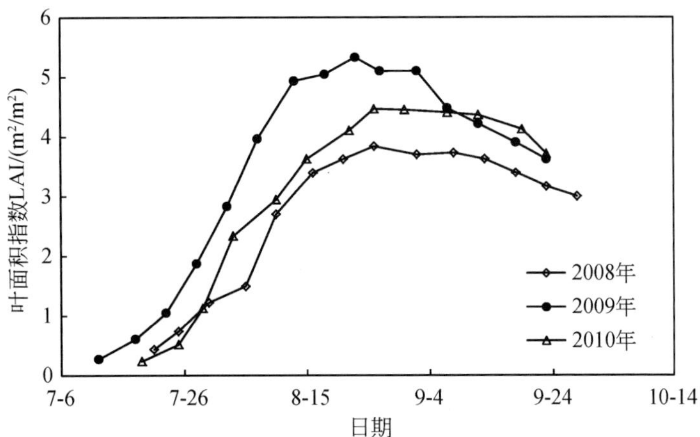

图 3-36　2008 ~ 2010 年夏玉米生长期内叶面积指数的变化过程

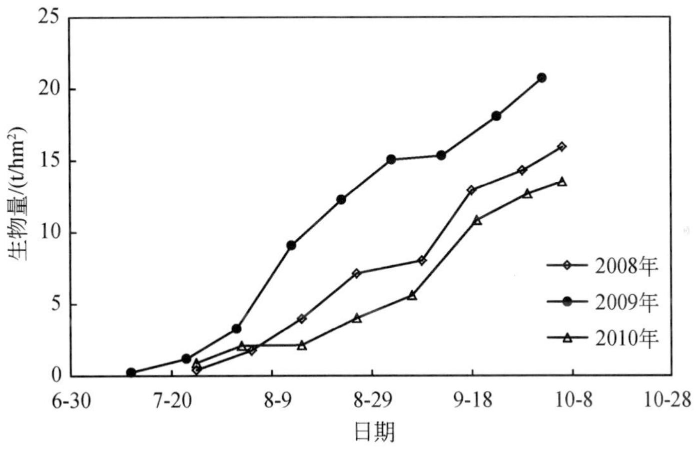

图 3-37　2008 ~ 2010 年夏玉米生长期内生物量积累的变化过程

(2) 田块尺度蒸散发的变化

图 3-38 和图 3-39 分别给出了 2008 ~ 2009 年夏玉米生长期内蒸散发量（ET）、棵间蒸发量（E）、蒸腾量（T）的变化趋势及其累积量的变化过程。可以看出，棵间蒸发量和蒸腾量的变化趋势较为一致，两季中的日最大棵间蒸发量分别为 4.8mm/d 和 6.4mm/d，且棵间蒸发量随叶面积指数的增加而降低。由于作物生育初期的冠层覆盖度相对较小，表土裸露面积较大，棵间蒸发以土面蒸发为主；在生育中期后，作物叶面积指数较高，蒸腾占主导地位，棵间蒸发逐渐减小；生育后期的叶面积指数减小，蒸腾减弱，棵间蒸发又有所增加。

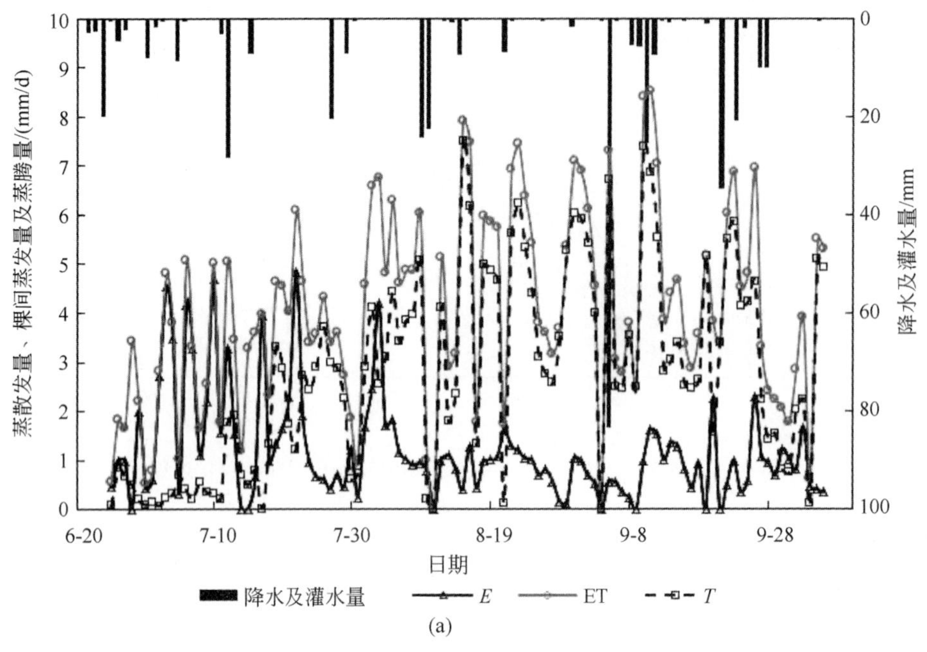

(a)

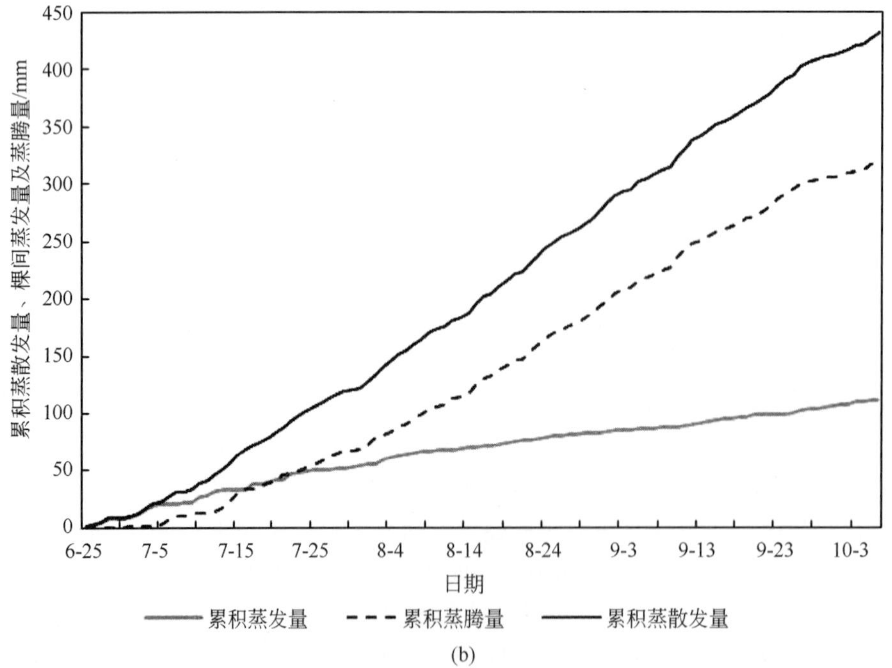

(b)

图 3-38　2008 年夏玉米生长期蒸散发量、棵间蒸发量、蒸腾量累积量变化过程

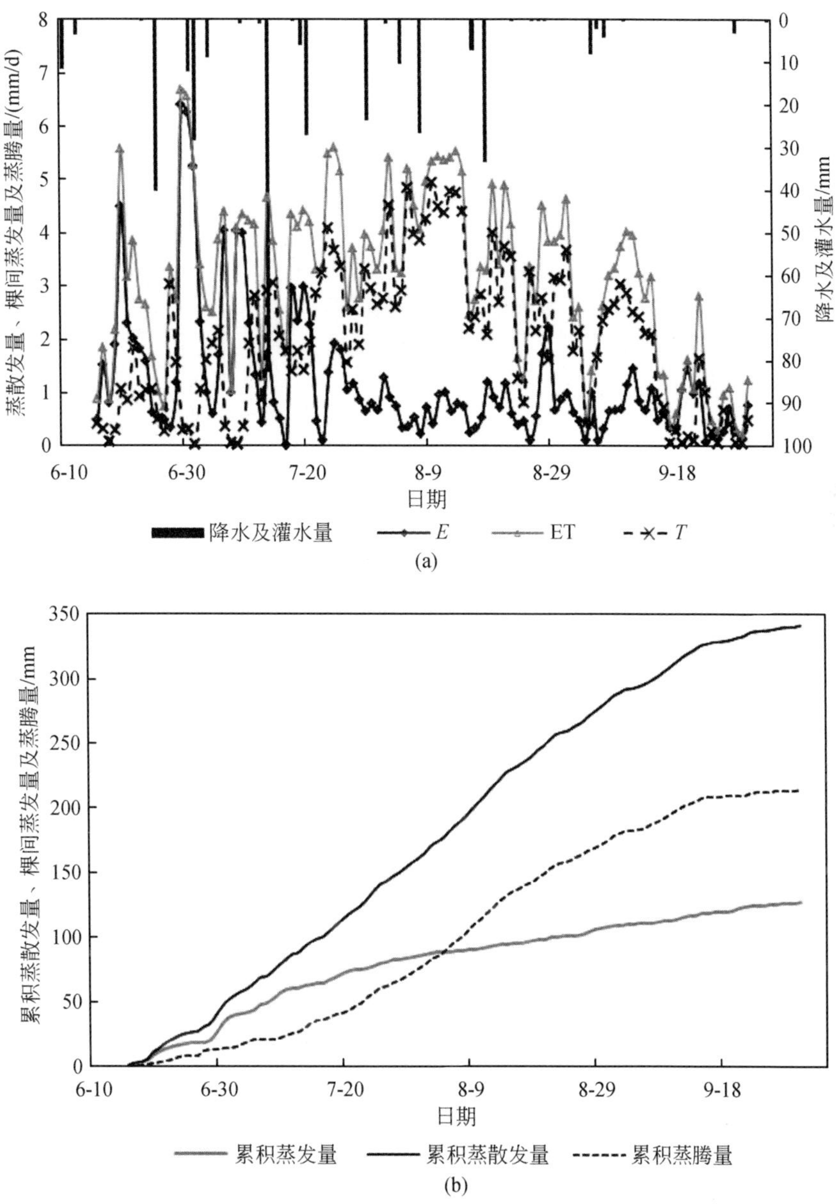

图 3-39　2009 年夏玉米蒸散发量、棵间蒸发量、蒸腾量累积量变化过程

表 3-5 列出了夏玉米各生育期的蒸腾量、棵间蒸发量和蒸散发量。其中，2008 年生育初期的日均棵间蒸发量为 1.8mm，日均蒸腾量为 1.6mm；生育中期后的日均棵间蒸发量减少，仅为 0.8mm，日均蒸腾量增加达到 4.2mm；生育后期的日均蒸腾量为 3.1mm，比生育中期减少 26.2%。此外，2009 年夏玉米生育初期的日均棵间蒸发量为 2.27mm，日均蒸腾量为 0.9mm，棵间蒸发占比 72.5%，蒸发强度明显大于 2008 年；生育中期后的棵间蒸发量减少，占比 22.2%，蒸腾占比则达到 78% 左右；生育后期的

棵间蒸发又逐渐上升，占比 56.6%，蒸腾开始减小。2008 年和 2009 年夏玉米全生育期的累积蒸散发量分别为 436.3mm 和 341.4mm，其中蒸腾量分别为 316.4mm 和 214.2mm，占比 72.5% 和 62.7%；棵间蒸发量分别为 119.9mm 和 127.2mm，占比 27.5% 和 37.3%。虽然两个生长季节内的夏玉米棵间蒸发量和蒸腾量变化过程基本一致，但 2009 年的累积蒸散发量要比 2008 年明显偏小，棵间蒸发量占比却比 2008 年大，这可能是由于 2009 年夏玉米生育期间的温度较高，日照时间较长，且太阳辐射强度也比 2008 年同期略有增大所致。

表 3-5　2008 ~ 2009 年夏玉米各生育期内蒸腾量 *T*、棵间蒸发量 *E* 和蒸散发量 ET

年份	生育阶段	日期(典型时段)	天数	ET/mm	*E*/mm	日均 *E*/mm	*T*/mm	日均 *T*/mm	(*E*/ET)/%
2008	初期	6-25 ~ 7-20	26	87.2	46.5	1.8	40.7	1.6	53.3
	中期	8-15 ~ 9-20	37	182.9	28.8	0.8	154.1	4.2	15.7
	后期	9-21 ~ 10-06	16	62.5	13.3	0.8	49.2	3.1	21.3
	全生育期	6-25 ~ 10-06	104	436.3	119.9	1.2	316.4	3.0	27.5
2009	初期	6-16 ~ 7-10	25	78.2	56.7	2.27	21.5	0.9	72.5
	中期	8-11 ~ 9-15	36	124.6	27.6	0.77	97.0	2.7	22.2
	后期	9-16 ~ 10-02	17	15.9	9.0	0.53	6.9	0.4	56.6
	全生育期	6-16 ~ 10-02	109	341.4	127.2	1.17	214.2	2.0	37.3

综上所述，由于夏玉米生育期间正处于多雨季节，基本无需灌水就能满足作物生长需求，故夏玉米各处理之间的棵间蒸发量差异不大。夏玉米生长初期的裸土覆盖面积较大，棵间蒸发占比较高，随着作物生长发育及叶面积指数的增大，棵间蒸发开始逐渐减少，在生育中期的变化较为平缓，生育后期又略有上升，棵间蒸发量随作物生育阶段变化的趋势比较明显。

3.3.3　湿地植被

在河北白洋淀试验站，田块尺度 ET 观测试验于 2008 ~ 2009 年湿地植被生长季节内进行。利用多筒蒸散发仪测定 3 个芦苇带和 1 个香蒲群落处理下的 ET，观测时间覆盖芦苇和香蒲生长的全过程。

3.3.3.1　芦苇带

图 3-40 显示出 2008 ~ 2009 年芦苇带 ET、水面蒸发量和降水量的日变化过程。可以看出，5 月中旬至 7 月中旬，芦苇植物的蒸腾作用最为强烈，这与该时期是芦苇生长最为迅速的季节有关，叶面积指数迅速达到或接近年最大值，此后，蒸腾随芦苇叶面积指

数的减小以及降水的增加呈整体下降趋势，直至 10 月底，濒临枯萎的芦苇几乎丧失蒸腾能力。

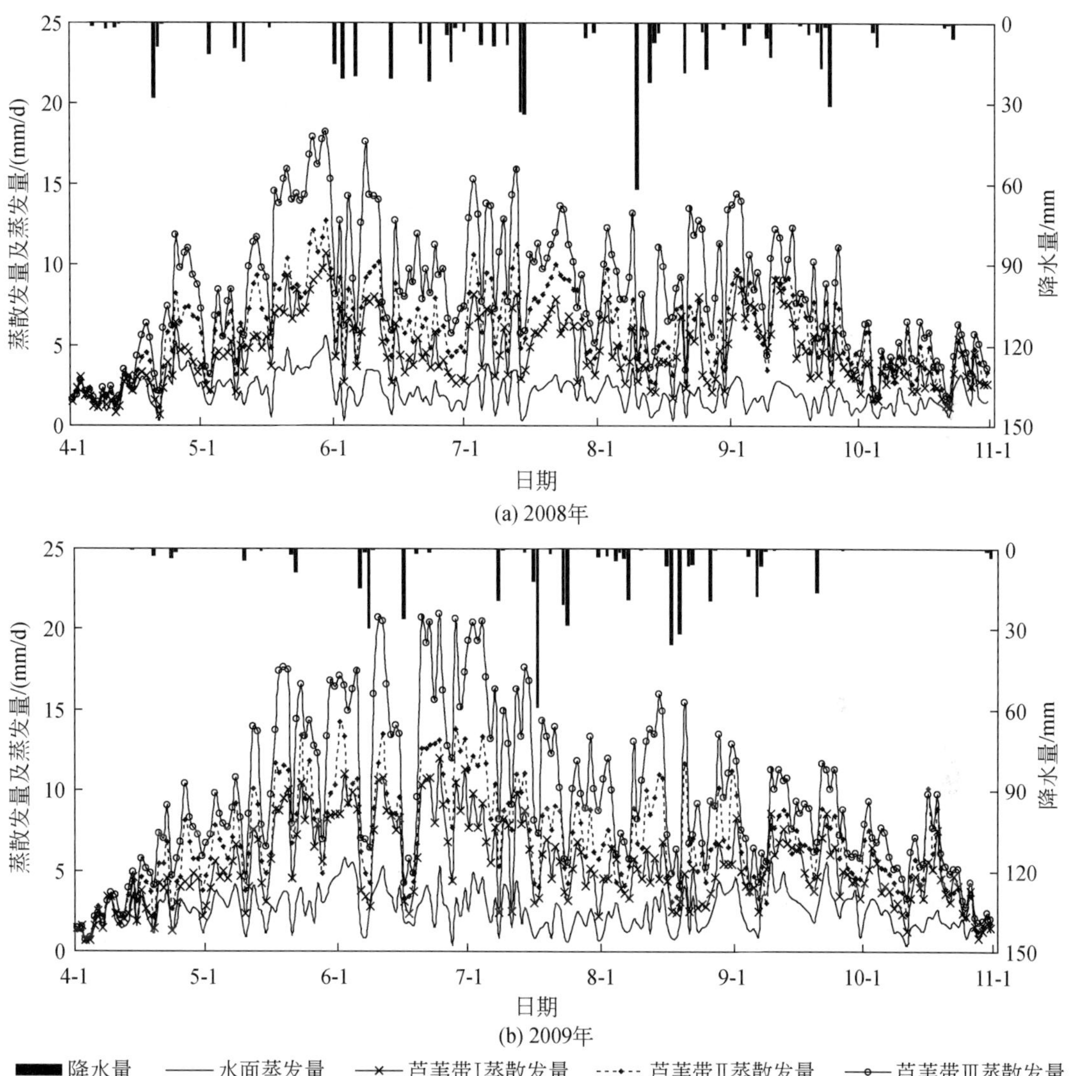

图 3-40　2008 ~ 2009 年芦苇带 ET、水面蒸发量和降水量的日变化过程

表 3-6 给出了 2008 ~ 2009 年各芦苇带的 ET、水面蒸发量和降水量的月分布情况。数据分析表明，白洋淀的芦苇带表现出强烈的蒸腾特性，在极端天气条件下，日蒸散发量最大值甚至超过 20mm。其中，2008 年芦苇带Ⅰ、芦苇带Ⅱ和芦苇带Ⅲ的日蒸散发量最大值分别为 10. 7mm、12. 7mm 和 18. 2mm，2009 年分别为 12. 0mm、14. 2mm 和 20. 9mm。依据叶面积指数的差异，2008 年和 2009 年 4 ~ 10 月芦苇带的 ET 在 970 ~ 2035mm。

表 3-6　2008～2009 年芦苇带 ET、水面蒸发量和降水量的月分布情况　（单位：mm）

年份	月份	降水量	水面蒸发量	芦苇带 ET		
				芦苇带Ⅰ	芦苇带Ⅱ	芦苇带Ⅲ
2008	4	43.0	68.4	78.8	106.3	140.0
	5	37.4	91.6	187.8	239.0	342.2
	6	127.3	58.6	144.6	196.3	290.4
	7	103.9	69.1	169.2	235.5	322.8
	8	135.7	53.6	128.1	174.4	268.1
	9	84.1	53.5	169.9	199.4	258.3
	10	18.9	47.4	91.2	110.5	137.1
	合计	550.3	442.2	969.6	1261.4	1758.9
2009	4	8.4	63.9	82.3	108.7	136.9
	5	17.1	90.4	199.0	251.3	351.5
	6	76.0	98.4	236.7	292.5	432.1
	7	146.9	71.0	185.0	260.0	398.4
	8	137.0	71.5	139.3	212.4	299.7
	9	44.7	94.0	163.4	191.2	247.8
	10	4.4	55.2	111.2	136.3	168.4
	合计	434.5	544.4	1116.9	1452.4	2034.8

注：显著性水平 0.01 时，各芦苇带蒸散发量间具有显著性差异。

由于白洋淀湿地的下垫面供水充分，叶面积大以及空气动力学阻力较小等特点，致使芦苇带具有强烈的蒸散发特性（Crundwell，1986；Ondok et al.，1990）。水生植物高蒸散率的特点受到众多研究者关注，Kiendl（1953）在中欧地区测得芦苇群落的最大月蒸散发总量为 384mm。Rudescu 等（1965）测量了多瑙河三角洲地区芦苇群落的蒸散发量，月蒸散发总量最大值甚至超过 500mm。Tuschl（1970）测量了奥地利 Neusiedler 湖芦苇群落的蒸腾量，指出其生长季内的日蒸腾量高达 12.2～13.7mm。Kiendl（1953）及 Herbst 和 Kappen（1999）也在其各自研究中指出，在极端气象条件下，芦苇群落的日蒸散发量可超过 20mm。世界不同地区芦苇群落的蒸散发强度见表 3-7。

表 3-7　世界不同地区芦苇群落的蒸散发强度　（单位：mm）

位置	研究方法	最大日蒸散量	年蒸散总量	参考文献
德国北部	S-W 模型	>20	824～1324（全年）	Herbst and Kappen，1999
中欧地区	蒸渗仪	>20	1305	Kiendl，1953
斯洛伐克南部	蒸渗仪	17.9～27.8	—	Smid，1975
Pricaspian（俄罗斯）	蒸渗仪	—	1615（6～10 月）	Shnitnikov，1974
Lake Jaskhan（土库曼斯坦）	—	—	2751	Shnitnikov，1974
中国北部	多筒蒸散仪	11.4～19.6	1044～1897（4～10 月）	本研究成果

3.3.3.2 香蒲群落

图 3-41 显示出 2008 ~ 2009 年香蒲群落 ET、水面蒸发量和降水量的日变化过程，观测周期与芦苇带一致，即 2008 年和 2009 年的 4 ~ 10 月。对比图 3-40 和图 3-41 可以发现，香蒲生长季短于芦苇生长季，直到 5 月后，香蒲群落的蒸散发量才明显高于湿地水面蒸发量，且 10 月的芦苇蒸散发量仍高于水面蒸发量，而香蒲群落却在 10 月下旬已丧失蒸腾能力。此外，香蒲群落的叶面积指数要比芦苇带小得多，这些因素导致香蒲群落的蒸散发量相对较低。以 5 ~ 10 月作为香蒲群落生长季，表 3-8 列出了 2008 年和 2009 年香蒲群落蒸散发量的逐月分布情况，月蒸散发总量最大值出现在 7 月，5 ~ 10 月香蒲群落的蒸散发量在 716 ~ 829mm，日蒸散发量最大值分别为 9. 2mm 和 8. 6mm。

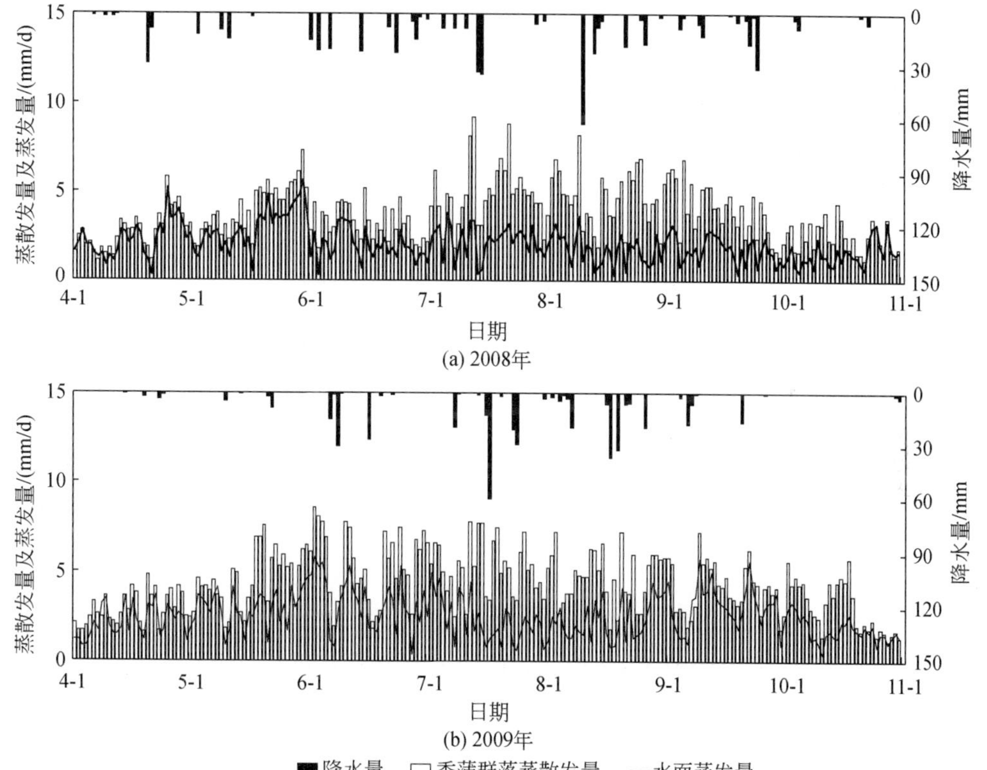

图 3-41 2008 ~ 2009 年香蒲群落 ET、水面蒸发量和降水量的日变化过程

表 3-8 2008 ~ 2009 年香蒲群落 ET、水面蒸发量和降水量的月分布情况 (单位：mm)

年份	月份	降水量	水面蒸发量	香蒲群落蒸散发量
2008	5	37. 4	91. 6	125. 7
	6	127. 3	58. 6	98. 4
	7	103. 9	69. 1	150. 6
	8	135. 7	53. 6	144. 8
	9	84. 1	53. 5	119. 8
	10	18. 9	47. 4	77. 1
	合计	507. 3	373. 8	716. 4

续表

年份	月份	降水量	水面蒸发量	香蒲群落蒸散发量
2009	5	17.1	90.4	139.9
	6	76.0	98.4	161.0
	7	146.9	71.0	162.8
	8	137.0	71.5	147.1
	9	44.7	94.0	124.4
	10	4.4	55.2	93.5
	合计	426.1	480.5	828.7

3.4 农田尺度蒸散发变化规律

农田尺度 ET 变化规律观测试验分别于 2007～2010 年和 2005～2008 年在北京大兴井灌区和山东位山渠灌区开展。在冬小麦-夏玉米轮作种植模式下，分别采用涡度协方差系统和波文比自动观测系统测定农田尺度 ET，具体的水分试验处理设置及观测方法详见第 2 章。

3.4.1 井灌区冬小麦-夏玉米轮作

井灌区冬小麦-夏玉米轮作农田 ET 观测试验于 2007～2010 年在北京大兴试验站进行，采用涡度协方差系统测定农田尺度 ET，每隔 30min 输出一组通量数据。

3.4.1.1 水热通量日变化规律

将 2007～2010 年大兴井灌区冬小麦和夏玉米各生育阶段内观测得到的净辐射 R_n、潜热通量 λET、显热通量 H 和土壤热通量 G 进行平均后，可获得两种作物各典型生育阶段水热平衡分量的日变化过程。

由图 3-42～图 3-44 可知，冬小麦水热平衡分量在生育阶段内均呈现出单峰型的日变化特征，一般白天为正值，夜间为负值，日出附近由负值上升为正值，日落时分由正值下降为负值。从能量支出状况来看，潜热通量的变化基本上随净辐射的增加而增大，在 12：00～15：00 为最大，之后逐步减小，晚上则徘徊在零附近。

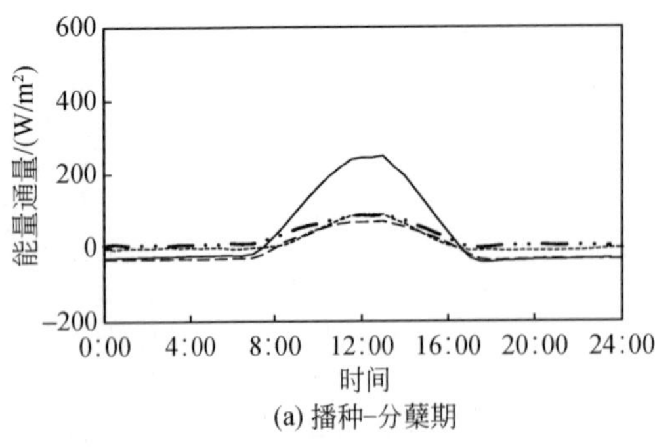

(a) 播种-分蘖期

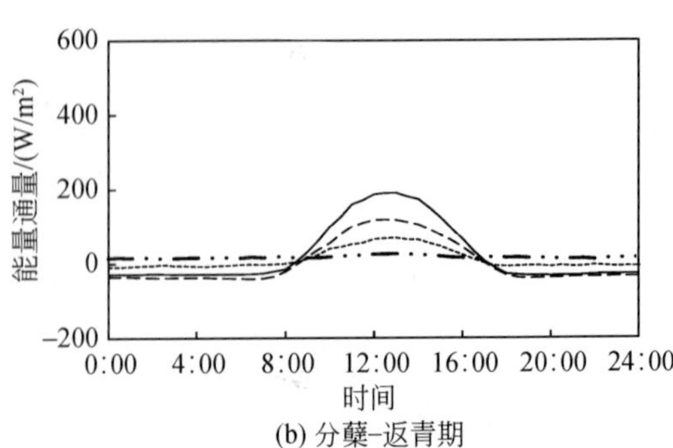

(b) 分蘖-返青期

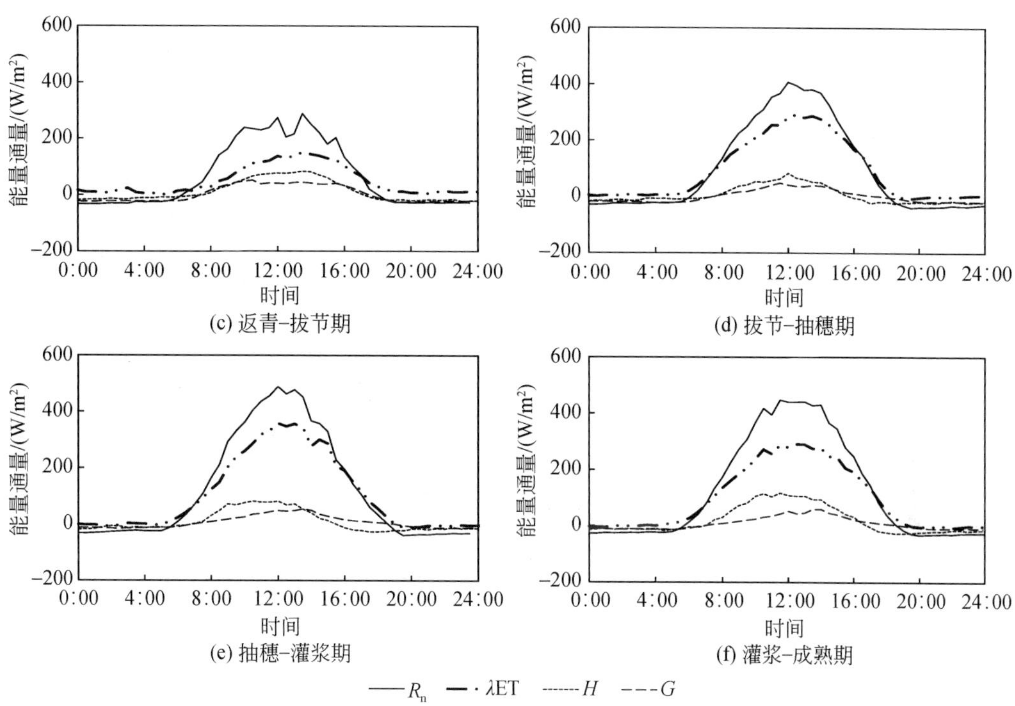

图 3-42 2007 ~ 2008 年冬小麦生育阶段水热平衡分量的日变化过程

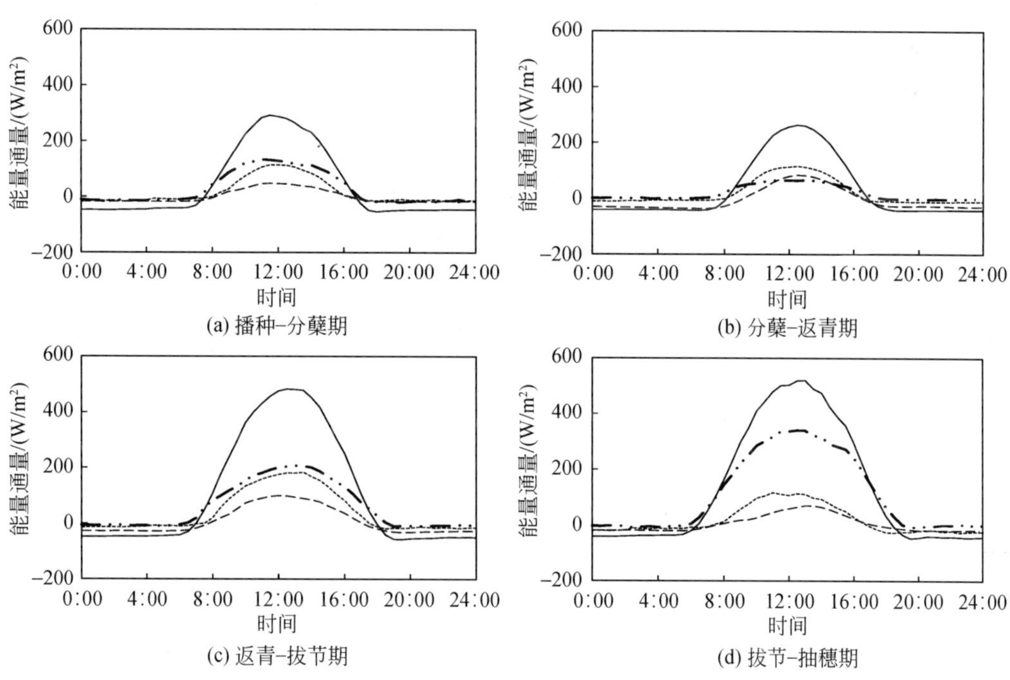

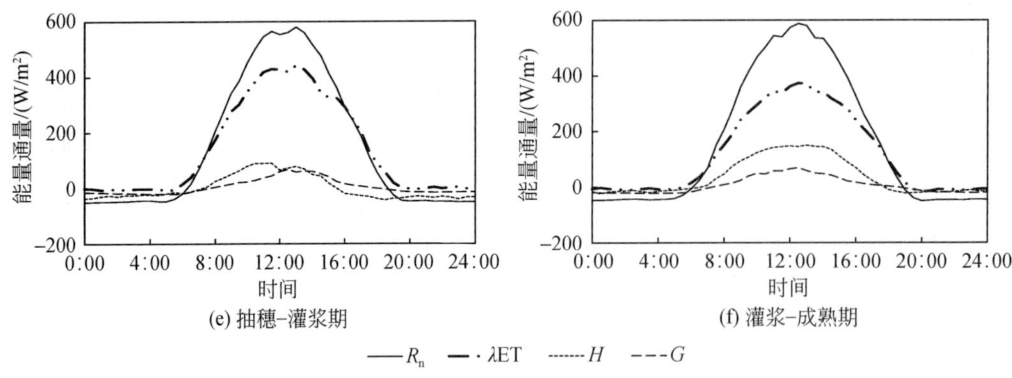

(e) 抽穗–灌浆期

(f) 灌浆–成熟期

—— R_n —·· λET ------ H – – – G

图 3-43 2008～2009 年冬小麦生育阶段水热平衡分量的日变化过程

(a) 播种–分蘖期

(b) 分蘖–返青期

(c) 返青–拔节期

(d) 拔节–抽穗期

(e) 抽穗–灌浆期

(f) 灌浆–成熟期

—— R_n —·· λET ------ H – – – G

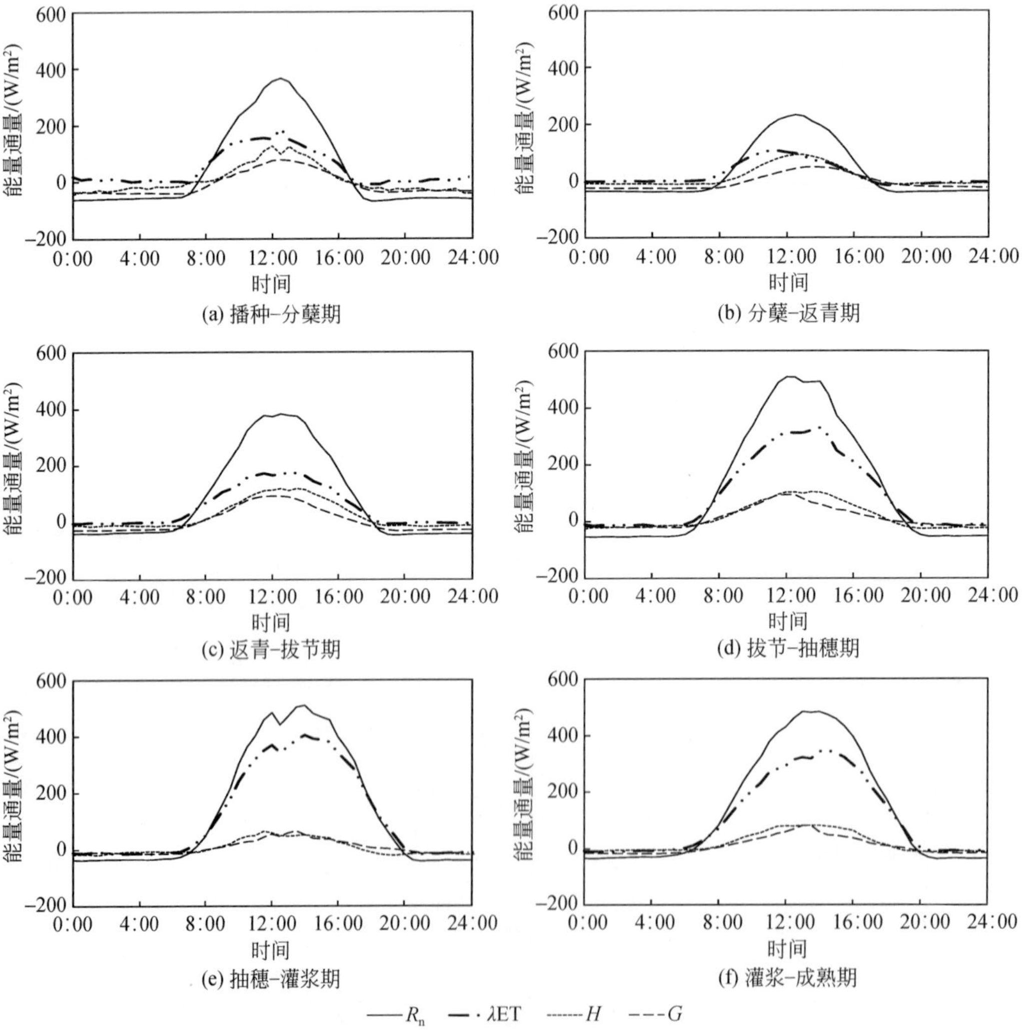

图 3-44 2009～2010 年冬小麦生育阶段水热平衡分量的日变化过程

由图 3-45 ~ 图 3-47 可知，夏玉米水热平衡分量在生育阶段内也表现出明显的单峰型日变化特征。其中，净辐射峰值出现在 12：00 ~ 13：00，变化范围在 370.3 ~ 502.0W/m^2，变化特征主要与太阳高度、天空状况（云量等）以及下垫面作物生长情况（主要指下垫面反射率）有关。从能量支出状况来看，潜热通量的变化也随净辐射的增加而加大，在 12：00 ~ 13：00 达到最大，之后逐步减小，从当日 18：30 到次日 7：00 徘徊在零附近。夏玉米各生育阶段的潜热通量最大值在 140.5 ~ 346.1W/m^2，夜间变化不大，一般在 -30 ~ 30W/m^2，显热通量最大值为 96.3 ~ 151.3W/m^2，夜间变化于 -30 ~ 0W/m^2。从夏玉米水热平衡分量的日变化动态规律可以看出，潜热通量是净辐射能量支出的主要成分，其变化规律与净辐射的日变化规律一致性最好，这主要是由于夏玉米生育期内的降水较多，土壤水分充足，作物生长基本不受水分胁迫的影响所致。此外，土壤热通量也是净辐射的另一个重要能量支出项，平均最大值变化在 28.9 ~ 114.1W/m^2，变化趋势与净辐射基本相同，但略有滞后，在生育期大多数阶段都远低于潜热通量。

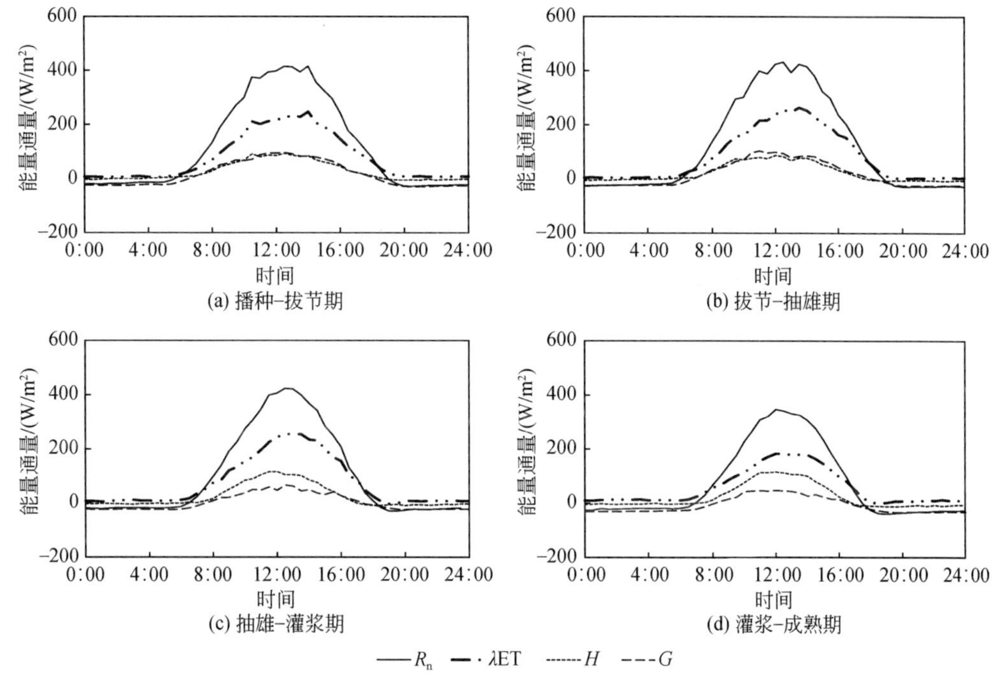

图 3-45　2008 年夏玉米生育阶段水热平衡分量的日变化过程

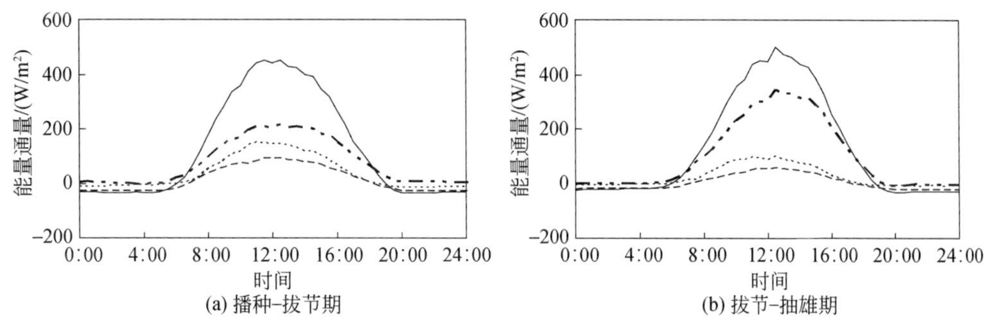

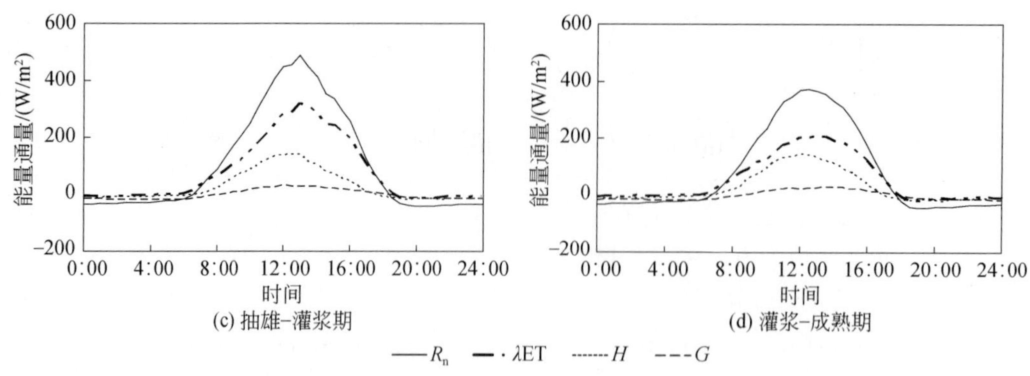

图 3-46　2009 年夏玉米生育阶段水热平衡分量的日变化过程

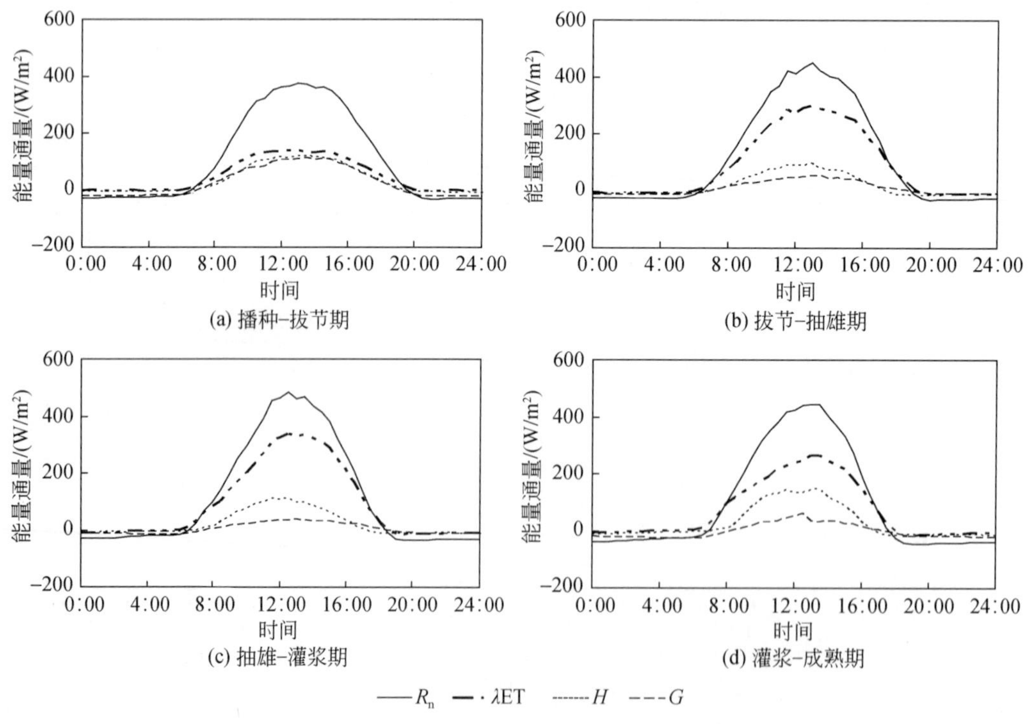

图 3-47　2010 年夏玉米生育阶段水热平衡分量的日变化过程

3.4.1.2　水热通量季节变化规律

图 3-48 显示出 2007 ~ 2010 年冬小麦–夏玉米轮作模式下的农田水热平衡分量的日变化过程，表 3-9 列出了冬小麦和夏玉米不同生育阶段的水热通量分配状况，可以发现，农田水热通量呈现出明显的季节性变化特征。

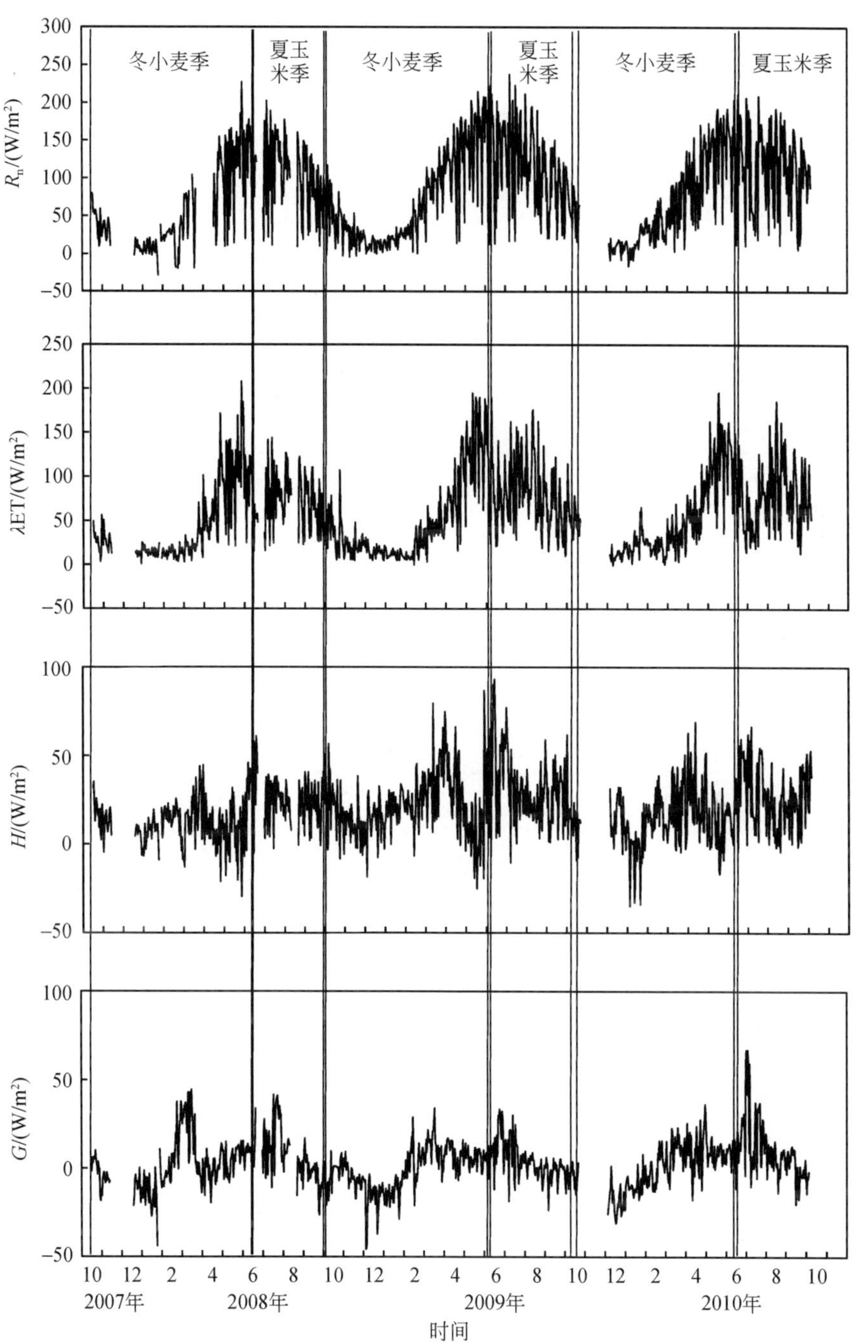

图 3-48　2007 ~ 2010 年冬小麦-夏玉米轮作模式下的农田水热平衡分量的日变化过程

表 3-9　2007～2010 年冬小麦-夏玉米轮作模式下农田作物各生育阶段的水热平衡通量的变化状况

时段	作物	生育阶段	日期（时段）	能量通量/（W/m^2）				能量比例/%		
				R_n	λET	H	G	λET/R_n	H/R_n	G/R_n
2007～2008 年	冬小麦	播种-分蘖	10-15～11-12	39.6	26.9	15.6	-2.9	68.0	39.4	-7.3
		分蘖-返青	11-13～3-25	25.0	16.4	11.3	3.6	65.6	45.2	14.2
		返青-拔节	3-26～4-20	65.8	50.1	12.7	3.0	76.1	19.3	4.6
		拔节-抽穗	4-21～5-12	101.0	93.2	6.1	1.7	92.2	6.1	1.7
		抽穗-灌浆	5-13～5-24	123.8	107.7	9.1	7.0	87.0	7.4	5.7
		灌浆-成熟	5-25～6-16	129.0	99.5	20.8	8.7	77.1	16.1	6.7
		全生育期	10-15～6-16	64.3	48.5	12.8	3.1	75.3	19.8	4.8
2008 年	夏玉米	播种-拔节	6-25～7-22	121.3	79.1	26.1	16.1	65.2	21.5	13.3
		拔节-抽雄	7-23～8-18	120.5	82.4	22.0	16.2	68.4	18.2	13.4
		抽雄-灌浆	8-19～9-8	102.6	76.5	24.1	2.0	74.6	23.5	1.9
		灌浆-成熟	9-9～10-6	75.3	58.5	24.1	-6.3	77.7	32.0	-8.4
		全生育期	6-25～10-6	102.8	72.6	24.1	6.1	70.7	23.4	5.9
2008～2009 年	冬小麦	播种-分蘖	10-9～11-10	42.0	27.9	15.6	-0.6	66.4	37.1	-1.5
		分蘖-返青	11-11～3-23	34.4	19.5	19.8	-4.6	56.8	57.8	-13.3
		返青-拔节	3-24～4-19	112.1	61.9	41.5	8.7	55.2	37.0	7.8
		拔节-抽穗	4-20～5-10	137.6	113.9	18.2	5.4	82.8	13.2	4.0
		抽穗-灌浆	5-11～5-23	154.3	144.5	2.1	5.7	93.6	1.4	3.7
		灌浆-成熟	5-24～6-12	162.8	121.4	36.0	5.9	74.6	22.1	3.6
		全生育期	10-9～6-12	71.9	49.1	23.0	-0.2	68.2	32.0	-0.2
2009 年	夏玉米	播种-拔节	6-16～7-16	130.8	78.6	38.0	14.1	60.1	29.1	10.8
		拔节-抽雄	7-17～8-12	133.9	104.6	24.7	4.6	78.1	18.5	3.4
		抽雄-灌浆	8-13～9-2	107.5	81.2	27.1	-0.8	75.5	25.2	-0.8
		灌浆-成熟	9-3～10-2	83.0	57.0	27.7	-1.7	68.7	33.4	-2.0
		全生育期	6-16～10-2	113.9	79.6	29.8	4.5	69.9	26.1	4.0
2009～2010 年	冬小麦	播种-分蘖	10-16～11-18	47.3	47.0	7.8	-6.9	99.5	16.4	-14.5
		分蘖-返青	11-19～3-28	30.3	22.5	12.9	-4.8	74.4	42.4	-16.0
		返青-拔节	3-29～4-24	88.1	54.5	25.5	8.0	61.9	29.0	9.1
		拔节-抽穗	4-25～5-14	126.3	96.6	17.0	12.8	76.5	13.4	10.1
		抽穗-灌浆	5-15～5-31	141.0	125.6	7.2	8.3	89.0	5.1	5.9
		灌浆-成熟	6-1～6-20	141.0	111.3	20.0	9.7	78.9	14.2	6.9
		全生育期	10-16～6-20	67.7	51.9	14.9	0.8	76.7	22.0	1.3
2010 年	夏玉米	播种-拔节	6-25～7-23	111.7	50.5	35.4	25.8	45.2	31.7	23.1
		拔节-抽雄	7-24～8-19	121.5	90.6	20.0	10.9	74.6	16.5	8.9
		抽雄-灌浆	8-20～9-8	120.0	94.0	22.2	3.8	78.3	18.5	3.2
		灌浆-成熟	9-9～10-6	101.8	74.3	28.9	-1.4	72.9	28.4	-1.4
		全生育期	6-25～10-6	113.2	75.7	27.1	10.4	66.9	24.0	9.2

冬小麦播种-返青期的潜热通量较小，但返青后即逐渐增大，并在抽穗-灌浆期达到峰值 107.7 ~144.5W/m^2，占净辐射比例为 87.0% ~93.6%；显热通量在返青-拔节期和灌浆-成熟期较大，而在生育中期以及冬季却较小；土壤热通量在整个生育期内，一般都低于净辐射的 10%。同时，夏玉米播种-拔节期内的土壤水分较低，显热通量和土壤热通量最大。随着玉米叶片的增多和雨季来临，夏玉米潜热通量在拔节-抽雄期或抽雄-灌浆期达到峰值，2008 ~2010 年的峰值分别达到 82.4W/m^2、104.6W/m^2 和 94.0W/m^2，分别占净辐射比例的 68.4%、78.1% 和 78.3%。随着叶片的衰老，夏玉米潜热通量呈波浪形逐渐降低，而土壤热通量在整个生育期内都相对较为稳定，占净辐射的比例基本都在 20% 以内。夏玉米在 2008 年灌浆-成熟期及 2009 年抽雄-灌浆期和灌浆-成熟期的土壤热通量为负值，2010 年灌浆-成熟期的土壤热通量也为负值，这是由于该期内的太阳辐射减弱且热量从较为温暖的土体中释放所致，Teixeira 等（2007）也得出类似的结论。

从表 3-9 可看出，2008 ~ 2010 年夏玉米生育期内潜热通量占净辐射的比例分别为 70.7%、69.9% 和 66.9%；显热通量占净辐射的比例分别为 23.4%、26.1% 和 24.0%；土壤热通量占净辐射的比例分别为 5.9%、4.0% 和 9.2%。Trambouze 等（1998）的研究结果也表明，土壤热通量在白天占净辐射的比例为 7% ~11%，并指出裸露地表所占比例和土壤含水率状况是影响土壤热通量的主要因素。尽管 2008 ~2010 年夏玉米生育期内的水热通量变化规律基本一致，但也存在一定的差别，这主要是由作物生长状况和气候条件差异所决定的，特别是降水差异所致。Tanaka 等（2008）和 Yoshifuji 等（2006）也指出，年际降水总量和年内降水量的分布情况将会影响下垫面的生物气候状况，进而影响水热通量。

3.4.2 渠灌区冬小麦-夏玉米轮作

渠灌区冬小麦-夏玉米轮作种植模式下的农田 ET 观测试验于 2005 年和 2008 年在山东位山试验站进行，采用涡度协方差系统（EC）测定农田尺度 λET，并与 2008 年大孔径激光闪烁仪（LAS）和 2005 年波文比自动观测系统（BR）的观测结果进行对比。由于大孔径激光闪烁仪得到的是区域显热通量的平均值，故需结合点尺度净辐射以及土壤热通量的观测值，经能量平衡方程计算获得区域 λET 的间接测量值。为了避免引入净辐射以及土壤热通量观测所带来的误差，在比较大孔径激光闪烁仪与涡度协方差系统的观测结果时，应通过比较二者间的显热通量来间接比较蒸散发观测结果。

3.4.2.1 涡度协方差系统与大孔径激光闪烁仪的 ET 比较

如表 3-10 所示，根据位山试验站下垫面变化特征，可将 ET 观测数据分为三个时段进行分析。其中的时段 a 为冬小麦返青-成熟前，期间冬小麦生长旺盛，ET 较大，波文比达到 0.30 左右；时段 b 为夏玉米生长盛期，波文比在 0.40；时段 c 内的 ET 较小，显热通量高于潜热通量，其中 6 月和 10 月为冬小麦和夏玉米生长的间隔期，地表被视为裸土，而 11 月为冬小麦出苗和分蘖期，作物覆盖度很低。分析时仅选择了每日内大气不稳定条件下的数据点（9：00 ~16：00），且已剔除了降水时段内的数据。

表 3-10　位山试验站下垫面变化特征

编号	时期	粗糙长度	零平面高度	波文比	盛行风向	作物	EC 闭合度
a	3～5 月	0.05	0.35	0.26	南及南偏东	小麦	0.71
b	7～9 月	0.19	1.27	0.40	南及南偏东	玉米	0.79
c	6 月、10～11 月	0.01	0.09	1.23	南及南偏西	近似裸地	0.73

图 3-49 显示出 2008 年冬小麦-夏玉米作物轮作期间日均显热通量（9：00～16：00 的平均值）的变化过程。涡度协方差系统与大孔径激光闪烁仪的测量结果一致性较好，但前者略低于后者。对半小时观测值的对比分析表明（图 3-50），不同下垫面和波文比条件下两种系统观测结果间的相关性无明显差异，观测值的线性回归斜率均在 1 左右，但截距均大于 0，且多数点位于 1：1 线上方。大孔径激光闪烁仪观测值出现系统性偏高的原因如下：一是其测量值可能偏低；二是观测源区内包括一部分村庄，其显热通量要高于农田。在以上 3 个时段中，时段 b 内的相关系数最高，而在时段 a 和时段 c 内相对较低，这可能与下垫面的均一性有关。在时段 a 内，灌溉的先后顺序不同使得测量源区内的土壤水空间变异性较强，从而引起显热通量分布的不均匀；在时段 c 内，冬小麦和毛白杨的生长期差异较大（6 月冬小麦已收割而毛白杨正处于生长盛期，10 月和 11 月，冬小麦处于出苗期和分蘖期但毛白杨已落叶），植被空间分布不均将引起显热通量空间分布的不均匀；在时段 b 内，土壤水分和植被空间不均达到最小（夏玉米季内无灌溉，且作物和毛白杨均处于生长盛期），使得显热通量的空间分布最为均匀。

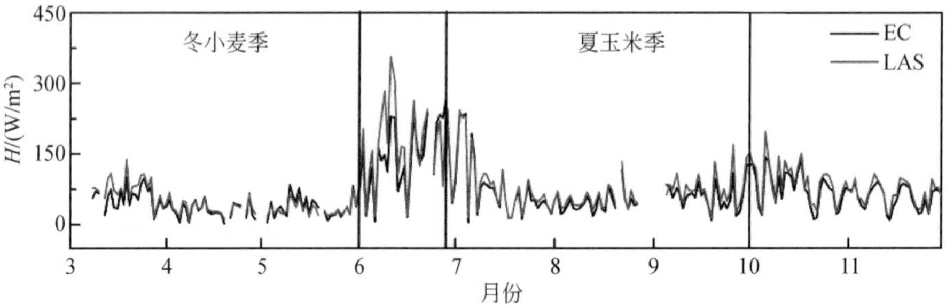

图 3-49　2008 年冬小麦-夏玉米作物轮作期间日均显热通量的变化过程

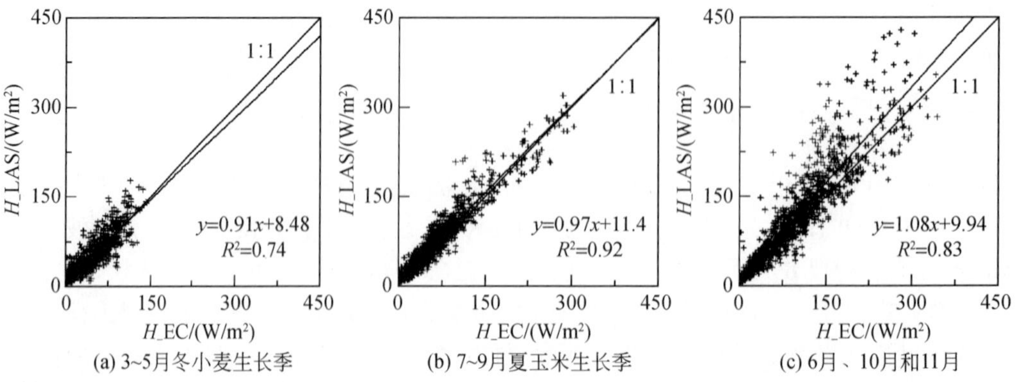

图 3-50　2008 年冬小麦-夏玉米作物轮作期间涡度协方差系统与大孔径激光闪烁仪测量的显热通量对比关系

通过对涡度协方差系统与大孔径激光闪烁仪测量的显热通量对比分析可知，在大气不稳定且处于较为均一的下垫面条件下，不同空间尺度上的平均显热通量具有很好的一致性。与涡度协方差系统测量结果相比，大孔径激光闪烁仪测量结果略微偏大，原因既来自二者源区的不一致也有前者观测值偏小等。在以渠灌区为代表的下垫面较为均一的空间区域上，采用涡度协方差系统观测得到的农田尺度 ET 来代表区域（灌区）尺度的观测结果，具有一定的合理性。

3.4.2.2 涡度协方差系统与波文比观测系统的 ET 比较

为了确认涡度协方差系统通量观测结果，选取 2005 年 5 月 18 日至 6 月 5 日作为分析时段，与波文比自动观测系统得到的观测结果进行对比。选择该时段是因为其在旱季，降水、阴天等环境因素对观测结果的影响较小，且位山试验站初建，仪器观测的精度最高(尤其是空气温湿度的精度对波文比能量平衡法尤为重要)。为了避免引入净辐射以及土壤热通量的观测误差对波文比法通量计算结果的影响，比较了这两类系统得到的波文比值(图 3-51)。可以看出，在 10：00 之前，二者观测结果间存在较大差异，这是由较大的观测误差所造成，而 10：00 之后，二者间的观测值非常吻合，这表明由涡度协方差系统测量的波文比值具有较高的精度。

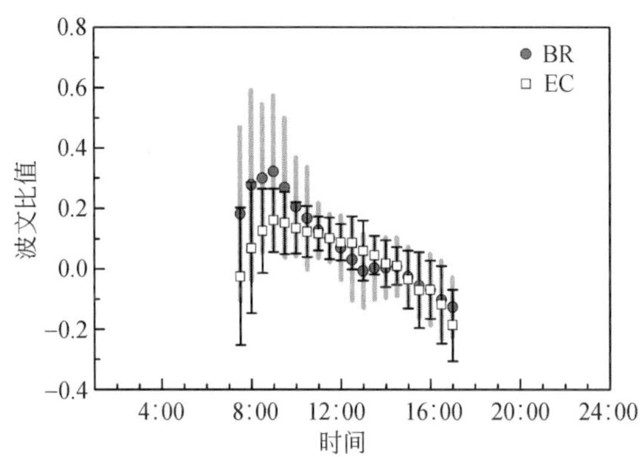

图 3-51 2005 年冬小麦生长期内由涡度协方差系统和波文比观测系统得到的波文比值日变化过程

从前述涡度协方差系统与大孔径激光闪烁仪的观测结果对比分析可知，涡度协方差系统可能同时低估了潜热和显热通量，故需对能量闭合进行校正。假设涡度协方差系统测定的波文比值为准确值，利用地表能量平衡方程计算潜热和显热通量。需要注意的是，涡度协方差系统对潜热和显热值的低估只是能量不闭合的一个可能原因，采用该法进行能量平衡闭合即假设潜热和显热的低估是能量不闭合的唯一原因，故仍有较大的不确定性。Scott 等（2010）研究结果表明，能量闭合后的 ET 估算精度反而降低。为此，当进行潜热和显热通量的定量分析时，可同时给出校正后和校正前的结果，作为观测的不确定性范围。对 CO_2 通量，目前尚缺乏有效的手段对其进行闭合校正。定量评估涡度协方差系统的观测精度还需要更为详细和多手段的观测，其中温度和水汽梯度的计算对观测精度要求很高，由于未对空气温湿度仪进行标定，虽温湿度绝对值仍可满足研究需求，但其梯度可能无法满足波文比计算的精度需求。

3.5 区域（灌区）尺度蒸散发变化规律

区域（灌区）尺度 ET 变化规律观测试验于2005 ~2008 年在山东位山渠灌区开展。在冬小麦-夏玉米轮作种植模式下，采用大孔径激光闪烁仪测定区域（灌区）尺度 ET，分析蒸散特征及其变化规律，识别影响 ET 及能量分配的主控因子，揭示水分及能量通量要素的日、季和年际变化规律，具体观测方法详见第2章。由 3.4 节可知，大孔径激光闪烁仪与涡度协方差系统的测量值之间具有很好的一致性，故在分析区域（灌区）尺度 ET 变化规律时，当大孔径激光闪烁仪实测数据缺失时，将使用涡度协方差系统的数据替代。

3.5.1 冠层气孔导度和 Priestley-Taylor 系数

在分析区域（灌区）尺度水分能量通量传输特征时，引入冠层气孔导度和 Priestley-Taylor（简称 P-T）系数分别表示冠层群体的属性和标准化 ET，通过这两个参数揭示作物对 ET 及能量通量传输的控制机理。当利用冠层气孔导度 G_s 表征冠层群体的气孔导度时，可通过逆向求解 P-M 公式获得：

$$G_s = \frac{\gamma \cdot \lambda \mathrm{ET} \cdot g_a}{\Delta(R_n - G) + \rho_a C_p \mathrm{VPD} \cdot g_a - (\Delta + \gamma) \cdot \lambda \mathrm{ET}} \tag{3-8}$$

式中，ρ_a为空气密度（$1.2\mathrm{kg/m^3}$）；C_p为空气比热［J/（kg · K)］；Δ 为饱和水汽压与温度关系的斜率（kPa/℃）；γ 为湿度计常数（kPa/℃）；VPD 为饱和水汽压差（kPa）；g_a为空气动力学导度（m/s）。

$$g_a = \left(\frac{u}{u_*^2} + 6.2u_*^{-2/3}\right)^{-1} \tag{3-9}$$

式中，u 为平均风速（m/s）；u_*为摩擦速度（m/s）。

Priestley-Taylor 系数 α 被定义为蒸散发 ET 与平衡蒸散发 $\mathrm{ET_{eq}}$的比值，即 $\alpha = \mathrm{ET}/\mathrm{ET_{eq}}$，采用 P-T 公式计算 $\mathrm{ET_{eq}}$（Priestley and Taylor，1972）如下：

$$\mathrm{ET_{eq}} = \frac{\Delta}{\Delta + \gamma}(R_n - G) \tag{3-10}$$

在上述计算过程中，为了避免公式的分母接近零所引起的 G_s和 α 计算结果的不稳定性，仅采用10：00 ~14：00 的平均值代表二者的日均值。

3.5.2 ET 季节变化

在分析区域（灌区）尺度 ET 季节变化规律前，先对位山试验站2005 ~2008 年作物生长期间的环境因子的季节变化过程进行分析（图 3-52）。结果表明，2005 ~2006 年、2006 ~2007 年和2007 ~2008 年3 个冬小麦-夏玉米轮作生长季节内的降水量分别为360mm、480mm 和464mm，均显著低于多年均值的553mm（1990 ~2008 年），冬小麦灌水量为101 ~297mm，夏玉米无灌溉，年均气温分别为13.5℃、13.9℃和13.1℃，饱和水汽压差在6 月最大。

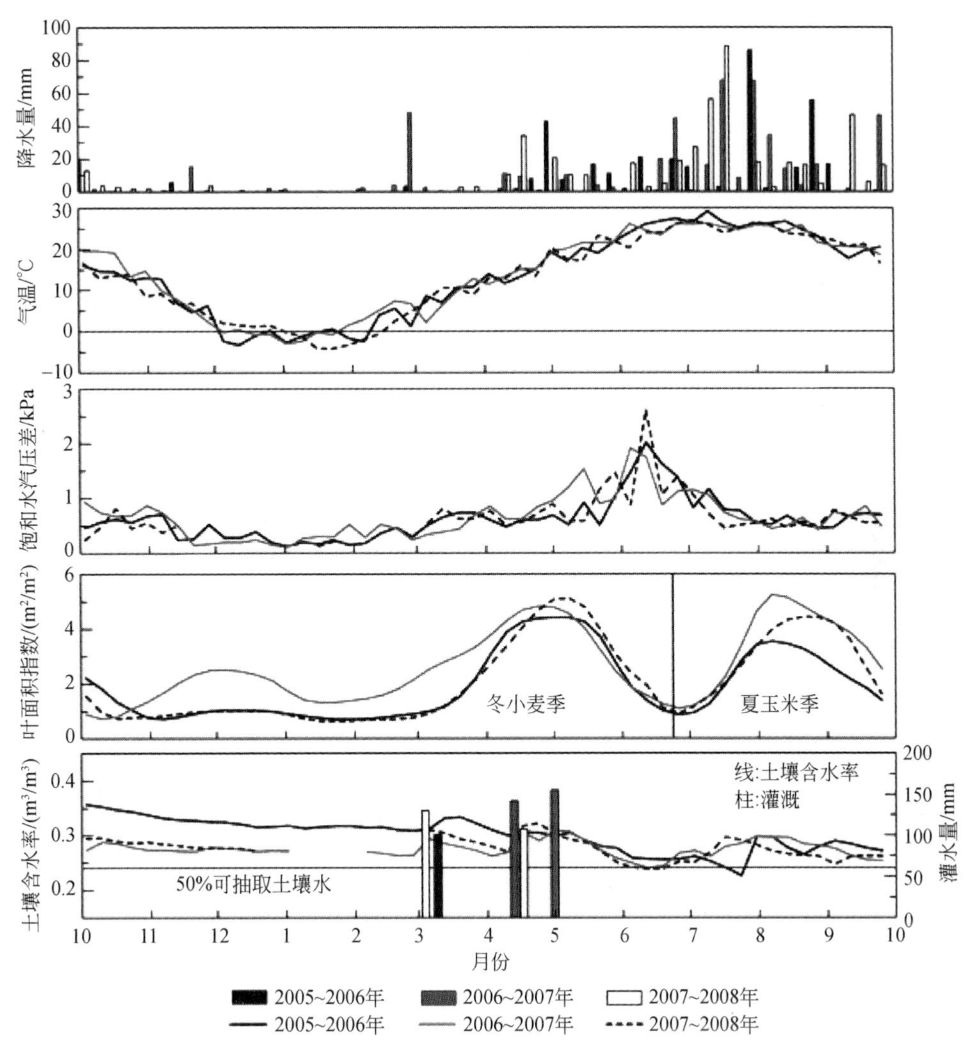

图 3-52 2005 ~ 2008 年冬小麦-夏玉米轮作生长期内的环境因子季节变化过程

如图 3-52 所示，虽然降水在年内的分配不均，但冬小麦生长季节内充分的灌溉却保证了土壤水分维持在较高水平，6 月或 7 月土壤水分达到最小值，但基本不会低于水分胁迫阈值。由于 6 月中旬以前冬小麦已收割完毕，故其生长期间未经历水分胁迫威胁。叶面积指数 LAI 的年内变化呈现出典型的“双峰型”形状，这是作物轮作模式所致。LAI 从 11 月冬小麦出苗后开始略微增大，12 月之后冬小麦进入休眠期而下降。来年 3 月初冬小麦返青后，LAI 迅速增大，在 4 月底或 5 月初达到最大值 5 ~ 6m^2/m^2，但 5 月中旬后随着冬小麦成熟而迅速下降。6 月中旬播种夏玉米后，LAI 随作物生长又开始新的变化周期，在 7 月末或 8 月初达到最大值 4 ~ 6m^2/m^2。

图 3-53 显示出 2007 年 3 ~ 10 月冬小麦-夏玉米轮作生长期内逐月平均能量通量的日变化过程。其中，净辐射 R_n 的变化过程呈典型的正弦曲线形状，受其驱动潜热通量 λET、显热通量 H 以及土壤热通量 G 同样呈正弦曲线变化，但三者之间的关系随月份不同而有所

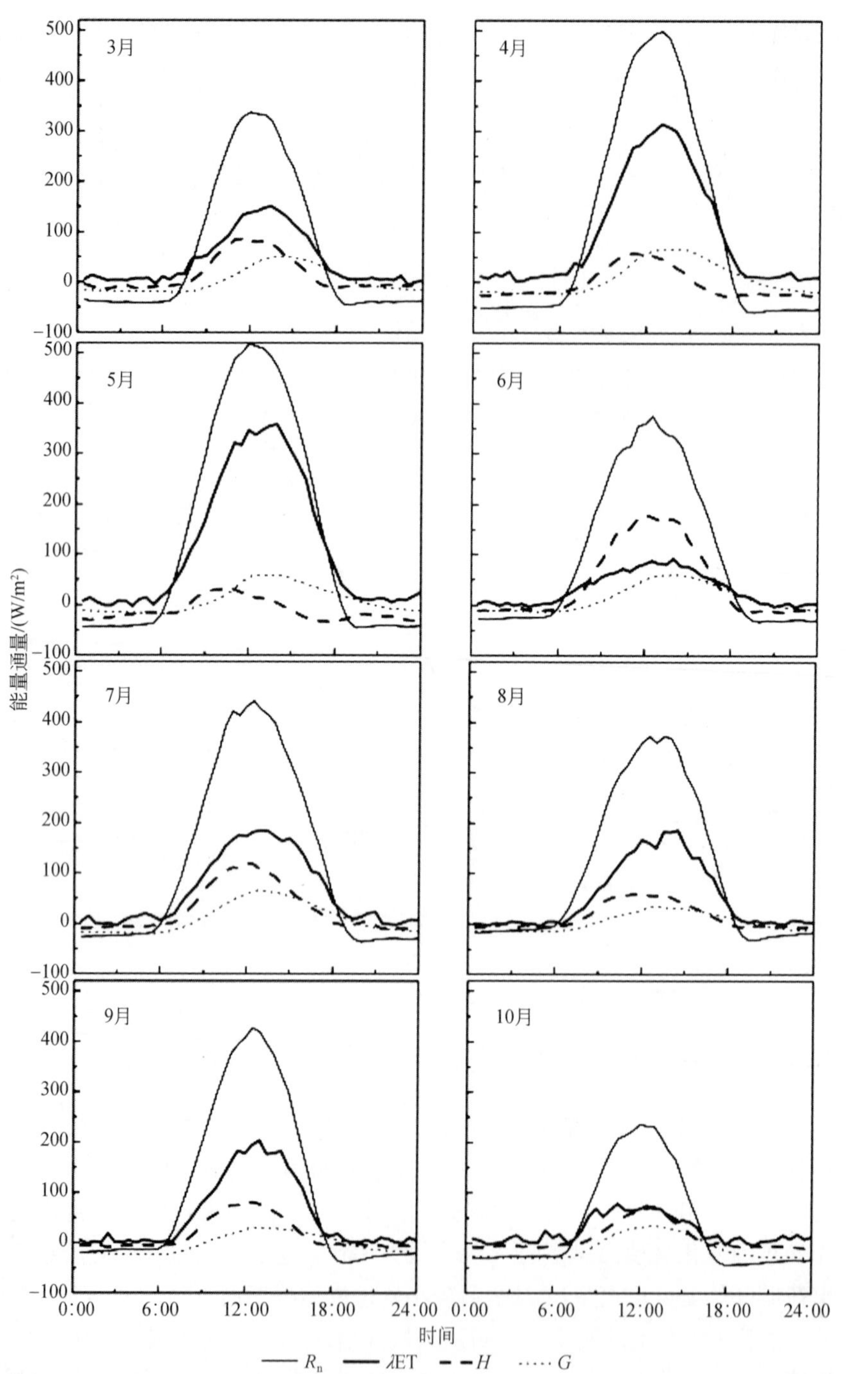

图 3-53 2007 年 3 ~ 10 月冬小麦-夏玉米轮作生长期内逐月平均能量通量的日变化过程

差异。R_n于 12∶00 左右达到极值，并以该时刻为中心呈对称分布，且与季节变化无关。夜间的 R_n为负值，白天为正值。相比于 R_n，λET 的变化过程呈现出一定的非对称性（作物生长季内 3 ~ 5 月以及 7 ~ 9 月），最大值出现在 13∶30 左右，滞后于 R_n 最大值的出现时刻，且在同样的 R_n 下，下午的 λET 要略高于上午。λET 的变化规律与作物调节密切相关，作物蒸腾作用在午后达到最大，且下午的强度略高于上午。当作物覆盖较为稀疏时(6 月和 10 月，蒸散发主要为土壤蒸发)，λET 的变化过程趋向于 R_n，这表明土壤蒸发的响应速度较作物蒸腾要快。夜间的 λET 几乎为 0，日潜热总量绝大多数集中于白天，这意味着在模拟 ET 时可假设夜间的该值为零。

此外，H 的变化过程无论是在峰值出现时刻还是在偏态下都恰好与 λET 相反，峰值到达时刻要略早于 12：00，该变化规律是 ET 直接作用的结果（图 3-53）。在 R_n 相似的条件下，ET 较大时，H 较低，反之较高。在多数情况下，夜间 H 为负值，白天为正值，且正负值变化时刻与 R_n 较为一致。然而在冬小麦生长的 3 ~ 5 月，H 于下午即转为负值（也就是先于 R_n），该现象在 5 月最为明显，负值出现时刻在 15：00 左右，这说明此时出现了逆温层，即大气温度高于地表温度。相比于 λET 和 H，G 受作物调节的影响较小，各月份中均在 14：00 左右达到极值，且始终滞后于 R_n（图 3-53）。

3.5.3 ET 年际变化

图 3-54 给出了 2005 年 10 月 ~2008 年 10 月日 ET 和日平衡蒸散发 ET_{eq} 的季节变化过程。其中，10 月中旬冬小麦播种后，ET 从 1.0mm/d 逐渐增大到 11 月的 2.5mm/d。小麦冬眠期内的蒸腾作用微弱，ET 值很低。待小麦冬眠结束后，ET 紧随 ET_{eq} 变化，直到 5 月末冬小麦开始枯萎，ET 也开始下降。在冬小麦和夏玉米轮作期的 6 月，即使大气蒸发需求很高，但由于作物生长末期及初期的蒸腾很小且土壤水分较低，ET 仅为 1.0mm/d。6 月末夏玉米迅速生长，ET 快速增加。在 8 月底，随着夏玉米的成熟和 ET_{eq} 减小，ET 开始逐渐下降。在冬小麦生长季节内，ET 峰值在 6.6 ~ 7.8mm/d，夏玉米季节内的 ET 峰值在 4.0 ~ 5.1mm/d。虽然 ET 达到峰值时两种作物生长季节内的 ET_{eq} 值（5mm/d 左右）相近，但夏玉米季节内的 ET 峰值却显著低于冬小麦季节，这是由玉米的水分利用效率要比小麦更高所造成的（Tong et al.，2009）。此外，在月时间尺度上，冬小麦和夏玉米生长季节内日 ET 变异性的 78% 和 54% 均来源于 ET_{eq} 的变化（表 3-11）。

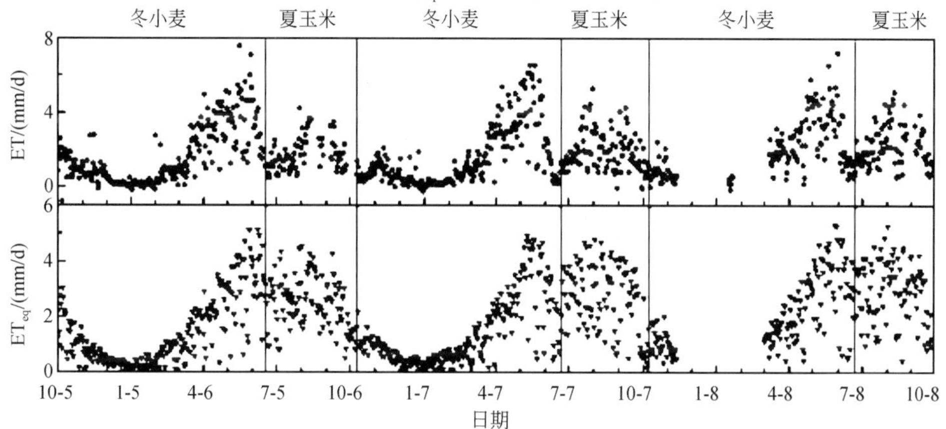

图 3-54　2005 ~ 2008 年冬小麦-夏玉米轮作生长期内日 ET 和日平衡蒸发量 ET_{eq} 的季节变化过程

表 3-11　2005～2008 年冬小麦-夏玉米轮作生长季节内 ET 及相关水文气象要素的逐月总量

年份	月份	作物	ET/mm	R_n /(MJ/m²)	T_a/℃	VPD/kPa	ET_{eq}/mm	P/mm	I/mm	SWC /(m³/m³)	GWL/cm	LAI /(m²/m²)
2005	10	冬小麦	36.5	136.1	14.06	0.56	47.1	22	0	0.35	92	1.3
	11		25.5	49.8	8.94	0.47	19.9	6	0	0.33	151	0.9
	12		6.7	3.5	-1.31	0.28	9.9	1	0	0.32	201	1.0
2006	1		3.5	25.4	-0.88	0.18	8.7	0	0	0.32	220	0.7
	2		21.9	88.0	1.32	0.30	18.5	5	0	0.31	229	0.8
	3		58.1	195.9	8.74	0.63	43.5	0	101	0.32	161	1.7
	4		95.7	264.7	13.96	0.58	67.1	11	0	0.30	196	4.1
	5		120.8	350.8	19.08	0.71	97.6	78	0	0.29	249	3.7
	6	轮休	64.8	335.5	25.88	1.60	92.3	43	0	0.26	311	1.2
	7	夏玉米	44.7	288.3	26.89	0.87	79.4	59	0	0.25	321	2.2
	8		78.6	309.2	25.32	0.62	89.4	118	0	0.29	255	3.3
	9		52.7	238.3	19.65	0.66	71.0	18	0	0.28	276	1.7
	10	冬小麦	23.6	117.0	17.68	0.77	38.1	1	0	0.28	258	1.0
	11		28.1	59.6	7.92	0.47	22.9	16	0	0.27	287	2.2
	12		12.9	15.9	-0.36	0.19	11.5	3	0	0.27	309	2.3
2007	1		6.3	30.5	-1.39	0.28	12.6	0	0	0.27	317	1.4
	2		21.0	85.1	5.14	0.43	18.8	7	0	0.27	321	1.8
	3		48.2	173.2	7.57	0.43	38.7	51	0	0.28	279	3.0
	4		101.9	288.3	14.04	0.74	72.6	20	142	0.28	253	4.6
	5		129.0	374.8	21.05	1.17	106.9	15	155	0.29	208	3.5
	6	轮休	34.7	260.3	24.76	1.36	71.1	66	0	0.25	312	1.4
	7	夏玉米	71.5	327.6	25.68	0.85	94.8	149	0	0.28	281	2.8
	8		59.2	281.0	24.54	0.51	85.1	80	0	0.29	218	4.9
	9		58.6	266.3	19.95	0.67	83.1	72	0	0.26	285	3.1
	10	冬小麦	28.9	102.3	13.81	0.48	33.3	22	0	0.29	250	0.9
	11		—	—	6.80	0.38	—	2	0	—	—	0.9
	12		—	—	1.63	0.20	—	5	0	—	—	1.0
2008	1		—	—	-2.63	0.17	—	0	0	—	—	0.7
	2		—	—	0.23	0.31	—	0	0	—	—	0.7
	3		51.4	206.4	9.20	0.61	45.6	6	130	0.29	200	1.7
	4		83.4	264.6	14.41	0.68	66.9	45	107	0.30	183	4.2
	5		122.3	381.2	20.06	0.90	107.1	40	0	0.28	244	4.1
	6	轮休	47.5	309.9	23.63	1.14	87.2	46	0	0.24	318	1.4
	7	夏玉米	67.9	308.4	25.62	0.65	89.7	188	0	0.28	274	2.4
	8		83.0	324.7	24.23	0.54	97.6	41	0	0.27	264	4.3
	9		63.4	249.2	19.77	0.61	77.0	69	0	0.26	322	2.4

注：P 为降水量；I 为灌水量；SWC 为根层平均土壤含水率；GWL 为地下水埋深。

表 3-12 列出了 2005 ~ 2008 年冬小麦-夏玉米轮作生长期内 ET 及相关水文气象要素的季节和年总量。就年时间尺度而言，2005 ~ 2006 年和 2006 ~ 2007 年的累积 ET 分别为 609mm 和 595mm，其中冬小麦和夏玉米生长季节内的累积 ET 分别为 401mm 和 212mm，前者比后者高 89%。冬小麦季节内的累积 ET 远高于相应时期内的累积降水量，但夏玉米季节内的累积 ET 却低于同期累积降水量。因此，冬小麦生长季节内需要灌溉来维持作物生长发育需求。在引水灌溉得到保证的条件下，降水和灌水总量要高于总蒸散发量，其中 2005 ~ 2006 年冬小麦季节较为特殊，虽然降水和灌水总量低于总蒸散发量，但由于前年丰沛的降水（680mm）有效补给了土壤水和地下水，地下水储量可基本满足 ET 需求（表 3-11）。在冬小麦和夏玉米生长季节内，累积 ET 年际变异性的 98% 和 79% 可通过同期内 ET_{eq} 的变化加以反映，总蒸散发量与降水/灌溉总量无显著性关系，同时也与 LAI 值大于 $2.5m^2/m^2$ 的天数无显著性关系（表 3-12）。

表 3-12 2005 ~ 2008 年冬小麦-夏玉米轮作生长期内 ET 及相关水文气象要素的季节和年总量

作物季节	时期	ET/mm	R_n/(MJ/ m^2)	T_a/℃	VPD/kPa	ET_{eq}/mm	P/mm	I/mm	$P+I$/mm	SWC/(m^3/ m^3)	N_d/天
年总量（10 月 1 日 ~ 次年 9 月 30 日）	2005 ~ 2006 年	609	2285	13.5	0.621	644	360	101	461	0.30	—
	2006 ~ 2007 年	595	2280	13.9	0.655	656	480	297	777	0.27	—
	2007 ~ 2008 年	554	2173	19.2	0.69	614	459	237	696	0.27	—
冬小麦（10 月 1 日 ~ 次年 6 月 14 日）	2005 ~ 2006 年	412	1285	8.9	0.524	362	145	101	246	0.31	62
	2006 ~ 2007 年	391	1272	9.8	0.618	357	114	297	411	0.27	96
	2007 ~ 2008 年	320	1127	14.7	0.689	304	135	237	372	0.28	64
夏玉米（6 月 15 日 ~ 9 月 30 日）	2006 年	198	1000	24.5	0.853	282	215	0	215	0.27	45
	2007 年	204	1008	23.6	0.745	299	366	0	366	0.28	68
	2008 年	234	1046	23.5	0.690	310	324	0	324	0.26	58

注：N_d为叶面积指数大于 $2.5m^2/m^2$ 的天数。

图 3-55 显示出 2005 ~ 2008 年冬小麦-夏玉米轮作生长期内日显热通量的季节变化过程。其中，H 的峰值 7 ~ 8MJ/（m^2 · d）出现在 6 月，这恰好是太阳辐射最强且 ET 最小的时候，故大多数能量分配给了显热通量。然而在 10 月，由于净辐射很小（表 3-12），H 值虽略有升高，但绝对值仍然很低。冬小麦出苗后的 H 值迅速降低，进入生长旺盛期后，H 出现负值，最低可达-5MJ/（m^2 · d），这说明大气出现了逆温层。此外，同样是在生长盛期，夏玉米季节内很少出现负值 H。

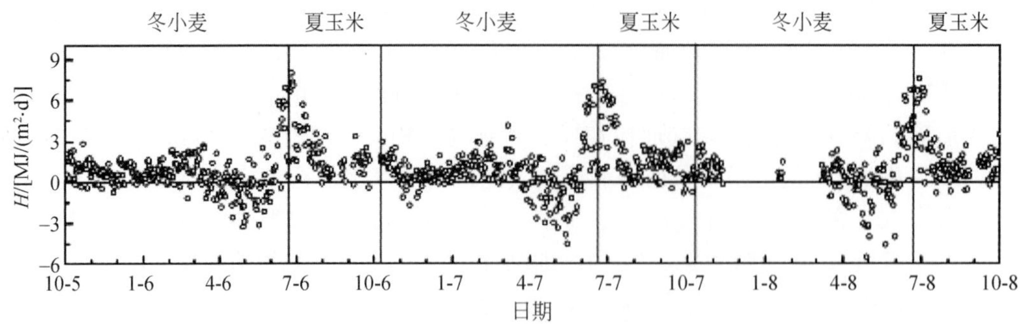

图 3-55　2005 ~ 2008 年冬小麦-夏玉米轮作生长期内日显热通量 H 的季节变化过程

图 3-56 给出了 2005 ~ 2008 年冬小麦-夏玉米轮作生长期内正午时的 $\lambda ET/R_n$、H/R_n 以及波文比的季节变化过程。在周年内，$\lambda ET/R_n$ 存在 3 个峰值，分别对应 11 月的冬小麦苗期、4 ~ 5 月的冬小麦生长盛期和 8 月的夏玉米生长盛期。对冬小麦而言，$\lambda ET/R_n$ 从休眠期的 0.05 左右升高到冠层密闭的 0.8 ~ 0.9，但随着冬小麦成熟和叶片的枯萎，该值又迅速降低到 0.05 ~ 0.12。对夏玉米，即使是在其生长盛期，$\lambda ET/R_n$ 的最大值也只有 0.65 ~ 0.8，显著低于冬小麦生长季节内的最大值。此外，H/R_n 和作物冠层生长趋势正相反，冬小麦季节内的最小值为-0.1 左右，夏玉米为 0.05 左右 [图 3-56 (a)]。与此类似，波文比的季节变化也表现出与作物物候相反的规律 [图 3-56 (b)]。在作物轮作期和冬小麦休眠期内，波文比的季节变异性较大，可达到 0.5 ~ 15.0。当作物冠层被密闭后，波文比值

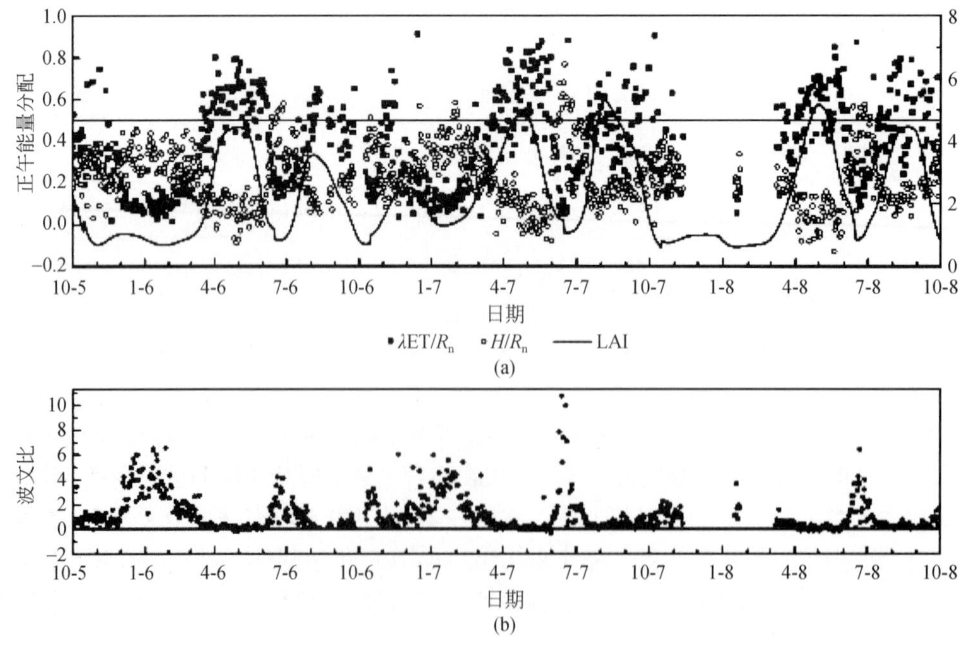

图 3-56　2005 ~ 2008 年冬小麦-夏玉米轮作生长期内正午时的
$\lambda ET/R_n$、H/R_n 以及波文比的季节变化过程

相对稳定，冬小麦季节内的均值为 0.13（4 月和 5 月平均值），夏玉米为 0.43（8 月和 9 月平均值）。此外，冬小麦生长季节内的波文比低于夏玉米，这可能是因为前者的蒸腾量高于后者，也可能是因为夏玉米植株的密度较低（裸土蒸发强度小于作物蒸腾）。由于冬小麦季节内显热通量负值的出现，致使波文比也出现负值，最小值在-0.1 左右。在年时间尺度上，潜热通量是净辐射的最大消耗源，占比达到 59%。

3.6　蒸散发尺度效应及其主控影响因子

前文对叶片、植株、田块、农田、区域（灌区）尺度 ET 变化规律进行分析的结果表明，ET 的变化对空间采样网格尺度的大小和采样时间尺度的长短具有依赖性，特定时空采样尺度下只能揭示出相应的 ET 变化规律与特征，因而需要进一步揭示 ET 尺度效应的内在关系，探寻影响 ET 尺度效应的主控因子。

3.6.1　ET 尺度效应

由于野外试验观测和模型模拟能力的限制，有时人们只能获得部分尺度的 ET 变化特点，再据此了解其他尺度的 ET 特性。然而 ET 在叶片、单株、田块、农田和区域（灌区）尺度上存在一定的差异，这既与实际下垫面条件之间存在的显著空间异质性有关，也与 ET 对变化环境的非线性响应特征有关。当尺度扩展和提升到特定空间范围时，ET 会呈现出与之相应的某些特征，显现出尺度效应现象。为此，基于北京大兴试验站冬小麦和夏玉米生长期间获得的各尺度 ET 数据，对比不同尺度之间的 ET 变化过程，了解和认识 ET 尺度效应特征，寻找其内在联系。

3.6.1.1　冬小麦返青后叶片、田块、农田尺度 ET 日变化过程

图 3-57 显示出大兴试验站 2007 ~ 2009 年冬小麦生长返青后充分灌溉条件下叶片尺度蒸腾量 T_r、田块尺度蒸散发量 ET_b、农田尺度蒸散发量 ET_f的日变化过程。可以发现，微观尺度下的 T_r最大，田块尺度的 ET_b次之，农田尺度的 ET_f最小。由于使用涡度协方差系统观测的 ET_f既来自冬小麦田还包括部分裸地，故获得的量值偏小，而基于称重式蒸渗仪监测的 ET_b完全反映田块冬小麦的蒸散发量，导致田块尺度的蒸散发高于农田尺度。利用光合作用仪监测的部位是植株蒸腾较为强烈的叶片，通过有效叶面积折算到单位面积蒸散发时，尽管观测的蒸腾量只是蒸散发的一部分，但相对田块和农田尺度的蒸散发量而言，仍然是最大的。5 月 30 日后冬小麦处于生育后期，叶片发黄枯萎，蒸腾和光合作用能力大为下降，致使叶片蒸腾量趋于低值。总体上来说，在冬小麦返青后的生育旺盛期内，微观尺度上的叶片蒸腾量最大，田块尺度上的蒸散发量次之，农田尺度上的蒸散发量最小。如图 3-57 所示的典型日内，2007 ~ 2009 年冬小麦田块尺度的日均蒸散发量比叶片尺度分别小 20.0%、40.8% 和 37.2%，农田尺度比田块尺度小 26.4%、17.3% 和 49.8%。

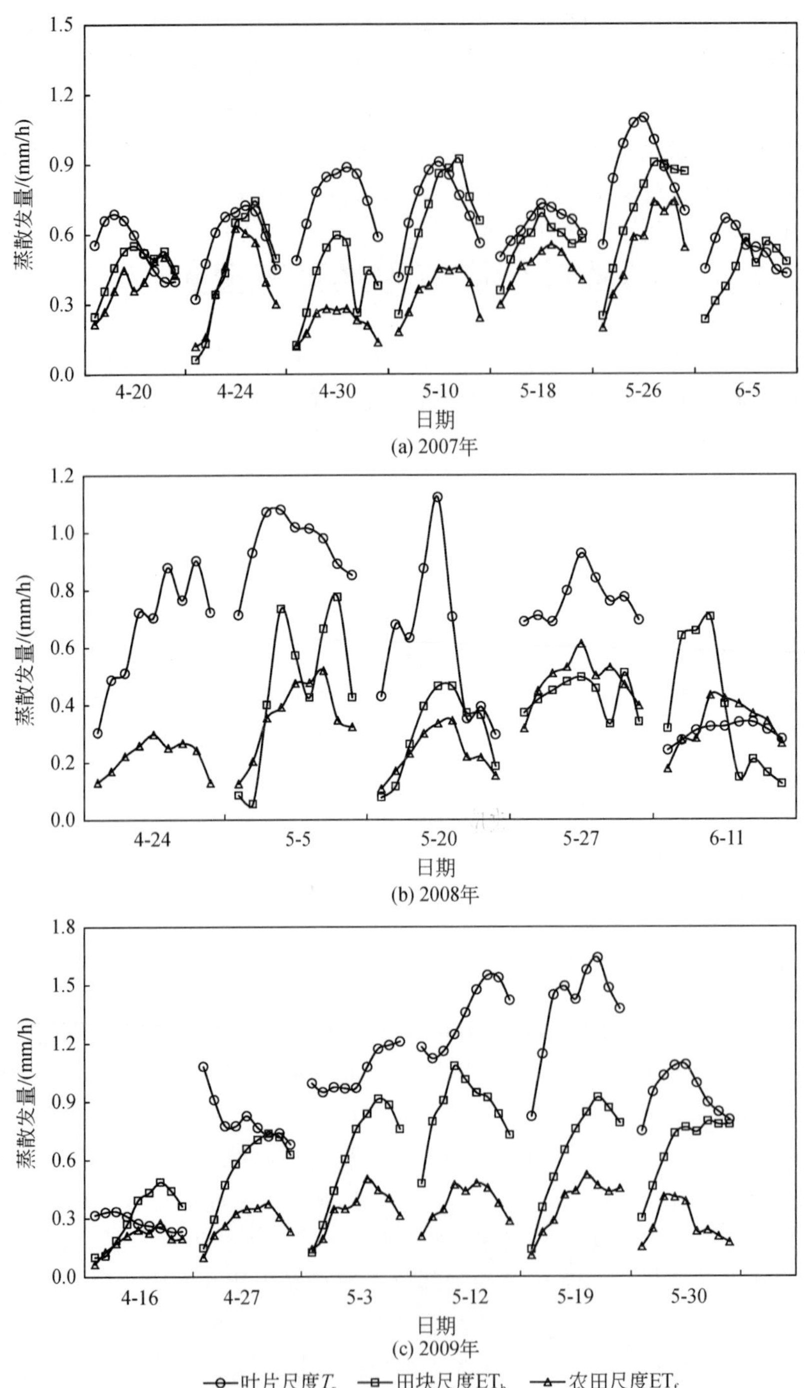

图 3-57　2007～2009 年冬小麦返青后叶片蒸腾、田块和农田蒸散发的日变化过程

图 3-58 为大兴试验站 2007～2009 年冬小麦生长返青后田块尺度和农田尺度蒸散发的逐日变化对比。在冬小麦生育前期和后期，农田和田块尺度的蒸散发量差异较小，而生育

中期的差异却较大，2007 ~ 2009 年农田尺度蒸散发比田块尺度分别小 30.5%、11.9% 和 23.0%。造成该差异的原因，除受仪器测定精度影响外，从测定区域的范围来看，可能的影响因素如下：①冬小麦生育期间各田块之间的灌水量不一致，蒸渗仪实测的田块为充分灌溉，蒸散发高于其他非充分灌溉，涡度协方差系统的测量空间尺度较大，是多个田块蒸散发强度的平均状况，致使农田尺度蒸散发量较小；②农田尺度范围内的裸土面积占比较大，这在一定程度上导致被观测到的蒸散发量较小；③田块和农田之间的作物种植密度不同，涡度协方差系统测量足迹变化引起的下垫面不确定性以及蒸渗仪的边界效应等，也会导致两者测量结果之间的差异。

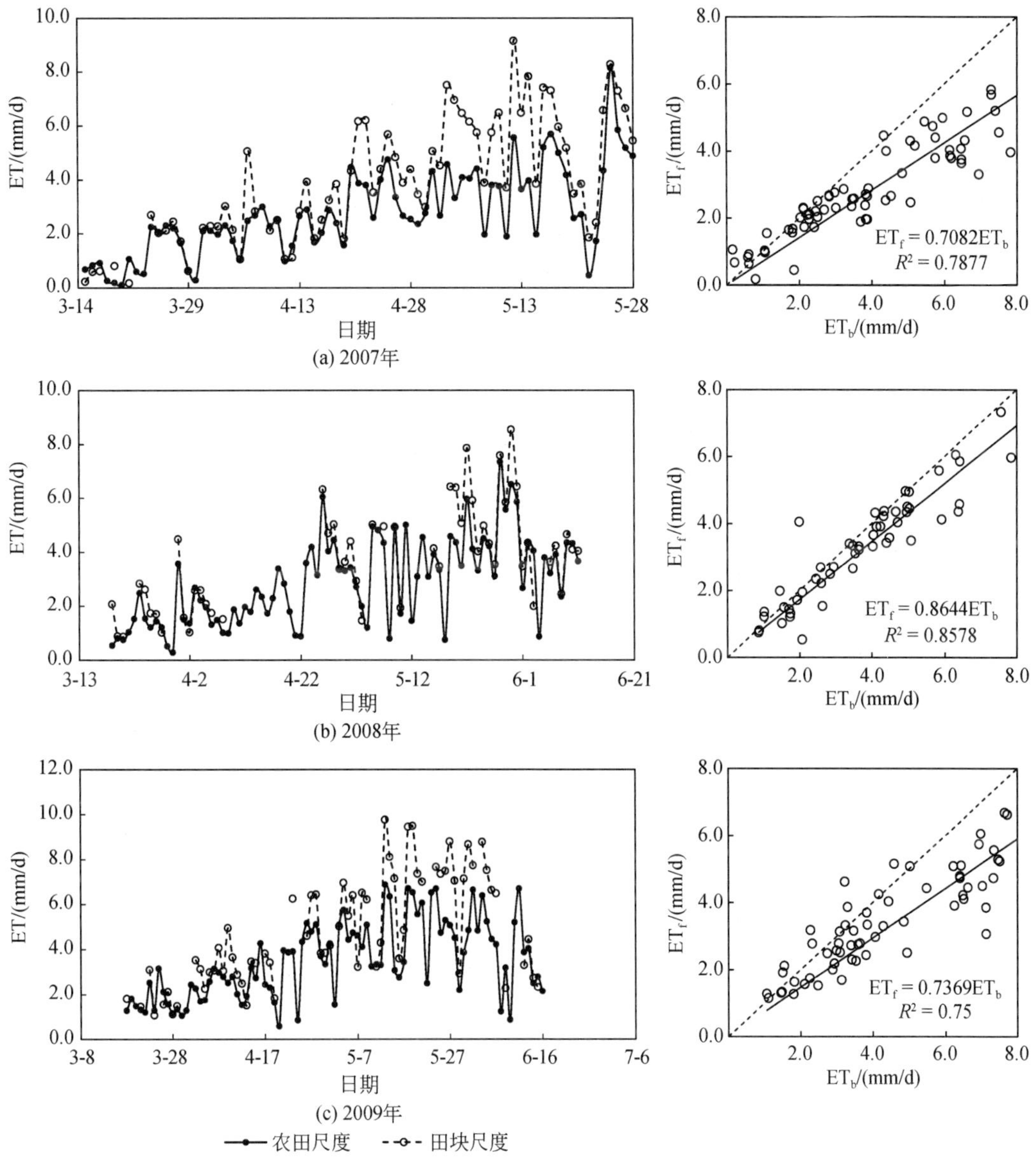

图 3-58　2007 ~ 2009 年冬小麦返青后田块和农田蒸散发的日变化对比

3.6.1.2 夏玉米生育期叶片、田块、农田尺度 ET 日变化过程

图 3-59 为大兴试验站 2008 ~2010 年夏玉米生育期内叶片尺度蒸腾量 T_r、田块尺度蒸散发量 ET_b和农田尺度蒸散发量 ET_f的日变化过程，图 3-60 为相应的夏玉米田块尺度蒸散发量 ET_b和农田尺度蒸散发量 ET_f的逐日变化对比。可以看出，微观尺度下的 T_r最大，田块尺度的 ET_b略高于农田尺度的 ET_f。如图 3-59 所示的典型日，2008 ~2010 年夏玉米田块尺度的日均蒸散发量比叶片尺度分别小 39.8%、25.5%和 33.3%，农田尺度比田块尺度小 13.3%、3.5%和 4.3%。

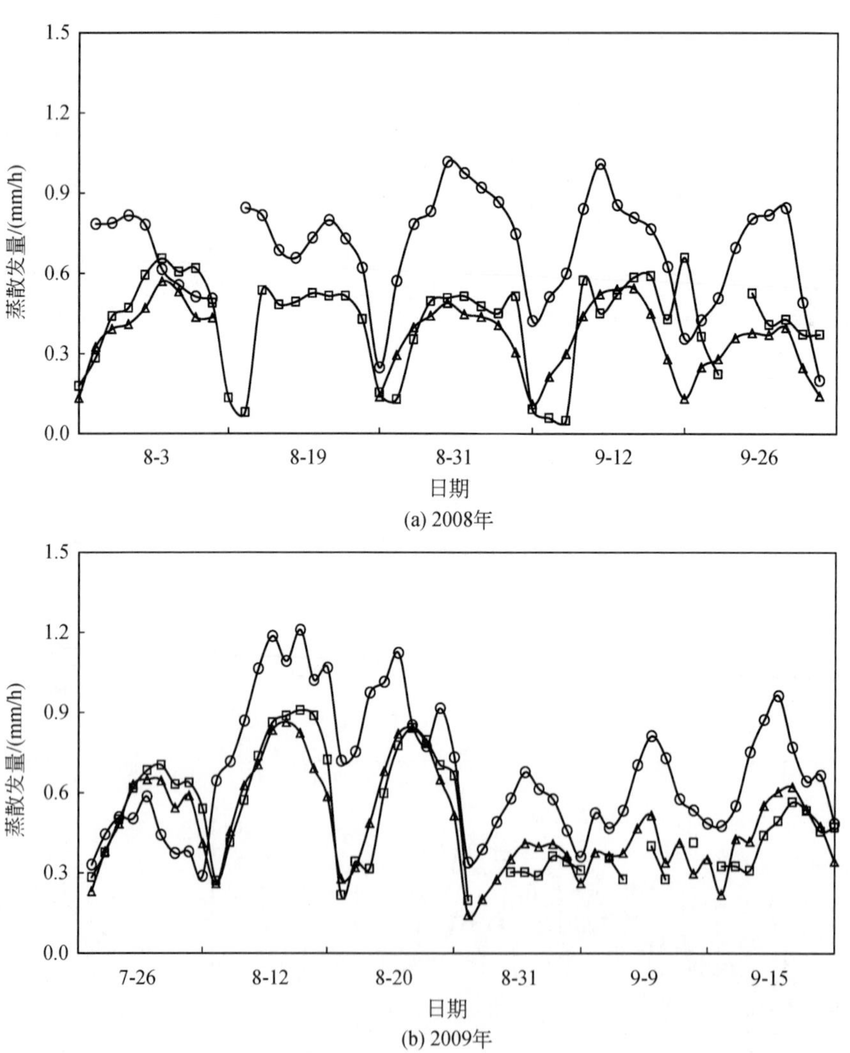

(a) 2008年

(b) 2009年

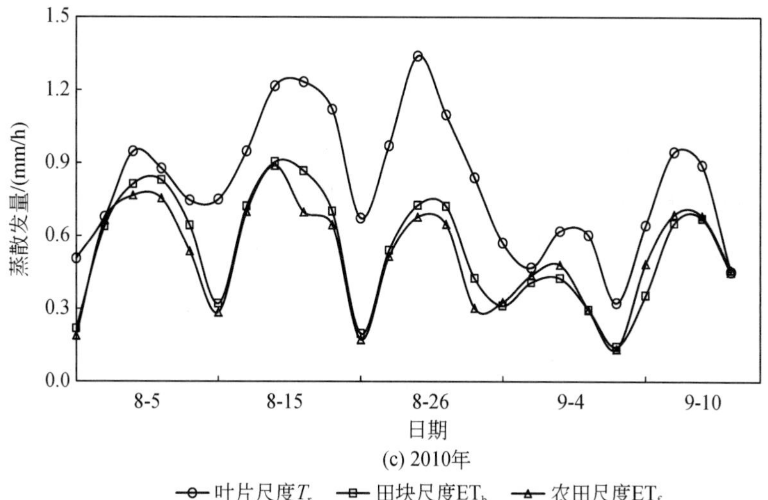

(c) 2010年

图3-59　2008～2010年夏玉米生育期叶片蒸腾、田块和农田蒸散发的日变化过程

图3-60为大兴试验站2008～2010年夏玉米生长期田块尺度和农田尺度蒸散发的逐日变化比，农田尺度的蒸散发量比田块尺度分别小16.3%、10.0%和15.7%。对比图3-60和图3-58还可看出，夏玉米生育期田块尺度ET_b与农田尺度ET_f间的差异明显小于冬小麦，这主要是由于夏玉米田块间不存在灌水量的差异，且生育期处于雨季，下垫面较为均一，故两个尺度的蒸散发具有较好的一致性。

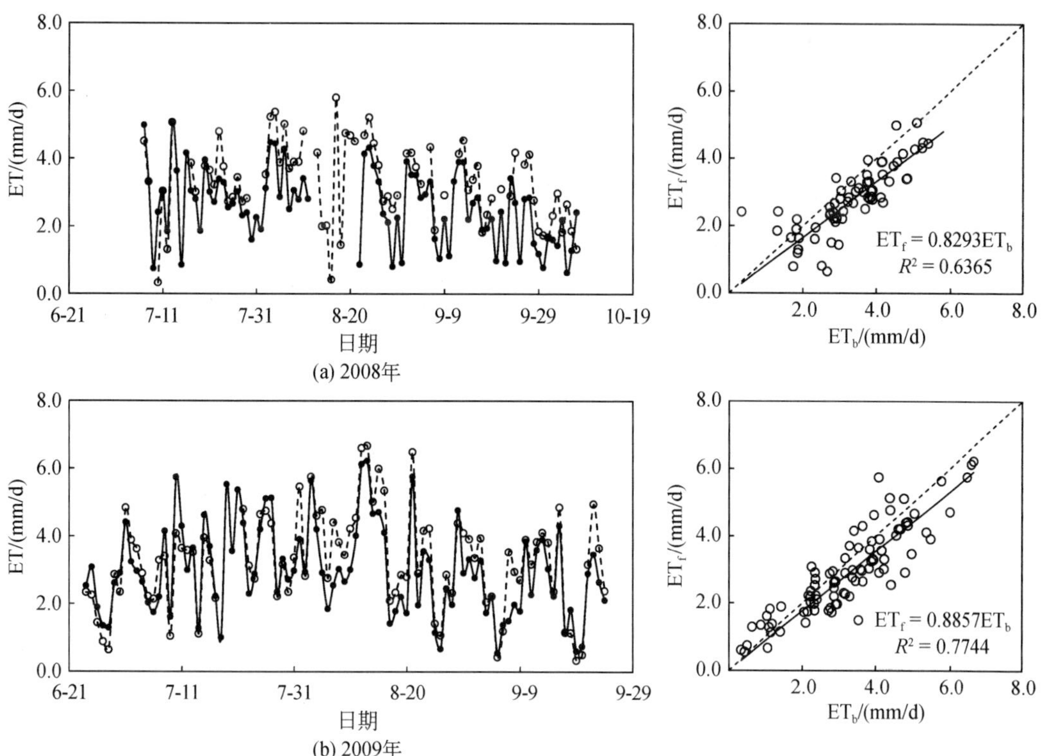

(a) 2008年

(b) 2009年

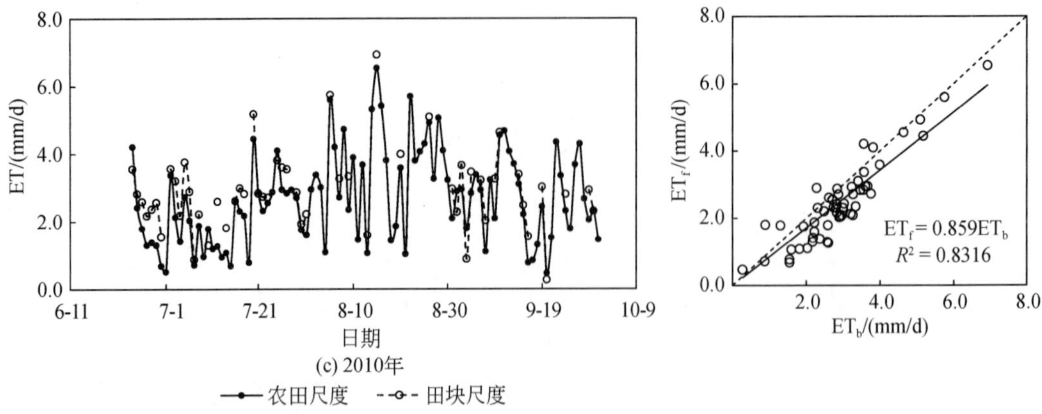

图 3-60 2008 ~ 2010 年夏玉米生长期田块和农田蒸散发的日变化对比

综上所述，特定空间尺度下获得的 ET 及其参数具有尺度依赖性，不能简单地将特定尺度的 ET 直接移用到高一级或低一级的空间尺度上使用。首先，植物叶片间在生理活性、叶倾角、方位角和光照等方面存在的差异，将导致其间的蒸腾速率有较大差别，致使叶片与植株蒸腾之间也存在尺度效应。其次，植株之间在叶面积、茎粗、株高等生理生态指标以及光、温、水、气、热、肥等水土环境因素上存在的差别，也会导致彼此间的蒸腾速率有较大差异，加之受到土壤蒸发的影响，植株蒸腾与田块尺度 ET 之间也存在尺度效应。再次，各田块之间在作物类型、水肥气热、作物密度、垄沟分布等方面存在的差别，同样会导致田块与农田 EP 之间存在一定程度的尺度效应。最后，农田间在作物类型、水肥气热、作物密度、垄沟分布、灌排工程布局等上的不同，以及受道路、村庄、林木等影响，农田与区域（灌区）ET 之间也具备一定的尺度效应。因此，大尺度下的 ET 特征值并非是由若干小尺度上的值简单叠加而成，而小尺度下的 ET 特征值也不可能通过简单的插值或分解得到大尺度下的相关值，故需深入研究影响 ET 的各类主控因子的时空变异特性，利用自相似规律、分形结构、地理统计学等方法开展 ET 时空尺度的扩展与转换，建立各种尺度 ET 之间的转换函数关系。

3.6.2 影响 ET 尺度效应的主控因子识别

ET 受植被、土壤、气象、灌溉等因子的综合影响，如何准确识别影响 ET 尺度效应的主控因子，获取其时空变异规律，是开展 ET 时空尺度扩展与转换研究中需要解决的首要问题。目前，识别影响 ET 尺度效应主控因子的常用方法有逐步回归分析法、通径分析方法、主成分分析法等。其中，通径分析方法又称为相关分解方法，也称为标准化的多元线性回归分析方法。通径分析是研究变量间相互关系、自变量对因变量作用方式与程度的多元统计分析方法，通过该法可找出自变量对因变量影响的直接效应和间接效应，发现由于自变量间相关性很强而引起多重共线性的自变量，使人们能更为清楚地认识各因素对效应因素直接和间接发生影响的程度。在多因子之间存在线性相关时，采用该方法可有效克服或弥补回归与相关分析方法存在的缺陷或不足（明道绪，1986；谢仲伦，1996；赵益新和陈巨东，2007）。为此，基于大兴试验站冬小麦返青后和夏玉米生育期内不同环境因子和作物生理生态指标间的关系，利用通径分析原理和方法，对不同时段实测的 ET 进行统计分析，识别影响 ET 尺度效应的主控因子。

3.6.2.1 通径分析方法

通径分析方法基于结构方程模型（structural equation modling，SEM），其融合了传统多变量统计分析中的“因素分析”与“线性模型回归分析”的统计技术，对各种因果模型进行模型识别、估计和验证。此外，使用矩阵结构分析方法（analysis of moment structures，AMOS）验证各种测量模型和不同路径的分析模型，分析历程结合了传统的一般线性模型与共同因素分析技术（吴明隆，2009）。AMOS 同时是著名统计软件 SPSS 家族的系列软件，利用其描绘工具箱中的图像按钮便可以快速绘制 SEM 图形、浏览估计模型图、进行模型图修改、评估模型适配参数、输出最佳模型等。

3.6.2.2 冬小麦 ET 尺度效应的主控影响因子分析

以大兴试验站 2008～2009 年冬小麦返青–收获期的实测数据为依据，选取土壤含水率、作物生长高度 h、叶面积指数 LAI、净辐射 R_n、饱和水汽压差 VPD 为自变量，田块尺度蒸散发 ET_b和农田尺度蒸散发 ET_f为通径分析因变量，同时采用递归模型（因果关系只有单一方向）与非递归模型（内因变量的关系互为因果、双向的）分别进行主控影响因子分析。

（1）田块和农田尺度蒸散发的全天时段日水平主控影响因子分析

将不同土层深度（0～5cm、0～15cm、0～25cm、0～35cm、0～45cm、0～55cm、0～65cm、0～75cm 和 0～100cm）的平均土壤含水率、h、LAI、R_n和 VPD 5 个主控影响因子与 ET_b和 ET_f进行通径分析，包括递归模型（由 ET_b上推 ET_f）和非递归模型（同时由 ET_b上推 ET_f和由 ET_f下推 ET_b）。分析结果表明，与其他深度的土壤含水率相比，0～45cm 的平均土壤含水率与 ET_b和 ET_f之间的通径系数较大，显著性更强，因此在以下冬小麦数据分析中，土壤含水率都是 0～45cm 的平均值。

图 3-61 给出了冬小麦返青后每日全天时段的田块尺度 ET_b和农田尺度 ET_f与上述 5 个主控影响因子之间的相关分析图，表 3-13 和表 3-14 分别为各主控影响因子对 ET_b和 ET_f的通径分析结果以及对回归可靠程度 R^2 的贡献。在各主控影响因子中，R_n与 VPD 的相关系数最大为 0.72，其次是 R_n与 h 间的相关系数为 0.35，而 VPD 与 h 间的相关系数为 0.30，LAI 与 h 间的相关系数为 0.29。0～45cm 平均土壤含水率与其他指标间的相关性较弱，且多为负相关。在如图 3-61（a）所示的递归模型中，对各主控影响因子与 ET_b和 ET_f的相关性分析表明，R_n与 ET_f和 ET_b的相关系数最高，分别为 0.51 和 0.41，土壤含水率、LAI 和 VPD 与 ET_b的相关性最为紧密，但与 ET_f的相关性较低，如土壤含水率与 ET_b的相关系数为 0.24，而与 ET_f的相关系数仅为 0.05。由此可见，土壤含水率对 ET_b的影响较大，而 ET_f对土壤水分的变化却不太敏感。h 与 ET_f间的相关系数为 0.26，与 ET_b却为负相关，这表明 h 变化对 ET_f的影响较大。此外，各主控影响因子间的相关系数在递归模型和非递归模型之间基本保持一致，只是在量值上略有差异。在非递归模型［图 3-61（b）］中，ET_b

和 ET_f之间可以互推，但在上推和下推的过程中，这两者间的相关系数不同。从统计结果可见，在由 ET_f下推 ET_b的过程中，二者之间的相关性较弱。

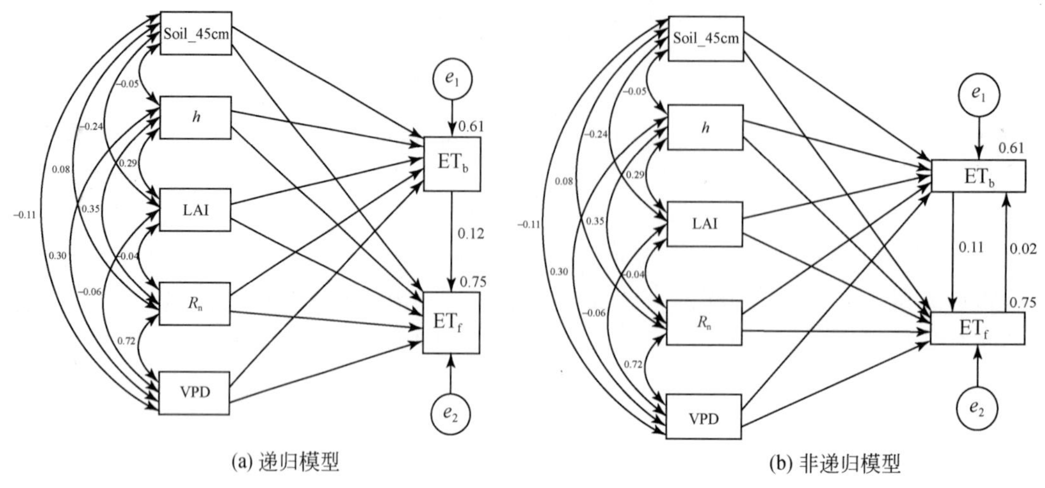

图 3-61　冬小麦返青后 ET 的全天时段日水平相关分析结果

表 3-13 将递归和非递归两个回归模型中各主控影响因子对 ET_b和 ET_f的直接影响以及通过其他因素产生的间接影响进行了分析，两者相加即为影响因子间的通径系数（总效果），同时给出了基于 5 个主控影响因子的多元回归方程的决定系数。在对 ET_b的通径分析中，LAI 的通径系数最大，是影响 ET_b的最主要因子，其次是 R_n和 VPD，土壤含水率变量 Soil_45cm 的通径系数也达到 0. 237，h 的通径系数较小且为负相关。在对 ET_f的通径分析中，R_n的通径系数最大为 0. 565，是影响 ET_f的最主要因子，其次是 h 和 LAI，土壤水分的影响最小。对由 5 个主控影响因子拟合而成的蒸散发多元回归方程而言，其决定系数在递归模型和非递归模型间的差别不大，拟合 ET_f的决定系数 R^2 达到 0. 75 以上，多元回归方程的显著性较强。

表 3-13　冬小麦返青后 ET 的全天时段日水平数据通径分析结果

变量	相关系数	回归模型	直接效果	间接效果	总效果（通径系数）
Soil_45cm →ET_b	0. 137	递归模型	0. 237	—	0. 237
		非递归模型	0. 236	0. 001	0. 237
VPD →ET_b	0. 568	递归模型	0. 330	—	0. 330
		非递归模型	0. 327	0. 003	0. 330
h →ET_b	0. 336	递归模型	-0. 013	—	-0. 013
		非递归模型	-0. 018	0. 004	-0. 013
LAI →ET_b	0. 319	递归模型	0. 414	—	0. 414
		非递归模型	0. 410	0. 004	0. 414
R_n →ET_b	0. 643	递归模型	0. 406	—	0. 406
		非递归模型	0. 397	0. 009	0. 406

续表

变量	相关系数	回归模型	直接效果	间接效果	总效果（通径系数）
ET_b →ET_b	1.000	递归模型	—	—	—
		非递归模型	—	0.002	0.002
ET_f →ET_b	0.673	递归模型	—	—	—
		非递归模型	0.017	—	0.017
Soil_45cm →ET_f	0.044	递归模型	0.054	0.029	0.083
		非递归模型	0.056	0.026	0.083
VPD →ET_f	0.624	递归模型	0.122	0.040	0.163
		非递归模型	0.126	0.037	0.163
h →ET_f	0.566	递归模型	0.260	-0.002	0.258
		非递归模型	0.259	-0.001	0.258
LAI →ET_f	0.250	递归模型	0.175	0.051	0.225
		非递归模型	0.179	0.046	0.225
R_n →ET_f	0.771	递归模型	0.515	0.050	0.565
		非递归模型	0.519	0.045	0.565
ET_b →ET_f	0.673	递归模型	0.122	—	0.122
		非递归模型	0.112	—	0.112
ET_f →ET_f	1.000	递归模型	—	—	-
		非递归模型	—	0.002	0.002
R^2		递归模型	→ET_b：0.609	→ET_f：0.758	
		非递归模型	→ET_b：0.610	→ET_f：0.756	

表 3-14 是递归和非递归两个回归模型中的各主控影响因子对 ET_b 和 ET_f 回归方程中的决定系数和对回归方程 R^2 的贡献值，此处仅列出量值最大的前 5 个变量。在对 ET_b 的回归方程中，递归和非递归模型中的误差项 e_1 的决定系数最大，VPD+R_n 共同作用的决定系数次之，LAI 居第三。对回归方程 R^2 的贡献最大的是 R_n，其次是 VPD，LAI 仍居第三。在对 ET_f 的回归方程中，R_n 的决定系数最大，递归模型中的误差项 e_2 居第二，VPD+R_n 共同作用的决定系数居第三，非递归模型中 VPD+R_n 的决定系数居第二，误差项 e_2 居第三。在对 R^2 的贡献中，仍是 R_n 最大，h 居第二，VPD 居第三。

表 3-14　冬小麦返青后 ET 的全天时段日水平各变量决定系数和对回归方程 R^2 的贡献

递归模型					非递归模型				
变量	决定系数		对 R^2 的贡献		变量	决定系数		对 R^2 的贡献	
	数值	排序	数值	排序		数值	排序	数值	排序
Soil_45cm →ET_b	0.056		0.032	4	Soil_45cm →ET_b	0.056		0.032	4
VPD →ET_b	0.109	5	0.187	2	VPD →ET_b	0.109	5	0.187	2
h →ET_b	0.000		-0.004	5	h →ET_b	0.000		-0.004	

续表

递归模型						非递归模型					
变量		决定系数		对 R^2 的贡献		变量		决定系数		对 R^2 的贡献	
		数值	排序	数值	排序			数值	排序	数值	排序
LAI	$\to ET_b$	0.171	3	0.132	3	LAI	$\to ET_b$	0.171	3	0.132	3
R_n	$\to ET_b$	0.165	4	0.261	1	R_n	$\to ET_b$	0.165	4	0.261	1
VPD+R_n	$\to ET_b$	0.192	2			VPD+R_n	$\to ET_b$	0.192	2		
e_1	$\to ET_b$	0.391	1			ET_b	$\to ET_b$	0.000		0.002	
						LE	$\to ET_b$	0.000		0.011	5
						e_1	$\to ET_b$	0.391	1		
Soil_45cm	$\to ET_f$	0.007		0.004		Soil_45cm	$\to ET_f$	0.007		0.004	
VPD	$\to ET_f$	0.027		0.102	3	VPD	$\to ET_f$	0.027		0.102	3
h	$\to ET_f$	0.067	5	0.146	2	h	$\to ET_f$	0.067		0.146	2
LAI	$\to ET_f$	0.051		0.056	5	LAI	$\to ET_f$	0.051		0.056	5
R_n	$\to ET_f$	0.319	1	0.436	1	R_n	$\to ET_f$	0.319	1	0.436	1
VPD+R_n	$\to ET_f$	0.132	3			VPD+R_n	$\to ET_f$	0.132	2		
h+R_n	$\to ET_f$	0.102	4			h+R_n	$\to ET_f$	0.102	4		
ET_b	$\to ET_f$	0.015		0.082	4	ET_b	$\to ET_f$	0.013		0.075	4
e_2	$\to ET_f$	0.242	2			LE	$\to ET_f$	0.000		0.002	
						ET_b+R_n	$\to ET_f$	0.081	5		
						e_2	$\to ET_f$	0.104	3		

以上数据结果分析表明，土壤含水率的高低与 ET_b 关系密切，而与 ET_f 相关性较低。在选取的5个主控影响因子中，影响 ET_b 的强弱排序是 LAI $\to R_n \to$ VPD，影响 ET_f 的强弱排序是 $R_n \to h \to$ LAI。根据回归方程中变量贡献分析结果可知，对 ET_b 的回归方程中误差项影响最大，VPD+R_n 的共同作用次之，而对 ET_f 的回归方程中 R_n 决定系数影响最大。在对 R^2 的贡献值中，除误差项外，贡献值较大的依次为 h 和 VPD。由此可见，除了影响 ET_b 和 ET_f 二者的主要因子 R_n 外，ET_b 更多地与反映植被对光能截获能力的 LAI 和 VPD 有关，而 ET_f 却与 h 和 LAI 有关。

(2) 田块和农田尺度蒸散发的白天时段（7：00～18：00）日水平主控影响因子分析

在夜间，辐射项以长波辐射为主，由于作物生长活动微弱，测得的净辐射往往为负值。考虑到作物生长发育活动主要是在白天进行，故对冬小麦返青后白天时段（7：00～18：00）内的净辐射 $R_{n\_7\text{-}18}$、饱和水汽压差 $VPD_{\_7\text{-}18}$、田块尺度蒸散发 $ET_{b\_7\text{-}18}$ 和农田尺度蒸散发 $ET_{f\_7\text{-}18}$ 的日数据进行整理分析，图3-62、表3-15和表3-16给出了根据白天时段内日水平 ET_b 和 ET_f 与各个主控影响因子之间的通径分析结果。

从图3-62显示的各主控影响因子间的相关分析可知，白天时段内 h 与各主控影响因子间的相关性最强，与 $R_{n\_7\text{-}18}$ 的相关系数为-0.79，与 $VPD_{\_7\text{-}18}$ 的相关系数为0.33，$R_{n\_7\text{-}18}$

与 VPD $_{_7\text{-}18}$间为负相关，相关系数为-0.25。与全天时段的数据相比，各主控影响因子与 $ET_{b_7\text{-}18}$和 $ET_{f\text{-}7\text{-}18}$间的相关系数在量值上部分发生了变化，$h$ 和 VPD $_{_7\text{-}18}$与二者的相关性得到增强，尤其是 VPD $_{_7\text{-}18}$的增值非常明显，与 $ET_{f_7\text{-}18}$的相关系数从 0.12 增加到 0.44，与 $ET_{b_7\text{-}18}$的相关系数从 0.33 增加到 0.60，而$R_{n_7\text{-}18}$却与二者的关系有所减弱，与 $ET_{f_7\text{-}18}$的相关系数从 0.51 减少到 0.13，与 $ET_{b_7\text{-}18}$的相关系数从 0.41 下降到 0.20。另外，$ET_{b_7\text{-}18}$与 $ET_{f_7\text{-}18}$间的相关性也得到增强，相关系数从 0.12 增加到 0.26，且递归和非递归模型之间的变化趋势一致，仅在量值上略有差异。

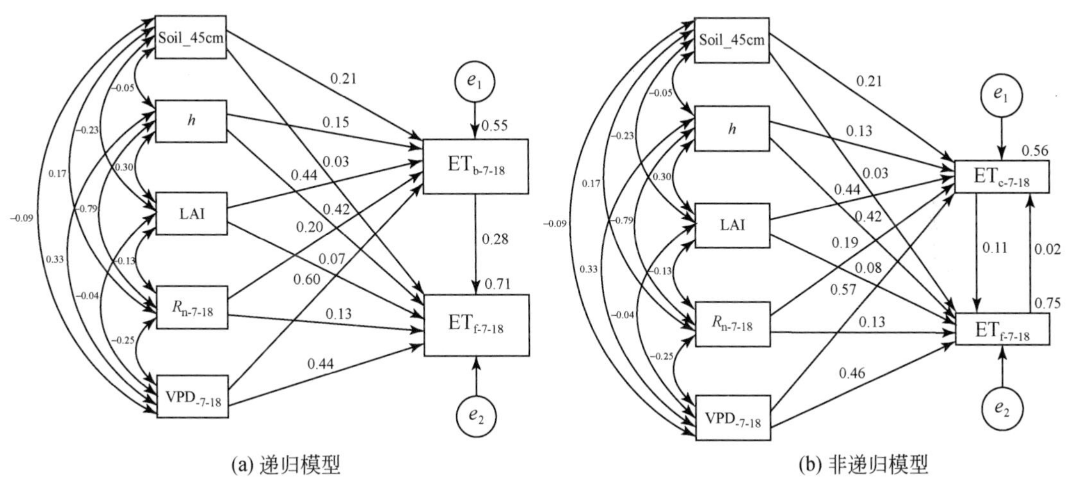

图 3-62　冬小麦生长返青后 ET 的白天时段日水平相关分析结果

从表 3-15 给出的通径分析数据结果可见，对 $ET_{b_7\text{-}18}$而言，依据通径系数大小对其影响强弱的主控影响因子依次为 VPD $_{\_7\text{-}18}$→LAI →土壤含水率 Soil_45cm，而 h 和 $R_{n_7\text{-}18}$的影响稍小；对 $ET_{f_7\text{-}18}$而言，主控影响因子的强弱顺序为 VPD $_{\_7\text{-}18}$→h →$ET_{b\_7\text{-}18}$，而土壤含水率的影响最小。与前述全天时段的数据相比，各主控影响因子通过其他项对因变量的影响有所增大，间接效果量值成倍变大。递归模型与非递归模型中各主控影响因子的通径系数一致，在对 $ET_{f_7\text{-}18}$的通径分析中，直接效果和间接效果略有不同，递归模型的间接效果在量值上要大于非递归模型。此外，对 $ET_{b_7\text{-}18}$的多元回归方程的 R^2 下降，对 $ET_{f_7\text{-}18}$的 R^2 略有上升。

表 3-15　冬小麦返青后 ET 的白天时段日水平数据通径分析结果

变量	相关系数	回归模型	直接效果	间接效果	总效果（通径系数）
Soil_45cm　→$ET_{b\_7\text{-}18}$	0.098	递归模型	0.222	—	0.212
		非递归模型	0.208	0.004	0.222
VPD $_{\_7\text{-}18}$　→$ET_{b\_7\text{-}18}$	0.556	递归模型	0.593	—	0.595
		非递归模型	0.569	0.026	0.593

续表

变量		相关系数	回归模型	直接效果	间接效果	总效果（通径系数）
h	$\to ET_{b\_7\text{-}18}$	0.311	递归模型	0.156	—	0.150
			非递归模型	0.130	0.020	0.156
LAI	$\to ET_{b\_7\text{-}18}$	0.390	递归模型	0.452	—	0.444
			非递归模型	0.436	0.008	0.452
$R_{n\_7\text{-}18}$	$\to ET_{b\_7\text{-}18}$	-0.087	递归模型	0.198	—	0.200
			非递归模型	0.192	0.008	0.200
$ET_{b\_7\text{-}18}$	$\to ET_{b\_7\text{-}18}$	1.000	递归模型	—	—	-
			非递归模型	—	0.011	0.011
$ET_{f\_7\text{-}18}$	$\to ET_{b\_7\text{-}18}$	0.671	递归模型	—	—	-
			非递归模型	0.043	—	0.043
Soil_45cm	$\to ET_{f\_7\text{-}18}$	0.014	递归模型	0.034	0.061	0.084
			非递归模型	0.031	0.053	0.084
$VPD_{\_7\text{-}18}$	$\to ET_{f\_7\text{-}18}$	0.696	递归模型	0.444	0.164	0.608
			非递归模型	0.460	0.148	0.608
h	$\to ET_{f\_7\text{-}18}$	0.566	递归模型	0.412	0.043	0.457
			非递归模型	0.419	0.037	0.457
LAI	$\to ET_{f\_7\text{-}18}$	0.250	递归模型	0.070	0.125	0.194
			非递归模型	0.083	0.111	0.194
$R_{n\_7\text{-}18}$	$\to ET_{f\_7\text{-}18}$	-0.339	递归模型	0.122	0.055	0.183
			非递归模型	0.133	0.050	0.183
$ET_{b\_7\text{-}18}$	$\to ET_{f\_7\text{-}18}$	0.671	递归模型	0.276	—	0.278
			非递归模型	0.249	0.003	0.252
$ET_{f\_7\text{-}18}$	$\to ET_{f\_7\text{-}18}$	1.000	递归模型	—	—	—
			非递归模型	—	0.011	0.011
R^2			递归模型	$\to ET_b$：0.582		$\to ET_f$：0.776
			非递归模型	$\to ET_b$：0.584		$\to ET_f$：0.731

白天时段内各主控影响因子在回归方程中的决定系数和对回归方程 R^2 的贡献值见表 3-16。可见，在递归模型和非递归模型中，对 $ET_{b\_7\text{-}18}$ 的回归方程，除了误差项，决定系数较大的是 $VPD_{\_7\text{-}18}$ 和 LAI，对回归方程 R^2 贡献最大的也是这两项。对 $ET_{f\_7\text{-}18}$ 的回归方程中，决定系数最大和对回归方程 R^2 贡献最大的是 $VPD_{\_7\text{-}18}$ 和 h。与 24h 数据相比，其主要决定因子 $R_{n\_7\text{-}18}$ 对 $ET_{b\_7\text{-}18}$ 和 $ET_{f\_7\text{-}18}$ 的影响减弱，白天的 $VPD_{\_7\text{-}18}$ 影响比重最大；次之影响因子对 $ET_{b\_7\text{-}18}$ 而言是 LAI，对 $ET_{f\_7\text{-}18}$ 而言是 h。

表 3-16 冬小麦返青后 ET 的白天时段日水平各变量决定系数和对回归方程 R^2 的贡献分析

递归模型					非递归模型				
变量	决定系数		对 R^2 的贡献		变量	决定系数		对 R^2 的贡献	
	数值	排序	数值	排序		数值	排序	数值	排序
Soil_45cm →ET_{b_7-18}	0.045	5	0.017	4	Soil_45cm →ET_{b_7-18}	0.045		0.017	5
$VPD_{\_7-18}$ →ET_{b_7-18}	0.354	2	0.331	1	$VPD_{\_7-18}$ →ET_{b_7-18}	0.354	2	0.331	1
h →ET_{b_7-18}	0.023		0.047	3	h →ET_{b_7-18}	0.023		0.047	3
LAI →ET_{b_7-18}	0.197	3	0.174	2	LAI →ET_{b_7-18}	0.197	3	0.174	2
R_{n_7-18} →ET_{b_7-18}	0.040		-0.017	5	R_{n_7-18} →ET_{b_7-18}	0.040		-0.017	6
$VPD_{\_7-18}+h$ →ET_{b_7-18}	0.058	4			$VPD_{\_7-18}+h$ →ET_{b_7-18}	0.058	4		
e_1 →ET_{b_7-18}	0.418	1			$VPD_{\_7-18}+R_{n\_7-18}$ →ET_{b_7-18}	-0.031	5		
					ET_{b_7-18} →ET_{b_7-18}	0.000		0.011	
					ET_{f_7-18} →ET_{b_7-18}	0.002		0.029	4
					e_1 →ET_{b_7-18}	0.416	1		
Soil_45cm →ET_{f_7-18}	0.007		-0.001	5	Soil_45cm →ET_{f_7-18}	0.007		0.001	6
$VPD_{\_7-18}$ →ET_{f_7-18}	0.370	1	0.423	1	$VPD_{\_7-18}$ →ET_{f_7-18}	0.370	1	0.423	1
h →ET_{f_7-18}	0.209	3	0.259	2	h →ET_{f_7-18}	0.209	3	0.259	2
LAI →ET_{f_7-18}	0.038		0.051	4	LAI →ET_{f_7-18}	0.038		0.049	5
R_{n_7-18} →ET_{f_7-18}	0.033		-0.062	3	R_{n_7-18} →ET_{f_7-18}	0.033		-0.062	4
$VPD_{\_7-18}+h$ →ET_{f_7-18}	0.182	4			$VPD_{\_7-18}+h$ →ET_{f_7-18}	0.182	4		
$h+R_{n\_7-18}$ →ET_{f_7-18}	-0.131	5			$h+R_{n\_7-18}$ →ET_{f_7-18}	-0.131	5		
e_2 →ET_{f_7-18}	0.254	2			ET_{f_7-18} →ET_{f_7-18}	0.000		0.011	6
					ET_{b_7-18} →ET_{f_7-18}	0.064		0.169	3
					e_2 →ET_{f_7-18}	0.269	2		

3.6.2.3 夏玉米 ET 尺度效应的主控影响因子分析

以 2009 年夏玉米生育期内的实测数据为基础，选取净辐射 R_n、气温 T_a、饱和水汽压差 VPD、风速 u 为自变量，分析叶片尺度 T_r、植株尺度 T_p、田块尺度 ET_b 和农田尺度 ET_f 小时水平 ET 尺度效应的主控影响因子。图 3-63 给出了夏玉米叶片、植株、田块和农田小时水平的 ET 与环境因子之间的相关分析图，表 3-17 和表 3-18 分别列出了叶片、植株、田块和农田小时水平 ET 数据通径分析结果以及各变量决定系数和对回归可靠程度 R^2 的贡献。

从图 3-63 可以看出，在各主控影响因子中，T_a 与 VPD 的相关性最高为 0.80，其次为 R_n 与 VPD 和 T_a，分别为 0.65 和 0.64。从各主控影响因子与不同尺度的 ET 相关性来看，R_n 的相关性都较高，其次为 VPD 和 T_a，各影响因子与 u 的相关性都较小。从不同的空间尺度来看，R_n 与 ET_f 的相关性最大，其次为田块尺度 ET_b 和叶片尺度 T_r，植株尺度 T_p 的相关性最小。此外，T_a 与 ET_b 的相关性最高。

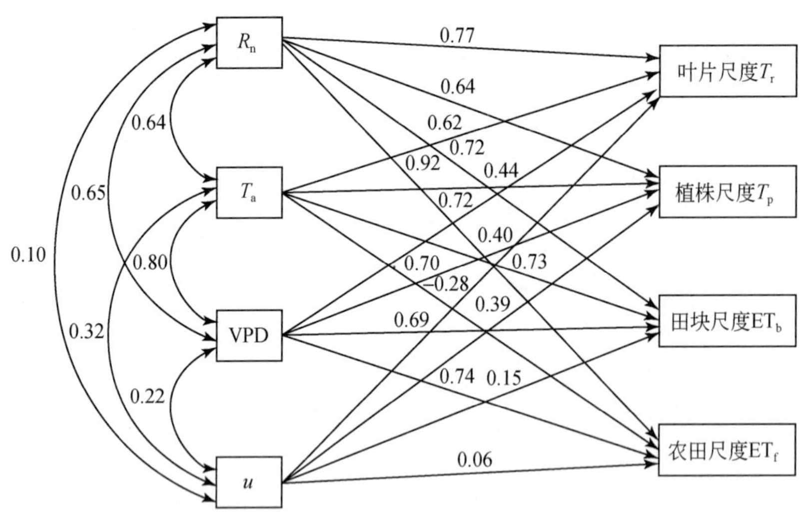

图 3-63　夏玉米生育期叶片、植株、田块和农田小时水平 ET 的相关分析结果

如表 3-17 所示，在对叶片尺度 T_r 的通径分析中，R_n 的直接作用最大，其次为 VPD，T_a 的直接作用虽然较小，但其通过 VPD 和 R_n 的间接作用却很大；对植株尺度 T_p 的通径分析表明，其影响规律与叶片尺度相类似，R_n 的直接作用最大，其次为 VPD，T_a 通过 VPD 和 R_n 的间接作用很大；对田块尺度 ET_b 的通径分析说明，R_n 和 T_a 的直接作用和间接作用都比较大，而 VPD 主要是通过间接作用影响 ET_b；对农田尺度 ET_f 的通径分析显示出，R_n 的通径系数最大，是主要影响因子，而 u 的影响最小。从叶片、植株、田块和农田 4 个空间尺度来看，R_n 与不同尺度 ET 的通径系数都比较大，是影响 ET_b 的主控影响因子，其次是 T_a 和 VPD，u 的影响最小。

表 3-17　夏玉米生育期叶片、植株、田块和农田小时水平 ET 数据通径分析结果

尺度	变量	相关系数	直接效果	间接效果				
				总间接效果	R_n	T_a	VPD	u
T_r	R_n	0.767	0.451	0.316		0.108	0.252	−0.044
	T_a	0.618	0.169	0.448	0.287		0.309	−0.148
	VPD	0.718	0.385	0.333	0.295	0.136		−0.098
	u	−0.277	−0.457	0.181	0.043	0.055	0.083	
T_p	R_n	0.606	0.631	−0.025		−0.002	−0.057	0.033
	T_a	0.441	−0.003	0.444	0.402		−0.069	0.112
	VPD	0.399	−0.086	0.485	0.413	−0.002		0.074
	u	0.386	0.345	0.041	0.060	−0.001	−0.019	
ET_b	R_n	0.720	0.390	0.330		0.262	0.072	−0.005
	T_a	0.733	0.412	0.321	0.248		0.088	−0.016
	VPD	0.686	0.110	0.576	0.255	0.332		−0.011
	u	0.145	−0.049	0.194	0.037	0.134	0.024	

续表

尺度	变量	相关系数	直接效果	间接效果				
				总间接效果	R_n	T_a	VPD	u
ET_f	R_n	0.923	0.743	0.181		0.052	0.137	-0.007
	T_a	0.696	0.081	0.615	0.472		0.168	-0.025
	VPD	0.743	0.209	0.535	0.486	0.065		-0.017
	u	0.065	-0.077	0.142	0.071	0.026	0.045	

从表 3-18 可以看出，对不同的空间尺度而言，R_n的决定系数和对 R^2 的贡献都比较大，T_a和 VPD 次之。在叶片、植株、田块和农田尺度的回归方程中，误差项的决定系数依次为 0.146、0.519、0.349 和 0.107，这表明叶片和农田尺度可较好地根据 R_n、T_a、VPD 和 u 表征相应的 ET 强度，而对植株和田块尺度的表征效果却较差，这两个尺度的 ET 受其他因素的影响较大。

表 3-18　夏玉米生育期叶片、植株、田块和农田小时水平 ET 的各变量决定系数和对回归方程 R^2 的贡献分析

尺度	变量	决定系数				对 R^2 贡献
		R_n	T_a	VPD	u	
T_r	R_n	0.204	0.097	0.227	-0.039	0.346
	T_a		0.029	0.105	-0.050	0.105
	VPD			0.148	-0.076	0.276
	u				0.209	0.127
	误差项 e	0.146				
T_p	R_n	0.399	-0.002	-0.071	0.042	0.383
	T_a		0.000	0.000	-0.001	-0.001
	VPD			0.007	-0.013	-0.034
	u				0.119	0.133
	误差项 e	0.519				
ET_b	R_n	0.152	0.205	0.056	-0.004	0.281
	T_a		0.170	0.073	-0.013	0.302
	VPD			0.012	-0.002	0.075
	u				0.002	-0.007
	误差项 e	0.349				
ET_f	R_n	0.551	0.077	0.203	-0.011	0.686
	T_a		0.007	0.027	-0.004	0.057
	VPD			0.044	-0.007	0.155
	u				0.006	-0.005
	误差项 e	0.107				

3.7 小　　结

本章以华北平原冬小麦和夏玉米作物以及白洋淀湿地植被为研究对象，在对作物叶片、植株、田块、农田和区域（灌区）尺度实测的 ET 数据资料进行系统分析的基础上，详细描述了各种典型作物不同时空尺度下的 ET 变化规律与主要特征，明确了 ET 尺度效应，并借助通径分析方法识别了影响 ET 尺度效应的主控因子，获得的主要结论如下。

1）在叶片和植株尺度蒸腾变化规律方面，水分状况和太阳辐射对蒸腾的影响较大，随着灌水量增加，叶片含水率增大，叶片蒸腾加强；在同一植株的阳叶和阴叶之间，以及冠层不同部位之间的叶片蒸腾也存在一定差异。当从叶片上升为植株尺度时，不同植株之间的茎液流同样受太阳辐射的影响较大，在水分充足下，植株茎秆表现为收缩幅度小、复原能力强的特点。

2）在田块、农田、区域（灌区）尺度 ET 变化规律方面，ET 呈现出作物生育旺期较大而生育前后期较小的季节性变化特征，田块之间因灌水量不同导致的蒸散发量及其组分之间存在一定差异，且在大气不稳定且较为均一的下垫面条件下，不同空间尺度 ET 之间的差异较小。

3）在叶片、植株、田块、农田和区域（灌区）尺度 ET 尺度效应方面，在作物充分供水条件下，微观尺度上处于生育旺期的叶片蒸腾较大，田块尺度上的 ET 次之，农田尺度上的 ET 最小，ET 尺度效应明显。在北京大兴试验站 2007～2009 年，冬小麦返青后典型日的田块尺度蒸散发量要比叶片尺度分别小 20.0%、40.8% 和 37.2%；农田尺度要比田块尺度分别小 26.4%、17.3% 和 49.8%，整个生育期的农田尺度平均蒸散发量比田块尺度分别小 30.5%、11.9% 和 23.0%；在 2008～2010 年，夏玉米生育期典型日的田块尺度蒸散发量要比叶片尺度分别小 39.8%、25.3% 和 33.3%、农田尺度要比田块尺度分别小 13.3%、3.5% 和 4.3%，整个生育期的农田尺度平均蒸散发量比田块尺度分别小 16.3%、10.0% 和 15.7%。叶片间的生理活性、叶倾角、方位角和光照等作物生理差异，植株间的叶面积、茎粗、株高等作物形态差异，田块间的作物类型、水肥气热、作物密度、垄沟分布等农作栽培差异，农田间的作物类型、水肥气热、作物密度、垄沟分布、灌排工程布局以及道路、村庄、林木等农作栽培与工程布局差异，是造成 ET 尺度效应的主要影响因素。

4）在多尺度 ET 主控影响因子识别方面，影响 ET 的主要气象因子是净辐射 R_n、饱和水汽压差 VPD 和气温 T_a，而影响 ET 的主要作物因子则包括叶面积指数 LAI 或作物株高 h，且不同生育时段和不同空间尺度的 ET 对这些影响因子的响应程度有所差异。

第4章　不同尺度蒸散发估算方法

蒸散发估算方法与模型是基于水量和能量平衡等物质守恒基本规律，利用系统分析方法和计算机模拟技术，对不同尺度蒸散发过程及其与相关影响因子的动态关系进行定量描述和预测，具有较强的机理性、系统性和通用性，多尺度蒸散发估算方法与模型的建立及应用，使人们由定性地描述蒸散发规律向定量分析的趋势转变，加深了理论认识。

人们对不同尺度蒸散发的研究往往具有不同的目标。在小尺度水平上，一般关注叶片及植株的蒸腾机理过程及调控机制，而在大尺度水平上，则着重下垫面的不均一性对蒸散发的影响机制。在叶片、植株、田块和农田尺度上，现已有较为成熟的蒸散发观测方法，而在农业水管理及农业用水评价方面，则更多关注区域（灌区）尺度的蒸散发空间分布规律。由于大尺度蒸散发观测的成本高，且缺乏空间代表性，尚不能在大范围内得到推广应用，故需重点针对农田及区域（灌区）尺度建立相应的蒸散发估算方法与模型。

本章分别探讨基于双作物系数模型的农田尺度蒸散发估算方法和基于遥感反演模型的区域（灌区）尺度蒸散发估算方法，借助构建的分布式生态水文模型，采用陆面数据同化系统与生态水文模型和遥感数据相结合的模式，建立区域（灌区）尺度蒸散发估算方法。

4.1　基于双作物系数模型的农田尺度蒸散发估算方法

农田尺度常用的ET估算方法主要包括直接估算ET的一步法（包括单源P-M模型、双源S-W模型和多源模型等）和通过参考作物蒸散发间接估算ET的两步法（包括作物系数法等）。其中，由FAO推荐的双作物系数法可以有效地区分植被蒸腾和土壤蒸发（Allen et al.，1998），其计算简便，已被广泛应用于不同气候、不同灌溉方式下的多种植被ET估算（Pereira et al.，1999；Hunsaker et al.，2005；Rolim et al.，2006）。为此，以北京大兴试验站观测数据为依据，对构建的双作物系数模型进行率定和验证，用于估算华北地区农田尺度蒸散发量。

4.1.1　模型基本原理

双作物系数法由Allen等（1998）提出，可以分别模拟土壤蒸发和植被蒸腾，进而计算得到农田尺度蒸散发：

$$\mathrm{ET} = (K_s K_{cb} + K_e)\mathrm{ET}_0 \tag{4-1}$$

式中，ET 为蒸散发（mm/d）；ET_0为参考作物蒸散发量（mm/d）；K_{cb}、K_e和 K_s分别为基础作物系数、土面蒸发系数和水分胁迫系数，且 $K_sK_{cb}+K_e= K_c$是综合作物系数。

在此基础上，土面蒸发系数 K_e被分为两部分：一是由灌水引起的土面蒸发系数 K_{ei}；二是仅由降水引起的土面蒸发系数 K_{ep}。再根据作物高度、土壤水分消耗系数 p 等计算得到 K_{cb}后，作物根区土壤水量平衡等式如下：

$$D_{r,i} = D_{r,i-1} - (P_i - \mathrm{RO}_i) - I_i - \mathrm{CR}_i + K_c\mathrm{ET}_{0,i} + \mathrm{DP}_i \tag{4-2}$$

式中，$D_{r,i}$为第 i 天末根区累积蒸发（消耗）深度（mm）；$D_{r,i-1}$为第 i-1 天末根区累积蒸发（消耗）深度（mm）；P_i为第 i 天降水量（mm）；RO_i为第 i 天降水形成的地表径流量（mm）；I_i为第 i 天渗入土壤的灌水量（mm）；CR_i为第 i 天地下水上升高度（mm）；$\mathrm{ET}_{0,i}$为第 i 天的参考作物蒸散发量（mm）；DP_i为第 i 天由于深层渗漏产生的根区水量损失（mm）。

双作物系数模型（SIMDualKc model）（Allen et al.，2005a）是以上述双作物系数法为理论依据开发出的土壤水量平衡模拟软件，包括三个等级结构：用户绘图界面（GUI）、数学模型、数据库。其中，数据库储存的信息有土壤参数、作物参数、地表覆盖特征、径流参数、气象数据、灌溉系统特点等。该模型已在葡萄牙、地中海沿岸以及中亚一些地区得以验证。双作物系数模型计算 ET 及模拟土壤水量平衡过程的步骤如下（Rosa et al.，2012）。

1）数据获取，包括土壤特性、气象、作物、径流、覆盖物、地面覆盖以及灌溉系统数据等；

2）基础作物系数 K_{cb}计算，根据当地气象条件和作物种植密度等修正所选定的表中的 K_{cb}值，并根据作物生长阶段计算生育期内每日 K_{cb}值；

3）土面蒸发系数 K_e计算，包括土壤覆盖度 f_c、土壤湿润度 f_w、裸露的湿润土壤比 f_{ew}、蒸发递减系数 K_r以及水分胁迫系数 K_s；

4）计算日蒸散发 ET 和土壤水量消耗。

在利用双作物系数模型开展模拟中，需要输入的数据如下。

1）气象数据：最高和最低空气温度 T_{max}和 T_{min}（℃）、日最小相对湿度 RH_{min}（%）、2 m 高度处风速 u_2（m/s）、参考作物蒸散发量 ET_0（mm）、有效降水量 P_e（mm）等。

2）作物数据：种植日期、作物生长阶段天数 L（d）、各生长阶段的基础作物系数 K_{cb}、作物根区深度 Z_r（m）、最大株高 h_{max}（m）、无水分胁迫下各生长阶段的土壤耗水量 θ（m^3/m^3）以及根据覆盖度修正的 K_{cb}值。

3）土壤数据：易被蒸发水量 REW（mm）、总蒸发水量 TEW（mm）、总有效水量 TAW（mm）。

4）灌溉数据：灌溉系统类型、灌溉选项（无灌溉、当前灌溉制度，可评价给定的灌溉制度，每次灌水事件允许的最大灌水深度）。

4.1.2 模型率定与验证

为了验证双作物系数模型在华北平原典型农田尺度上的适用性，选取大兴试验站实测数据对该模型进行率定和验证。模型的率定期和验证期分别为 2007 年 10 月 ~2008 年 9 月和 2008 年 10 月 ~2009 年 9 月，各包含一个完整的冬小麦与夏玉米轮作生长季节。率定和验证模型所需要的主要观测数据包括由 Trime 土壤水分仪实测的土壤含水率和由涡度协方差系统实测的 ET 数据。大兴试验站的基本情况及数据测定方法详见 2.2.1 节。此外，采用模拟结果与实测值间的线性拟合回归斜率 a 和截距 b、平均绝对误差 MAE、平均相对误差 MRE、均方根误差 Rmse、均值标准误差 Bias、确定性系数 R^2、效率指数 ε、一致性指数 d 等指标（Legates and Mccade，1999；邱扬，2001），评价双作物系数模型的估算精度和效果。

表 4-1 给出了双作物系数模型参数的初始值及率定值，图 4-1、图 4-2 和表 4-2 分别给出了模型率定和验证的结果及其误差统计结果，其中 θ_{FC} 与 θ_{WP} 分别为田间持水率和凋萎含水率 。可以看出，模拟的土壤含水率与实测值之间的拟合度较高，其中 $b=0.99$ 和 $R^2=0.87$，两者间的误差较小，Rmse = 0.01m^3/m^3，MAE = 0.01m^3/m^3。此外，ε 和 d 分别为 0.90 和 0.97，这说明该模型可准确地预测土壤含水率。同时，模拟的 ET 与实测值间的拟合状况也较高，其中 $b=0.96$，$R^2=0.83$，Rmse = 0.58mm/d，MAE = 0.49mm/d，$\varepsilon=0.88$，$d=0.96$，该模型预测的 ET 精度也较高。综上所述，双作物系数模型可以较为准确地模拟我国华北地区冬小麦和夏玉米生长期内的土壤含水率和蒸散发，具有较好的适用性。

表 4-1 双作物系数模型参数的初始值及率定值

参数类型	参数名称	冬小麦生长季		夏玉米生长季	
		初始值	率定值	初始值	率定值
植被	$K_{cb\ ini}$	0.15	0.25	0.15	0.15
	$K_{cb\ off}$	0.25	0.25	—	—
	$K_{cb\ mid}$	1.10	1.15	1.15	1.15
	$K_{cb\ end}$	0.30	0.30	0.50	0.45
土壤水	P_{ini}	0.55	0.60	0.55	0.55
	P_{dev}	0.55	0.60	0.55	0.55
	P_{mid}	0.55	0.60	0.55	0.55
	P_{end}	0.55	0.60	0.55	0.55
土壤蒸发	REW/mm	8	12	8	12
	TEW/mm	28	45	28	45
	Z_e/m	0.10	0.15	0.10	0.15
深层渗漏	a_p	360	355	360	355
	b_p	-0.0173	-0.0173	-0.0173	-0.0173

注：ini、dev、mid、end、off 分别为生育初期、快速生长期、生育中期、生育后期、冻土期。

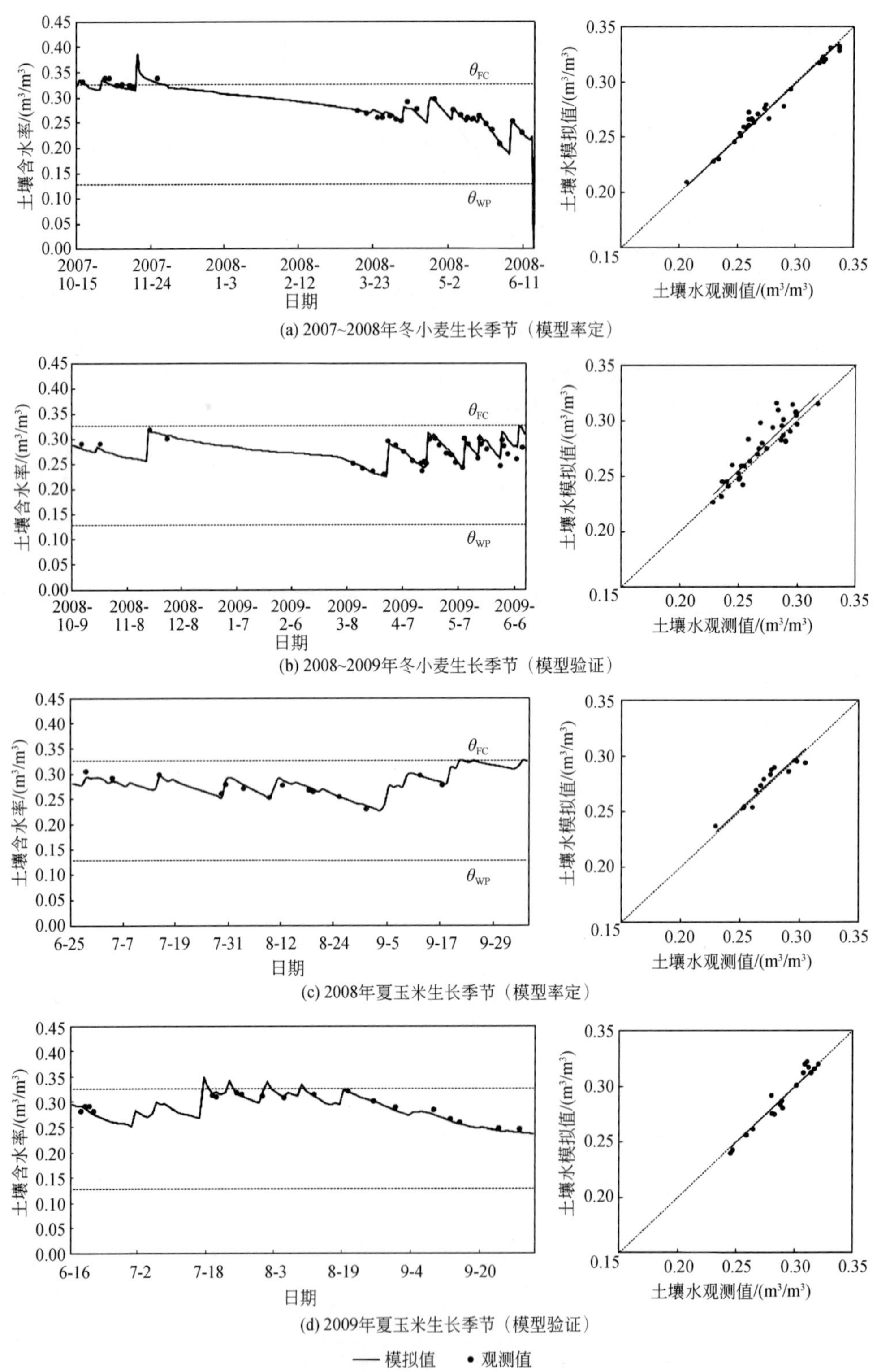

图 4-1　基于双作物系数模型估算的土壤水含率与田间实测值的对比

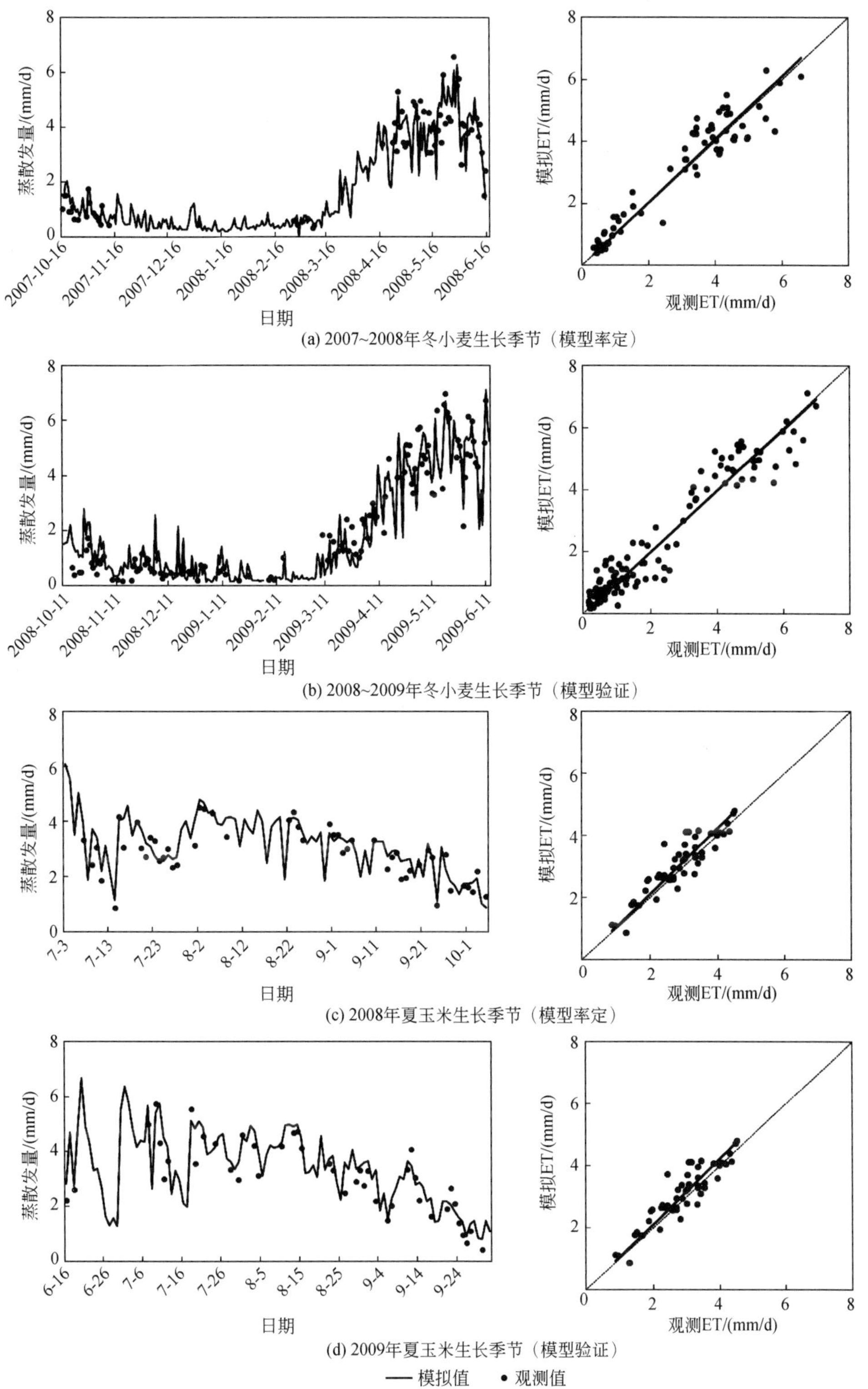

(a) 2007~2008年冬小麦生长季节（模型率定）

(b) 2008~2009年冬小麦生长季节（模型验证）

(c) 2008年夏玉米生长季节（模型率定）

(d) 2009年夏玉米生长季节（模型验证）

图 4-2 基于双作物系数模型估算的蒸散发与田间实测值的对比

表 4-2 双作物系数模型估算的土壤含水率及蒸散发与田间实测值间的误差统计结果

生长季节	时间	模拟的变量	b	R^2	Rmse	MAE	ε	d
冬小麦	2007～2008 年（率定）	土壤含水率 θ/(m^3/m^3)	0.98	0.70	0.02	0.01	0.75	0.92
		蒸散发 ET/(mm/d)	0.97	0.85	0.68	0.55	0.80	0.96
	2008～2009 年（验证）	土壤含水率 θ/(m^3/m^3)	1.03	0.80	0.01	0.10	0.66	0.92
		蒸散发 ET/(mm/d)	0.88	0.85	0.72	0.57	0.82	0.95
夏玉米	2008 年（率定）	土壤含水率 θ/(m^3/m^3)	1.02	0.81	0.014	0.01	0.77	0.90
		蒸散发 ET/(mm/d)	0.94	0.91	0.40	0.34	0.89	0.97
	2009 年（验证）	土壤含水率 θ/(m^3/m^3)	0.99	0.95	0.006	0.005	0.93	0.98
		蒸散发 ET/(mm/d)	0.95	0.75	0.56	0.40	0.83	0.94

4.1.3 农田尺度 ET 组分估算

由于双作物系数法可以有效地推求棵间蒸发 E 和作物蒸腾 T，因而可根据该模型得到农田尺度 ET 各组分的变化过程以及 E/ET 占比的变化情况。从图 4-3 和表 4-3 显示的结果中可以看出，冬小麦各生育阶段内的棵间蒸发量 E 和作物蒸腾量 T 在 2007～2009 年的变化趋势基本保持一致。其中 E 值在作物初期最大，但随着作物生长，叶面积指数增大，棵间蒸发逐渐减小，后期又有所上升；作物蒸腾变化过程与棵间蒸发相反，T 值在作物中期生长最旺盛时达到最大值，随后也有所下降。同时，两年内的夏玉米作物蒸腾量变化规律也保持一致，作物生长初期的平均蒸腾量为 1mm/d，快速生长期的 T 值又迅速增加，至作物生育中期达到最大值 2.6～2.8mm/d，在生育后期又迅速减小，一般为 1.1～1.4mm/d。此外，夏玉米生长期的棵间蒸发变化规律恰与作物蒸腾相反，初期的 E 值最大，占同期 ET 比例为 70% 左右，生育中期降至最小，E/ET 占比不足 20%，但在后期又略有上升。

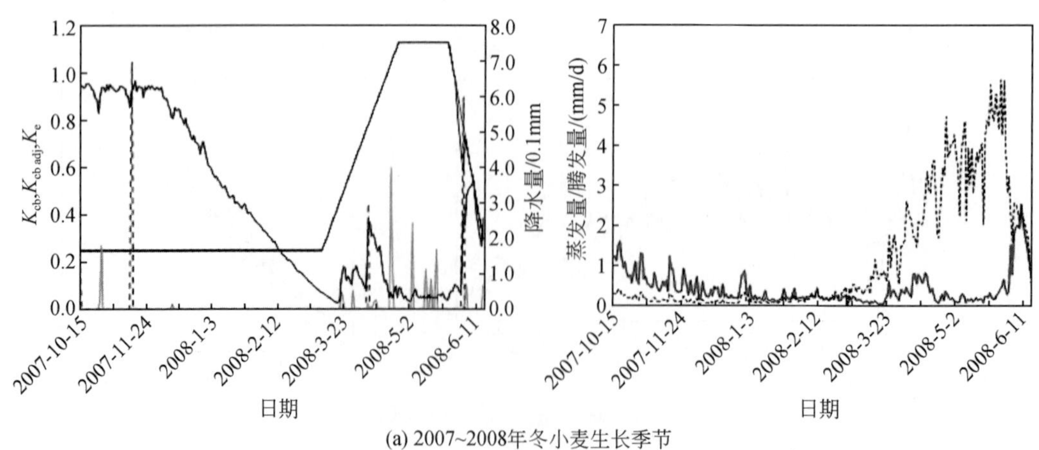

(a) 2007~2008年冬小麦生长季节

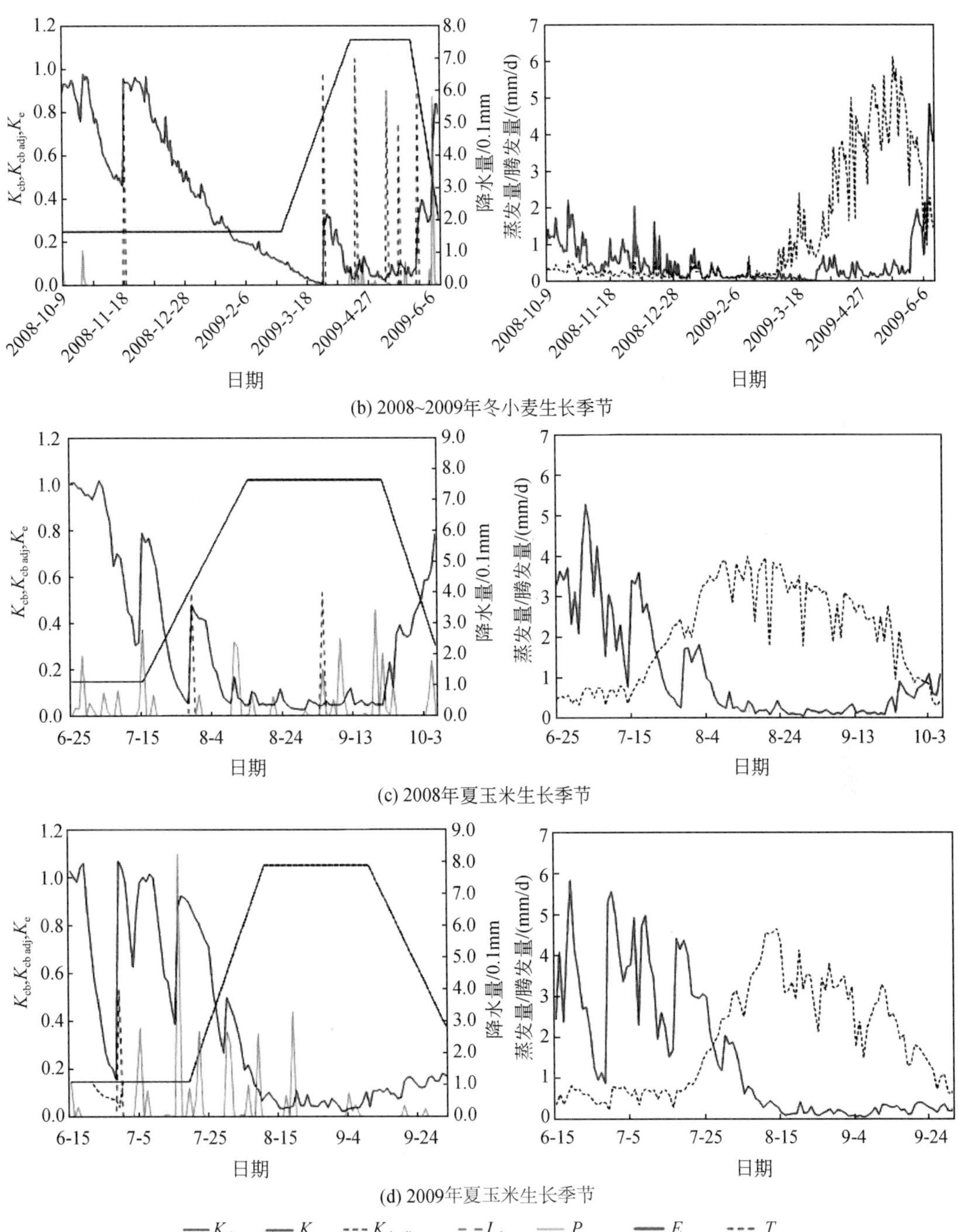

图 4-3 基于双作物系数模型估算的 K_e、K_{cb}、$K_{cb\ adj}$ 以及蒸腾量 T 和棵间蒸发量 E 的日变化过程

表 4-3　双作物系数模型估算的冬小麦和夏玉米各生育阶段内的 ET 组分变化

生长季节	时间	ET 组分	作物生长阶段				
			初期	冻土期	快速生长期	中期	后期
冬小麦	2007 ~ 2008 年	E/(mm/d)	0.75	0.06	0.31	0.14	0.61
		T/(mm/d)	0.12	0.26	1.49	3.64	3.38
		(E/ET)/%	86.2	18.8	17.2	3.7	15.3
	2008 ~ 2009 年	E/(mm/d)	0.83	0.11	0.13	0.16	1.34
		T/(mm/d)	0.15	0.45	1.90	4.41	3.38
		(E/ET)/%	84.7	19.6	6.4	3.5	28.4
夏玉米	2008 年	E/(mm/d)	2.13	—	1.50	0.52	0.81
		T/(mm/d)	0.90	—	2.35	2.61	1.10
		(E/ET)/%	70.3	—	39.0	16.5	42.3
	2009 年	E/(mm/d)	2.37	—	1.49	0.31	0.16
		T/(mm/d)	1.10	—	1.61	2.83	1.44
		(E/ET)/%	68.3	—	48.0	10.0	10.0

4.2　基于遥感反演模型的区域（灌区）尺度蒸散发估算方法

在进行区域（灌区）尺度蒸散发估算时，可通过卫星搭载的传感器反演得到地表参数，并对传统的蒸散发估算方法加以改进，构建适用于区域（灌区）尺度蒸散发估算的遥感蒸散发模型。基于卫星遥感估算区域蒸散发的方法，实质上是对能量平衡原理和空气动力学理论的一个扩展（Kustas and Norman，1996）。目前，遥感蒸散发估算模型已从简单的经验模型发展到基于能量平衡的单层模型、双层模型乃至多层模型，愈趋详细地考虑了植被、土壤与大气界面之间的相互作用过程（French et al.，2005）。由于下垫面的复杂性和地表作物的多样性，不同遥感蒸散发模型可能具有不同的适用性。为此，以山东位山试验站观测数据为基础，探求基于遥感反演模型的区域（灌区）尺度蒸散发估算方法。

4.2.1　模型构建

基于能量平衡原理的遥感蒸散发估算模型是以地表能量平衡原理为基础，在不考虑水平能量输送的情况下，地表能量平衡关系可表达为

$$R_n - G = \lambda \mathrm{ET} + H + P + S \tag{4-3}$$

式中，R_n为净辐射通量（W/m^2）；G 为土壤热通量（W/m^2）；H 为显热通量（W/m^2）；λET 为潜热通量（W/m^2）；P 为光合作用和呼吸作用消耗的能量（W/m^2），通常占比很小，一般可忽略；S 为冠层储热（W/m^2），对低矮的草地或农作物而言，可忽略不计。

故局地能量平衡方程可被简化为

$$R_n - G = \lambda ET + H \tag{4-4}$$

式（4-4）中的 R_n 可由太阳入射角、地表反照率、地表比辐射率、地表温度和大气下行辐射等参数确定，G 通常被表达为 R_n 和下垫面特征参数如叶面积指数 LAI 以及植被覆盖度的经验关系，地表反照率、地表发射率、LAI 以及覆盖度等也可通过遥感等方法获取。因此，基于能量平衡的遥感模型的核心是如何确定 H 与 λET，其分别来自植被与土壤，据此可将基于能量平衡原理的遥感蒸散发估算模型分为单层模型和双层模型（图 4-4）。

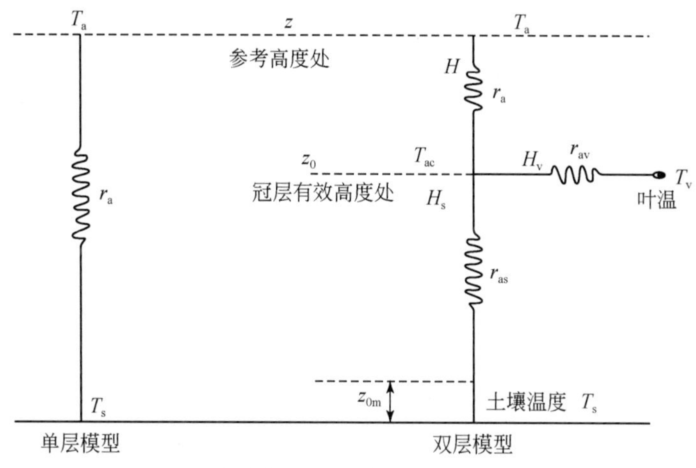

图 4-4　单层模型和双层模型的阻抗网格构成

4.2.1.1　单层模型

在单层模型中不考虑区分土壤和植被，将地表视为一张大叶与外界进行水分和能量交换，故称为“大叶模型”，该模型的基本算法是

$$H = \rho \cdot C_p \cdot \frac{T_s - T_a}{r_a} \tag{4-5}$$

$$\lambda ET = \frac{\rho \cdot C_p}{\gamma} \cdot \frac{e_s - e_a}{r_a + r_s} \tag{4-6}$$

式中，T_a 为参考高度处的气温（K）；T_s 为地表温度（K）；ρ 为空气密度（kg/m^3）；C_p 为空气定压比热［J/(kg·℃)］；γ 为干湿球常数（℃$^{-1}$）；e_a 和 e_s 分别为参考高度处和地表的水汽压（hPa）；r_s 为表面水汽扩散阻抗，即表面阻抗（s/m）；r_a 为空气动力学阻抗（s/m）（假设对热量和水汽输送相同）。

表面阻抗 r_s 一般采用冠层气孔阻抗近似计算，由于土壤表面蒸发阻力在水分不饱和状态下不能忽略，故表面阻抗在水分不足和表面不均匀时会复杂到难以准确给予描述。为了避免表面阻抗不确定性带来的误差，一般用余项法间接计算蒸散发。该法的思路是，用地-气温度梯度和空气动力学阻抗计算式（4-5）中的显热通量，然后将潜热通量作为能量平衡公式中的剩余项求得。余项法的关键是显热通量的计算精度要高，同时又可用观测或简单的方法确定地表净辐射和土壤热通量。很多研究表明地表反照率和净辐射可由遥感方法计算，土壤热通量可以参数化为植被覆盖率和净辐射的函数，而遥感表面温度结合地面观测气温可用来计算显热通量，故利用单层模型和余项法计算蒸散发是比较容易实现的。目前单层模型的典型代表有 SEBAL 模型（Bastiaanssen et al.，1998）、SEBS 模型（Su，2002）、METRIC 模型（Allen et al.，2007）等，其中 SEBS 模型的应用较为广泛。

SEBS（surface energy balance system）模型是 Su 在 2002 年提出的基于能量平衡原理的单层模型，该模型通过引入剩余阻抗的概念描述植被冠层和地表间热量及动量粗糙长度间的差异。SEBS 模型包含以下 4 个模块：①基于遥感空间反照率和辐射率的地表物理参数反演；②热量粗糙长度计算；③显热通量计算；④潜热通量计算。

在热量粗糙长度计算中，SEBS 模型借鉴了 kB^{-1} 系数的概念：

$$z_{0h} = z_{0m}/\exp(kB^{-1}) \tag{4-7}$$

式中，z_{0h} 为热量粗糙长度（m）；z_{0m} 为动量粗糙长度（m）；B^{-1} 为无量纲的热量传输系数；k 为卡曼常数，$k=0.41$。

在 kB^{-1} 系数计算中，SEBS 模型综合考虑了 Brutsaert 提出的裸地条件下的 kB^{-1} 计算公式以及 Choudhury 提出的完全植被覆盖条件下的 kB^{-1} 计算公式，提出了基于部分植被覆盖的混合像元条件下 kB^{-1} 计算公式：

$$kB^{-1} = \frac{kC_d}{4C_t[u_*/u(h)](1-e^{-n_{ec}/2})}f_c^2 + 2f_cf_s\frac{k[u_*/u(h)][z_{0m}/h]}{C_t^*} + kB_s^{-1}f_s^2 \tag{4-8}$$

式中，f_c 为植被覆盖度；$f_s=1-f_c$ 为裸土覆盖度；C_d 为叶片拖曳系数，通常取 0.2；$u(h)$ 为冠层顶部风速（m/s）；h 为冠层高度（m）；u_* 为摩擦速度（m/s）；C_t 为无量纲的叶片热量传输系数，在绝大多数冠层和自然条件下，C_t 取值范围［0.005N，0.075N］，其中 N 值代表植被叶片有几面参与热量交换，通常取值为 1 或 2；C_t^* 为无量纲的土壤热量传输系数，$C_t^*=Pr^{-2/3}Re_*^{-1/2}$，其中 Pr 是普朗特数，Re_* 是粗糙度雷诺数，$Re_*=h_su_*/v$，其中 h_s 是土壤粗糙长度，v 是大气运动黏度；n_{ec} 为冠层风速剖面衰减系数。

$$n_{ec} = \frac{C_d \mathrm{LAI}}{2u_*^2/u(h)^2} \tag{4-9}$$

式（4-8）中的 3 个分项依次为完全植被覆盖条件下、植被覆盖和裸地部分覆盖并相互作用条件下，以及裸地条件下的 kB^{-1} 系数，其中裸地条件下的 kB^{-1} 系数计算公式为

$$kB_s^{-1} = 2.46(Re_*)^{1/4} - \ln 7.4 \tag{4-10}$$

根据遥感数据反演得到地表参数求出动量粗糙长度和热量粗糙长度后，显热通量值可以通过大气边界层、行星边界层及大气地面层之间的莫宁-奥布霍夫相似理论进行计算。在大气地面层，风速和温度在垂直方向的剖面计算公式为

$$u = \frac{u_*}{k}\left[\ln\left(\frac{z-d_0}{z_{0m}}\right) - \Psi_m\left(\frac{z-d_0}{L}\right) + \Psi_m\left(\frac{z_{0m}}{L}\right)\right] \tag{4-11}$$

$$\theta_0 - \theta_a = \frac{H}{ku_*\rho C_p}\left[\ln\left(\frac{z-d_0}{z_{0h}}\right) - \Psi_h\left(\frac{z-d_0}{L}\right) + \Psi_h\left(\frac{z_{0h}}{L}\right)\right] \tag{4-12}$$

式中，z 为参考高度（m）；d_0 为零平面位移（m）；θ_0 和 θ_a 分别为地表和参考高度处的位温

(K)；Ψ_{m}和 Ψ_{h}分别为动量和热量稳定度校正函数；L 为奥布霍夫长度（m）。

$$L = \frac{\rho C_{\mathrm{p}} u_{*}^{3} \theta_{\mathrm{v}}}{kgH} \tag{4-13}$$

式中，g 为重力加速度（$\mathrm{m/s^2}$）；θ_{v}为近地表虚位温（K）。

式（4-11）~式（4-13）中，未知量是 H、u_* 和 L，其他参数均可以通过气象观测数据或遥感数据得到。因此，只要联立求解上述三个方程，并进行迭代计算，即可求出显热通量 H。

在求出显热通量后，可根据极干和极湿两种极限条件下的能量平衡方程确定出相对蒸发比，进而得到地表潜热通量 λET。根据地表能量平衡原理，在干限条件下，地表干燥，土壤水分亏缺，受水分供应限制，潜热通量（即蒸散发）约为零，这时的显热通量达到最大值。

$$\lambda \mathrm{ET}_{\mathrm{dry}} = R_{\mathrm{n}} - G - H_{\mathrm{dry}} \equiv 0 \tag{4-14}$$

式中，H_{dry}和 $\lambda \mathrm{ET}_{\mathrm{dry}}$分别为干限条件下的显热通量和潜热通量。

在湿限条件下，地表湿润，土壤水分供应充分，潜热通量达到最大值，显热通量则为最小值。

$$\lambda \mathrm{ET}_{\mathrm{wet}} = R_{\mathrm{n}} - G - H_{\mathrm{wet}} \tag{4-15}$$

式中，H_{wet}和 $\lambda \mathrm{ET}_{\mathrm{wet}}$分别为湿限条件下的显热通量和潜热通量。

相对蒸发比 Λ_{r}被定义为实际潜热通量与湿限条件下潜热通量的比值：

$$\Lambda_{\mathrm{r}} = \frac{\lambda \mathrm{ET}}{\lambda \mathrm{ET}_{\mathrm{wet}}} = 1 - \frac{\lambda \mathrm{ET}_{\mathrm{wet}} - \lambda \mathrm{ET}}{\lambda \mathrm{ET}_{\mathrm{wet}}} = 1 - \frac{H - H_{\mathrm{wet}}}{H_{\mathrm{dry}} - H_{\mathrm{wet}}} \tag{4-16}$$

根据式（4-16），定义蒸发比 EF 为潜热通量与有效能量的比值：

$$\mathrm{EF} = \frac{\lambda \mathrm{ET}}{R_{\mathrm{n}} - G} = \frac{\Lambda_{\mathrm{r}} \cdot \lambda \mathrm{ET}_{\mathrm{wet}}}{R_{\mathrm{n}} - G} \tag{4-17}$$

在获得 EF 后，即可求得地表潜热通量 λET：

$$\lambda \mathrm{ET} = \mathrm{EF} \cdot (R_{\mathrm{n}} - G) \tag{4-18}$$

4.2.1.2 双层模型

利用卫星遥感监测 ET 的双层模型基本原理与单层模型一样，都是基于能量平衡余项法，即首先利用遥感反演地面反照率和地表温度，再求得地表可利用能量 $R_{\mathrm{n}}-G$，随后通过推算显热通量 H，最终利用能量平衡方程计算潜热通量 λET。

与单层模型相比，双层模型在模型机理上考虑了土壤对能量通量的贡献，分别建立了土壤表层和植被的能量平衡方程式。双层模型假设在非平流条件下，利用遥感反演的地表特征参数结合必要的气象辅助数据，可将能量平衡四个分量（净辐射、土壤热通量、潜热通量和显热通量）中的后三个分量对土壤和植被分别给予考虑。基于以上能量平衡原理，近 20 年来国内外先后提出多种双层模型，其复杂程度各有不同，从经典的双层模型到简化的双层模型，再到以分解组分温度为关键技术的双层模型等。经过试验数据验证，双层模型在稀疏植被覆盖区域或干旱半干旱地区都取得了较为理想的模拟结果。

经典的双层模型由 Shuttleworth 和 Wallace（1985）提出，后来由 Shuttleworth 等（1989）对该模型进行了修正，其基本思路是将水汽和热量互相叠加，底层的水和热量只能通过顶层离开或进入，整个冠层发散的总显热通量是各层显热通量之和。

$$H = H_s + H_v = \rho C_p \frac{T_0 - T_a}{r_a} \tag{4-19}$$

$$H_s = \rho C_p \frac{T_s - T_0}{r_{as}} \tag{4-20}$$

$$H_v = \rho C_p \frac{T_v - T_0}{r_{av}} \tag{4-21}$$

式中，H_s和 H_v分别为土壤和植被的显热通量（W/m^2）；T_0 为冠层（d_0+z_{0m}）高度的空气动力学温度（K）；T_s和 T_v分别为土壤和植被的温度（K）；r_{as}为土壤与热源汇高度之间的空气动力学阻抗（s/m）；r_{av}为整个植被层的边界层阻抗（s/m）。

冠层总潜热通量同样可用类似的方法分解为土壤和植被两个部分。

$$\lambda ET = \lambda ET_s + \lambda ET_v = \frac{\rho C_p}{\gamma} \frac{e_0 - e_a}{r_a + r_s} \tag{4-22}$$

$$\lambda ET_s = \frac{\rho C_p}{\gamma} \frac{e(T_s) - e_0}{r_{ss} + r_{as}} \tag{4-23}$$

$$\lambda ET_v = \frac{\rho C_p}{\gamma} \frac{e^*(T_v) - e_0}{r_{sv} + r_{av}} \tag{4-24}$$

式中，λET_s和 λET_v分别为土壤和植被的潜热通量（W/m^2）；$e(T_s)$ 和 $e^*(T_v)$ 分别为土壤表面和叶片表面的水汽压（hPa）；e_0 为饱和水汽压（hPa）；r_{ss}为土壤表面水汽扩散阻抗（s/m）；r_{sv}为冠层的气孔阻抗（s/m）。

对冠层和土壤的水汽压，一般假设气孔腔内的水汽在温度 T_v下是饱和的，因此冠层的饱和水汽压为

$$e^*(T_v) = 0.611\exp\left[\frac{17.27(T_v - 273.2)}{T_v - 35.86}\right] \tag{4-25}$$

土壤表面湿度 $e(T_s)$ 与土壤表面温度和土壤含水量有关：

$$e(T_s) = e_s^* \exp\left(\frac{g\psi_s}{R'T_s}\right) \tag{4-26}$$

冠层阻抗 r_{sv}是叶片气孔阻抗 r_{sv0}在整个冠层上的积分，通过 LAI 可将叶片气孔阻抗扩散到冠层水平：

$$r_{sv} = r_{sv0} \frac{0.5LAI + 1}{LAI} \tag{4-27}$$

在叶面积较大时，下层叶片的气孔导度处于光限制状态，故实际的平均气孔导度（气孔阻抗倒数）与叶面积指数间的关系并非如此简单。叶片气孔导度受太阳辐射强度、饱和水汽压差、气温以及土壤水分等影响，气孔开度对环境因子变化的响应机制很复杂。若存在光照以外的胁迫因子，如不适宜的土壤水分、水汽压梯度、叶片温度等，气孔行为将会变得难以预测，另外作物生理本身对气孔行为也有重要影响。因此，目前对气孔阻抗的模

拟也多采用简单的半经验公式，其中考虑光合有效辐射、饱和水汽压差、土壤有效含水率、气温等因素的影响。

$$r_{sv} = \frac{r_{sv\min}}{LAI}\frac{1}{f_1(VPD)f_2(T_a)f_3(R_n)f_4(\theta)} \tag{4-28}$$

式中，$r_{sv\min}$为叶片最小气孔阻力（s/m）；f_1（VPD）、f_2（T_a）、f_3（R_n）、f_4（θ）分别为水汽压差、气温、辐射以及土壤水分的胁迫函数，取值在 0 ~ 1。

土壤蒸发阻抗 r_{ss}对土壤表面蒸发通量的精确估计相当关键。在不饱和状态下，土壤蒸发的水汽源位于土壤表层之下，而水汽源之上的干土层厚度则会限制水汽扩散，所以 r_{ss}随土壤变干而逐渐增加。常采用土壤湿度拟合土壤表面阻抗：

$$r_{ss} = 3.5\left(\frac{\theta_{sat}}{\theta}\right)^{2.3} + 33.5 \tag{4-29}$$

式中，θ 和 θ_{sat}分别为土壤含水率和土壤饱和含水率（cm^3/cm^3）。

双层模型的基本方程有 4 个，若地表湿度未知，则有 6 个未知数（一般气孔阻抗都作为已知项处理），即 T_0、e_0、T_v、T_s、$e(T_s)$ 和 r_{ss}，多于方程个数，不能直接求解，需增加信息量或减少未知数的个数。若将双层模型与土壤水分流动和温度传导模型一起用于模拟，则 $e(T_s)$ 和 r_{ss}可从这些模型的输出得到，使未知数减少到 4 个。

从遥感角度考虑，有两种方法用来提供必要的信息以便求解上述方程组：其一是采用微波探测的土壤湿度所提供的 $e(T_s)$ 和 r_{ss}信息，难点在于微波与其他波段信息的融合，以及在植被干扰下如何分离土壤湿度信息，最好的方法是与土壤水热传输模型和植被生长模型同时适用；其二是利用多光谱或多角度热红外波段反演组分温度 T_v和 T_s。通常遥感辐射温度是植被和土壤组分表面温度的一个组合。

$$T_r(\theta) = (f(\theta)T_v^n + (1 - f(\theta))T_s^n)^{1/n} \tag{4-30}$$

式中，n 通常取 4；f（θ）为传感器观测角度下的植被覆盖率。

若能获得两个方向的辐射温度，则可根据式（4-30）进行组分温度分解，从而根据式（4-19）~式（4-21）计算得到显热通量。如果土壤湿度未知，且只有一个方向的辐射温度，则上述方程是不封闭的，此时多采用经验方法求解双层模型。常用的经验方法如下：一是根据观测数据建立组分温度、空气动力学温度以及气温和遥感表面温度之间的经验关系；二是利用基于某种假设下引入另一个方程或相似的模型退化。

4.2.2 遥感数据及地表植被参数化

采用的遥感数据源于 Terra 和 Aqua 卫星搭载的 MODIS 传感器观测的陆面产品，其中 Terra 卫星过境时间为 10：30 左右，Aqua 卫星过境时间为 13：30 左右。MODIS 传感器提供的空间分辨率为 250m ~ 1km，时间分辨率为逐日到 16 天平均的遥感产品（表 4-4）。以上产品介绍可参见 MODIS 网站（http://modis-land.gsfc.nasa.gov/），遥感数据可通过 NASA 数据平台下载（http://reverb.echo.nasa.gov/reverb/）。下载后的数据经坐标转换、重采样、质量控制、数据插补等预处理环节后，可得到最终的地表输入数据集。

表 4-4　SEBS 模型中的遥感反演地表参数

地表参数	遥感产品	空间分辨率	时间分辨率
α	MOD09GA/MYD09GA	500 m	每日
ε	MOD11A1/MYD11A1	1km	每日
NDVI	MOD09Q1/MYD09Q1	250 m	每日
NDVI	MOD13A2	1 km	16 天
LAI	MOD15A1	1 km	8 天
T_s	MOD11A1/MYD11A1	1 km	每日

MODIS 传感器提供 1km 分辨率 16 天合成的 NDVI 产品 MOD13A2，另外也可根据 250m 分辨率每日可见光波段的短波产品 MOD09Q1 反演的两个波段反射率进行计算。图 4-5是 2006 ~ 2008 年采用两种遥感数据反演得到的 NDVI 对比。其中，连续线表示 16 天合成产品插值到逐日，不连续点表示用每日短波产品反演得到的 NDVI 值，由于存在阴雨和云层干扰，该数据在时间上不连续，有较多空值点。从图 4-5 中还可看出，NDVI 的年际变化差异较大，由于 2006 年的降水量低于多年平均值，冬小麦生长季节内的 NDVI 值显著小于 2007 年和 2008 年。尽管存在年际间差异，但在相同年份内，采用 16 天合成的产品和每日产品间的差别不大，3 年的均值标准误差 Bias 值分别为 3.3%、1.7% 和 1.8%，确定性系数 R^2 分别为 0.90、0.70 和 0.85。由于 NDVI 主要反映作物的生长状态，随时间的变化比较平缓，故采用 MOD13A2 的 16 天合成数据并将其插值得到日值。

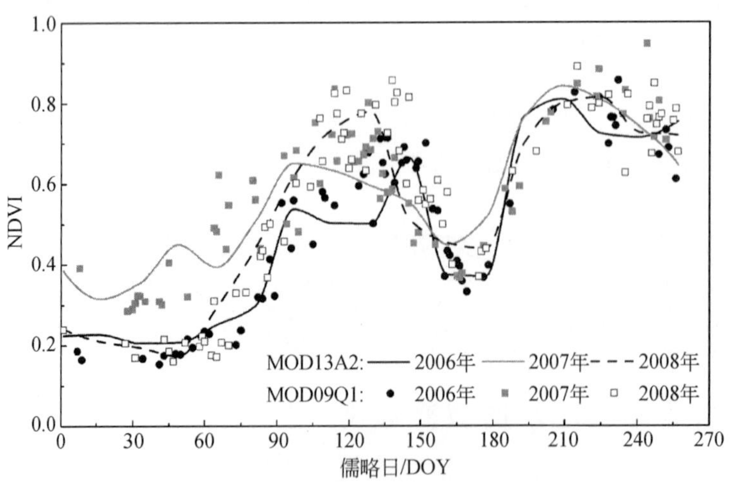

图 4-5　采用两种遥感产品反演的 NDVI 值对比

图 4-6 是 MODIS 产品提供的 8 天合成 LAI 产品（MOD15A1）与田间观测值间的对比，其中 2006 ~ 2007 年采用随机采样法观测，2008 年利用叶面积指数仪间接观测。可以看出，采用田间观测法得到的 LAI 年际变化不大，说明采用叶面积指数仪的间接观测方法的精度可以接受。此外，遥感产品严重低估了 LAI 值，3 年的均值标准误差 Bias 值分别为 −73.4%、−74.7% 和 −64.9%。遥感产品给出的 LAI 值，在冬小麦生长期内的最大值约为

1.5m^2/m^2，夏玉米生长期约为 2.0m^2/m^2，而当地冬小麦和夏玉米生长季节内的最大值分别为 6.5m^2/m^2 和 5.0m^2/m^2，遥感产品对比实际情况有着明显偏差。

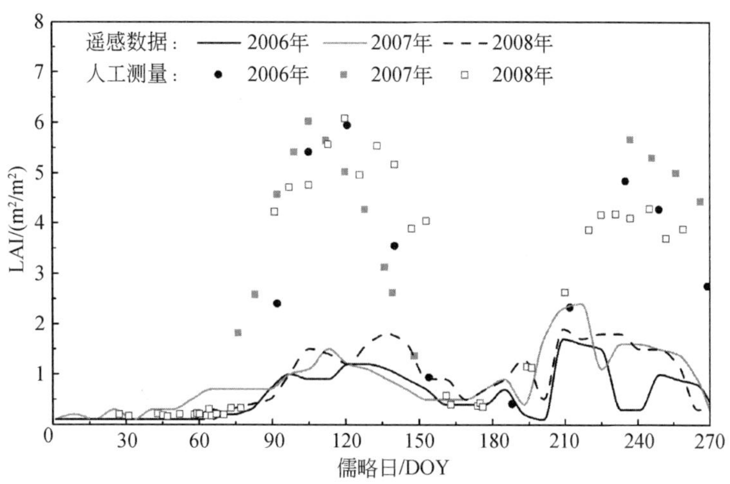

图 4-6　采用遥感产品反演和人工观测的 LAI 值对比

由于 LAI 人工观测值的采样频率较低，直接对其进行插值得到的结果可能与实际情况不符。为此，采用宽动幅植被指数（WDRVI）经验公式计算 LAI，经拟合，在冬小麦和夏玉米生长季节内的模拟确定性系数分别为 0.73 和 0.90。

$$\mathrm{WDRVI} = \frac{(\alpha + 1)\mathrm{NDVI} + (\alpha - 1)}{(\alpha - 1)\mathrm{NDVI} + (\alpha + 1)} \tag{4-31}$$

$$\mathrm{LAI} = \mathrm{LAI}_{\max} \frac{\mathrm{WDRVI} - \mathrm{WDRVI}_{\min}}{\mathrm{WDRVI}_{\max} - \mathrm{WDRVI}_{\min}} \tag{4-32}$$

式中，$\mathrm{WDRVI}_{\max}$和 $\mathrm{WDRVI}_{\min}$可根据式（4-31）中 NDVI 的最大值与最小值计算，其中小麦季和玉米季的 $\mathrm{NDVI}_{\max}$取值分别为 0.8523 和 0.9493，$\mathrm{NDVI}_{\min}$取值为 0.1111；α 为经验参数，取值为 0.2。

动量粗糙长度和零平面位移通常根据经验公式计算，Brustaert 给出简单的经验关系，认为动量粗糙长度和零平面位移仅与冠层高度有关。此处采用基于二阶闭合理论提出的参数化方案计算动量粗糙长度和零平面位移。

$$\begin{aligned} d_0 &= 1.1\ln(1 + X^{1/4}) \\ X &= C_d(\mathrm{LAI}) \end{aligned} \tag{4-33}$$

$$z_{0m} = \begin{cases} z_{0s} + 0.3hX^{1/2} & 0 \leqslant X \leqslant 0.2 \\ 0.3h(1 - d_0/h) & 0.2 < X < 1.5 \end{cases} \tag{4-34}$$

式中，h 为冠层高度（m）；C_d为叶片拖曳系数，通常取值为 0.2；z_{0s}为底层粗糙长度，对裸土通常取值 0.01。

净辐射 R_n的计算公式如下：

$$R_n = (1 - \alpha)R_{sd} + \varepsilon\sigma(\varepsilon_a T_a^4 - T_s^4) \tag{4-35}$$

式中，T_a和 T_s分别为空气和地表温度（K）；α 为地表反照率，无单位；R_{sd}为向下太阳短波辐射（W/m²）；σ 为玻尔兹曼常量，通常取值为 5.67×10^{-8} W/（m² · K⁴）；ε 为地表辐射率，无单位；ε_a 为大气辐射率。

$$\varepsilon_a = 1.24\,(e_a/T_a)^{1/7} \tag{4-36}$$

式中，e_a 为水汽压（hPa）。上述式中的地表参数 α、ε 以及 T_s 都可从遥感产品中的可见光波段和近红外波段反演得到。

土壤热通量的计算公式参考 Bastiaanssen（2000）公式计算：

$$G = T_s(0.0038 + 0.0074\alpha)(1 - 0.98\,\mathrm{NDVI}^4)R_n \tag{4-37}$$

地表反照率根据 MODIS 传感器从可见光到近红外共 7 个波段的数据，采用 Liang（2000）提出的公式进行反演：

$$\alpha = 0.160\alpha_1 + 0.291\alpha_2 + 0.243\alpha_3 + 0.116\alpha_4 + 0.112\alpha_5 + 0.081\alpha_7 - 0.0015 \tag{4-38}$$

式中，α_i（i=1 ~7）分别为 MODIS 1 ~7 波段的反射率，其中第 6 波段的噪声较大，没有考虑。

4.2.3 模型地面验证

通常采用大孔径激光闪烁仪观测数据开展区域（灌区）尺度遥感蒸散发估算模型的地面验证，但由于 2007 年该设备的观测数据不完整，故利用位山试验站当年的涡度协方差系统观测数据对单层和双层模型的反演结果进行验证。由于第 3 章分析结果已说明涡度协方差系统与大孔径激光闪烁仪观测结果之间具有较好的一致性，故可采用前者替代后者。在地面验证过程中，Terra 和 Aqua 卫星遥感数据分别采用 10：30 ~ 11：00 和 13：30 ~ 14：00 的平均值。

4.2.3.1 单层模型

图 4-7 和图 4-8 给出了基于 Terra 和 Aqua 卫星遥感数据的单层模型通量模拟结果，表 4-5 中列出了单层模型模拟结果的误差分析。可以看出，对于 Terra 卫星数据，净辐射模拟精度最高，均方根误差 Rmse = 20.23W/m²，而土壤热通量的 Rmse = 19.90W/m²，早期出现了负值，误差可能和土壤热通量板的安装和校正等有关。显热通量的模拟值略低于实测值，Rmse = 42.90W/m²，潜热通量的模拟值高于观测值，Rmse = 138.35W/m²。对于 Aqua 卫星数据，净辐射、土壤热通量、显热通量和潜热通量模拟值与实测值之间的 Rmse 值分别为 25.54W/m²、26.83W/m²、50.00W/m² 和 67.38W/m²。

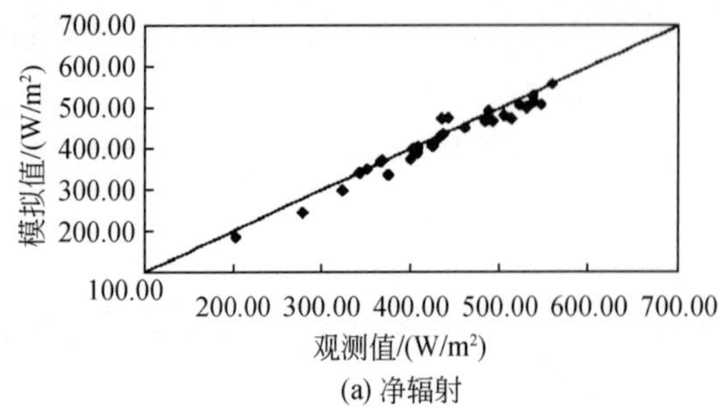

(a) 净辐射

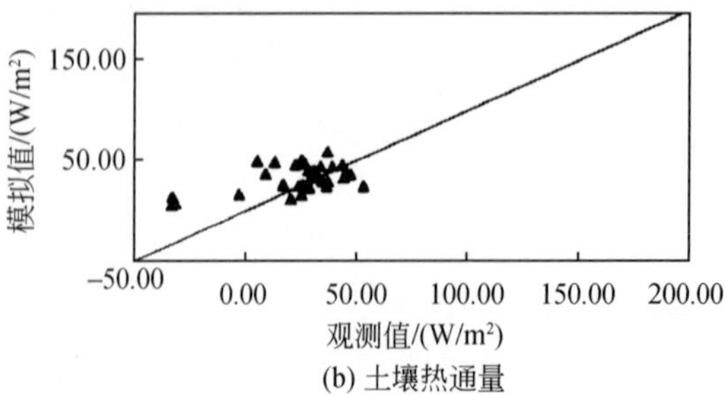

(b) 土壤热通量

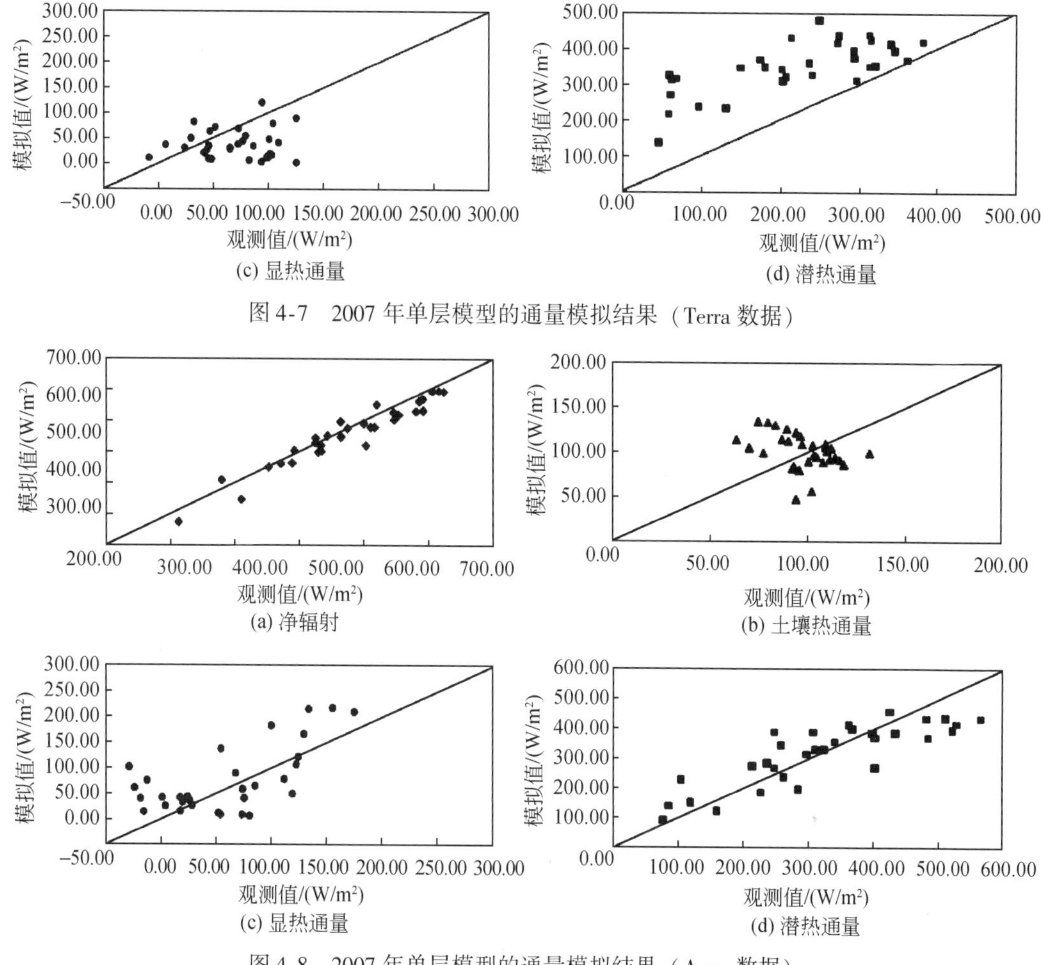

图 4-7　2007 年单层模型的通量模拟结果（Terra 数据）

图 4-8　2007 年单层模型的通量模拟结果（Aqua 数据）

表 4-5　2007 年单层模型模拟结果的误差分析

能量通量	Terra 数据				Aqua 数据			
	观测值/(W/m^2)		模拟值/(W/m^2)		观测值/(W/m^2)		模拟值/(W/m^2)	
	平均值	标准差	平均值	标准差	平均值	标准差	平均值	标准差
R_n	437.72	85.25	425.71	85.98	512.68	85.82	497.27	84.13
G	23.97	22.09	34.16	13.80	98.21	15.32	101.55	19.81
H	70.86	33.91	40.58	28.96	59.25	57.44	76.49	65.16
λET	220.21	104.76	350.97	74.84	321.60	136.29	104.49	60.14

模拟时相数：36

	统计指标	Terra 数据				Aqua 数据			
		R_n	G	H	λET	R_n	G	H	λET
模拟值与观测值对比	MAE/(W/m^2)	17.57	16.59	28.96	130.76	22.72	23.96	43.72	60.14
	Rmse/(W/m^2)	20.23	19.90	42.90	138.35	25.54	26.83	50.00	67.38
	R^2	0.98	0.51	0.08	0.72	0.96	−0.37	0.65	0.84

从图 4-7 和图 4-8 中还可看出，潜热通量的模拟结果普遍偏大，这可能与涡动协方差系统观测的湍流热通量在一定程度上偏低有关。从位山试验站的能量平衡状况（图 4-9）分析可知，有效能量 R_n-G 高于观测的湍流通量 $\lambda ET+H$，能量闭合度为 0.74，故有必要对这部分能量进行闭合。具体方法是保持观测的波文比（$\beta=H/\lambda ET$）不变，将这部分剩余能量按比例分配到观测的显热与潜热通量当中。闭合前后的潜热通量对比见图 4-10 和表 4-6。

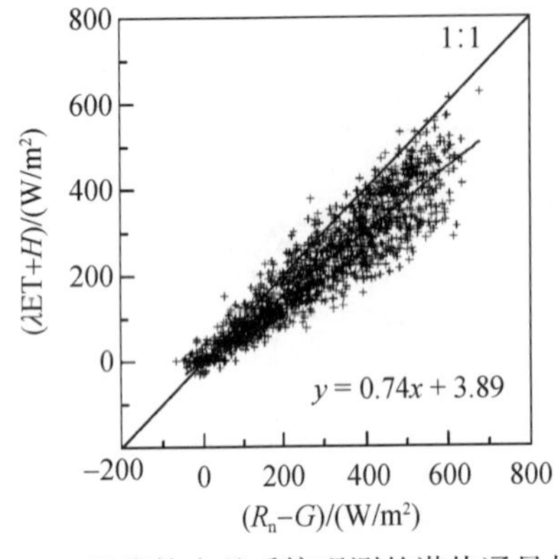

图 4-9　涡度协方差系统观测的潜热通量与显热通量之和与有效能量的对比

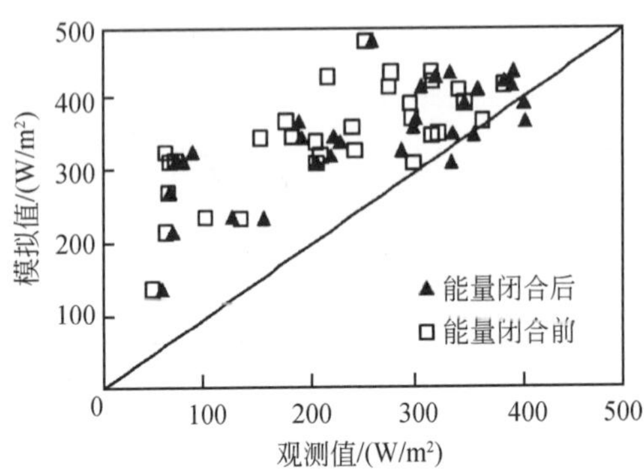

图 4-10　单层模型潜热通量能量闭合前后的对比（Terra 数据）

表 4-6　单层模型潜热通量能量闭合前后结果的误差分析

统计指标	Terra 数据		Aqua 数据	
	能量闭合前	能量闭合后	能量闭合前	能量闭合后
MAE/(W/m^2)	130.76	103.87	60.14	48.47
Rmse/(W/m^2)	138.35	117.16	67.38	59.40
R^2	0.72	0.74	0.84	0.89

4.2.3.2　双层模型

由于双层模型与单层模型均采用同样的公式计算净辐射与土壤热通量，故此处只讨论潜热与显热通量的模拟结果。

(1) 采用 P-T 公式初始化植被组分蒸腾

图 4-11 和表 4-7 分别给出了 2007 年采用 P-T 公式初始化植被组分蒸腾的双层模型通量模拟结果和误差分析，其中统一采用能量闭合后的结果。对于 Terra 数据，显热通量和潜热通量的均方根误差 Rmse 为 46.54W/m^2 和 49.90W/m^2；对于 Aqua 数据，显热通量和潜热通量的 Rmse 为 71.64 W/m^2 和 95.34W/m^2。

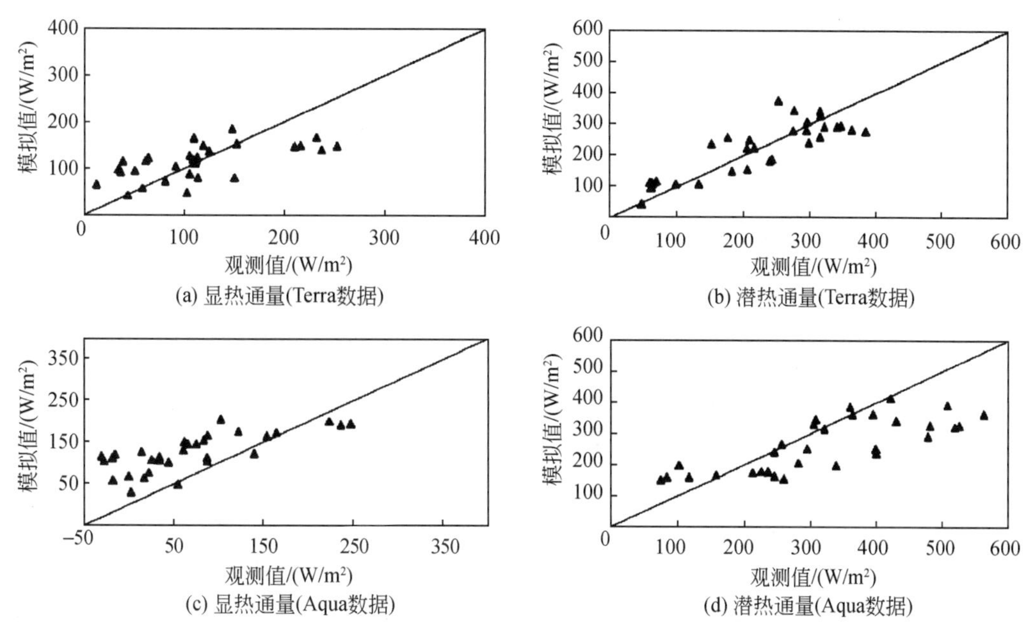

图 4-11 2007 年采用 P-T 公式初始化植被组分蒸腾的双层模型通量模拟结果

表 4-7 2007 年采用 P-T 公式初始化植被组分蒸腾的双层模型模拟结果及其误差分析

能量通量	Terra 数据				Aqua 数据			
	观测值/(W/m²)		模拟值/(W/m²)		观测值/(W/m²)		模拟值/(W/m²)	
	平均值	标准差	平均值	标准差	平均值	标准差	平均值	标准差
R_n	437.72	85.25	425.71	85.98	512.68	85.82	497.27	84.13
G	23.97	22.09	34.16	13.80	98.21	15.32	101.55	19.81
H	110.48	67.08	113.57	33.91	70.72	76.78	128.33	46.25
λET	220.21	104.76	223.20	90.18	321.60	136.29	267.40	85.14

模拟时相数：36

	统计指标	Terra 数据				Aqua 数据			
		R_n	G	H	λET	R_n	G	H	λET
模拟值与观测值对比	MAE/(W/m²)	17.57	16.59	40.57	45.02	22.72	23.96	66.67	80.64
	Rmse/(W/m²)	20.23	19.90	46.54	49.90	25.54	26.83	71.64	95.34
	R^2	0.98	0.51	0.66	0.85	0.96	-0.37	0.75	0.77

(2) 采用 P-M 公式计算植被组分蒸腾

图 4-12 和表 4-8 分别给出了 2007 年采用 P-M 公式计算植被组分蒸腾的双层模型通量

模拟结果和误差分析，其中统一采用能量闭合后的结果。对 Terra 数据，显热通量和潜热通量的 Rmse 为 66.20W/m^2 和 67.20W/m^2；对 Aqua 数据，显热通量和潜热通量的 Rmse 为 103.87W/m^2 和 121.30W/m^2。

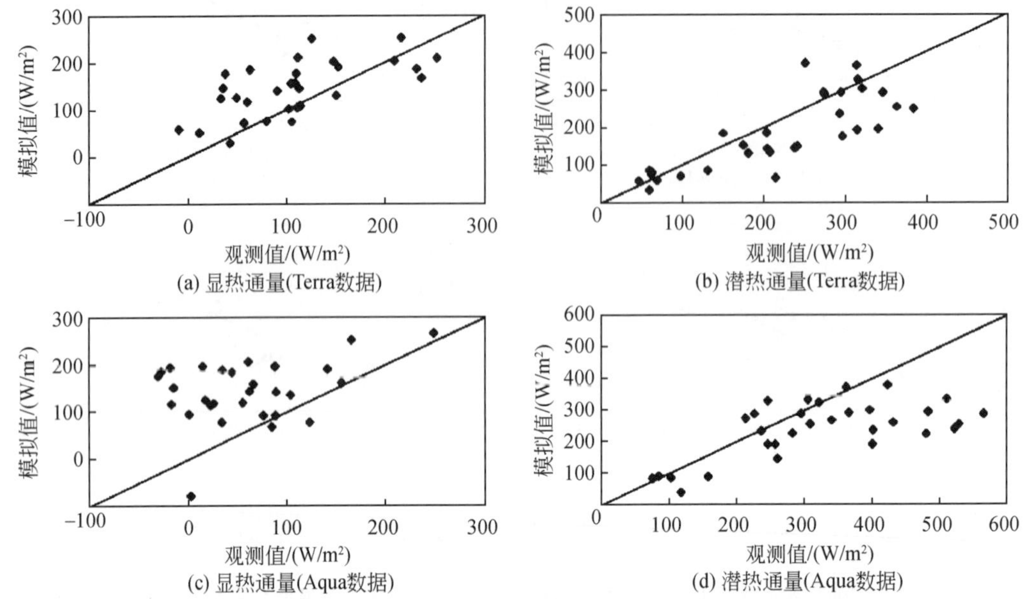

图 4-12　2007 年采用 P-M 公式计算植被组分蒸腾的双层模型通量模拟结果

表 4-8　2007 年采用 P-M 公式计算植被组分蒸腾的双层模型模拟结果及其误差分析

能量通量	Terra 数据/(W/m^2)		Aqua 数据/(W/m^2)	
	模拟均值	标准差	模拟均值	标准差
H	150.50	63.95	155.75	77.21
λET	184.41	99.05	241.25	89.43
模拟时相数：36				

	统计指标	Terra 数据		Aqua 数据	
		H	λET	*H*	λET
模拟值与观测值对比	MAE/(W/m^2)	56.19	56.35	139.76	98.05
	Rmse/(W/m^2)	66.20	67.20	103.87	121.30
	R^2	0.58	0.80	0.54	0.64

4.2.4　区域（灌区）尺度 ET 空间分布

以 2006～2007 年卫星遥感数据为依据，比较 Terra 卫星过境时刻单层模型和采用 P-

T 公式初始化的双层模型所模拟的 λET 的区域分布状况。从图 4-13 给出的单层模型和双层模型模拟的 λET 空间分布状况中可以看出，利用单层模型模拟的区域尺度 λET 要比采用双层模型模拟的结果偏大，但两者模拟的 λET 在空间上的分布状况还是较为一致的，其中灌区内部的 λET 普遍要比灌区外部大，而灌区西部以及北部的 λET 要小很多。

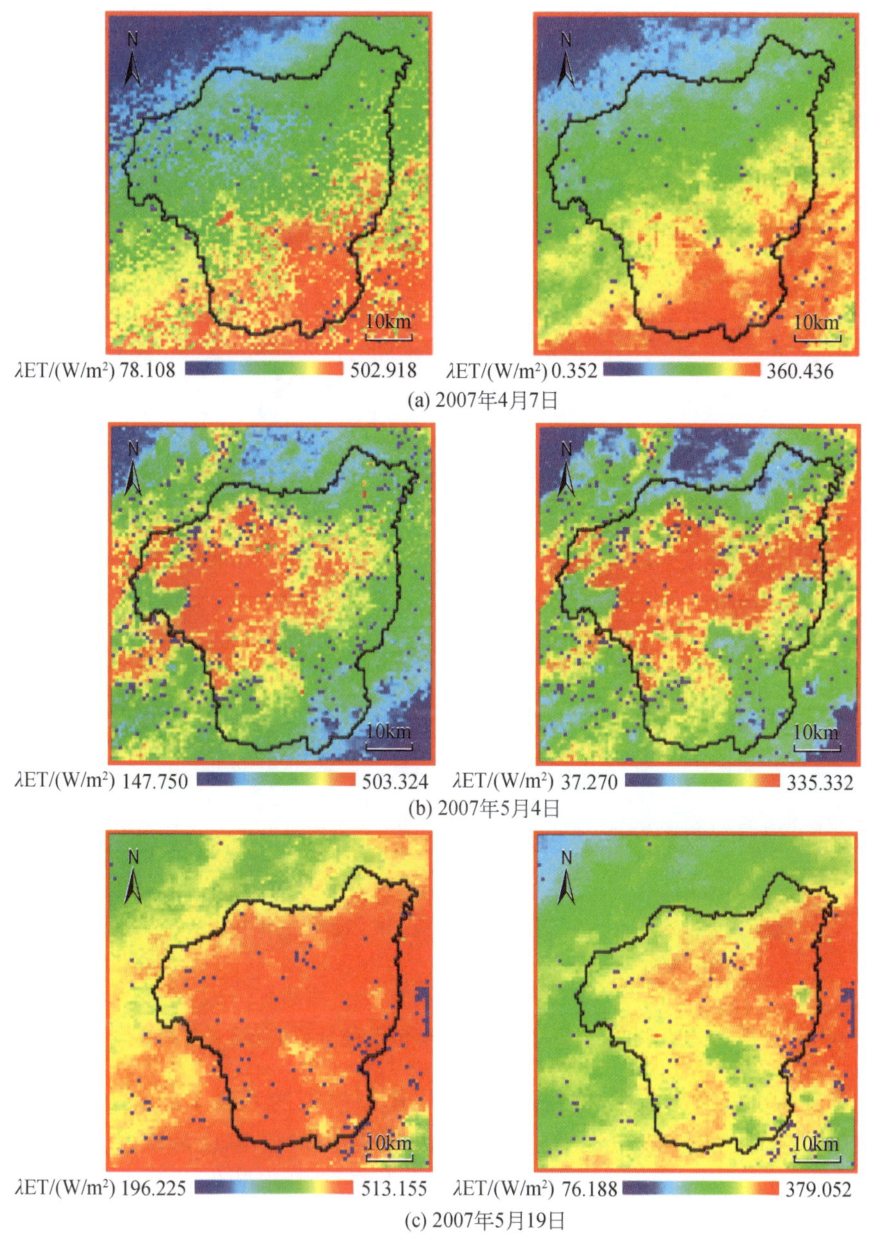

图 4-13　基于 Terra 数据模拟的潜热通量 λET 区域空间分布状况

注：左为单层模型；右为双层模型。

为了进一步比较单层模型和双层模型模拟的日蒸散发结果，图 4-14 给出了 2006 年和 2007 年采用这两种模型反演的日蒸散发量与涡度协方差系统实测值间的比较，其中双层模型采用 P-T 公式进行了初始化，实测的蒸散发是通过能量闭合后的潜热通量换算得到的日蒸散发量。可以看出，由单层模型和双层模型反演的日蒸散发量之间非常接近，2007 年由两种模型反演的日蒸散发相对实测值稍微偏大，而 2006 年则又偏低，尤其是当日蒸散发量较大时。此外，无论是单层模型还是双层模型，基于 Aqua 卫星数据反演的蒸散发量比普遍要比 Terra 的值偏大，因此根据 Aqua 卫星数据估算的日蒸散发量也普遍偏大，在最终计算日蒸散发量时，应对 Terra 卫星和 Aqua 卫星数据计算的蒸发比进行平均化处理。

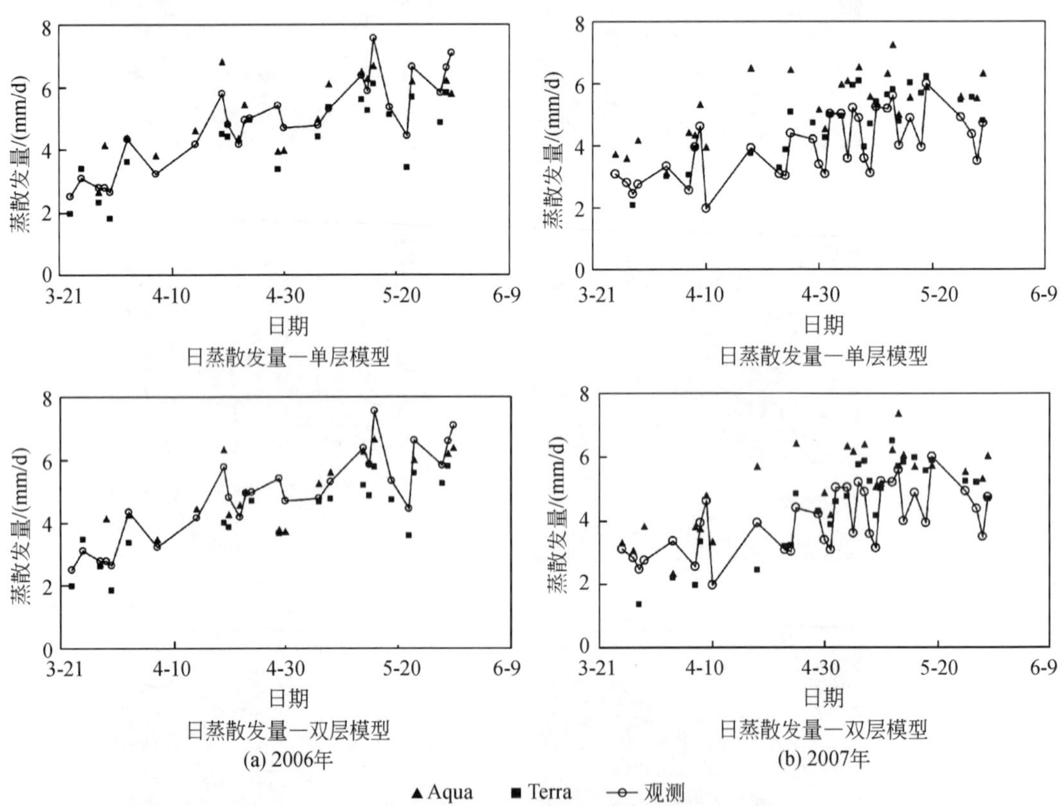

图 4-14　采用单层模型和双层模型反演的日蒸散发量与涡度协方差系统实测值间的比较

从上述分析可以看出，由单层模型和双层模型模拟的灌区 ET 空间分布的一致性较好，故以单层模型为例，分析 2006 年和 2007 年位山灌区年总蒸散发量的空间分布情况。从图 4-15可以看出，2006 年和 2007 年位山灌区年蒸散发总量的变化范围分别为 465 ~ 956mm 和 501 ~ 1064mm，年均 ET 分别为 703mm 和 749mm。造成 2006 年 ET 低于 2007 年的主要原因是，2006 年夏季位山灌区遭遇到严重旱情，年降水量仅为 362mm，远低于多年平均降水量 534 mm，这导致该年度的 ET 偏小。此外，从 2006 年和 2007 年的灌区 ET 空间分布中还可看出，北部棉花种植区的 ET 低于南部冬小麦-夏玉米轮作区，同时 2006 年灌区 ET 的空间变异性要大于 2007 年，这也在一定程度上说明气候干旱加剧了 ET 的不均匀性。

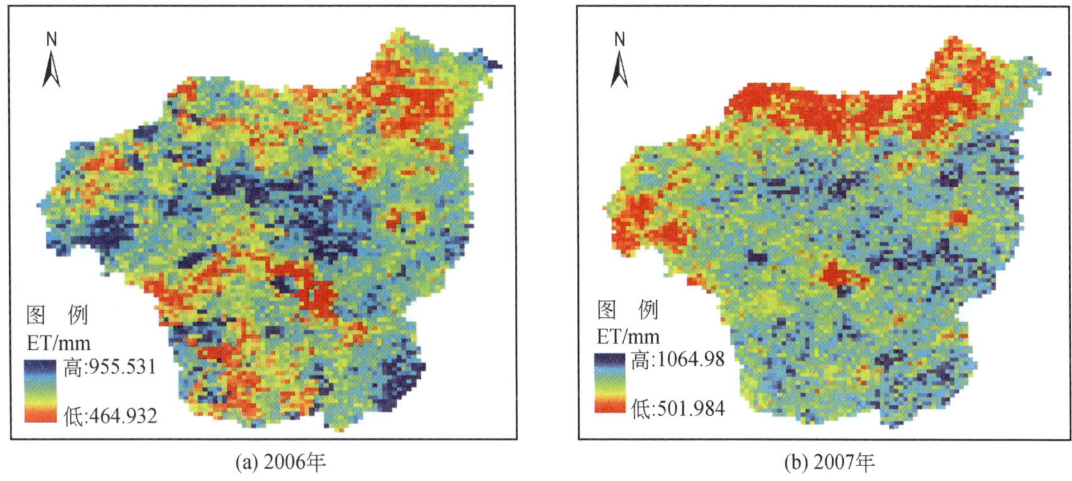

(a) 2006年　　(b) 2007年

图 4-15　山东位山灌区年总 ET 空间分布

4.3　基于分布式生态水文模型的区域（灌区）尺度蒸散发估算方法

生态水文学是基于生态学与水文学的一门交叉学科，主要研究生态系统内水文循环与转化和平衡的规律，分析生态建设、生态系统管理与保护中与水有关的问题，通过生态学及水文学知识的整合将进一步了解水与生态系统的相互作用过程与规律，把稳定生态系统特性作为水资源可持续利用的管理目标（穆兴民等，2001）。

陆面与大气之间的水分—能量—碳通量传输研究涉及多学科的交互融合，与之相关的模拟模型的本质都是描述水文与生态过程相互作用下的通量传输。在干旱和半干旱地区，陆地与大气之间的蒸散发是水文循环中的主导过程，故水文循环过程的模拟重点在于区域（灌区）蒸散发的定量表征，需要构建考虑能量传输过程中植被蒸散发作用的生态水文模型。为此，以山东位山灌区为例，在着重考虑能量传输过程中植被作用的基础上，建立适用于渠灌区的分布式生态水文模型，通过模拟 1984 ~ 2007 年位山灌区蒸散发动态变化规律，结合植被的生物化学过程、辐射传输过程等，阐述区域（灌区）尺度水量平衡要素特点，探求基于分布式生态水文模型的区域（灌区）尺度蒸散发估算方法。

4.3.1 灌区基础数据来源

位山灌区分布式生态水文模型的建立依赖于流域各种空间信息数据。其中，数字地形（DEM，数字高程模型）资料来自全球地形数据库（http://seamless.usgs.gov），空间分辨率为3s，相当于90m网格；比例尺为1∶100万的土地利用数据来源于国家自然科学基金委员会“寒区旱区科学数据中心”（http://westdc.westgis.ac.cn），时段分别为1985年、1995年和2000年，位山灌区在这3个时段内的农田面积占比分别为82%、81%和81%，城镇面积占比分别为15%、16%和16%，土地利用类型未发生明显变化，根据建模需要，将原有土地利用类型重新归为7类：水体、建筑用地、裸地、森林、农田、草地及湿地，土壤类型分布来自于比例尺为1∶100万的中国土壤数据库，空间分辨率为1000m；气象数据来自位山灌区及其周边气象站［图4-16（a）］，数据包括日降水、日均和最大及最低气温、日均相对湿度、日照时数等；引黄灌溉流量数据来源于位山灌区管理处［图4-16（b）］，数据包括引水流量及起止日期，但不包括各田块的灌水量及时间。

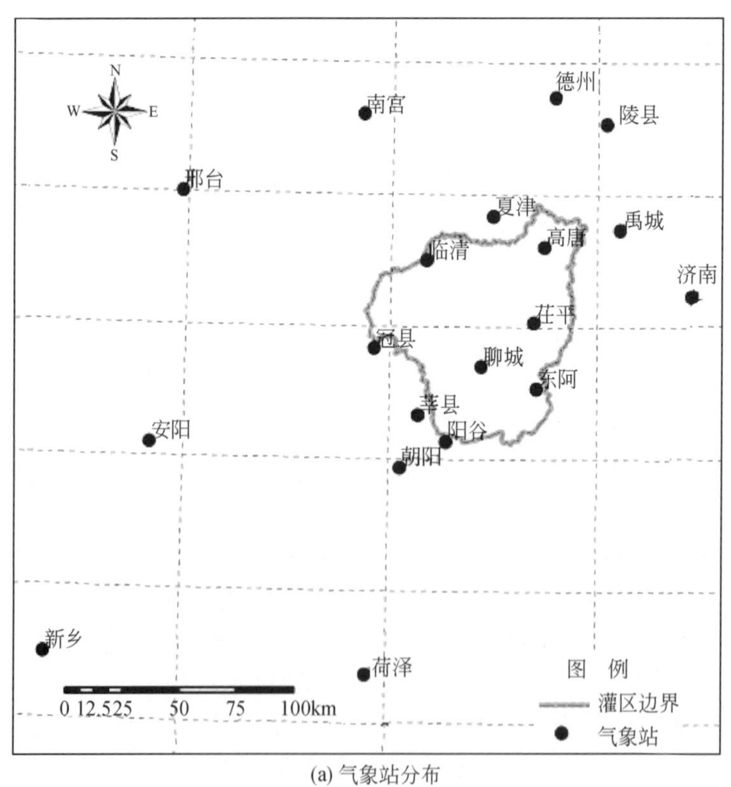

(a) 气象站分布

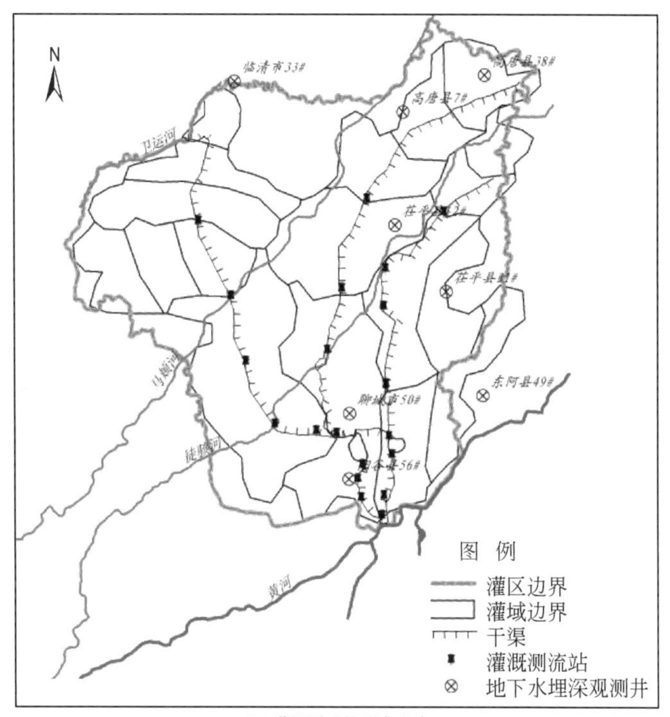

(b)灌溉流量测站分布

图 4-16　位山灌区内基础数据测站分布图

4.3.2　气象数据空间尺度转换

受限于观测数据精度，由气象站得到的气象数据在空间上为离散的点尺度数据，在时间上为日尺度数据，而建立分布式水文模型则需要时空连续的数据，故采用距离加权平均法将观测数据进行由点到面的尺度转换。该法将位山灌区划分为若干网格，并假定网格内的气象因子均匀分布，每个网格气象因子的计算步骤如下。

1）在不考虑方向的情况下，选择距目标网格最近的 8 个站点（图 4-17），计算各站点对目标网格（网格的中心点）的距离权重。

$$w_k = (e^{-x/x_0})^m \tag{4-39}$$

式中，x_0 为衰减距离（m），用来控制气象站点观测值在空间插值上的衰减程度，一般依据经验选取；x 为气象站点至目标网格的距离（m）；m 为调节系数，在 1 ~8，一般取 4。

2）对所选 8 个站点的距离权重分别进行方向修正：

$$a_k = \frac{\sum_{i=1}^{8} w_l [1 - \cos\theta_j(k,\ l)]}{\sum_{l=1}^{8} w_l} \qquad l \neq k \tag{4-40}$$

式中，$\theta_j(k,\ l)$ 为以目标网格为中心的站点 k 和 l 的分离角度；w_l 为站点 l 的距离权重。

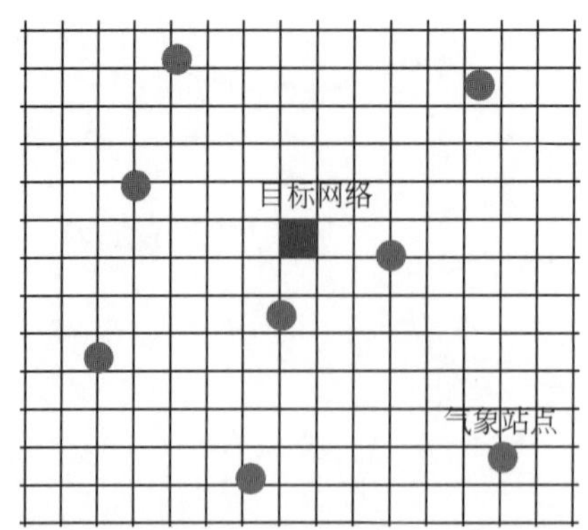

图 4-17　距离加权平均法的空间插值示意图

3）修正后的总距离方向权重为

$$W_k = w_k(1 + a_k) \tag{4-41}$$

4）利用所选 8 个站点的降水量进行加权平均，计算得到目标网格的降水量：

$$P_{\text{int}} = \frac{\sum_{k=1}^{8} W_k P_{k,\ \text{obs}}}{\sum_{k=1}^{8} W_k} \tag{4-42}$$

式中，P_{int} 为目标网格的气象因子计算值；$P_{k,\ \text{obs}}$ 为站点 k 的观测气象因子。

图 4-18 为位山灌区多年平均降水量和潜在蒸发量的空间插值结果，结果表明该法能够得到空间渐变的气象要素分布，实现了气象数据从点到面的空间转换。

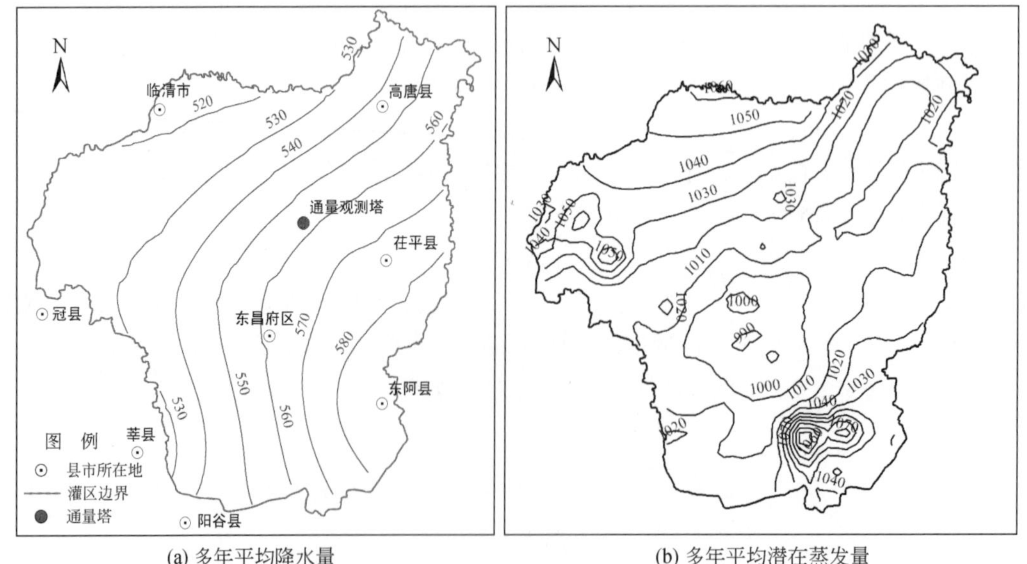

(a) 多年平均降水量　　(b) 多年平均潜在蒸发量

图 4-18　位山灌区气象要素多年平均值的空间分布（1984～2007 年）

4.3.3 模型构建

区别于以"降水-径流"为核心的湿润区水文循环过程研究，对干旱半干旱区域水文循环过程研究的重点则在于蒸散发。能量循环一般通过蒸散耗能与水分循环的紧密结合，作物通过叶片气孔行为连接碳循环和水循环过程。为此，构建考虑植被生理过程及"水分—能量—碳"通量传输过程的分布式生态水文模型是干旱半干旱地区生态水文研究的核心。

4.3.3.1 模型结构

根据构建分布式生态水文模型所需要的计算工作量和灌区下垫面异质性特点等，将位山灌区离散成 2km×2km 的正方形网格，并在各网格内进行次网格参数化处理，以便考虑更为精细的下垫面空间变异性。基于不同土地利用类型将各网格划分为不同的产流计算单元，其中农田是最基本的生态水文计算单元。网格内的产流通过地表汇流进入河道，同时根据该网格地下水位来计算与河道之间的水量交换。在汇流计算中，首先根据 DEM，提取天然河道并结合人工排水沟道形成灌区河网系统，再根据天然河道汇流顺序建立灌区河网系统的汇流演算规则，即从上游至下游，从支流（渠）到干流（渠），最后回流到流域出口断面。

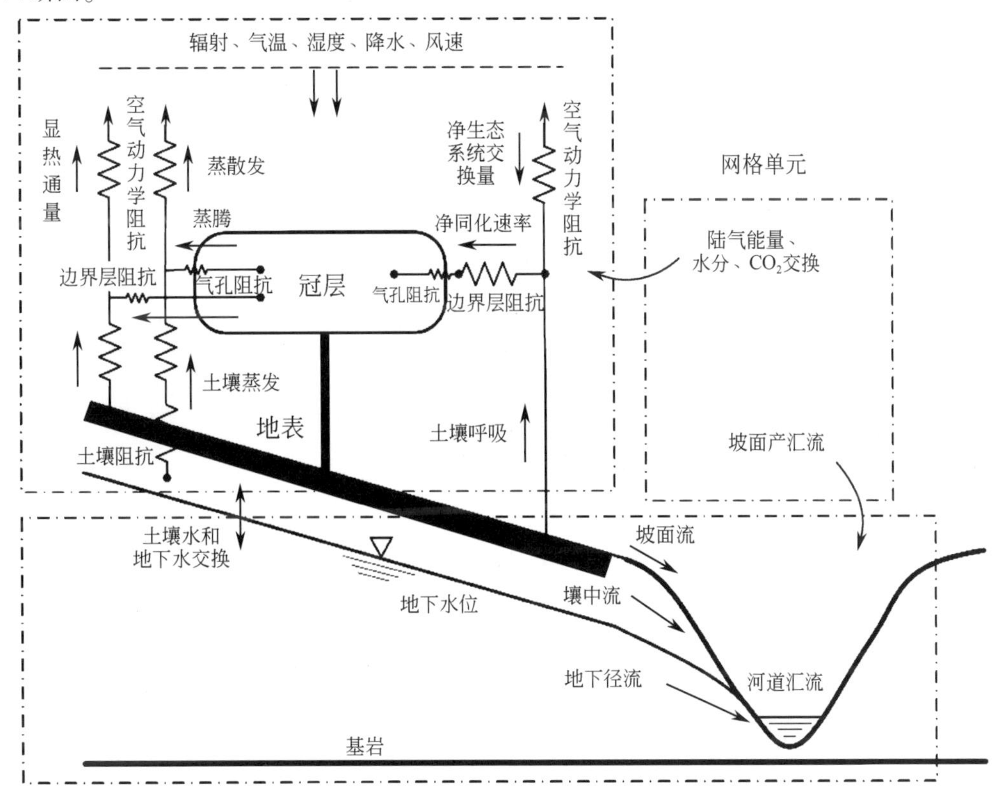

图 4-19 构建的分布式生态水文模型结构

如图 4-19 所示，构建的分布式生态水文模型以农田为基本单元，以陆面过程模型 SiB2 模型（simple biosphere model 2）为基础描述田间生态水文过程，以流域分布式水文模型为基础，模拟灌溉和汇流过程（Sellers et al.，1996a，1996b）。该模型的驱动变量主要是大气边界条件，包括参考高度处的向下短波辐射、水汽压、大气温度、风速和降水等。在 SiB2 模型中，采用了大量参数用于描述植被分类和土壤物理及生理特性（图 4-20 和表 4-9）。植被参数主要分为两类：一类是不随时间变化的参数，包括描述植被的几何形态、光学以及生理特征的参数，如植被在可见光和近红外部分的反射率与透射率等；另一类是随时间变化的参数，包括描述植被生长变化的动态参数，如 LAI、植被覆盖度和植株绿度函数等，这些参数均由卫星遥感 NDVI 推算。土壤特性参数主要包括用于描述土壤热力性质和水分传输性的参数，如土壤孔隙率、土壤各层饱和导水率、地下水存储系数等，可通过室内外实验直接获得。

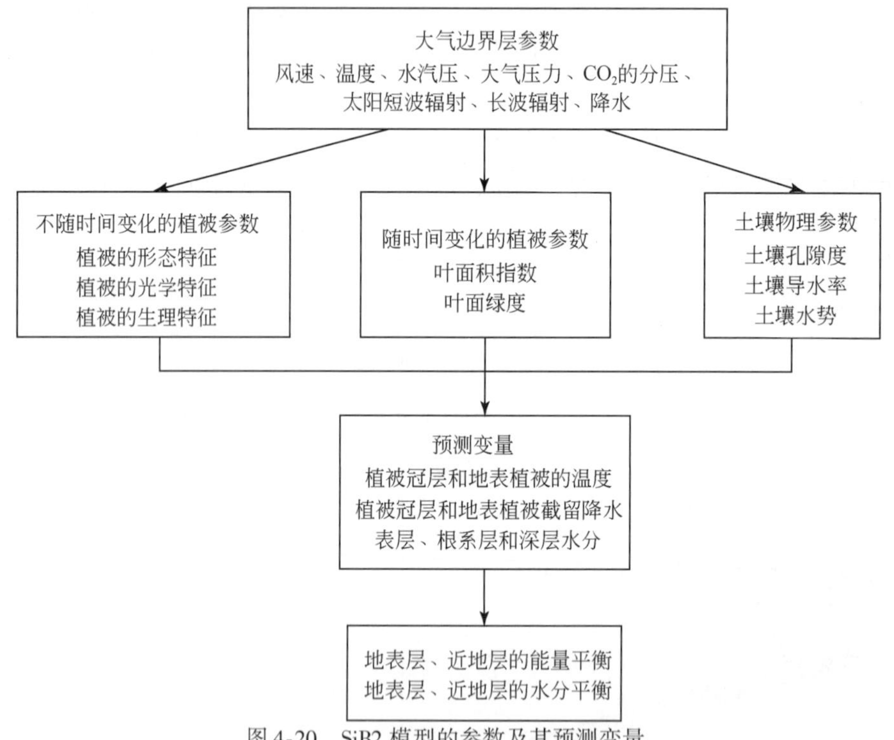

图 4-20　SiB2 模型的参数及其预测变量

表 4-9　SiB2 模型的植被分类

类型	名称	类型	名称
1	常绿阔叶林	6	短草（C4 草本）
2	落叶阔叶林	7	阔叶灌木和裸地
3	阔叶针叶林	8	矮树及灌木
4	常绿针叶林	9	农作物（C3 草本）
5	落叶针叶林		

此外，构建的分布式生态水文模型共有 8 个预报变量，包括 3 个土壤层相对湿度变量、植被冠层和地表分别对直接降水和有效降水的截留储存变量以及植被层的叶面温度和表层与深层土壤温度变量。

4.3.3.2 模型控制方程

构建的分布式生态水文模型共有 8 个控制方程和若干个诊断方程，其中控制方程分别控制冠层与地表和土壤的能量和水分平衡，决定其与大气间的能量和水分交换，而诊断方程则用于植被与大气、土壤与植被、土壤与大气界面间的能量、水分和动量交换计算。

（1）植被冠层、表层土壤和深层土壤温度控制方程

冠层：

$$C_c \frac{\partial T_c}{\partial t} = R_{n_c} - H_c - \lambda \mathrm{ET}_c - \xi_{cs} \tag{4-43}$$

表层土壤：

$$C_g \frac{\partial T_g}{\partial t} = R_{n_g} - H_g - \lambda \mathrm{ET}_g - \frac{2\pi C_d}{\tau_d}(T_g - T_d) - \xi_{gs} \tag{4-44}$$

深层土壤：

$$C_d \frac{\partial T_d}{\partial t} = \frac{1}{2\,(365\pi)^{\frac{1}{2}}}(R_{n_g} - H_g - \lambda \mathrm{ET}_g) \tag{4-45}$$

式中，T_c、T_g和 T_d分别为冠层、表层土壤和深层土壤的温度（K）；R_{n_c}和 R_{n_g}分别为冠层和地表吸收的净辐射（W/m^2）；H_c和 H_g分别为冠层和地表的显热通量（W/m^2）；$\lambda \mathrm{ET}_c$和 $\lambda \mathrm{ET}_g$分别为冠层和地表的潜热通量（W/m^2）；C_c、C_g和 C_d分别为植被冠层、地表和深层土壤的比热［$J/(m^2 \cdot K)$］；ξ_{cs}和 ξ_{gs}分别为植被冠层和地面水分的状态变化引起的能量传输（W/m^2）；τ_d 为一天的时间，86 400 s。

（2）植被冠层和地表对降水的截留和储存

当降水发生时，部分降水会被植被冠层截留储存，部分则透过植被冠层到达地表覆盖层或雪盖形成有效降水，这部分降水满足地表截留和下渗后将形成径流。

冠层：

$$\frac{\partial M_c}{\partial t} = P_c - D_c - \frac{E_{wc}}{\rho_w} \tag{4-46}$$

地表：

$$\frac{\partial M_g}{\partial t} = P_g - D_g - \frac{E_{wg}}{\rho_w} \tag{4-47}$$

式中，M_c和 M_g分别为冠层和地表储存的水分（mm）；P_c和 P_g分别为冠层和地表对降水和有效降水的截留率（mm/s）；D_c和 D_g分别为冠层和地表截留水的排水率（mm/s）；E_{wc}和 E_{wg}分别为冠层和地表湿润部分的水分蒸发率［$kg/(m^2 \cdot s)$］；ρ_w 为液体水的密度（kg/m^3）。

(3) 土壤各层水分运移

3 层土壤的相对湿度方程如下。

表层土壤：

$$\frac{\partial W_1}{\partial t}=\frac{1}{\theta_s D_1}\left[P_1-Q_{1,2}-\frac{1}{\rho_w}(E_s+E_{dc,1})\right] \tag{4-48}$$

根层土壤：

$$\frac{\partial W_2}{\partial t}=\frac{1}{\theta_s D_2}\left[Q_{1,2}-Q_{2,3}-\frac{1}{\rho_w}E_{dc,2}\right] \tag{4-49}$$

深层土壤：

$$\frac{\partial W_3}{\partial t}=\frac{1}{\theta_s D_3}[Q_{2,3}-Q_3] \tag{4-50}$$

式中，W_1、W_2、W_3分别为 3 个土层中的相对湿度（%），由 $W_i=\theta_i/\theta_s$计算，其中 θ_i为第 i 层土壤体积含水率（cm^3/cm^3），θ_s为土壤饱和体积含水率（cm^3/cm^3）；D_i为第 i 层土壤厚度（m）；$Q_{i,i+1}$为第 i 层到第 $i+1$ 层的水分流量（m/s）；Q_3为深层土壤的重力排水量（m/s）；E_s为表层土壤蒸发的水分［$kg/(m^2 \cdot s)$］；$E_{dc,1}$和 $E_{dc,2}$分别为冠层通过蒸腾从第 i 层吸收的水分［$kg/(m^2 \cdot s)$］；P_1为进入上部土层的降水入渗量（m/s）。

(4) 植被冠层辐射传输过程

采用二流近似模型描述植被冠层中各波段在不同方向上的辐射传输，其中植被冠层吸收的净辐射 R_{net_c} 由两部分组成。

$$R_{net_c}=R_{net_{swc}}+R_{net_{lwc}} \tag{4-51}$$

短波部分：

$$R_{net_{swc}}=R_{sw}^{\downarrow}[1-\alpha_c-\tau_c+\alpha_g\tau_c]V_c \tag{4-52}$$

长波部分：

$$R_{net_{lwc}}=[\varepsilon_c R_{lw}^{\downarrow}-R_{lwc}+R_{lwg}]V_c \tag{4-53}$$

式中，α_c、τ_c和 ε_c分别为冠层反射率、透射率和发射率；V_c为植被冠层覆盖度；α_g为地表反射率；$R_{lw}^{\downarrow}$和 $R_{sw}^{\downarrow}$分别为向下长波和短波辐射强度（W/m^2）；R_{lwc}和 R_{lwg}分别为冠层和地表发射的长波辐射（W/m^2），$R_{lwc}=\varepsilon_c\sigma T_c^4$，$R_{lwg}=\sigma T_g^4$，其中 T_c和 T_g分别为冠层和地表的温度（K）。

(5) 地表吸收的净辐射

采用下式计算地表吸收的净辐射R_{net_g}。

$$R_{net_g}=R_{net_{swg}}+R_{net_{lwg}} \tag{4-54}$$

短波：

$$R_{net_{swg}}=R_{sw}^{\downarrow}[\tau_c-\alpha_g\tau_c]V_c+R_{sw}^{\downarrow}[1-\alpha_g](1-V_c) \tag{4-55}$$

长波：

$$R_{net_{lwg}}=[R_{lw}^{\downarrow}(1-\varepsilon_c)+R_{lwc}-R_{lwg}]V_c+(R_{lw}^{\downarrow}-R_{lwg})(1-V_c) \tag{4-56}$$

(6) 地表通量

植被、土壤和周围空气间的水分和热量交换通量，可采用类似于电学上的欧姆定律加以描述。

$$\text{通量} = \frac{\text{势差}}{\text{阻力}} \tag{4-57}$$

冠层上方的显热通量 H 由冠层和土壤两部分的显热 H_d 和 H_g 组成，冠层上方的蒸散发 ET 同样由冠层和土壤两部分的 ET_d 和 ET_g 组成。其中，ET_d 由两部分组成：一是冠层表面截留水（或雪、冰）的蒸散发量 ET_{di}；二是蒸腾作用中由根系吸收的土壤水 ET_{dt}。同样，土壤表面蒸散发也由两部分组成：一是土壤表面雪/冰以及积水的蒸散发量 ET_{gi}；二是土壤表层水分的蒸散发量 ET_{gs}。

(7) 地表汇流

利用 Richards 方程计算农田单元的超渗产流和蓄满产流。当地表积水超过坡面洼蓄后，产生坡面汇流。

$$\begin{cases} \dfrac{\partial h}{\partial t} + \dfrac{\partial q_s}{\partial x} = i \\ q_s = \dfrac{1}{n_s} S_0^{1/2} h^{5/3} \end{cases} \tag{4-58}$$

式中，q_s 为坡面单宽流量 [$m^3/(s \cdot m)$]；h 为扣除坡面洼蓄后的净水深（mm）；i 为净雨量（mm）；S_0 为坡度；n_s 为曼宁糙率系数。

在较短的时间间隔内，坡面流也可直接利用曼宁公式按恒定流计算。

(8) 潜水层与河道之间流量交换

假设各农田单元都与河道相接，其中潜水层内的地下水运动可简化为平行于坡面的一维流动。对于农田单元潜水层与河道之间的流量交换，采用以下质量守恒方程和达西定律描述。

$$\begin{cases} \dfrac{\partial S_G(t)}{\partial t} = \text{rech}(t) - L(t) - q_G(t) \dfrac{1000}{A} \\ q_G(t) = K_G \dfrac{H_1 - H_2}{l/2} \dfrac{h_1 + h_2}{2} \end{cases} \tag{4-59}$$

式中，$\partial S_G(t)/\partial t$ 为饱和含水层地下水储量随时间的变化率（mm/h）；rech（t）为饱和含水层与上部非饱和带之间的相互补给速率（mm/h）；$L(t)$ 为向下深部岩层的渗漏量（mm/h）；A 为单位宽度的农田单元的坡面面积（m^2/m）；$q_G(t)$ 为地下水与河道之间地下水交换的单宽流量 [$m^3/(h \cdot m)$]；K_G 为潜水层的饱和导水率（m/h）；l 为农田长度（m）；H_1 和 H_2 分别为交换前后潜水层的地下水位（m）；h_1 和 h_2 分别为交换前后的河道水位（m）。

4.3.4 模型验证

应用位山灌区 2005 年 3 月 ~2009 年 6 月的观测数据对构建的分布式生态水文模型的模拟效果进行验证。图 4-21 给出了位山灌区净辐射、潜热通量、显热通量以及净生态系统交换量（NEE）的模拟结果，其中潜热通量的确定性系数 R^2 = 0.884，表明该模型具有较高的模拟精度，净辐射、显热通量和 NEE 的模拟结果也达到较高精度，这进一步验证了模型的准确性。图 4-22 同时给出了位山灌区作物根层（0 ~ 80cm）平均土壤含水率的模拟结果，均方根误差 Rmse = 0. 025m^3/m^3，这间接证明了该模型对能量分配模拟的准确性。

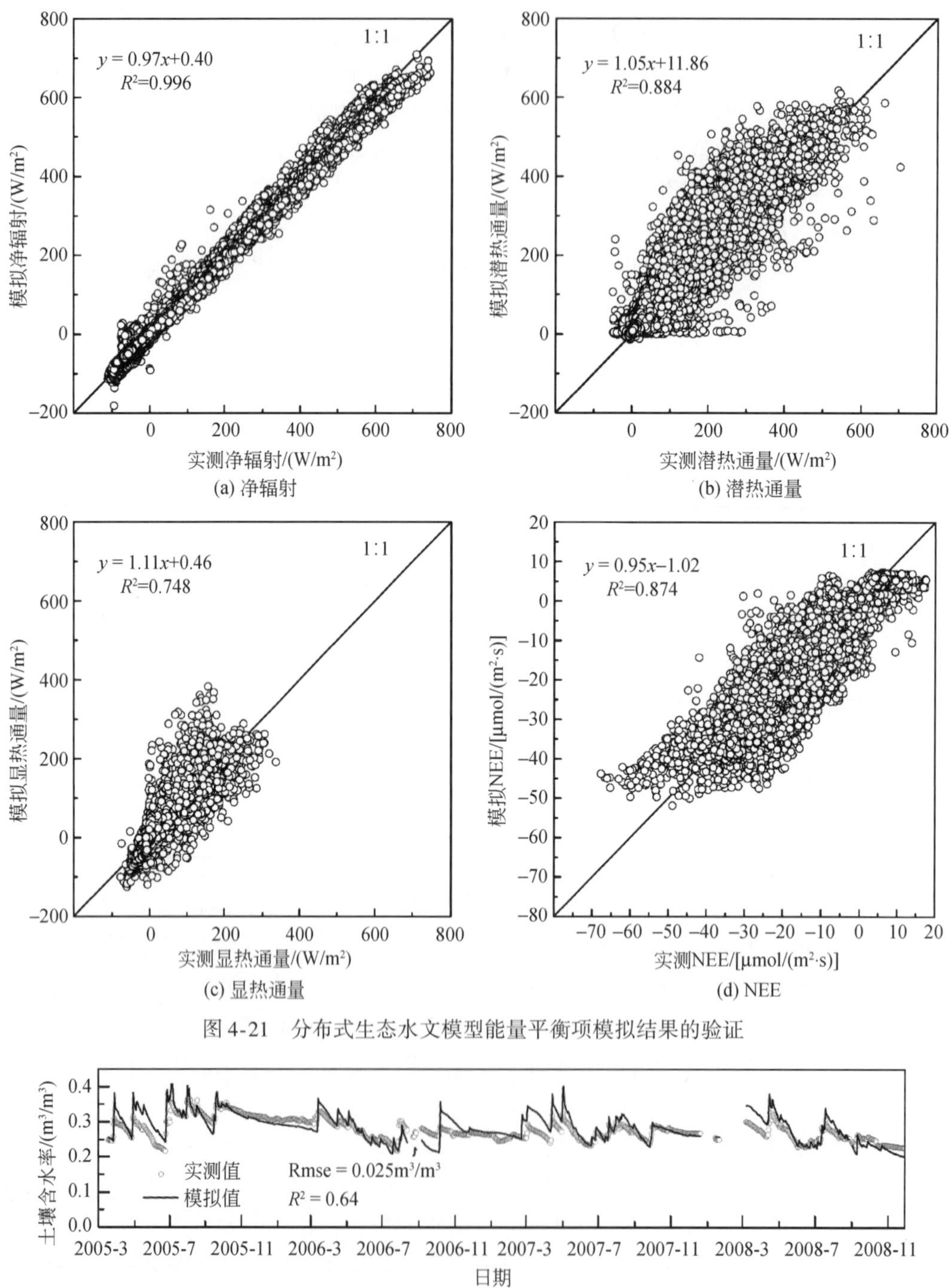

图 4-21　分布式生态水文模型能量平衡项模拟结果的验证

图 4-22　作物根层（0 ~ 80cm）平均土壤含水率模拟结果验证

4.3.5 区域（灌区）尺度水量平衡要素估算

分布式生态水文模型能够连续模拟降水、蒸散发等水量平衡要素的空间分布，为水资源管理和农业灌溉提供可靠的分析工具。为此，采用以上构建的分布式生态水文模型，开展位山灌区水量平衡要素的年内及年际变化分析。

4.3.5.1 水量平衡要素年际变化

图 4-23 为基于分布式生态水文模型模拟得到的位山灌区年均水量平衡要素变化过程，1984～2007 年，年均降水为 532mm，年均灌溉为 202mm，占总供水量（降水及灌溉）的 28%。此外，年均蒸散发为 651mm，占总供水量的 89%，灌区绝大部分供水均为蒸散发所消耗。在区域（灌区）尺度蒸散发组成中，土壤蒸发为 220mm，占蒸散发总量的 34%。

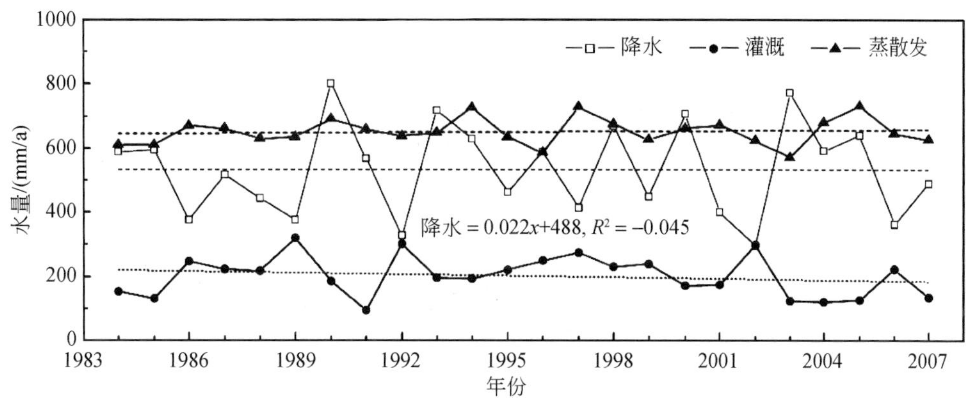

图 4-23 模拟的位山灌区平均水资源量消耗的变化过程

从图 4-23 中还可看出，自 1984 年以来，位山灌区的年降水量无显著时间变化，但呈现出较大的年际变异性，标准差为 144mm/a，变化范围为 295mm（2002 年）～800mm（1990 年）；蒸散发年际变异性较小，标准差为 44mm/a，变幅为 571mm（2003 年）～730mm（2005 年），蒸散发变化与降水无直接相关关系，这主要是由于灌区对灌溉进行调控的结果。此外，实测的年灌水量与降水之间存在较好的负相关性，表现为丰水年灌溉较少，反之则较多，引黄灌溉保证了位山灌区较为充分的供水量。

4.3.5.2 水量平衡要素年内季节变化

图 4-24 为基于分布式生态水文模型模拟得到的位山灌区不同降水年份内月平均水量平衡要素的季节变化过程。受大陆季风气候影响，灌区降水主要集中在夏玉米生长的 6～9 月，而灌溉则主要集中在冬小麦生长的 3～5 月以及 10 月［图 4-24（a）］。受此影响，4～9 月的蒸散发相对较大，冬小麦在 10 月～次年 6 月的多年平均蒸散发量为 374mm，夏玉米在 7～9 月的多年平均值为 277mm。受蒸散发耗水和供水关系的影响，土壤和地下水主要消耗在 4～6 月，7～8 月得到补给，年内蒸散发季节变化过程在不同降水水平年内基

本相同。若以降水分别最少和最多的 2002 年和 1990 年为例［图 4-24（b）和图 4-24（c）］，虽然降水量分别为 295mm 和 800mm，但这两年蒸散发量差异较小，分别为 624mm 和 692mm。年降水丰枯程度主要对 7 月和 8 月的灌溉及土壤水蓄变量产生较大影响，当降水不足而无法满足夏玉米生长需求时，需消耗大量土壤水或开采地下水进行灌溉，而丰水年则相反，无须灌溉。此外，降水丰枯对冬小麦生长的影响较小，即使在丰水年，仍需一定程度的灌溉。

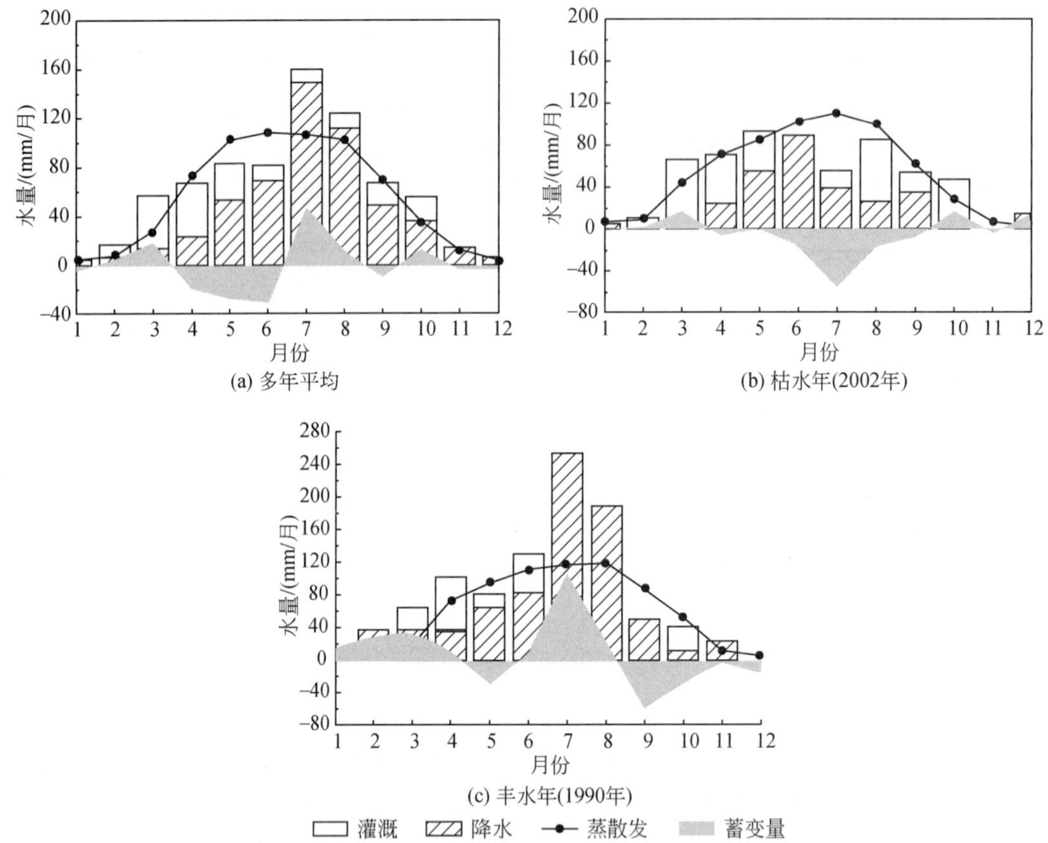

图 4-24　模拟的位山灌区不同降水年份内月平均水量平衡要素的季节变化过程

4.3.6　基于分布式生态水文模型与遥感反演模型的区域（灌区）尺度 ET 对比

基于分布式生态水文模型可对点尺度实测的气象、灌溉数据进行空间插值和时间降尺度的基础上，获得区域（灌区）尺度 ET 数据，而基于遥感反演模型则可直接反演得到 ET 的区域（灌区）尺度空间分布状况，被认为是大尺度区域 ET 的有效间接估算方法。根据位山灌区 2006 ~ 2007 年的 MODIS 卫星遥感数据，通过前述单层遥感模型反演得到晴天的 ET 灌区平均值，同时选出相应日期内由生态水文模型得到的 ET 灌区平均值，对这两种方法获得的 ET 模拟结果进行对比。如图 4-25 所示，二者模拟结果的散点图均匀分布在 1 : 1 线附近，其一致性较好（R^2 = 0.79），这表明基于分布式生态水文模型能够较为准确地模拟区域（灌区）尺度的 ET 空间分布，是实现 ET 空间尺度转换的有效工具之一。

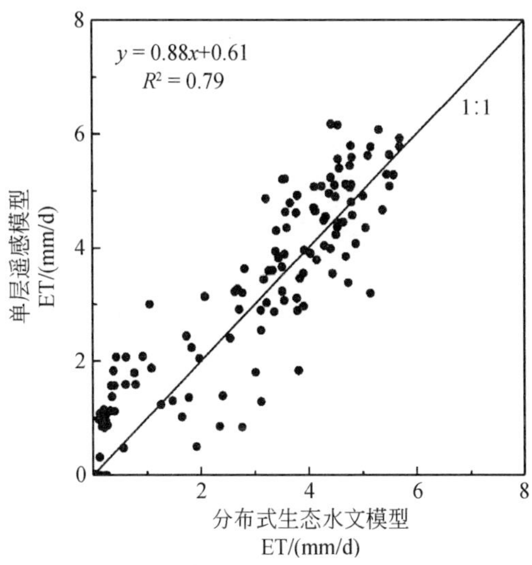

图 4-25　基于分布式生态水文模型与遥感反演模型获得的区域（灌区）尺度 ET 对比

4.4　基于数据同化方法优化的区域（灌区）尺度蒸散发估算方法

遥感技术的兴起和发展能提供更多的大尺度数据来源，获得空间特性异质分布下的准确数据，为利用分布式水文模型提供了极大的便利，但随之产生的遥感数据不确定性问题凸显（Moradkhani and Sorooshian，2008）。输入数据、模型结构、参数率定等方面存在的不确定性降低了水文模型的模拟和预报精度，导致模型的应用受到极大制约。由于水文模拟中状态变量的模拟误差随时间而积累，但在整个模拟和预报期间，模型自身难以对该偏差进行自动修正。数据同化技术可将模型和输入数据的不确定性集成到水文模型中，实时修正模拟中的状态变量，从而弥补这一缺陷，有效提高水文模型的估算精度（Margulis et al.，2002；Salamon and Feyen，2009）。为此，在构建陆面数据同化系统的基础上，将遥感蒸散发模型估算的潜热通量作为被同化值，通过集合卡尔曼滤波方法对状态变量进行优化，达到提升模型估算效果的目的。

4.4.1　数据同化方法

数据同化的核心思想是误差估算以及误差模拟，即在动力学模型框架下，融合不同来源、不同时空分辨率、不同精度的观测数据，根据不同观测之间的误差关系，通过数学算法对模型中的状态变量进行优化，以期提高模拟结果的精度，减小模型的不确定性。随着遥感技术的成熟，越来越多的地表参数可以由遥感数据反演获取，给数据同化在水文模型中的应用提供了数据基础。

4.4.1.1 陆面数据同化系统

如图 4-26 所示，陆面数据同化系统的核心部分是模型算子、观测算子和同化算法。模型算子常采用水文模型或者陆面过程模型，用以模拟地表水热耦合物理过程。观测算子用来连接需要被优化的模型状态变量和用来辅助同化的观测数据（Crow and Wood, 2003），如需对水文模型中的土壤含水率进行优化，则辅助同化的观测数据是径流量，观测算子即为产汇流模型。需要注意的是，在水文模型或陆面过程模型中的观测算子并非一定是独立模型，也可能由一系列的复杂关系组成。同化算法分为变分方法和滤波方法两种（Seo et al.，2009），前者假定模拟误差不随时间传播，而该假设在水文模型和陆面过程模型中常不成立，故常采用滤波方法。

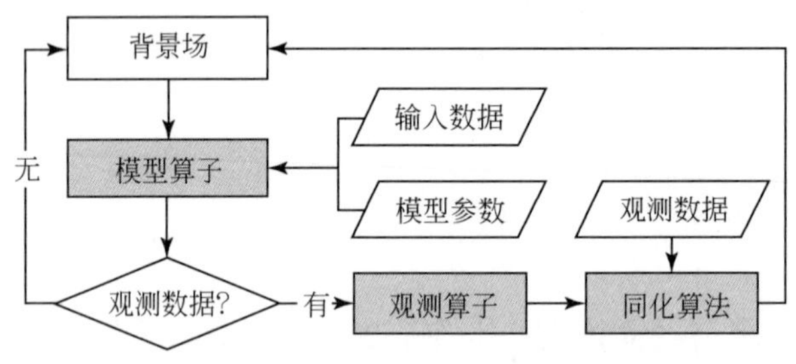

图 4-26　陆面数据同化系统组成

陆面数据同化系统中用到的数据，除随时间变化的模型输入数据和不随时间变化的模型参数集外，还需要一套独立来源的观测数据，用于数据同化计算。被同化的观测数据需与模拟的状态变量或与该状态变量相关的模型输出值相一致，如径流量、土壤含水率等。该观测数据的观测频率可以等于或小于模型的计算步长。

此外，在数据同化过程中，还需生成一组由被优化的状态变量组成的背景场，包括由模型输入数据误差、模型结构误差、参数率定误差等各种因素导致的模型误差。根据数据同化方法的不同，背景场生成的方式也不同，但采用同化算法可有效降低同化后的背景场误差矩阵的协方差，这是数据同化系统的核心所在（Mclaughlin, 2002）。

4.4.1.2 集合卡尔曼滤波方法

在水文数据同化系统中应用最为广泛的是集合卡尔曼滤波方法（ensemble Kalman filter, EnKF）。该法采用蒙特卡洛随机采样，依靠随机生成一系列样本，通过计算样本的随机误差，直接得到模型的误差分布，具有易于集成、计算速度快等优点，已被广泛用于水文过程模拟（Evensen, 1994）。

在水文模拟中，采用 EnKF 方法进行数据同化分为集合预报和状态变量校正两个步骤。如图 4-27 所示，在时刻 t，采用蒙特卡罗方法对模拟的状态变量随机生成一系列样本，每个样本写作 $x_{i,t}^{b}$，其中下标 i 表示第 i 个样本，上标 b 表示同化前的状态变量，向量

x 的维度是 m，表示有 m 个状态变量。在初始时刻，模型的集合预报表示为

$$x_{i,\ t=1}^{b} = M(x_{i,\ 0}) \qquad i = 1,\ \cdots,\ n \tag{4-60}$$

式中，$x_{i,0}$为模型的初始变量；M 为模型算子。

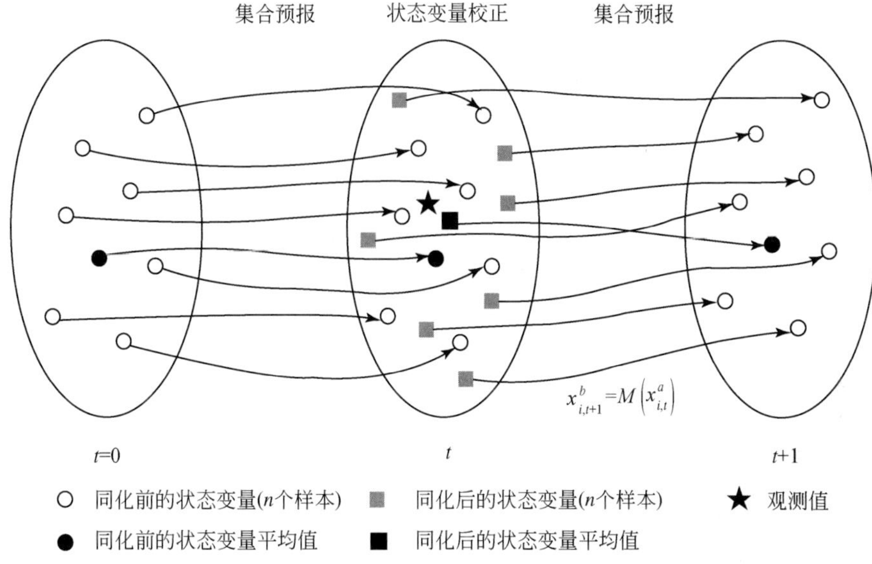

图 4-27　EnKF 方法的示意图

数据同化前的状态变量样本矩阵为 $\boldsymbol{X}^b$：

$$\boldsymbol{X}^b = (x_1^b,\ \cdots,\ x_i^b,\ \cdots,\ x_n^b) \tag{4-61}$$

式中，n 为样本数，则 $\boldsymbol{X}^b$的维度为 $m\times n$。

数据同化前的状态变量的平均值可以表示如下：

$$\bar{x}^b = \frac{1}{n}\sum_{i=1}^{n} x_i^b \tag{4-62}$$

对数据同化前的状态变量样本矩阵进行背景场误差计算如下：

$$\boldsymbol{P}^b = \frac{1}{n-1}\boldsymbol{X}'^b\ (\boldsymbol{X}'^b)^{\mathrm{T}} \tag{4-63}$$

式中，$\boldsymbol{P}^b$为 $m\times m$ 维矩阵；$\boldsymbol{X}'^b$为状态变量离均值样本矩阵，维度为 $m\times n$。

采用滤波法对状态变量进行校正：

$$x_i^a = x_i^b + \boldsymbol{K}(y_i - \boldsymbol{H}x_i^b) \tag{4-64}$$

式中，x_i^a 为经过数据同化以后的状态变量校正值；y_i为引入模型作为同化量的观测值，维度为 p；H 为联系模型状态变量与作为同化量的观测值之间的观测算子，通常是一个非线性的复杂算子，在 EnKF 方法中，为计算方便，将其进行简化，采用一阶偏导矩阵 $\boldsymbol{H}$ 作为实际操作中的观测算子，$\boldsymbol{H}$ 的维度为 $p\times n$，矩阵中第（i，j）个变量可写为

$$h_{i,\ j} = \frac{\partial H_i}{\partial x_j} \tag{4-65}$$

式（4-64）中的 $\boldsymbol{K}$ 是卡尔曼增益值：

$$\boldsymbol{K} = \boldsymbol{P}^b \boldsymbol{H}^{\mathrm{T}} (\boldsymbol{H} \boldsymbol{P}^b \boldsymbol{H}^{\mathrm{T}} + \boldsymbol{R})^{-1} \tag{4-66}$$

式中，$\boldsymbol{R}$ 为作为数据同化量的观测值背景场误差，维度为 $p \times p$。

根据式（4-64），对每一个样本的状态变量 x_i^b 进行校正，可得到数据同化后的状态变量 x_i^a，再进行下一个时间步长的模型预测。

$$x_{i,\ t+1}^b = M(x_{i,\ t}^b) \quad i = 1,\ \cdots,\ n \tag{4-67}$$

根据上述 EnKF 算法原理及计算公式，即可对模型进行数据同化，流程如图 4-28 所示。首先随机生成一组状态变量的集合样本，该组状态变量的背景场误差由下式计算：

$$\hat{\boldsymbol{P}}^b = \frac{1}{n-1} \sum_{i=1}^{n} (x_i^b - \bar{x}^b)(x_i^b - \bar{x}^b)^{\mathrm{T}} \tag{4-68}$$

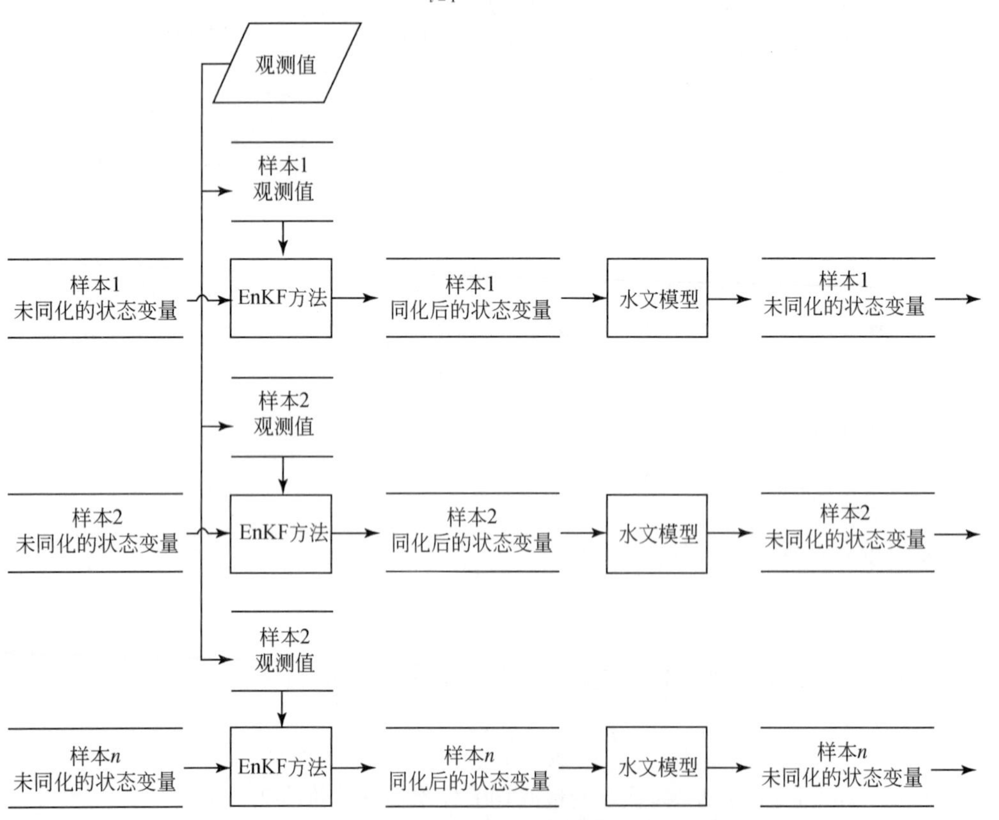

图 4-28　利用 EnKF 方法进行数据同化的流程图

然后，对观测变量也加入随机误差，生成一组集合样本：

$$y_i = y + \eta_i \qquad \eta_i \sim N(0,\ R) \tag{4-69}$$

式中，y 为实测值；y_i 为加入随机误差 η_i 之后的观测值样本。

数据同化的具体过程可按照下式计算：

$$\boldsymbol{P}^b \boldsymbol{H}^{\mathrm{T}} = \frac{1}{n-1} \sum_{i=1}^{n} (x_i^b - \bar{x}^b)(\boldsymbol{H}(x_i^b) - \overline{\boldsymbol{H}(x_i^b)})^{\mathrm{T}} \tag{4-70}$$

$$\boldsymbol{H} \boldsymbol{P}^b \boldsymbol{H}^{\mathrm{T}} = \frac{1}{n-1} \sum_{i=1}^{n} (\boldsymbol{H}(x_i^b) - \overline{\boldsymbol{H}(x_i^b)})(\boldsymbol{H}(x_i^b) - \overline{\boldsymbol{H}(x_i^b)})^{\mathrm{T}} \tag{4-71}$$

式中，$\boldsymbol{H}(x_i^b)$ 为由第 i 组状态变量样本计算得到的与观测值匹配的模型输出值。

校正后的状态变量背景误差为

$$\boldsymbol{P}^a = (\boldsymbol{I} - \boldsymbol{KH})\boldsymbol{P}^b \tag{4-72}$$

式中，$\boldsymbol{I}$ 为单位矩阵。

4.4.2 数据同化方法在分布式生态水文模型中的集成应用

在观测系统的模拟实验中，通常直接给定初始背景场误差协方差矩阵和模型误差协方差矩阵。此处不直接给定误差协方差矩阵，而是对模型的输入数据加入随机扰动，生成一系列的随机样本集合，通过计算模型算子得到状态变量的随机样本，进而计算背景误差。这种做法的优势在于直接将不同来源的误差整合到模型运算中，进而规避了对背景场和模型误差协方差矩阵敏感性进行验证的过程，从而减小了重复计算选择合适误差值的工作量。

以构建的分布式生态水文模型作为模型算子，分别对该模型的输入数据加入随机扰动，其中降水输入数据的随机采样，计算公式为

$$p' = p(1 + \gamma_p) \qquad \gamma_p \sim N(0,\ \omega_p) \tag{4-73}$$

式中，γ_p为协方差为 ω_p的标准偏差。

对风速和相对湿度输入数据进行随机采样，计算公式为

$$u' = u(1 + \gamma_u) \qquad \gamma_u \sim U[-\omega_u,\ \omega_u] \tag{4-74}$$

$$q' = q(1 + \gamma_q) \qquad \gamma_q \sim U[-\omega_q,\ \omega_q] \tag{4-75}$$

式中，γ_u和 γ_q分别为风速和相对湿度数据的标准偏差，与降水随机误差不同的是，风速和湿度的随机误差服从相对误差为 ω_u和 ω_q的均匀分布。

对空气温度数据进行随机采样，计算公式为

$$T'_a = \gamma_T,\ \gamma_T \sim U[-\omega_T,\ -\omega_T] \tag{4-76}$$

式中，γ_T为空气温度数据的标准偏差，呈均匀分布状态。

向下短波辐射的随机采样，计算公式为

$$R'_{sd} = R_{sd}(1 - \gamma_R) \qquad \gamma_R \sim U[-\omega_R,\ -\omega_R] \tag{4-77}$$

式中，γ_R为向下短波辐射数据的标准偏差，呈均匀分布状态。

采用 SEBS 模型模拟的瞬时潜热通量对构建的分布式生态水文模型进行同化，即数据同化系统的观测值为遥感反演的潜热通量。由于该生态水文模型的模拟步长为 30min，而 SEBS 模型反演的潜热通量为 2 次/d，则在有观测值的时刻，用观测值对模型进行数据同化，而在其他时刻，模型自由运行。采用 EnKF 方法无需对观测值进行采样，仅需给定随机误差，故给定瞬时潜热通量的随机误差为 20%。

EnKF 方法在分布式生态水文模型中集成的计算流程如图 4-29 所示。每步运算时，先对输入数据进行扰动，引入随机误差，再将生成的样本集合代入分布式生态水文模型进行模拟，构造状态变量背景场矩阵，随后检测该时刻是否有可用的遥感模型模拟数据，若有则进行数据同化，优化状态变量，并作为下一步模拟的初值，若没有则采用未经同化的状态变量样本集作为下一步模拟的初值。

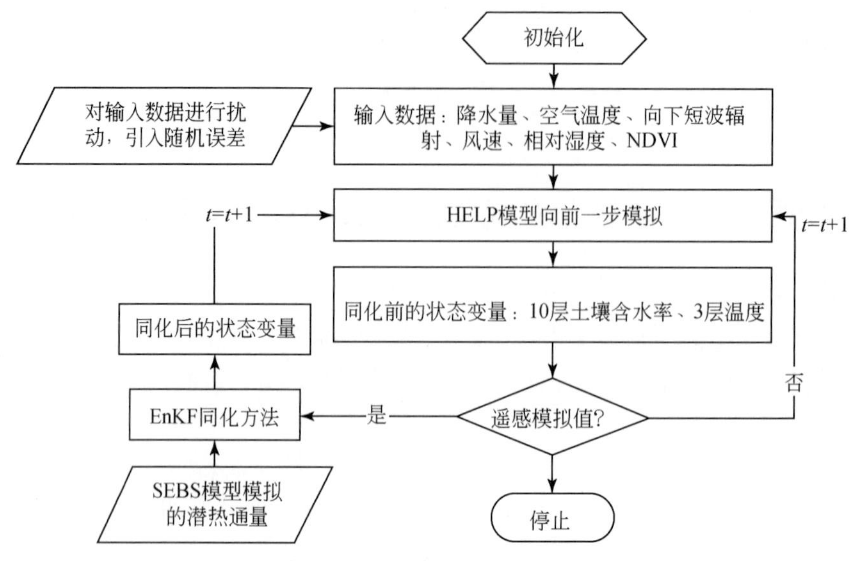

图 4-29　分布式生态水文模型数据同化计算的流程图

4.4.3　改善区域（灌区）尺度地表能量通量估算效果

在采用以上分布式生态水文模型得到的位山灌区 2006 年土壤水分和地表能量通量估算结果的基础上，将构建的数据同化系统集成在分布式生态水文模型中，采用 SEBS 遥感模型模拟的潜热通量进行数据同化，探讨同化后的模拟结果相比于基准值的改善程度。

4.4.3.1　改善土壤水状态变量模拟

采用位山灌区 2006 年冬小麦生长季节（3 月 1 日 ~5 月 31 日）和夏玉米生长季节（7 月 1 日 ~9 月 30 日）的土壤含水率实测值对土壤含水率的同化结果进行验证，采用均值标准误差 Bias、平均绝对误差 MAE、均方根误差 Rmse 和数据同化效率指数 Eff 等指标进行模拟效果评价。其中 Eff 取值范围为负无穷到 100%，该指标值大于 0，表示数据同化后的模拟结果有所改善，反之，该值小于 0，表示数据同化后的模拟结果不如同化前，故较大的该值意味着较好的数据同化效果。

$$\mathrm{Eff} = 100 \cdot \left(1 - \frac{\sum_{i=i_1}^{i_2} (Q_{ij}^{u} - Q_i)^2}{\sum_{i=i_1}^{i_2} (Q_{ij}^{b} - Q_i)^2} \right) \tag{4-78}$$

式中，Q_i为第 i 时刻的土壤含水率观测值（m^3/m^3）；Q_{ij}为第 i 时刻的土壤含水率模拟值（m^3/m^3）；下标 j 为预见期；i_1和 i_2分别为模拟的起止时间；上标 u 和 b 分别为同化后和同化前。

图 4-30 和图 4-31 分别给出了冬小麦和夏玉米生长季节内 3 层土壤含水率的实测值、基准值和数据同化后的模拟值对比情况，表 4-10 是数据同化后 3 层土壤含水率的模拟值

与基准值的误差分析结果。可以看出，数据同化后的模拟结果与基准值相比都有了不同程度的改善，Eff 值分布范围为 9. 31% ~74. 17%。

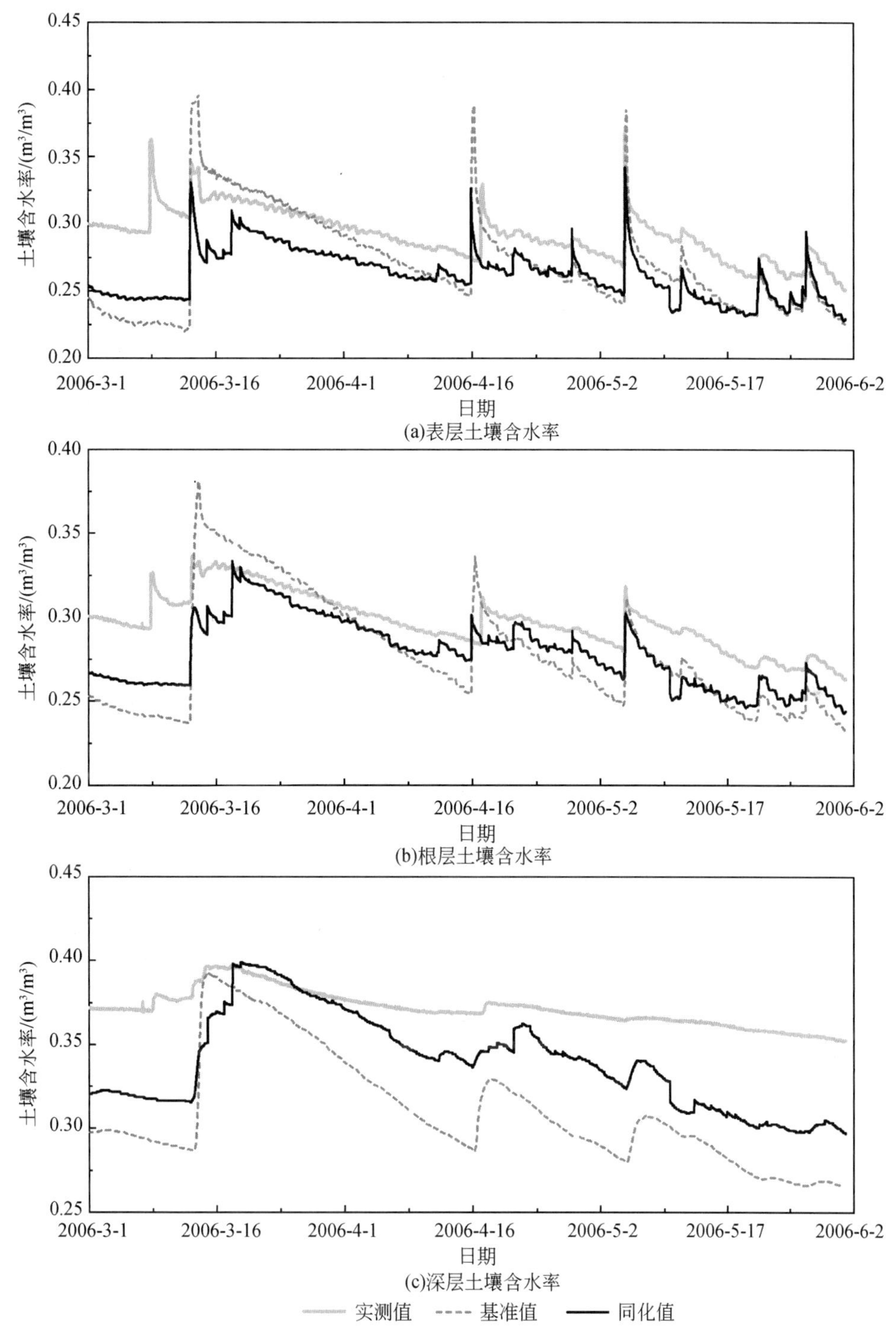

图 4-30 冬小麦生长季节内 3 层土壤含水率数据同化后的模拟值与实测值比较

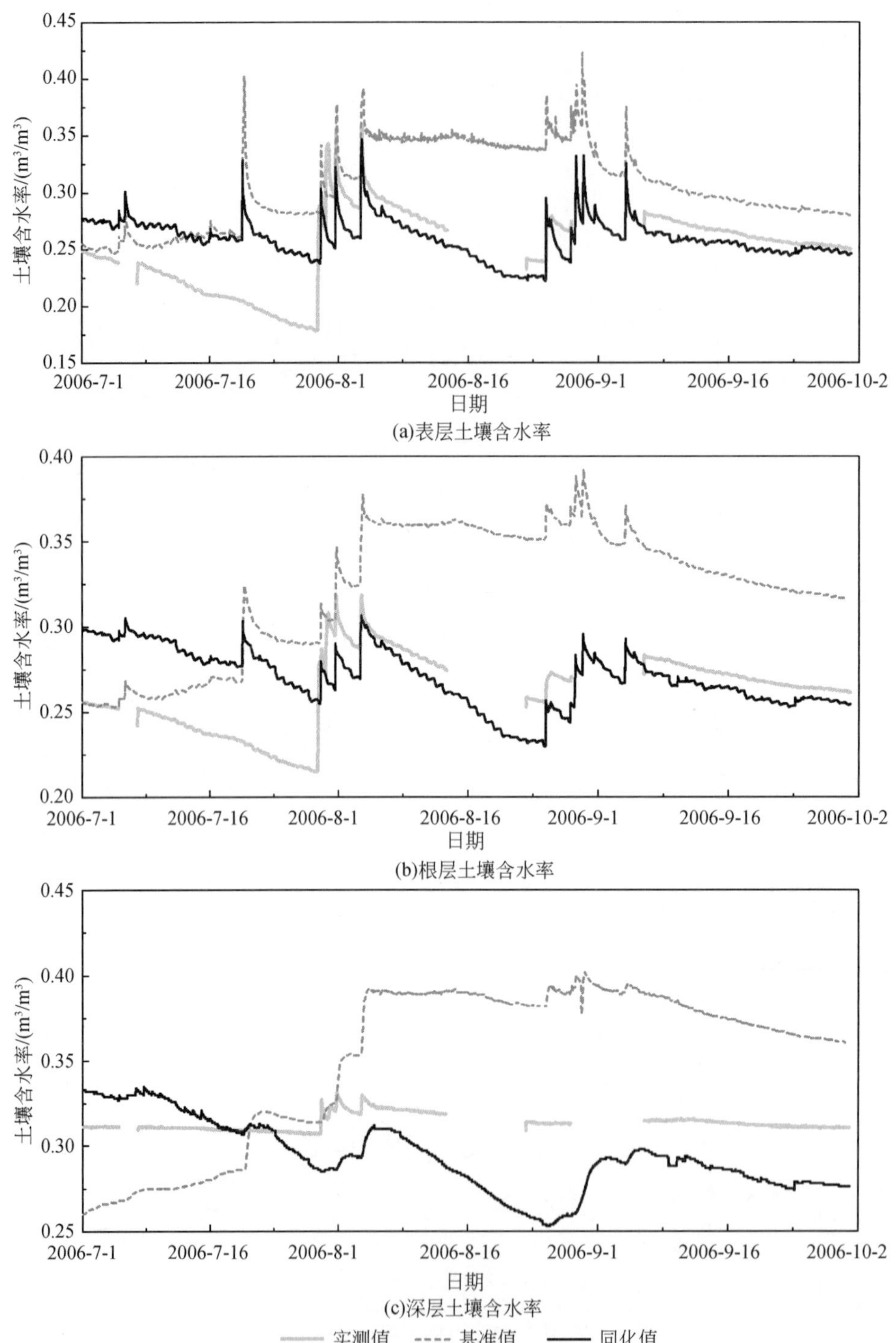

图 4-31 夏玉米生长季节内 3 层土壤含水率数据同化后的模拟值与实测值比较

表 4-10　数据同化后 3 层土壤含水率模拟值与基准值的误差分析结果

评价指标	项目	冬小麦生长季节			夏玉米生长季节		
		表层土壤	根层土壤	深层土壤	表层土壤	根层土壤	深层土壤
Bias/%	基准值	-7.57	-6.64	-16.47	18.73	19.97	9.27
	同化值	-10.45	-6.32	-8.65	3.70	3.62	-5.45
MAE/%	基准值	9.58	8.42	16.47	19.00	19.98	14.86
	同化值	10.57	6.39	8.83	10.80	9.16	7.42
Rmse/(m^3/m^3)	基准值	0.04	0.03	0.07	0.06	0.06	0.05
	同化值	0.03	0.02	0.04	0.03	0.03	0.03
Eff /%		9.31	43.68	66.67	63.17	74.17	72.34

从表 4-10 还可看出，在冬小麦生长季节内，根层和深层土壤含水率的同化值与基准值相比有明显改善，系统误差显著减小，与实测值的吻合程度较高。表层土壤含水率数据的同化效果略差，Bias 和 MAE 都比基准值略有增高，原因在于表层土壤含水率的基准模拟值在降水或灌溉前后的变化非常剧烈，导致整个模拟时段内的 Bias 处于较低水平。从图 4-30 可以看出，经数据同化后的表层土壤含水率在时间变化过程上与实测值的吻合良好，但在一定程度上存在系统偏低现象。此外，数据同化后模拟值的 Rmse 要比基准值降低 0.01m^3/m^3，表层土壤含水率的 Eff 为 9.31%，这表明虽然其改善程度低于根层和深层土壤含水率，但经过数据同化优化后，仍有一定程度的改善。

与冬小麦生长季节相比，夏玉米生长季节内的土壤含水率数据同化效果较好（图 4-31），尤其是在 Bias 方面，同化后 3 层土壤含水率模拟结果与实测值间的 Bias 分别为 3.70%、3.62% 和-5.45%，比基准值均有显著改善，MAE 和 Rmse 值也显著降低，Eff 值均在 60% 以上（表 4-10）。以上对土壤含水率模拟值进行数据同化改善的结果表明，对遥感模型反演的潜热通量进行数据同化，可以改善分布式生态水文模型中土壤水状态变量的模拟效果。

4.4.3.2　改善地表能量通量模拟

采用位山灌区 2006 年冬小麦生长季节（3 月 1 日 ~5 月 31 日）和夏玉米生长季节（7 月 1 日 ~9 月 30 日）的土壤表面温度和地表能量通量实测值对其同化结果进行验证。由于模型的背景场是由状态变量构成的误差矩阵组成，故引入潜热通量实测值作为数据同化的观测值只能用来优化该时刻的模型状态变量，而不能直接改变模型的输出值。换言之，数据同化对模型模拟结果的改进，需以优化后的模型状态变量作为模型下一步的初值继续进行模拟，也就是说，对潜热通量进行数据同化并不能保证该模型的潜热通量模拟结果一定会有所改善。

在分析数据同化对地表能量通量模拟的改善作用之前，需先分析土壤水状态变量与地表能量通量的相关关系。集合卡尔曼滤波方法通过卡尔曼增益矩阵和观测算子将观测数据、状态变量和模型输出联系在一起。当这三者间的相关性较低时，数据同化的改善作用可能不显著。表4-11列出了构建的分布式生态水文模型的状态变量与地表能量通量的相关系数，其中对角线以上为冬小麦生长季节的结果，对角线以下为夏玉米生长季节的结果。可以看出，夏玉米生长期内潜热通量与土壤含水率的相关性要高于冬小麦生长期，这说明在夏玉米生长季节内对潜热通量进行数据同化，对土壤含水率会产生更大影响，这与4.4.3.1节结果相吻合。

表4-11　构建的分布式生态水文模型的状态变量与地表能量通量的相关系数 r

项目		土壤含水率			土壤表面温度	地表能量通量			
		表层土壤	根层土壤	深层土壤		R_n	G	H	λET
土壤含水率	表层土壤	1	0.94	0.81	0.03	-0.10	-0.05	0.16	0.23
	根层土壤	0.99	1	0.95	0.08	-0.08	-0.03	0.14	0.19
	深层土壤	0.83	0.86	1	0.10	-0.09	-0.02	0.12	0.19
土壤表面温度		0.19	0.21	0.37	1	0.66	0.88	0.69	0.63
地表能量通量	R_n	0.02	0.02	0.03	0.66	1	0.71	0.73	0.89
	G_0	-0.14	-0.14	-0.09	0.85	0.77	1	0.59	0.64
	H	0.02	0.01	-0.07	0.39	0.87	0.81	1	0.41
	λET	0.41	0.41	0.37	0.66	0.84	0.60	0.54	1

从表4-11中还可看出，地表能量通量与土壤含水率之间的相关系数不及其与土壤表面温度之间的相关系数，这说明数据同化方法通过土壤表面温度状态变量的优化对地表能量通量的模拟结果具有更大影响。图4-32显示出冬小麦和夏玉米生长季节内数据同化前后的土壤表面温度的模拟值与实测值间的对比。冬小麦生长季节内土壤表面温度的模拟值与基准值之间存在较大的系统偏差，而数据同化后的系统偏差却明显降低，Bias减小至

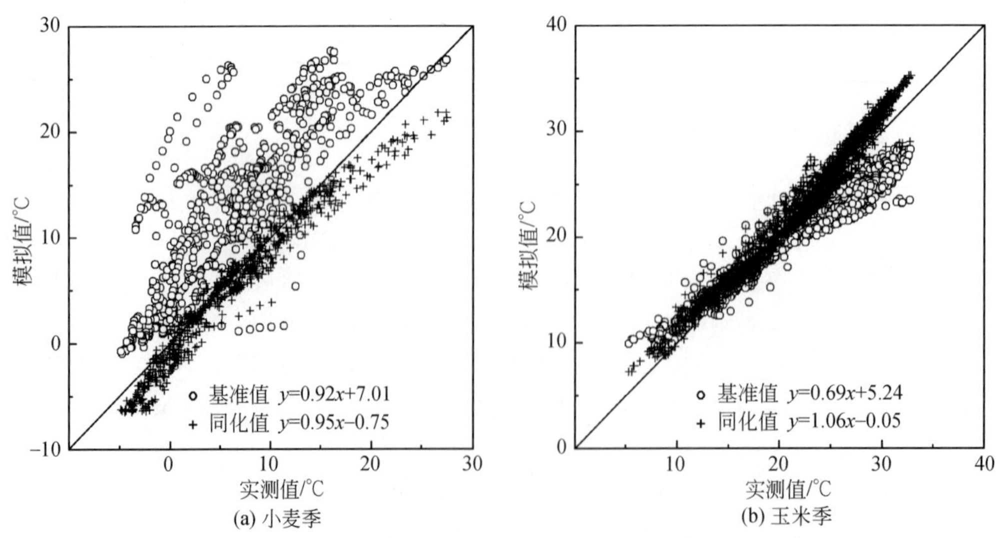

图4-32　数据同化前后的土壤表面温度的模拟值与实测值对比

-16.6%，MAE = 20.9%，Rmse = 1.79%，Eff = 94.8%，确定性系数 R^2 由 0.66 提高到 0.95。此外，夏玉米生长季节内土壤表面温度的模拟值与基准值间的吻合效果较好，Bias 由 6.7%减小至 3.2%，Rmse 降低至 1.29%，R^2 提高到 0.97，Eff 为 73.0%。这些结果表明数据同化对改善土壤表面温度状态变量的模拟具有明显效果。

图 4-33 和图 4-34 分别给出了冬小麦和夏玉米生长季节内地表能量通量同化前后的模拟值与实测值间的对比，相关误差统计分析结果见表 4-12。总体来看，与基准值相比，数据同化后的地表能量通量的模拟结果与实测值吻合更好，系统误差和离散性均有所降低。冬小麦生长期内的数据同化，显著降低了地表能量通量模拟值的均值标准误差，其中净辐射、土壤热通量、显热通量和潜热通量同化后的 Bias 值均小于 10W/m²；模拟的离散程度也有一定程度降低，同化后的 Rmse 值均有所下降，R^2 有明显改进，其中潜热通量的

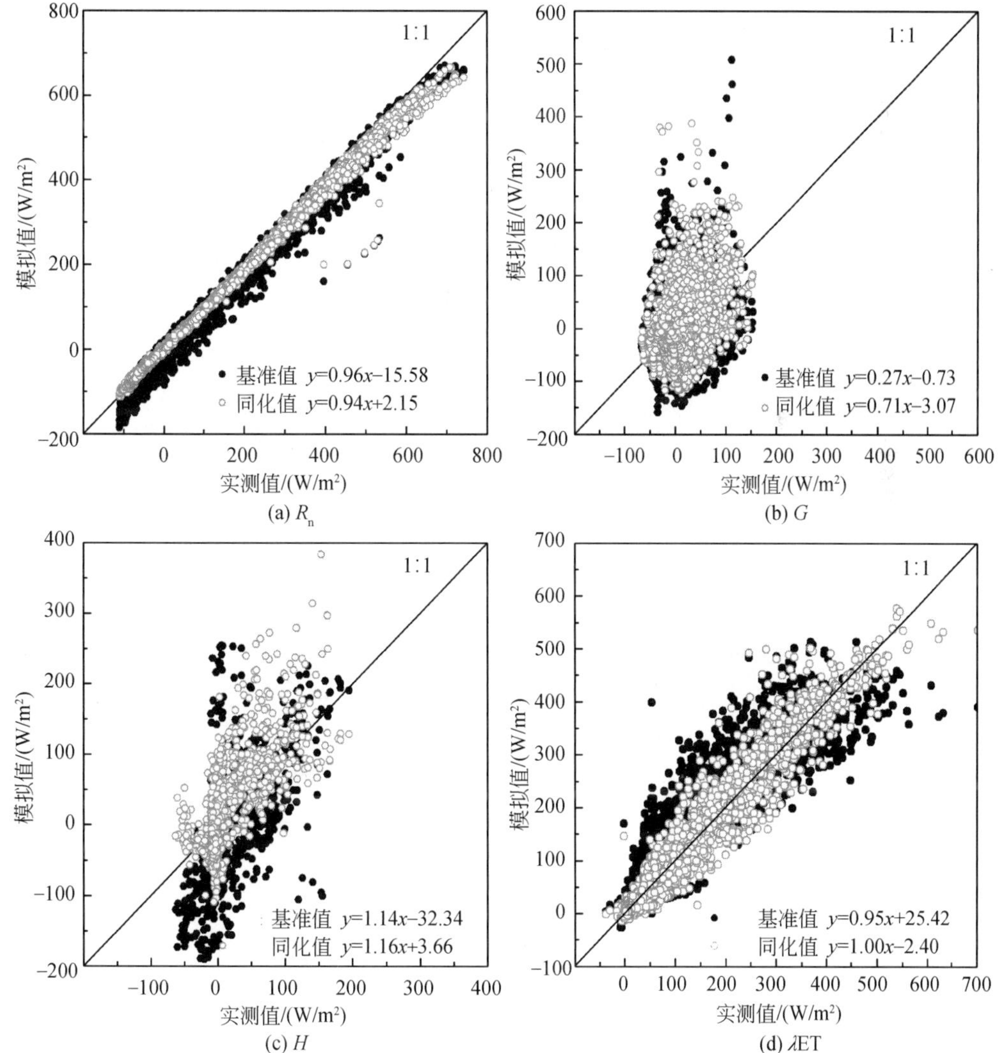

图 4-33　冬小麦生长季节数据同化前后的地表能量通量模拟值与实测值比较

Rmse 值由 54.03W/m² 降低至 32.80W/m²，R^2 由 0.85 提高至 0.94，且净辐射、显热通量和潜热通量的 Eff 值均在 50% 以上，数据同化作用显著。同时，夏玉米生长季节内的同化结果也与冬小麦类似，但同化后土壤热通量要比基准值略有下降，这是由于土壤热通量与土壤含水率状态变量的相关性较差所致。此外，净辐射、显热通量和潜热通量的同化结果均有不同程度的改善，其中潜热通量的 R^2 由 0.56 提高到 0.72，Eff 值为 68.30%。

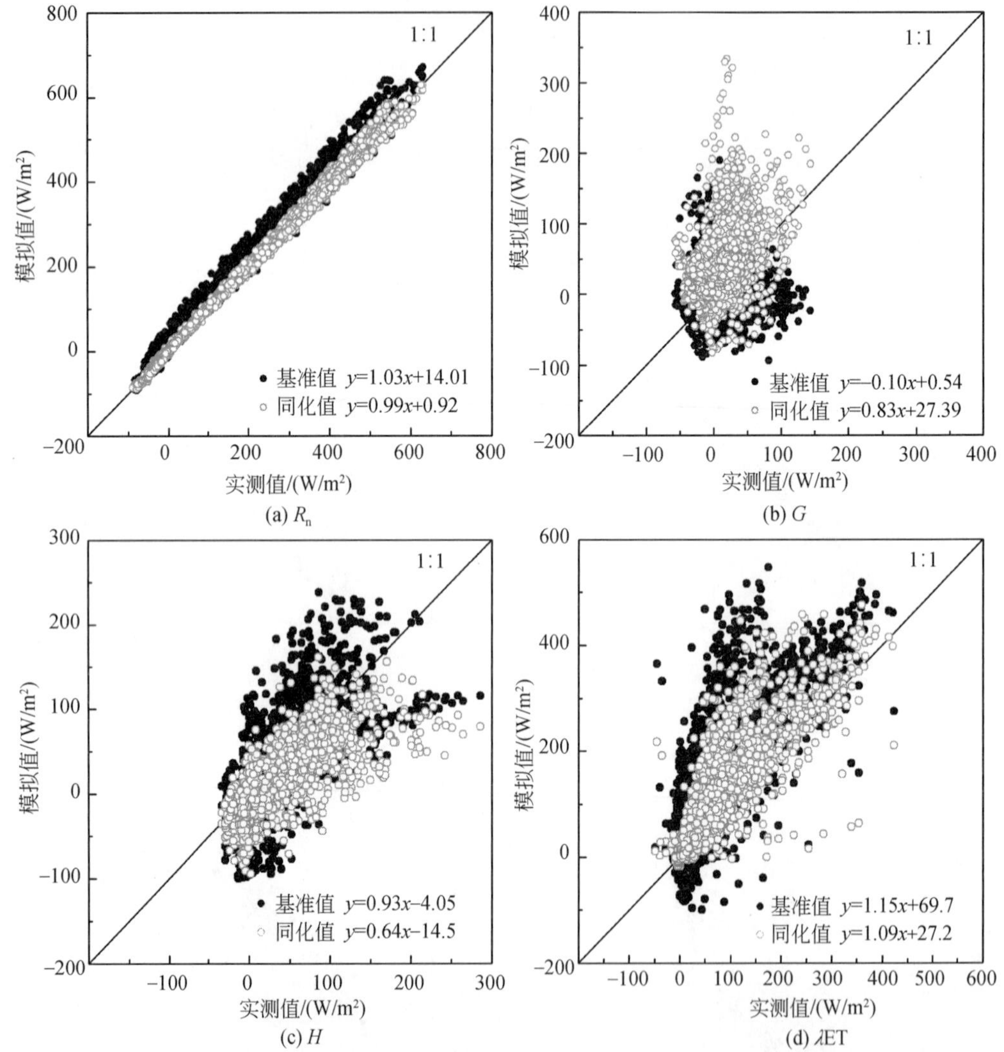

图 4-34　夏玉米生长季节数据同化前后的地表能量通量模拟值与实测值比较

对地表能量通量数据同化改善结果的分析表明，通过优化模拟的状态变量，可在模拟过程中改善模型的输出结果质量。但需注意的是，本研究中仅能在获取遥感反演潜热通量作为观测值的时刻进行模型同化，而并非在每步都能进行同化，也就是说，一旦通过数据同化优化使模型状态变量作为随后一段时期内的初始值，则数据同化的作用就可维持较长时间，进而有效提高模型的估算精度。

表 4-12　数据同化后的地表能量通量与基准值的误差对比分析

评价指标	项目	冬小麦生长季节				夏玉米生长季节			
		R_n	G	H	λET	R_n	G	H	λET
Bias/(W/m^2)	基准值	-19.40	-5.46	-29.73	19.99	17.72	-5.44	-6.79	80.96
	同化值	-3.81	-4.96	6.63	-2.04	-0.21	26.46	-28.43	33.86
Rmse/(W/m^2)	基准值	30.05	57.81	71.07	54.03	26.03	40.53	51.62	119.78
	同化值	17.76	51.63	47.72	32.80	9.81	48.44	45.50	67.44
R^2	基准值	0.99	0.03	0.37	0.85	0.99	0.01	0.50	0.56
	同化值	1.00	0.20	0.53	0.94	1.00	0.24	0.59	0.72
Eff/%		65.08	20.21	54.91	63.15	85.80	-42.79	22.32	68.30

4.5 小　　结

本章构建起农田和区域（灌区）尺度蒸散发估算方法与模型，分析探讨了双系数作物模型、遥感反演模型、分布式生态水文模型及其数据同化方法在不同空间尺度蒸散发模拟中的应用，发展了区域（灌区）尺度蒸散发估算方法，并以北京大兴和山东位山灌区获取的数据资料为基础，对华北地区典型井灌区和渠灌区的蒸散发估算方法进行了验证，获得的主要结论如下。

1）采用双作物系数模型可以较为准确地模拟我国华北地区冬小麦和夏玉米轮作种植模式下的农田尺度 ET 变化状况，并可有效地区分作物蒸腾与棵间蒸发的占比，描述土壤含水率动态变化过程。由于双作物系数模型是基于水量平衡原理开发的，故其也可用于估算田块尺度的 ET。

2）基于能量平衡原理，构建起适用于区域（灌区）尺度 ET 估算的单层和双层遥感蒸散发模型，经验性单层模型的模拟精度要高于双层模型。通过与实测值的对比及其在位山灌区尺度上的应用表明，建立的遥感蒸散发估算模型可以准确地模拟区域（灌区）尺度 ET 空间分布状况，是开展大尺度 ET 估算的有效手段。

3）通过水文强化陆面过程模型与水文模型的耦合集成，构建起分布式生态水文模型，实现了对灌区水分、能量和碳循环的耦合模拟。采用实测数据验证后表明，该模型可较好地模拟作物生物量、叶面积指数以及地表能量通量、CO_2通量和土壤含水率等，是研究灌区水碳循环过程的有效工具。

4）基于集合卡尔曼滤波方法和分布式生态水文模型，构建起陆面数据同化系统，采用单层遥感蒸散发估算模型的模拟值作为数据同化系统的观测值，对分布式生态水文模型进行数据同化。模型验证结果表明，采用数据同化方法可有效改善土壤含水率和地表能量通量的模拟效果，为提高陆面过程模型和水文模型的精度提供了可靠的方法。

第 5 章 蒸散发时间尺度扩展方法

随着遥感技术在区域（灌区）尺度 ET 估算中的推广应用，有效突破了传统 ET 监测手段难以实现由点向面拓展的瓶颈。多时相、多光谱及倾斜角度的遥感资料能够综合反映下垫面的几何结构与湿热状况，特别是表面热红外温度与其他资料的结合可较为客观地反映近地层湍流热通量的大小和下垫面干湿程度的差异，使得遥感方法在获取区域 ET 空间分布上更具有优势。然而该法通常只能获得卫星过境时刻的瞬时 ET 数据，而日及以上时间尺度 ET 数据在制定作物灌溉制度和灌区用水规划中更具实际应用价值。为此，通过有限的瞬时 ET 数据预测 ET 随时间的动态变化过程并估算特定时段的 ET 总量，已成为估算区域（灌区）尺度 ET 研究领域中的关键环节和核心问题。

本章以北京大兴试验站和山东位山试验站的 ET 实测数据为参照，借助各种时间尺度扩展方法，将瞬时 ET 扩展到日时间尺度，再将日 ET 扩展到全生育期尺度，并建立基于插值修正函数的 ET 全生育期时间尺度扩展方法，经过结果对比分析后，推荐适宜华北平原应用的 ET 时间尺度扩展方法。

5.1 蒸散发时间尺度扩展方法

现有从瞬时到日的 ET 时间尺度扩展方法主要有蒸发比法、作物系数法、冠层阻力法和正弦关系法等，而从日到全生育期的 ET 时间尺度扩展方法则主要包括基于蒸发互补理论的 Advection-Aridity 法、Katerji-Perrier 法、蒸发比法、作物系数法和冠层阻力法等。由于这些 ET 时间尺度扩展方法的估算效果受到不同气候区及下垫面的影响，具有较强的经验性，故在选取何种方法进行 ET 时间尺度扩展上还未有统一看法。

5.1.1 从瞬时到日的 ET 时间尺度扩展方法

常用的从瞬时 ET 到日的时间尺度扩展方法，由于蒸散发 ET 与潜热通量 λET 为同一变量的不同表达形式，故将根据需要选用，而不再刻意区分二者。

(1) 蒸发比法

蒸发比（evaporative fraction，EF）被定义为潜热通量与有效能量间的比值（Shuttleworth et al.，1989）。基于蒸发比 EF 的 ET 时间尺度扩展方法如下（Sugita and Brutsaert，1991）：

$$\mathrm{EF_i} = \frac{\lambda \mathrm{ET_i}}{(R_n - G)_i} \tag{5-1}$$

$$\lambda \mathrm{ET_d} = \mathrm{EF_i}\ (R_n - G)_d \tag{5-2}$$

式中，$\mathrm{EF_i}$为瞬时尺度的蒸发比；$\lambda \mathrm{ET_i}$和 $\lambda \mathrm{ET_d}$分别为瞬时和日尺度的潜热通量（W/m^2）；$(R_n-G)_i$和 $(R_n-G)_d$分别为瞬时和日尺度的净辐射与土壤热通量的差值（W/m^2）；λ 为汽化潜热（J/kg）。

(2) 改进的蒸发比法

假定土壤热通量 G 在 1 天内的均值为 0（Chemin and Alexandridis, 2001），则可忽略式（5-1）和式（5-2）中的 G 项，以便减小因土壤热通量计算不确定性带来的误差，改进后的蒸发比 $\mathrm{EF_m}$法为

$$\mathrm{EF}'_i = \frac{\lambda \mathrm{ET_i}}{R_{ni}} \tag{5-3}$$

$$\lambda \mathrm{ET_d} = \mathrm{EF}'_i R_{nd} \tag{5-4}$$

式中，$\mathrm{EF_i}'$为改进后的瞬时尺度的蒸发比；R_{ni} 和 R_{nd} 分别为瞬时和日尺度的净辐射（W/m^2）。

(3) 作物系数法

基于作物系数 K_c的 ET 时间尺度扩展方法（Colaizzi et al., 2006）如下：

$$\lambda \mathrm{ET_{0i}} = \frac{\Delta_i (R_n - G)_i + \rho_{ai} C_p \mathrm{VPD_i} u_{2i}/208}{\Delta_i + \gamma_i (1 + 0.34 u_{2i})} \tag{5-5}$$

$$K_{ci} = \frac{\lambda \mathrm{ET_i}}{\lambda \mathrm{ET_{0i}}} \tag{5-6}$$

$$\lambda \mathrm{ET_d} = K_{ci} \lambda \mathrm{ET_{0d}} \tag{5-7}$$

式中，K_{ci}为瞬时尺度的作物系数；$\lambda \mathrm{ET_{0i}}$和 $\lambda \mathrm{ET_{0d}}$分别为瞬时和日尺度的参考作物潜热通量（W/m^2）；Δ_i为瞬时尺度的饱和水汽压-温度曲线的斜率（kPa/℃）；ρ_{ai}为瞬时尺度的空气密度（kg/m^3）；C_p为空气的定压比热［J/(kg · K)］；$\mathrm{VPD_i}$为瞬时尺度的饱和水汽压差（kPa）；γ_i 为瞬时尺度的湿度计常数（kPa/℃）；u_{2i}为瞬时尺度的 2m 高度处风速（m/s）。

式（5-7）中的 $\lambda \mathrm{ET_{0d}}$计算如下：

$$\lambda \mathrm{ET_{0d}} = \frac{\Delta_d (R_n - G)_d + \rho_{ad} C_p \mathrm{VPD_d} u_{2d}/208}{\Delta_d + \gamma_d (1 + 0.34 u_{2d})} \tag{5-8}$$

式中，Δ_d为日尺度的饱和水汽压-温度曲线的斜率（kPa/℃）；ρ_{ad}为日尺度的空气密度（kg/m^3）；$\mathrm{VPD_d}$为日尺度的饱和水汽压差（kPa）；γ_d 为日尺度的湿度计常数（kPa/℃）；u_{2d}为日尺度的 2m 高度处风速（m/s）。

(4) 改进的作物系数法

在作物系数 K_c法中，假设参考作物蒸散发量在白天的冠层阻力不变，其与实际作物冠层阻力的变化规律不符，故利用变化的冠层阻力来代替 FAO 推荐的参考作物蒸散发量公式中的固定冠层阻力，进而对作物系数 K_c 法进行改进，其中的冠层阻力计算公式（Todorovic, 1999）如下：

$$a\left(\frac{r_c^{\mathrm{T}}}{r_i}\right)^2 + b\left(\frac{r_c^{\mathrm{T}}}{r_i}\right) + c = 0 \tag{5-9}$$

式中，a、b、c 均为一元二次方程的参数；r_c^T 为冠层阻力（s/m）；r_i为气象阻力（s/m），且由下式计算（Todorovic，1999）。

$$r_i = \text{VPD}\frac{\rho_a C_p}{\gamma(R_n - G)} \tag{5-10}$$

$$a = \text{VPD}\frac{\Delta + \gamma(r_i/r_a)}{\Delta + \gamma}(r_i/r_a) \tag{5-11}$$

$$b = -\gamma\left(\frac{r_i}{r_a}\right)\frac{\gamma}{\Delta}\frac{\text{VPD}}{\Delta + \gamma} \tag{5-12}$$

$$c = -(\Delta + \gamma)\frac{\gamma}{\Delta}\frac{\text{VPD}}{\Delta + \gamma} \tag{5-13}$$

$$r_a = \frac{\ln\frac{z-d}{z_{0m}}\ln\frac{z-d}{z_{0h}}}{k^2 u_z} \tag{5-14}$$

式中，r_a为空气动力学阻力（s/m）；z 为观测高度（m）；d 为零平面位移（m）；z_{0m}为动量传输粗糙长度（m）；z_{0h}为热量传输粗糙长度（m）；k 为卡曼常数；u_z为测量高度处的风速（m/s）。

改进的作物系数 K_{cm}法为

$$K_{cm} = \frac{\lambda \text{ET}_i}{\lambda \text{ET}_{0i}^T} \tag{5-15}$$

$$\lambda \text{ET}_d = K_{cm}\lambda \text{ET}_{0d}^T \tag{5-16}$$

式中，λET_{0i}^T 和 λET_{0d}^T 分别为改进后的瞬时参考作物潜热通量和日参考作物潜热通量（W/m^2）。

（5）冠层阻力法

基于冠层阻力 r_c的 ET 时间尺度扩展方法如下（Malek et al.，1992）：

$$r_{ci} = r_{ai}\left[\left(\frac{\Delta_i(R_n - G)_i + \frac{\rho_{ai}C_p\text{VPD}_i}{r_{ai}}}{\lambda \text{ET}_i} - \Delta_i\right)\frac{1}{\gamma_i} - 1\right] \tag{5-17}$$

$$\lambda \text{ET}_d = \frac{\Delta_d(R_n - G)_d + \rho_{ad}C_p\text{VPD}_d/r_{ad}}{\Delta_d + \gamma_d\left(1 + \frac{r_{ci}}{r_{ad}}\right)} \tag{5-18}$$

式中，r_{ci}为瞬时尺度的冠层阻力（s/m）；r_{ai}和 r_{ad}分别为瞬时和日尺度的空气动力学阻力（s/m）。

（6）正弦关系法

正弦关系法由 Jackson 等（1983）提出，与太阳短波辐射相类似，当假定瞬时潜热通量在日内呈正弦变化趋势时，则日尺度的潜热通量计算如下：

$$\lambda \text{ET}_d = \lambda \text{ET}_i\frac{2N}{\pi\sin(\pi t)} \tag{5-19}$$

$$N = 0.945(a + b\sin^2(\pi(D + 10)/365)) \tag{5-20}$$

式中，t 为日内时刻（h）；D 为儒略日；a 和 b 为与纬度有关的参数（Zhang and Lemeur，

1995）。

5.1.2 从日到全生育期的 ET 时间尺度扩展方法

常用的从日 ET 到全生育期的时间尺度扩展方法，由于蒸散发 ET 与潜热通量 λET 为同一变量的不同表达形式，故将根据需要选用，而不再刻意区分二者。

（1）蒸发比法

利用典型日实测数据计算日蒸发比 EF_d的公式如下（Sugita and Brutsaert，1991）：

$$EF_d = \frac{\lambda ET_d}{(R_n - G)_d} \tag{5-21}$$

根据式（5-21）计算的典型日蒸发比 EF_d，线性插值获得全生育期内的日蒸发比 EF_d，则全生育期的潜热通量均值为

$$\lambda ET_{period} = \frac{1}{m}\sum_{k=1}^{m}[EF_{dk} \times (R_n - G)_{dk}] \tag{5-22}$$

式中，λET_{period}为全生育期的潜热通量均值（W/m^2）；m 为生育期天数（d）。

（2）作物系数法

采用典型日实测数据计算日作物系数 K_{cd}的公式为（Colaizzi et al.，2006）

$$K_{cd} = \frac{\lambda ET_d}{\lambda ET_{0d}} \tag{5-23}$$

根据式（5-23）计算的典型日作物系数 K_{cd}，线性插值获得全生育期内的日作物系数 K_{cd}，则全生育期的潜热通量均值为

$$\lambda ET_{period} = \frac{1}{m}\sum_{k=1}^{m}[K_{cdk} \times \lambda ET_{0dk}] \tag{5-24}$$

（3）冠层阻力法

应用典型日实测数据计算日冠层阻力 r_{cd}的公式为（Malek et al.，1992）

$$r_{cd} = r_{ad}\left[\left(\frac{\Delta_d (R_n - G)_d + \frac{\rho_{ad} C_p VPD_d}{r_{ad}}}{\lambda ET_d} - \Delta_d\right)\frac{1}{\gamma_d} - 1\right] \tag{5-25}$$

其中

$$r_{ad} = \frac{\ln\left[\frac{z - d}{h_c - d}\right]\ln\left[\frac{z - d}{z_0}\right]}{k^2 u_{2d}} \tag{5-26}$$

根据式（5-25）计算的典型日冠层阻力 r_{cd}，线性插值获得全生育期内的日冠层阻力 r_{cd}，则全生育期的潜热通量均值为

$$\lambda ET_{period} = \frac{1}{m}\sum_{k=1}^{m}\frac{\Delta_{dk}(R_n - G)_{dk} + \rho_{adk} C_p VPD_{dk}/r_{adk}}{\Delta_{dk} + \gamma_{dk}\left(1 + \frac{r_{cdk}}{r_{adk}}\right)} \tag{5-27}$$

（4） Advection-Aridity 法

Advection-Aridity（AA）方法是基于蒸发互补理论建立的，其中蒸发互补公式如下（Han et al.，2011）：

$$(ET_p - ET_w) = a(ET_w - ET) \tag{5-28}$$

式中，ET_p为潜在蒸散发（mm）；ET_w为湿润条件下的蒸散发（mm）；a 为经验参数。

式（5-28）中的潜在蒸散发 ET_p和湿润条件下蒸散发 ET_w分别被定义为

$$ET_p = \frac{\Delta(R_n - G)}{(\Delta + \gamma)\lambda} + \frac{\gamma}{\Delta + \gamma} f(u_z)\mathrm{VPD} \tag{5-29}$$

$$ET_w = bET_{rad} \tag{5-30}$$

其中

$$ET_{rad} = \frac{\Delta(R_n - G)}{(\Delta + \gamma)\lambda} \tag{5-31}$$

式中，$f(u_z)$ 为风速函数；u_z为测量高度处的风速（m/s）；ET_{rad}为蒸散发的辐射分项（mm）；b 为经验系数。

式（5-29）中的风速函数可被简化为

$$f(u_z) \approx f(u_2) = 2.6(1 + 0.54u_2) \tag{5-32}$$

式中，u_2为 2 m 高度处的风速（m/s）。

式（5-28）中实际蒸散发 ET 的计算公式为

$$\frac{ET}{ET_p} = a\left(1 + \frac{1}{b}\right)\frac{ET_{rad}}{ET_p} - \frac{1}{b} \tag{5-33}$$

式（5-33）中的经验参数 a 和 b 均需根据实测的蒸散发加以率定，且该式可简写如下：

$$\frac{ET}{ET_p} = c\frac{ET_{rad}}{ET_p} - m \tag{5-34}$$

式中，c 和 m 为经验系数。

根据式（5-34）计算的典型日 c 和 m 值，线性插值获得全生育期内的日参数 c 和 m，则可获得全生育期的蒸散发量。

（5） Katerji-Perrier 法

Katerji 和 Perrier 推荐的 Katerji-Perrier（KP）计算公式如下（Rana et al.，2005）：

$$\frac{r_c}{r_a} = a\frac{r^*}{r_a} + b \tag{5-35}$$

式中，r^*为临界阻力（s/m）；a 和 b 为经验参数。

式（5-35）中临界阻力的计算公式为

$$r^* = \frac{\Delta + \gamma}{\Delta\gamma}\frac{\rho_a C_p \mathrm{VPD}}{R_n - G} \tag{5-36}$$

根据式（5-35）计算的典型日 a 和 b 值，线性插值获得全生育期内的日参数 a 和 b，结合 P-M 方程，则可获得全生育期的蒸散发量。

5.2 冬小麦和夏玉米生长期从瞬时蒸散发到日的时间尺度扩展

针对不同气候区及不同作物类型，不同的时间尺度扩展方法之间在适用性上存在差异，其中蒸发比法和作物系数法是最为常用的方法，故以这两种方法为基础，适度扩展分析其他方法，对比分析大兴试验站和位山试验站冬小麦和夏玉米生长期内从瞬时 ET 到日的时间尺度扩展方法的估算结果。

5.2.1 位山试验站不同下垫面从瞬时 ET 到日的时间尺度扩展

基于位山试验站 2005～2008 年冬小麦、夏玉米和裸地三种下垫面类型每日 9：00～15：00的 7 个整点时刻，分别采用蒸发比法、改进的蒸发比法、作物系数法和正弦关系法进行瞬时 ET 到日的时间尺度扩展，并与涡度协方差系统实测的日 ET 值进行线性拟合，对比模拟结果与实测值的吻合状况。

5.2.1.1 基于白天典型瞬时时刻的 ET 日时间尺度扩展方法估算结果比较

表 5-1 给出了采用蒸发比法、改进的蒸发比法、作物系数法和正弦关系法 4 种 ET 日时间尺度扩展方法的总体估算效果，可以看出，所有方法的拟合斜率 k 在日内均呈上升趋势，其中 12：00～13：00 的 k 值都接近于 1，基于这些方法获得的不同典型时刻瞬时值扩展的日 ET 具有一定差异，除利用 15：00 瞬时值进行扩展的结果外，其他时刻的拟合截距 b 均小于 0.1mm/d。此外，这 4 种方法拟合的确定性系数 R^2 均呈现出中午高、上午和下午低的特点，这意味着采用上午时刻的 ET 瞬时值进行时间尺度扩展可能造成低估日值，使用下午时刻的 ET 瞬时值又可能高估日值，而基于中午时刻的 ET 瞬时值估算日值似乎较为适宜。

表 5-1 4 种 ET 日时间尺度扩展方法的估算效果

评价指标	扩展方法	9：00	10：00	11：00	12：00	13：00	14：00	15：00
k	蒸发比法	0.714	0.776	0.874	0.930	1.016	1.093	1.121
	改进的蒸发比法	0.730	0.811	0.918	0.967	1.040	1.104	1.137
	作物系数法	0.727	0.769	0.85	0.888	0.954	1.015	1.058
	正弦关系法	0.756	0.858	0.997	1.075	1.173	1.245	1.269
b/(mm/d)	蒸发比法	0.033	0.008	−0.024	−0.031	−0.012	0.021	0.346
	改进的蒸发比法	0.080	0.061	0.013	−0.006	−0.021	−0.031	−0.005
	作物系数法	0.049	0.027	−0.013	−0.028	−0.024	−0.017	0.112
	正弦关系法	0.019	0.045	0.017	0.011	0.026	0.048	0.252
R^2	蒸发比法	0.819	0.904	0.951	0.956	0.933	0.943	0.677
	改进的蒸发比法	0.783	0.884	0.955	0.96	0.959	0.961	0.948
	作物系数法	0.836	0.910	0.954	0.959	0.945	0.927	0.929
	正弦关系法	0.818	0.903	0.95	0.951	0.932	0.931	0.819

针对冬小麦、夏玉米和裸地三种下垫面类型，分别采用蒸发比法、改进的蒸发比法、作物系数法和正弦关系法 4 种 ET 日时间尺度扩展方法进行估算，结果与实测值的均值标准误差 Bias 对比［图 5-1（a）］。可以看出，采用不同时刻 ET 瞬时值获得的日值结果都具有明显的系统偏差。总体来看，在作物生长季节内的 Bias 值呈现出单调递增趋势，而裸地下的日内变化规律却并不显著，但在下午均呈现出明显升高的特点。同时，蒸发比法和正弦关系法的系统偏差较为剧烈，Bias 值一般在上午显著偏低而在下午则明显偏高，改进的蒸发比法的系统偏差要小于蒸发比法和正弦关系法，这表明模拟结果与实测值吻合较好。此外，正弦关系法在绝大多数时段内的模拟结果总体上高于其他 3 种方法，而作物系数法则在总体上低于其他方法。这 4 种方法在不同下垫面下表现出较强的一致性和规律性，相对而言，改进的蒸发比法模拟结果的相对误差较小，且对不同时刻的 ET 瞬时值具有较好的适应性。

图 5-1（b）显示出基于蒸发比法、改进的蒸发比法、作物系数法和正弦关系法 4 种 ET 日时间尺度扩展方法估算结果与实测值的平均绝对误差 MAE 对比。在 3 种下垫面条件下，MAE 值均呈现出早晚高、中午低的规律，除正弦关系法在下午的误差显著增加外，另外 3 种方法的 MAE 值均呈现出上午较高而下午略低的变化趋势。此外，裸地下的 MAE 要小于有植被覆盖，这是由于裸地表面蒸散发远小于作物覆盖下垫面。上述 4 种方法在接近中午时段的日 ET 模拟值的误差均较小，彼此差别不大，但在上午和下午的差别却较为明显。总的来看，改进的蒸发比法在各种下垫面条件下的表现要优于其他方法。

图 5-1（c）给出了基于蒸发比法、改进的蒸发比法、作物系数法和正弦关系法 4 种 ET 日时间尺度扩展方法估算结果与实测值的均方根误差 Rmse 对比。3 种下垫面条件下的 Rmse 值均呈现出早晚高、中午低的现象，这进一步验证了系统偏差的存在。在作物生长季节内，采用正午时刻的日 ET 模拟结果最佳，裸地下则是 14：00 时最好。这 4 种方法在接近正午时刻的 Rmse 值间的差别不大，但正弦关系法在作物生长季节内明显不适用，改进的蒸发比法在绝大多数情况下的 Rmse 值均小于其他方法，这与 Bias 值的对比结果相一致。

图 5-1（d）显示出基于蒸发比法、改进的蒸发比法、作物系数法和正弦关系法 4 种 ET 时间尺度扩展方法估算结果与实测值的确定性系数 R^2 对比。可以看出，作物覆盖下，除 9：00 外，其他时刻的 ET 瞬时值扩展结果的 R^2 值均在 0.9 以上，裸地下的 R^2 值呈递增趋势，上午很低，但下午提高到 0.8 左右。对不同下垫面条件和时刻而言，改进的蒸发比法虽在变化规律上与其他方法类似，但 R^2 值略高于其他方法，其稳定性优于其他方法。

图 5-1（e）给出了基于蒸发比法、改进的蒸发比法、作物系数法和正弦关系法 4 种 ET 日时间尺度扩展方法估算结果与实测值的效率指数 ε 对比。对裸地下垫面条件，上午和下午均出现 ε 值小于零的情况，这说明日 ET 的模拟结果差于观测数据的统计平均值，而作物生长条件下，ε 值在 12：00 最高，但在上午和下午却逐渐减小。同时，作物系数法在下午的 ε 值较高，但上午却不佳；正弦关系法在上午略优于其他方法，但下午的 ε 值显著低于其他方法；蒸发比法的结果较为稳定，但却低于改进的蒸发比法。总体而言，改进的蒸发比法在大多数情况下的 ε 值均高于其他方法，且更为稳定，在 9：00 和 15：00 仍能维持在较高水平，这与 Ibanez 等（2000）在地中海地区得到的研究结果相似。

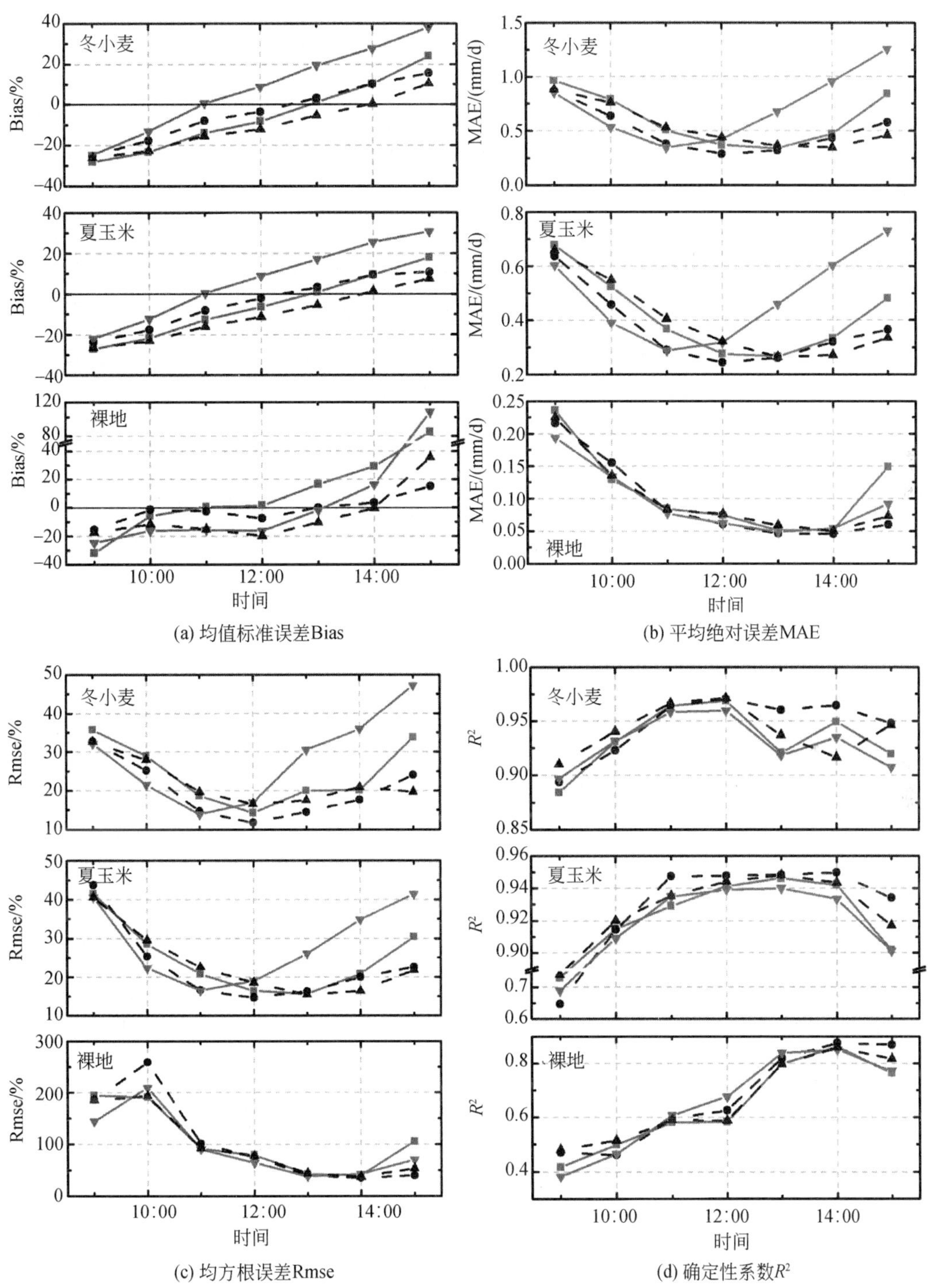

(a) 均值标准误差Bias

(b) 平均绝对误差MAE

(c) 均方根误差Rmse

(d) 确定性系数R^2

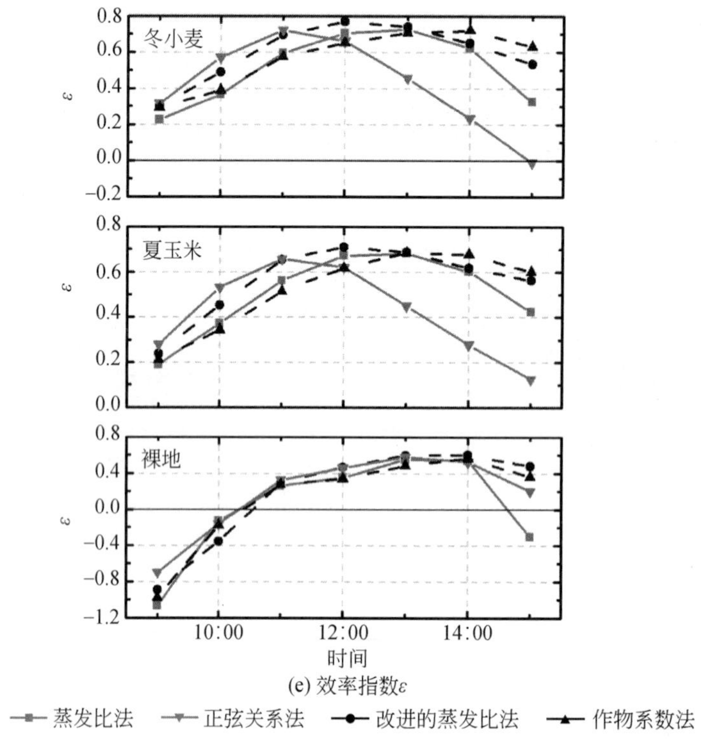

图 5-1　4 种 ET 日时间尺度扩展方法估算效果的评价指标对比

对以上 4 种 ET 日时间尺度扩展方法在不同下垫面、白天不同瞬时时刻的日 ET 估算结果进行对比后发现，同一 ET 日时间尺度扩展方法估算结果间的差异较大，有植被覆盖下的日 ET 估算精度高于裸地；同一下垫面条件下不同瞬时时刻的估算结果间差异也很大，但变化规律性较强，即中午和接近中午瞬时时刻的估值好于上午和下午。总体而言，改进的蒸发比法在各种下垫面条件和中午瞬时时刻的日 ET 估算结果优于其他方法。

5.2.1.2　基于遥感卫星过境瞬时时刻的 ET 日时间尺度扩展方法估算结果比较

尽管以上对比分析结果表明，采用中午时刻的瞬时值进行 ET 日时间尺度扩展的结果相对较好，但目前常用的遥感卫星过境时间均在上午或下午（如 Landsat 为 10：00，AVHRR 为 14：00，MODIS Terra 为 10：30 左右，MODIS Aqua 为 13：30 左右），故对基于遥感卫星过境时刻 ET 瞬时值开展日时间尺度扩展的结果进行分析比较。

以估算精度相对较高的改进的蒸发比法为例，基于 MODIS Terra 和 MODIS Aqua 卫星过境时刻 10：30 和 13：30 分别反演的 ET 瞬时值（简称上午卫星和下午卫星），对 2005 ~2008 年位山试验站冬小麦和夏玉米以及裸地条件下的 ET 进行日时间尺度扩展。如图 5-2所示，估算结果与实测值间的吻合性较好，但也存在一定的系统误差。对所有的日时间尺度扩展方法而言，采用上午卫星数据估算的日 ET 值均偏小，k 的最小值为 0.77（夏玉米下垫面），最大值为 0.86（裸地下垫面），而采用下午卫星数据估算的日 ET 值均偏大，

k 的最小值为 1.06（裸地下垫面），最大值为 1.13（夏玉米下垫面）。与其他扩展方法相比，基于改进的蒸发比法的日 ET 估算结果与实测值间的一致性最佳，且在有植被覆盖下的估值精度要优于裸地下垫面。估算结果与实测值间存在系统误差的主要原因可能在于，改进的蒸发比法中隐含的变量（如蒸发比）在日内保持不变的假定或许在现实中并不成立。

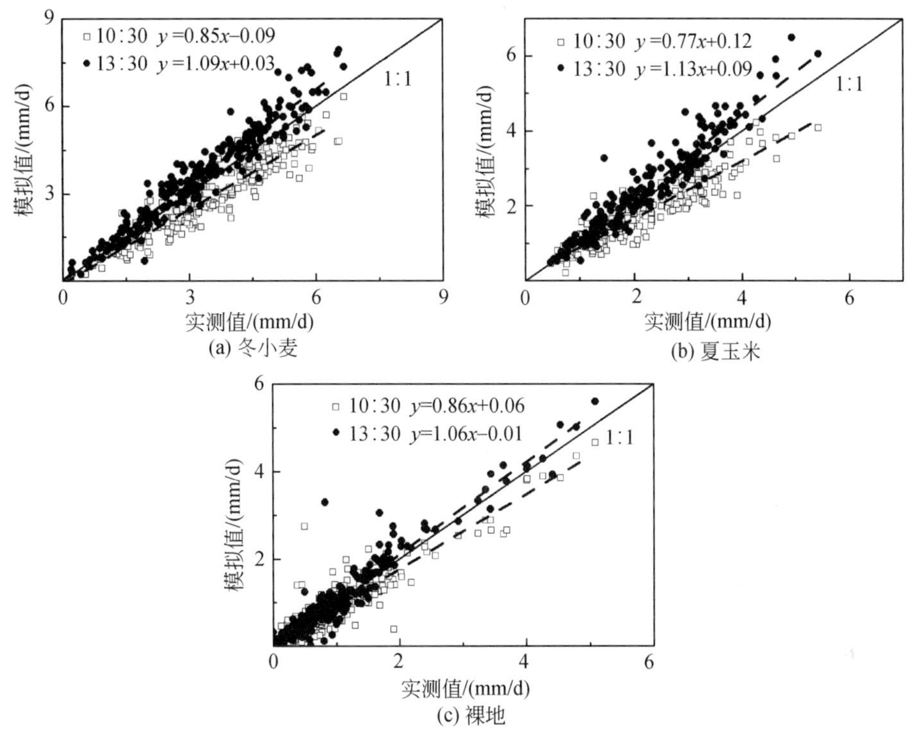

图 5-2　基于 MODIS 卫星过境时刻瞬时值下改进的蒸发比法估算的日 ET 结果与实测值的对比

5.2.2　大兴试验站冬小麦生长期从瞬时 ET 到日的时间尺度扩展

利用大兴试验站 2009 年冬小麦生育期返青后涡度协方差系统和蒸渗仪实测的 ET 数据，对蒸发比法、作物系数法和改进的作物系数法 3 种 ET 日时间尺度扩展方法的适用性进行对比分析。考虑到大部分遥感卫星过境时间均分布在 9：00～15：00，故以该时段作为这 3 种 ET 日时间尺度扩展方法适用性评价的基础。

5.2.2.1　EF、K_c 和 K_{cm} 典型日变化过程

图 5-3 显示出冬小麦返青期后的 4 个典型日内可用能量 R_n-G、潜热通量 λET 和蒸发比 EF 的变化过程。其中 R_n-G 与 λET 的相关性较好，确定性系数 R^2 分别为 0.901、0.890、0.877 和 0.983；EF 在这 4 个典型日内的变异系数分别为 5%、3.7%、4.3% 和 3.6%，EF 值在 9：00～15：00 时段内的变异性较小。

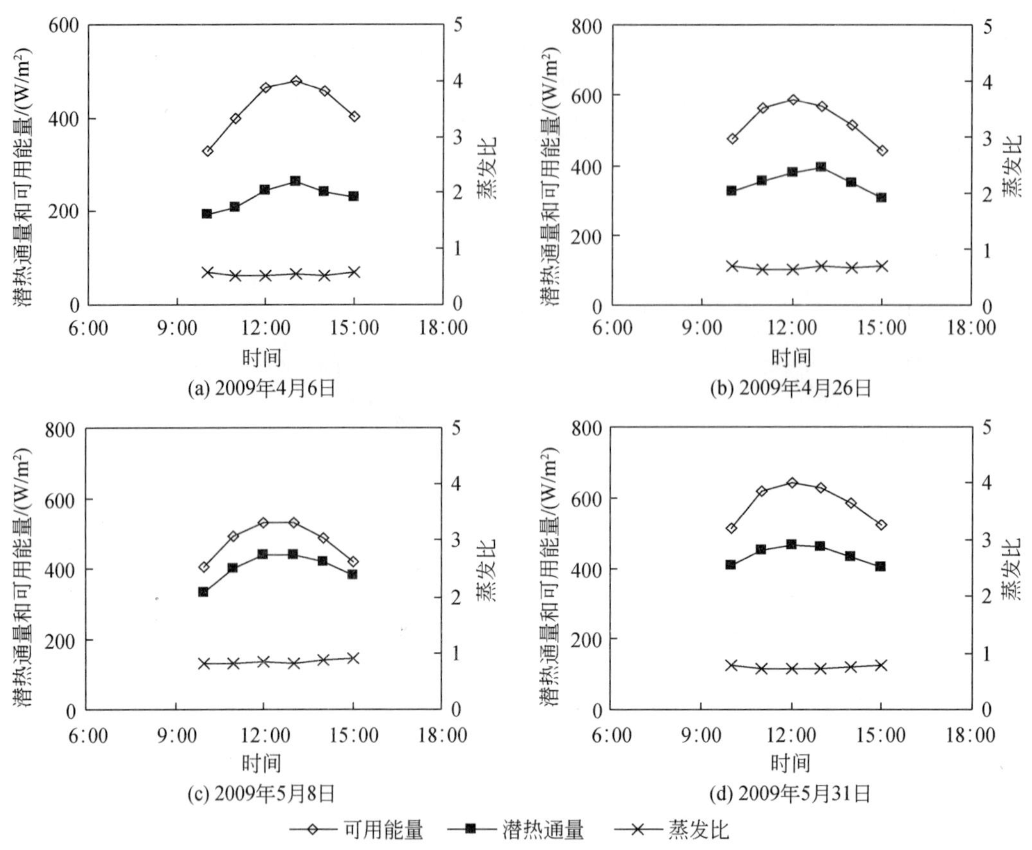

(a) 2009年4月6日
(b) 2009年4月26日
(c) 2009年5月8日
(d) 2009年5月31日

图 5-3　2009 年冬小麦生育期返青后典型日内潜热通量、可用能量和蒸发比的变化过程

图 5-4 为冬小麦返青期后的 4 个典型日内参照作物蒸散发量、实测的蒸散发量和作物系数 K_c 的变化过程。其中，参照作物蒸散发量与实测的蒸散发量的相关性较好，确定性系数 R^2 分别为 0.854、0.891、0.930 和 0.614；K_c 在这 4 个典型日内 9：00～15：00 时段的变异系数分别为 12%、3.2%、4% 和 6.3%，K_c 值在该时段内的变异性较小。

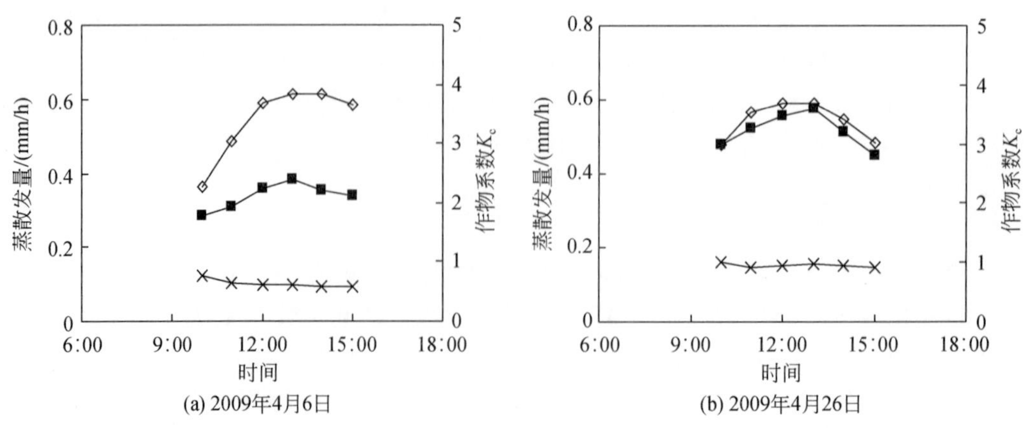

(a) 2009年4月6日
(b) 2009年4月26日

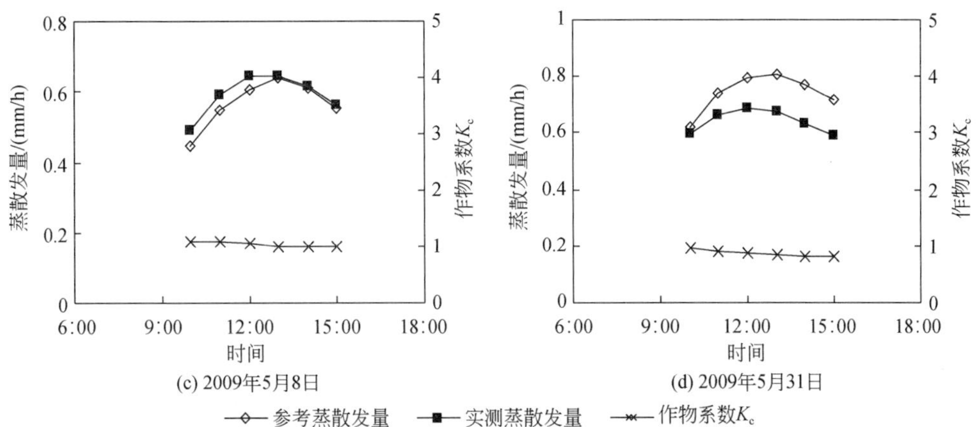

(c) 2009年5月8日　(d) 2009年5月31日

图 5-4　2009 年冬小麦生育期返青后典型日内参考作物蒸散发量、蒸散发量和作物系数的变化过程

图 5-5 为冬小麦返青后的 4 个典型日内基于 Todorovic 方法（Todorovic，1999）改进后的参考作物蒸散发量、实测的蒸散发量和作物系数 K_{cm} 的变化过程。其中，参考作物蒸散发量与实测的蒸散发量的相关性较好，确定性系数 R^2 分别为 0.832、0.880、0.837 和 0.504；K_{cm} 在这 4 个典型日内 9：00～15：00 时段的变异系数分别为 16.8%、3.7%、7.4% 和 8.2%，K_{cm} 值在该时段内的变异性较小。

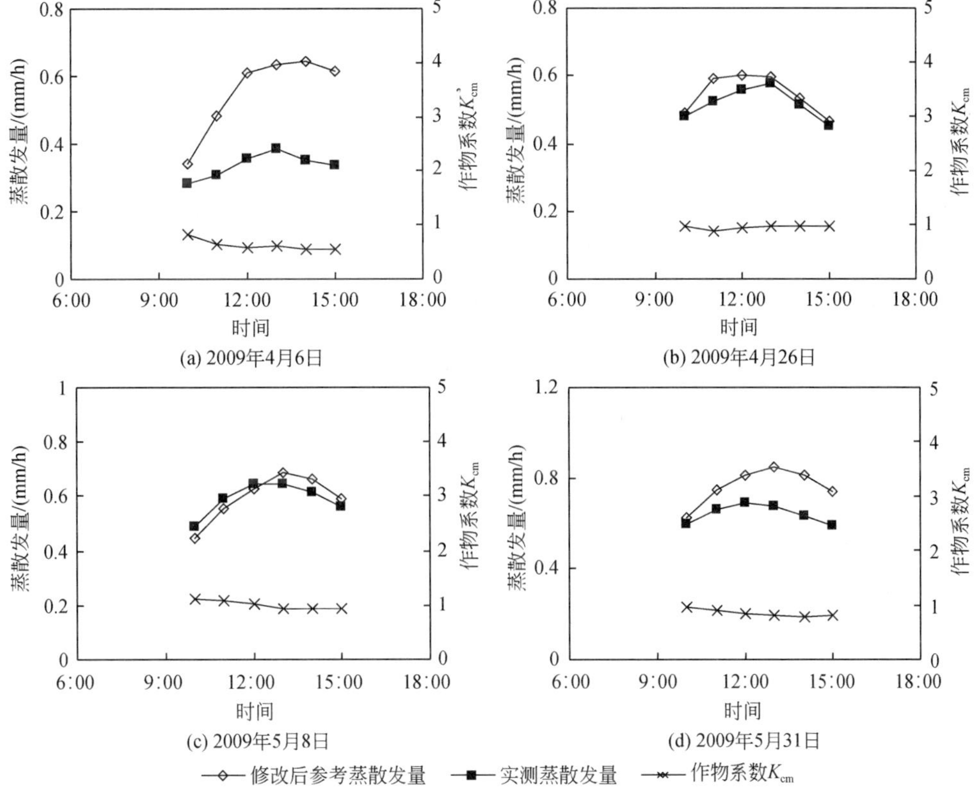

(a) 2009年4月6日　(b) 2009年4月26日　(c) 2009年5月8日　(d) 2009年5月31日

图 5-5　2009 年冬小麦生育期返青后典型日内改进后的参考作物蒸散发量、蒸散发量和作物系数的变化过程

5.2.2.2 EF、K_c和K_{cm}瞬时值与日值对比

以上结果表明EF、K_c和K_{cm}在白天的变异性均较小，故选取12：00～13：00时段内的相应瞬时值与日值进行对比。图5-6为2009年冬小麦返青后EF、K_c和K_{cm}的瞬时值与日值间的相对误差变化过程，其中EF的相对误差均值为20.1%，差距较大，相对误差值小于10%的天数占生育期总天数的0%，小于20%的天数占55%；K_c的相对误差均值为2.9%，差距较小，相对误差值小于10%的天数占生育期总天数的75%，小于20%的天数达100%；K_{cm}的相对误差均值为15%，二者间的差距在可接受范围，相对误差值小于10%的天数占生育期总天数的10%，误差小于20%的天数则占85%。

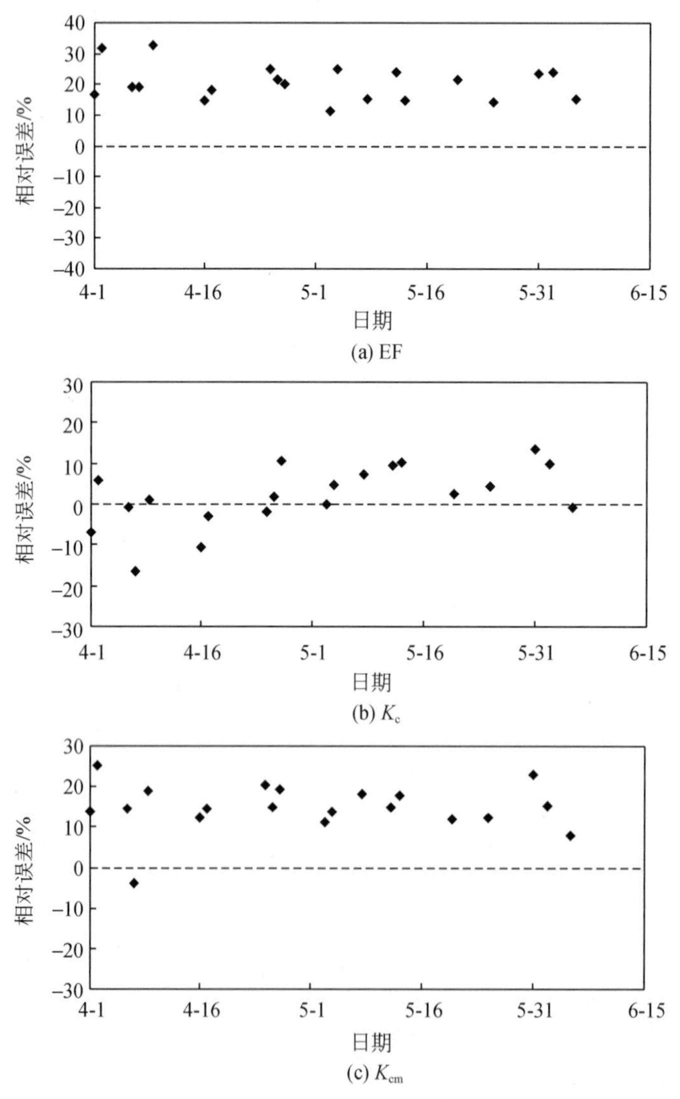

图5-6 2009年冬小麦生育期返青后EF、K_c和K_{cm}的瞬时值与日值间的相对误差变化过程

5.2.2.3 ET 日时间尺度扩展方法适用性评价

以涡度协方差系统（农田尺度）和蒸渗仪（田块尺度）的 ET 实测值为基础，分别在上午时段（10：00～11：00）、中午时段（12：00～13：00）和下午时段（14：00～15：00）期间，利用蒸发比法、作物系数法和改进的作物系数法开展冬小麦从瞬时 ET 到日的时间尺度扩展。

从图 5-7～图 5-9 和表 5-2 显示的结果可以看出，蒸发比法估算的日 ET 值与涡度协方差系统实测值间的确定性系数 R^2 均大于 0.95，相关性较好，但 t 检验结果表明，上午时段内估算的日 ET 与实测值的差异显著，平均绝对误差 MAE 和一致性指数 d 也表明，该法在上午时段内的估算效果较差，而下午时段的估算效果较好。与蒸发比法相比，基于作物系数法和改进的作物系数法的日 ET 估算值与实测值间的 R^2 和 d 值均较大，MAE 和 Rmse 值都较小，这两种方法具有较好的 ET 日时间尺度扩展效果。

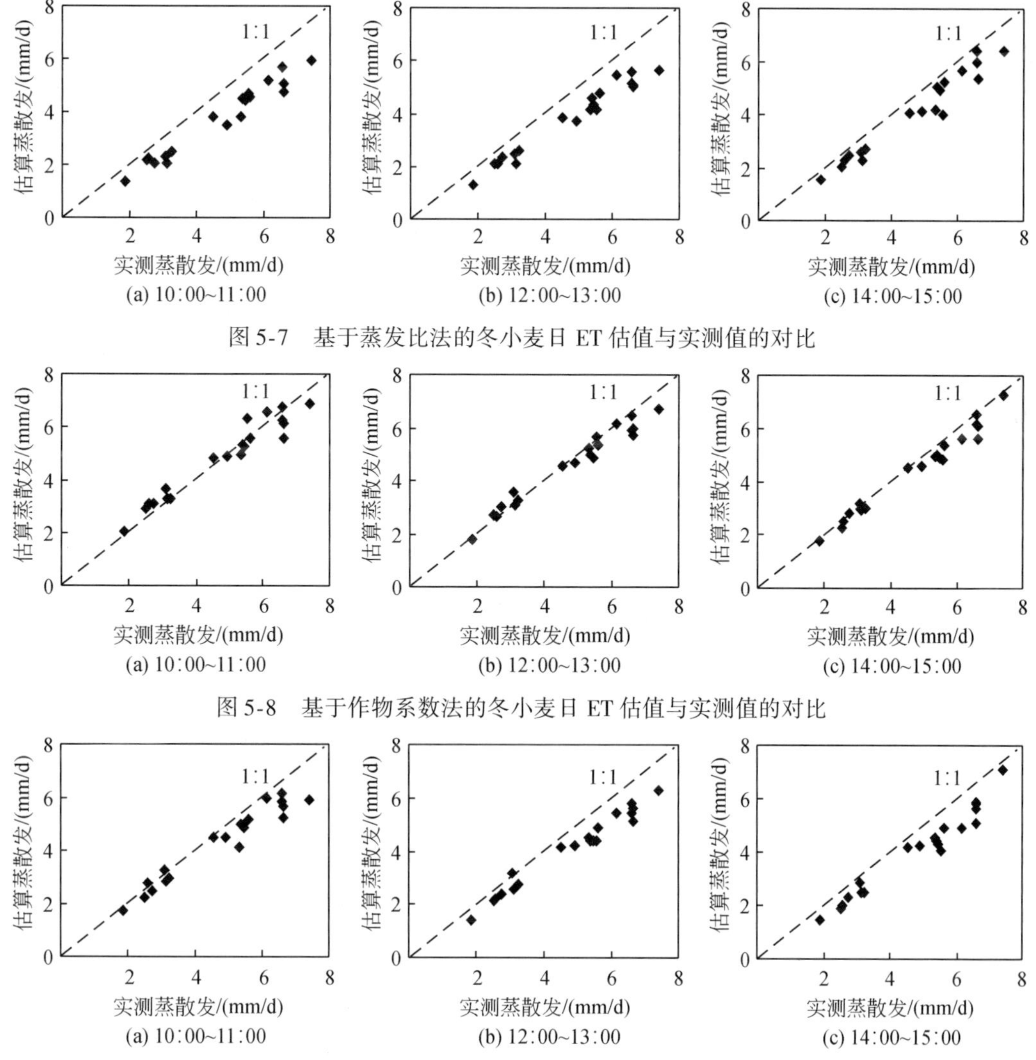

图 5-7 基于蒸发比法的冬小麦日 ET 估值与实测值的对比

图 5-8 基于作物系数法的冬小麦日 ET 估值与实测值的对比

图 5-9 基于改进的作物系数法的冬小麦日 ET 估值与实测值的对比

表 5-2 基于涡度协方差系统实测值的冬小麦生育期返青后 ET 日时间尺度扩展的统计分析结果

扩展方法	时段	R^2	$t(p)$	MAE/(mm/d)	Rmse/(mm/d)	d
蒸发比法	10：00～11：00	0.964	0.048	1.009	1.091	0.885
	12：00～13：00	0.967	0.057	0.967	1.051	0.892
	14：00～15：00	0.950	0.200	0.677	0.777	0.944
作物系数法	10：00～11：00	0.945	0.943	0.344	0.427	0.981
	12：00～13：00	0.970	0.722	0.301	0.403	0.983
	14：00～15：00	0.979	0.566	0.318	0.401	0.984
改进的作物系数法	10：00～11：00	0.944	0.331	0.524	0.669	0.953
	12：00～13：00	0.973	0.152	0.737	0.817	0.933
	14：00～15：00	0.959	0.147	0.764	0.843	0.935

注：p 为 t 检验值。

表 5-3 给出了基于蒸渗仪实测值的冬小麦生育期返青后 ET 日时间尺度扩展结果的统计分析，与表 5-2 给出的结果进行对比后发现，当 ET 观测尺度从农田下降到田块时，蒸发比法、作物系数法和改进的作物系数法的 ET 估值精度均有所下降，且基于下午时段的 ET 时间尺度扩展效果下降的相对较小，这表明此时的估值精度受尺度变异的影响最小。若以一致性指数 d 为参考，相对于蒸发比法，基于作物系数法和改进的作物系数法的 ET 估值效果下降的相对较小，这意味着这两种方法受 ET 空间尺度变化的影响较小。

表 5-3 基于蒸渗仪实测值的冬小麦生育期返青后 ET 日时间尺度扩展的统计分析结果

扩展方法	时段	R^2	$t(p)$	MAE/(mm/d)	Rmse/(mm/d)	d
蒸发比法	10：00～11：00	0.892	0.002	2.045	2.186	0.771
	12：00～13：00	0.847	0.011	1.629	1.884	0.789
	14：00～15：00	0.766	0.232	0.939	1.296	0.890
作物系数法	10：00～11：00	0.860	0.155	1.113	1.242	0.907
	12：00～13：00	0.841	0.268	0.983	1.149	0.907
	14：00～15：00	0.853	0.661	0.739	0.886	0.947
改进的作物系数法	10：00～11：00	0.854	0.021	1.571	1.740	0.823
	12：00～13：00	0.840	0.033	1.458	1.644	0.825
	14：00～15：00	0.868	0.165	1.022	1.212	0.906

5.2.3 大兴试验站夏玉米生长期从瞬时 ET 到日的时间尺度扩展

利用大兴试验站 2009～2010 年夏玉米生育期涡度协方差系统实测的 ET 数据，对蒸发比法、作物系数法和冠层阻力法 3 种 ET 日时间尺度扩展方法的适用性做对比分析。

5.2.3.1 EF、K_c和r_c平均日变化过程

分别将2009～2010年夏玉米生育期内每天各时段的净辐射R_n、土壤热通量G、参考作物潜热通量λET_0、潜热通量λET和冠层阻力r_c值进行平均处理后，计算得到9：00～17：00各时段的EF、K_c和r_c的平均日变化过程（图5-10）。

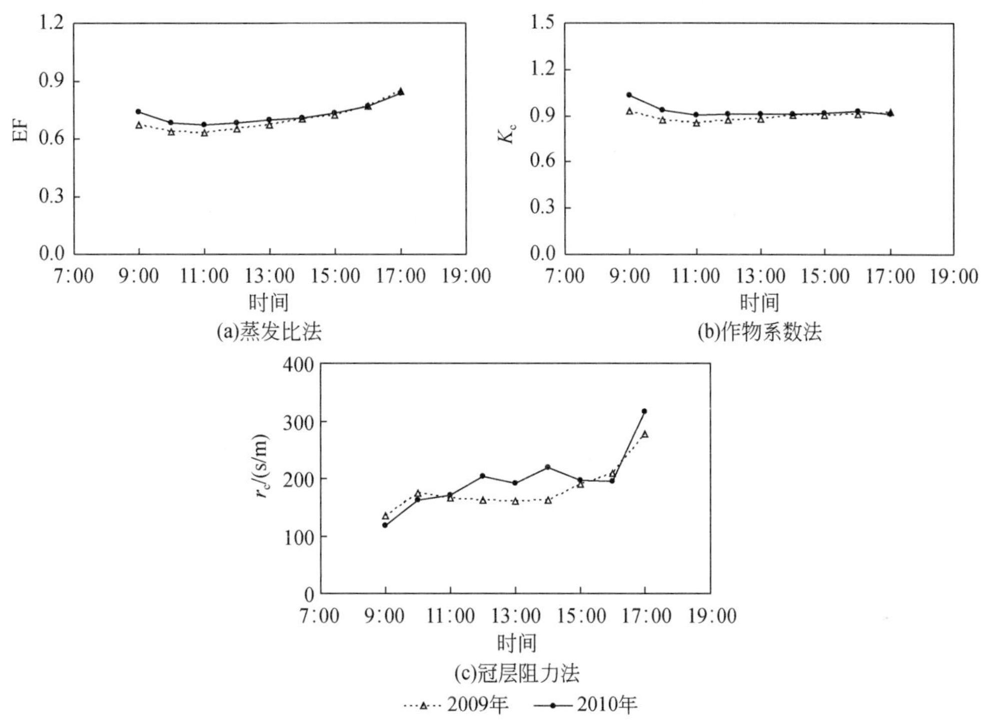

图5-10 2009～2010年夏玉米生育期蒸发比、作物系数和冠层阻力的平均日变化过程

从图5-10可以看出，EF、K_c和r_c值在白天的变幅相对较为平缓，故可利用10：00～16：00各时段的EF、K_c或r_c值开展ET日时间尺度扩展。与EF和K_c相比，r_c的平均日变化相对较大，特别是在早晚时刻，这可能是由于此时的潜热通量变化较大所致。在利用P-M公式反推冠层阻力时，风速的易变性在一定程度上影响到r_c值。此外，由于在r_c计算中未考虑大气稳定度修正，也会在一定程度上导致日r_c值的变化相对较大。

5.2.3.2 白天各时段EF、K_c和r_c与日均值的关系

将2009～2010年夏玉米全生育期白天时段选在8：00～17：00，计算得到各时段的EF_i、K_{ci}和r_{ci}值以及日EF_d、K_{di}和r_{cd}值，表5-4～表5-6分别列出了各时段的EF、K_c和r_c与日均值间的统计分析结果。

从表5-4可以看出，2009年夏玉米生育期白天各时段的EF与日均值间的一致性较好，其中12：00～15：00各时段的确定性系数R^2均高于0.69，效率指数ε高于0.43，一致性指数d高于0.73，平均绝对误差MAE和均方根误差Rmse均小于0.06和0.08，

各时段的 EF 可较好地代表日 EF 值。此外，2010 年白天 12：00 ~ 16：00 各时段内的 R^2 均高于 0.69，ε 高于 0.40，d 高于 0.71，MAE 和 Rmse 均小于 0.07 和 0.10，各时段的 EF 与日均值的一致性最好。总体而言，12：00 ~ 15：00 各时段内的 EF 与日均值间的一致性最佳。

表 5-4　2009 ~ 2010 年夏玉米全生育期内各时段的 EF 与日均值间的统计分析结果

年份	时段	R^2	ε	d	MAE	Rmse	$\bar{Q}_{EF}$	$\bar{P}_{EF}$
2009	8：00 ~ 9：00	0.56	-0.03	0.57	0.11	0.15	0.72	0.70
	9：00 ~ 10：00	0.63	-0.02	0.56	0.11	0.14		0.66
	10：00 ~ 11：00	0.80	0.13	0.61	0.09	0.11		0.64
	11：00 ~ 12：00	0.79	0.27	0.66	0.08	0.09		0.66
	12：00 ~ 13：00	0.81	0.43	0.73	0.06	0.08		0.67
	13：00 ~ 14：00	0.73	0.51	0.76	0.05	0.08		0.70
	14：00 ~ 15：00	0.69	0.48	0.75	0.06	0.08		0.73
	15：00 ~ 16：00	0.43	0.16	0.62	0.09	0.14		0.78
	16：00 ~ 17：00	0.16	-0.69	0.39	0.18	0.23		0.88
2010	8：00 ~ 9：00	0.45	0.20	0.60	0.09	0.12	0.76	0.75
	9：00 ~ 10：00	0.41	0.09	0.58	0.10	0.14		0.68
	10：00 ~ 11：00	0.64	0.17	0.62	0.10	0.12		0.68
	11：00 ~ 12：00	0.69	0.24	0.64	0.09	0.11		0.68
	12：00 ~ 13：00	0.69	0.40	0.71	0.07	0.10		0.70
	13：00 ~ 14：00	0.76	0.49	0.76	0.06	0.09		0.72
	14：00 ~ 15：00	0.80	0.57	0.80	0.05	0.07		0.75
	15：00 ~ 16：00	0.76	0.42	0.73	0.07	0.09		0.79
	16：00 ~ 17：00	0.29	-0.43	0.49	0.16	0.29		0.90

注：$\bar{Q}_{EF}$ 为根据涡度协方差系统实测值计算的日 EF 值；$\bar{P}_{EF}$ 为根据涡度协方差系统实测值计算的各时段 EF 值。

表 5-5 给出的结果表明，2009 年白天各时段的 K_c 与日均值之间的一致性较好，其中 12：00 ~ 16：00 各时段内的 R^2 均高于 0.70，ε 高于 0.48，d 高于 0.76，MAE 和 Rmse 均小于 0.08 和 0.12，且 15：00 ~ 16：00 时段内的各评价指标值均为最佳。同时，2010 年白天 12：00 ~ 16：00 各时段内的 R^2 均高于 0.65，ε 高于 0.42，d 高于 0.73，MAE 和 Rmse 均小于 0.09 和 0.15，且 14：00 ~ 15：00 各时段内的各评价指标值均为最佳。由此可见，两年的观测结果显示出，12：00 ~ 16：00 各时段内的 K_c 与日均值间的相关性均较好，其中尤以 14：00 ~ 16：00 各时段内的 K_c 与日均值的一致性最佳。

表 5-5　2009 ~ 2010 年夏玉米全生育期日内各时段的 K_c 与日均值间的统计分析结果

年份	时段	R^2	ε	d	MAE	Rmse	$\bar{Q}_{K_c}$	$\bar{P}_{K_c}$
2009	8：00 ~ 9：00	0.50	0.24	0.65	0.12	0.17	0.94	0.97
	9：00 ~ 10：00	0.43	0.18	0.62	0.13	0.22		0.92
	10：00 ~ 11：00	0.66	0.32	0.68	0.11	0.15		0.89
	11：00 ~ 12：00	0.70	0.41	0.72	0.09	0.14		0.90
	12：00 ~ 13：00	0.87	0.56	0.78	0.07	0.09		0.89
	13：00 ~ 14：00	0.70	0.48	0.76	0.08	0.12		0.93
	14：00 ~ 15：00	0.72	0.57	0.80	0.07	0.11		0.94
	15：00 ~ 16：00	0.77	0.53	0.77	0.07	0.11		0.94
	16：00 ~ 17：00	0.72	0.47	0.73	0.08	0.11		0.96
2010	8：00 ~ 9：00	0.50	0.08	0.59	0.14	0.21	0.97	1.06
	9：00 ~ 10：00	0.28	0.09	0.57	0.14	0.24		0.96
	10：00 ~ 11：00	0.67	0.36	0.69	0.10	0.14		0.92
	11：00 ~ 12：00	0.56	0.33	0.68	0.10	0.17		0.92
	12：00 ~ 13：00	0.65	0.42	0.73	0.09	0.15		0.93
	13：00 ~ 14：00	0.76	0.50	0.77	0.08	0.12		0.92
	14：00 ~ 15：00	0.78	0.57	0.79	0.07	0.10		0.95
	15：00 ~ 16：00	0.68	0.48	0.76	0.08	0.14		0.98
	16：00 ~ 17：00	0.69	0.44	0.74	0.09	0.15		0.98

注：$\bar{Q}_{K_c}$ 为根据涡度协方差系统实测值计算的日 K_c 值；$\bar{P}_{K_c}$ 为根据涡度协方差系统实测值计算的各时段 K_c 值。

如表 5-6 所示，2009 年白天各时段的 r_c 与日均值的一致性较好，其中 10：00 ~ 16：00各时段内的 R^2 均高于 0.65，ε 高于 0.38，d 高于 0.70，MAE 和 Rmse 均小于 58.64s/m 和 90.46s/m，且 15：00 ~ 16：00 时段内的各评价指标值均优于其他时段，故该时段的 r_c 可较好地代表日 r_c 值。对 2010 年而言，10：00 ~ 16：00 各时段内的 R^2 均高于 0.77，ε 高于 0.46，d 高于 0.77，MAE 和 Rmse 均小于 82.91s/m 和 167.19s/m，且 14：00 ~ 15：00 各时段内的各评价指标值均为最优。总体而言，10：00 ~ 16：00 各时段内的 r_c 与日均值间的相关性均较好，尤其是 14：00 ~ 16：00 时段内的 r_c 与日均值的一致性最佳。

表 5-6　2009 ~ 2010 年夏玉米全生育期日内各时段的 r_c 与日均值间的统计分析结果

年份	时段	R^2	ε	d	MAE/(s/m)	Rmse/(s/m)	$\bar{Q}_{r_c}$/(s/m)	$\bar{P}_{r_c}$/(s/m)
2009	8：00 ~ 9：00	0.57	0.19	0.62	77.24	110.07	159.12	102.98
	9：00 ~ 10：00	0.59	0.30	0.67	67.53	109.64		137.31
	10：00 ~ 11：00	0.71	0.38	0.70	58.64	88.93		125.16
	11：00 ~ 12：00	0.82	0.46	0.74	51.78	74.68		126.22
	12：00 ~ 13：00	0.91	0.54	0.77	44.00	57.98		121.92
	13：00 ~ 14：00	0.87	0.55	0.78	43.48	57.83		130.11
	14：00 ~ 15：00	0.65	0.46	0.75	52.12	90.46		152.35
	15：00 ~ 16：00	0.79	0.57	0.79	40.53	69.93		164.07
	16：00 ~ 17：00	0.65	-0.01	0.58	96.14	137.70		242.97
2010	8：00 ~ 9：00	0.80	0.35	0.68	101.99	165.30	214.49	118.08
	9：00 ~ 10：00	0.45	0.31	0.65	107.66	201.06		161.94
	10：00 ~ 11：00	0.94	0.61	0.80	60.36	88.55		171.32
	11：00 ~ 12：00	0.84	0.55	0.79	69.36	119.25		203.45
	12：00 ~ 13：00	0.85	0.58	0.81	65.68	121.06		192.14
	13：00 ~ 14：00	0.85	0.46	0.77	82.91	167.19		219.65
	14：00 ~ 15：00	0.88	0.65	0.83	54.62	99.75		197.12
	15：00 ~ 16：00	0.77	0.60	0.80	62.01	128.93		195.66
	16：00 ~ 17：00	0.50	0.12	0.61	137.44	329.10		316.78

注：$\bar{Q}_{r_c}$ 为根据涡度协方差系统实测值计算的日 r_c 值；$\bar{P}_{r_c}$ 为根据涡度协方差系统实测值计算的各时段 r_c 值。

5.2.3.3　ET 日时间尺度扩展方法适用性评价

以涡度协方差系统的 ET 实测值为基础，在 8：00 ~ 17：00 各时段内，利用蒸发比法、作物系数法和冠层阻力法开展夏玉米从瞬时 ET 到日的时间尺度扩展，结果见表 5-7 ~ 表 5-9。

从表 5-7 可以看出，基于 2009 年白天各时段 EF 估算的日 ET 与实测值间的一致性均较好，其中 10：00 ~ 16：00 各时段内的 R^2 均高于 0.96，MAE 和 Rmse 均小于 9.97W/m^2 和 12.05W/m^2，且 13：00 ~ 15：00 各时段内的各评价指标值均优于其他时段。对 2010 年，10：00 ~ 16：00 各时段内的 R^2 均高于 0.96，MAE 和 Rmse 均小于 8.68W/m^2 和 10.72W/m^2，且 13：00 ~ 15：00 各时段内的各评价指标值均为最佳。总体而言，基于 10：00 ~ 16：00 各时段 EF 值估算的日 ET 与实测值间非常接近，尤以 13：00 ~ 15：00 各时段内的估算效果最优。

表 5-7 基于蒸发比法的日 ET 时间尺度估值与实测值间的统计分析结果

年份	时段	R^2	ε	d	MAE/(W/m^2)	Rmse/(W/m^2)	$\bar{Q}_{EF-ET}$/(W/m^2)	$\bar{P}_{EF-ET}$/(W/m^2)
2009	8：00～9：00	0.88	0.65	0.82	11.10	14.49	80.31	75.45
	9：00～10：00	0.93	0.63	0.81	11.59	13.99		71.36
	10：00～11：00	0.97	0.68	0.84	9.97	12.05		70.81
	11：00～12：00	0.98	0.76	0.88	7.68	9.09		73.33
	12：00～13：00	0.98	0.82	0.91	5.78	7.41		74.99
	13：00～14：00	0.97	0.85	0.93	4.71	6.60		78.27
	14：00～15：00	0.97	0.84	0.92	5.12	7.10		80.86
	15：00～16：00	0.96	0.73	0.87	8.33	10.30		85.67
	16：00～17：00	0.86	0.39	0.74	19.11	25.41		97.70
2010	8：00～9：00	0.90	0.70	0.85	9.15	12.13	78.38	77.93
	9：00～10：00	0.92	0.69	0.84	9.32	12.75		71.60
	10：00～11：00	0.96	0.71	0.85	8.68	10.72		70.81
	11：00～12：00	0.97	0.75	0.87	7.72	9.41		71.50
	12：00～13：00	0.97	0.80	0.90	5.98	8.20		72.94
	13：00～14：00	0.97	0.83	0.92	5.00	7.20		74.60
	14：00～15：00	0.97	0.86	0.93	4.34	6.19		77.35
	15：00～16：00	0.96	0.78	0.89	6.52	8.55		81.61
	16：00～17：00	0.87	0.48	0.77	15.76	21.30		92.12

注：$\bar{Q}_{EF-ET}$ 为涡度协方差系统实测的日 ET 平均值；$\bar{P}_{EF-ET}$ 为根据各时段 EF 值估算的日 ET 值。

如表 5-8 所示，基于 2009 年白天各时段 K_c 估算的日 ET 与实测值间的一致性均较好，其中 11：00～16：00 各时段内的 R^2 均高于 0.94，MAE 和 Rmse 均小于 6.58W/m^2 和 9.82W/m^2，且 14：00～15：00 时段内的各评价指标值均优于其他时段。2010 年与 2009 年基本相同，11：00～16：00 各时段内的 R^2 均高于 0.95，MAE 和 Rmse 均小于 6.84W/m^2 和 9.09W/m^2，且 14：00～15：00 时段内的各评价指标值均为最佳。总之，基于 11：00～16：00 各时段 K_c 值估算的日 ET 与实测值之间非常接近，且 14：00～15：00 时段内的估算效果最佳。

表 5-8 基于作物系数法的日 ET 时间尺度估值与实测值间的统计分析结果

年份	时段	R^2	ε	d	MAE/(W/m^2)	Rmse/(W/m^2)	$\bar{Q}_{K_c\text{-ET}}$/(W/m^2)	$\bar{P}_{K_c\text{-ET}}$/(W/m^2)
	8:00~9:00	0.87	0.70	0.85	9.29	14.66		82.01
	9:00~10:00	0.89	0.69	0.84	9.65	13.58		76.52
	10:00~11:00	0.96	0.74	0.87	8.01	9.99		74.76
	11:00~12:00	0.97	0.79	0.89	6.58	8.21		76.02
2009	12:00~13:00	0.97	0.82	0.91	5.49	7.60	80.31	76.24
	13:00~14:00	0.94	0.82	0.91	5.51	9.82		78.65
	14:00~15:00	0.96	0.85	0.93	4.56	7.54		78.93
	15:00~16:00	0.96	0.82	0.91	5.49	7.71		79.34
	16:00~17:00	0.96	0.81	0.90	6.01	7.78		80.88
	8:00~9:00	0.88	0.77	0.88	6.84	9.09		74.31
	9:00~10:00	0.86	0.68	0.84	9.67	13.97		77.22
	10:00~11:00	0.94	0.76	0.87	7.40	9.75		74.39
	11:00~12:00	0.95	0.77	0.88	6.84	9.09		74.31
2010	12:00~13:00	0.98	0.81	0.90	5.76	7.32	78.38	74.35
	13:00~14:00	0.98	0.83	0.91	5.21	6.78		74.39
	14:00~15:00	0.98	0.85	0.92	4.66	6.33		75.59
	15:00~16:00	0.96	0.83	0.91	5.18	7.72		77.05
	16:00~17:00	0.94	0.79	0.89	6.31	8.87		77.35

注：$\bar{Q}_{K_c\text{-ET}}$ 为涡度协方差系统实测的日 ET 平均值；$\bar{P}_{K_c\text{-ET}}$ 为根据各时段 K_c 值估算的日 ET 值。

表 5-9 给出的结果表明，基于 2009 年白天各时段冠层阻力 r_c 估算的日 ET 与实测值间的一致性较好，其中 10：00～16：00 各时段内的 R^2 均高于 0.87，MAE 和 Rmse 均小于 11.52W/m^2 和 16.11W/m^2，且 15：00～16：00 时段内的各评价指标值均优于其他时段。对 2010 年而言，10：00～16：00 各时段内的 R^2 均高于 0.79，MAE 和 Rmse 均小于 9.97W/m^2 和 17.19W/m^2，且 14：00～15：00 时段内的各评价指标值均为最优。综上所述，基于 10：00～16：00 各时段 r_c 值估算的日 ET 与实测值间较为吻合，且 14：00～16：00 各时段内的估算效果最优。

尽管基于蒸发比法、作物系数法和冠层阻力法估算的日 ET 与实测值间具有较好的一致性，但在白天各时段的估值效果间仍存在一定差异。在 8：00～10：00 和 12：00～14：00各时段内，蒸发比法和作物系数法的估算效果相对较好，二者间不存在显著性差异，而冠层阻力法相对较差。在 10：00～12：00 和 14：00～17：00 各时段内，作物系数法的估算效果最好，蒸发比法次之，冠层阻力法较差。总之，作物系数法在白天各时段内的日 ET 估算效果最好，在 14：00～15：00 时段内，上述 3 种方法的估值效果均较佳。

表 5-9 基于冠层阻力法的日 ET 时间尺度估值与实测值间的统计分析结果

年份	时段	R^2	ε	d	MAE/(W/m²)	Rmse/(W/m²)	$\bar{Q}_{r_c\text{-ET}}$/(W/m²)	$\bar{P}_{r_c\text{-ET}}$/(W/m²)
2009	8:00~9:00	0.80	0.45	0.74	17.52	24.06	80.31	96.15
	9:00~10:00	0.74	0.57	0.80	13.43	22.87		90.12
	10:00~11:00	0.87	0.63	0.82	11.52	16.11		90.44
	11:00~12:00	0.89	0.64	0.83	11.19	15.99		91.35
	12:00~13:00	0.93	0.70	0.85	9.60	13.38		89.50
	13:00~14:00	0.89	0.69	0.85	9.87	15.44		90.19
	14:00~15:00	0.93	0.77	0.89	7.25	10.52		86.11
	15:00~16:00	0.94	0.79	0.89	6.57	9.47		80.15
	16:00~17:00	0.86	0.55	0.78	14.35	19.13		68.30
2010	8:00~9:00	0.65	0.30	0.69	21.13	35.78	78.38	99.45
	9:00~10:00	0.86	0.56	0.79	13.37	16.98		88.36
	10:00~11:00	0.92	0.67	0.84	9.91	13.33		84.72
	11:00~12:00	0.93	0.68	0.85	9.70	12.77		84.39
	12:00~13:00	0.92	0.67	0.84	9.97	13.16		85.91
	13:00~14:00	0.93	0.70	0.85	9.24	11.54		83.38
	14:00~15:00	0.93	0.72	0.86	8.35	10.32		81.77
	15:00~16:00	0.79	0.69	0.84	9.52	17.19		78.44
	16:00~17:00	0.83	0.49	0.74	15.43	20.17		65.92

注：$\bar{Q}_{r_c\text{-ET}}$ 为涡度协方差系统实测的日 ET 平均值；$\bar{P}_{r_c\text{-ET}}$ 为根据各时段 r_c 值估算的日 ET 值。

通过以上分析表明，对于山东位山试验站，改进的蒸发比法和作物系数法在不同下垫面下的估值精度都优于其他方法，有植被覆盖下的日 ET 估算精度高于裸地，且利用中午或接近中午整点时刻的 ET 瞬时值进行日尺度时间扩展的效果较好。对北京大兴试验站而言，作物系数法或改进的作物系数法的估值精度要优于其他方法，且利用中午或下午整点时刻的 ET 瞬时值开展日尺度时间扩展的效果最佳。

5.3 冬小麦和夏玉米生长期从日蒸散发到全生育期的时间尺度扩展

如前所述，从日 ET 到全生育期的时间尺度扩展方法主要包括蒸发比法、作物系数法、Advection-Aridity 法、Katerji-Perrier 法等，结合大兴试验站和位山试验站观测资料，在对比多种方法的基础上，优选提出适用于华北平原地区冬小麦和夏玉米的从日 ET 到全生育期的时间尺度扩展方法。

5.3.1 大兴试验站冬小麦生长期从日 ET 到全生育期的时间尺度扩展

基于大兴试验站 2009 年冬小麦生育期返青后涡度协方差系统的 ET 实测数据，对作物系数法、Advection-Aridity 法、Katerji-Perrier 法 3 种 ET 全生育期时间尺度扩展方法进行对比评价。

5.3.1.1 作物系数法

针对 2 天、5 天、10 天和 15 天 4 种时间间隔，估算冬小麦生育期返青后的作物系数（图 5-11），结果表明，各时间间隔的作物系数估值与实测值间的相对误差分别为−0.9%、0.1%、4.3%和 3.5%，且随时间间隔加大，估算的作物系数具有变小的趋势，且时间间隔 2 天下的作物系数估值可较好地反映实测值随时间的变化过程。

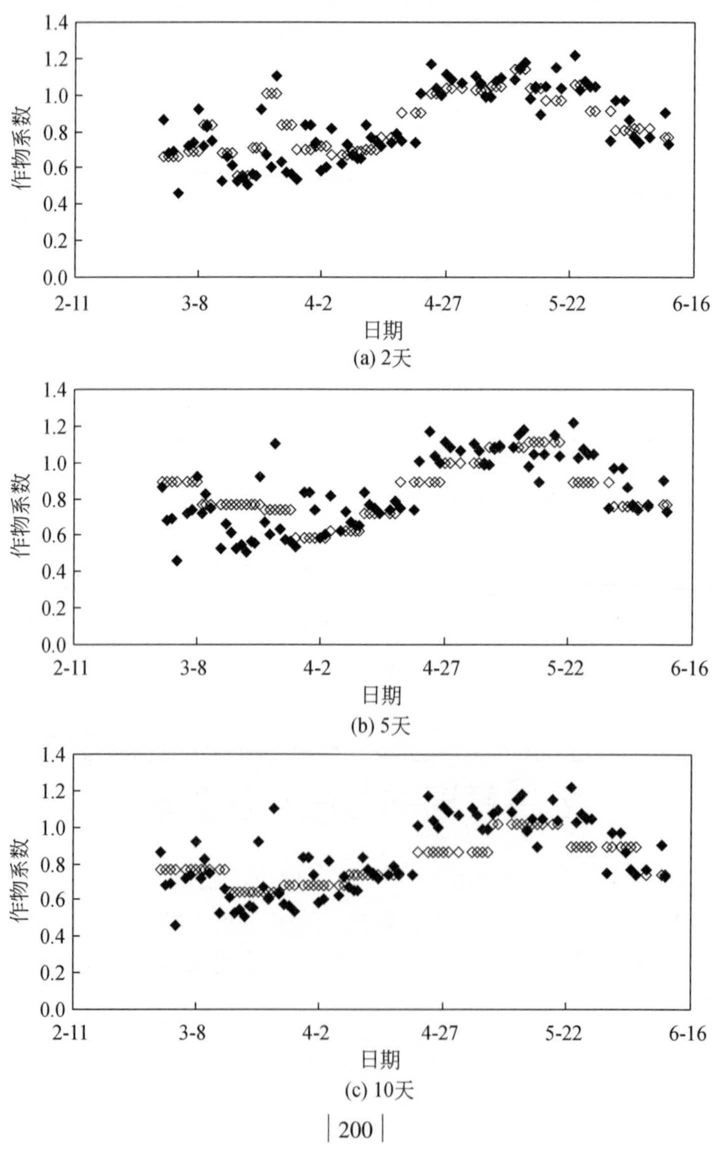

(a) 2天

(b) 5天

(c) 10天

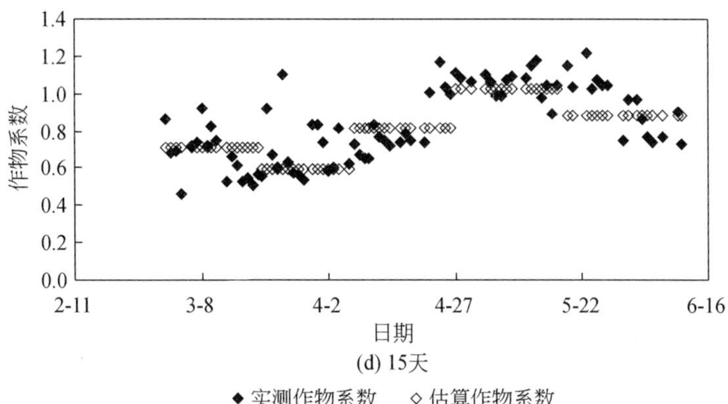

(d) 15天

图 5-11　2009 年冬小麦生育期返青后各时间间隔的作物系数估值和实测值的变化过程

基于以上 4 种时间间隔计算的冬小麦日作物系数，利用作物系数法开展从日 ET 到全生育期的时间尺度扩展。从图 5-12 和表 5-10 中可以看出，4 种时间间隔下的 ET 全生育期估值与实测值间的 R^2 均大于 0.9。t 检验结果表明，p 值均大于 0.05，估值与实测值间的差异均不显著。此外，MAE 和 Rmse 均较小，而 d 值均较大，这表明作物系数法在冬小麦生育期返青后能较好地实现从日 ET 到全生育期的时间尺度扩展。

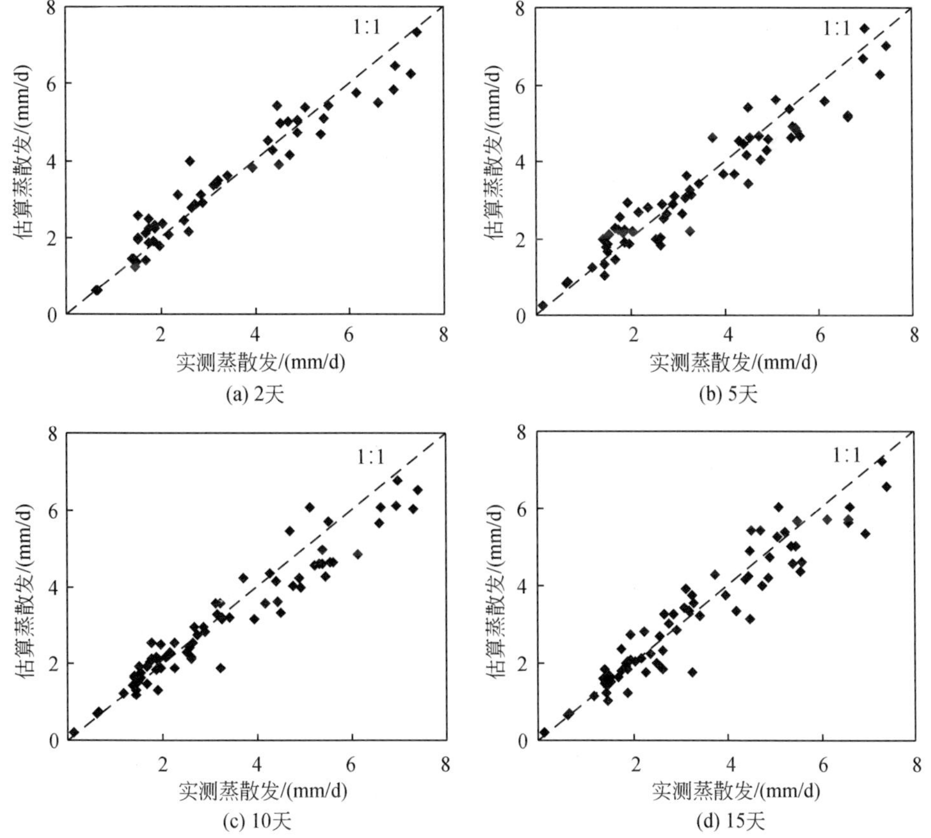

(a) 2天　(b) 5天　(c) 10天　(d) 15天

图 5-12　基于作物系数法的冬小麦各时间间隔全生育期 ET 估值与实测值的对比

表 5-10　基于作物系数法的冬小麦各时间间隔全生育期 ET 估值与实测值间的统计分析结果

时间间隔/d	R^2	t (p)	MAE/ (mm/d)	Rmse/ (mm/d)	d
2	0.938	0.988	0.398	0.529	0.979
5	0.908	0.706	0.473	0.618	0.969
10	0.925	0.448	0.465	0.620	0.969
15	0.902	0.615	0.456	0.621	0.969

5.3.1.2　Advection-Aridity（AA）法

基于冬小麦生育期返青后实测的蒸散发和气象数据，在 2 天、5 天、10 天和 15 天 4 种时间间隔下，对 AA 法的参数 c 和 m 进行率定（图 5-13 和表 5-11）。F 检验结果表明，时间间隔 2 天下的 F 值小于 0.05。AA 法中 ET/ET_p 和 ET_{rad}/ET_p 间的线性关系显著，而当时间间隔分别为 5 天、10 天和 15 天时，这两者间的线性关系不显著。

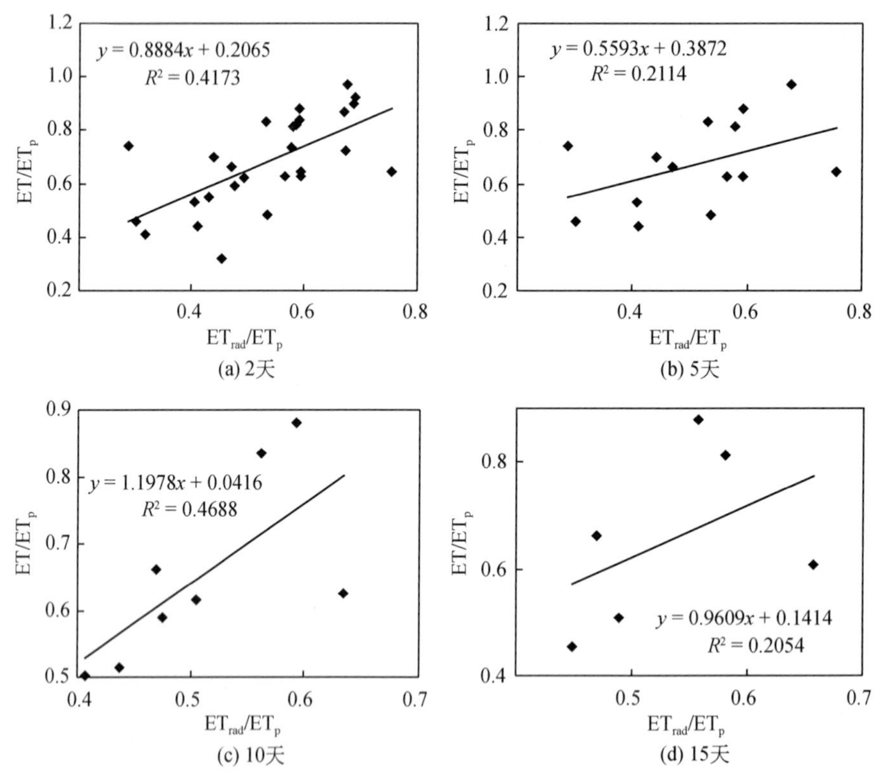

图 5-13　2009 年冬小麦生育期返青后各时间间隔下 AA 法参数率定结果

表 5-11　冬小麦生育期返青后各时间间隔下 AA 法参数率定的统计分析结果

时间间隔/d	参数		F
	c	m	
2	0.888	0.207	0.000
5	0.559	0.387	0.098
10	1.198	0.042	0.061
15	0.961	0.141	0.367

利用各时间间隔下率定的 AA 法参数，结合实测的气象数据，开展基于 AA 法的从日 ET 到全生育期的时间尺度扩展。如图 5-14 和表 5-12 所示，AA 法在各时间间隔下日 ET 估值与实测值间的 R^2 均大于 0.875，估值与实测值间的相关性较好。t 检验结果表明，p 值均大于 0.05，日 ET 估值与实测值间的差异均不显著。MAE 和 Rmse 均较小，d 值也均较大，说明 AA 法在冬小麦生育期返青后能较好地实现从日到全生育期的 ET 时间尺度扩展。

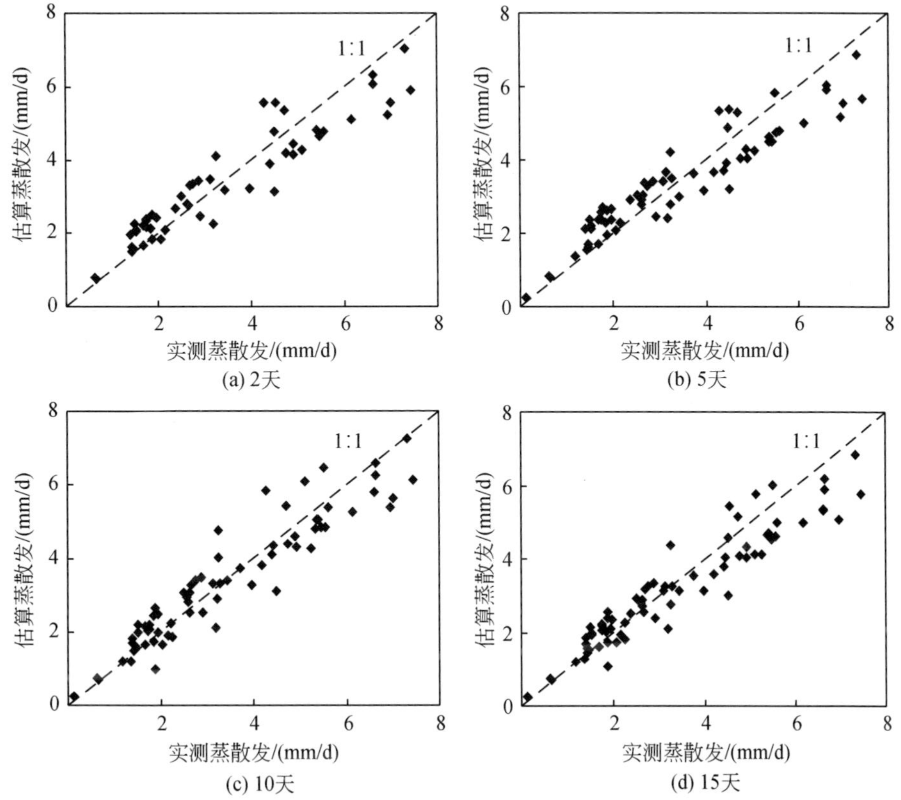

图 5-14 基于 AA 法的冬小麦各时间间隔的全生育期 ET 估值与实测值的对比

表 5-12 基于 AA 法的冬小麦各时间间隔的全生育期 ET 估值与实测值间的统计分析结果

时间间隔/d	R^2	t (p)	MAE/ (mm/d)	Rmse/ (mm/d)	d
2	0.880	0.820	0.599	0.747	0.953
5	0.875	0.802	0.630	0.760	0.946
10	0.883	0.857	0.509	0.672	0.964
15	0.891	0.461	0.538	0.708	0.956

在时间间隔 2 天下，开展 AA 法对参数 c 和 m 的敏感性分析（表 5-13），当 c 值变幅分别为 10% 和 20% 时，估算误差分别约为 7% 和 14%，而当 m 值变幅分别为 10% 和 20% 时，估算误差分别约为 3% 和 6%，故 AA 法在冬小麦生育期返青后对参数 c 相对敏感。

表 5-13　对 AA 法参数的敏感性分析结果　　（单位：%）

变化范围		估算误差
c	m	
20	—	-14.014
10	—	-7.007
0	—	0.000
-10	—	7.007
-20	—	14.014
—	20	-5.986
—	10	-2.993
—	0	0.000
—	-10	2.993
—	-20	5.986

5.3.1.3　Katerji-Perrier（KP）法

基于冬小麦生育期返青后实测的蒸散发和气象数据，在2天、5天、10天和15天4种时间间隔下，对KP法的参数 a 和 b 进行率定（图5-15和表5-14）。F 检验结果表明，时间间隔2天下的 F 值小于0.05。KP法中 r_c/r_a 和 r^*/r_a 间的线性关系显著，而当时间间隔分别为5天、10天和15天时，由于异常值对参数率定结果的影响加大，导致两者间的线性关系不显著。

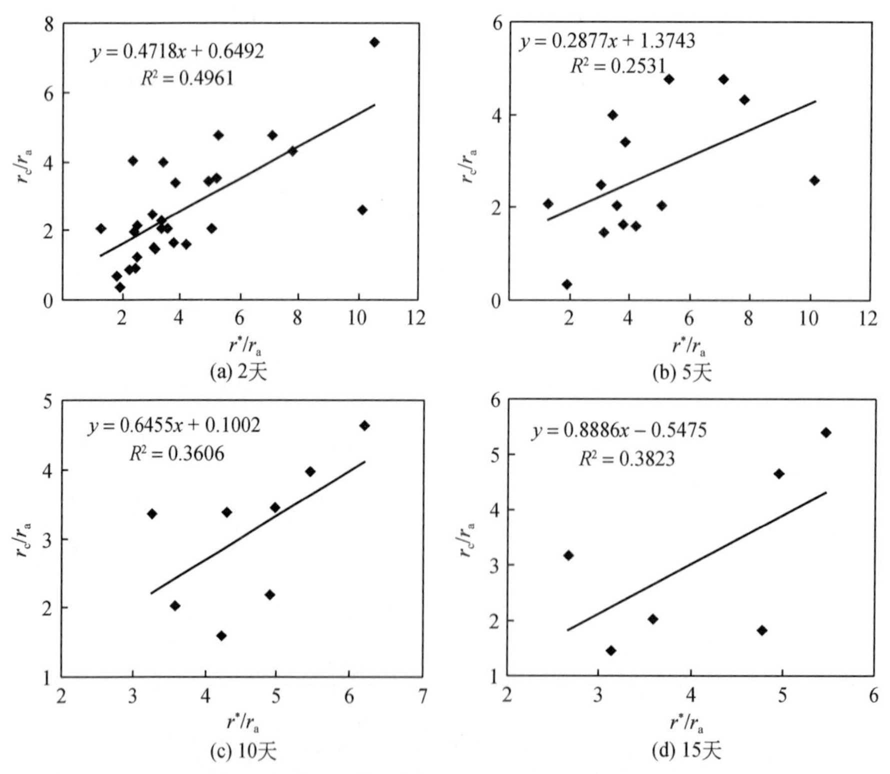

图5-15　2009年冬小麦生育期返青后各时间间隔下KP法参数率定结果

表 5-14　冬小麦生育期返青后各时间间隔下 KP 法参数率定的统计分析结果

时间间隔/d	a	b	F
2	0.472	0.649	0.000
5	0.288	1.374	0.067
10	0.646	0.100	0.115
15	0.889	-0.548	0.191

结合实测的气象数据，利用各时间间隔下率定的 KP 法参数进行基于 KP 法的从日到全生育期的 ET 时间尺度扩展。图 5-16 和表 5-15 给出的结果表明，KP 法在各时间间隔下日 ET 估值与实测值间的 R^2 均大于 0.849，估值和实测值间的相关性较好。t 检验结果表明，p 值均大于 0.05，日 ET 估值与实测值间的差异均不显著。此外，MAE 和 Rmse 均较小，d 值都较大，说明利用 KP 法在冬小麦生育期返青后进行从日到全生育期的 ET 时间尺度扩展具有较好的效果。

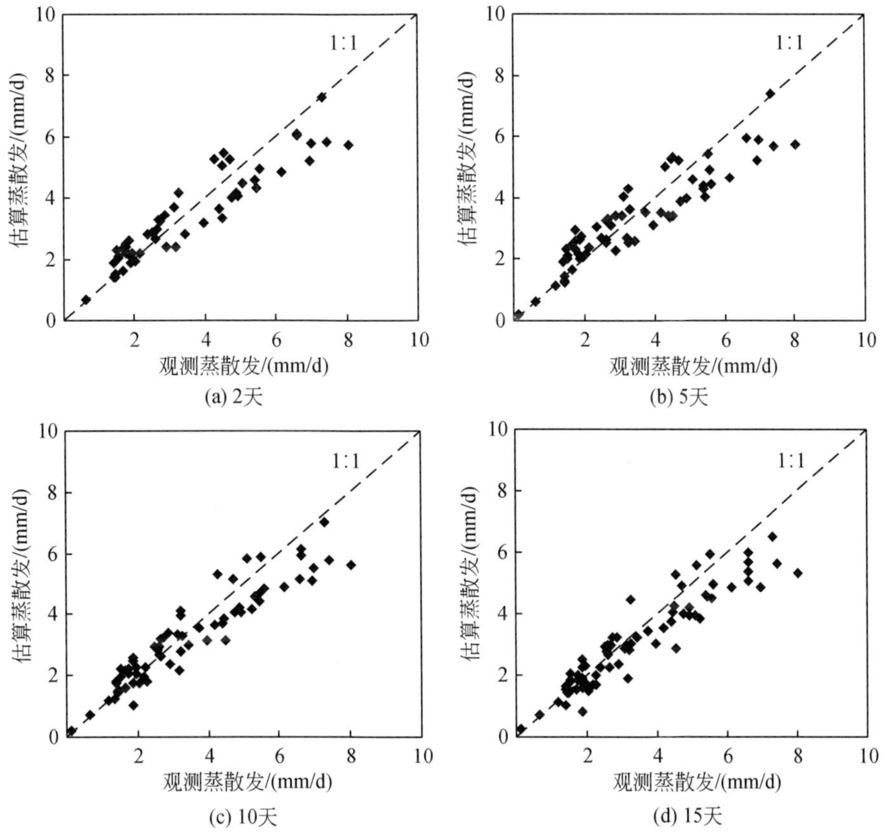

图 5-16　基于 KP 法的冬小麦各时间间隔的全生育期 ET 估值与实测值的对比

表 5-15　基于 KP 法的冬小麦各时间间隔的全生育期 ET 估值与实测值间的统计分析结果

时间间隔/d	R^2	t（p）	MAE/（mm/d）	Rmse/（mm/d）	d
2	0.874	0.739	0.616	0.768	0.950
5	0.849	0.649	0.645	0.796	0.943
10	0.888	0.473	0.568	0.731	0.954
15	0.883	0.235	0.576	0.773	0.948

在时间间隔 2 天下，开展 KP 法对参数 a 和 b 的敏感性分析（表 5-16）。当 a 值变幅分别为 10% 和 20% 时，估算误差分别在 4% 和 7.5% 以内，而当 b 值变幅分别为 10% 和 20% 时，估算误差分别在 1.5% 和 2.5% 以内，故 KP 法在冬小麦返青后对参数 a 相对敏感。

表 5-16　对 KP 法参数的敏感性分析结果

变化范围		估算误差
a	b	
20	—	6.388
10	—	3.308
0	—	0.000
-10	—	-3.563
-20	—	-7.415
—	20	2.334
—	10	1.181
—	0	0.000
—	-10	-1.210
—	-20	-2.451

通过综合对比作物系数法、AA 法和 KP 法在冬小麦返青后各时间间隔下进行的从日到全生育期的 ET 时间尺度扩展效果可以发现，作物系数法和 AA 法的估值精度要优于 KP 法。

5.3.2　大兴试验站夏玉米生长期从日 ET 到全生育期的时间尺度扩展

采用大兴试验站 2009 ~ 2010 年夏玉米生育期涡度协方差系统的 ET 实测数据，对蒸发比法、作物系数法和冠层阻力法 3 种 ET 全生育期时间尺度扩展方法进行对比评价。

5.3.2.1　EF、K_c 和 r_c 日变化过程

图 5-17 显示出 2009 ~ 2010 年夏玉米生育期内 EF、K_c 和 r_c 的日变化过程。可以看出，

EF、K_c和 r_c呈现出明显的季节性变化特征，其中 EF 和 K_c是先增后减，而 r_c则是先减后增。夏玉米生育初期土壤水分较低，作物蒸腾耗水很弱，故 EF 和 K_c都较小，而 r_c却较大。随着雨季来临以及夏玉米快速生长发育，蒸散发量逐步达到峰值，EF 和 K_c随之较大，而 r_c较小。之后随着夏玉米叶片衰老，蒸散发量逐步减弱，EF 和 K_c又逐渐变小，而 r_c反而变大。总体而言，EF、K_c和 r_c在夏玉米生育期内的变化均较为平缓且变化规律明显，可利用相应的典型日值对整个生育期内的逐日蒸发比、作物系数和冠层阻力进行插补，并结合气象要素估算全生育期 ET。

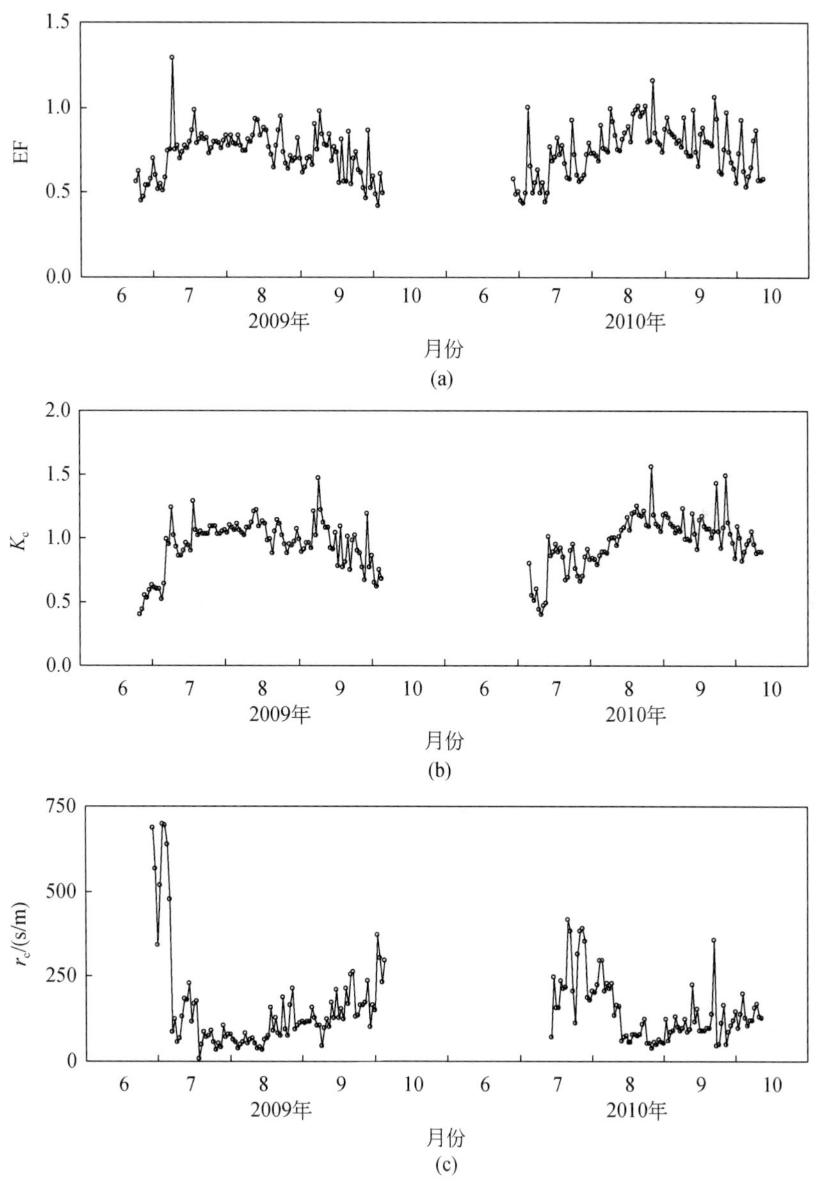

图 5-17　2009 ~ 2010 年夏玉米生育期蒸发比、作物系数和冠层阻力的日变化过程

5.3.2.2 ET 全生育期时间尺度扩展方法对比评价

分别以 2 天、5 天、10 天和 15 天为时间间隔，在 2009 ~ 2010 年夏玉米生育期计算得到典型日 EF、K_c和 r_c值的基础上，利用线性插值法获得全生育期的 EF、K_c和 r_c值，实现从日 ET 到全生育期的 ET 时间尺度扩展，相关结果见表 5-17 ~ 表 5-19。

从表 5-17 可以看出，基于 2009 年夏玉米生育期典型日 EF 估算的全生育期 ET 与实测值间的一致性均较好，各时间间隔下的 ET 估值与实测值间的 R^2 为 0.72 ~ 0.98，ε 和 d 分别为 0.44 ~ 0.90 和 0.74 ~ 0.95，MAE 和 Rmse 分别为 3.04 ~ 17.58W/m^2 和 5.81 ~ 27.11W/m^2。此外，2010 年的变化规律与 2009 年基本一致，基于夏玉米生育期典型日 EF 估算的全生育期 ET 与实测值间的一致性较好，但随着时间间隔加大，估值精度逐渐下降。

表 5-17　基于蒸发比法的夏玉米全生育期 ET 时间尺度估值与实测值间的统计分析结果

年份	时间间隔/d	R^2	ε	d	MAE/(W/m^2)	Rmse/(W/m^2)	$\bar{Q}'_{EF-ET}$/(W/m^2)	$\bar{P}'_{EF-ET}$/(W/m^2)
2009	2	0.98	0.90	0.95	3.04	5.81	80.31	79.88
	5	0.86	0.72	0.86	8.68	15.90		83.11
	10	0.95	0.79	0.89	6.70	8.66		79.65
	15	0.72	0.44	0.74	17.58	27.11		91.97
2010	2	0.97	0.89	0.94	3.48	7.01	78.38	78.57
	5	0.89	0.74	0.87	7.80	13.00		78.57
	10	0.89	0.70	0.85	9.02	14.25		81.47
	15	0.93	0.76	0.88	7.25	10.01		77.69

注：$\bar{Q}'_{EF-ET}$ 为涡度协方差系统实测的 ET 平均值；$\bar{P}'_{EF-ET}$ 为根据典型日 EF 值估算的 ET 平均值。

如表 5-18 所示，基于 2009 年夏玉米生育期典型日 K_c估算的全生育期 ET 与实测值间的一致性均较好，各时间间隔下的 ET 估值与实测值间的 R^2 为 0.81 ~ 0.98，ε 和 d 分别为 0.52 ~ 0.92 和 0.77 ~ 0.96，MAE 和 Rmse 分别为 2.54 ~ 15.13W/m^2 和 4.94 ~ 21.40W/m^2。2010 年和 2009 年的变化规律基本相同，基于夏玉米生育期典型日 K_c估算的全生育期 ET 与实测值间的一致性较好，但随着时间间隔加大，估值精度也在逐渐下降。

表 5-18　基于作物系数法的夏玉米全生育期 ET 时间尺度估值与实测值间的统计分析结果

年份	时间间隔/d	R^2	ε	d	MAE/(W/m^2)	Rmse/(W/m^2)	$\bar{Q}'_{K_c-ET}$/(W/m^2)	$\bar{P}'_{K_c-ET}$/(W/m^2)
2009	2	0.98	0.92	0.96	2.54	4.94	80.31	80.20
	5	0.95	0.82	0.91	5.74	8.99		82.59
	10	0.95	0.80	0.90	6.14	8.96		80.08
	15	0.81	0.52	0.77	15.13	21.40		91.46
2010	2	0.98	0.91	0.96	2.67	5.36	78.38	79.07
	5	0.93	0.79	0.90	6.28	10.39		78.96
	10	0.90	0.70	0.85	9.20	14.53		84.50
	15	0.93	0.78	0.89	6.74	10.08		77.74

注：$\bar{Q}'_{K_c-ET}$ 为涡度协方差系统实测的 ET 平均值；$\bar{P}'_{K_c-ET}$ 为根据典型日 K_c值估算的 ET 平均值。

表 5-19 显示的结果表明，基于 2009 年夏玉米生育期典型日 r_c 估算的全生育期 ET 与实测值间的一致性都较好，各时间间隔下的 ET 估值与实测值间的 R^2 为 0.86 ~ 0.95，ε 和 d 分别为 0.65 ~ 0.87 和 0.82 ~ 0.93，MAE 和 Rmse 分别为 4.13 ~ 11.12W/m^2 和 8.78 ~ 16.77W/m^2。2010 年与 2009 年的变化趋势相一致，基于夏玉米生育期典型日 r_c 估算的全生育期 ET 与实测值间的一致性较好，但当时间间隔加大时，估值精度将逐渐下降。

表 5-19　基于冠层阻力法的夏玉米全生育期 ET 时间尺度估值与实测值间的统计分析结果

年份	时间间隔/d	R^2	ε	d	MAE/(W/m^2)	Rmse/(W/m^2)	$\bar{Q}'_{r_c\text{-ET}}$/(W/m^2)	$\bar{P}'_{r_c\text{-ET}}$/(W/m^2)
2009	2	0.95	0.87	0.93	4.13	8.78	80.31	79.85
	5	0.94	0.81	0.90	6.11	9.38		81.43
	10	0.88	0.73	0.86	8.56	13.78		78.77
	15	0.86	0.65	0.82	11.12	16.77		87.04
2010	2	0.97	0.89	0.95	3.24	6.00	78.38	77.90
	5	0.92	0.77	0.88	6.88	10.70		77.83
	10	0.88	0.69	0.84	9.36	13.52		79.99
	15	0.86	0.65	0.81	10.63	14.26		75.07

注：$\bar{Q}'_{r_c\text{-ET}}$ 为涡度协方差系统实测的 ET 平均值；$\bar{P}'_{r_c\text{-ET}}$ 为根据典型日 r_c 值估算的 ET 平均值。

综合对比蒸发比法、作物系数法和冠层阻力法在夏玉米生育期各时间间隔下进行的从日到全生育期的 ET 时间尺度扩展效果可以发现，作物系数法的估值精度要好于蒸发比法和冠层阻力法，但随着时间间隔的加大，所有方法的估值精度均呈下降趋势，各时间间隔的估算效果与典型日是否具有代表性密切相关。

5.3.2.3　基于插值修正函数的 ET 全生育期时间尺度扩展方法对比评价

由以上分析结果可知，当基于蒸发比法、作物系数法和冠层阻力法开展从日到全生育期的 ET 时间尺度扩展时，主要是根据典型日的 EF、K_c 和 r_c 值并利用线性插值方法获得其他日的相应值，进而实现 ET 全生育期的估值。然而在作物生育期内，EF、K_c 和 r_c 值并非线性变化，导致采用线性插值方法将带来一定偏差。为此，引入具有非线性特点的插值修正函数，减小因线性插值带来的估算误差。

根据夏玉米生育期典型日的 EF、K_c 和 r_c 值，分别先构建起其与出苗后相对生育期（RDS）的二次多项式插值修正函数关系（表 5-20），再基于以上非线性修正函数插值获得夏玉米生育期内其他日的 EF、K_c 和 r_c 值，最后得到 ET 全生育期的时间尺度扩展结果（表 5-21 ~ 表 5-23）。

表 5-20 EF、K_c和 r_c值与出苗后相对生育期的二次多项式插值修正函数

扩展方法	年份	时间间隔/d	回归方程	R^2
蒸发比法	2009	2	$EF=-1.2024RDS^2+1.1618RDS+0.5295$	0.5813
		5	$EF=-0.7443RDS^2+0.7082RDS+0.6413$	0.146
		10	$EF=-1.0574RDS^2+1.0848RDS+0.5265$	0.690
		15	$EF=-0.897RDS^2+0.7188RDS+0.7496$	0.203
	2010	2	$EF=-1.2208RDS^2+1.3155RDS+0.4967$	0.459
		5	$EF=-1.3977RDS^2+1.4371RDS+0.4965$	0.586
		10	$EF=-1.3441RDS^2+1.3715RDS+0.5389$	0.518
		15	$EF=-1.0692RDS^2+1.0731RDS+0.562$	0.678
作物系数法	2009	2	$K_c=-2.0311RDS^2+2.1731RDS+0.5186$	0.662
		5	$K_c=-1.6565RDS^2+1.8685RDS+0.5893$	0.417
		10	$K_c=-1.8894RDS^2+2.0887RDS+0.5231$	0.817
		15	$K_c=-2.5866RDS^2+2.348RDS+0.6803$	0.444
	2010	2	$K_c=-1.3478RDS^2+1.6982RDS+0.559$	0.611
		5	$K_c=-1.4312RDS^2+1.7701RDS+0.5351$	0.610
		10	$K_c=-0.903RDS^2+1.1381RDS+0.7085$	0.533
		15	$K_c=-0.9488RDS^2+1.1837RDS+0.6742$	0.574
冠层阻力法	2009	2	$r_c=2206.7RDS^2-2578.6RDS+756.45$	0.698
		5	$r_c=2095.4RDS^2-2524.4RDS+751.94$	0.718
		10	$r_c=2344.3RDS^2-2908.1RDS+886.51$	0.877
		15	$r_c=2323.3RDS^2-2727.4RDS+749.97$	0.711
	2010	2	$r_c=1643RDS^2-2111.2RDS+719.61$	0.500
		5	$r_c=1330.6RDS^2-1803.6RDS+663.95$	0.565
		10	$r_c=692.41RDS^2-952.37RDS+411.81$	0.617
		15	$r_c=704.7RDS^2-1064.9RDS+497.12$	0.899

表 5-21 引入修正函数后基于蒸发比法的夏玉米全生育期 ET 时间尺度估值与实测值间的统计分析结果

年份	时间间隔/d	R^2	ε	d	MAE/(W/m²)	Rmse/(W/m²)	$\overline{Q}''_{EF-ET}$/(W/m²)	$\overline{P}''_{EF-ET}$/(W/m²)
2009	2	0.97	0.88	0.94	3.80	6.53	80.31	79.57
	5	0.96	0.82	0.91	5.65	8.59		82.44
	10	0.95	0.79	0.89	6.56	8.68		79.60
	15	0.93	0.65	0.83	11.13	14.86		90.18
2010	2	0.96	0.87	0.93	4.07	7.72	78.38	78.53
	5	0.93	0.77	0.89	6.87	10.20		79.09
	10	0.92	0.72	0.86	8.45	11.33		81.93
	15	0.92	0.75	0.87	7.70	10.72		78.43

注：$\overline{Q}''_{EF-ET}$ 为涡度协方差系统实测的 ET 平均值；$\overline{P}''_{EF-ET}$ 为根据典型日 EF 值和插值修正函数估算的 ET 平均值。

表 5-22 引入修正函数后基于作物系数法的夏玉米生育期 ET 时间尺度估值与实测值间的统计分析结果

年份	时间间隔/d	R^2	ε	d	MAE/(W/m²)	Rmse/(W/m²)	$\overline{Q}''_{K_c\text{-ET}}$/(W/m²)	$\overline{P}''_{K_c\text{-ET}}$/(W/m²)
2009	2	0.97	0.89	0.94	3.57	6.48	80.31	80.09
	5	0.95	0.81	0.90	6.04	9.33		82.70
	10	0.95	0.79	0.89	6.58	9.21		80.36
	15	0.93	0.65	0.83	11.00	15.01		90.58
2010	2	0.91	0.74	0.87	7.88	11.00	78.38	78.32
	5	0.97	0.88	0.94	3.51	6.62		78.42
	10	0.95	0.82	0.91	5.53	8.28		77.91
	15	0.91	0.75	0.87	7.72	11.43		80.42

注：$\overline{Q}''_{K_c\text{-ET}}$ 为涡度协方差系统实测的 ET 平均值；$\overline{P}''_{K_c\text{-ET}}$ 为根据典型日 K_c 值和插值修正函数估算的 ET 平均值。

表 5-23 引入修正函数后基于冠层阻力法的夏玉米全生育期 ET 时间尺度估值与实测值间的统计分析结果

年份	时间间隔/d	R^2	ε	d	MAE/(W/m²)	Rmse/(W/m²)	$\overline{Q}''_{r_c\text{-ET}}$/(W/m²)	$\overline{P}''_{r_c\text{-ET}}$/(W/m²)
2009	2	0.75	0.65	0.82	11.07	20.80	80.31	82.28
	5	0.53	0.32	0.68	21.38	37.12		89.99
	10	0.40	0.14	0.60	27.14	44.85		90.50
	15	0.30	−0.32	0.51	41.44	78.57		111.21
2010	2	0.95	0.83	0.92	5.06	8.78	78.38	78.57
	5	0.89	0.71	0.85	8.78	12.49		78.69
	10	0.88	0.69	0.84	9.30	13.14		79.23
	15	0.84	0.65	0.81	10.75	15.45		75.22

注：$\overline{Q}''_{r_c\text{-ET}}$ 为涡度协方差系统实测的 ET 平均值；$\overline{P}''_{r_c\text{-ET}}$ 为根据典型日 r_c 值和插值修正函数估算的 ET 平均值。

对照表 5-21 ~ 表 5-23 给出的结果，可以看出，当引入二次多项式插值修正函数后，基于蒸发比法和作物系数法的夏玉米全生育期 ET 估算效果将有所改善，但时间间隔 2 天下的估值精度改善并不明显。此外，基于冠层阻力法的 ET 估算效果未得到改进，可能是由于夏玉米生育期内尤其是初期的 r_c 值变化较大，采用插值修正函数还难以真实描述 r_c 的变化特征，故需做进一步探讨。

5.4 小　　结

本章以华北平原冬小麦和夏玉米为主要研究对象，通过对比分析常用的时间尺度扩展方法，筛选并发展了适合当地应用的从瞬时 ET 到日和从日 ET 到全生育期的时间尺度扩展方法，获得的主要结论如下。

1）对从瞬时 ET 到日的时间尺度扩展而言，相同扩展方法在不同气候条件、不同下垫面类型和不同时刻下的 ET 估值精度之间存在一定差异。作物覆盖下的 ET 扩展结果优于裸地条件，且基于改进的蒸发比法、作物系数法或改进的作物系数法的 ET 日时间尺度扩展效果相对较好，观测空间尺度的变化对其影响较小。在山东位山试验站，利用中午或接近中午整点时刻的 ET 瞬时值开展日时间尺度扩展的效果较好，而在北京大兴试验站，则是基于中午或下午整点时刻的 ET 瞬时值进行日时间尺度扩展的效果较佳，与当日内基于其他时刻的模拟结果相比，日 ET 估值精度可提高 3% ~20% 。

2）对从日 ET 到全生育期的时间尺度扩展而言，作物系数法的 ET 全生育期时间扩展效果要优于其他方法，且随着实测数据时间间隔的加大，所有方法估算 ET 的准确性将逐渐降低。不同时间间隔的 ET 估算精度与选择的典型日是否具有代表性密切相关，建立具有非线性特点的插值修正函数可在一定程度上提高 ET 全生育期时间尺度扩展方法的估值精度。

3）在引入插值修正函数后，基于蒸发比法和作物系数法的夏玉米 ET 全生育期估算效果将有所改善，但在时间间隔 2 天下的估值精度却并不明显。利用冠层阻力法的 ET 估算效果未得到改进，或许与夏玉米生育初期的冠层阻力变化较大有关，采用建立的插值修正函数还难以真实描述此时的冠层阻力变化特征。

第6章 蒸散发空间尺度提升与转换方法

蒸散发是涉及作物、气象、土壤等众多因子的复杂物理过程，具有明显的时空尺度特征和空间分布变异性。大尺度下的ET并非是小尺度ET的简单叠加，而小尺度下的ET也不可能通过对大尺度ET的简单插值或分解获得，不同空间尺度的ET间存在复杂的非线性关系。从叶片、植株、田块、农田到区域（灌区）空间尺度的ET估算均需要考虑下垫面的不均匀性，然而有限的财力、物力、人力和资源使得人们对ET的测定常被局限在特定的空间范围。为此，通过构建ET空间尺度提升与转换方法，实现多尺度ET间的相互推演，才能帮助人们科学全面地认识和了解农业灌溉蒸散发过程，进而合理分析、正确处理、科学应对当代农业水管理中所面临的诸多难题和挑战。

本章在考虑影响ET主控因子变异特征与特点的基础上，构建多空间尺度ET间的提升及转换方式。以北京大兴试验站实测数据为依据，通过从叶片气孔导度到冠层导度的空间尺度提升，建立ET空间尺度提升方法与模型，开展冬小麦和夏玉米生育期内基于单叶导度提升模型的田块和农田尺度ET估算；构建基于权重积分法的阴阳叶冠层导度提升模型，有效改善ET空间尺度提升方法；借助多元回归分析方法，建立冬小麦生育返青期后多尺度ET间的相关关系，探讨不同空间尺度ET间的转换关联性。

6.1 蒸散发空间尺度提升

蒸散发空间尺度提升是在刻画ET及其主控因子的空间分异规律的基础上，通过特定尺度获得的ET信息或参数来推演更大尺度的ET信息。为此，根据大兴试验站长期观测数据和资料，建立基于叶片气孔导度估算模型的冠层导度提升模型，开展基于冠层导度提升模型的田块和农田ET估算，初步提出华北平原冬小麦和夏玉米种植条件下的ET空间尺度提升方法与模式。

6.1.1 ET空间尺度提升方法

在ET估算中常利用气孔导度描述蒸散面与大气间水汽交换的难易程度。由于冠层导度难以被直接测定，导致田块、农田乃至区域（灌区）尺度的ET估算受到极大限制，故建立ET空间尺度提升方法的关键在于冠层导度的准确估算。为此，基于叶片气孔导度估算模型，构建从叶片气孔导度到冠层导度的空间尺度提升模型，结合P-M方程，实现ET从叶片到田块和农田的空间尺度提升。

6.1.1.1 叶片气孔导度估算模型

气孔导度是表示植物气孔对水蒸气、CO_2等气体的传导度，影响到作物的光合作用、呼吸作用及蒸腾作用。目前，用于定量描述叶片气孔导度的估算模型大致分为两类：一是以 Jarvis 等为代表建立的叶片气孔导度与环境因子的非线性模型（Jarvis，1976）；二是以 Ball 等为代表建立的叶片气孔导度与净光合速率和环境因子的线性模型（Ball，1988）。

（1）Jarvis 模型

Jarvis 等认为叶片气孔导度是多个环境因子综合作用的产物，可通过气孔导度对单一环境因子反应的叠加，得到多个环境因子同时变化时对叶片气孔导度的综合影响。Yu 等（1996）和张宝忠等（2011）认为，选择考虑光合有效辐射 PAR 和饱和水汽压差 VPD 的双因子 Jarvis 叶片气孔导度估算模型，一般可满足模拟精度要求，其表达如下：

$$g_s = g_s(\mathrm{PAR_a})f(\mathrm{VPD}) = \frac{\mathrm{PAR_a}}{\mathrm{PAR_a} + \alpha}\exp(-\beta \cdot \mathrm{VPD}) \tag{6-1}$$

式中，g_s为气孔导度［mol/(m^2·s)］；PAR_a为叶面截获的光合有效辐射［μmol/(m^2·s)］；α和β为经验系数。

（2）Leuning-Ball 模型

Ball 等认为叶片气孔导度与净光合速率和环境因子具有较好的线性相关性，由于相对湿度和低 CO_2浓度对气孔导度估算模型的限制，Leuning 等对该模型进行了修正，提出了线性气孔导度模型，进而建立起 Leuning-Ball 叶片气孔导度估算模型（Leuning，1995）如下：

$$g_s = \frac{mP_n}{(C_s - \Gamma)(1 + \mathrm{VPD}/\mathrm{VPD_0})} + g_{s0} \tag{6-2}$$

式中，P_n为净光合速率［μmol/（m^2·s)］；Γ 为 CO_2补偿点（μmol/mol），具体确定方法见 Farquhar 等（1980）和 Yu 等（2001）；C_s为叶表面 CO_2浓度（μmol/mol）；g_{s0}为光补偿点处的 g_s值［mol/（m^2·s)］；m 和 VPD_0为经验常数。

式（6-2）中的光响应模型 P_n如下（Ye et al.，2007）：

$$P_n = \frac{a(1 - c \cdot \mathrm{PAR_a})}{1 + b \cdot \mathrm{PAR_a}}\mathrm{PAR_a} - R_d \tag{6-3}$$

式中，R_d为暗呼吸速率［μmol/（m^2·s)］；a、b 和 c 均为修正系数。

在以上 Jarvis 和 Leuning-Ball 叶片气孔导度估算模型中，假定作物冠层处的光衰减规律服从 Beer-Lambert 定律（Monsi and Saeki，1953），故叶面截获的光合有效辐射 PAR_a计算如下：

$$\mathrm{PAR_a} = -\frac{\mathrm{dPAR}}{\mathrm{d}\xi} = K \cdot \mathrm{PAR_h}\exp(-K \cdot \xi) \tag{6-4}$$

其中

$$\mathrm{PAR} = \mathrm{PAR_h}\exp(-K \cdot \xi) \tag{6-5}$$

式中，PAR 和 PAR_h分别为作物冠层某高度以及冠层顶部的光合有效辐射［μmol/(m^2·s)］；ξ

为冠层某高度到冠层顶部的叶面积指数；K 为消光系数。

6.1.1.2 基于叶片气孔导度估算模型的冠层导度提升模型

（1）基于 Jarvis 模型的冠层导度提升模型

以光合有效辐射 PAR 作为尺度转换因子，在假定下垫面均匀分布且忽略土壤蒸发影响以及冠层内 VPD 变化的条件下，对式（6-1）进行积分，即可获得基于 Jarvis 叶片气孔导度估算模型的冠层导度提升模型。

$$g_c = \int_0^{\mathrm{LAI}} g_s \mathrm{d}\xi = \int_0^{\mathrm{LAI}} \left[\frac{\mathrm{PAR_a}}{\mathrm{PAR_a} + \alpha} \exp(-\beta \cdot \mathrm{VPD}) \right]$$
$$= \frac{\exp(-\beta \cdot \mathrm{VPD})}{K} \cdot \ln\left[\frac{K \cdot \mathrm{PAR_h} + \alpha}{K \cdot \mathrm{PAR_h} \exp(-K \cdot \mathrm{LAI}) + \alpha} \right] \tag{6-6}$$

式中，LAI 为叶面积指数。

（2）基于 Leuning-Ball 模型的冠层导度提升模型

以光合有效辐射 PAR 作为尺度转换因子，假定下垫面均匀分布，在忽略土壤蒸发影响以及冠层内水汽压和 CO_2 浓度变化的基础上，对式（6-2）进行积分，即可获得基于 Leuning-Ball 叶片气孔导度估算模型的冠层导度提升模型。

$$g_c = \int_0^{\mathrm{LAI}} g_s \mathrm{d}\xi = \int_0^{\mathrm{LAI}} \left[\frac{mP_n}{(C_s - \Gamma)(1 + \mathrm{VPD}/\mathrm{VPD_0})} + g_{s0} \right] \mathrm{d}\xi$$
$$= \left[g_{s0} - \frac{m \cdot R_d}{K \cdot b(C_s - \Gamma)(1 + \mathrm{VPD}/\mathrm{VPD_0})} \right] \mathrm{LAI} + \frac{m \cdot a \cdot c \cdot \mathrm{PAR_h} \exp(-K \cdot \mathrm{LAI})}{K \cdot b(C_s - \Gamma)(1 + \mathrm{VPD}/\mathrm{VPD_0})}$$
$$+ \frac{a \cdot (b + c) \cdot m}{K \cdot b^2 \cdot (C_s - \Gamma)(1 + \mathrm{VPD}/\mathrm{VPD_0})} \ln\left[\frac{1 + K \cdot b \cdot \mathrm{PAR_h}}{1 + K \cdot b \cdot \mathrm{PAR_h} \exp(-K \cdot \mathrm{LAI})} \right] \tag{6-7}$$

6.1.1.3 基于冠层导度提升模型的田块或农田 ET 估算方法

将式（6-6）或式（6-7）的模拟结果 g_c 代入 P-M 方程，在获得其他参数变量值的基础上，即可估算得到田块或农田尺度 ET：

$$\lambda \mathrm{ET} = \frac{\Delta(R_n - G) + (\rho_a \cdot C_p \cdot \mathrm{VPD} \cdot g_a)}{\Delta + \gamma(1 + (g_a/g_c))} \tag{6-8}$$

6.1.2 冬小麦基于冠层导度空间尺度提升模型的 ET 估算

利用大兴试验站冬小麦 2007 ~ 2009 年两个生长季内实测的数据，率定和验证 Jarvis 和 Leuning-Ball 叶片气孔导度估算模型，通过积分方法，实现基于叶片气孔导度的冠层导度估算，并结合 P-M 公式，获得田块和农田尺度 ET。

6.1.2.1 冬小麦叶片气孔导度估算模型率定与验证

利用大兴试验站 2007 ~ 2008 年冬小麦生长期内实测的叶片气孔导度、气象数据等资料，对 Jarvis 和 Leuning-Ball 叶片气孔导度估算模型进行参数率定。其中 Jarvis 模型的参数值：$\alpha=265.668$，$\beta=0.4$；Leuning-Ball 模型的参数值：$m=15.293$，$VPD_0=0.657kPa$，$g_{s0}=0.123$，其中的光响应修正模型参数值：$a=0.0968$，$b=0.00372$，$c=0$ 和 $R_d=3.248\mu mol/(m^2 \cdot s)$。

从 Jarvis 和 Leuning-Ball 叶片气孔导度估算模型的模拟结果与实测值的回归关系（图6-1）以及模拟效果评价结果（表6-1）可知，斜率 k 分别为0.93 和0.95，确定性系数 R^2 分别为0.47 和0.65，均方根误差 Rmse 分别为0.09mol/（m^2·s）和0.08mol/（m^2·s），平均绝对误差 MAE 分别为0.07mol/（m^2·s）和0.06mol/（m^2·s），平均相对误差 MRE 分别为3.46%和2.03%，效率指数 ε 分别为0.61 和0.71，这表明 Jarvis 和 Leuning-Ball 模型均可用于模拟冬小麦叶片气孔导度对环境因子的响应，其中 Leuning-Ball 模型略优于 Jarvis 模型。

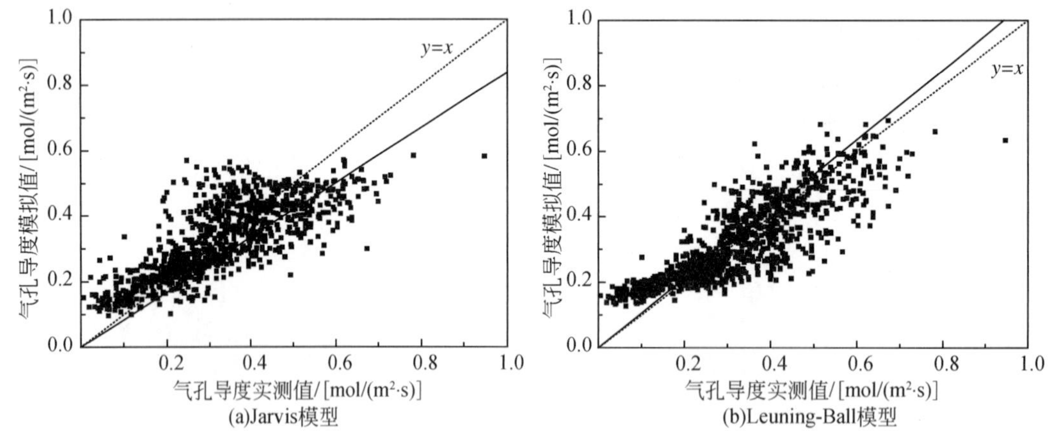

图6-1 2007～2008 年冬小麦生长期内叶片气孔导度的估算结果与实测值的对比

表6-1 冬小麦生长期内叶片气孔导度估算模型的模拟效果评价

时段	模型	回归方程	R^2	Rmse /[mol/(m^2·s)]	MAE /[mol/(m^2·s)]	MRE/%	ε
2007～2008 年（率定）	Jarvis 模型	$g_{sP}=0.93g_{s0}$	0.47	0.09	0.07	3.46	0.61
	Leuning-Ball 模型	$g_{sP}=0.95g_{s0}$	0.65	0.08	0.06	2.03	0.71
2008～2009 年（验证）	Jarvis 模型	$g_{sP}=0.84g_{s0}$	0.18	0.15	0.12	2.69	0.07
	Leuning-Ball 模型	$g_{sP}=1.06g_{s0}$	0.67	0.10	0.09	1.53	0.55

注：g_{s0}为利用光合仪实测的叶片气孔导度；g_{sP}为叶片气孔导度模型估算的叶片气孔导度。

在模型参数率定的基础上，利用大兴试验站 2008～2009 年冬小麦生长期内实测的叶片气孔导度等数据，对 Jarvis 和 Leuning-Ball 叶片气孔导度估算模型进行验证。从图6-2 和表6-1 可知，两个模型的模拟结果与实测值间的回归方程斜率 k 分别为0.84 和1.06，R^2 分别为0.18 和0.67，Rmse 分别为0.15mol/（m^2·s）和0.10mol/（m^2·s），MAE 分别为0.12mol/（m^2·s）和0.09mol/（m^2·s），ε 分别为0.07 和0.55。由此可见，Leuning-Ball 模型比 Jarvis 模型能更好地解释华北平原冬小麦叶片气孔导度对环境因子的响应变化，这与 Yu 等（1998）得到的结论一致。

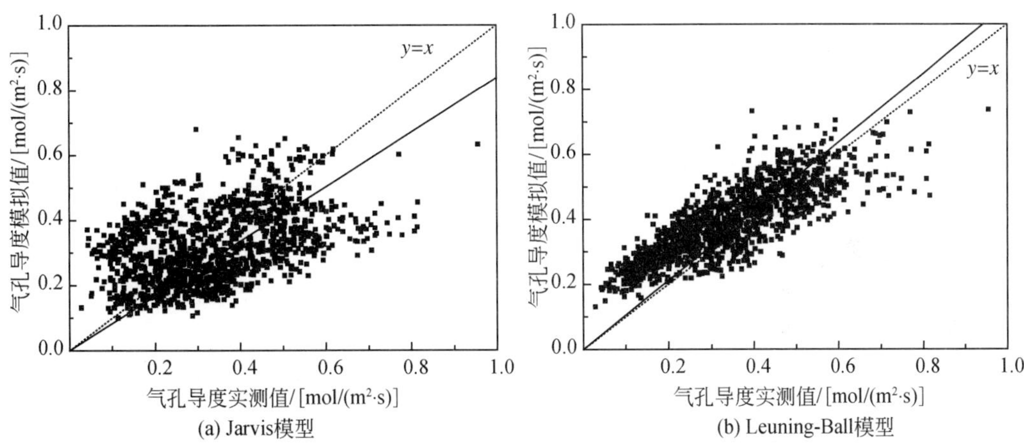

图 6-2 2008 ~ 2009 年冬小麦生长期内叶片气孔导度的估算结果与实测值的对比

6.1.2.2 冬小麦基于叶片气孔导度估算模型的田块和农田尺度冠层导度提升模型

(1) 冠层导度提升模型构建

将以上叶片气孔导度估算模型的参数率定结果代入式（6-6）和式（6-7），可分别得到冬小麦基于 Jarvis 和 Leuning-Ball 叶片气孔导度估算模型的冠层导度提升模型。

$$g_c = \frac{\exp(-0.4\text{VPD})}{K} \cdot \ln\left[\frac{K \cdot \text{PAR}_h + 265.668}{K \cdot \text{PAR}_h \exp(-K \cdot \text{LAI}) + 265.668}\right] \tag{6-9}$$

$$g_c = \left[0.123 - \frac{15.293 \cdot 3.248}{0.00372K(C_s - \Gamma) \cdot (1 + \text{VPD}/0.657)}\right]\text{LAI} + \frac{0.0968 \cdot 0.00372 \cdot 15.293}{0.00372^2 K(C_s - \Gamma) \cdot (1 + \text{VPD}/0.657)} \ln\left[\frac{1 + 0.00372K \cdot \text{PAR}_h}{1 + 0.00372K \cdot \text{PAR}_h \exp(-K \cdot \text{LAI})}\right] \tag{6-10}$$

根据大兴试验站 2007 ~ 2009 年冬小麦生育期内典型日实测的田块和农田尺度叶面积指数 LAI 和消光系数 K，以及实测的 VPD、PAR_h 和 C_s 等数据，即可获得田块和农田尺度的冠层导度。

(2) 田块冠层导度提升模型模拟效果评价

利用大兴试验站 2007 ~ 2009 年冬小麦两个生长期内蒸渗仪实测结果以及气象数据等资料，对式（6-9）和式（6-10）的估算结果进行分析评价。其中，根据蒸散仪实测的田块尺度 ET，基于 P-M 公式，反推得到田块冠层导度 g_c，作为与估算结果对比的实测值。

$$g_c = \frac{\gamma \cdot \lambda\text{ET} \cdot g_a}{\Delta(R_n - G) + \rho_a C_p \text{VPD} - (\Delta + \gamma) \cdot \lambda\text{ET}} \tag{6-11}$$

式中，g_a 为空气动力学导度（mm/s）。

如图 6-3 和表 6-2 所示，在冬小麦两个生长季节内，由 Leuning-Ball 冠层导度提升模型计算的田块尺度冠层导度与实测值的日变化趋势基本一致，两者间回归方程的斜率分别为

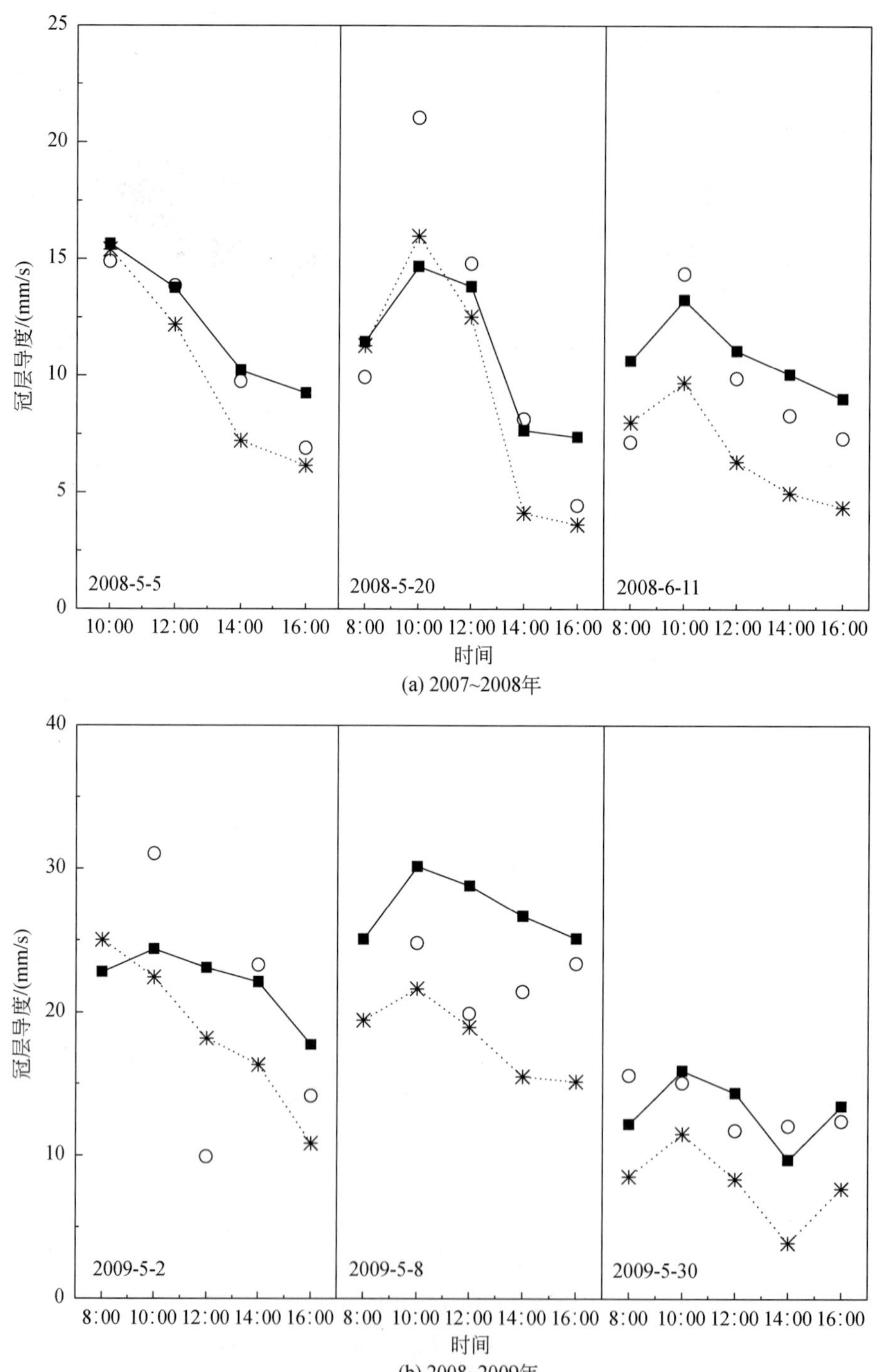

图 6-3　2007～2009 年冬小麦生长期内田块尺度冠层导度的估算结果和实测值的日变化过程

0.98 和 0.82，确定性系数 R^2 分别为 0.80 和 0.48，均方根误差 Rmse 分别为 2.38mm/s 和 9.84mm/s，平均绝对误差 MAE 分别为 1.80mm/s 和 5.98mm/s，平均相对误差 MRE 分别为 20.13% 和 27.83%，效率指数 ε 分别为 0.69 和 0.28。同时，Jarvis 冠层导度提升模型计算的田块尺度冠层导度与实测值间的回归方程斜率分别为 0.81 和 0.41，R^2 分别为 0.78 和 0.43，Rmse 分别为 2.86mm/s 和 21.37mm/s，MAE 分别为 2.45mm/s 和 12.04mm/s，MRE 分别为 23.90% 和 36.64%，ε 分别为 0.55 和 0.03。对比两个生育季节的 Leuning-Ball 和 Jarvis 冠层导度提升模型的估算结果可知，前者能够更好地解释田块尺度下冬小麦冠层导度的变化规律。

表 6-2　冬小麦生长期内田块尺度冠层导度模型的尺度提升估算结果评价

时段	模型	回归方程	R^2	Rmse/（mm/s）	MAE/（mm/s）	MRE/%	ε
2007 ~ 2008 年	Jarvis 冠层导度提升模型	$g_{cP}=0.81\ g_{c0}$	0.78	2.86	2.45	23.90	0.55
	Leuning-Ball 冠层导度提升模型	$g_{cP}=0.98\ g_{c0}$	0.80	2.38	1.80	20.13	0.69
2008 ~ 2009 年	Jarvis 冠层导度提升模型	$g_{cP}=0.41\ g_{c0}$	0.43	21.37	12.04	36.64	0.03
	Leuning-Ball 冠层导度提升模型	$g_{cP}=0.82g_{c0}$	0.48	9.84	5.98	27.83	0.28

注：g_{c0} 为基于蒸渗仪实测数据和 P-M 方程反推的田块冠层导度；g_{cP} 为冠层导度提升模型估算的田块冠层导度。

（3）农田尺度冠层导度提升模型的模拟效果评价

利用涡度协方差系统实测的大兴试验站 2007 ~ 2009 年冬小麦两个生长期内的潜热通量以及气象数据，对式（6-9）和式（6-10）的估算结果进行分析评价。根据涡度协方差系统实测的农田尺度潜热通量，基于 P-M 公式，反推得到农田冠层导度 g_c，作为与估算结果对比的实测值。

如图 6-4 和表 6-3 所示，基于 Leuning-Ball 冠层导度提升模型估算的农田冠层导度与实测值的日变化过程基本一致，在两个冬小麦作物生长季节内，农田冠层导度的估算结果与实测值间的回归方程斜率分别为 0.82 和 0.94，R^2 分别为 0.80 和 0.54，Rmse 分别为 3.13mm/s 和 3.21mm/s，MAE 分别为 2.13mm/s 和 2.36mm/s，MRE 分别为 17.02% 和 19.07%，ε 分别为 0.54 和 0.50。与之相对应，基于 Jarvis 冠层导度提升模型得到的农田冠层导度与实测值间的差别却较大，两者间的回归方程斜率分别为 0.69 和 0.70，R^2 分别为 0.78 和 0.26，Rmse 分别为 4.17mm/s 和 5.87mm/s，MAE 分别为 3.54mm/s 和 5.13mm/s，MRE 分别为 30.90% 和 38.89%，ε 分别为 0.19 和 -0.69。由此可见，Leuning-Ball 冠层导度提升模型能更好地解释农田尺度下的冬小麦冠层导度变化规律。

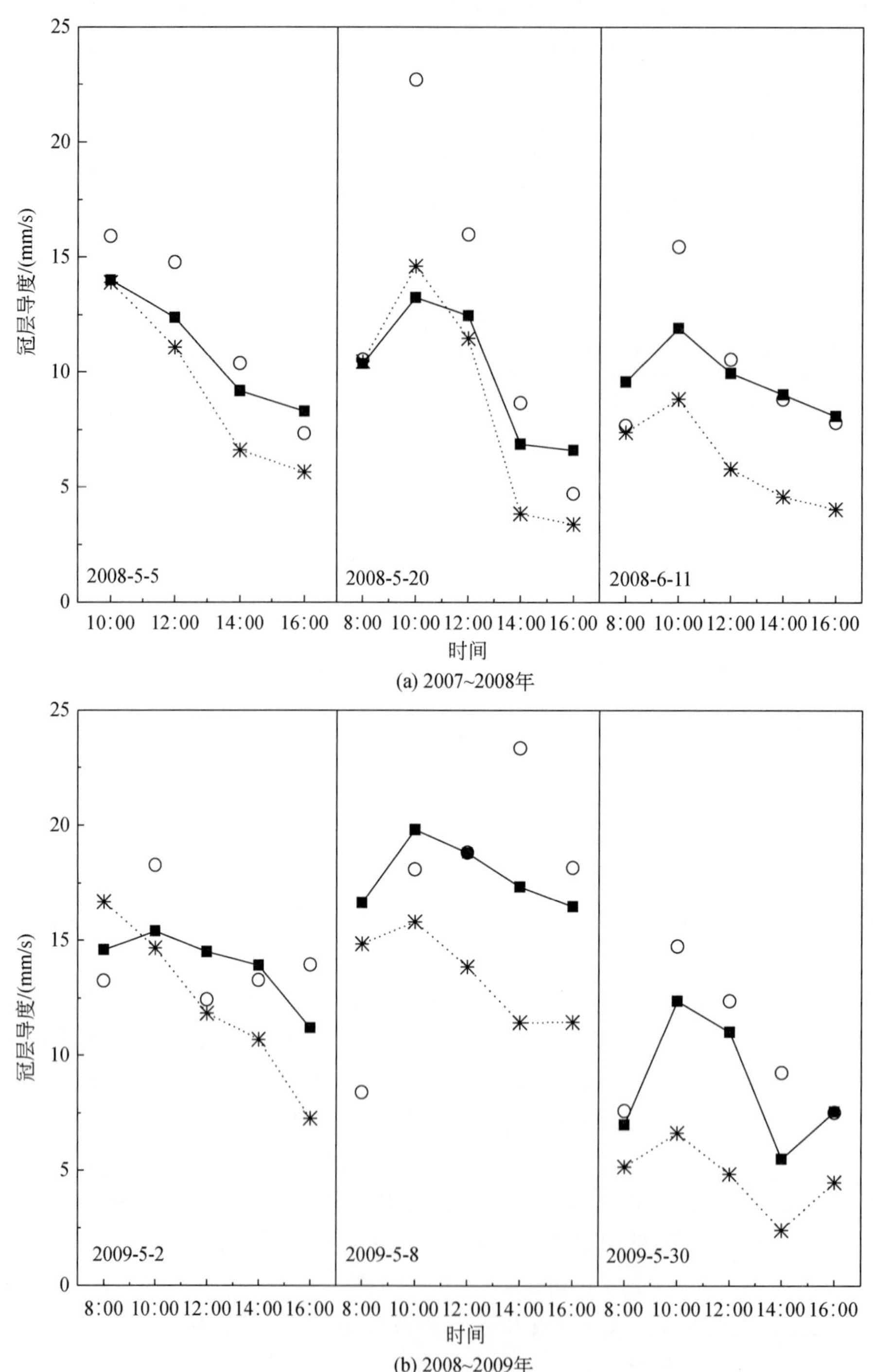

图 6-4　2007 ~ 2009 年冬小麦生长期内农田尺度冠层导度的估算结果和实测值的日变化过程

表 6-3 冬小麦生长期内农田尺度冠层导度模型的尺度提升估算结果评价

时段	模型	回归方程	R^2	Rmse/（mm/s）	MAE/（mm/s）	MRE/%	ε
2007～2008 年	Jarvis 冠层导度提升模型	$g_{c0}=0.69g_{cP}$	0.78	4.17	3.54	30.90	0.19
	Leuning-Ball 冠层导度提升模型	$g_{c0}=0.82g_{cP}$	0.80	3.13	2.13	17.02	0.54
2008～2009 年	Jarvis 冠层导度提升模型	$g_{c0}=0.70g_{cP}$	0.26	5.87	5.13	38.89	-0.69
	Leuning-Ball 冠层导度提升模型	$g_{c0}=0.94g_{cP}$	0.54	3.21	2.36	19.07	0.50

注：g_{c0}为基于涡度协方差系统实测数据和 P-M 方程反推的农田冠层导度；g_{cP}为冠层导度提升模型估算的农田冠层导度。

为了进一步了解和证实以上冠层导度提升模型的可靠性，根据对模型输入项和参数项的敏感性分析，开展基于 Leuning-Ball 和 Jarvis 叶片气孔导度估算模型的农田冠层导度提升模型性能评价。在将两个模型的输入项和参数项数值分别变化±10% 条件下，表 6-4 给出了估算结果与实测值间 MRE 的变化范围。对输入项而言，基于 Jarvis 的农田冠层导度提升模型的敏感性相对较强，尤其是对 PAR_h和 LAI，而基于 Leuning-Ball 提升模型的敏感性相对要低。此外，对参数项而言，m、g_{s0}、a 和 Γ 对基于 Leuning-Ball 提升模型的模拟精度影响较大，但 α 和 β 对基于 Jarvis 提升模型的计算结果影响却相对较小。

表 6-4 基于叶片气孔导度估算模型的农田冠层导度提升模型输入项和参数项变化的敏感性分析结果

模型	输入项	MRE/%		参数项	MRE/%	
		10	-10		10	-10
Jarvis 冠层导度提升模型	K	-23.29～-0.95	-14.83～8.41	α	3.17～5.47	-4.39～3.18
	LAI	-27.08～-8.53	-9.81～16.66	β	2.86～6.56	-6.25～2.78
	VPD	-2.05～23.17	-34.92～-4.26			
	PAR_h	-28.81～-1.23	-9.91～11.51			
Leuning-Ball 冠层导度提升模型	K	-2.31～-0.4	0.71～2.75	m	-7.29～-2.51	2.63～7.64
	LAI	-9.19～-5.82	8.59～12.24	VPD_0	-4.99～-1.84	2.01～5.78
	VPD_s	-3.28～5.21	-12.05～-2.85	g_{s0}	-9.69～-2.8	2.96～8.8
	PAR_h	-10.28～-1.82	-4.26～4.38	a	-7.77～-3.22	3.42～9.08
	C_s	3.57～9.44	-9.23～-1.92	b	0.61～5.06	-5.28～-0.63
				c	3.88～8.24	-7.14～-3.62
				R_d	-1.97～2.51	-2.24～5.52
				Γ	-8.56～-0.7	-6.24～1.53

6.1.2.3 冬小麦基于冠层导度提升模型的田块和农田尺度 ET 估算

(1) 田块尺度 ET 估算

基于构建的田块尺度冠层导度提升模型，结合 P-M 方程，对 2007～2009 年冬小麦生长期内典型日的田块 ET 进行估算，并利用蒸渗仪实测数据对其进行检验。

如图6-5 和表6-5 所示，基于 Leuning-Ball 冠层导度提升模型估算的田块蒸散发与实测值的日变化趋势基本一致，两者间回归方程的斜率分别为 1.05 和 1.02，R^2 分别为 0.91 和 0.87，Rmse 分别为 31.17W/m^2 和 32.69W/m^2，MAE 分别为 27.81W/m^2 和 26.31W/m^2，MRE 分别为 14.89% 和 13.30%，ε 分别为 0.88 和 0.59。此外，基于 Jarvis 冠层导度提升模型计算的田块蒸散发与实测值间的回归方程斜率分别为 0.78 和 0.82，R^2 分别为 0.78 和 0.70，Rmse 分别为 54.94W/m^2 和 51.21W/m^2，MAE 分别为 50.14W/m^2 和 46.82W/m^2，MRE 分别为 18.05% 和 21.96%，ε 分别为 0.55 和 0.28。这表明 Leuning-Ball 冠层导度提升模型可以更好地解释田块尺度下的冬小麦蒸散发变化特点。

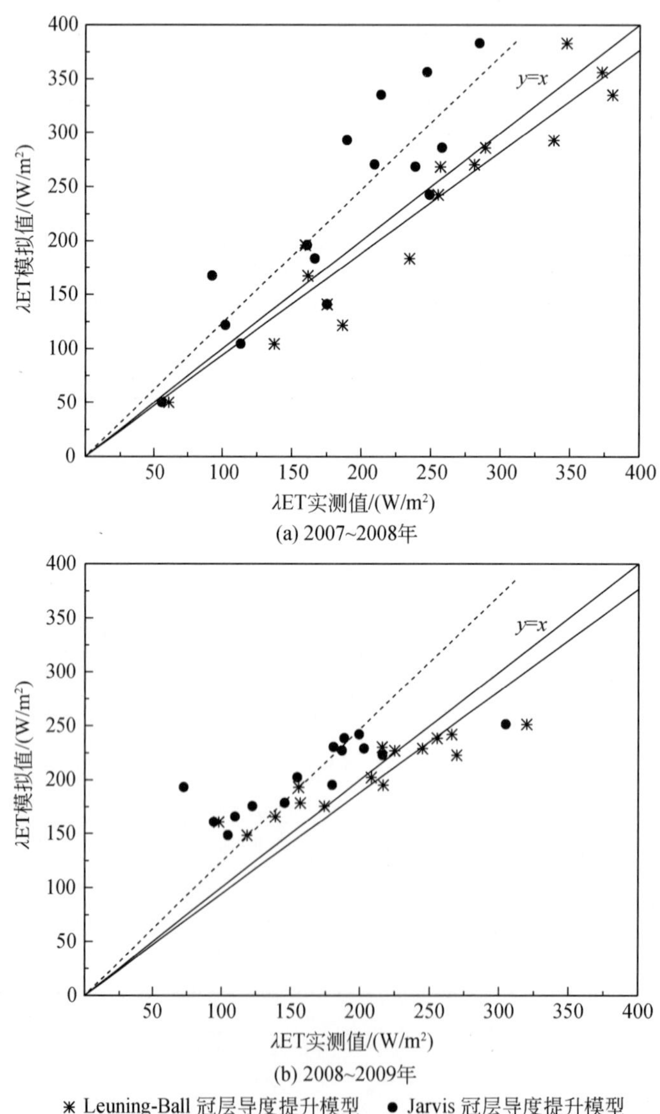

图6-5 2007~2009 年冬小麦生长期典型日田块尺度蒸散发的估算结果与实测值的对比

表 6-5 冬小麦生长期典型日田块尺度蒸散发的估算结果与实测值的统计分析结果

时段	模型	回归方程	R^2	Rmse/（W/m²）	MAE/（W/m²）	MRE/%	ε
2007～2008 年	Jarvis 冠层导度提升模型	$\lambda ET_P=0.78\lambda ET_0$	0.78	54.94	50.14	18.05	0.55
	Leuning-Ball 冠层导度提升模型	$\lambda ET_P=1.05\lambda ET_0$	0.91	31.17	27.81	14.89	0.88
2008～2009 年	Jarvis 冠层导度提升模型	$\lambda ET_P=0.82\lambda ET_0$	0.70	51.21	46.82	21.96	0.28
	Leuning-Ball 冠层导度提升模型	$\lambda ET_P=1.02\lambda ET_0$	0.87	32.69	26.31	13.30	0.59

注：λET_0为蒸渗仪实测的田块潜热通量；λET_P为冠层导度提升模型估算的田块潜热通量。

(2) 农田尺度 ET 估算

基于构建的农田尺度冠层导度提升模型，结合 P-M 方程，对 2007～2009 年冬小麦生长期内典型日的农田 ET 进行估算，并利用涡度协方差系统实测数据对其进行检验。

从图 6-6 和表 6-6 可以看出，基于 Leuning-Ball 冠层导度提升模型的农田蒸散发与实测值的日变化趋势基本一致，两者间回归方程的斜率分别为 1.08 和 0.84，R^2 分别为 0.90 和 0.72，Rmse 分别为 36.68W/m² 和 42.20W/m²。此外，基于 Jarvis 冠层导度提升模型计算的农田蒸散发与实测值间存在一定差距，两者回归方程的斜率分别为 1.39 和 0.70，R^2 分别为 0.77 和 0.55，Rmse 分别为 79.28W/m² 和 67.19W/m²。对比结果表明，基于 Leuning-Ball 冠层导度提升模型可以较好地实现冬小麦农田尺度蒸散发估算。

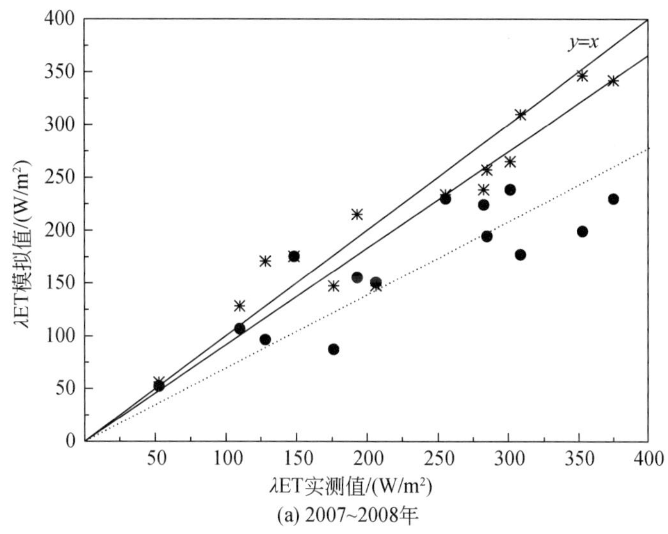

(a) 2007~2008年

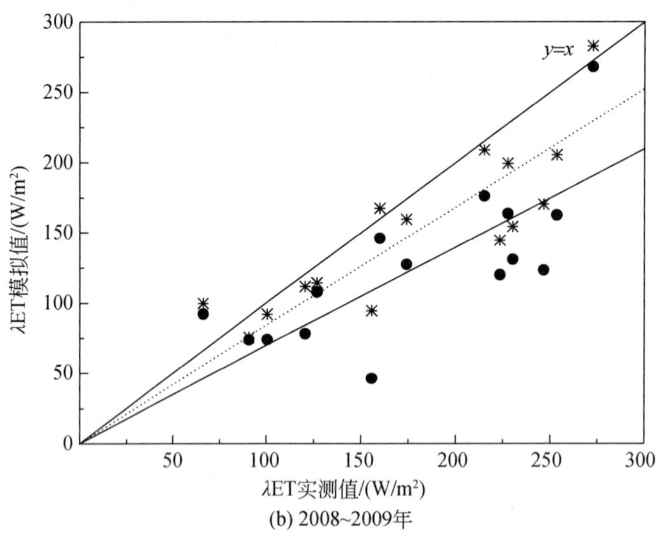

(b) 2008~2009年

∗ Leuning-Ball 冠层导度提升模型 ● Jarvis 冠层导度提升模型

图 6-6 2007~2009 年冬小麦生长期典型日农田尺度蒸散发的估算结果与实测值的对比

表 6-6 冬小麦生长期典型日农田尺度蒸散发的估算结果与实测值的统计分析结果

时段	模型	回归方程	R^2	Rmse/（W/m^2）	MAE/（W/m^2）	MRE/%
2007~2008 年	Jarvis 冠层导度提升模型	$\lambda ET_P = 1.39\lambda ET_O$	0.77	79.28	70.03	22.89
	Leuning-Ball 冠层导度提升模型	$\lambda ET_P = 1.08\lambda ET_O$	0.90	36.68	30.31	13.88
2008~2009 年	Jarvis 冠层导度提升模型	$\lambda ET_P = 0.70\lambda ET_O$	0.55	67.19	54.95	28.52
	Leuning-Ball 冠层导度提升模型	$\lambda ET_P = 0.84\lambda ET_O$	0.72	42.20	32.37	18.37

注：λET_O为涡度协方差系统实测的农田潜热通量；λET_P为冠层导度提升模型估算的农田潜热通量。

6.1.3 夏玉米基于冠层导度空间尺度提升模型的 ET 估算

利用大兴试验站夏玉米 2008~2010 年实测的数据，在对比优选典型的 Jarvis 和 Leuning-Ball 叶片气孔导度估算模型的基础上，率定和验证 Jarvis 和 Leuning-Ball 叶片气孔导度估算模型，通过积分方法，实现基于叶片气孔导度的冠层导度估算，并结合 P-M 公式，获得田块和农田尺度 ET。

6.1.3.1 夏玉米叶片气孔导度估算模型率定与验证

利用大兴试验站 2009 年夏玉米生长期实测的叶片气孔导度、气象数据等资料，对

Jarvis 和 Leuning-Ball 叶片气孔导度估算模型进行参数率定。其中，Jarvis 叶片气孔导度估算模型的参数值：$\alpha=1480.36$，$\beta=0.2688$；Leuning-Ball 叶片气孔导度估算模型的参数值：$m=8.8377$，$VPD_0=0.3557$kPa，$g_{s0}=0.1076$mol/（m^2 · s），其中的光响应修正模型的参数值：$a=0.2083$，$b=0.0046$，$c=-0.0003$ 和 $R_d=3.4814$μmol/（m^2 · s）。

在模型参数率定的基础上，利用大兴试验站 2008 年夏玉米生长期实测的叶片气孔导度等数据，对 Jarvis 和 Leuning-Ball 叶片气孔导度估算模型进行验证。从图 6-7、图 6-8 和表 6-7 给出的结果可以看出，两个模型的模拟结果与实测值间的变化趋势较为一致，但模拟效果上略有不同，Leuning-Ball 叶片气孔导度估算模型的回归方程斜率 k 为 1.05，R^2 为 0.450，d 为 0.425，Rmse 为 0.045mol/（m^2 · s），MAE 为 0.038mol/（m^2 · s）。Jarvis 叶片气孔导度估算模型的回归方程斜率 k 为 1.05，R^2 为 0.545，d 为 0.636，Rmse 为 0.033mol/（m^2 · s），MAE 为 0.026mol/（m^2 · s）。相比之下，Jarvis 叶片气孔导度估算模型似乎可较好地反映当地夏玉米叶片气孔导度对环境因子的响应。然而从图 6-8 显示的结果可知，Jarvis 叶片气孔导度估算模型模拟的夏玉米叶片气孔导度变化相对平缓，未能完全反映出其对环境因子的响应过程，这或许与该模型只考虑了光合有效辐射和饱和水汽压差两个环境因子有关。

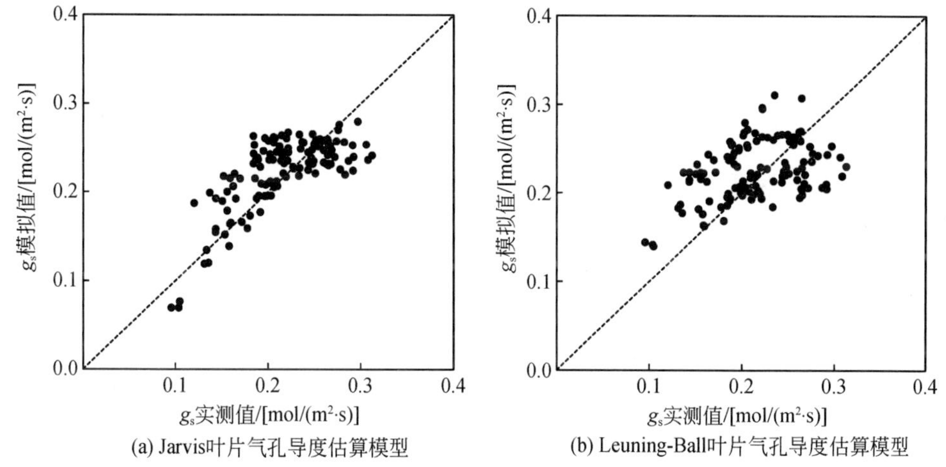

图 6-7　2008 年夏玉米生长期内叶片气孔导度的估算结果与实测值的对比

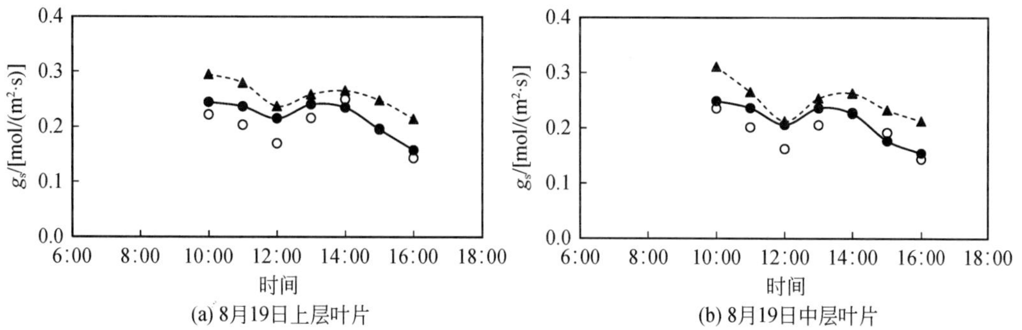

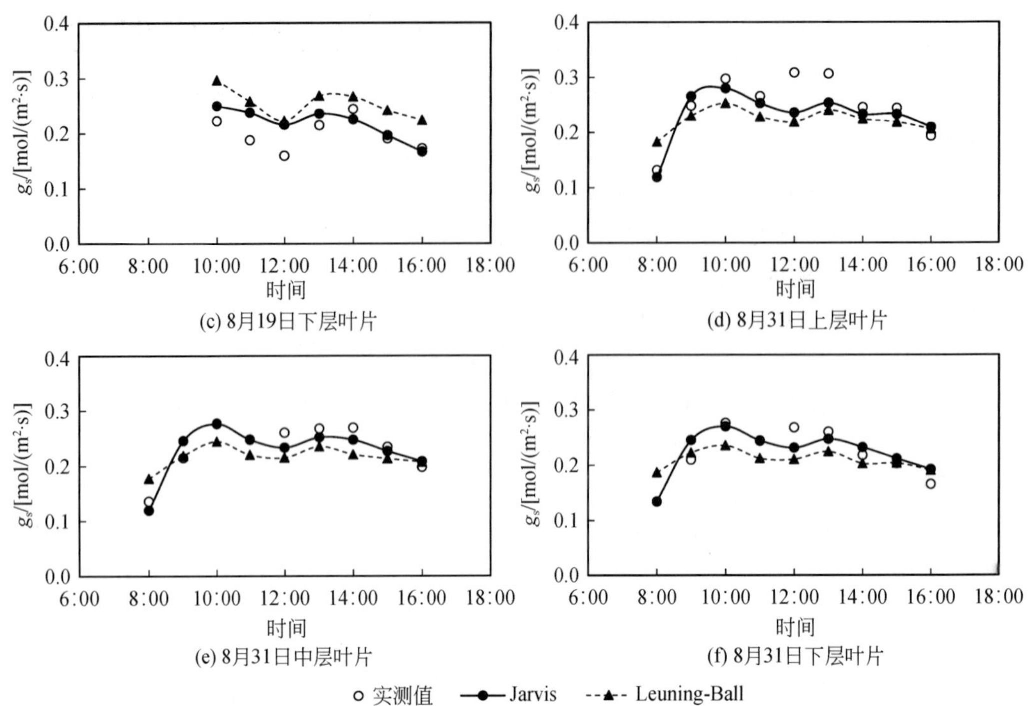

图 6-8　2008 年夏玉米生长期典型日不同叶序的叶片气孔导度估算结果和实测值的变化过程

表 6-7　夏玉米生长期内叶片气孔导度估算模型的模拟效果评价

年份	模型	回归方程	R^2	d	Rmse /[mol/(m²·s)]	MAE /[mol/(m²·s)]	$\overline{O}_s$ /[mol/(m²·s)]	$\overline{P}_s$ /[mol/(m²·s)]
2009（率定）	Jarvis 叶片气孔导度估算模型	$g_{sP}=1.03g_{sO}$	0.640	0.677	0.042	0.034	0.230	0.239
	Leuning-Ball 叶片气孔导度估算模型	$g_{sP}=0.93g_{sO}$	0.492	0.529	0.032	0.035	0.230	0.210
2008（验证）	Jarvis 叶片气孔导度估算模型	$g_{sP}=1.05g_{sO}$	0.545	0.636	0.033	0.026	0.217	0.223
	Leuning-Ball 叶片气孔导度估算模型	$g_{sP}=1.05g_{sO}$	0.450	0.425	0.045	0.038	0.217	0.226

注：g_{sO}为利用光合作用仪实测的叶片气孔导度；g_{sP}为模型估算的叶片气孔导度；$\overline{O}_s$ 为光合作用仪实测的叶片气孔导度平均值；$\overline{P}_s$ 为模型估算的叶片气孔导度平均值。

6.1.3.2　夏玉米基于叶片气孔导度估算模型的田块和农田尺度冠层导度提升模型

（1）冠层导度提升模型构建

对比 Jarvis 和 Leuning-Ball 叶片气孔导度模型的估算效果可知，前者的模拟效果略好，且形式简便、易于应用，故将以上率定的 Jarvis 模型参数代入式（6-6），得到夏玉米基于 Jarvis 叶片气孔导度估算模型的冠层导度提升模型：

$$g_c = \frac{\exp(-0.2688\text{VPD})}{K} \cdot \ln\left[\frac{K \cdot \text{PAR}_h + 1480.36}{K \cdot \text{PAR}_h \exp(-K \cdot \text{LAI}) + 1480.36}\right] \tag{6-12}$$

根据大兴试验站2008～2010年冬小麦生长期内典型日实测的田块和农田尺度叶面积指数LAI和消光系数K，以及实测的VPD、PAR_h等数据，即可获得田块和农田尺度的冠层导度。

（2）田块冠层导度提升模型模拟效果评价

利用大兴试验站2008～2010年夏玉米生长期内蒸渗仪实测结果以及气象数据等资料，对式（6-12）的估算结果进行分析评价。其中，根据蒸渗仪实测的田块尺度ET，基于P-M方程，反推得到的田块冠层导度g_c，作为与估算结果对比的实测值。

从图6-9、图6-10和表6-8可知，在2008～2010年夏玉米生长期内，由Jarvis冠层导

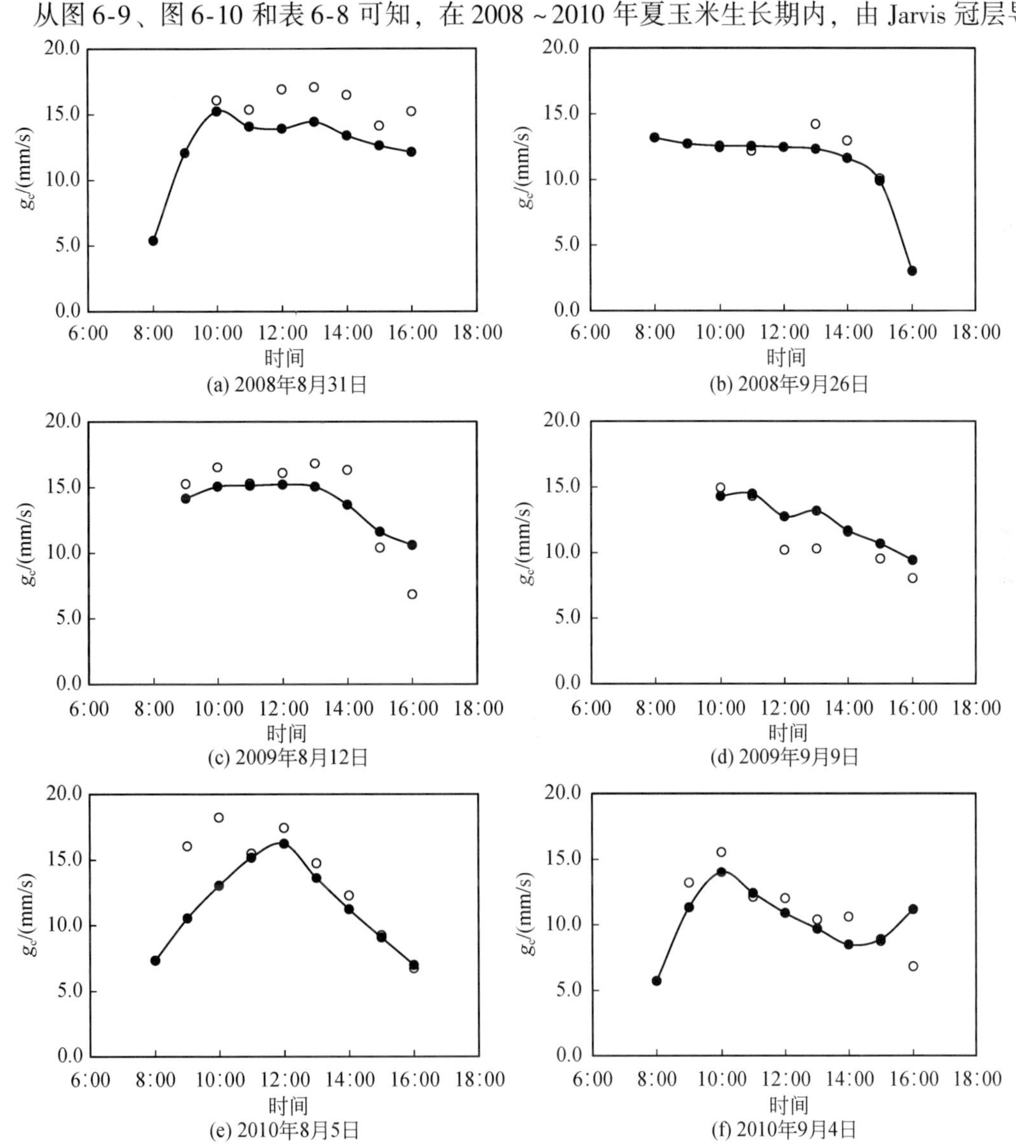

图6-9　2008～2010年夏玉米生长期典型日田块尺度冠层导度的估算结果和实测值的日变化过程

度提升模型模拟的田块尺度冠层导度与实测值的日变化趋势基本一致，两者间回归方程的斜率 k 为 0.854，R^2 为 0.363，d 为 0.542，Rmse 为 4.39mm/s，MAE 为 2.41mm/s，这表明 Jarvis 冠层导度提升模型较为适合当地条件下应用。

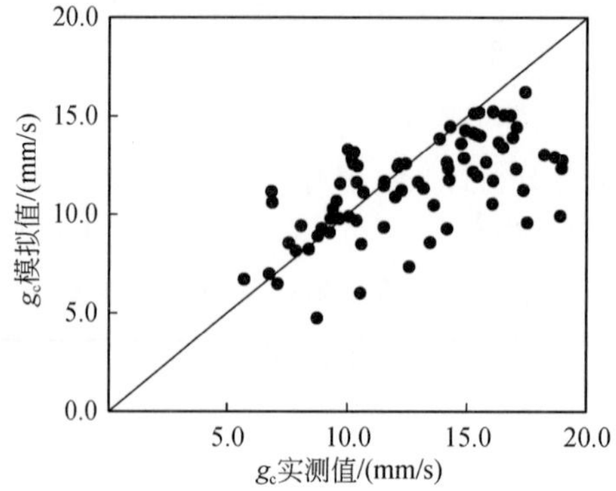

图 6-10　2008 ~ 2010 年夏玉米生长期典型日田块尺度冠层导度的估算结果与实测值的对比

表 6-8　夏玉米生长期典型日田块尺度冠层导度模型的尺度提升估算结果评价

回归方程	R^2	d	Rmse/(mm/s)	MAE/(mm/s)	$\overline{O}_c$/(mm/s)	$\overline{P}_c$/(mm/s)
$g_{cP}=0.854g_{cO}$	0.363	0.542	4.39	2.41	12.94	11.50

注：g_{cO} 为基于蒸渗仪实测数据和 P-M 方程反推的田块冠层导度；g_{cP} 为模型估算的田块冠层导度；$\overline{O}_c$ 为利用 P-M 方程反推的田块冠层导度平均值；$\overline{P}_c$ 为模型估算的田块冠层导度平均值。

(3) 农田尺度冠层导度提升模型的模拟效果评价

利用涡度协方差系统实测的大兴试验站 2008 ~ 2010 年夏玉米生长期内的潜热通量以及气象数据，对式 (6-12) 的估算结果进行分析评价。根据涡度协方差系统实测的农田尺度潜热通量，基于 P-M 方程，反推得到的农田冠层导度 g_c，作为与估算结果对比的实测值。

从图 6-11、图 6-12 和表 6-9 可知，基于 Jarvis 冠层导度提升模型估算的结果与实测值的日变化过程基本一致，两者间回归方程的斜率 k 为 0.895，R^2 为 0.305，d 为 0.528，Rmse 为 4.56mm/s，MAE 为 2.07mm/s，这表明 Jarvis 农田冠层导度提升模型在华北平原夏玉米生长季节内的应用效果较好。但当农田冠层导度较大时，估算结果与实测值间存在一定误差（图 6-11），这或许是由于在利用 P-M 方程反推农田冠层导度过程中含有来自地表阻力的影响，而在利用该提升模型估算农田冠层导度中并未考虑土壤蒸发的影响所致。

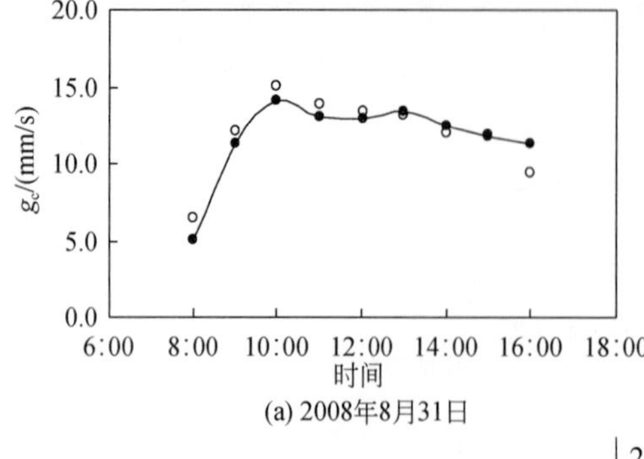

(a) 2008年8月31日

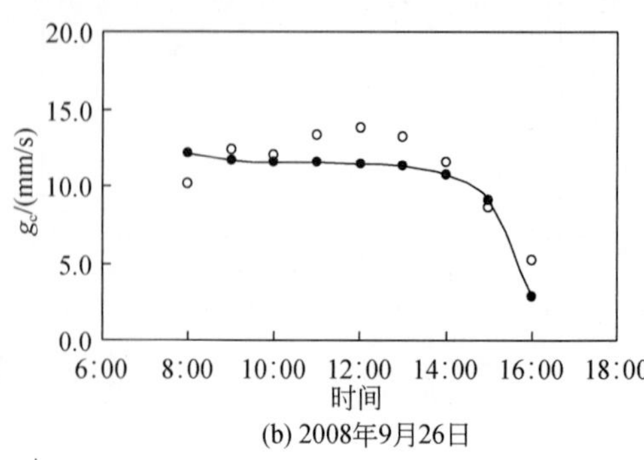

(b) 2008年9月26日

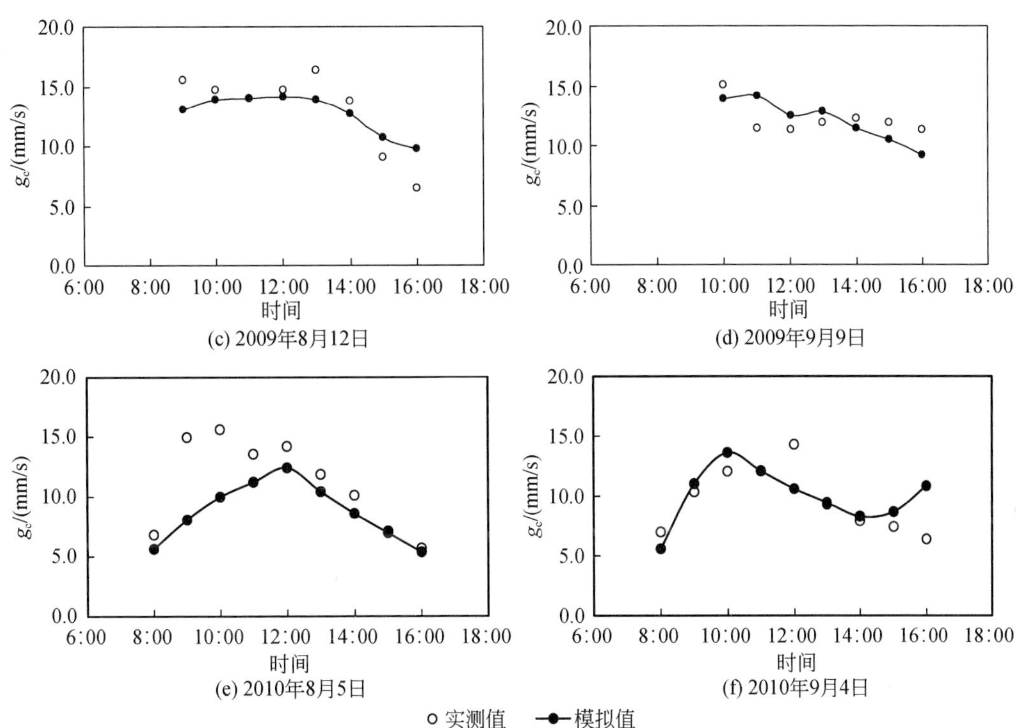

图 6-11　2008～2010 年夏玉米生长期典型日农田尺度冠层导度的估算结果和实测值的日变化过程

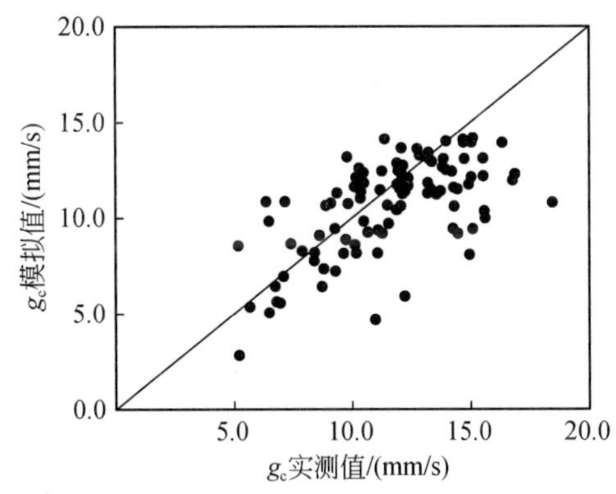

图 6-12　2008～2010 年夏玉米生长期典型日农田尺度冠层导度的估算结果与实测值的对比

表 6-9　夏玉米生长期典型日农田尺度冠层导度估算模型的尺度提升估算结果评价

回归方程	R^2	d	Rmse/(mm/s)	MAE/(mm/s)	$\overline{O}_c$/(mm/s)	$\overline{P}_c$/(mm/s)
$g_{cP}=0.895g_{cO}$	0.305	0.528	4.56	2.07	11.60	10.63

注：g_{cO}为基于涡度协方差系统实测数据和 P-M 方程反推的农田冠层导度；g_{cP}为模型估算的农田冠层导度；$\overline{O}_c$ 为利用 P-M 方程反推的农田冠层导度平均值；$\overline{P}_c$ 为模型估算的农田冠层导度平均值。

6.1.3.3 夏玉米基于冠层导度提升模型的田块和农田尺度 ET 估算

(1) 田块尺度 ET 估算

将以上构建的夏玉米田块尺度冠层导度提升模型的估算结果代入 P-M 方程后，计算得到2008 ~ 2010 年夏玉米生长期内典型日的田块尺度 ET，并与蒸渗仪实测数据进行对比。

图6-13、图6-14 和表6-10 显示的结果表明，基于 Jarvis 冠层导度提升模型估算的田块 ET 与实测值的日变化过程基本一致，两者间回归方程的斜率 k 为 0.84，R^2 为 0.760，d 为 0.687，Rmse 为 95.58W/m^2，MAE 为 94.29W/m^2，这表明构建的 Jarvis 冠层导度提升模型具有较好的估值精度。此外，与以上冠层导度估算效果类似，当田块蒸散发较大时，估算结果与实测值间存在一定误差（图6-13），这或许与估算过程中未考虑土壤蒸发等影响有关。

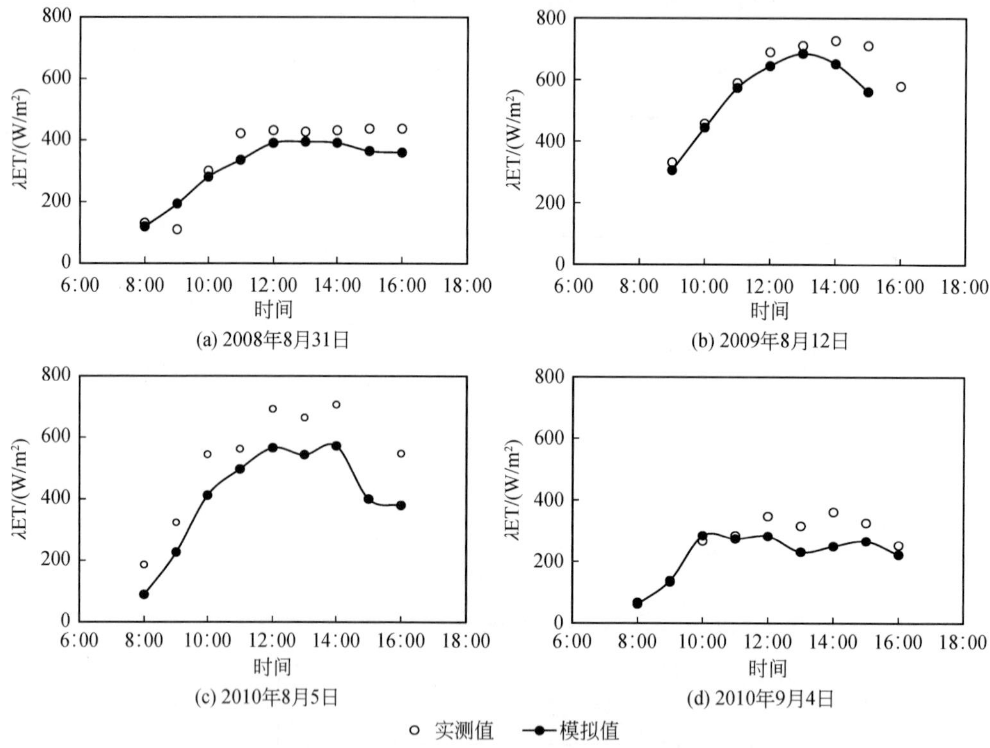

图 6-13　2008 ~ 2010 年夏玉米生长期典型日田块尺度蒸散发的估算结果和实测值的日变化过程

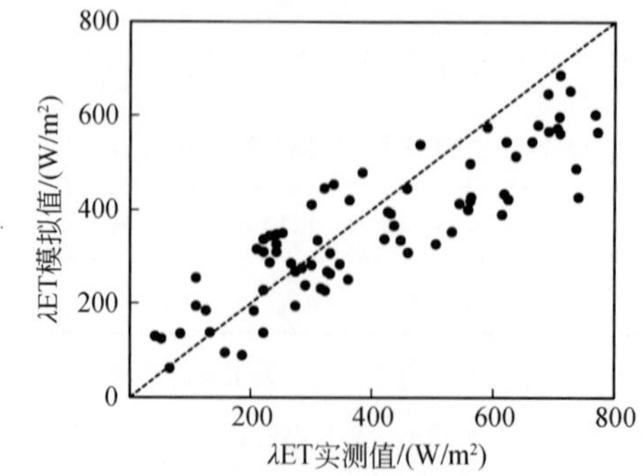

图 6-14　2008 ~ 2010 年夏玉米生长期典型日田块尺度蒸散发的估算结果与实测值的对比

表 6-10　夏玉米生长期典型日田块尺度蒸散发的估算结果与实测值的统计分析结果

回归方程	R^2	d	Rmse/(W/m²)	MAE/(W/m²)	$\overline{O}_{ET}$/(W/m²)	$\overline{P}_{ET}$/(W/m²)
$\lambda ET_P=0.84\lambda ET_O$	0.760	0.687	95.58	94.29	384.40	361.08

注：λET_O为蒸渗仪实测的田块潜热通量；λET_P为模型估算的田块潜热通量；$\overline{O}_{ET}$为蒸渗仪实测的田块潜热通量平均值；$\overline{P}_{ET}$为模型估算的田块潜热通量平均值。

(2) 农田尺度 ET 估算

将以上构建的夏玉米农田冠层导度提升模型的估算结果代入 P-M 方程后，计算得到2008～2010 年夏玉米生长期典型日的农田尺度 ET，并与涡度协方差系统实测数据进行对比。

图 6-15、图 6-16 和表 6-11 显示的结果表明，基于 Jarvis 冠层导度提升模型估算的农田蒸散发与实测值间的日变化过程基本一致，两者间回归方程的斜率 k 为 0.93，R^2 为 0.874，d 为 0.814，Rmse 为 65.32W/m²，MAE 为 40.75W/m²，这表明基于 Jarvis 冠层导度提升模型的农田尺度 ET 估值具有较好的精度。

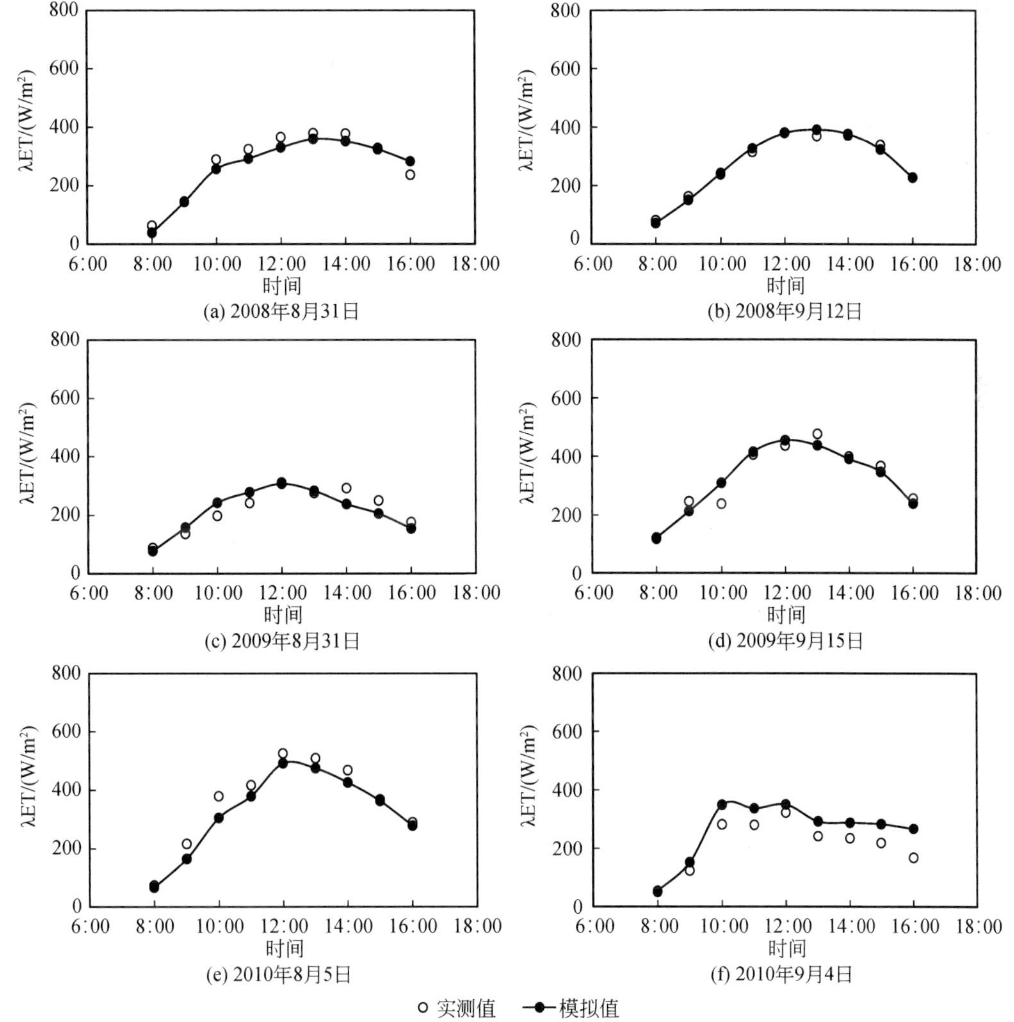

图 6-15　2008～2010 年夏玉米生长期典型日农田尺度蒸散发的估算结果和实测值的日变化过程

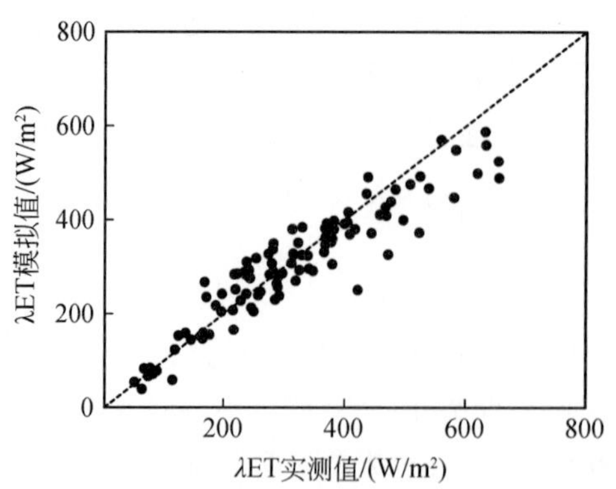

图 6-16　2008 ~ 2010 年夏玉米生长期典型日农田尺度蒸散发的估算结果与实测值的对比

表 6-11　夏玉米生长期典型日农田尺度蒸散发的估算结果与实测值的统计分析结果

回归方程	R^2	d	Rmse/(W/m²)	MAE/(W/m²)	$\overline{O}_{ET}$/(W/m²)	$\overline{P}_{ET}$/(W/m²)
$\lambda ET_P = 0.93\lambda ET_O$	0.874	0.814	65.32	40.75	317.43	304.18

注：λET_O为涡度协方差系统实测的农田潜热通量；λET_P为模型估算的农田潜热通量；$\overline{O}_{ET}$为涡度协方差系统实测的农田潜热通量平均值；$\overline{P}_{ET}$为模型估算的农田潜热通量平均值。

6.2　蒸散发空间尺度提升方法改进

通过以上构建的基于叶片气孔导度的冠层导度提升模型，尽管实现了田块和农田尺度 ET 的估算，但从理论上讲，是缺乏机理描述的处理方式，这往往导致估值精度仍存在不足。问题的关键在于上述模型中未将作物的阳叶和阴叶加以区分，由于阴阳叶之间具有不同的光截获能力，进而引起光合和蒸腾作用的差异较大，致使叶片气孔导度之间的明显不同（申双和等，2005）。为此，人们现已逐步发展形成了阴阳叶冠层导度提升模型，区分自然状态下作物阴阳叶的气孔导度、光合有效辐射以及叶面积指数等，有效解释了冠层导度上存在的差别，提高了模拟冠层导度的精度（Rochetteet et al.，1991）。

然而，现有的阴阳叶冠层导度提升模型通常是将整个作物冠层作为一层或有限层加以考虑，仍难以较好地揭示冠层内物质传输与能量交换的复杂特性。此外，叶片气孔导度对光合有效辐射的响应是非线性的，其中阳叶截获的辐射主要为直接辐射，其随冠层高度的变化较小，而阴叶所截获的辐射主要属于散射辐射，其在冠层高度上的差异较大，这就导致在作物冠层不同高度处的阴叶气孔导度之间存在较大差异，而现有模型对阴叶截获的辐射值做均一化处理的方式，必然导致较大的估值误差。为此，有必要对现有的阴阳叶冠层导度提升模型做进一步改进，进而有效改善蒸散发空间尺度提升方法。

6.2.1　阴阳叶冠层导度提升模型

基于大兴试验站 2008 ~ 2010 年夏玉米生长期实测的叶片气孔导度、光合有效辐射、叶面积指数和蒸散发等数据，在考虑多环境因子变量的叶片气孔导度估算模型基础上，对现有基于权重法的阴阳叶冠层导度提升模型进行改进，构建基于权重积分法的阴阳叶冠层导度提升模型，将模拟结果代入 P-M 公式，用于估算田块或农田尺度 ET。

6.2.1.1 考虑多环境因子变量的叶片气孔导度估算模型

为了考虑多环境因子变量对叶片气孔导度估算模型的影响，除光合有效辐射 PAR 和饱和水汽压差 VPD 外，在式（6-1）中引入气温 T_a。假设这 3 个环境因子变量对叶片气孔导度影响函数间相互独立，则可得到具有阶乘形式的多环境因子变量叶片气孔导度估算模型（Jarvis，1976）。

$$g_s = g_{s\,\max} \prod_i F_i(X_i) \tag{6-13}$$

式中，g_s 为经过单位转换后任意叶片的气孔导度（mm/s）；$g_{s\,\max}$ 为最大叶片气孔导度（mm/s）；$F_i(X_i)$ 为环境因子 X_i 对气孔的胁迫函数，通常 $0 \leqslant F_i(X_i) \leqslant 1$。

各环境因子对气孔导度的胁迫函数表述如下：

$$F_1(\mathrm{PAR}) = \frac{\mathrm{PAR}}{\mathrm{PAR} + a_1} \tag{6-14}$$

$$F_2(\mathrm{VPD}) = \exp(-a_2\mathrm{VPD}) \tag{6-15}$$

$$F_3(T_a) = \frac{(T_a - T_L)(T_H - T_a)^{(T_H-a_3)/(a_3-T_L)}}{(a_3 - T_L)(T_H - a_3)^{(T_H-a_3)/(a_3-T_L)}} \tag{6-16}$$

式中，T_a为气温（℃）；T_H和 T_L分别为蒸腾作用停滞时的最高和最低气温（℃）；a_1、a_2 和 a_3为经验系数，可通过多元回归方法优化拟合获得。

6.2.1.2 基于权重法的阴阳叶冠层导度提升模型

由于作物的阳叶和阴叶之间截获的辐射差异较大，导致相应气孔导度估值存在差异。因此，当利用叶片气孔导度估算模型推求冠层导度时，通常将整个作物冠层分为阳叶和阴叶两个部分，分别计算其所截获的光合有效辐射，并基于阳叶和阴叶的叶片气孔导度，建立基于权重法的阴阳叶冠层导度提升模型（Whitehead et al.，1981；申双和等，2005；Irmak et al.，2008）。

$$g_c = g_{s\,\mathrm{sun}}\mathrm{LAI}_{\mathrm{sun}} + g_{s\,\mathrm{shaded}}\mathrm{LAI}_{\mathrm{shaded}} \tag{6-17}$$

式中，$g_{s\,\mathrm{sun}}$和 $g_{s\,\mathrm{shaded}}$分别为阳叶和阴叶的叶片气孔导度（mm/s）；$\mathrm{LAI}_{\mathrm{sun}}$和 $\mathrm{LAI}_{\mathrm{shaded}}$分别为阳叶和阴叶的叶面积指数。

假定作物叶片为随机分布且叶角呈球形分布，则 $\mathrm{LAI}_{\mathrm{sun}}$和 $\mathrm{LAI}_{\mathrm{shaded}}$由下式计算（Irmak et al.，2008；Norman and Arkebauer，1991）：

$$\mathrm{LAI}_{\mathrm{sun}} = \frac{[1 - \exp(-0.5\mathrm{LAI}/\cos\theta)]\cos\theta}{0.5} \tag{6-18}$$

$$\mathrm{LAI}_{\mathrm{shaded}} = \mathrm{LAI} - \mathrm{LAI}_{\mathrm{sun}} \tag{6-19}$$

其中

$$\cos\theta = \sin\varphi\sin\delta + \cos\varphi\cos\delta\cos[15(t - 12)] \tag{6-20}$$

式中，φ 为地理纬度（°）；t 为地方时，正午 $t=12\text{h}$；θ 为天顶角（°）；δ 为太阳赤纬（rad），$\delta = 0.006918 - 0.399912\cos\zeta + 0.010257\sin\zeta - 0.006758\cos(2\zeta) + 0.000907\sin(2\zeta)$，其中 $\zeta = 2\pi \times N/365.2422$，且 ζ 为日角（rad），N 为年积日，即日期在年内的顺序号。

光合有效辐射是决定叶片气孔导度的最关键因子。由于阳叶和阴叶的叶片气孔导度对光合有效辐射的响应函数基本一致，故两者在叶片气孔导度上的差异主要是截获的光合有效辐射不同所致。为此，将分别计算的阳叶和阴叶截获的光合有效辐射代入式（6-13）后，可获得阳叶和阴叶的叶片气孔导度估算模型。

$$g_{\text{s sun}} = g_{\text{s max}} F_1(\text{PAR}_{\text{sun}}) F_2(\text{VPD}) F_3(T_{\text{a}}) \tag{6-21}$$

$$g_{\text{s shaded}} = g_{\text{s max}} F_1(\text{PAR}_{\text{shaded}}) F_2(\text{VPD}) F_3(T_{\text{a}}) \tag{6-22}$$

式（6-21）和式（6-22）中阳叶和阴叶截获的光合有效辐射计算如下：

$$\text{PAR}_{\text{shaded}} = \frac{Q_{\text{dV}}(1 - \exp(-0.5\text{LAI}/\cos\theta))}{\text{LAI}} + c \tag{6-23}$$

$$\text{PAR}_{\text{sun}} = Q_{\text{DV}}\left(\frac{0.5}{\cos\theta}\right) + \text{PAR}_{\text{shaded}} \tag{6-24}$$

其中

$$c = 0.07Q_{\text{DV}}(1.1 - 0.1\text{LAI})\exp(-\cos\theta) \tag{6-25}$$

式中，PAR_{sun} 和 $\text{PAR}_{\text{shaded}}$ 分别为阳叶和阴叶所截获的光合有效辐射的平均值（W/m²）；Q_{dV} 和 Q_{DV} 分别为天空散射辐射和直接辐射中的光合有效辐射强度（W/m²），相应的计算式为（Irmak et al.，2008）

$$Q_{\text{dV}} = S_{\text{V}} f_{\text{d}} \tag{6-26}$$

$$Q_{\text{DV}} = S_{\text{V}} f_{\text{V}} \tag{6-27}$$

式中，S_{V} 为总的光合有效辐射（W/m²）；f_{d} 为散射辐射中的光合有效辐射占比（%）；f_{V} 为直接辐射中的光合有效辐射占比（%）。

式（6-26）和式（6-27）中的 S_{V} 由下式表达：

$$S_{\text{V}} = R_{\text{t}} \frac{R_{\text{V}}}{R_{\text{V}} + R_{\text{N}}} \tag{6-28}$$

其中

$$\begin{aligned} R_{\text{V}} &= R_{\text{DV}} + R_{\text{dV}} \\ R_{\text{N}} &= R_{\text{DN}} + R_{\text{dN}} \end{aligned} \tag{6-29}$$

式中，R_{t} 为总的入射太阳辐射（W/m²）；R_{DV} 为理论上的直接辐射中的光合有效辐射强度（W/m²）；R_{dV} 为理论上的散射辐射中的光合有效辐射强度（W/m²）；R_{DN} 为理论上的直接辐射中的近红外辐射 NIR 强度（W/m²）；R_{dN} 为理论上的散射辐射中的近红外辐射 NIR 强度（W/m²）。

式（6-26）和式（6-27）中的 f_{V} 和 f_{d} 分别表达如下（Irmak et al.，2008）：

$$f_{\text{V}} = \frac{R_{\text{DV}}}{R_{\text{V}}}\left[1 - \left(\frac{A - \text{RATIO}}{B}\right)^{2/3}\right] \tag{6-30}$$

$$f_{\mathrm{d}} = 1 - f_{\mathrm{V}} \tag{6-31}$$

其中

$$\mathrm{RATIO} = \frac{R_{\mathrm{t}}}{R_{\mathrm{V}} + R_{\mathrm{N}}} \tag{6-32}$$

式中，A 和 B 分别为 0.9 和 0.7；RATIO 为实测的太阳辐射与理论太阳辐射的比例（%）。

式（6-29）中的 R_{DV} 和 R_{dV} 分别表示为（Irmak et al.，2008）

$$R_{\mathrm{DV}} = 600\exp\left(-0.185\left(\frac{P}{P_0}\right)m\right)\cos\theta \tag{6-33}$$

$$R_{\mathrm{dV}} = 0.4(600\cos\theta - R_{\mathrm{DV}}) \tag{6-34}$$

其中

$$m = \begin{cases} \cos\theta^{-1} & \theta \leqslant 60^\circ \\ (\cos\theta + 1500((90-\theta) + 3.885)^{-1.253})^{-1} & \theta > 60^\circ \end{cases} \tag{6-35}$$

式中，600 为大气上部平均的光合有效辐射强度（$\mathrm{W/m^2}$）；P 和 P_0 分别为实际大气压和海平面大气压（kPa）；m 为光学空气质量。

式（6-29）中的 R_{DN} 和 R_{dN} 分别表示为（Irmak et al.，2008）

$$R_{\mathrm{DN}} = (720\exp(-0.06(P/P_0)m) - w)\cos\theta \tag{6-36}$$

$$R_{\mathrm{dN}} = 0.6(720 - R_{\mathrm{DN}} - w)\cos\theta \tag{6-37}$$

其中

$$w = 1320\,\mathrm{anti\ lg}(-1.1950 + 0.4459\lg m - 0.0345(\lg m)^2) \tag{6-38}$$

式中，720 为大气上部的近红外辐射 NIR 强度（$\mathrm{W/m^2}$）。

6.2.1.3 基于权重积分法的阴阳叶冠层导度提升模型

根据阴叶所截获的散射辐射在作物冠层内差异较大的特点，以及叶片气孔导度对光合有效辐射的非线性响应规律与特征，为了有效降低现有基于权重法的阴阳叶冠层导度提升模型对阴叶截获的辐射值做均一化处理所导致的估算误差，在式（6-17）中引入积分法来提高阴叶冠层导度的估值精度，构建基于权重积分法的阴阳叶冠层导度提升模型。

$$g_{\mathrm{c}} = g_{\mathrm{s\ sun}}\mathrm{LAI}_{\mathrm{sun}} + g_{\mathrm{c\ shaded}} \tag{6-39}$$

式中，$g_{\mathrm{c\ shaded}}$ 为阴叶冠层导度（mm/s）。

以阴叶所截获的光合有效辐射作为尺度转换因子，对式（6-22）进行积分，可获得如下阴叶冠层导度估算模型：

$$g_{\mathrm{c\ shaded}} = \int g_{\mathrm{s\ max}} F_1(\mathrm{PAR}'_{\mathrm{shaded}}) F_2(\mathrm{VPD}) F_3(T_{\mathrm{a}})\,\mathrm{dPAR}'_{\mathrm{shaded}} \tag{6-40}$$

式中，$\mathrm{PAR}'_{\mathrm{shaded}}$ 为冠层任意高度 Z 处阴叶截获的光合有效辐射［μmol/（$\mathrm{m^2}$·s）］，由 $\mathrm{PAR}''_{\mathrm{shaded}}$（$\mathrm{W/m^2}$）经单位转换获得（陈景玲，1998），$\mathrm{PAR}''_{\mathrm{shaded}}$ 的计算式如下：

$$\mathrm{PAR}''_{\mathrm{shaded}} = \mathrm{PAR}'_{\mathrm{dV\ shaded}} + \underset{\Delta\xi\to 0}{c} \tag{6-41}$$

式中，$\mathrm{PAR}'_{\mathrm{dV\ shaded}}$ 为冠层任意高度 Z 处阴叶截获的散射辐射中的光合有效辐射强度（$\mathrm{W/m^2}$）；$\underset{\Delta\xi\to 0}{c}$ 为冠层任意高度 Z 处直接辐射的多次散射辐射（$\mathrm{W/m^2}$）。

对式（6-41）中的 $PAR'_{dV\ shaded}$，可通过光合有效辐射在冠层内的传输方程计算。假定天空散射辐射中的光合有效辐射在冠层内的传输由下式表示（Chen et al.，1999）：

$$Q'_{dV} = Q_{dV}\exp(-0.5\xi/\cos\theta) \tag{6-42}$$

式中，Q'_{dV} 为冠层任意高度 Z 处天空散射辐射中的光合有效辐射强度（W/m^2）；ξ 为冠层任意高度 Z 到冠层顶部的叶面积指数。

则式（6-41）中的 $PAR'_{dV\ shaded}$ 被表示为

$$PAR'_{dV\ shaded} = -dQ'_{dV}/d\xi = \frac{0.5}{\cos\theta}Q_{dV}\exp(-0.5\xi/\cos\theta) \tag{6-43}$$

式（6-41）中的 $\underset{\Delta\xi\to0}{c}$ 被表示为

$$\begin{aligned}\underset{\Delta\xi\to0}{c} &= \lim_{\Delta\xi\to0} 0.07Q_{DV}\exp(-0.5\xi/\cos\theta)(1.1-0.1\Delta\xi)\exp(-\cos\theta)\\ &= 0.07\times1.1Q_{DV}\exp(-0.5\xi/\cos\theta)\exp(-\cos\theta)\end{aligned} \tag{6-44}$$

可以看出，式（6-40）的最终表达式为

$$\begin{aligned}g_{c\ shaded} &= \int g_{s\ max}F_1(PAR'_{shaded})F_2(VPD)F_3(T_a)\,dPAR'_{shaded}\\ &= \int_0^{LAI_{shaded}} g_{s\ max}F_1(\xi)F_2(VPD)F_3(T_a)\,d\xi_{shaded}\\ &= g_{s\ max}\left(\frac{\cos\theta}{0.5}\left(1+\frac{\alpha_1}{m}\right)\ln\left(\frac{m+\alpha_1}{m\exp(-0.5LAI/\cos\theta)+\alpha_1}\right)+\frac{\cos\theta}{0.5}(\exp(-0.5LAI/\cos\theta)-1)\right)\\ &\quad\times F_2(VPD)F_3(T_a)\end{aligned} \tag{6-45}$$

其中

$$m = \frac{0.5Q_{dV}}{\cos\theta} + 0.077Q_{DV}\exp(-\cos\theta) \tag{6-46}$$

此外，式（6-39）中 $g_{s\ sun}$ 和 LAI_{sun} 的计算公式可参见基于权重法的阴阳叶冠层导度提升模型。在确定了式（6-39）中包含的 $g_{s\ sun}$、LAI_{sun} 和 $g_{c\ shaded}$ 后，将基于权重积分法的阴阳叶冠层导度提升模型的模拟结果 g_c 代入 P-M 方程，在获得其他参数变量值的基础上，即可估算田块或农田尺度 ET。

6.2.2 夏玉米阴阳叶冠层导度提升模型率定与验证

6.2.2.1 叶片气孔导度估算模型

采用大兴试验站 2009 年夏玉米生育期实测的叶片气孔导度、气象数据等资料，对考虑多环境因子变量的叶片气孔导度估算模型［式（6-13）］进行参数率定，获得的模型参数 $g_{s\ max}$ 为 8.33mm/s，a_1、a_2 和 a_3 分别为 369.48、26.30 和 0.097。

在模型参数率定的基础上，利用大兴试验站 2008 年和 2010 年夏玉米生育期实测的叶片气孔导度数据，对式（6-13）进行验证。从图 6-17 和表 6-12 的结果可以看出，模型模拟结果与实测值间的回归方程斜率 k 为 0.91，R^2 为 0.881，d 为 0.811，Rmse 为0.74mm/s，

MAE 为 0.62mm/s，这表明考虑多环境因子变量的叶片气孔导度估算模型可以较好地反映当地夏玉米叶片气孔导度对环境因子的响应，也说明阳叶和阴叶气孔导度对环境因子的响应函数基本一致。图 6-17 的结果还表明，g_s并未完全反映叶片气孔导度对环境因子的响应过程，这可能与在叶片气孔导度估算模型中未充分考虑土壤水分和叶龄等因素的影响有关。

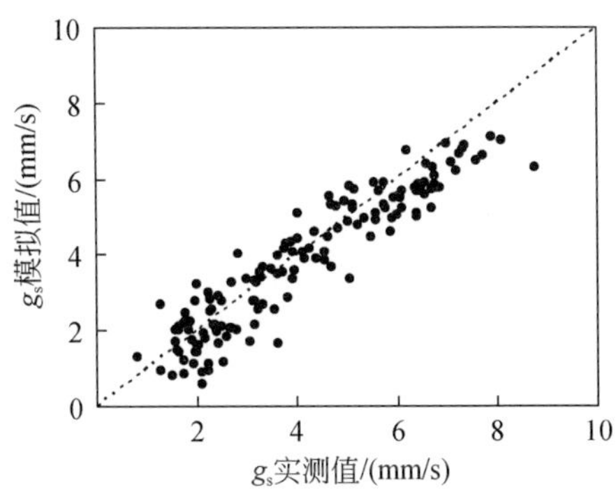

图 6-17　2008 年和 2010 年夏玉米生长期典型日内叶片气孔导度的估算结果与实测值的对比

表 6-12　夏玉米生长期典型日内叶片气孔导度估算模型的模拟效果评价

回归方程	R^2	d	Rmse/(mm/s)	MAE/(mm/s)	$\overline{O}_s$/(mm/s)	$\overline{P}_s$/(mm/s)
$g_{sP}=0.91g_{sO}$	0.881	0.811	0.74	0.62	4.19	3.86

注：g_{sO}为光合作用仪实测的叶片气孔导度；g_{sP}为模型估算的叶片气孔导度；$\overline{O}_s$ 为光合作用仪实测的叶片气孔导度平均值；$\overline{P}_s$ 为模型估算的叶片气孔导度平均值。

6.2.2.2　阴阳叶冠层导度提升模型

（1）模型构建

在获得夏玉米考虑多环境因子变量的叶片气孔导度估算模型的参数率定值基础上，根据式（6-17）和式（6-39）即可分别得到夏玉米基于权重法和权重积分法的阴阳叶冠层导度提升模型。

1）基于权重法的阴阳叶冠层导度提升模型。首先根据实测的叶面积指数 LAI 以及采样点处的地理纬度 φ 、测定时刻 t 和年积日 N，利用式（6-18）~式（6-20）计算得到阳叶和阴叶的叶面积指数 LAI_{sun}和 LAI_{shaded}，同时获得天顶角 θ。其次利用实测的叶面积指数 LAI 和计算得到的天顶角 θ，根据式（6-23）~式（6-38）计算得到阳叶和阴叶截获的光合有效辐射 PAR_{sun}和 PAR_{shaded}。再次使用实测的饱和水汽压差 VPD 和气温 T_a以及计算得到的 PAR_{sun}和 PAR_{shaded}，根据率定的叶片气孔导度估算模型得到阳叶和阴叶的叶片气孔导度 $g_{s\ sun}$和 $g_{s\ shaded}$。最后将计算得到的 $g_{s\ sun}$、$g_{s\ shaded}$、LAI_{sun}和 LAI_{shaded}代入式（6-17），即可估算得到基于权重法的阴阳叶冠层导度 g_c值。

2）基于权重积分法的阴阳叶冠层导度提升模型。首先将率定后的 Jarvis 叶片气孔导度估算模型的参数代入式（6-45），得到阴叶冠层导度估算模型的具体形式。

$$g_{c\ shaded} = 8.33\left(\frac{\cos\theta}{0.5}\left(1+\frac{369.48}{m}\right)\ln\left(\frac{m+369.48}{m\exp(-0.5\mathrm{LAI}/\cos\theta)+369.48}\right)\right.$$
$$\left.+\frac{\cos\theta}{0.5}\left(\exp(-0.5\mathrm{LAI}/\cos\theta)-1\right)\right)F_2(\mathrm{VPD})F_3(T_a) \quad (6\text{-}47)$$

其次依据采样点处的地理纬度 φ 、测定时刻 t 和年积日 N，利用式（6-20）获得天顶角 θ，并根据式（6-26）~式（6-38）计算得到天空散射辐射和直接辐射中的光合有效辐射强度 Q_{dV}和 Q_{DV}。再次采用计算得到的 Q_{dV}、Q_{DV}、θ 和实测的 LAI、VPD 和 T_a 等数据，采用式（6-45）获得阴叶冠层导度值 $g_{c\ shaded}$，而 $g_{s\ sun}$ 和 LAI_{sun} 的计算则同于基于权重法的阴阳叶冠层导度提升模型的构建过程。最后将 $g_{c\ shaded}$、$g_{s\ sun}$ 和 LAI_{sun} 代入式（6-39），即可估算得到基于权重积分法的阴阳叶冠层导度 g_c 值。

（2）模拟效果评价

利用大兴试验站 2008 ~2010 年夏玉米生长期内涡度协方差系统实测结果以及气象数据等资料，对式（6-17）和式（6-39）的估算结果进行分析评价。其中，根据涡度协方差系统实测的农田尺度 ET，基于 P-M 方程，反推得到的农田冠层导度 g_c，作为与估算结果对比的实测值。

图 6-18 为 2008 ~2010 年夏玉米生长期典型日基于权重法和权重积分法的阴阳叶冠层导度提升模型估算的阴叶冠层导度日变化过程。基于这两种模型模拟的阴叶冠层导度的日变化趋势基本一致，但基于权重法的估值要明显大于权重积分法。这主要是由于叶片气孔导度对光的反应是非线性的，当采用叶片辐射平均吸收表示冠层总吸收时，会高估冠层导度值，这与 Wang 等（1998）和 Spitters（1986）的研究结果基本一致。

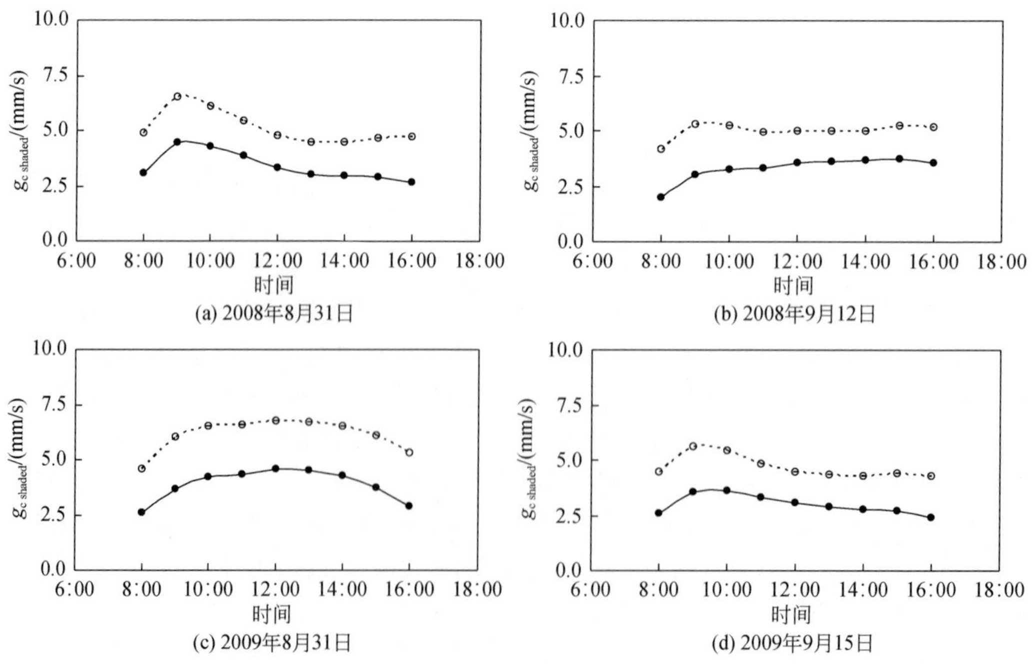

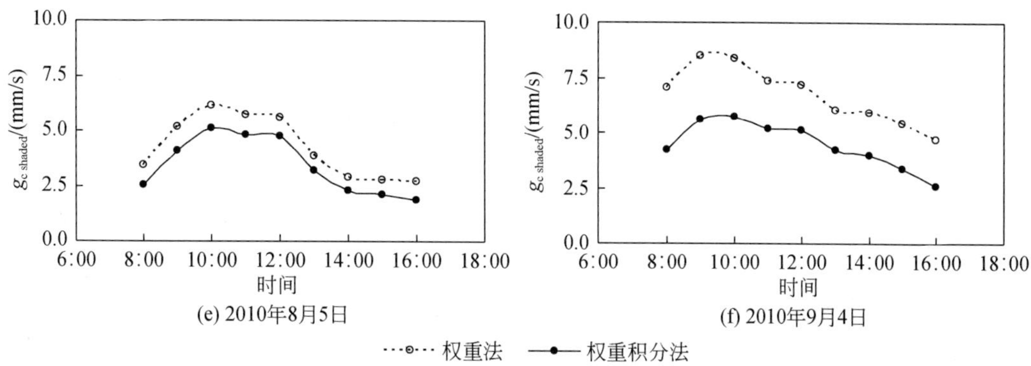

图6-18　2008～2010年夏玉米生长期典型日阴阳叶冠层导度提升模型估算的阴叶冠层导度日变化过程

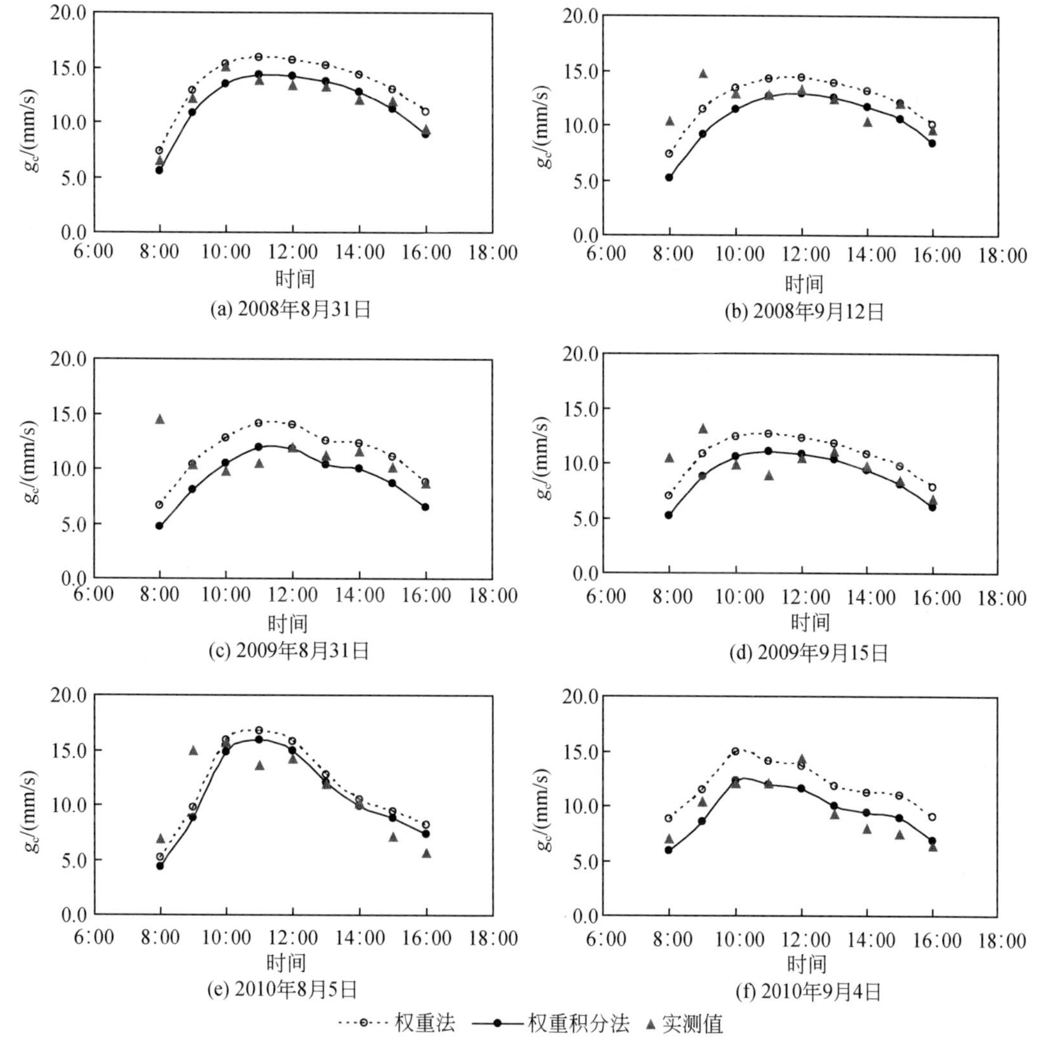

g_c/(mm/s)

时间

(a) 2008年8月31日

(b) 2008年9月12日

(c) 2009年8月31日

(d) 2009年9月15日

(e) 2010年8月5日

(f) 2010年9月4日

权重法　权重积分法　实测值

图6-19　2008～2010年夏玉米生长期典型日阴阳叶冠层导度提升模型的估算结果和实测值的日变化过程

图 6-19 显示出 2008 ~ 2010 年夏玉米生长期典型日基于权重法和权重积分法的阴阳叶冠层导度提升模型估算的农田冠层导度与实测值的日变化过程基本一致，但基于权重法估算的农田冠层导度明显高于实测值，回归方程斜率 k 为 1.11，R^2 为 0.503，d 为 0.576，Rmse 为 2.79mm/s，MAE 为 2.22mm/s，且基于权重法估算的农田冠层导度均值为 13.01mm/s，明显高于实测值均值 11.60 mm/s（表 6-13）。

表 6-13　夏玉米生长期内阴阳叶冠层导度提升模型的模拟效果评价

模型	回归方程	R^2	d	Rmse/(mm/s)	MAE/(mm/s)	$\overline{O}_c$/(mm/s)	$\overline{P}_c$/(mm/s)
权重法	$g_{cP}=1.11g_{cO}$	0.503	0.576	2.79	2.22	11.60	13.01
权重积分法	$g_{cP}=0.96g_{cO}$	0.507	0.652	2.38	1.72	11.60	11.09

注：g_{cO} 为基于涡度协方差系统实测数据和 P-M 方程反推的农田冠层导度；g_{cP} 为模型估算的农田冠层导度；$\overline{O}_c$ 为利用 P-M 方程反推的农田冠层导度平均值；$\overline{P}_c$ 为模型估算的农田冠层导度平均值。

如图 6-19 和图 6-20 所示，与权重法相比，由于权重积分法考虑了气孔导度与光合有效辐射间的非线性关系，从而有效提高了农田冠层导度的估算结果与实测值间的一致性，回归方程斜率 k 为 0.96，R^2 为 0.507，d 为 0.652，Rmse 为 2.38mm/s，MAE 为 1.72mm/s，且基于权重积分法估算的农田冠层导度均值为 11.09mm/s，接近实测值均值 11.60mm/s（表 6-13）。

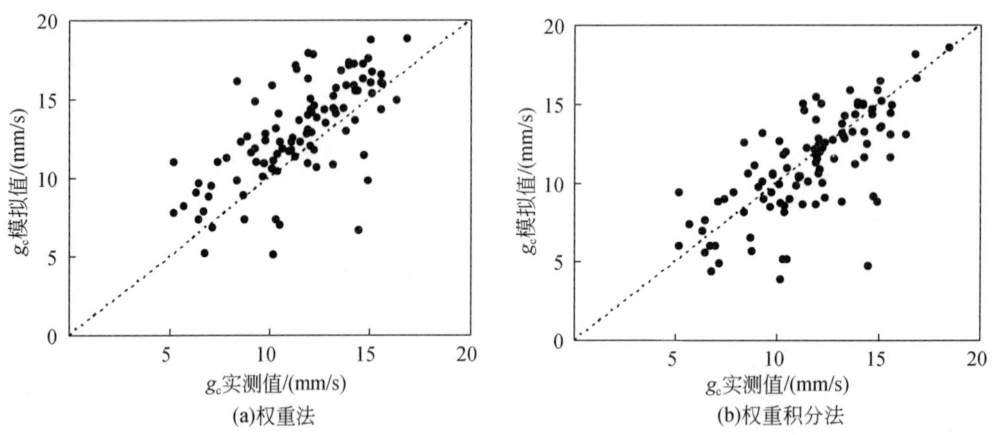

图 6-20　2008 ~ 2010 年夏玉米生长期内农田尺度冠层导度的估算结果与实测值的对比

综上所述，与现有基于权重法的阴阳叶冠层导度提升模型相比，基于权重积分法的阴阳叶冠层导度提升模型不仅考虑了阴阳叶截获光合辐射存在的差异，还通过在阴叶冠层导度计算中引入积分法，有效降低了对阴叶截获的辐射值做均一化处理导致的估算误差。此外，将上述模拟效果与图 6-11、图 6-12 和表 6-9 给出的结果进行对比还可看出，考虑阴阳叶的冠层导度提升模型要优于未区分阴阳叶的单叶冠层导度提升模型。

6.2.3 夏玉米基于阴阳叶冠层导度提升模型的 ET 估算

将以上构建的基于权重法和权重积分法的阴阳叶冠层导度提升模型的模拟结果代入 P-M 方程，可估算得到 2008 ~2010 年夏玉米生长期典型日的农田尺度 ET，并利用涡度协方差系统实测数据对其进行检验。

从图 6-21、图 6-22 和表 6-14 显示的结果可见，农田尺度 ET 的估算结果与实测值间的日变化过程基本一致，但基于权重法估算的 ET 高出实测值近 10%，回归方程斜率 k 为 1.07，R^2 为 0.927，d 为 0.829，Rmse 为 50.84W/m^2，MAE 为 42.89W/m^2，而基于权重积分法估算的 ET 低于实测值约 2%，回归方程斜率 k 为 0.96，R^2 为 0.918，d 为 0.870，

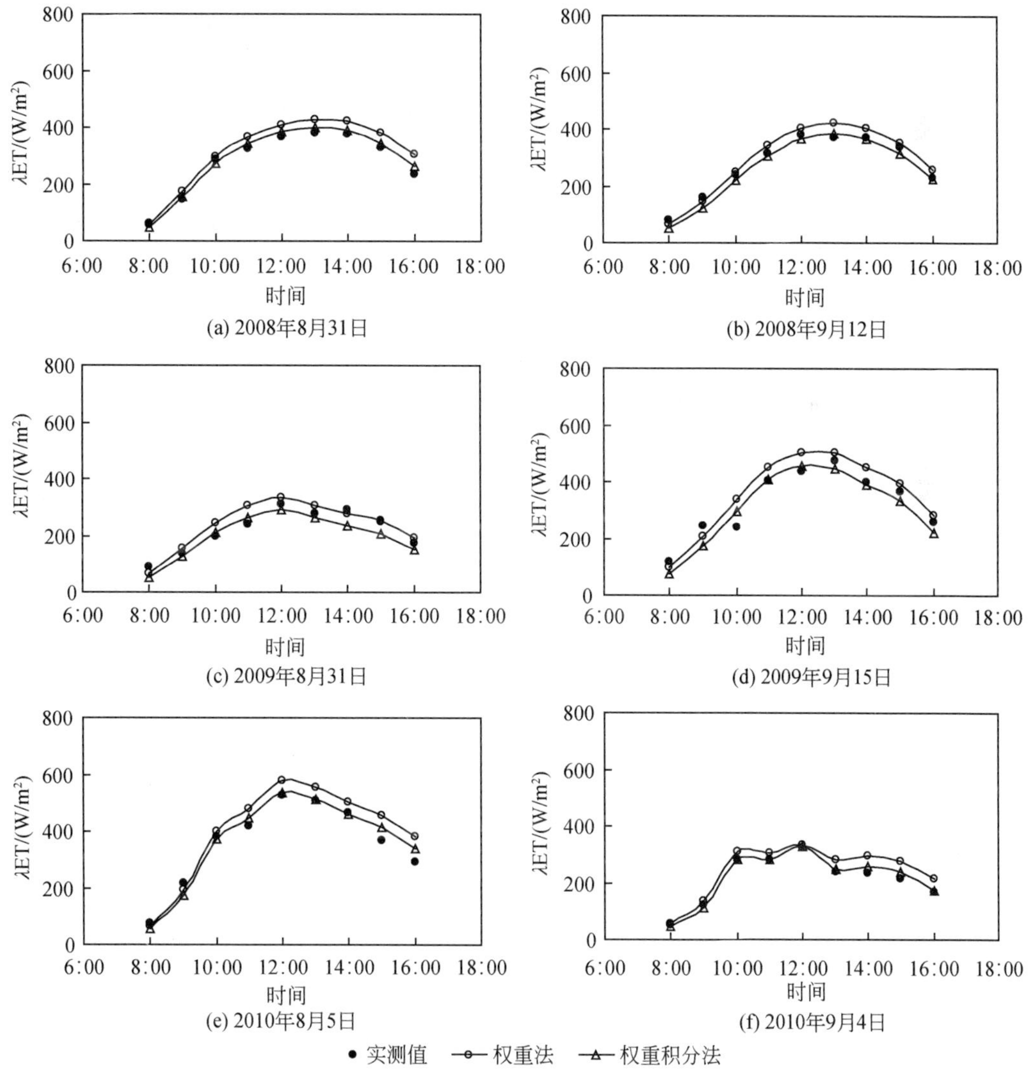

图 6-21 2008 ~2010 年夏玉米生长期典型日农田尺度蒸散发的估算结果和实测值的日变化过程

Rmse 为 43.58W/m^2，MAE 为 31.52W/m^2。这表明基于权重积分法的阴阳叶冠层导度提升模型估算的农田尺度 ET 精度相对较高。但当 ET 较大时，估算结果与实测值存在一定误差，这是由于未充分考虑土壤蒸发影响所致。

此外，将以上模拟效果与图6-15、图6-16 和表6-11 给出的结果进行比较后可以看出，基于阴阳叶冠层导度提升模型估算的农田尺度 ET 效果要优于基于单叶冠层导度提升模型，特别是采用基于权重积分法的阴阳叶冠层导度提升模型，可有效提高农田尺度 ET 估值精度。

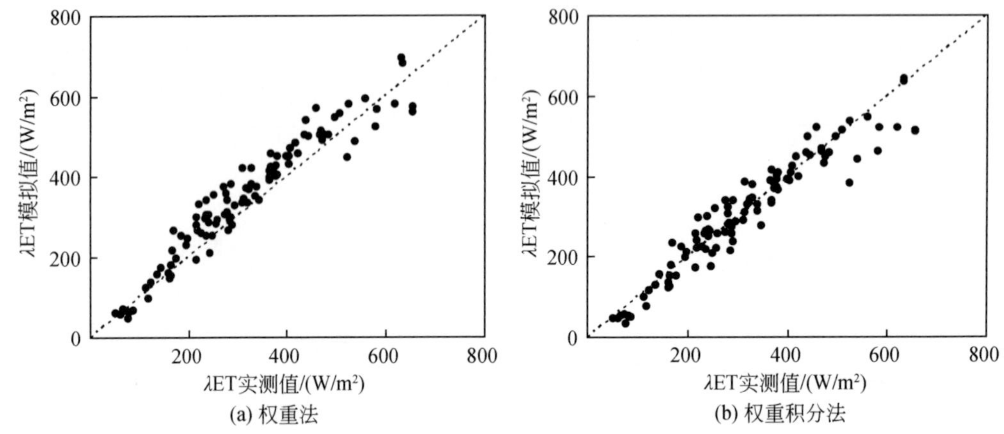

图6-22　2008～2010 年夏玉米生长期典型日农田尺度蒸散发的估算结果与实测值的对比

表6-14　夏玉米生长期内农田尺度蒸散发的估算结果与实测值的统计分析结果

模型	回归方程	R^2	d	Rmse/(W/m^2)	MAE/(W/m^2)	$\overline{O}_{ET}$/(W/m^2)	$\overline{P}_{ET}$/(W/m^2)
权重法	$\lambda ET_P = 1.07\lambda ET_{ECO}$	0.927	0.829	50.84	42.89	317.43	347.13
权重积分法	$\lambda ET_P = 0.96\lambda ET_{ECO}$	0.918	0.870	43.58	31.52	317.43	310.12

注：λET_{ECO}为利用涡度协方差系统实测的农田潜热通量；λET_P为模型估算的农田潜热通量；$\overline{O}_{ET}$为利用涡度协方差系统实测的农田潜热通量平均值；$\overline{P}_{ET}$为模型估算的农田潜热通量平均值。

6.3　蒸散发空间尺度转换

蒸散发空间尺度转换的实质是将特定尺度上获得的 ET 信息或开发的 ET 模型用于其他尺度层面，这在灌溉农业生态系统设计与管理中已成为研究热点。通常结合遥感、GIS、量纲分析、几何分形等实现 ET 从大尺度向小尺度的下行转换，而运用多元回归、小波变换、信息熵、谱分析、分布式水文模型等达到将小尺度 ET 上行转换到大尺度的目的。为此，以北京大兴试验站实测数据为依据，利用多元回归分析方法，建立起冬小麦种植下多尺度 ET 间的相关关系，探讨不同空间尺度 ET 间的转换关联性。

6.3.1 相邻空间尺度 ET 转换

基于大兴试验站 2007 ~2009 年冬小麦生育期返青后实测的叶片、田块和农田尺度 ET 数据，以及作物生理生态指标、气象参数等资料，利用多元回归分析方法，建立相邻空间尺度间的叶片蒸腾 T_r、田块蒸散发 ET_b、农田蒸散发 ET_f以及饱和水汽压差 VPD、净辐射 R_n、叶面积指数 LAI 等之间的相关关系。多元回归方程和回归系数的置信水平选择常用的 95% （α=0. 05）。根据对回归方程和回归显著性的检验结果，分析相邻空间尺度间的 ET 转换关联性。

6.3.1.1 叶片蒸腾向田块蒸散发的上行转换

从表 6-15 可见，在叶片蒸腾 T_r与田块蒸散发 ET_b之间的多元回归关系中，各回归方程的相关系数 r 都较高，在 0. 769 以上，F 统计值均在 13 以上，这表明两者之间的相关性极其显著。对回归系数的显著性检验结果表明，当由 T_r上行转换到 ET_b或 T_r与 VPD、R_n、LAI 等组合后上行转换到 ET_b时，其变量的回归系数也都达到了显著性要求。其中尤以在 T_r与 LAI 组合的上行转换中，回归方程中的常数项也达到了显著性要求，这意味着利用该回归方程可直接实现 T_r上推到 ET_b的目的，且 LAI 是较好的关联参数。

表 6-15 T_r与 ET_b的回归关系检验

自变量	回归方程	r	F	置信度 α	回归系数检验：$\alpha \leqslant 0.05$ 自变量
T_r/LAI/VPD/R_n	$ET_b = 0.328T_r - 0.043LAI - 0.118VPD - 0.043R_n - 1.344$	0. 897	13. 367	<0. 001	T_r
T_r/VPD/R_n	$ET_b = 0.317T_r - 0.111VPD + 0.064R_n - 2.024$	0. 896	18. 950	<0. 001	T_r/R_n
T_r/LAI/R_n	$ET_b = 0.323T_r - 0.042LAI + 0.053R_n - 1.209$	0. 896	19. 084	<0. 001	T_r/R_n
T_r/LAI/VPD	$ET_b = 0.368T_r - 0.184LAI + 0.412VPD + 2.685$	0. 864	13. 696	<0. 001	T_r/常数项
T_r/R_n	$ET_b = 0.313T_r + 0.060R_n - 1.881$	0. 895	30. 304	<0. 001	T_r/R_n
T_r/VPD	$ET_b = 0.328T_r + 0.852VPD + 1.144$	0. 830	16. 604	<0. 001	T_r/VPD
T_r/LAI	$ET_b = 0.407T_r - 0.238LAI + 3.399$	0. 854	20. 289	<0. 001	T_r/LAI/常数项
T_r	$ET_b = 0.409T_r + 1.925$	0. 769	23. 084	<0. 001	T_r/常数项

注：F 统计量临界值 F_α（p，$n-p-1$）：$F_{0.05}$（6，11）= 3. 09。相关系数 r 在 95% 置信水平上应大于 0. 468。

6.3.1.2 田块蒸散发向农田蒸散发的上行转换

表 6-16 给出了田块蒸散发 ET_b与农田蒸散发 ET_f间的多元回归关系检验结果。当由 ET_b与 VPD 组合后上行转换到 ET_f时，回归方程的相关系数 r 和 F 统计值均满足 $\alpha \leqslant 0.05$ 的要求，回归方程的 α 为 0. 002，具有极显著性。此外，在各自变量的回归系数显著性检

验中，ET_b、VPD 和常数项都达到了显著性要求，说明可利用该回归方程直接上推 ET_b。在利用 ET_b与 LAI 和 R_n组合的 ET_b上行转换中，相关的统计参数值均不能达到系统的显著性要求，而在同时考虑 ET_b与 VPD、LAI、R_n组合的情况下，尽管统计参数值达到了系统要求，但方程的回归系数显著性不强，因而不能用于尺度上推。由此可见，在 ET_b向 ET_f的上行转换中，VPD 是较好的关联参数。

表 6-16　ET_b与 ET_f的回归关系检验

自变量	回归方程	r	F	置信度 α	回归系数检验：$\alpha\leq0.05$ 自变量
ET_b/LAI/VPD/R_n	$ET_f = -0.080\ ET_b + 0.173LAI + 1.246VPD + 0.023R_n - 1.250$	0.820	6.663	0.004	VPD
ET_b/VPD/R_n	$ET_f = -0.019\ ET_b + 1.265VPD - 0.006R_n + 1.653$	0.762	6.450	0.006	VPD
ET_b/LAI/R_n	$ET_f = -0.007\ ET_b + 0.180LAI + 0.065R_n - 2.829$	0.632	3.105	0.061	R_n
ET_b/LAI/VPD	$ET_f = -0.016\ ET_b + 0.125LAI + 1.414VPD + 0.208$	0.807	8.733	0.002	VPD
ET_b/R_n	$ET_f = 0.059\ ET_b + 0.035R_n + 0.183$	0.547	3.198	0.070	
ET_b/LAI	$ET_f = 0.271\ ET_b + 0.007LAI + 1.794$	0.432	1.722	0.212	
ET_b/VPD	$ET_f = -0.037\ ET_b + 1.203VPD + 1.405$	0.760	10.284	0.002	VPD/ ET_b/常数项
ET_b	$ET_f = 0.267\ ET_b + 1.854$	0.432	3.667	0.074	常数项

6.3.2　跨空间尺度 ET 转换

基于大兴试验站 2007～2009 年冬小麦生长期返青后实测的叶片、田块和农田尺度蒸散发数据，以及作物生理生态指标、气象参数等资料，利用多元回归分析方法，建立跨空间尺度间的叶片蒸腾 T_r、田块蒸散发 ET_b、农田蒸散发 ET_f以及饱和水汽压差 VPD、净辐射 R_n、叶面积指数 LAI 等之间的相关关系。同样，利用多元回归方程和回归系数的置信水平选择常用的95%（$\alpha=0.05$），根据对回归方程和回归显著性的检验结果，分析跨空间尺度间的 ET 转换关联性。

6.3.2.1　叶片蒸腾向农田蒸散发的上行转换

当将叶片蒸腾 T_r跨尺度上行转换到农田蒸散发 ET_f时，考虑所有自变量的回归关系检验结果见表 6-17。在 T_r与 LAI 组合的上行转换中，F 值都非常小，说明回归方程非常不显著，没有可行性。对考虑其他参数组合的 ET 上推中，对各参量的回归系数进行显著性检验表明，T_r的回归系数总是没有达到系统要求，不能实现基于 T_r的上推。因此，当考虑将 T_r跨尺度上推至 ET_f时，不能通过多元线性回归方法加以实现。

表 6-17 T_r与 ET_f的回归关系检验

自变量	回归方程	r	F	置信度 α	回归系数检验：$\alpha \leq 0.05$ 自变量
T_r/LAI/VPD/R_n	$ET_f=-0.101T_r+0.218LAI+1.375VPD+0.026R_n-1.611$	0. 855	8. 804	0. 001	VPD/LAI
T_r/VPD/R_n	$ET_f=-0.048T_r+1.341VPD-0.006R_n+1.813$	0. 773	6. 917	0. 004	VPD
T_r/LAI/R_n	$ET_f=-0.044T_r+0.205LAI+0.071R_n-3.184$	0. 642	3. 280	0. 053	R_n
T_r/LAI/VPD	$ET_f=-0.083T_r+0.154LAI+1.615VPD+0.209$	0. 836	10. 841	0. 001	VPD/LAI
T_r/LAI	$ET_f=0.069T_r-0.058LAI+3.003$	0. 257	0. 531	0. 599	常数项
T_r/VPD	$ET_f=-0.049T_r+1.246VPD+1.501$	0. 771	10. 984	0. 001	VPD/常数项
T_r/R_n	$ET_f=0.005T_r+0.040R_n+0.081$	0. 543	3. 131	0. 073	R_n
T_r	$ET_f=0.069T_r+2.642$	0. 210	0. 740	0. 402	常数项

6.3.2.2 叶片蒸腾和田块蒸散发向农田蒸散发的上行转换

表 6-18 列出的回归关系检验结果是同时基于叶片蒸腾 T_r和田块蒸散发 ET_b及其他参数上行转换到农田蒸散发 ET_f时的情况。在 ET_b、T_r、LAI、VPD、R_n等变量中，只有 T_r、LAI、VPD 的回归系数达到显著性要求，故认为在同时考虑 T_r和 ET_b尺度上推的回归方程和回归系数都是不显著的，不能用于 ET_f的上推。

表 6-18 T_r和 ET_b与 ET_f的回归关系检验

自变量	回归方程	r	F	置信度 α	回归系数检验：$\alpha \leq 0.05$ 自变量
ET_b/T_r/LAI/VPD/R_n	$ET_f=0.228ET_b-0.176T_r+0.228LAI+1.402VPD+0.013R_n-1.304$	0. 870	7. 481	0. 002	T_r/VPD/LAI
ET_b/T_r/VPD/R_n	$ET_f=0.175ET_b-0.104T_r+1.361VPD-0.017R_n+2.168$	0. 783	5. 148	0. 010	VPD
ET_b/T_r/LAI/R_n	$ET_f=0.174ET_b-0.100T_r+0.212LAI+0.062R_n-2.973$	0. 655	2. 436	0. 100	
ET_b/T_r/LAI/VPD	$ET_f=0.280ET_b-0.186T_r+0.206LAI+1.499VPD-0.543$	0. 867	9. 814	0. 001	T_r/VPD/LAI
ET_b/T_r/ R_n	$ET_f=0.126ET_b-0.035T_r+0.033R_n+0.318$	0. 550	2. 027	0. 156	
ET_b/T_r/VPD	$ET_f=0.075ET_b-0.074T_r+1.182VPD+1.415$	0. 774	6. 966	0. 004	常数项/VPD
ET_b/T_r/ LAI	$ET_f=0.492ET_b-0.132T_r+0.059LAI+1.330$	0. 487	1. 452	0. 270	
ET_b/T_r	$ET_f=0.408ET_b-0.98T_r+1.857$	0. 472	2. 148	0. 151	常数项

6.3.3 ET 空间尺度转换关联参数

以上分析表明，不同空间尺度下的 ET 转换与下垫面植被的叶面积指数 LAI 和反映大气蒸发力的饱和水汽压差 VPD 密切相关，LAI 和 VPD 是 ET 尺度上行转换中的重要关联参数，借助二者可将小尺度 ET 上推到大尺度，而太阳净辐射 R_n却无法用于该目的。

如表 6-15 ~ 表 6-18 所示，基于微观尺度的叶片蒸腾 T_r可直接上推田块尺度的蒸散发 ET_b，两者间的回归方程和回归系数的显著性都极为显著，但借助同期的 VPD 和 LAI 数据，跨尺度上推农田尺度的蒸散发 ET_f的效果却不显著，故无法通过多元线性回归关系实现这两个尺度间的转换。当基于小区尺度的田块蒸散发 ET_b上推到农田尺度的蒸散发 ET_f时，应借助同期的 VPD 和 LAI 数据或只考虑 VPD 数据进行尺度上推。从 ET_b到 ET_f的尺度转换时，在缺少 LAI 数据下，可利用同期的 VPD 数据和 ET_b直接上推 ET_f。在同时考虑 T_r和 ET_b上推 ET_f时，尽管回归方程能达到显著性要求，但 T_r和 ET_b的回归系数在 $\alpha \leqslant 0.05$ 水平下均不显著，导致上推 ET_f的不可行性。

综上所述，在冬小麦生育期返青后，跨空间尺度的 ET 转换难以通过多元回归方法加以实现。对相邻空间尺度的 ET 转换而言，当从叶片尺度向田块尺度进行 ET 上行转换时，可直接基于叶片蒸腾 T_r上推田块蒸散发 ET_b，且叶面积指数 LAI 是重要的关联参数，可用于 ET 空间尺度转换；在从田块尺度向农田尺度开展 ET 上行转换中，可直接根据田块蒸散发 ET_b上推农田蒸散发 ET_f，且 VPD 是重要的关联参数，可用于空间尺度 ET 转换。

6.4 小　　结

本章以华北平原冬小麦和夏玉米作物为主要研究对象，建立了基于冠层导度提升模型的农田尺度 ET 估算方法，构建起阴阳叶冠层导度提升模型，提出了从叶片气孔导度到冠层导度的理论或半理论尺度提升方式，借助多元回归分析方法，实现了叶片、田块和农田之间的 ET 尺度转换，获得的主要结论如下。

1）在气候、土壤等差异性有限条件下，根据光合有效辐射、叶面积指数等参数，建立了从叶片气孔导度到冠层导度的理论或半理论尺度提升函数，实现了基于冠层导度提升模型的田块和农田尺度 ET 估算。对于冬小麦，利用 Leuning-Ball 叶片气孔导度估算模型建立的冠层导度尺度提升模型，可以较好地解释田块和农田尺度下的作物蒸散发变化规律和特点，而夏玉米则是采用 Jarvis 叶片气孔导度估算模型建立的冠层导度尺度提升模型，能更好地估算田块和农田尺度蒸散发。

2）在考虑作物阴阳叶截获光合有效辐射存在差异的基础上，构建起对阴叶气孔导度进行积分计算的基于权重积分法的阴阳叶冠层导度提升模型，与现有基于权重法的阴阳叶冠层导度提升模型相比，其不仅刻画了阴阳叶在形成冠层导度上的差异，还明显降低了对阴叶截获的辐射值做均一化处理所产生的估算误差，使冠层导度和 ET 估值精度分别提高 7.8% 和 7.1%，有效改善了夏玉米农田尺度 ET 估算效果。

3）在考虑作物生长影响因子和反映尺度特征参数的基础上，借助多元回归分析方法建立起叶片蒸腾、田块蒸散发和农田蒸散发之间的空间尺度转换关系。对相邻尺度间的 ET 转换而言，从叶片到田块可直接基于叶片蒸腾上推田块蒸散发，且叶面积指数是重要的关联参数，而从田块到农田可直接根据田块蒸散发上推农田蒸散发，且饱和水汽压差是重要的关联参数。跨尺度间的 ET 转换则难以通过多元回归方法加以实现。

第7章 基于水热耦合平衡方程的区域（灌区）尺度蒸散发估算模型

准确地估算区域（灌区）尺度蒸散发对深入认识区域水文循环机理，正确评估和科学管理水资源具有十分重要的意义。目前大尺度下的蒸散发监测还较为困难，一般是通过建立实际蒸散发与潜在蒸散发之间的关系，达到间接估算蒸散发的目的。现有应用较多的大尺度蒸散发估算方法是根据实际蒸散发与潜在蒸散发之间呈比例的基本假设（康绍忠和熊运章，1990；刘钰和 Perira，2000；杨大文等，2004），进而实现区域（灌区）尺度蒸散发的估算，其中实际蒸散发与潜在蒸散发间的比例系数与土壤含水率、地面植被状况等要素密切相关。但当该法用于较长时间尺度和较大空间尺度的蒸散发计算时，必须将其离散成若干较小的计算时段和空间网格，这不仅需要较大计算量，且对实际蒸发量与潜在蒸散发关系的刻画还不够简洁直观，亟待开展深入研究。

本章基于流域蒸散发为可利用水量和能量共同作用下达到水热耦合平衡的思想，建立描述实际蒸散发与可利用水量和可利用能量的偏微分方程，在分析极端条件下的水文特征基础上，提出约束方程解空间的水文边界条件，根据偏微分方程基本理论并辅以量纲分析方法，推导水热耦合平衡方程，借助简洁的数学方程形式揭示实际蒸散发与潜在蒸散发间的定量关系，开展山东位山灌区和新疆塔里木盆地的区域（灌区）尺度蒸散发估算。

7.1 水热耦合平衡原理与方程

蒸散发过程是土壤—植被—大气系统（SPAC）中水分和能量迁移与转化的过程，该系统可被简化为陆面（包括土壤层和植被）和近地面大气两个子系统，而蒸散发则是这两个子系统之间的水分和能量交换的物理量。

对陆面子系统而言，较小时间尺度上的蒸散发为系统对外界输入（能量）的响应，此处的能量可用潜在蒸散发 ET_p 表示。同时，陆面子系统的响应还与系统自身的状态（陆面水分、植被生长状况等）相关，这些因素将导致实际蒸散发通常不能达到潜在的蒸散发量，而只占潜在蒸散发的一定比例，该比例是土壤含水率和植被生长状况的函数，故实际蒸散发 ET_a 可表示为

$$ET_a = K_c f(\theta) ET_p \tag{7-1}$$

式中，K_c 为作物系数，反映作物生长状况；$f(\theta)$ 为土壤含水率的函数，一般采用分段线性关系。

式（7-1）在较小时间（日或小时）尺度上，可较好地估算实际蒸散发，该式具有物理概念清楚、计算简便等优点，已在灌溉需水模型、分布式水文模型中得到广泛应用。严

格而言，t 时段内的实际蒸散发应表示为如下积分形式：

$$ET_a = \int_t K_c f(\theta) et_p \tag{7-2}$$

式（7-2）中 t 时刻的作物系数 K_c、土壤含水率 θ、实际蒸散发 ET_a和潜在蒸散发 et_p（et 表示瞬时值）均为时间的函数，根据积分中值定理，存在着某一特定值 $\overline{K_c f(\theta)}$ 使式（7-2）变形后得到下式：

$$ET_a = \overline{K_c f(\theta)} \int_t et_p = \overline{K_c f(\theta)} ET_p \tag{7-3}$$

式（7-3）中的 $\overline{K_c f(\theta)}$ 应是计算时段上的加权平均值，直接确定较为困难，但在较小计算时段内，常近似地认为 $\overline{K_c f(\theta)} \approx \overline{K_c} \cdot \overline{f(\theta)} \approx \overline{K_c} \cdot f(\bar{\theta})$，但随着计算时段增长，该近似带来的误差变大。因此，对较长时间尺度上的实际蒸散发量计算，必须将其离散成若干较小的计算时段和空间网格。采用此法估算长时间大范围内的实际蒸散发量，需要知道下垫面（包括土壤水分和植被生长）的变化过程及其空间分布状况，这引起计算量较大的问题。

从式（7-3）可知，实际蒸散发是潜在蒸散发（可利用能量）和土壤水分条件（可利用水量）的函数。Budyko（1974）在假设以多年平均降水量为流域可利用水量和以多年平均潜在蒸散发量为流域可利用能量的基础上，建立起实际蒸散发与降水量和潜在蒸散发量的关系，即为多年时间尺度的水热耦合平衡方程。但当该假设向更小的时间尺度推广应用时却面临着一些问题，如月尺度上的降水量可能为零，但实际蒸散发却不为零。为此，有必要构建适用于任意时间尺度的水热耦合平衡方程。

7.1.1 多年时间尺度水热耦合平衡方程

多年时间尺度水热耦合平衡方程是将实际蒸散发作为陆面子系统输入量（降水量 P 和潜在蒸散发量 ET_p）的函数加以描述。

7.1.1.1 水热耦合平衡关系

Schreiber（1904）根据观测的流域降水、径流以及潜在蒸散发能力间的定量关系，提出描述区域实际蒸散发 ET_a的经验公式。

$$ET_a = P[1 - \exp(-ET_p/P)] \tag{7-4}$$

Ol’dekop（1911）注意到 ET_p对 ET_a的影响，提出了双曲正切型的经验公式。

$$ET_a = ET_p \tanh(P/ET_p) \tag{7-5}$$

Budyko 进一步抽象给出区域内长期的平均实际蒸散发 ET_a主要受到陆面水分供应和潜在蒸发能力的控制，这即为 Budyko 假设（Budyko，1974）。

$$\frac{ET_a}{P} = f\left(\frac{ET_p}{P}\right) \tag{7-6}$$

在极端干燥条件下，如沙漠地区的降水量很少，全部降水都被蒸发的情况下：

$$当\frac{ET_p}{P} \to \infty时，有\ \frac{ET_a}{P} \to 1 \tag{7-7}$$

而在极端湿润条件下，能量被最大限度地用于蒸散发，此时的实际蒸散发将趋近于潜在蒸散发。

$$当\frac{ET_p}{P} \to 0\ 时，有\ \frac{ET_a}{ET_p} \to 1 \tag{7-8}$$

Budyko（1974）认为在较长的时间尺度上，控制区域实际蒸散发的主要因素是可利用水量和可利用能量。为此，若采用多年平均降水量 P 表示区域可利用水量且多年平均潜在蒸散发量 ET_p表示区域可利用能量，则多年平均实际蒸散发量 ET_a可被表示为

$$ET_a = E(P,\ ET_p) \tag{7-9}$$

7.1.1.2　多年时间尺度水热耦合平衡方程

对不同区域而言，即使当 ET_p和 P 相同，也可能出现 ET_a不同的情况。为了真实反映区域下垫面存在的差异对 ET_a的影响，将式（7-9）改写成如下隐函数形式：

$$ET_a = E(P,\ ET_p,\ ET_a) \tag{7-10}$$

式（7-10）等号右边的自变量 ET_a间接反映了区域下垫面特征（包括土壤水分和植被覆盖状况等）对蒸散发的影响。当 ET_a分别对 P 和 ET_p求偏导数时，可得到下式：

$$\begin{cases} \dfrac{\partial ET_a}{\partial P} = F(P,\ ET_p,\ ET_a) \\ \dfrac{\partial ET_a}{\partial ET_p} = G(P,\ ET_p,\ ET_a) \end{cases} \tag{7-11}$$

式（7-11）中的 $F(P,\ ET_p,\ ET_a)$ 和 $G(P,\ ET_p,\ ET_a)$ 分别表示为 P、ET_p和 ET_a的特定函数形式，在多年时间尺度上，该偏微分方程的零阶和一阶边界条件可分述如下：

$$\begin{array}{ll} ET_a = ET_p & P/ET_p \to \infty \\ ET_a = P & ET_p/P \to \infty \\ ET_a = 0 & P = 0 \\ ET_a = 0 & ET_p = 0 \end{array} \tag{7-12}$$

$$\begin{cases} \dfrac{\partial ET_a}{\partial P} = 0 & P/ET_p \to \infty \\ \dfrac{\partial ET_a}{\partial ET_p} = 0 & ET_p/P \to \infty \\ \dfrac{\partial ET_a}{\partial P} = 1 & P/ET_p \to 0 \\ \dfrac{\partial ET_a}{\partial ET_p} = 1 & ET_a/P \to 0 \end{cases} \tag{7-13}$$

式（7-12）的水文学含义为，当 P 相对于 ET_p充分大时，蒸散发能力被完全消耗，此时 $ET_a = ET_p$，而当 ET_p相对 P 充分大时，降水量被完全蒸发，此时 $ET_a = P$。此外，当没有水分（或能量）供应时，蒸散发不会发生。式（7-13）的水文学含义为，当 P 相对于 ET_p

充分大时，ET_a不随 P 的改变而变化，而当 ET_p相对 P 充分大时，ET_a不随 ET_p的改变而变化。此外，当 P 相对 ET_p充分小时，ET_a的变化等于 P 的变化，而当 ET_p相对 P 充分小时，ET_a的变化等于 ET_p的变化。

式（7-10）可被改写为 ET_a的全微分形式。

$$dET_a = \frac{\partial ET_a}{\partial P}dP + \frac{\partial ET_a}{\partial ET_p}dET_p \tag{7-14}$$

将式（7-11）代入式（7-14）可得到被称为 Pfaff 方程的形式如下：

$$F(P,\ ET_p,\ ET_a)dP + G(P,\ ET_p,\ ET_a)dET_p - dET_a = 0 \tag{7-15}$$

由偏微分方程的原理可知，式（7-11）有解的充分必要条件是下述方程有解，即

$$\frac{\partial F}{\partial ET_p} + G\frac{\partial F}{\partial ET_a} = \frac{\partial G}{\partial P} + F\frac{\partial G}{\partial ET_a} \tag{7-16}$$

式（7-16）可等价变形为

$$G\left(-\frac{\partial F}{\partial ET_a}\right) + F\left(\frac{\partial G}{\partial ET_a}\right) + \left(\frac{\partial G}{\partial P} - \frac{\partial F}{\partial ET_p}\right) = 0 \tag{7-17}$$

式（7-17）是式（7-15）完全可积的充分必要条件，即只要式（7-11）有解，式（7-16）就成立，而式（7-15）就完全可积，此时存在一个积分因子 $\mu(P,\ ET_p,\ ET_a)$。在式（7-15）两边同乘该因子后可得到：

$$dU = \mu(FdP + GdET_p - dET_a) = 0 \tag{7-18}$$

对式（7-18）进行积分后可得到下式：

$$U(P,\ ET_p,\ ET_a) = c \tag{7-19}$$

式（7-19）中的 c 为积分常数。由微分方程相关理论可知，式（7-19）描述的是状态空间（P，ET_p，ET_a）中的一组曲面。根据 Pfaff 方程的相关理论，若某 Pfaff 方程在空间域 D 内完全可积，则对于 D 内的任意一点，有且仅有一个曲面经过，这说明多年时间尺度的水热耦合平衡方程的解析解一定有一个参数，而求解空间域 D 则由边界条件确定。每一个特定的曲面都对应于一个特定的参数 c，这就代表了特定区域的水热耦合平衡关系。

可以看到，式（7-19）中含有 4 个物理量，但其中只有一个为量纲独立的量，根据 Buckingham Pi 定理，可以定义两个无量纲的量 $\pi_1 = ET_p/P$ 和 $\pi_2 = ET_a/P$，并将其变形为 $\pi_2 = F_1(\pi_1,\ c)$，即

$$\frac{ET_a}{P} = F_1(ET_p/P,\ c) \tag{7-20}$$

这里的 F_1 表示特定的函数，式（7-20）具有与 Budyko 假设式（7-6）相类似的形式，但其给出了更多的信息，即进一步证明了用于描述多年时间尺度的水热耦合平衡方程中仅含有一个参数的事实。

为进一步推导得到多年时间尺度水热耦合平衡方程的解析式，根据 Buckingham Pi 定理，定义两个无量纲量如下：

$$x = \frac{P}{ET_a}$$

$$y=\frac{ET_p}{ET_a} \tag{7-21}$$

式中，x 和 y 分别反映了降水 P 和潜在蒸散发 ET_p对区域实际蒸散发 ET_a的影响，可用这两个无量纲量将式（7-11）改写成如下形式：

$$\begin{cases}\dfrac{\partial ET_a}{\partial P}=f(x,\ y)\\[2ex]\dfrac{\partial ET_a}{\partial ET_p}=g(x,\ y)\end{cases} \tag{7-22}$$

假定 P 和 ET_p为相互独立的两个变量，即 $\partial P/\partial ET_p=0$，则对式（7-11）求二阶偏导后，可得

$$\begin{cases}\dfrac{\partial^2 ET_a}{\partial ET_p\partial P}=\dfrac{\partial f}{\partial x}\dfrac{\partial x}{\partial ET_p}+\dfrac{\partial f}{\partial y}\dfrac{\partial y}{\partial ET_p}=-\dfrac{p}{ET_a^2}g\dfrac{\partial f}{\partial x}+\dfrac{ET_a-ET_pg}{ET_a^2}\dfrac{\partial f}{\partial y}\\[2ex]\dfrac{\partial^2 ET_a}{\partial P\partial ET_p}=\dfrac{\partial g}{\partial y}\dfrac{\partial y}{\partial P}+\dfrac{\partial g}{\partial x}\dfrac{\partial x}{\partial P}=-\dfrac{ET_p}{ET_a}f\dfrac{\partial g}{\partial y}+\dfrac{ET_a-Pf}{ET_a^2}\dfrac{\partial g}{\partial x}\end{cases} \tag{7-23}$$

当 ET_a二阶连续可导时，在将求导次序进行交换后，可得到：

$$\frac{\partial^2 ET_a}{\partial ET_p\partial P}=\frac{\partial^2 ET_a}{\partial P\partial ET_p} \tag{7-24}$$

将式（7-23）代入式（7-24），可得到下式：

$$-\frac{P}{ET_a^2}g\frac{\partial f}{\partial x}+\frac{ET_a-ET_pg}{ET_a^2}\frac{\partial f}{\partial y}=-\frac{ET_p}{ET_a^2}f\frac{\partial g}{\partial y}+\frac{ET_a-Pf}{ET_a^2}\frac{\partial g}{\partial x} \tag{7-25}$$

要想直接求解式（7-25）比较困难，故可构造如下两个方程：

$$-\frac{P}{ET_a}g\frac{\partial f}{\partial x}=-\frac{ET_p}{ET_a^2}f\frac{\partial g}{\partial y} \tag{7-26}$$

$$\frac{ET_a-ET_pg}{ET_a^2}\frac{\partial f}{\partial y}=\frac{ET_a-Pf}{ET_a^2}\frac{\partial g}{\partial x} \tag{7-27}$$

同时满足式（7-26）和式（7-27）的解一定是式（7-26）的解，且其中的一个解为

$$\begin{cases}f(x,\ y)=x^{\alpha}\psi(y)\\g(x,\ y)=y^{\alpha}\varphi(x)\end{cases} \tag{7-28}$$

式（7-28）中的 $\varphi(x)$ 表示为 x 的某个函数，$\psi(y)$ 表示为 y 的某个函数，将式（7-21）和式（7-28）代入式（7-27）后，可得到：

$$y^{\alpha}[1-x^{\alpha+1}\psi(y)]\varphi'(x)=x^{\alpha}[1-y^{\alpha+1}\varphi(x)]\psi'(y) \tag{7-29}$$

对式（7-29）中含有的参数，可分几种情况进行讨论。

1）当 $\alpha+1\neq 0$ 时，有

$$\begin{cases}\psi(y)=A_1y^{\alpha+1}\\\varphi(x)=A_1x^{\alpha+1}\end{cases} \tag{7-30}$$

式中，A_1为积分常数。

当 $\alpha+1>0$ 时，对 $y\to\infty$，有 $x\to 1$，于是 $f(x,\ y)=x^{\alpha}A_1y^{\alpha+1}\to\infty$，即 $\partial ET_a/\partial P\to\infty$，

这与边界条件 $P \to 0$ 且 $\mathrm{ET_p} \neq 0$ 时的 $\partial \mathrm{ET_a}/\partial P = 0$ 相矛盾。

当 $\alpha + 1 < 0$ 时，对 $y \to \infty$，有 $x \to 1$，于是 $f(x,\ y) = x^{\alpha} A_1 y^{\alpha+1} \to \infty$，即 $\partial \mathrm{ET_a}/\partial P \to 0$，这与边界条件 $\partial \mathrm{ET_a}/\partial P = 1$ 时的 $P/\mathrm{ET_p} \to 0$ 相矛盾。

2）当 $\alpha + 1 = 0$ 时，采用分离变量法求解偏微分方程，则由式（7-29）可得到：

$$\frac{x}{1-\varphi(x)}\frac{\partial \varphi(x)}{\partial x} = \frac{y}{1-\psi(y)}\frac{\partial \psi(y)}{\partial y} \tag{7-31}$$

由于式（7-31）等号的左边是 x 的函数，而右边是 y 的函数，同时拥有 x 和 y 两个独立变量，一般情况下只有其均为常数时才能相等，若令此常数为 n，则有

$$\frac{x}{1-\varphi(x)}\frac{\partial \varphi(x)}{\partial x} = \frac{y}{1-\psi(y)}\frac{\partial \psi(y)}{\partial y} = n \tag{7-32}$$

分别对式（7-32）中的 x 和 y 积分后，可得到：

$$\begin{cases} \psi(y) = 1 + \dfrac{A}{y^n} \\ \varphi(x) = 1 + \dfrac{B}{x^n} \end{cases} \tag{7-33}$$

式（7-33）中的 A 和 B 为积分常数。将式（7-21）、式（7-28）和式（7-33）代入式（7-22）后，可得到下式：

$$\begin{cases} \dfrac{\partial \mathrm{ET_a}}{\partial P} = \dfrac{\mathrm{ET_a}}{P}\left(1 + A\dfrac{\mathrm{ET_a^n}}{\mathrm{ET_p^n}}\right) \\ \dfrac{\partial \mathrm{ET_a}}{\partial \mathrm{ET_p}} = \dfrac{\mathrm{ET_a}}{\mathrm{ET_p}}\left(1 + B\dfrac{\mathrm{ET_a^n}}{P^n}\right) \end{cases} \tag{7-34}$$

当 $\mathrm{ET_p} = 0$ 或 $P = 0$ 时，$\mathrm{ET_a} = 0$，故 $\mathrm{ET_a}$ 应具有如下形式：

$$\mathrm{ET_a} = P \cdot \mathrm{ET_p} \cdot \zeta(P,\ \mathrm{ET_p}) \tag{7-35}$$

式（7-35）中的 $\zeta(P,\ \mathrm{ET_p})$ 表示为某个 P 和 $\mathrm{ET_p}$ 的函数，代入式（7-35）可得到：

$$\begin{cases} A\zeta\dfrac{(P \cdot \mathrm{ET_p} \cdot \zeta)^n}{\mathrm{ET_p^n}} = P\dfrac{\partial \zeta}{\partial P} \\ B\zeta\dfrac{(P \cdot \mathrm{ET_p} \cdot \zeta)^n}{P^n} = \mathrm{ET_p}\dfrac{\partial \zeta}{\partial \mathrm{ET_a}} \end{cases} \tag{7-36}$$

对式（7-36）进行积分后，可得到下式：

$$\zeta(P,\ \mathrm{ET_p}) = \frac{1}{(-BP^n - A\mathrm{ET_p^n} + C)^{1/n}} \tag{7-37}$$

式（7-37）中的 C 为积分常数，将式（7-37）代入式（7-35）可得到：

$$\mathrm{ET_a} = \frac{\mathrm{ET_p}P}{(-BP^n - A\mathrm{ET_p^n} + C)^{1/n}} \tag{7-38}$$

式（7-38）中的积分常数 A、B 和 C 可由边界条件确定。当 $P/\mathrm{ET_p} \to \infty$ 时，$\mathrm{ET_a} = \mathrm{ET_p}$，可得到 $B = -1$；当 $\mathrm{ET_p}/P \to \infty$ 时，$\mathrm{ET_a} = P$，可得到 $A = -1$；当 $P \to 0$ 时，$\mathrm{ET_p}/P = 1$，可得到 $C = 0$。

通过求解偏微分方程组式（7-11）即可得到用于表示 $\mathrm{ET_a}$ 与 $\mathrm{ET_p}$ 和 P 关系的多年时间

尺度水热耦合平衡方程如下：

$$\mathrm{ET_a} = \frac{\mathrm{ET_p}P}{(P^n + \mathrm{ET_p^n})^{1/n}} \tag{7-39}$$

7.1.1.3 多年时间尺度水热耦合平衡方程的等价形式

傅抱璞（1981）提出了多年时间尺度水热耦合平衡方程的另一种形式：

$$\mathrm{ET_a} = P + \mathrm{ET_p} - (P^{\varpi} + \mathrm{ET_p}^{\varpi})^{1/\varpi} \tag{7-40}$$

式（7-39）和（7-40）作为流域多年时间尺度平均水热耦合平衡方程的解析解，若彼此间等价，则对式（7-39）中的任意参数 n 都应在式（7-40）中存在一个对应的参数 ϖ，以使得对任意的 $\mathrm{ET_p}$和 P 而言，两式能给出相同的 $\mathrm{ET_a}$，即

$$P + \mathrm{ET_p} - [P^{\varpi} + \mathrm{ET_p}^{\varpi}]^{1/\varpi} = \frac{\mathrm{ET_p}P}{(P^n + \mathrm{ET_p^n})^{1/n}} \tag{7-41}$$

在式（7-41）两边同时除以 $\mathrm{ET_p}$，可得到：

$$(P/\mathrm{ET_p}) + 1 - [(P/\mathrm{ET_p})^{\varpi} + 1]^{1/\varpi} = \frac{1}{[1 + (\mathrm{ET_p}/P)^n]^{1/n}} \tag{7-42}$$

将定义的 $z = P/\mathrm{ET_p}$ 代入式（7-42），可变形得到：

$$f_1(z) = 1 + z - [1 + z^{\varpi}]^{1/\varpi} - \frac{1}{[(1/z)^n + 1]^{1/n}} = 0 \tag{7-43}$$

如果式（7-39）和（7-40）等价，参数 n 与 ϖ 的关系则将独立于变量 P、$\mathrm{ET_a}$和 $\mathrm{ET_p}$。将式（7-43）在 $z=1$ 处进行泰勒展开如下：

$$\begin{aligned} f_1(z) = {} & (2 - 2^{1/\varpi} - 2^{-1/n}) + \frac{1}{2}(2 - 2^{1/\varpi} - 2^{-1/n})(z - 1) \\ & + \frac{1}{8}[(n + 1) \cdot 2^{-1/n} - (\varpi - 1) \cdot 2^{1/\varpi}](z - 1)^2 + O(z - 1)^3 = 0 \end{aligned} \tag{7-44}$$

对多年平均降雨量小于潜在蒸散发量的地区，通常 $z \leqslant 1$，若忽略二阶小量 $(z-1)^2$ 以及更高阶次的小量，则可得到：

$$2^{1/\varpi} = 2 - 2^{-1/n} \tag{7-45}$$

同理，对多年平均降雨量大于潜在蒸散发量的地区，定义 $z = \mathrm{ET_p}/P \leqslant 1$，仍可得到式（7-44），并进一步得到式（7-45），这表明式（7-39）和式（7-40）近似等价。

7.1.1.4 多年时间尺度水热耦合平衡方程的理论意义

若定义状态空间（P，$\mathrm{ET_p}$，$\mathrm{ET_a}$）为多年时间尺度水热耦合平衡方程的数学解空间，其范围由两个渐近面给定，则平面 $\mathrm{ET_a}=0$ 和曲面 $\mathrm{ET_a}=\max$（$\mathrm{ET_p}$，P）。该状态空间中的任意一点代表特定区域的水热耦合平衡关系，任意一个曲面代表特定气候条件和区域下垫面特性下可能出现的所有水热耦合平衡关系（图 7-1），其中区域特性可由式（7-19）中的参数 c 或式（7-39）中的参数 n 加以反映（以下统一用 n 表示）。

如图 7-2（a）所示，为了表述方便，可将状态空间（P，$\mathrm{ET_p}$，$\mathrm{ET_a}$）投影到二维空间

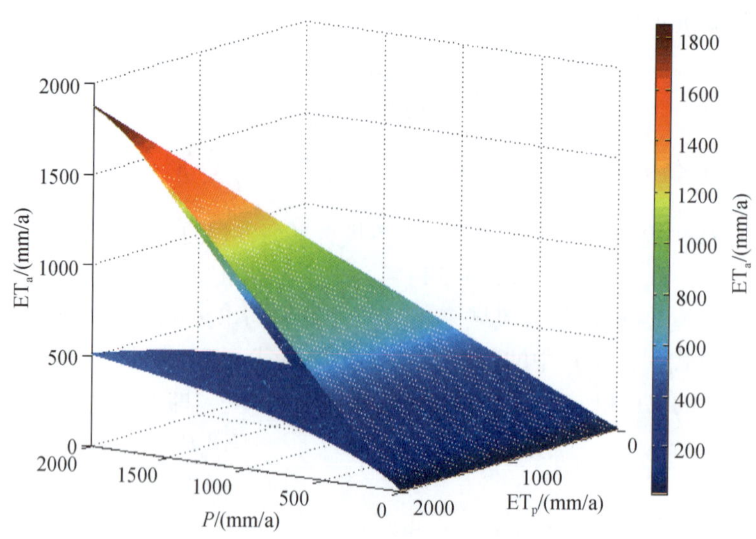

图 7-1　多年时间尺度水热耦合平衡状态的三维空间示意图

(ET_p/P，ET_a/P) 上，原三维空间中的渐近面退化为二维空间中的渐近线 OAB，其中 OA 为湿边，表示供水充足下实际蒸散发受蒸散发能力的控制，该渐近线上的 $ET_a = ET_p$；AB 为干边，表示蒸散发受水分控制，该渐近线上的 $ET_a = P$ 。与三维空间曲面相对应的是二维空间中的曲线，该曲线形状由参数 n 控制，特定的曲线对应于特定的参数 n。其中，接近于 x 轴的曲线（$n\to 0$），描述了土壤蓄水能力很小、产流很快的区域内的水热耦合平衡关系，如石质下垫面的山区流域等，该区域的降水基本上完全转化为径流；接近于渐近线 OAB 的曲线（$n\to\infty$），描述了土壤蓄水能力很强、难以产流的区域内的水热耦合平衡关系，如蓄水性很强的土层且坡度很小的区域等，该区域内降雨产生的径流很小，实际蒸散发量是降水量和潜在蒸散发量中的较大者。

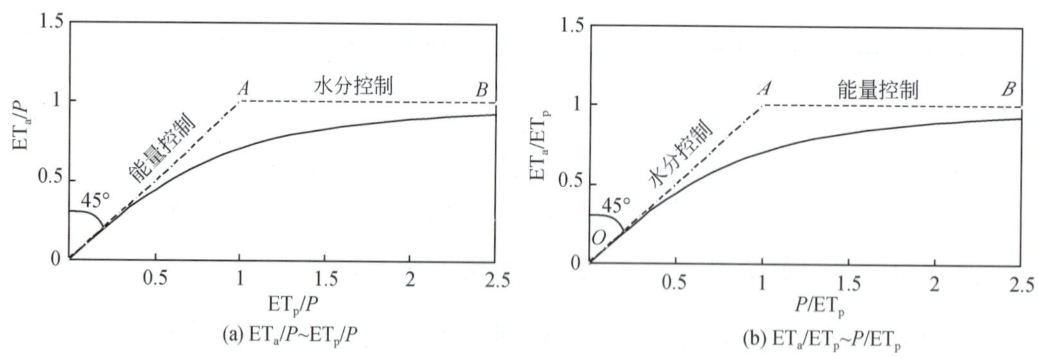

图 7-2　多年时间尺度区域水热耦合平衡状态的二维空间

如图 7-2（b）所示，也可将状态空间（P，ET_p，ET_a）投影到二维空间（P/ET_p，ET_a/ET_p）中，并得到与图 7-2（a）完全对称的形式。

如上所述，参数 n 反映了流域下垫面特征，包含了植被对区域水文循环过程的影响。

在植被影响水文循环及区域气候的同时，区域气候和水文循环也通过水分及能量等控制因素决定着流域的植被类型及状态，即水文气象条件的改变将带来植被的变化（即 n 的变化）。从状态空间中来看，n 的变化意味着流域水热耦合平衡关系从一个曲面移动到另一个曲面。为此，探讨土壤—植被—大气之间的动态相互作用是生态水文学的根本问题（Eagleson，2002），以水热耦合平衡方程中的参数所隐含的植被因素为着眼点开展研究是一个较好的途径。

7.1.2 任意时间尺度水热耦合平衡方程

在以上多年时间尺度的水热耦合平衡方程分析中，多年平均可利用水量被定义为多年平均降水量。当将式（7-39）应用到更小的时间尺度时，会出现如月尺度上可能某月降水为零将导致计算的实际蒸散发量为零而其实际上并不为零的情况。这是因为蒸散发除消耗降水外，还消耗土壤水，为此，应定义可利用水量 Q 为该时段内的降水量 P、外部引水量 I 与初始时刻的土壤可供水量（土壤含水率）S 之和。

$$Q = P + I + S \tag{7-46}$$

以便适应不同时间尺度的变化。

实际蒸散发量 ET_a 是该时段内可利用水量 Q 和可利用能量（采用 ET_p 表示）的函数：

$$ET_a = \Psi(Q,\ ET_p,\ ET_a) \tag{7-47}$$

式（7-47）等号右边自变量中的 ET_a 间接反映了植被状况和土壤性质等下垫面条件。

7.1.2.1 任意时间尺度水热耦合平衡方程

分别对式（7-47）中的 Q 和 ET_p 求偏导，可得到：

$$\begin{cases} \dfrac{\partial ET_a}{\partial Q} = F(Q,\ ET_p,\ ET_a) \\ \dfrac{\partial ET_a}{\partial ET_p} = G(Q,\ ET_p,\ ET_a) \end{cases} \tag{7-48}$$

式（7-48）中的 $F(Q,\ ET_p,\ ET_a)$ 和 $G(Q,\ ET_p,\ ET_a)$ 分别为 Q、ET_p 和 ET_a 的某种函数形式。在任意时间尺度上，该偏微分方程的零阶和一阶边界条件分别如下：

$$\begin{array}{ll} ET_a = ET_p & Q/ET_p \to \infty \\ ET_a = Q & ET_p/Q \to \infty \\ ET_a = 0 & Q = 0 \\ ET_a = 0 & ET_p = 0 \end{array} \tag{7-49}$$

$$\begin{cases} \dfrac{\partial \mathrm{ET_a}}{\partial Q} = 0 & Q/\mathrm{ET_p} \to \infty \\ \dfrac{\partial \mathrm{ET_a}}{\partial \mathrm{ET_p}} = 0 & \mathrm{ET_p}/Q \to \infty \\ \dfrac{\partial \mathrm{ET_a}}{\partial Q} = 1 & Q \to 0 \quad \mathrm{ET_p} \neq 0 \\ \dfrac{\partial \mathrm{ET_a}}{\partial \mathrm{ET_p}} = 1 & \mathrm{ET_p} \to 0 \quad Q \neq 0 \end{cases} \tag{7-50}$$

对很小的时间尺度而言，式（7-50）中的第 3 个和第 4 个公式可能并非等于 1，而是有可能等于某个小于 1 的常数。

基于求解偏微分方程的方法，可得到式（7-48）的解为

$$\mathrm{ET_a} = \frac{\mathrm{ET_p}Q}{(-BQ^n - A\mathrm{ET_p^n} + C)^{1/n}} \tag{7-51}$$

根据边界条件，可确定式（7-51）中的积分常数。当 $Q/\mathrm{ET_p} \to \infty$时，$\mathrm{ET_a}=\mathrm{ET_p}$，可得到 $B=-1$；当 $\mathrm{ET_p}/Q \to \infty$时，$\mathrm{ET_a} = Q$，可得到 $A=-1$；当 $Q \to 0$ 时，$\partial \mathrm{ET_a}/\partial Q = 1$，可得到 $C=0$。由此，式（7-51）可变为如下形式：

$$\mathrm{ET_a} = \frac{\mathrm{ET_p}(P + I + S)}{[(P + I + S)^n + \mathrm{ET_a^n}]^{1/n}} \tag{7-52}$$

对较小的时间尺度，当式（7-50）中的 $Q \to 0$ 时，可能出现 $\partial \mathrm{ET_a}/\partial Q < 1$，则由式（7-51）只能得到：

$$\mathrm{ET_a} = \frac{\mathrm{ET_p}(P + I + S)}{[C + (P + I + S)^n + \mathrm{ET_p^n}]^{1/n}} \tag{7-53}$$

7.1.2.2 任意时间尺度与多年时间尺度水热耦合平衡方程间的关系

式（7-53）即为用于任意时间尺度的水热耦合平衡方程，其中的 C 值可由实验等方法确定。为了探讨实际蒸散发量与潜在蒸散发量间的关系，将式（7-53）变形后，可得到：

$$\mathrm{ET_a} = \frac{\mathrm{ET_p}}{\left[1 + \dfrac{C}{(P + I + S)^n} + \left(\dfrac{\mathrm{ET_p}}{P + I + S}\right)^n\right]^{1/n}} \tag{7-54}$$

定义如下两个无量纲量：

$$x_1 = \frac{\sqrt[n]{C}}{P + I + S}$$

$$x_2 = \frac{\mathrm{ET_a}}{P + I + S} \tag{7-55}$$

可将式（7-54）改写为

$$\mathrm{ET_a} = f_c(x_1, x_2)\mathrm{ET_p} \tag{7-56}$$

其中

$$f_c(x_1, x_2) = 1/(x_1^n + 1 + x_2^n)^{1/n} \tag{7-57}$$

式（7-57）中的 $f_c(x_1, x_2)$ 相当于式（7-1）中的 $K_c f(\theta)$，包含了土壤水分和作物生长状况的影响，但与其不同的是 $f_c(x_1, x_2)$ 还包含了来自 ET_p 的影响。在一定的时间尺度上，当 ET_p 一定时，$f_c(x_1, x_2)$ 随供水量的增加而增大；当供水量一定时，$f_c(x_1, x_2)$ 随 ET_p 的增加而减小。Shuttleworth（1993）建议实际蒸散发可由潜在作物系数 K_{co} 乘以潜在蒸散发量得到：

$$ET_a = K_{co} ET_p \tag{7-58}$$

对比式（7-58）和式（7-56），可得到如下关系：

$$K_{co} = f_c(x_1, x_2) \tag{7-59}$$

由于 $f_c(x_1, x_2)$ 随 ET_p 的增加而减小，故 K_{co} 随 ET_p 的增加也减小，这已被 Doorenbos 和 Pruitt（1975）给出的结果所证实（图 7-3）。

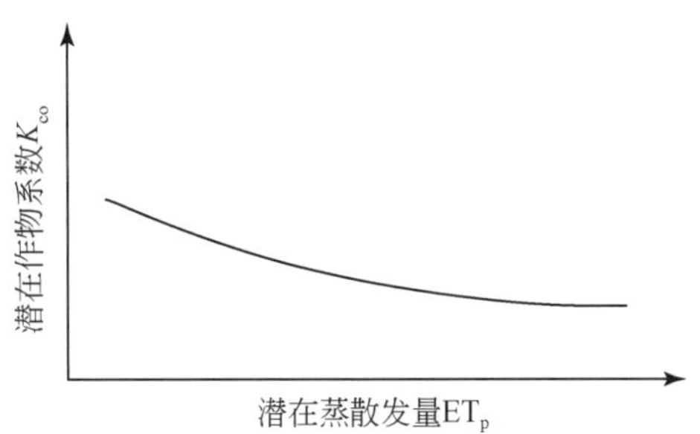

图 7-3　潜在作物系数 K_{co} 与潜在蒸散发 ET_p 的关系

在多年时间尺度上，可不考虑流域外调水的影响，即 $I=0$，则可利用水量被表示为 $P+S$。与多年降水量 P 相比，初始土壤含水率 S 相对较小，可忽略其影响，故由式（7–46）可得到式（7-52）。由此可见，式（7-39）可看作是式（7-52）在忽略土壤初始含水率下的特例。在通常情况下，ET_p 随时间尺度变小而减少，S 作为状态变量与时间尺度无关，由式（7-55）可知，x_2 随时间尺度变小而减少，当被忽略时，式（7-57）近似为

$$f_c(x_1, x_2) = 1/(x_1^n + 1)^{1/n} \tag{7-60}$$

此时的 $f_c(x_1, x_2)$ 与 ET_p 无关，实际蒸散发量和潜在蒸散发量之间表现为线性关系，即 Penman 假设成立，对两者关系影响较大的是土壤初始含水率 S，S 越大，x_1 越小，$f_c(x_1, x_2)$ 就越大。此外，x_2 随时间尺度变大而增加，当不能忽略其影响时，这种近似的正比关系遭到破坏，即 Penman 假设不再适用。通常认为在多年（Budyko，1974）或者年（Yang et al.，2007）时间尺度上，Budyko 假设才成立，而对日或更小时间尺度而言，适用 Penman 假设（Allen et al.，1998）。为此，利用任意时间尺度的水热耦合平衡方程可对适用于长时间尺度的 Budyko 假设和短时间尺度的 Penman 假设进行统一描述。

7.2　基于任意时间尺度水热耦合平衡方程的年内实际蒸散发估算

应用以上构建的任意时间尺度水热耦合平衡方程，分别估算年内时间尺度农田和区域

(灌区) 实际蒸散发，其中农田蒸散发估算在山东位山灌区开展，在新疆叶尔羌河平原绿洲从事区域 (灌区) 蒸散发估算。

7.2.1 年内时间尺度农田实际蒸散发估算

7.2.1.1 估算模型及应用

对年内时间尺度而言，根据式 (7-52) 给出的任意时间尺度水热耦合平衡方程形式，第 i 时段的实际蒸散发 $\mathrm{ET}_{a,i}$ 被估算如下：

$$\mathrm{ET}_{a,\ i} = \frac{\mathrm{ET}_{p,\ i}(P_i + I_i + S_i)}{[(P_i + I_i + S_{i-1})^n + \mathrm{ET}_{a,\ i}^n]^{1/n}} \tag{7-61}$$

将式 (7-61) 用于山东位山灌区农田实际蒸散发的估算，该灌区地处半湿润区，地势平坦，80% 以上的土地为农田，可忽略地表产流影响。采用的基础数据来自位山试验站 2005 年 5 月 18 日 ~2006 年 12 月 31 日的资料，相关数据处理及分析包括以下主要内容。

1) 基于气象站观测的数据资料，采用 Penman 公式估算日潜在蒸散发量 ET_p。先用每 30min 间隔观测得到的气象要素的日平均值计算日潜在蒸散发量，再统计得到旬、月的潜在蒸散发量。

2) 将由涡度协方差系统得到的农田 ET 监测结果作为实际蒸散发量 ET_a 的观测值，据此再估算每 30min 间隔的实际蒸散发量，然后统计得到相应的日、旬和月潜在蒸散发量。

3) 土壤可供水量被定义为在一定深度内的土壤平均含水率，该深度 Z_r 称为活性土壤层深度或根层深度 (Rodriguez-Iturbe et al. , 1999; Laio et al. , 2001)，此处取 $Z_r = 0.8$m (王菱和倪建华，2001)。

4) 地下水补给量 G_w 由如下水量平衡方程计算得到：

$$G_w = \Delta S + \mathrm{ET}_a - \mathrm{Irr} - P \tag{7-62}$$

式中，Irr 为灌水量 (mm)；ΔS 为土壤水蓄变量 (mm)。

5) 利用每两周观测 1 次的叶面积指数 LAI，采用线性插值方法计算中间值。

7.2.1.2 估算模型率定与验证

由于作物生长具有较强的季节变化特征，故在冬小麦和夏玉米生长季节内分别进行模型的参数率定和验证。其中，在月尺度上逐月进行参数的率定和验证，在旬尺度和日尺度上都按旬进行参数率定，但验证分别按旬和日进行。

(1) 模型参数率定

利用位山试验站 2005 年冬小麦和夏玉米生长期内实测数据，对式 (7-61) 进行参数率定，结果见表 7-1 和表 7-2。

表 7-1　位山试验站不同时间尺度水热耦合平衡方程参数 n 的率定值

月份	旬	月尺度	旬尺度	日尺度
6	上	0.52	0.82	0.46
	中		0.53	0.20
	下		0.55	0.27
7	上	0.55	0.60	0.35
	中		0.63	0.29
	下		0.72	0.42
8	上	1.10	0.84	0.54
	中		0.93	0.59
	下		0.89	0.54
9	上	0.80	0.84	0.50
	中		0.73	0.50
	下		0.70	0.44
10	上	0.50	0.68	0.40
	中		0.53	0.29
	下		0.56	0.24
11	上	0.46	0.57	0.27
	中		0.59	0.28
	下		0.53	0.25
12	上	0.31	0.47	0.20
	中		0.44	0.18
	下		0.43	0.17

表 7-2　位山灌区农田不同时间尺度下率定期的 ET_a 结果评价和检验统计指标

时间尺度	样本容量	平均值/mm	R^2	MAE/mm	Rmse/mm	$F_{\alpha=0.01}$
日	225	1.76	0.90	0.33	0.45	<0.001
旬	22	19.6	0.97	1.43	1.72	<0.001
月	7	49.4	0.98	3.79	4.06	<0.001

(2) 模型效果验证

在对估算模型参数进行率定的基础上，利用位山试验站 2006 年冬小麦和夏玉米生长期内实测的相关数据，对式（7-61）的模拟效果进行验证。

图 7-4、图 7-5 和表 7-3 分别给出了位山灌区农田不同时间尺度上模拟的实际蒸散发量与实测值的对比情况，其中 $F_{\alpha=0.01}$ 代表置信区间为 99% 的 F 统计量值。针对日、旬、月等不同时间尺度而言，相应的 ET_a 估值与实测值间的 MAE 分别为 0.48mm、1.6mm 和 4.1mm，Rmse 分别为 0.64mm、1.9mm 和 4.7mm，R^2 分别为 0.77、0.98 和 0.97，上述结

果均通过 $\alpha=1\%$ 的 F 检验，这表明基于构建的任意时间尺度水热耦合平衡方程可以较好地模拟半湿润区年内时间尺度的农田实际蒸散发。

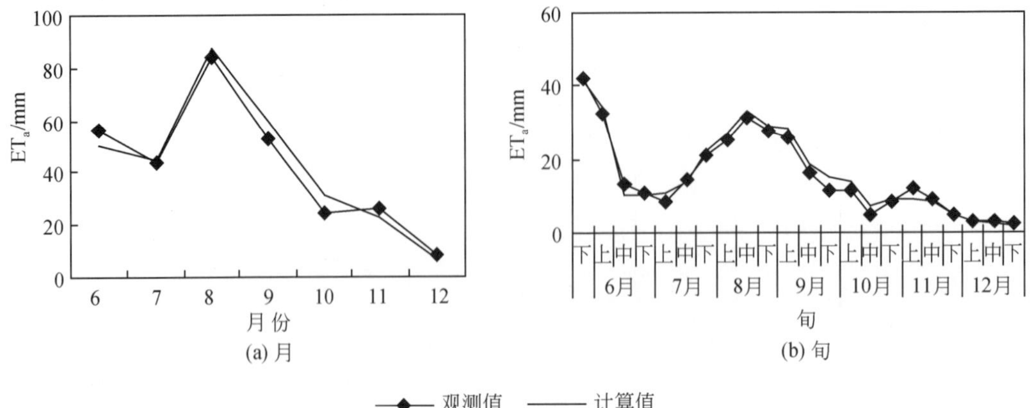

图 7-4 位山灌区农田月、旬时间尺度模拟的实际蒸散发与实测值的比较

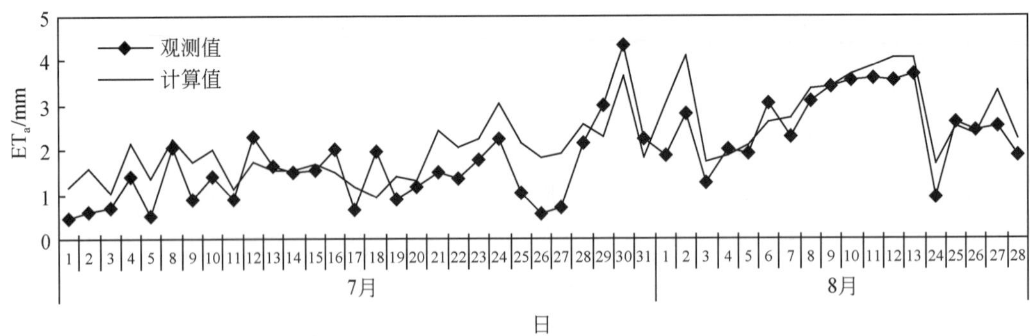

图 7-5 位山灌区农田日时间尺度模拟的实际蒸散发与实测值的比较（部分）

表 7-3 位山灌区农田不同时间尺度下验证期的实际蒸散发结果评价和检验统计指标

时间尺度	样本容量	平均值/mm	R^2	MAE/mm	Rmse/mm	$F_{\alpha=0.01}$
日	225	1.58	0.77	0.48	0.64	<0.001
旬	23	16.0	0.98	1.6	1.9	<0.001
月	7	43.4	0.97	4.1	4.7	<0.001

7.2.2 年内时间尺度区域（灌区）实际蒸散发估算

7.2.2.1 估算模型及应用

对年内时间尺度而言，根据式（7-52）给出的任意时间尺度水热耦合平衡方程形式，在得到与式（7-61）相同的实际蒸散发 $ET_{a,i}$ 计算公式的同时，由于内陆干旱区绿洲的地表产流常可被忽略，故式（7-61）中第 i 时段末的土壤含水率 S_i 可由水量平衡方程得到：

$$S_i = S_{i-1} + P_i + I_i - \mathrm{ET}_{a,\ i} \tag{7-63}$$

联立求解式（7-61）和式（7-63），即可建立起含有两个未知变量（$\mathrm{ET}_{a,i}$和 S_i）和两个独立方程的估算模型，相互关联地模拟各时段的实际蒸散发量和土壤含水率。

将式（7-61）和式（7-63）用于新疆叶尔羌河流域平原绿洲的实际蒸散发估算。如图 7-6所示，叶尔羌河平原绿洲位于新疆西南部，塔里木盆地西缘，长约 400km，宽 40 ~ 80km，地处东经 76°57′ ~ 79°48′和北纬 37°20′ ~ 40°20′。2000 年，叶尔羌河平原绿洲的总面积为 15 111km²，其中社会经济用地（包括灌溉地和建筑用地）5523km²，约占总面积的 36.5%；自然生态用地（包括水面、自然植被、沼泽洼地和裸地）9588 km²，约占总面积的 63.5%。整个绿洲被划分为叶城、泽普、莎车等 7 个分区，多年平均年降水量为 50mm，水资源主要来自山区融雪流入绿洲的地表径流，多年平均河川径流量为 75.48 亿 m³，其中 6 ~ 9 月径流量约占全年的 80%。农业生产基本靠引水灌溉，其中叶尔羌灌区是新疆最大的灌区。

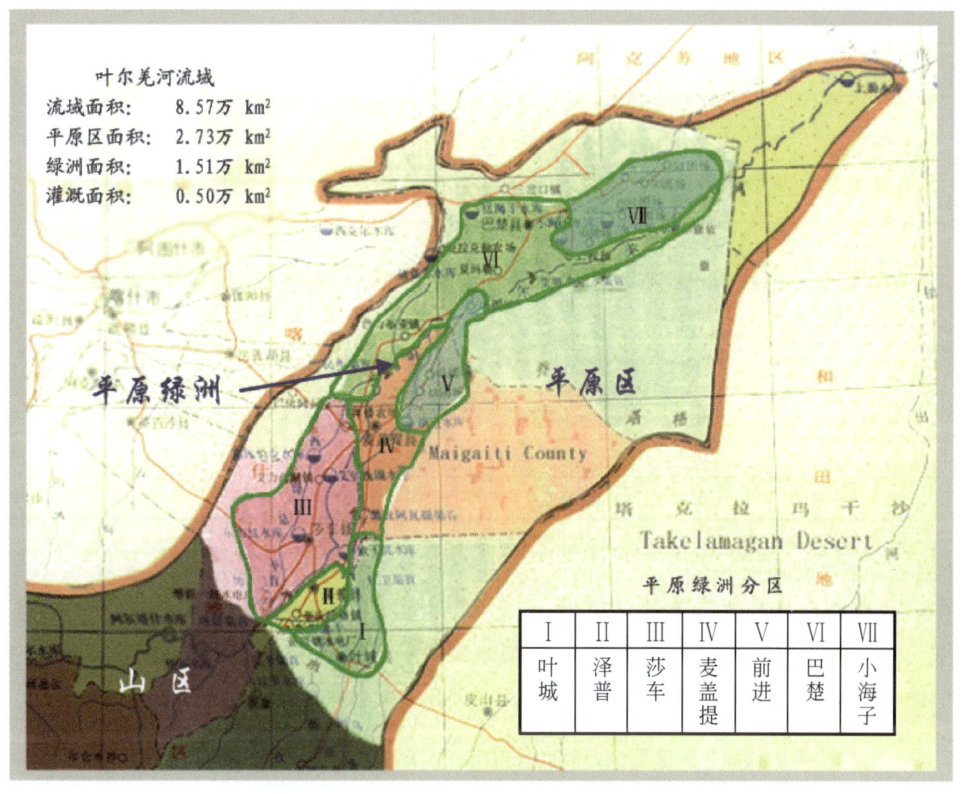

图 7-6 新疆叶尔羌河平原绿洲分区示意图

为了研究叶尔羌河流域平原绿洲的实际蒸散发变化规律，收集各分区的面积、土地利用类型、月气象要素、引水量、地下水开采量等基础信息数据，获得耕地面积、种植结构、工农业产值、人口等社会经济指标。潜在蒸散发采用 Penman 公式在月尺度上计算。由于大范围内测量实际蒸散发较为困难，故采用由干旱区平原绿洲四水转化模型（黄聿刚等，2005；杨汉波，2008）模拟得到的结果作为潜在蒸散发实测值进行对比。

7.2.2.2 估算模型率定与验证

区域尺度上月蒸散发过程通常受到植被季节性变化较大的影响，这可通过估算模型参数 n 的季节性变化加以反映。考虑到平原绿洲各分区在土地利用类型比例上的变化很小，且植被也具有相同的季节变化规律，故假定各分区各年对应月份的 n 值相同。

(1) 模型参数率定

利用叶尔羌流域平原绿洲 1998 ~ 1999 年的实测数据，对式（7-61）和式（7-63）进行参数率定，得到各月份的 n 值（表 7-4）。

表 7-4　叶尔羌平原绿洲各分区月时间尺度水热耦合平衡方程参数 n 的率定值

月份	分区						
	叶城	泽普	莎车	麦盖提	前进	巴楚	小海子
1	0.5	0.4	0.4	0.4	0.4	0.3	0.4
2	0.5	0.5	0.4	0.4	0.4	0.4	0.4
3	0.6	0.7	0.5	0.6	0.6	0.5	0.5
4	0.7	0.8	0.6	0.7	0.6	0.6	0.6
5	0.9	1.2	0.7	0.9	0.9	1.0	0.8
6	1.0	1.5	1.0	1.6	1.6	1.4	1.0
7	1.2	1.7	1.2	2.0	2.0	1.6	1.8
8	0.9	1.4	1.1	1.4	1.2	0.8	1.0
9	0.7	0.8	0.8	0.9	0.9	0.6	0.7
10	0.5	0.5	0.5	0.5	0.5	0.4	0.4
11	0.4	0.4	0.4	0.4	0.4	0.3	0.4
12	0.4	0.4	0.4	0.4	0.3	0.3	0.3

(2) 模型效果验证

在对估算模型参数进行率定的基础上，利用叶尔羌平原绿洲 2000 ~ 2002 年实测的相关数据，对式（7-61）和式（7-63）的模拟效果进行验证，其中初始土壤含水率 S_0 的确定原则是使土壤蓄变量的年际变化接近于零（表 7-5）。

表 7-5　叶尔羌平原绿洲各分区区域月时间尺度下率定期的实际蒸散发结果评价和检验统计指标

分区	平均值/mm	R^2	MAE/mm	Rmse/mm	$F_{\alpha=0.01}$
叶城	52.7	0.97	4.5	6.6	<0.001
泽普	53.7	0.95	6.7	9.6	<0.001
莎车	60.8	0.98	5.0	6.7	<0.001
麦盖提	48.7	0.99	3.5	4.9	<0.001
前进	29.2	0.95	3.8	5.4	<0.001
巴楚	39.4	0.97	3.6	5.7	<0.001
小海子	42.8	0.98	2.9	4.2	<0.001

图 7-7 和表 7-6 给出了 2000 ~2002 年叶尔羌河平原绿洲各分区月时间尺度模拟的实际蒸散发量与实测值的比较情况，两者之间具有很好的线性关系，线性回归方程斜率为 0.84 ~0.98，截距为 1.8 ~6.0mm/月，对 R^2 进行 F 检验的结果表明，显著性水平达到 $p < 0.001$，这表明基于构建的任意时间尺度水热耦合平衡方程可以较好地模拟干旱绿洲区年内时间尺度的区域（灌区）实际蒸散发。

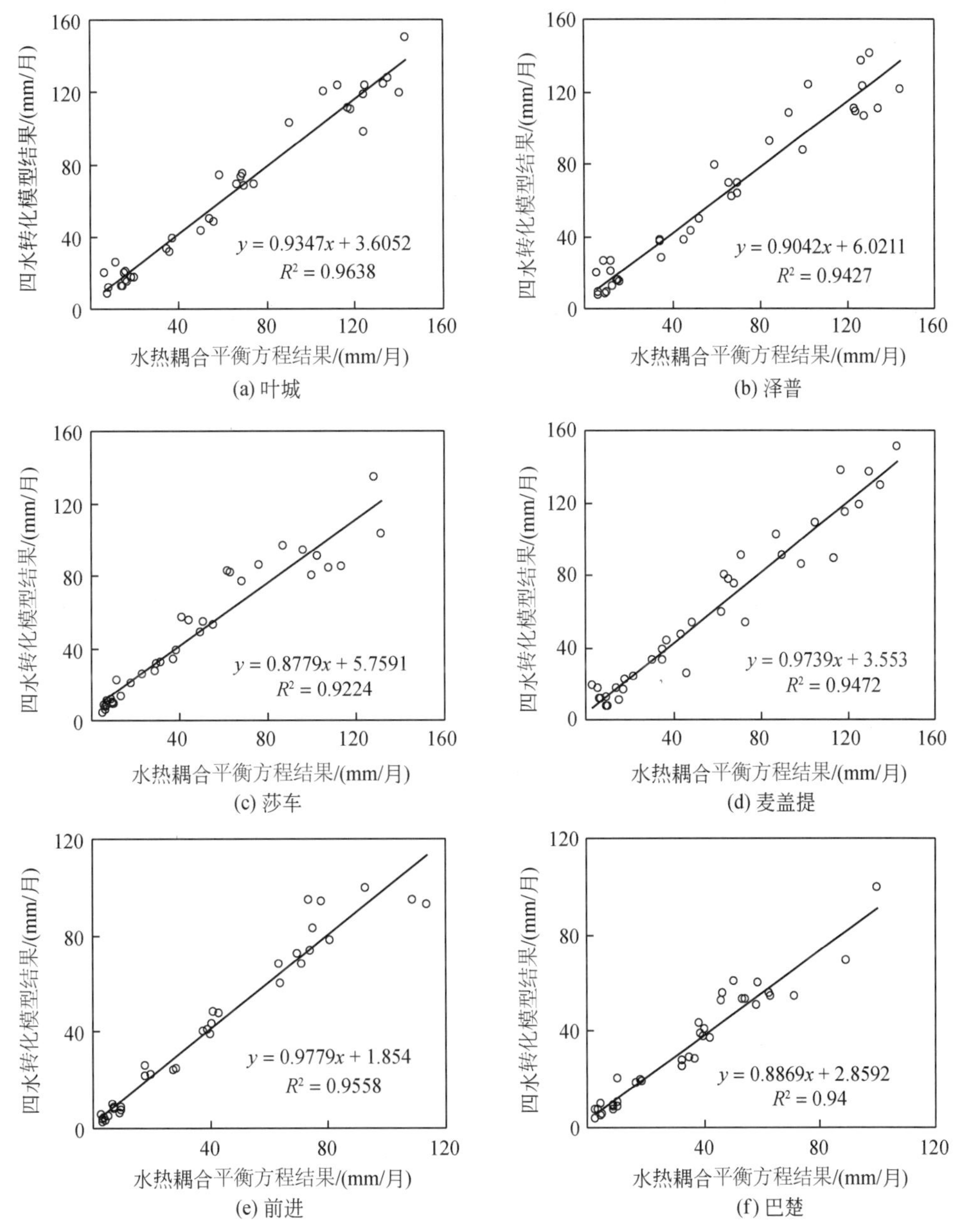

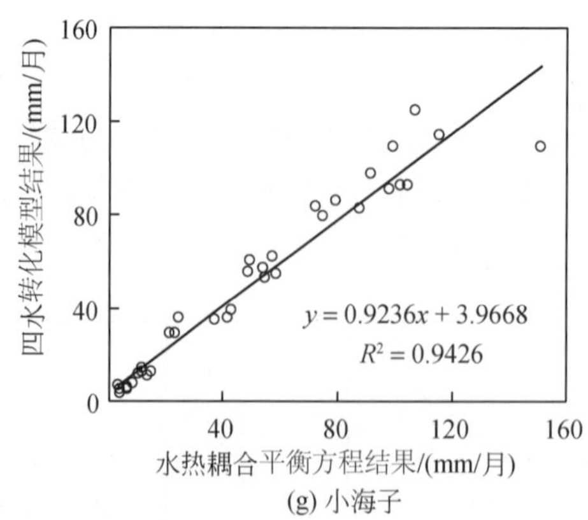

(g) 小海子

图 7-7 叶尔羌平原绿洲各分区区域月时间尺度模拟的实际蒸散发与实测值的比较

表 7-6 叶尔羌绿洲各分区区域月时间尺度下验证期的实际蒸散发结果评价和检验统计指标

分区	平均值/mm	R^2	MAE/mm	Rmse/mm	$F_{\alpha=0.01}$
叶城	62.8	0.93	6.7	8.7	<0.001
泽普	61.0	0.90	7.9	11.3	<0.001
莎车	57.5	0.88	8.0	10.3	<0.001
麦盖提	46.5	0.97	6.6	9.4	<0.001
前进	34.1	0.98	4.4	6.4	<0.001
巴楚	39.4	0.89	5.2	8.3	<0.001
小海子	50.1	0.92	5.9	8.7	<0.001

7.3 基于多年时间尺度水热耦合平衡方程的年际实际蒸散发估算

考虑到干旱绿洲灌区水量平衡的特性，在以外部引水量和本地降水量之和来替代多年时间尺度水热耦合平衡方程中的降水量后，可将多年时间尺度水热耦合平衡方程扩展到干旱绿洲灌区，用于估算多年和年时间尺度新疆干旱内陆河塔里木河流域绿洲灌区的实际蒸散发量，并利用土地利用类型进行参数估算。

7.3.1 估算模型及应用

由于干旱和半干旱地区降水量很少，且远小于蒸散发量，而灌区水资源量消耗主要是由外部引水量供给，故仅以降水量作为反映区域水资源消耗的水热耦合平衡关系在干旱绿洲灌区难以被直接应用。为此，应以外部引水量和本地降水量之和 $P+I$ 作为这类区域的可供水量，并以内部降水量和外部引水量之和 $P+I$ 替代式（7-40）中的降水量，用于估算干旱内陆河绿洲灌区的多年实际蒸散发量。

$$ET_a = P + I + ET_p - [(P + I)^{\varpi} + (ET_p)^{\varpi}]^{1/\varpi} \tag{7-64}$$

式中，ϖ 为参变量。

将式（7-64）直接用于新疆塔里木河流域绿洲灌区的实际蒸散发估算。塔里木河流域是我国第一大内陆河流域，属于封闭的内陆水循环和水均衡水文区域，流域面积为 102 万 km^2，自西向东绕塔克拉玛干大沙漠贯穿地处天山山脉南侧和昆仑山北麓的塔里木盆地。该流域历史上包括塔里木盆地周边向心聚流的九大水系，但目前只有阿克苏河、和田河和叶尔羌河能汇入塔里木河干流，其中阿克苏河是塔里木河干流水量的主要补给源。塔里木源流区各水系附近分布着许多绿洲灌区，均以灌溉引水作为水分的主要供给来源，土地利用类型主要分为灌溉农田、自然植被和荒地，部分绿洲由于存在湖泊和水库而有部分水面。

选取塔里木河流域所属喀尔噶尔河、叶尔羌河、阿克苏河、渭干河、开都-孔雀河、和田河 6 个绿洲灌区对式（7-64）进行率定和验证。根据不同水系、行政区划、灌区引水、区域内地学特征以及气象站点的分布特点，将这 6 个绿洲灌区划分为 26 个子灌区（表 7-7）进行计算。在每个子灌区内，搜集了模拟时段内的年径流、引水、洪泉水以及地下水侧向交换量等水文资料，各气象站点的月降水量、月日平均气温、日最高和最低气温、相对温度、湿度、2m 高度处风速和日照时数等气象资料，以及灌溉面积、自然植被面积和荒地面积等土地利用类型资料。

表 7-7　塔里木河流域所属 6 个绿洲灌区及其模拟时段

序号	绿洲灌区	灌溉分区	模拟时段
1	喀什噶尔河	英吉沙、疏附、岳普湖、伽师	2000 ~ 2004 年
		阿图什、阿克陶	1999 ~ 2003 年
2	叶尔羌河	叶城、泽普、莎车、麦盖提、巴楚	1998 ~ 2002 年
3	阿克苏河	乌什、温宿、阿克苏、阿瓦提、阿拉尔	1999 ~ 2002 年
4	渭干河	新和、库车、沙雅	1992 ~ 1996 年
5	开都-孔雀河	和硕、焉耆、库尔勒、尉犁	1999 ~ 2003 年
6	和田河	墨玉、和田、洛浦	1999 ~ 2003 年

由于缺乏塔里木河流域绿洲灌区实际蒸散发量实测数据，故采用由干旱区平原绿洲散耗型水文模型（胡和平等，2004；雷志栋等，2006）估算的灌区逐年实际蒸散发量作为实测值与式（7-64）给出的估算结果进行比较。同时，由于受收集到的相关数据资料精度的影响，以及该绿洲灌区土壤储水量年际动态变化的影响，根据式（7-64）计算得到的年实际蒸散发量尽管具有一定误差，但估算的多年实际蒸散发量平均值却应相对准确。此外，该绿洲灌区的入流量根据当地水文和灌溉引水量等资料确定，基于各子灌区的气象观测数据采用 Penman 公式计算相应的潜在蒸散发量。

7.3.2 多年时间尺度估算模型率定和验证

由于塔里木河流域绿洲灌区的相关数据时段只有4～5年（表7-7），故先通过模拟时段内26个子灌区的年均蒸散发比与湿润指数的数据来验证基于多年时间尺度的绿洲灌区水热耦合平衡方程，拟合得到式（7-64）中的ϖ值，然后直接计算各绿洲灌区的多年平均实际蒸散发量，并通过平均绝对误差MAE、平均相对误差MRE和均方根误差Rmse等指标评价多年时间尺度估算模型对各子灌区多年平均实际蒸散发量的模拟效果，最后通过分析式（7-64）中的参数ϖ与绿洲灌区土地利用类型之间的关系，建立起参数ϖ的回归计算公式。

7.3.2.1 估算模型参数率定与验证

针对塔里木河流域包含的26个绿洲子灌区，以外部引水量和本地降水量之和$P+I$作为区域可供水量，采用1999～2004年多年平均供水量平衡数据分析当地的水热耦合平衡关系。图7-8给出了塔里木河流域26个绿洲子灌区水热耦合关系的两种等价形式，即$ET_a/(P+I)$与$ET_p/(P+I)$和$(P+I)/ET_p$与ET_a/ET_p。可以看出，塔里木河流域绿洲灌区的多年平均$ET_a/(P+I)$与$ET_p/(P+I)$之间存在着明显的水热耦合平衡关系，利用式（7-64）可以模拟该绿洲灌区的水热耦合平衡关系，对26个绿洲子灌区多年平均蒸散发量进行均方误差优化后，可得到参数值$\varpi=2.11$。

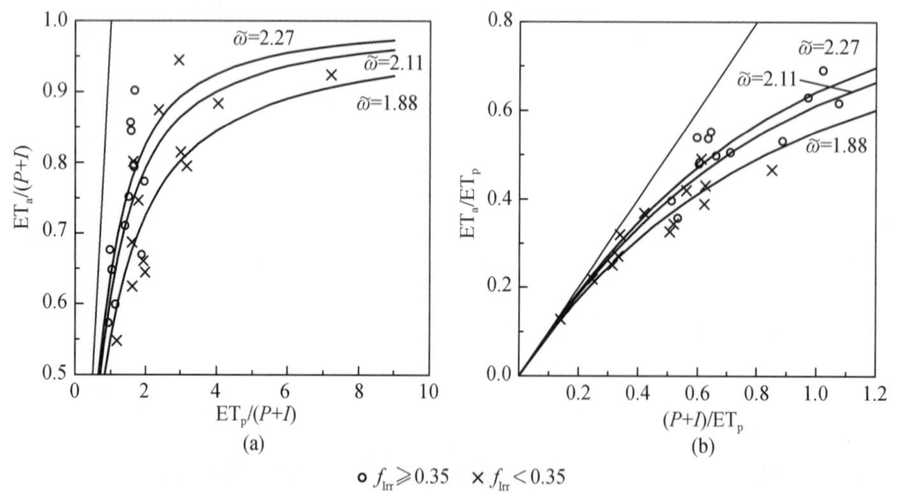

图7-8 塔里木河流域26个绿洲子灌区的水热耦合平衡关系

根据各个绿洲子灌区的多年平均内部降水量、外部引水量和潜在蒸散发量，基于式（7-64），采用以上拟合得到的参数值ϖ，计算了26个绿洲子灌区的多年平均实际蒸散发量。基于建立的绿洲灌区水热耦合平衡模型估算的多年平均实际蒸散发量具有较好的模拟效果，$R^2=0.83$，Rmse=57.8mm，MAE=46.1mm，MRE =9%。

7.3.2.2 利用土地利用类型进行参数估算

利用多年实际蒸散发量对 26 个绿洲子灌区水热耦合平衡模型中的参数 ϖ 进行拟合后发现，该值的变化范围为 1.68 ~ 3.15，若能找到更好的该参数估算方法则有利于估算模型的实际推广应用。通常参数 ϖ 与流域陆面特性有关（Zhang et al.，2001，2007；Donohue et al.，2007），若绿洲灌区水热耦合平衡关系成立，则该参数应能反映当地灌区的气候状况和下垫面条件。塔里木河流域绿洲灌区的土地利用类型主要有 4 种：灌溉地、湿地、自然植被和荒地。为了分析绿洲灌区中 ϖ 与土地利用类型间的直接关系，根据模拟时段内的平均灌溉面积比例 f_{Irr} 将 26 个子灌区分成两类，分别利用式（7-64）进行拟合计算。由于绿洲灌区的湿地由灌溉引水供给，故应以灌溉面积与湿地面积之和所占的比例作为指标。对 $f_{\mathrm{Irr}} \geqslant 0.35$ 的 13 个绿洲子灌区而言，$\varpi = 2.27$，而对 $f_{\mathrm{Irr}} < 0.35$ 的 13 个绿洲子灌区，$\varpi = 1.88$（图 7-8）。这说明土地利用状况对当地绿洲灌区的水热耦合平衡关系具有影响作用，其他条件相同下，灌溉面积的占比越大，灌区实际蒸散发量就越大，而 ϖ 值也随之增大。

为了明确 ϖ 与土地利用类型之间的关系，采用回归分析方法建立起 26 个绿洲子灌区的参数 ϖ 与模拟时段内的 f_{Irr} 和荒地面积比例 f_{Waste} 之间的回归方程：

$$\varpi = 2.40 + 0.27 f_{\mathrm{Irr}} - 0.93 f_{\mathrm{Waste}} \tag{7-65}$$

采用式（7-65）估算的参数 ϖ 值，基于建立的绿洲灌区水热耦合平衡模型对 26 个绿洲子灌区的多年平均实际蒸散发量进行了模拟，并与干旱区平原绿洲散耗型水文模型（胡和平等，2004；雷志栋等，2006）的估算值进行了对比（图 7-9），其中 $R^2 = 0.97$，Rmse = 17.4mm，MAE = 23.2mm，MRE = 9%。相对于前述参数值 $\varpi = 2.11$ 下的蒸散发模拟结果而言，利用土地利用类型回归关系拟合得到的参数 ϖ，可明显提高基于式（7-46）的灌区多年平均蒸散发量估算精度。

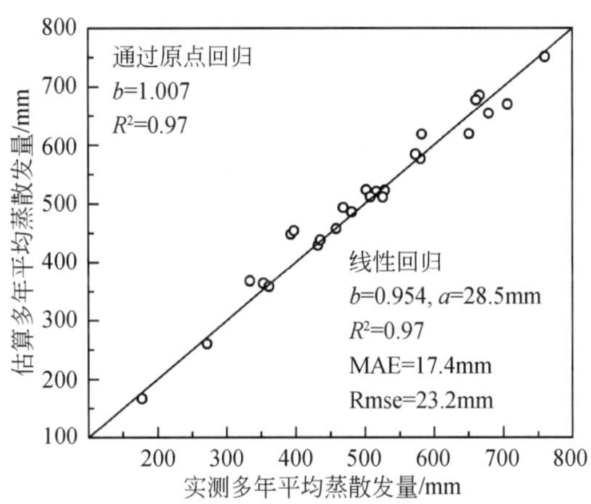

图 7-9 采用 ϖ 回归公式和塔里木河流域绿洲灌区水热耦合平衡模型估算的多年平均实际蒸散发量与实测值的比较

7.3.3 年时间尺度估算模型率定和验证

基于式（7-64）的水热耦合平衡方程虽然是建立在多年时间尺度上的，但存在的水热耦合关系在年时间尺度上也是成立的（Yang et al.，2007）。为此，根据表 7-7 所示模拟时段内的相关数据，利用式（7-64）对塔里木河流域 26 个绿洲子灌区的 4 年或 5 年实际蒸散发量分别进行估算。

对各绿洲子灌区而言，首先利用 Rmse 评价指标拟合得到了式（7-64）中的参数值 ϖ，然后直接计算得到各绿洲灌区的年均实际蒸散发量，并通过 MAE、MRE 和 Rmse 评价该估算模型的模拟效果（图 7-10）。可以发现，26 个绿洲子灌区的 MRE、MAE 和 Rmse 值的变化范围分别为 1.3% ~12.7%、4.66 ~57.33mm 和 4.93 ~77.37mm，这表明基于拟合的参数值 ϖ，利用建立的绿洲灌区水热耦合平衡模型可以有效地估算塔里木河流域绿洲灌区的年实际蒸散发量。

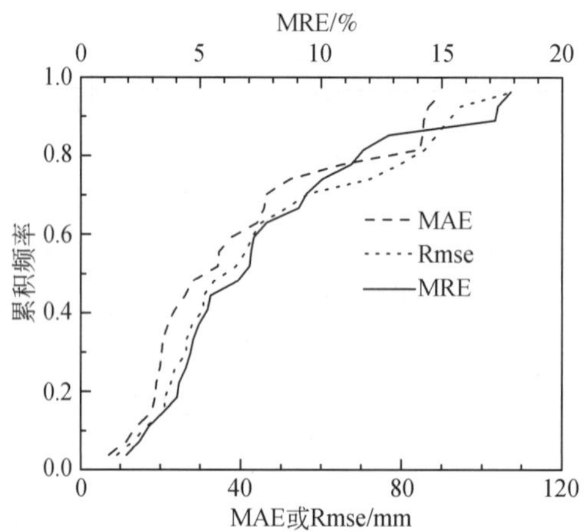

图 7-10 塔里木河流域各绿洲子灌区采用拟合的参数值 ϖ 估算年实际蒸散发量精度的累积频率曲线

利用式（7-65）可以基于土地利用类型计算各子灌区的参数值 ϖ，并与式（7-64）一起对 26 个绿洲子灌区的 4 年或 5 年实际蒸散发量进行估算（图 7-11）。虽然实际蒸散发量的模拟效果略差于图 7-10 中直接利用实测的年实际蒸散发量进行优化参数后的模拟效果，但 26 个绿洲子灌区的 MRE、MAE 和 Rmse 值的变化范围分别为 1.9% ~17.9%、7.20 ~90.18mm 和 9.16 ~107.46mm，基本能够满足实际应用的需要。这意味着基于式（7–65）利用土地利用类型数据计算得到的参数值 ϖ，并利用建立的绿洲灌区水热耦合平衡模型也可以有效地估算塔里木河流域绿洲灌区的年实际蒸散发量，式（7-65）是估算参数 ϖ 的有效方法。

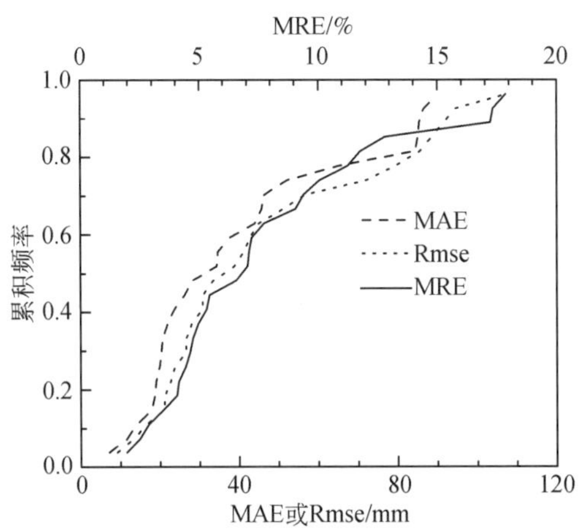

图 7-11　塔里木河流域各绿洲子灌区采用式（7-65）计算的参数值 ϖ 估算年实际蒸散发量精度的累积频率曲线

7.4　小　　结

本章利用水热耦合平衡原理，在基于 Budyko 假设的基础上，建立了任意时间尺度水热耦合平衡方程的偏微分方程形式，根据现有对水文学的认识和了解，给出该偏微分方程的边界条件，结合量纲分析 Buckingham Pi 定理，对该偏微分方程进行求解后，得到水热耦合平衡方程的解析表达式，据此估算了年内时间尺度山东位山灌区农田和新疆叶尔羌河流域平原绿洲的实际蒸散发量，以及多年时间尺度新疆塔里木河流域绿洲灌区的实际蒸散发量，获得的主要结论如下。

1）通过建立的用于描述多年时间尺度流域水热耦合平衡关系的隐函数形式，证明了该方程的解在存在前提下仅含有 1 个参数，结合水文边界条件和量纲分析方法，推导得到多年时间尺度平均水热耦合平衡方程。该方程清晰地描述了流域气候、水文及植被间相互作用的动态平衡关系，为评价气候变化下的区域水文循环响应以及区分自然气候变化和人类活动引起的下垫面变化对区域水文循环过程的影响提供了理论分析依据。

2）基于构建的任意时间尺度水热耦合平衡方程，可将 Budyko 假设从多年时间尺度扩展到任意时间尺度，进而从理论上对 Budyko 假设和 Penman 假设作出了统一的阐释。该方程可用于月、旬及日等不同时间尺度上的实际蒸散发量估算，具有包含参数少，描述实际蒸散发量与降水、灌溉、土壤含水率及蒸发能力等要素的关系较为简洁直观的突出特点。

3）根据山东位山试验站的实测数据，在农田尺度上针对月、旬和日等不同时间尺度开展的研究成果表明，构建的基于任意时间尺度的水热耦合平衡方程具有很好的适应性，可精确揭示实际蒸散发与潜在蒸散发和土壤水分、降水及灌溉间的定量关系。应用月时间尺度的水热耦合平衡方程对新疆叶尔羌平原绿洲实际蒸散发量的研究表明，该方程可以较好地模拟干旱绿洲的月实际蒸散发过程，为该绿洲水资源规划及配置提供了科学依据。

4）在新疆塔里木河流域绿洲灌区的应用研究发现，基于多年时间尺度水热耦合平衡方程对 26 个绿洲子灌区的多年和年时间尺度实际蒸散发量的估算具有较好的模拟精度。土地利用状况对绿洲灌区的水热耦合平衡关系影响显著，在其他条件相同的情况下，灌溉面积占比越大，灌区实际蒸散发量也越大，水热耦合平衡关系中的参数值 ϖ 也随之增大，根据土地利用类型可对 ϖ 进行估算。相关成果对内陆干旱绿洲灌区的用水管理以及评价气候变化和人类活动对当地耗水规律的影响等具有重要的应用价值。

第 8 章　基于互补相关理论的区域（灌区）尺度蒸散发估算模型

灌区水分供给通常受灌溉调控，由于陆面与大气间的强烈相互作用，导致灌区蒸散发能力也受到灌溉气候效应的影响。但目前在灌区蒸散发估算中常将蒸散发能力作为外部变量，没有考虑灌溉对蒸散发能力的反馈作用，这既不利于变化环境下的蒸散发估算，也影响对未来情景下灌区需水与耗水的准确预测。由于陆面与大气之间的强烈相互作用，使得区域（灌区）实际蒸散发的变化将引起潜在蒸散发的相应改变，Bouchet（1963）定义实际蒸散发与潜在蒸散发之间的这种关系为蒸散发互补相关关系（complementary relationship）。基于蒸散发互补相关原理，人们只需利用常规气象数据就可进行区域（灌区）尺度蒸散发估算，而不需要土壤含水率、气孔阻力等数据，这在相关数据资料较为缺乏的地区具有显著的应用优势。蒸散发互补相关关系在一定程度上反映出陆面与大气之间的相互作用，利用该关系可分析估算灌溉对潜在蒸散发的反馈作用、预测灌区潜在蒸散发时空变异规律以及准确计算灌区作物需水量和净灌溉需水量。

本章基于蒸散发互补相关理论，在利用无量纲化方法分析常用的 3 种蒸散发互补相关模型的基础上，建立综合考虑平流-干旱模型和 Granger 模型的蒸散发互补相关模型，在分析互补相关模型边界条件特性的基础上，构建蒸散发互补相关非线性模型，量化分析不同空间尺度下实际蒸散发与潜在蒸散发之间的关系。在此基础上，考虑到蒸散发互补相关理论与模型在灌区潜在蒸散发分析预测上的优势，将其用于分析解释受灌溉影响下的全国潜在蒸散发变化趋势和特征，并以干旱内陆区的甘肃省景泰川灌区为例，分析模拟灌溉变化对区域（灌区）尺度潜在蒸散发的影响，并利用构建的考虑灌溉对潜在蒸散发影响的需水预测方法，开展未来情景下的灌区需水预测。

8.1　蒸散发互补相关理论与模型

目前存在着多种形式不一的蒸散发互补相关关系和模型，这限制了此类模型的比较和应用。与此同时，由于对蒸散发互补相关模型中有关陆面供水能力表征方法的认识尚不清晰，这也不利于蒸散发互补相关模型与其他蒸散发计算方法间的比较。为此，利用无量纲化分析方法，以 Penman 潜在蒸散发为标准变量，将目前常用的 3 种蒸散发互补相关模型（平流-干旱模型、Granger 模型和 P-M-KP 模型）转化为类似的无量纲形式，即将实际蒸散发与潜在蒸散发之比表示为通过气象变量反映的湿润指数的函数，进而为蒸散发互补相关模型研究提供一种新的思路和途径。

8.1.1 蒸散发互补相关关系

蒸散发互补相关关系最早由 Bouchet（1963）提出，他定义了一个包括上层土壤、植被和近地面大气的能量平衡系统，并基于能量平衡原理进行推理：若将近地面大气作为研究子系统，则来自陆面（系统下边界）的水分通量和能量通量的变化将影响该子系统的状态（如气温、湿度、风速等），进而改变潜在蒸散发。假定在完全湿润状态下，实际蒸散发 ET_a、潜在蒸散发 ET_p和湿润环境蒸散发 ET_w三者在数值上相等。

$$ET_a = ET_p = ET_w \tag{8-1}$$

当因陆面水分供给减少导致 ET_a减小时，将释放出一定数量的能量 q。

$$ET_w - ET_a = q \tag{8-2}$$

ET_a的变化对辐射的影响很小，可忽略不计，但对近地面大气状况的影响较大，且将改变 ET_p。假定近地面大气子系统与外界的物质和能量交换不受到影响，则释放出的能量 q 将增加相应的潜在蒸散发量（图 8-1），故在不考虑平流变化的情况下可得到：

$$ET_p = ET_w + q \tag{8-3}$$

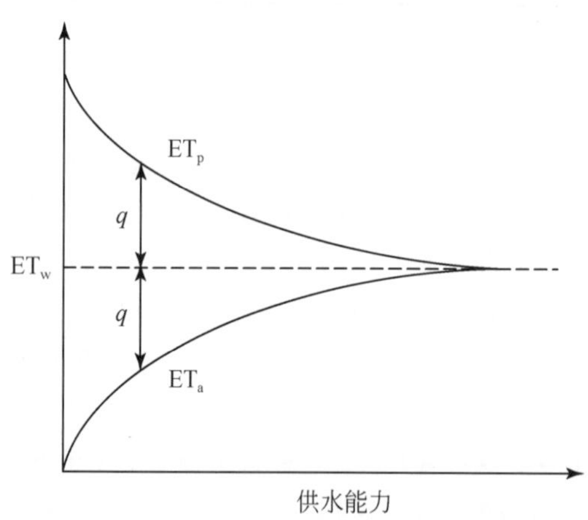

图 8-1　实际蒸散发与潜在蒸散发的互补相关关系

联立求解式（8-2）和式（8-3），可得到实际蒸散发和潜在蒸散发呈互补相关关系的基本形式。

$$ET_p - ET_w = ET_w - ET_a \tag{8-4}$$

蒸散发互补相关关系也被称为 Bouchet 假设，实际蒸散发通过大气状况影响潜在蒸散发的观点已被人们广泛接受（Brutsaert and Parlange，1998；Roderick et al.，2009）。但在 Bouchet 最初提出的蒸散发互补相关关系中，并未给出潜在蒸散发和湿润环境蒸散发的明确定义。因此，采用不同的定义会形成不同的蒸散发互补相关关系组合（Brutsaert and Stricker，1979；Granger，1989；Crago and Crowley，2005）。然而，在一定的潜在蒸散发和湿润环境蒸散发组合下，实际蒸散发和潜在蒸散发之间并非严格满足具有对称函数形式的互补相关关系（LeDrew，1979；McNaughton and Spriggs，1989；Szilagyi，2007）。

目前的蒸散发互补相关原理研究主要集中在两种思路上：一是采用适当的潜在蒸散发和湿润环境蒸发的定义，使式（8-4）满足严格的互补相关关系，如 Morton（1983）通过考虑充分供水时蒸发的温度变化，对潜在蒸散发和湿润环境蒸散发进行了重新定义，Szilagyi（2007）根据 Morton 的思路，放宽了其假设条件，提出了潜在蒸散发和湿润环境蒸散发的计算方法；二是明确了潜在蒸散发和湿润环境蒸发的定义及确定方法，其中 Penman 公式和 Priestley-Taylor 公式被认为可有效地确定 ET_p 和 ET_w（Lhomme and Guilioni，2006），但给出了一个具有非对称函数形式的更一般表达式。

$$ET_p - ET_w = b(ET_w - ET_a) \tag{8-5}$$

式中，b 为反映非对称性的参数。

本研究内容属于第二种思路，即致力于寻找实际蒸散发和潜在蒸散发之间更为准确的关系。

8.1.2 蒸散发互补相关模型及其无量纲化分析

现有典型的蒸散发互补相关模型主要有 Brutsaert 和 Stricker（1979）提出的平流-干旱互补相关模型和 Granger（1989）提出的非湿润面蒸散发互补相关模型，都已在不同气候区域和下垫面条件下的实际蒸散发估算中都得到广泛应用。此外，还有一类是基于 P-M 公式，通过常规气象变量确定表面阻力的蒸散发模型（P-M-KP 模型）（Katerji and Perrier，1983），其与蒸散发互补相关模型具有相似的特性。上述 3 种模型虽然均以常规气象数据作为输入变量，但在目前的表达形式下很难直接进行对比，这既不利于研究不同模型的适用条件，也不利于在现有模型基础上提出更为适宜的模型。

为此，若将蒸散发互补相关模型中的实际蒸散发除以潜在蒸散发或湿润环境蒸散发，则可得到与其等价的模型无量纲形式。在无量纲的形式下，既可直接对比不同的蒸散发互补相关模型，又可与现有的通过潜在蒸散发估算实际蒸散发的方法进行比较。由于 Penman 公式计算的潜在蒸散发综合考虑了能量和紊流传输对蒸散发的影响，可准确地反映蒸散发能力，故被作为无量纲化分析中采用的分母，分别对以上 3 种蒸散发互补相关模型进行无量纲化分析。

8.1.2.1 平流-干旱蒸散发互补相关模型

Brutsaert 和 Parlange（1979）根据 Bouchet 提出的蒸散发互补相关关系，认为 ET_p 可采用 Penman 潜在蒸散发公式计算，而 ET_w 可采用基于平衡蒸发的 P-T 公式计算，据此建立了平流-干旱互补相关模型。该模型通常采用式（8-5）的形式，故存在着非对称性问题。与实测的蒸散发进行比较后发现，基于式（8-5）函数形式的平流-干旱互补相关模型在一般湿润状况下的模拟效果较好，但在较为干旱和较为湿润的条件下却存在着模拟系统偏差（Ali and Mawdsley，1987；Qualls and Gultekin，1997）。

在将 Penman 潜在蒸散发公式与湿润环境蒸散发代入式（8-5）后，经数学变换可得到：

$$\frac{\mathrm{ET_a}}{\mathrm{ET_p}} = \alpha\left(1 + \frac{1}{b}\right)\frac{E_{\mathrm{rad}}}{\mathrm{ET_p}} - \frac{1}{b} \tag{8-6}$$

式中，$\mathrm{ET_a}/\mathrm{ET_p}$为蒸散发比；$E_{\mathrm{rad}}$为 Penman 潜在蒸散发公式中的辐射项；$\alpha$ 为 P-T 公式系数。

分析式（8-6）可以发现，该模型是通过湿润指数 $E_{\mathrm{rad}}/\mathrm{ET_p}$ 表征陆面供水能力。当 $E_{\mathrm{rad}}/\mathrm{ET_p}<1/[\alpha(b+1)]$ 时，$\mathrm{ET_a}/\mathrm{ET_p}<0$，而当 $E_{\mathrm{rad}}/\mathrm{ET_p}>1/\alpha$ 时，$\mathrm{ET_a}/\mathrm{ET_p}>1$。由于 $\mathrm{ET_a}/\mathrm{ET_p}$取值范围为［0，1］，故平流-干旱互补相关模型仅能在 $E_{\mathrm{rad}}/\mathrm{ET_p}\in[1/\alpha(b+1), 1/\alpha]$ 的条件下才能成立。

8.1.2.2 Granger 蒸散发互补相关模型

Granger（1989）提出的蒸散发互补相关关系为

$$(\mathrm{ET_p} - \mathrm{ET_w}) = \frac{\Delta}{\gamma}(\mathrm{ET_w} - \mathrm{ET_a}) \tag{8-7}$$

与平流-干旱模型中的定义不同，式（8-7）中的 $\mathrm{ET_w}$是通过 Penman 潜在蒸散发公式确定的，而 $\mathrm{ET_p}$则是通过水汽湍流传输潜在蒸散发确定的。Granger 等（1989）以实际蒸散发和水汽湍流传输潜在蒸散发之比作为变量，在引入相对蒸散发 R 的概念下，推导出如下计算实际蒸散发的公式：

$$\mathrm{ET_a} = \frac{\Delta R(R_{\mathrm{n}} - G) + \gamma R E_{\mathrm{a}}}{\Delta R + \gamma} \tag{8-8}$$

式中，R_{n} 为净辐射［$\mathrm{MJ/(m^2 \cdot d)}$］；$G$ 为土壤热通量［$\mathrm{MJ/(m^2 \cdot d)}$］；$E_{\mathrm{a}}$ 为 Penman 公式中的干燥力［$\mathrm{MJ/(m^2 \cdot d)}$］；$\Delta$ 为饱和水汽压对温度的导数；γ 为干湿表常数。

通过式（8-8）的 $\mathrm{ET_a}$计算结果与实测值间的拟合，可以建立起 R 与相对干燥力 $D = E_{\mathrm{a}}/(R_{\mathrm{n}} - G + E_{\mathrm{a}})$ 间的经验关系 。

$$R = \frac{1}{1 + c' \mathrm{e}^{m'D}} \tag{8-9}$$

式中，c' 和 m' 为拟合参数，Granger（1989）通过不同下垫面数据进行率定后认为 $c' = 0.028$，$m' = 8.045$。

在后续的研究中发现，相对蒸散发 R 与相对干燥力 D 之间的关系并不确定，邱新法等（2003）采用 Penman 潜在蒸散发公式中的空气动力学项与辐射项之比 $E_{\mathrm{aero}}/E_{\mathrm{rad}}$取代了相对干燥力 D 之后，也取得了较好的模拟效果。

在将 Penman 公式计算的潜在蒸散发对 Granger 模型进行无量纲化处理后，可得到下式：

$$\frac{\mathrm{ET_a}}{\mathrm{ET_p}} = \frac{1}{1 + \dfrac{\gamma}{\Delta + \gamma} c' \mathrm{e}^{m'\left(1 - \frac{E_{\mathrm{rad}}}{E_{\mathrm{rad}} + E'_{\mathrm{aero}}}\right)}} \tag{8-10}$$

式中，$E'_{\mathrm{aero}} = \dfrac{\Delta}{r} E_{\mathrm{aero}}$，$E_{\mathrm{aero}}$为 Penman 公式中的空气动力学项。

由式（8-10）可以看出，$\mathrm{ET_a}/\mathrm{ET_p}$被表示为是湿润指数 $E_{\mathrm{rad}}/(E_{\mathrm{rad}} + E'_{\mathrm{aero}})$ 的一种具有

阻滞增长特性的应变量函数形式。与平流-干旱模型中的湿润指数 E_{rad}/ET_p 相类似，$E_{rad}/(E_{rad}+E'_{aero})$ 与Penman潜在蒸散发公式中的辐射项和空气动力学项的相对大小有关，同时也受环境变量 Δ/γ 的影响。

8.1.2.3 P-M-KP 蒸散发模型

在确定了作物叶面阻力条件下，利用 P-M 公式可较好地估算实际蒸散发。叶面阻力可采用半经验方法，通过常规气象数据进行参数化（Katerji and Perrier，1983；Rana et al.，1997a；Katerji et al.，2011）。Katerji 和 Perrier（1983）通过大量试验研究发现，表面阻力与空气动力学阻力以及气象变量之间存在着如下线性关系：

$$r_s/r_a = kr^*/r_a + l \tag{8-11}$$

式中，k 和 l 分别为率定的参数，且 $k>0$；r^* 为引入的临界阻力，代表平衡蒸散发时的表面阻力。

$$r^* = \frac{\Delta+\gamma}{\Delta}\frac{\rho_a C_p(e_a^*-e_a)}{\gamma(R_n-G)} \tag{8-12}$$

这种通过气象变量确定表面阻力的 P-M 模型与其他蒸散发互补相关模型一样，都可直接通过气象变量进行实际蒸散发量估算，且在不同气候和下垫面条件下，都得到了一定程度的验证和应用（Katerji et al.，2011），被称为 P-M-KP 模型。

根据临界阻力 r^* 的定义，r^*/r_a 可表示为 Penman 潜在蒸散发公式中的空气动力学项 E_{aero}与辐射项 E_{rad}之比的形式：

$$\frac{r^*}{r_a} = \frac{\Delta+\gamma}{\gamma}\frac{E_{aero}}{E_{rad}} \tag{8-13}$$

则式（8-11）可以转换为

$$\frac{r_s}{r_a} = \frac{\Delta+\gamma}{\gamma}k\frac{E_{aero}}{E_{rad}} + l \tag{8-14}$$

将式（8-14）代入无量纲形式的 P-M 公式后可得到：

$$\frac{ET_a}{ET_p} = \frac{1}{1+k\left(\frac{ET_p}{E_{rad}}-1\right)+\frac{\gamma}{\Delta+\gamma}l} \tag{8-15}$$

从式（8-15）可以看出，与平流-干旱模型中陆面供水能力的表征方法相同，P-M-KP 模型中的蒸散发比也表示为 E_{rad}/ET_p的函数，但同时受到环境变量 Δ/γ 的影响。

8.2 综合考虑平流-干旱和 Granger 模型的蒸散发互补相关模型

通过蒸散发互补相关模型及其无量纲化分析可知，平流-干旱模型和 P-M-KP 模型中的蒸散发比被表示为 E_{rad}/ET_p的不同函数，而 Granger 模型中的 ET_a/ET_p则被表示为湿润指数 $E_{rad}/(E_{rad}+E'_{aero})$ 的函数。这 3 种模型在表征陆面供水能力的湿润指数上以及 ET_a/ET_p 与湿润指数间的函数形式上存在差异。究竟哪种湿润指数更能准确地反映陆面供水能力，哪种函数形式更能有效地反映 E_{rad}/ET_p 与湿润指数间的关系，就需在对比分析的基础上，综合这些模型的优点与特色，建立 ET_a/ET_p 与湿润指数间更为合理的函数表达形式，提出更为适宜的综合性模型。

8.2.1 蒸散发互补相关模型湿润指数合理性分析

8.2.1.1 观测实验站

通榆观测实验站位于吉林省白城市通榆县新华乡（44°25′N，122°52′E，平均海拔为184m）。该站地处白城至双辽沙丘覆盖的冲积平原区，属大陆性季风气候，年均降水量为345.4mm，年均气温为5.5℃。实验站内分别针对半干旱区农田和退化草地生态系统建立了2个观测点，其中农田主要作物为高粱和玉米，生长季节在每年的5～10月，冬春季农田为裸土覆盖；退化草地属严重状况，草高在夏季一般为10cm以下，冬春季在5cm以下。

观测实验主要在近地面层进行，观测项目包括平均场和湍流场两部分，监测数据含气象要素、土壤温度、土壤湿度以及近地面层的物质和能量通量，潜热和显热通量通过涡度协方差系统测量。数据监测时间间隔为30min，选用的空气温度和湿度的测量高度为1.95m，风速测量高度为17.06m。

8.2.1.2 湿润指数合理性分析

湿润指数 E_{rad}/ET_p 和 $E_{rad}/(E_{rad}+E'_{aero})$ 都是通过潜在蒸散发公式中辐射项和空气动力学项的相对大小来表征陆面供水能力，但 E_{rad}/ET_p 中的分母是直接采用 Penman 公式计算得到的潜在蒸散发，而 $E_{rad}/(E_{rad}+E'_{aero})$ 中的分母则受到 Δ/γ 的影响。由于湿润指数应能准确反映蒸散发能力的影响，而 Penman 公式得到的潜在蒸散发更为合理，因此可以推测出 E_{rad}/ET_p 能更有效反映陆面湿润状况。同时，Δ/γ 易受温度变化影响，在温度变化较小的范围内，两个湿润指数 E_{rad}/ET_p 和 $E_{rad}/(E_{rad}+E'_{aero})$ 所表征的陆面供水能力差异不大，但当温度变化范围较大时，所表征的陆面供水能力将有较大差异。对日时间尺度而言，温度将有较大变化范畴，因此通过与日时间尺度下表征陆面供水能力的指标进行比较，可以分析这两种湿润指数的相对合理性。通常表土含水率可直接反映陆面供水能力，假定湿润指数 E_{rad}/ET_p 更为合理，则推论该湿润指数与表土含水率之间应具备更好的相关性。

选用通榆观测实验站农田和退化草场的表土含水率和气象资料对以上推论进行验证，为2004年4～10月地表下5cm处的日土壤含水率和日30min间隔的气象数据。通过得到的平均日气温、风速和相对湿度等气象数据，分别计算 E_{rad}/ET_p 和 $E_{rad}/(E_{rad}+E'_{aero})$，然后分析表土含水率与两种湿润指数间的相关性。在潜在蒸散发的空气动力学项计算中，由于需在日时间尺度上计算，故通过假设中性大气层结构的 Monin-Obukhov 相似原理计算获得，其中的零平面位移以及动量和水汽粗糙长度取值在作物生长期内应根据冠层高度确定。

表8-1给出了两种湿润指数与表土含水率间相关性的比较，可以看到，E_{rad}/ET_p 与表

土含水率间具有更好的相关性，这表明湿润指数 E_{rad}/ET_p 能更好地反映陆面供水能力，故在蒸散发互补相关模型中，可将蒸散发比 ET_a/ET_p 表示为湿润指数 E_{rad}/ET_p 的函数：

$$\frac{ET_a}{ET_p} = f\left(\frac{E_{rad}}{ET_p}\right) \tag{8-16}$$

表 8-1　两种湿润指数与表土含水率间的相关性比较

站点	土壤深度/cm	气温特性		r	
		Var	C_v	E_{rad}/ET_p	$E_{rad}/(E_{rad}+E'_{aero})$
通榆农田	5	8.69	0.53	0.81	0.50
通榆退化草场	5	6.73	0.39	0.77	0.54

注：Var 为气温的标准偏差；C_v 为气温的变差系数；r 为湿润指数与表土含水率的相关系数。

8.2.2　综合性模型构建与验证

8.2.2.1　模型构建

如上所述，平流－干旱蒸散发互补相关模型在较为干旱和较为湿润两种情况下存在着模拟系统偏差，Granger 模型的函数形式具有阻滞增长特性，可在一定程度上修正平流－干旱模型的偏差。为此，若仅采用 E_{rad}/ET_p 替代 Granger 模型中的 $E_{rad}/(E_{rad}+E'_{aero})$，则式（8-10）可变为如下形式：

$$\frac{ET_a}{ET_p} = \frac{1}{1 + ce^{m[1-(E_{rad}/ET_p)]}} \tag{8-17}$$

式中，c 和 m 为参数。

式（8-17）在保留原 Granger 模型函数形式的同时，可以较好地描述蒸散发比与湿润指数间阻滞增长的特性，此外，采用湿润指数 E_{rad}/ET_p 对原湿润指数 $E_{rad}/(E_{rad}+E'_{aero})$ 的替代，能更好地反映陆面供水能力，这综合了平流－干旱模型和 Granger 模型的优点，被称为综合性模型（修正 Granger 模型）。

8.2.2.2　模型验证

采用不同气象和下垫面条件下的甘肃省黑河戈壁站、安徽省五道沟站、吉林省通榆观测实验站农田和退化草场等站点的气象和通量观测数据对式（8-17）进行率定和验证。对实际蒸散发估值的均方根误差进行优化后，率定得到综合性模型的参数 c 和 m（表 8-2），在此基础上对该模型的模拟效果进行了验证（表 8-3）。图 8-2 给出了各站点的 ET_a/ET_p 与 E_{rad}/ET_p 之间的关系以及不同蒸散发互补相关模型的拟合效果。可以看出，建立的蒸散发互补相关综合性模型对实际蒸散发具有较好的模拟效果，且优于平流－干旱模型。

表 8-2　综合性模型和非线性函数模型的参数率定

站点	综合性模型		非线性模型	
	c	m	d	n
黑河戈壁	0.010	10.80	2.29	2.60
五道沟	0.045	5.50	0.71	1.28
通榆退化草场	0.062	6.30	1.45	1.40
通榆农田	0.018	7.66	1.03	1.42

表 8-3　不同蒸散发互补相关模型的模拟效果评价

站点	非线性模型			综合性模型			平流-干旱模型		
	MAE	Rmse	ε	MAE	Rmse	ε	MAE	Rmse	ε
黑河戈壁	5.14	6.97	0.98	4.96	6.76	0.98	9.24	11.31	0.94
五道沟	9.57	11.75	0.91	9.98	12.08	0.91	9.55	11.77	0.91
通榆退化草场	8.37	10.40	0.81	7.95	10.14	0.82	10.44	12.90	0.71
通榆农田	10.68	13.53	0.73	11.59	14.34	0.69	12.68	15.19	0.66

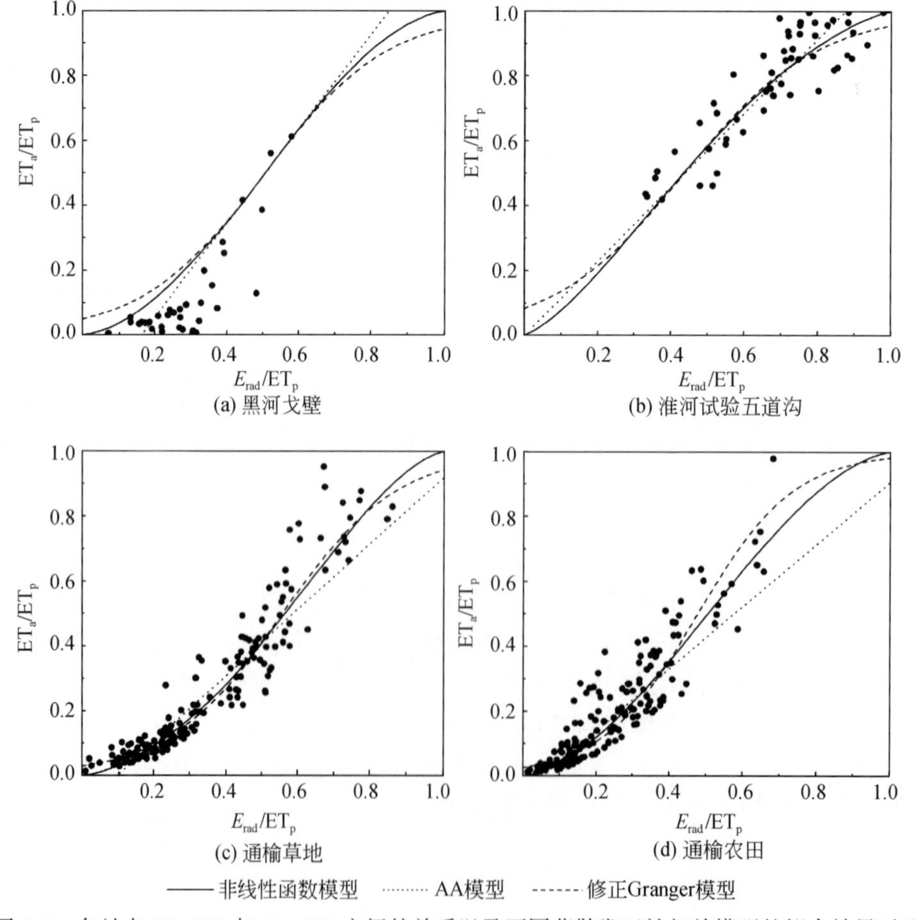

图 8-2　各站点 ET_a/ET_p 与 E_{rad}/ET_p 之间的关系以及不同蒸散发互补相关模型的拟合效果对比

8.2.3 综合性模型边界条件与参数稳定性

8.2.3.1 模型边界条件对比

在较为干旱条件下，潜在蒸散发中的辐射项占比较小，极端干旱下的 E_{rad}/ET_p 将趋近于零，实际蒸散发也同时趋近零。在较为湿润条件下，潜在蒸散发中的辐射项占比较大，完全湿润下的实际蒸散发和潜在蒸散发都将趋近于 E_{rad}。综合极端干旱和完全湿润两种情况，式（8-16）的零阶边界条件可表示为

$$\begin{cases} y = 0 & x \to 0 \\ y = 1 & x \to 1 \end{cases} \tag{8-18}$$

式中，$x = E_{rad}/ET_p$；$y = ET_a/ET_p$，在极端干旱情况下，ET_a/ET_p 趋近于零。

平流–干旱模型、综合性模型和 P-M-KP 模型采用了不同的函数形式描述蒸散发比 ET_a/ET_p 与湿润指数 E_{rad}/ET_p 间的关系，并具有显著不一的零阶边界条件。表 8-4 对比了平流–干旱模型、综合性模型和 P-M-KP 模型在湿润指数 E_{rad}/ET_p 分别为 0、$1/\alpha$ 和 1 时的蒸散发比取值。在极端干旱情况下，平流–干旱模型计算的蒸散发比小于 0，综合性模型的蒸散发比稍大于 0，而 P-M-KP 模型的蒸散发比则为 0；对完全湿润情况而言，平流–干旱模型的蒸散发比大于 1，综合性模型的蒸散发比小于 1，P-M-KP 模型的蒸散发比与参数有关。因此，平流–干旱模型、综合性模型和 P-M-KP 模型都不能较好地反映 ET_a/ET_p 与 E_{rad}/ET_p 之间的函数关系，需要寻找更为适宜的模型。

表 8-4 平流–干旱模型、综合性模型和 P-M-KP 模型的边界条件比较

边界条件	平流–干旱模型	综合性模型	P-M-KP 模型	备注
	$\alpha\left(1+\frac{1}{b}\right)x-\frac{1}{b}$	$\frac{1}{1+ce^{m(1-x)}}$	$\frac{1}{1+k\left(\frac{1}{x}-1\right)+h}$	
$x = 0$	$-\frac{1}{b}$	$\frac{1}{1+ce^{m}}$	0	极端干旱
$x = 1$	$\alpha\left(1+\frac{1}{b}\right)-\frac{1}{b}$	$\frac{1}{1+c}$	$\frac{1}{1+h}$	完全湿润

注：$x = E_{rad}/ET_p$，假设 P-M-KP 模型中 $h = \frac{\gamma}{\Delta+\gamma}l$ 为常数。

8.2.3.2 模型参数稳定性分析

湿润指数 E_{rad}/ET_p 与 $E_{rad}/(E_{rad}+E'_{aero})$ 间的差异主要在于 Δ/γ 的影响。在 Δ/γ 存在较大变异情况下，两种湿润指数所表征的陆面供水能力稳定性并不相同，这可通过敏感性分析进行评价。如拟合的参数变幅较小，则说明该湿润指数能在变化环境下较好地反映陆面供水能力，E_{rad}/ET_p 与采用较为合理的湿润指数之间的关系也更趋稳定。为了说明综合性模型的优势，可与 Granger 模型参数的稳定性进行对比分析。

采用通榆观测实验站退化草场 2004 年第 61 天到第 305 天的观测数据，对 Granger 模型和综合性模型下两种湿润指数 E_{rad}/ET_p和 $E_{rad}/(E_{rad}+E'_{aero})$ 的稳定性进行分析。采用每 90 天的观测数据对由两个模型估算得到的实际蒸散发的均方根误差进行优化，拟合获得模型的参数（图 8-3）。在 Δ/γ 变化条件下，采用湿润指数 E_{rad}/ET_p的综合性模型参数要比 Granger 模型参数的变幅相对小些，这意味着湿润指数 E_{rad}/ET_p要比 $E_{rad}/(E_{rad}+E'_{aero})$ 更为稳定，更适宜反映变化环境下的陆面供水能力。

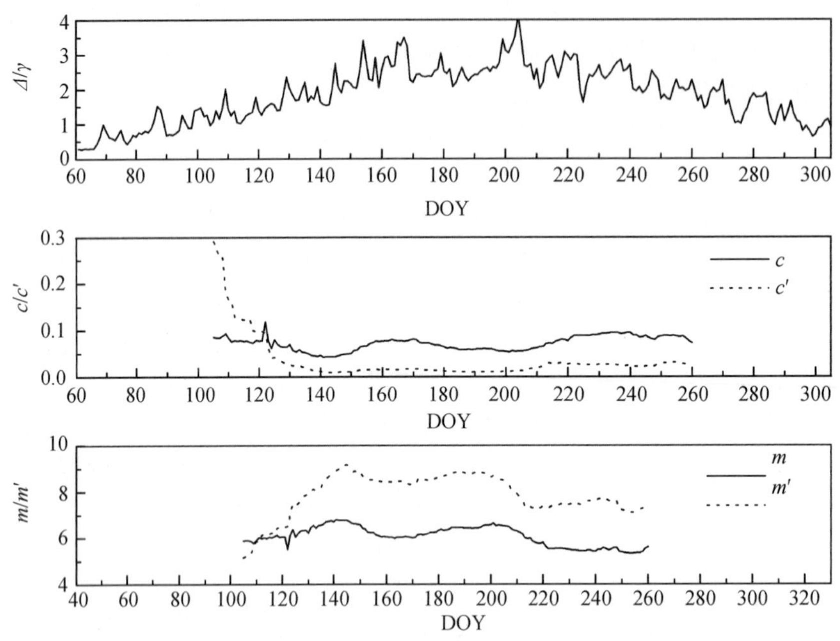

图 8-3　综合性模型和 Granger 模型参数 c 与 c' 和 m 与 m' 的变幅过程

8.3　蒸散发互补相关非线性模型

式（8-16）表明蒸散发互补相关模型可统一成 ET_a/ET_p与 E_{rad}/ET_p间的函数关系，但平流-干旱模型、综合性模型和 P-M-KP 模型并不能很好地反映 ET_a/ET_p与 E_{rad}/ET_p间函数关系的特性，故需寻找更为适宜的模型。为此，在分析 ET_a/ET_p与 E_{rad}/ET_p之间函数边界条件的基础上，建立一种新的蒸散发互补相关非线性模型，采用不同气候区域、不同下垫面的通量观测数据进行模型验证，并与现有模型进行对比。

8.3.1　蒸散发互补相关模型边界条件特征

在极端干旱条件下，$y=0$，$x\to 0$，实际蒸散发主要受到陆面供水能力的控制。当供水能力一定时，潜在蒸散发（其辐射项或空气动力学项）的变化将不会改变实际蒸散发的大小，因此 $\partial ET_a/\partial E_{rad}$ 和 $\partial ET_a/\partial E_{aero}$ 趋近于零。在完全湿润条件下，实际蒸散发主要受蒸散发能力的控制，潜在蒸散发（其辐射项或空气动力学项）的变化将引起实际蒸散发出现等量变化。因此，在陆面供水充分（ $x\to1$）条件下，$\partial \mathrm{ET_a}/\partial E_{\mathrm{rad}}$ 和 $\partial \mathrm{ET_a}/\partial E_{\mathrm{aero}}$ 趋近于 1。综合这两种极端气候条件，$\partial \mathrm{ET_a}/\partial E_{\mathrm{rad}}$ 和 $\partial \mathrm{ET_a}/\partial E_{\mathrm{aero}}$ 的边界条件为

$$\begin{cases}\dfrac{\partial \mathrm{ET_a}}{\partial E_{\mathrm{rad}}}=0 & x\to0\\ \dfrac{\partial \mathrm{ET_a}}{\partial E_{\mathrm{aero}}}=0 & x\to0\\ \dfrac{\partial \mathrm{ET_a}}{\partial E_{\mathrm{rad}}}=1 & x\to1\\ \dfrac{\partial \mathrm{ET_a}}{\partial E_{\mathrm{aero}}}=1 & x\to1\end{cases} \tag{8-19}$$

对式（8-16）的一阶边界条件可通过对 $\partial \mathrm{ET_a}/\partial E_{\mathrm{rad}}$ 和 $\partial \mathrm{ET_a}/\partial E_{\mathrm{aero}}$ 的分析加以确定，可以推出式（8-16）的一阶边界条件为

$$\begin{cases}\dfrac{\mathrm{d}y}{\mathrm{d}x}=0 & x\to0\\ \dfrac{\mathrm{d}y}{\mathrm{d}x}=0 & x\to1\end{cases} \tag{8-20}$$

根据式（8-20）给出的一阶边界条件，可对 $\mathrm{ET_a}/\mathrm{ET_p}$随 $E_{\mathrm{rad}}/\mathrm{ET_p}$变化的特性进行分析。随着湿润指数 $E_{\mathrm{rad}}/\mathrm{ET_p}$的增大，蒸散发比 $\mathrm{ET_a}/\mathrm{ET_p}$总在增加，故 $\mathrm{d}y/\mathrm{d}x$ 总是大于零。假设 $\mathrm{d}y/\mathrm{d}x$ 在 $x\in(0,\ 1)$ 上是连续的，随着陆面湿润程度从极端干旱逐渐变化到完全湿润，$\mathrm{d}y/\mathrm{d}x$ 将从零逐渐增大到某一最大值，随后又逐渐减小到零。在极端干旱和完全湿润两种情况下，$\mathrm{d}y/\mathrm{d}x$ 都会趋近于零，蒸散发比随湿润指数的变化较为缓慢，但在一般供水能力下的 $\mathrm{d}y/\mathrm{d}x$ 较大，蒸散发比随湿润指数的变化较为显著。

8.3.2 非线性模型构建与验证

尽管蒸散发互补相关模型式（8-16）的具体函数形式并不清楚，但根据式（8-20）可以推测出蒸散发比 $\mathrm{ET_a}/\mathrm{ET_p}$随 $E_{\mathrm{rad}}/\mathrm{ET_p}$的变化过程类似于阻滞增长函数的特性，即呈现出早期缓慢，中间增长迅速，后期趋于停滞的特征。阻滞增长函数一般表示为事物如人口随时间的变化，其增长率一方面与因变量本身有关，另一方面也受到发展阈值的限制。对 $\mathrm{ET_a}/\mathrm{ET_p}$随 $E_{\mathrm{rad}}/\mathrm{ET_p}$ 的变化率而言，$\mathrm{ET_a}/\mathrm{ET_p}$ 的最大值为 1，若假设其内在增长率在 $E_{\mathrm{rad}}/\mathrm{ET_p}=0.5$ 时达到最大值，则可提出如下满足式（8-20）的互补相关模型的一阶导数形式如下：

$$\frac{\mathrm{d}y}{\mathrm{d}x}=n\frac{y(1-y)}{x(1-x)} \tag{8-21}$$

式（8-21）满足 $\mathrm{ET_a}/\mathrm{ET_p}$随 $E_{\mathrm{rad}}/\mathrm{ET_p}$变化的特性，对该式进行积分则可得到函数形式相对简单并可同时满足边界条件的非线性模型如下：

$$\frac{ET_a}{ET_p}=\frac{1}{1+d\left(\frac{ET_p}{E_{rad}}-1\right)^n} \tag{8-22}$$

式中，d 和 n 为参数。

采用不同气候区域和下垫面条件下的甘肃省黑河戈壁站、安徽省五道沟站、吉林省通榆观测实验站农田和退化草场等站点的气象和通量观测数据，对构建的蒸散发互补相关非线性模型［式（8-22）］进行率定和验证，其中率定的模型参数见表 8-2，模型验证结果见表 8-3。此外，从图 8-2 中可以看出，构建的蒸散发互补相关非线性模型可以较好地模拟 ET_a/ET_p 与 E_{rad}/ET_p 之间的阻滞增长函数关系。在既不十分干旱也不十分湿润的一般气候条件下，该非线性模型可通过常规气象数据就能较好地模拟实际蒸散发，且模拟的效果总体上优于平流-干旱模型和综合性模型。

8.3.3 非线性模型与平流-干旱模型和综合性模型的对比分析

对比非线性模型、平流-干旱模型和综合性模型中 ET_a/ET_p 随 E_{rad}/ET_p 的变化过程可以看出，非线性模型和综合性模型具有类似的变化过程，即中间阶段的蒸散发比 ET_a/ET_p 随 E_{rad}/ET_p 的变化呈近似线性增长。对综合性模型式（8-17）在 $ET_a/ET_p=0.5$ 时进行一阶泰勒级数展开，得到如下直线方程：

$$y=\frac{m}{4}x-\frac{m}{4}-\frac{\ln c}{4}+\frac{1}{2} \tag{8-23}$$

为使式（8-23）与平流-干旱模型等价，则综合性模型与平流-干旱模型的参数之间应具有如下关系：

$$\begin{cases} m=4\alpha\left(1+\frac{1}{b}\right) \\ \ln c=\frac{4}{b}-m+2 \end{cases} \tag{8-24}$$

因此，综合性模型与平流-干旱模型中的湿润指数 E_{rad}/ET_p 在中间阶段近似等价，且在参数之间可以相互转化。

此外，对相同的变化过程而言，非线性模型和综合性模型也具有一定的近似性，故视式（8-17）与式（8-22）近似等价，即有

$$d\left(\frac{1}{x}-1\right)^n\approx c\mathrm{e}^{m(1-x)} \tag{8-25}$$

对式（8-25）等号两端同时求自然对数后，可得到：

$$n\ln\left(\frac{1-x}{x}\right)+\ln d\approx m(1-x)+\ln c \tag{8-26}$$

分析式（8-26）可以发现，若要得到两端的近似关系，需对等号左端第 1 项进行幂级数展开，为此，需做如下变换：

$$\ln\left(\frac{1-x}{x}\right)=\ln\left[\frac{1+(1-2x)}{1-(1-2x)}\right] \tag{8-27}$$

因为 $|1-2x|<1$，故以（$1-2x$）为自变量对式（8-27）进行幂级数展开：

$$\ln\left[\frac{1+(1-2x)}{1-(1-2x)}\right]=2\left(z+\frac{z^3}{3}+\frac{z^5}{5}+\cdots+\frac{z^{2n+1}}{2n+1}+\cdots\right) \tag{8-28}$$

式（8-28）中的 $z=(1-2x)$，将等号右端第 1 项代入式（8-26），则可变换为

$$2n(1-2x)+\ln d\approx m(1-x)+\ln c \tag{8-29}$$

如式（8-29）恒成立，则两个模型的参数之间应具有如下关系：

$$\begin{cases} n=0.25m \\ \ln d=0.5m+\ln c \end{cases} \tag{8-30}$$

因此，在非线性模型与综合性模型近似等价条件下，两个模型的参数可通过式（8-30）进行相互转化。综合考虑，非线性模型与平流–干旱模型在 E_{rad}/ET_p 的中间阶段也近似等价，且两个模型的参数之间也可通过下式实现相互转化：

$$\begin{cases} n=\alpha\left(1+\dfrac{1}{b}\right) \\ \ln d=\dfrac{4}{b}-2\alpha\left(1+\dfrac{1}{b}\right)+2 \end{cases} \tag{8-31}$$

综上分析表明，非线性模型、综合性模型和平流–干旱模型在 E_{rad}/ET_p 的中间阶段均近似等价。若给定平流–干旱模型参数 α 和 b，则可分别计算得到综合性模型的参数 c 和 m 以及非线性模型的参数 d 和 n。图 8-4 分别对比分析了不同模型参数下的模拟效果，其中 $\alpha=1.26$，b 分别为 0.5、1、2.5 和 10。综合性模型和非线性模型的参数可根据平流–干旱模型参数计算得到，而非线性模型可视为对平流–干旱模型和综合性模型的改进。

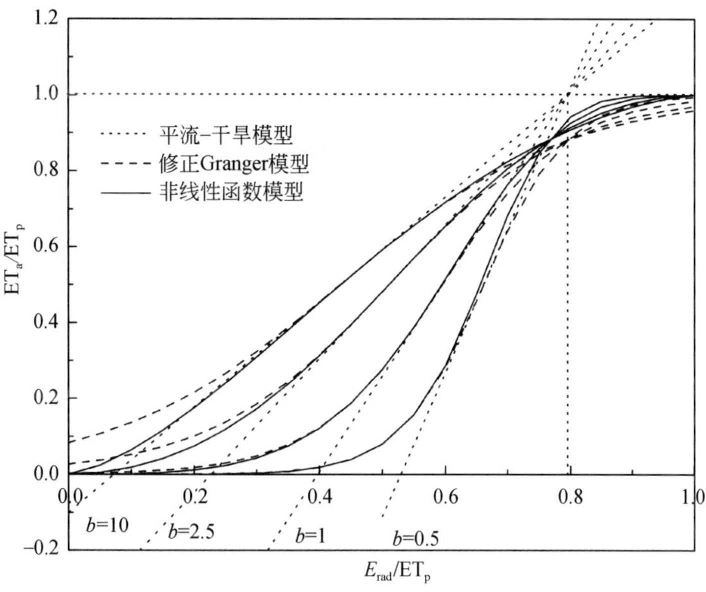

图 8-4　非线性模型、平流–干旱模型和综合性模型的模拟效果比较

8.3.4 非线性模型与 P-M-KP 模型的对比分析

在 P-M 模型和蒸散发互补相关模型中，通常蒸发比 ET_a/ET_p 分别是通过 $\varepsilon \cdot r_s/r_a$ $\left(\varepsilon=\dfrac{\gamma}{\Delta+\gamma}\right)$ 或 E_{rad}/ET_p 进行计算。耦合 P-M 模型和蒸散发互补相关模型后，在三维解空间 $E_{rad}/ET_p \sim \varepsilon \cdot r_s/r_a \sim ET_a/ET_p$ 中，蒸散发过程可被表示为一条三维曲线［图 8-5（a)］。当该三维曲线被投影到二维解空间 $\varepsilon \cdot r_s/r_a \sim ET_a/ET_p$ 上时，为 Penman-Monteith 模型曲线［图 8-5（c)］，当被投影到二维解空间 $E_{rad}/ET_p \sim ET_a/ET_p$ 上时，则为无量纲化的互补相关模型曲线［图 8-5（b)］，而 P-M-KP 模型可被看作是一种蒸散发互补相关模型的形式。另外，在二维解空间 $E_{aero}/E_{rad} \sim \varepsilon \cdot r_s/r_a$ 中，互补相关非线性模型可通过幂函数进行表面阻力的参数化［图 8-5（c)］：

$$\varepsilon \frac{r_s}{r_a}=d\left(\frac{E_{aero}}{E_{rad}}\right)^n \tag{8-32}$$

由此可见，可以在相同的框架下，比较互补相关非线性函数模型与 P-M-KP 模型的实际蒸散发估算效果。

基于通榆观测实验站农田和退化草场不同时间尺度下的观测数据，对构建的非线性模型与 P-M-KP 模型的模拟效果进行对比分析。农田下采用 2003 年 5～11 月的观测数据，且 6 月 20 日前、6 月 21 日～8 月 31 日以及 9 月 1 日后分别代表作物的生育初期、中期和后期，退化草场下采用 2003 年 3～10 月的观测数据。此外，半小时时间尺度采用 8：00～17：00的数据，且 6 月 19～24 日、7 月 28 日～8 月 4 日和 9 月 15～21 日的观测数据分别代表作物的生育初期、中期和后期。

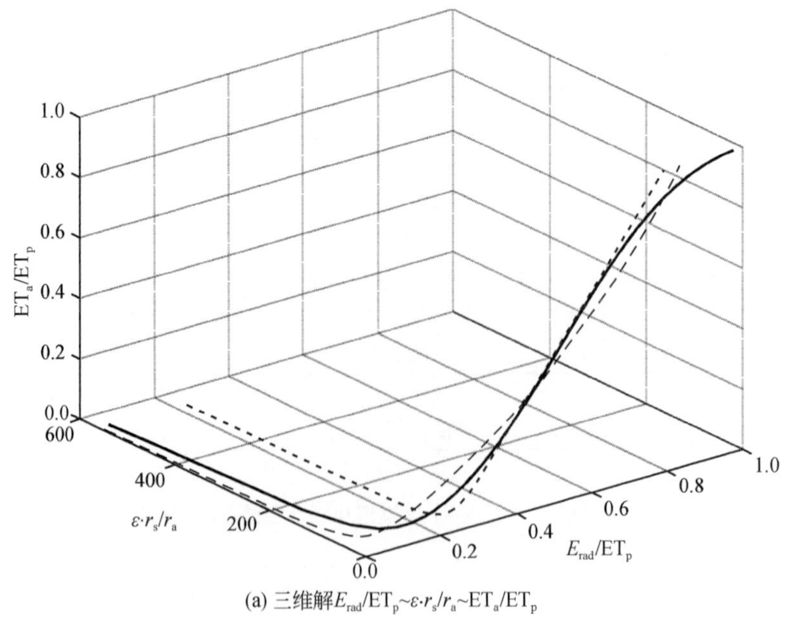

(a) 三维解 $E_{rad}/ET_p \sim \varepsilon \cdot r_s/r_a \sim ET_a/ET_p$

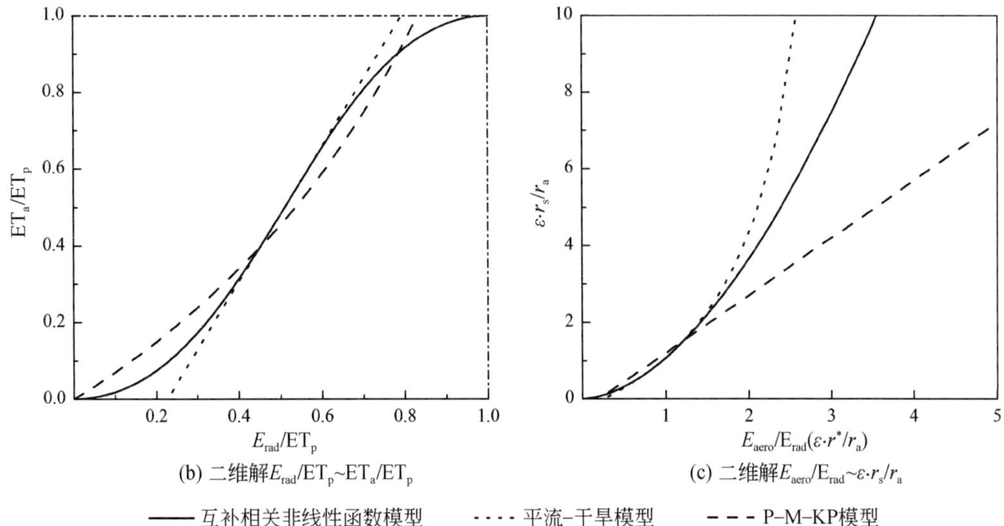

图 8-5　不同维数空间内互补相关非线性模型、平流-干旱模型和 P-M-KP 模型的模拟结果比较

根据 Monin-Obukhov 理论确定风速函数后，采用下式计算空气动力学阻力（Parlange and Katul，1992；Crago and Crowley，2005）：

$$r_a = \frac{\left[\ln\left(\frac{z-d_0}{z_{0m}}\right)-\psi_m\right]\left[\ln\left(\frac{z-d_0}{z_{0v}}\right)-\psi_v\right]}{k^2 u} \tag{8-33}$$

式中，k 为卡曼常数，通常 $k=0.40$；z 为参考面高度（m）；d_0 为零平面位移，根据作物冠层高度计算（Allen et al.，1998）；z_{0m} 和 z_{0v} 分别为动量和水汽粗糙高度，一般$z_{0v}=0.1z_{0m}$；ψ_m 和 ψ_v 分别为动量和水汽传输的稳定度修正函数，对日或更长时间尺度，一般假设大气处于中性稳定情况，故 $\psi_m=0$ 和 $\psi_v=0$。

8.3.4.1　日时间尺度模拟结果分析

P-M-KP 模型和非线性模型之间具有两点差异：①用于描述 ET_a/ET_p和 E_{rad}/ET_p之间关系的函数不同；②P-M-KP 模型中存在 $\varepsilon=\frac{\gamma}{\Delta+\gamma}$。两个模型的参数可通过最小化估算的实际蒸散发的绝对偏差进行优化确定，对通榆观测实验站农田和退化草场的实际蒸散发的模拟效果见表 8-5，非线性模型的实际蒸散发模拟效果要优于 P-M-KP 模型。

表 8-5　日时间尺度下的模拟效果对比

站点	模型	MAE	Rmse	ε
通榆农田	非线性模型	14.57	18.74	0.74
	P-M-KP 模型	16.30	20.18	0.70
通榆退化草场	非线性模型	8.62	10.99	0.89
	P-M-KP 模型	10.30	13.16	0.85

图 8-6 中分别给出了通榆农田和退化草场日时间尺度下 ET_a/ET_p 与 E_{rad}/ET_p 和 $\varepsilon \cdot r_s/r_a$ 与 $E_{aero}/E_{rad}(\varepsilon \cdot r^*/r_a)$ 的散点图，并同时给出利用非线性模型（实线）和 P-M-KP 模型（点线）模拟的曲线，且以平流-干旱模型（虚线）模拟的曲线作为对比。P-M-KP 模型的参数受到拟合效率指数 ε 的影响，而 ε 值则主要受温度影响，故图中给出根据最高和最低温度确定的曲线边界。可以看出，两种模型都能较好地模拟蒸发比 ET_a/ET_p 随 E_{rad}/ET_p 的变化过程，但在 E_{rad}/ET_p 较大（较为湿润）情况下的差异明显。在二维解空间 E_{aero}/E_{rad}（$\varepsilon \cdot r_s/r_a$）中可以发现，当 $\varepsilon \cdot r_s/r_a$ 值较大时，根据非线性模型估算的 $\varepsilon \cdot r_s/r_a$ 值明显大于 P-M-KP 模型。

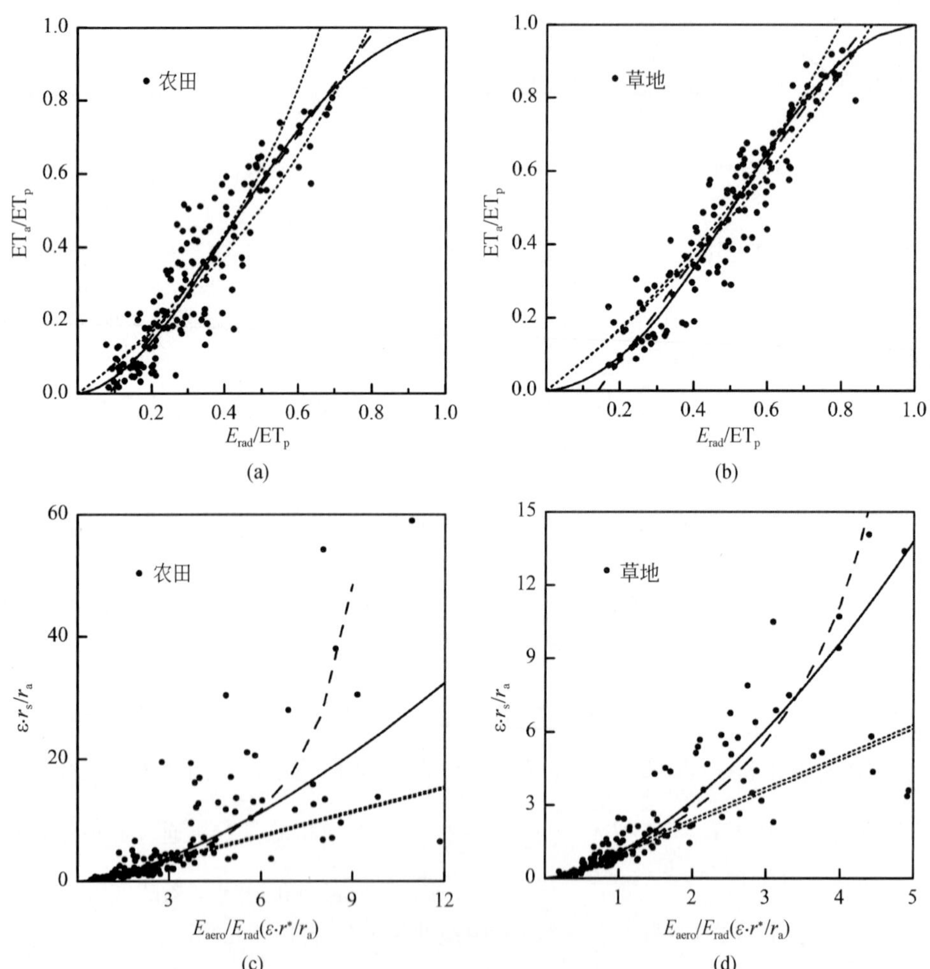

图 8-6　通榆农田和退化草场日时间尺度下 ET_a/ET_p 与 E_{rad}/ET_p 和 $\varepsilon \cdot r_s/r_a$ 与 $E_{aero}/E_{rad}(\varepsilon \cdot r^*/r_a)$ 的散点图

注：实线为非线性模型；虚线为平流-干旱模型；点线为 P-M-KP 模型

为了评估 P-M-KP 模型和非线性模型在作物不同生育阶段对实际蒸散发的模拟效果，分别在作物的生育初期、中期和后期进行了模拟（表 8-6），优化得到的参数见表 8-7。尽管在整个生育期 P-M-KP 模型的模拟效果不如非线性模型，但是在不同的生育阶段两种模型的模拟效果非常近似。从模型参数上来看，非线性模型的参数更为稳定。

表 8-6　日时间尺度下作物不同生育阶段的模拟效果对比

站点	模型	生育初期			生育中期			生育晚期		
		MAE	Rmse	ε	MAE	Rmse	ε	MAE	Rmse	ε
通榆农田	非线性模型	11. 09	14. 02	0. 75	9. 34	12. 21	0. 85	9. 94	12. 31	0. 57
	P-M-KP 模型	12. 57	14. 97	0. 72	9. 26	12. 17	0. 85	9. 74	11. 38	0. 63
通榆退化草场	非线性模型	8. 99	11. 40	0. 91	4. 44	5. 88	0. 93	6. 17	7. 74	0. 85
	P-M-KP 模型	11. 53	14. 25	0. 85	4. 36	5. 70	0. 94	6. 00	7. 66	0. 86

表 8-7　日时间尺度下作物不同生育阶段内优化的模型参数

站点	模型	全生育期		生育初期		生育中期		生育晚期	
		para1	para2	para1	para2	para1	para2	para1	para2
通榆农田	非线性模型	0. 72	1. 53	0. 90	1. 64	0. 63	1. 11	1. 17	1. 07
	P-M-KP 模型	1. 32	−1. 56	1. 96	−2. 37	0. 71	−0. 21	1. 01	1. 01
通榆退化草场	非线性模型	1. 04	1. 61	1. 15	1. 63	0. 82	1. 25	1. 27	0. 88
	P-M-KP 模型	1. 29	−0. 77	1. 81	−1. 32	0. 91	−0. 35	0. 95	0. 70

注：para1 和 para2 分别对应非线性模型参数 d 和 n 以及 P-M-KP 模型参数 k 和 l。

8. 3. 4. 2　半小时时间尺度模拟结果分析

在半小时时间尺度上，P-M-KP 模型和非线性模型的模拟效果见表 8-8。图 8-7 中分别给出了通榆农田和退化草场半小时尺度下 ET_a/ET_p 与 E_{rad}/ET_p 和 $\varepsilon \cdot r_s/r_a$ 与 $E_{aero}/E_{rad}(\varepsilon \cdot r^*/r_a)$ 的散点图及其与模拟曲线的比较。与日时间尺度模拟结果不同，在整个生育期内两种模型的模拟效果基本近似，其中农田下非线性模型的模拟效果稍优于 P-M-KP 模型，而退化草场下 P-M-KP 模型的模拟效果稍优于非线性模型。此外，基于两种模型还分别对作物生育初期、中期和后期的实际蒸散发进行了模拟（表 8-9），优化的模型参数见表 8-10，在作物不同生育阶段内，P-M-KP 模型和非线性模型的模拟效果也非常接近。

表 8-8　半小时时间尺度下的模拟效果对比

站点	模型	MAE	Rmse	ε
通榆农田	非线性模型	46. 70	63. 13	0. 73
	P-M-KP 模型	48. 05	64. 91	0. 71
通榆退化草场	非线性模型	30. 93	39. 13	0. 86
	P-M-KP 模型	30. 31	38. 65	0. 86

表 8-9　半小时时间尺度下作物不同生育阶段内优化的模型参数

站点	模型	生育初期			生育中期			生育晚期		
		MAE	Rmse	ε	MAE	Rmse	ε	MAE	Rmse	ε
通榆农田	非线性模型	23. 94	31. 76	0. 66	36. 44	47. 95	0. 83	22. 61	28. 03	0. 64
	P-M-KP 模型	24. 02	32. 17	0. 65	36. 78	47. 66	0. 83	23. 69	28. 41	0. 63
通榆退化草场	非线性模型	28. 30	37. 03	0. 85	18. 71	27. 49	0. 92	12. 73	17. 61	0. 83
	P-M-KP 模型	28. 35	36. 64	0. 86	18. 22	27. 89	0. 92	14. 78	19. 30	0. 79

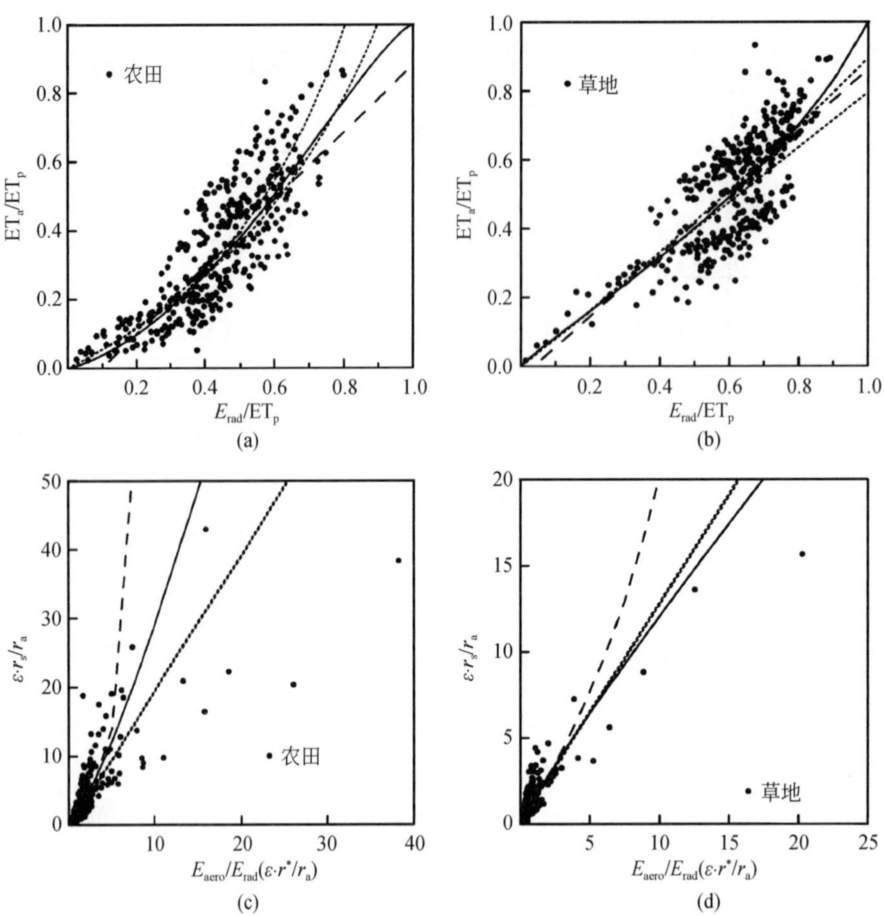

图 8-7　通榆农田和退化草场半小时时间尺度下 ET_a/ET_p 与 E_{rad}/ET_p 和 $\varepsilon \cdot r_s/r_a$ 与 $E_{aero}/E_{rad}(\varepsilon \cdot r^*/r_a)$ 的散点图

注：实线为非线性模型；虚线为平流-干旱模型；点线为 P-M-KP 模型

表 8-10　半小时时间尺度下作物不同生育阶段内优化的模型参数

站点	模型	全生育期		生育初期		生育中期		生育晚期	
		para1	para2	para1	para2	para1	para2	para1	para2
通榆农田	非线性函数模型	1.63	1.25	3.44	0.75	1.10	0.74	2.22	0.74
	P-M-KP 模型	1.97	-1.14	2.46	3.71	0.81	1.14	1.77	1.15
通榆退化草场	非线性函数模型	1.49	0.91	1.71	0.85	0.87	0.56	2.05	0.54
	P-M-KP 模型	1.26	0.59	1.67	0.41	0.70	0.99	1.64	1.79

注：para1 和 para2 分别对应非线性模型参数 d 和 n 以及 P-M-KP 模型参数 k 和 l。

综合以上结果分析可知，在半小时时间尺度上，基于非线性模型和 P-M-KP 模型对吉林通榆玉米和退化草地整个生育期内的实际蒸散发模拟效果相似，而在日时间尺度上，则是非线性模型具有更佳的模拟效果。此外，对不同的作物生育期而言，两种模型的模拟效果十分相近，但非线性模型的参数却较为稳定。

8.4 基于蒸散发互补相关非线性模型分析实际与潜在蒸散发的关系

实际与潜在蒸散发之间的关系对于估算实际蒸散发以及分析实际与潜在蒸散发的变化趋势都具有重要意义。目前，对实际与潜在蒸散发之间关系的理解并不充分，对不同条件下实际蒸散发与潜在蒸散发之间究竟存在何种关系（正相关还是负相关），以及彼此间相关性的变化规律及影响因素的认识尚不清晰。蒸散发互补相关原理虽能在一定程度上反映陆面与大气之间的相互作用，为不同尺度的实际与潜在蒸散发之间的相关性分析提供良好的基础，但目前的研究对基于存在一定系统偏差的平流-干旱模型上，这并不能作出准确的相关分析结论。为此，利用构建的蒸散发互补相关非线性模型从理论上分析不同尺度下实际与潜在蒸散发之间相关关系的变化规律及其影响因素。

8.4.1 基于非线数模型的理论分析

由于在以上构建的蒸散发互补相关非线性模型［式（8-22）］中，实际蒸散发和潜在蒸散发的估算均与辐射项和空气动力学项有关，故无法直接判断实际与潜在蒸散发之间究竟存在正相关还是负相关的关系。为了分析实际与潜在蒸散发之间相关性的性质，首先建立实际蒸散发与潜在蒸散发之间的线性回归关系：

$$\mathrm{ET_a} = k\mathrm{ET_p} + l \tag{8-34}$$

式中，l 为截距；k 为斜率。

且

$$k = \frac{\sum_{i=1}^{n}(\mathrm{ET}_{\mathrm{a},i} - \overline{\mathrm{ET}}_\mathrm{a})(\mathrm{ET}_{\mathrm{p},i} - \overline{\mathrm{ET}}_\mathrm{p})}{\sum_{i=1}^{n}(\mathrm{ET}_{\mathrm{p},i} - \overline{\mathrm{ET}}_\mathrm{p})^2} \tag{8-35}$$

式中，i 为时间序列；n 为时序长度；$\overline{\mathrm{ET}}_\mathrm{a}$ 和$\overline{\mathrm{ET}}_\mathrm{p}$ 分别为实际蒸散发和潜在蒸散发的平均值。

根据式（8-35）中 k 值的正负，即可确定实际与潜在蒸散发之间究竟是呈正相关还是负相关关系，进而根据潜在蒸散发的变化来预测实际蒸散发的变化趋势。

根据蒸散发互补相关模型原理，实际蒸散发可表示为潜在蒸散发中辐射项 E_{rad} 和空气动力学项 E_{aero} 的函数形式，故第 i 时刻的实际蒸散发和潜在蒸散发分别偏离其数学期望的程度可被表示为

$$\delta\mathrm{ET}_{\mathrm{a}i} \approx \frac{\partial\mathrm{ET_a}}{\partial E_{\mathrm{rad}}}\delta E_{\mathrm{rad},i} + \frac{\partial\mathrm{ET_a}}{\partial E_{\mathrm{aero}}}\delta E_{\mathrm{aero},i} \tag{8-36}$$

$$\delta\mathrm{ET}_{\mathrm{p},i} = \delta E_{\mathrm{rad},i} + \delta E_{\mathrm{aero},i} \tag{8-37}$$

式中，$\partial\mathrm{ET_a}/\partial E_{\mathrm{rad}}$ 和 $\partial\mathrm{ET_a}/\partial E_{\mathrm{aero}}$ 分别为实际蒸散发相对于潜在蒸散发中辐射项和空气动力学项的变化率；δ 为某变量偏离其数学期望的程度。

将式（8-36）和式（8-37）代入式（8-35）后，进行数学变换可得到以下关系：

$$k = \frac{\partial \mathrm{ET_a}}{\partial E_{\mathrm{rad}}}\omega + \frac{\partial \mathrm{ET_a}}{\partial E_{\mathrm{aero}}}(1-\omega) \tag{8-38}$$

其中

$$\omega = \frac{\sigma_{E_{\mathrm{rad}}}^2 + \mathrm{cov}(E_{\mathrm{rad}},\ E_{\mathrm{aero}})}{\sigma_{E_{\mathrm{rad}}}^2 + \sigma_{E_{\mathrm{aero}}}^2 + 2\mathrm{cov}(E_{\mathrm{rad}},\ E_{\mathrm{aero}})} \tag{8-39}$$

式中，$\sigma_{E_{\mathrm{rad}}}^2$ 和 $\sigma_{E_{\mathrm{aero}}}^2$ 分别为辐射项和空气动力学项的方差；$\mathrm{cov}(E_{\mathrm{rad}},\ E_{\mathrm{aero}})$ 为辐射项和空气动力学项的协方差。

从式（8-38）中可以看出，影响 k 值的主要因素：一是 E_{aero} 和 E_{rad} 的相对变化率，即 ω 值的大小；二是 $\partial \mathrm{ET_a}/\partial E_{\mathrm{rad}}$ 和 $\partial \mathrm{ET_a}/\partial E_{\mathrm{aero}}$ 的大小，这可通过式（8-22）分别对 E_{rad} 和 E_{aero} 求偏导后加以确定。

$$\begin{cases} \dfrac{\partial \mathrm{ET_a}}{\partial E_{\mathrm{rad}}} = \dfrac{\mathrm{ET_a}}{\mathrm{ET_p}} + n\dfrac{\mathrm{ET_a}}{E_{\mathrm{rad}}}\left(1-\dfrac{\mathrm{ET_a}}{\mathrm{ET_p}}\right) \\ \dfrac{\partial \mathrm{ET_a}}{\partial E_{\mathrm{aero}}} = \dfrac{\mathrm{ET_a}}{\mathrm{ET_p}} - n\dfrac{\mathrm{ET_a}}{E_{\mathrm{aero}}}\left(1-\dfrac{\mathrm{ET_a}}{\mathrm{ET_p}}\right) \end{cases} \tag{8-40}$$

图 8-8 给出了 $\partial \mathrm{ET_a}/\partial E_{\mathrm{rad}}$ 和 $\partial \mathrm{ET_a}/\partial E_{\mathrm{aero}}$ 随 $E_{\mathrm{rad}}/\mathrm{ET_p}$ 的变化过程，其受到陆面供水能力的影响。其中的 $\partial \mathrm{ET_a}/\partial E_{\mathrm{rad}}$ 始终为正值，且随 $E_{\mathrm{rad}}/\mathrm{ET_p}$ 的增大先逐渐增加后又减小到 $E_{\mathrm{rad}}/\mathrm{ET_p}=1$ 时的 $\partial \mathrm{ET_a}/\partial E_{\mathrm{rad}}=1$，而 $\partial \mathrm{ET_a}/\partial E_{\mathrm{aero}}$ 随 $E_{\mathrm{rad}}/\mathrm{ET_p}$ 的增大先从零逐渐减小为负值后再逐渐增大到 $E_{\mathrm{rad}}/\mathrm{ET_p}=1$ 时的 $\partial \mathrm{ET_a}/\partial E_{\mathrm{aero}}=1$。

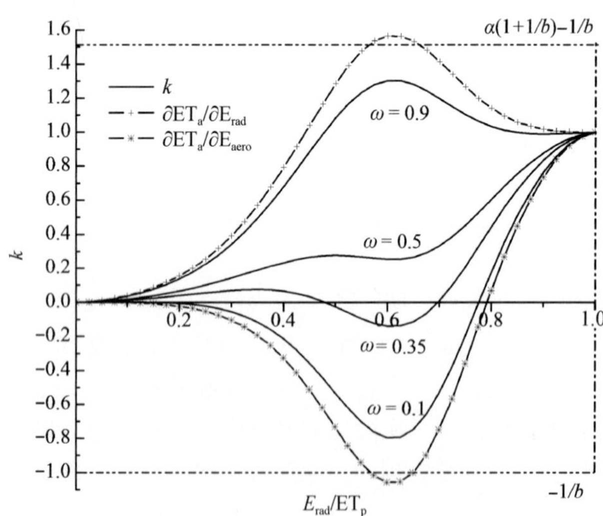

图 8-8　$\partial \mathrm{ET_a}/\partial E_{\mathrm{rad}}$ 和 $\partial \mathrm{ET_a}/\partial E_{\mathrm{aero}}$ 以及 k 值随 $E_{\mathrm{rad}}/\mathrm{ET_p}$ 的变化过程

将式（8-40）代入式（8-38）就可计算得到 k 值，并根据其正负性确定实际与潜在蒸散发之间究竟是正相关还是负相关关系。图 8-8 还显示出不同 ω 下的 k 值随 $E_{\mathrm{rad}}/\mathrm{ET_p}$ 的变化过程。当 E_{rad} 的变化率相对较大时（$\omega=0.9$），k 值主要由 $\partial \mathrm{ET_a}/\partial E_{\mathrm{rad}}$ 决定，都为正值；

当 E_{rad} 的变化率相对较小时（$\omega=0.1$），k 值则主要由 $\partial ET_a/\partial E_{aero}$ 决定，且在干旱条件下为负值，而湿润环境下为正值；当 E_{rad} 和 E_{aero} 的变化率差别不大时（$\omega=0.35$），k 值将受 $\partial ET_a/\partial E_{rad}$ 和 $\partial ET_a/\partial E_{aero}$ 的共同影响。

根据以上结果分析，在日和年内尺度上，E_{rad} 都具有明显的变化过程，相比之下，E_{aero} 的变化却并不明显。因此，当 ω 值较小时，k 值主要由 $\partial ET_a/\partial E_{rad}$ 确定，实际与潜在蒸散发之间在一般情况下呈正相关性。在日、年和多年平均尺度上，E_{rad} 和 E_{aero} 的变化过程相对复杂，需分别加以考虑。干旱条件下潜在蒸散发中的 E_{aero} 占比较大，且变化较为明显，故 k 值主要由 $\partial ET_a/\partial E_{aero}$ 确定，一般为负值，实际与潜在蒸散发之间呈负相关性；在湿润环境下，由于 $\partial ET_a/\partial E_{aero}$ 和 $\partial ET_a/\partial E_{rad}$ 都为正值，故 k 值在一般也为正值，实际与潜在蒸散发之间呈正相关性。

8.4.2 日和半小时时间尺度验证

以上基于互补相关非线性模型从理论上分析了实际与潜在蒸散发之间相关关系的正负变化规律，接下来利用通榆观测实验站退化草场2004 年 3 月 1 日 ~10 月 31 日的气象要素和通量观测数据，对基于上述理论分析得到的 k 值正负以及实际与潜在蒸散发之间相关性的正负变化规律进行日和半小时时间尺度的验证，具体分析实际与潜在蒸散发及其辐射项和空气动力学项在不同时间尺度下的相关性，探讨影响实际与潜在蒸散发之间相关性质的主要因素。

8.4.2.1 日时间尺度模拟结果分析

图 8-9（a）给出了在日时间尺度下基于非线性模型的 ET_a 估算结果与涡度协方差系统实测值间的对比，显示出该模型具有较好的实际蒸散发模拟效果。图 8-9（b）显示出 E_{rad} 和 E_{aero} 的时间序列过程，E_{aero} 的变化幅度明显强于 E_{rad}，尤其在 E_{rad} 比 E_{aero} 较小的年内第 170 天之前和第 283 天之后更为明显。图 8-9（c）给出了 ET_a/ET_p 和 E_{rad}/ET_p 的时间序列过程，两者间的变化具有显著相关性，E_{rad}/ET_p 能够间接反映蒸发面的水分供给状况。此外，图 8-9（d）和图 8-9（e）分别给出了 ω 和 k 值的时间序列过程，其中 ω 值的变化范围在 $-0.01\sim0.40$，平均值为 0.15，该值与 E_{rad} 和 E_{aero} 的相对变化有关，较小 ω 值发生在年内第 170 天之前和第 283 天之后，而 k 值的变化范围在 $-0.23\sim0.27$，平均值为 0.03，且 ω 值较小时 k 值易出现负值。最后，图 8-9（f）给出了 ET_a 与 ET_p 之间的相关系数，通常负相关性常发生在 k 值为负时。

为了分析 k 值随蒸散发面湿润程度的变化，图 8-10（a）给出了 k 值随平均 ET_a/ET_p 变化的散点图，其中 k 值的正负和大小受到 ω 值和 ET_a/ET_p 的影响。对统计的 216 组观测数据而言，根据 ω 值的大小分为了两组，即 $\omega\leq0.2$ 和 $\omega>0.2$。对 $\omega\leq0.2$ 的观测数据，k 值主要受 $\partial ET_a/\partial E_{aero}$ 值的影响，且 k 值随平均 ET_a/ET_p 的变化与图中显示的理论曲线较为接近，随着可供水量的增大，k 值呈现出负值，且绝对值先增后减。对 $\omega>0.2$ 的观测数据，k 值通常为正值，特别是在平均 ET_a/ET_p 较大情况下更为如此，这表明 k 值主要受到 $\partial ET_a/\partial E_{rad}$ 的影响。

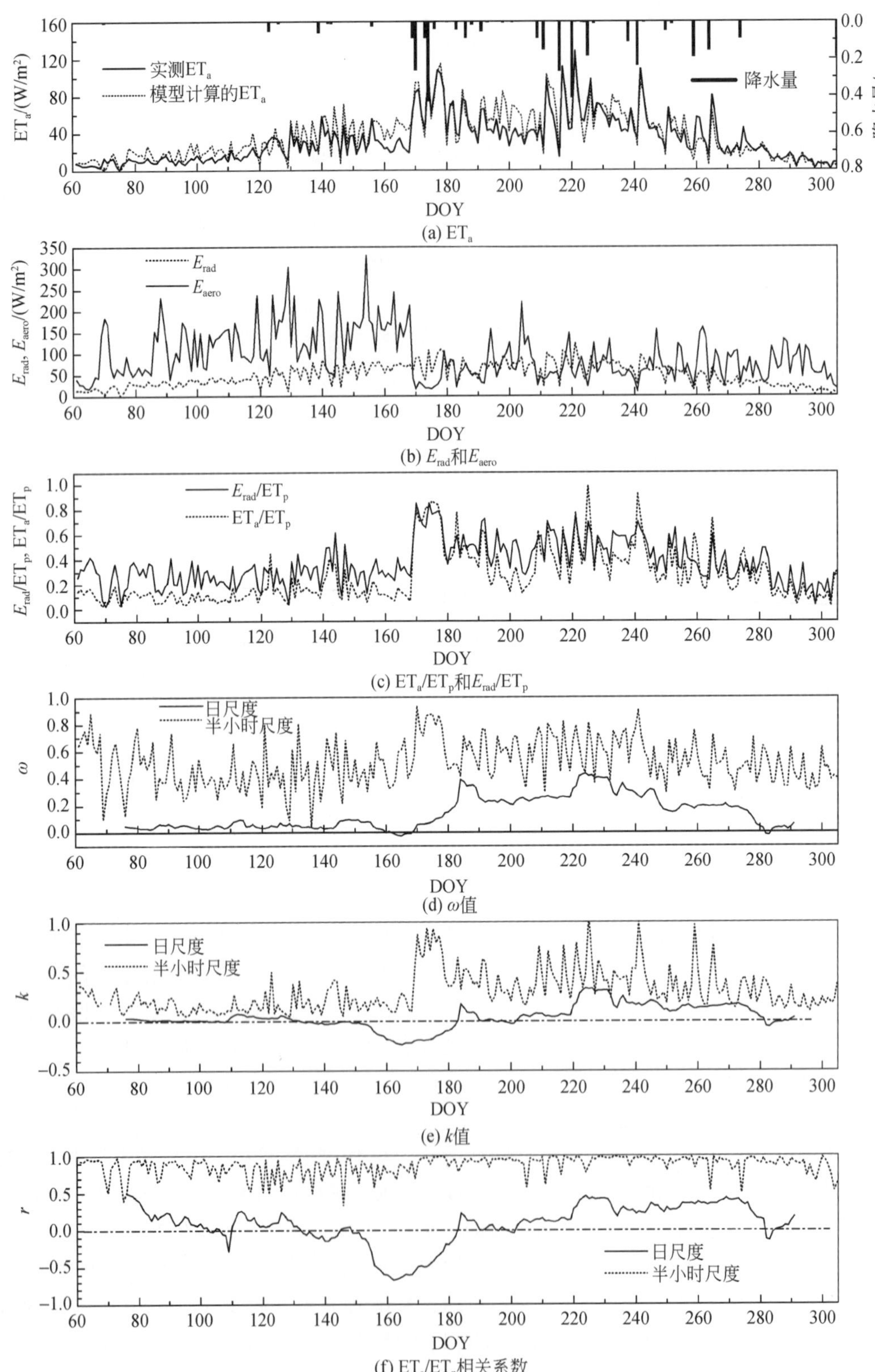

图 8-9　通榆退化草场日和半小时时间尺度下模拟变量的时间序列过程

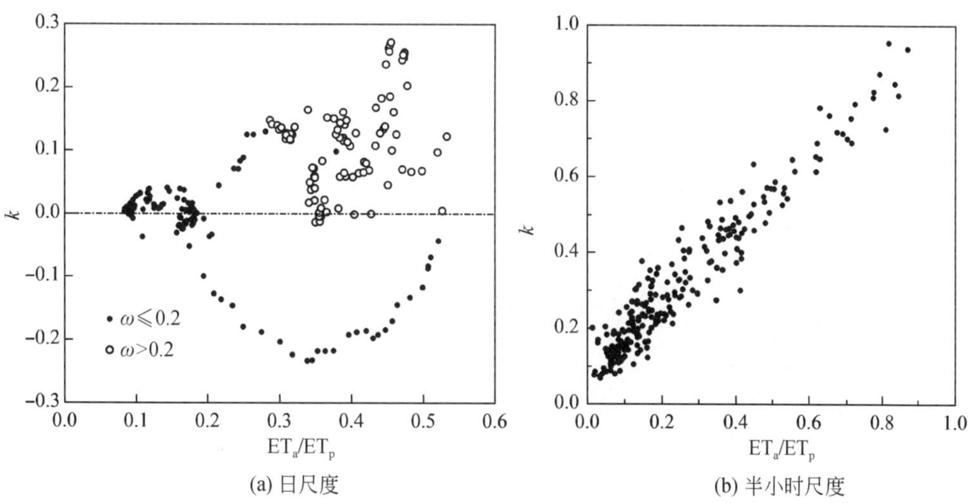

图 8-10　通榆退化草场日和半小时时间尺度下 k 值与 ET_a/ET_p 的关系

8.4.2.2　半小时时间尺度模拟结果分析

图 8-9(d) ~图 8-9 (f) 给出了半小时尺度下 ω 和 k 值以及 ET_a/ET_p 相关系数 r 的时间序列过程。由于 E_{rad} 变化较大 [图 8-9 (b)]，半小时尺度下的 ω 值变化范围在 0.13 ~ 0.93，平均值为 0.57，变幅较大，而 k 值主要受到 $\partial ET_a/\partial E_{rad}$ 的影响，总呈现出正值。随着供水能力的增大，ET_p 中 E_{rad} 的比例增大，$\partial ET_a/\partial E_{rad}$ 对 k 值的影响也随之增大，导致 k 值随陆面湿润程度增加而增大。此外，图 8-10 (b) 给出了 k 值随平均 ET_a/ET_p 变化的散点图，可以看出，k 值与 ET_a/ET_p 呈正比关系，但似乎不受 ω 值的影响。

8.4.3　年时间尺度验证

如图 8-11 所示，从国家气象信息中心提供的 1956 ~ 2005 年拥有逐月气象数据的 793 个气象站中，经过对个别明显不合理的观测数据进行删除并对个别缺失数据进行插补后，选择资料系列长度超过 35 年的 690 个气象站，对以上基于互补相关非线性模型分析的 k 值正负以及实际与潜在蒸散发之间相关性的正负变化规律进行年时间尺度的验证，探讨影响实际与潜在蒸散发之间相关性质的主要因素。

先根据选择的各气象站 1956 ~ 2005 年的 E_{rad} 和 E_{aero} 时间序列计算得到 ω 值，同时计算获得 k 值，其中 $n=2.54$ 和 $d=2.61$ (Han et al., 2012)。图 8-12 (a) 和图 8-12 (b) 分别给出了 ω 值和 k 值及其湿润指数 P/ET_p 的散点图，其中 ω 值和 k 值均随 P/ET_p 而变化，这表明 ET_a 与 ET_p 的关系具有明显的区域性特征。在干旱条件下，E_{aero} 的变化要比 E_{rad} 显著，故 ω 值相对较小。对 $P/ET_p < 0.5$ 的全国 282 个气象站点而言，ω 值的范围在 -0.17 ~ 0.63，平均值为 0.13。根据式 (8-38)，k 值的大小主要受到 $\partial ET_a/\partial E_{aero}$ 的影响，ET_a 与 ET_p 主要呈反比关系。对极端干旱 (P/ET_p 极小) 情况而言，k 值接近于零，这说明

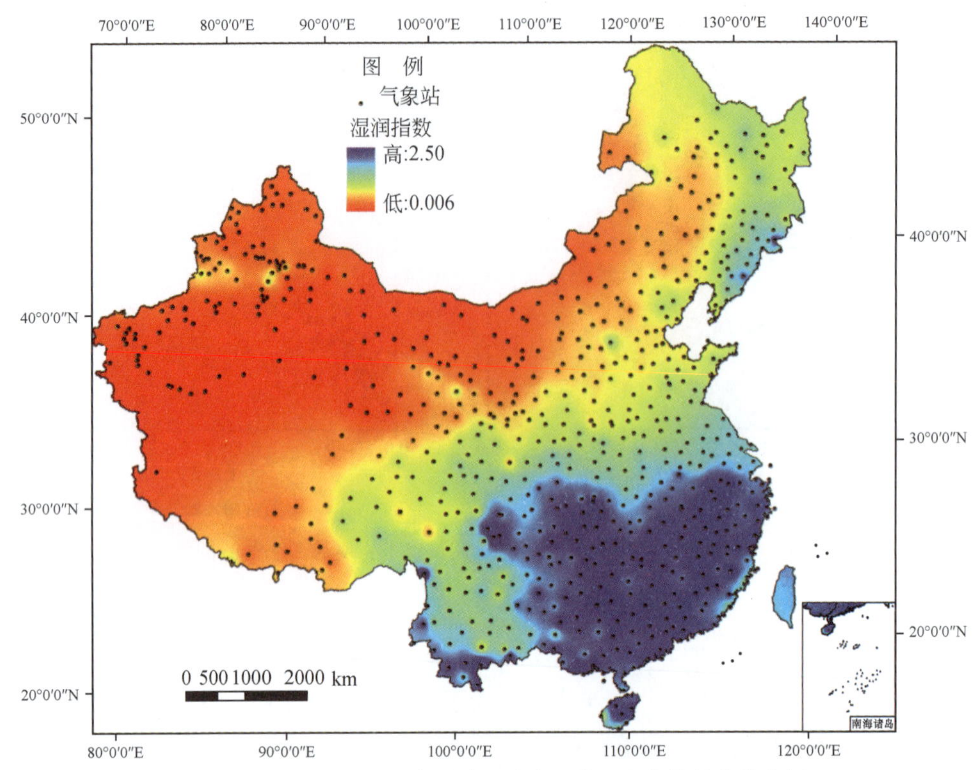

图 8-11　全国 690 个气象站位置分布及其湿润指数的变化范围

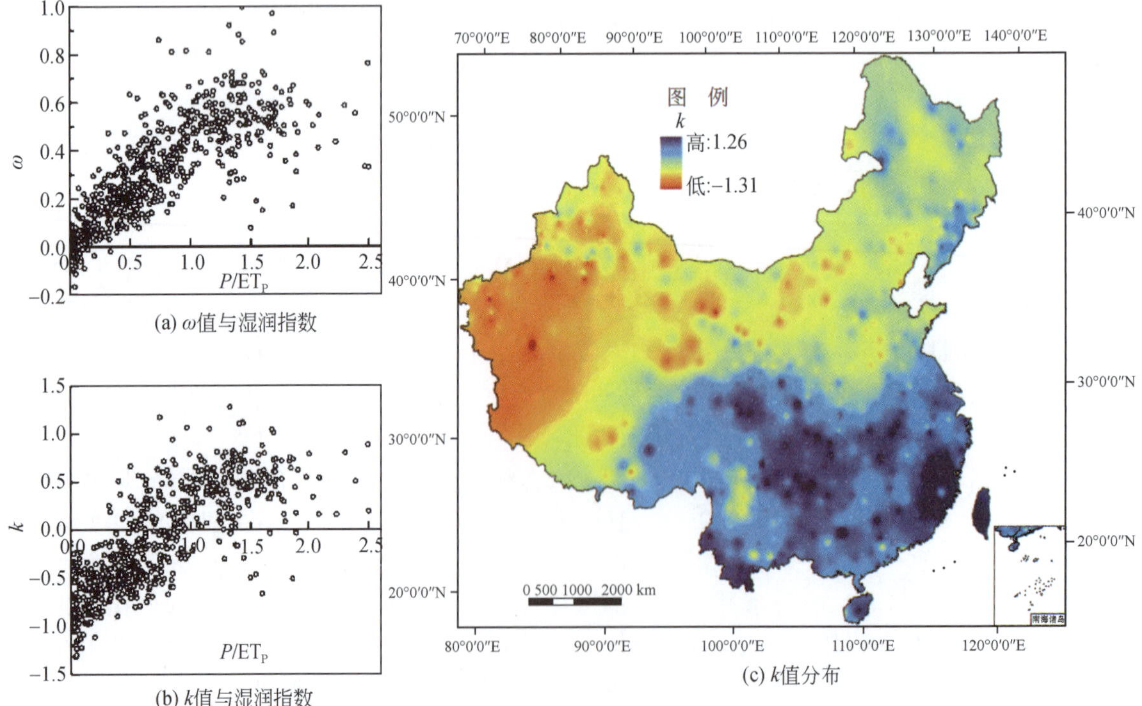

图 8-12　基于全国 690 个气象站年时间尺度下的 ω 和 k 值与湿润指数的关系及其 k 值分布

ET_a 与 ET_p 之间无显著相关性。同时，湿润环境下的 E_{rad} 变化要比 E_{aero} 显著，故 ω 值相对较大。对 $P/ET_p > 1$ 的全国 210 个气象站点而言，ω 值的变化范围为 0.08 ~ 0.63，平均值为 0.52。根据式（8-38），k 值的大小主要受到 $\partial ET_a/\partial E_{rad}$ 的影响，ET_a 与 ET_p 主要呈正比关系。在半干旱/半湿润环境下，ET_a 与 ET_p 的关系将从负相关过渡到正相关。

8.5 基于互补相关理论的潜在蒸散发变化趋势分析

潜在蒸散发是反映区域（灌区）尺度大气蒸发能力的重要指标，对估算当地实际蒸散发和分析区域气候特性具有重要意义。分析潜在蒸散发的变化趋势对作物需水预测以及气候变化下的水文响应有着十分重要的作用。潜在蒸散发的变化趋势一方面受到自然因素变化的影响（Roderick et al.，2009），另一方面也受到区域小气候条件变化的影响。在干旱农业区，引水灌溉将严重影响区域小气候条件，导致当地气温、相对湿度、风速等气象要素发生较大改变（李建云和王汉杰，2009），进而影响潜在蒸散发的变化趋势（Han et al.，2014）。为此，基于蒸散发互补相关理论，对比分析农业生产活动对潜在蒸散发变化趋势可能产生的影响，并对该变化趋势进行诠释。

8.5.1 潜在蒸散发变化趋势特征值与耕地面积占比的相关性

为了分析全国潜在蒸散发的变化趋势，从国家气象信息中心提供的 793 个气象站的 1956 ~ 2005 年的逐月气象数据，在对个别明显不合理的数据进行删除并对个别缺失数据进行插补后，选择资料系列长度超过 35 年的 690 个气象站。首先利用 Penman 公式计算潜在蒸散发量，然后分别计算所选择的各气象站点全年、5 ~ 9 月（主要灌溉季节）和 10 月 ~ 次年 4 月等不同阶段内的潜在蒸散发变化趋势的特征值（该趋势的变化率）。

为了分析农业生产活动对潜在蒸散发变化趋势的影响，收集了由中国科学院资源环境科学数据中心提供的 2000 年 1 : 10 万土地利用图为基础的全国 1km 格网数据库数据，根据每个格网带内耕地（水田、旱地）、林地、园地、草地、城镇居民点用地、工矿用地、交通用地、未利用地等土地利用类型面积的占比，确定各气象站点周围一定半径范围内的耕地面积比例。以潜在蒸散发变化趋势的变化率作为特征值，将该特征值与站点周围一定半径范围内的耕地面积占比进行线性回归分析（表 8-11），结果表明，两者间具有一定的相关性，其中 5 ~ 9 月的相关性最为显著。

表 8-11　潜在蒸散发变化趋势的特征值与各气象站点一定半径范围内耕地面积占比间的相关性

半径/km	全年			5 ~ 9 月			10 月 ~ 次年 4 月		
	a	b	r	a	b	r	a	b	r
1	-11.7	-8.1	-0.17	-8.2	-6.2	-0.19	-3.4	-1.9	-0.12
2	-15.3	-6.6	-0.20	-10.9	-5.1	-0.22	-4.2	-1.5	-0.13
3	-17.2	-5.7	-0.21	-12.4	-4.4	-0.24	-4.7	-1.3	-0.14

续表

半径/km	全年			5~9月			10月~次年4月		
	a	*b*	*r*	*a*	*b*	*r*	*a*	*b*	*r*
4	-17.6	-5.4	-0.21	-13.0	-4.1	-0.25	-4.6	-1.3	-0.13
5	-17.2	-5.5	-0.21	-13.1	-4.0	-0.25	-4.2	-1.4	-0.12
6	-16.5	-5.8	-0.20	-13.0	-4.1	-0.24	-3.8	-1.6	-0.11
7	-15.8	-6.1	-0.19	-12.7	-4.2	-0.24	-3.3	-1.8	-0.09
8	-15.2	-6.4	-0.18	-12.5	-4.4	-0.23	-3.0	-1.9	-0.08
9	-14.6	-6.7	-0.17	-12.3	-4.5	-0.23	-2.7	-2.1	-0.07
10	-14.2	-6.9	-0.17	-12.2	-4.6	-0.22	-2.5	-2.1	-0.07
15	-12.8	-7.7	-0.15	-11.6	-5.1	-0.21	-1.8	-2.4	-0.05
30	-9.9	-9.0	-0.12	-10.1	-6.0	-0.18	-0.6	-2.8	-0.02

注：$y=ax+b$，其中，y 为潜在蒸散发变化趋势的特征值，x 为气象站点一定半径范围内耕地面积比例，r 为相关系数。

若以各气象站点5km半径范围内的耕地面积占比作为反映农业生产活动影响的判别标准，则在选择的全国690个主要气象站中可筛选出受农业生产活动影响较小（耕地面积占比小于30%）和影响显著（耕地面积占比大于50%）的站点分别为195个和244个，其中前者称为“自然站点”，含干旱区76个、半湿润区67个和湿润区52个，后者称作“农业站点”，包括干旱区77个、半湿润区109个和湿润区58个。对“自然站点”而言，由于潜在蒸散发变化趋势的特征值与耕地面积占比之间没有相关性，故可忽略农业生产活动的影响。

8.5.2 “农业站点”与“自然站点”潜在蒸散发变化趋势对比

图8-13给出了1956~2005年“农业站点”和“自然站点”的潜在蒸散发变化趋势的分布及其在不同气候区域内的累积频率对比。与“自然站点”相比，“农业站点”的潜在蒸散发下降趋势较为明显，且两类站点间的差异在干旱区和半干旱/半湿润区更为显著。此外，如图8-14所示，不同气候区域内潜在蒸散发中的辐射项和空气动力学项也具有不同的变化趋势，其中干旱区大部分气象站点的 E_{rad} 略有上升，而 E_{aero} 却下降，这在“农业站点”中更为显著，而湿润区大部分气象站点的 E_{rad} 和 E_{aero} 都有所下降，且“农业站点”的下降更为明显。

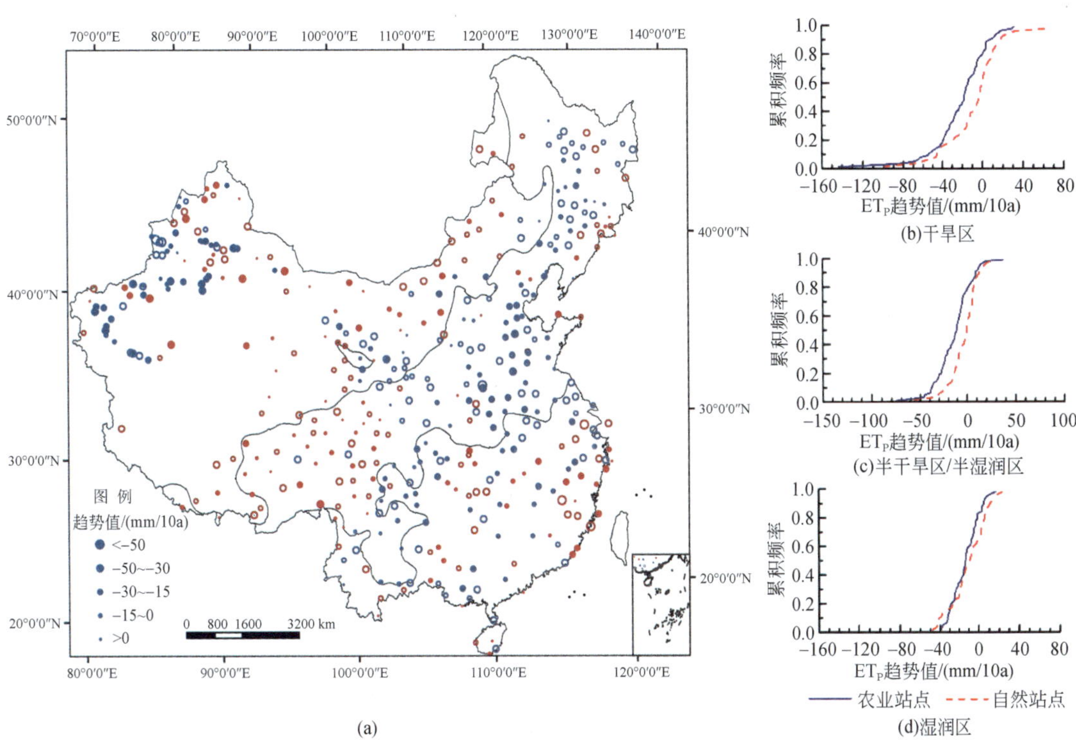

图 8-13 “农业站点”和“自然站点”潜在蒸散发变化趋势的分布及其在不同气候区域的累积频率对比

注：实心点通过 95% 显著性水平检验，空心点未通过 95% 显著性水平检验。

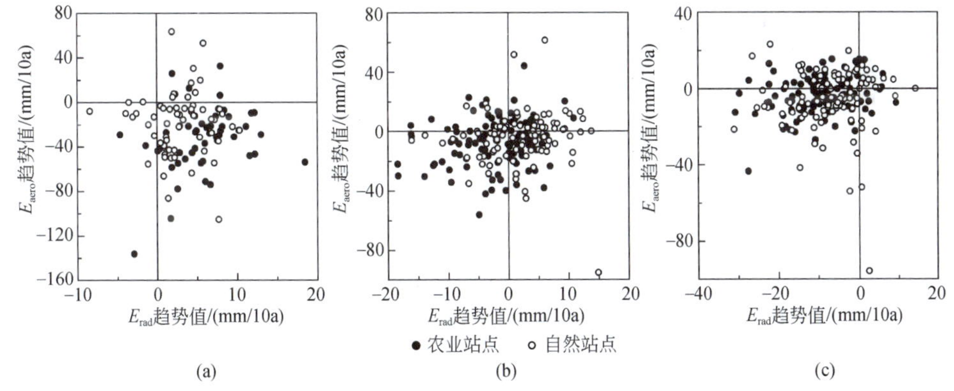

图 8-14 不同气候区域内“农业站点”和“自然站点”潜在蒸散发中辐射项和空气动力学项的变化趋势对比

8.5.3 潜在蒸散发变化趋势分析

图 8-15 给出了不同气候区域内“农业站点”和“自然站点”的平均潜在蒸散发及其辐射项距平值的变化过程。可以看出，在不同的气候区域内，“农业站点”的平均潜在蒸散发下降趋势要比“自然站点”显著，其中干旱区“农业站点”的平均潜在蒸散发下降明显，而 E_{rad} 略有上升，这主要受到 E_{aero} 下降的影响。

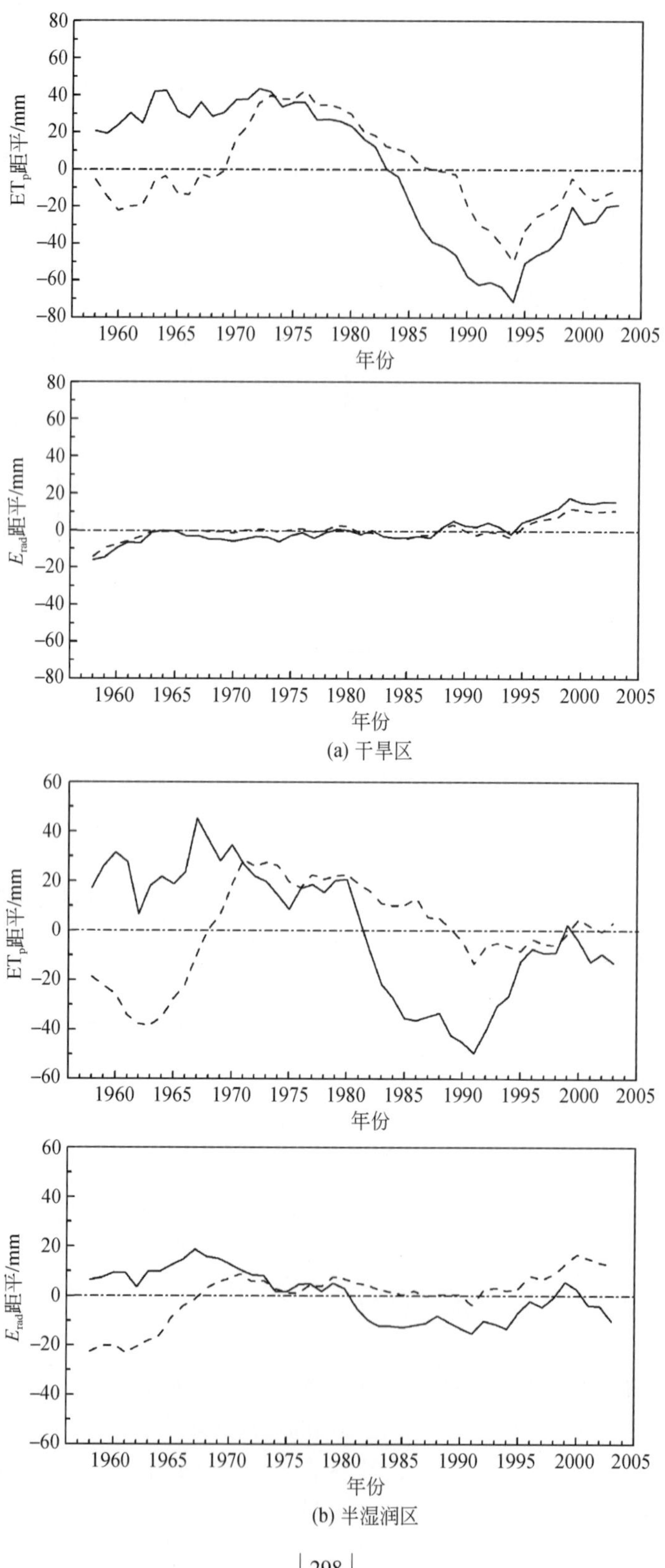

(a) 干旱区

(b) 半湿润区

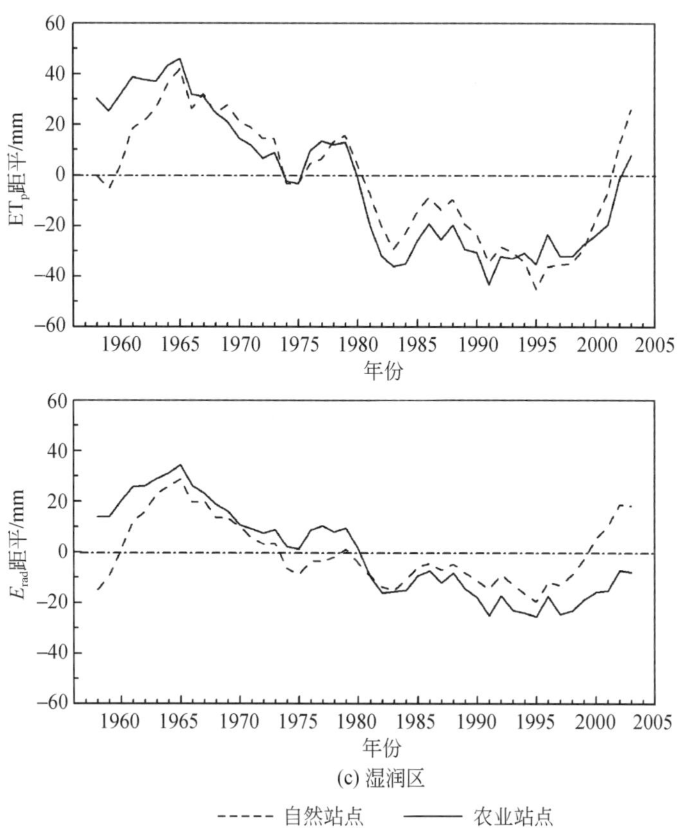

图 8-15 不同气候区域内“农业站点”和“自然站点”的平均潜在蒸散发及其辐射项距平值的变化过程

我国西北干旱/半干旱区 1956 ~ 2005 年降水量出现了增大趋势（丛振涛等，2008）。如图 8-16（a）所示，根据蒸散发互补相关理论，当降水量由 P_1 增长到 P_{N2} 时，潜在蒸散发将由 ET_{p1} 下降到 ET_{pN2}，其中“自然站点”的潜在蒸散发下降与降水量的增大有关。对干旱/半干旱地区而言，灌溉引水是导致农业生产活动显著影响陆面水分供给的重要因素，且对陆面实际蒸散发变化也有显著影响。由此可见，灌溉引水和作物耗水的明显增加，致使“农业站点”的陆面可供水量要比“自然站点”增加显著，陆面可供水量由 P_1 增加到 $P_{A2}+I$（I 为灌溉引水量）。灌溉引水量的增大势必引起实际蒸散发量的增加，进而导致潜在蒸散发量明显下降，即潜在蒸散发从 ET_{p1} 下降到 ET_{pA2}，因此，干旱/半干旱区“农业站点”的潜在蒸散发下降趋势因发展灌溉而有所加速。

从图 8-16（b）中可以看出，湿润区内潜在蒸散发的下降主要受到 E_{rad} 减少的影响，湿润环境蒸散发将由 ET_{w1} 下降到 ET_{wN2}，且“自然站点”的潜在蒸散发由 ET_{p1} 下降到 ET_{pN2}。此外，“农业站点”的辐射项要比“自然站点”下降的更为显著，随着湿润环境蒸散发由 ET_{w1} 显著下降到 ET_{wA2}，潜在蒸散发将由 ET_{p1} 明显降低到 ET_{pA2}，但对湿润区引起湿润环境蒸散发显著下降的原因尚待做深入研究。对半湿润半干旱区而言，“农业站点”潜在蒸散发的显著下降主要受到 E_{rad} 和 E_{aero} 减少的共同作用，发展灌溉和辐射项的明显下降是主要的影响因素。

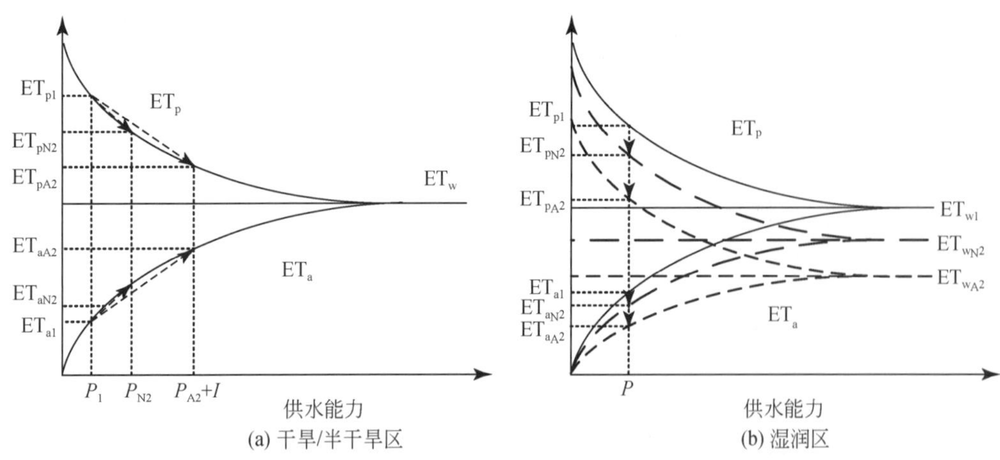

图 8-16　基于蒸散发互补相关理论的潜在蒸散发和湿润环境蒸散发的变化趋势

8.6　基于蒸散发互补相关模型的区域（灌区）尺度潜在蒸散发估算

由于涉及陆面和近地面大气两个子系统之间的复杂相互作用机制，故常难以在小尺度空间范围内对灌溉影响下的潜在蒸散发变化规律进行定量分析。蒸散发互补相关理论是基于陆面与近地面大气间相互作用关系，研究陆面实际与潜在蒸散发之间的相互影响机制，分析因发展灌溉引起的实际蒸散发变化对潜在蒸散发的影响。为此，以干旱内陆区甘肃省景泰川引黄提水灌区为典型，在开展引水灌溉对潜在蒸散发变化规律影响的研究基础上，基于蒸散发互补相关平流-干旱模型建立灌溉对潜在蒸散发影响的灌区需水预测方法。需要指出的是，前述构建的非线性模型实际上是对平流-干旱模型在较为干旱和湿润条件下的改进，而这两种模型在既不十分干燥也不十分湿润的情况下是近似等价的。受灌溉引水调控的影响，景泰川引黄提水灌区在年时间尺度下的水分供给条件一般较好，受控陆面正属于既不十分干燥也不十分湿润的状况，符合平流-干旱模型与非线性模型近似等价的条件，为使用简便起见，分析中仅采用平流-干旱模型。

8.6.1　景泰川灌区概况

如图 8-17 所示，景泰川引黄提水灌区位于甘肃省河西走廊景泰县中部，地处东经 103°39′～104°11′和北纬 37°04′～37°20′，是从黄河引水的大型高扬程提水灌区。景泰川灌区位于暖温带的荒漠区，属温带干旱大陆性气候，年均降水量 183mm，年均蒸发量 2600mm（φ20）。景泰川引黄提水灌区内基本无常年性地表径流，只有 3 条干沟在暴雨季节形成短暂洪流，灌溉水源全部来自黄河。灌区内主要种植小麦和玉米，近年来经济作物的种植比例有所提高，灌区内的作物种植结构参见表 8-12。

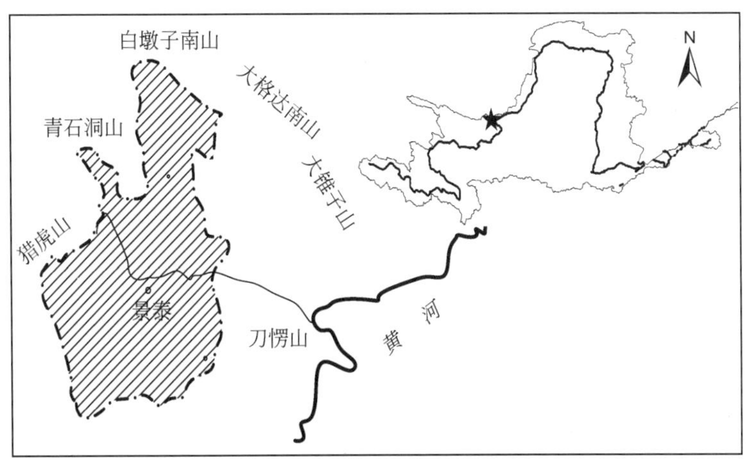

图 8-17　景泰川引黄提水灌区地理位置示意图

表 8-12　景泰川引黄提水灌区作物种植结构

作物		小麦	胡麻	玉米	谷子	洋芋	蔬菜	牧草	林木
生长期（月-日）		3-15 ~ 7-5	4-20 ~ 7-31	4-10 ~ 9-20	4-25 ~ 9-11	4-10 ~ 8-10	4-10 ~ 9-10		
种植比例/%	1978 年	70.2	4.2	4.9	7.0	1.4	1.8	1.8	8.8
	1990 年	55.0	10.0	13.3	1.3	1.3	6.7	2.3	10.0
	1998 年	50.0	4.0	20.0	5.0	2.0	8.0	2.0	9.0
	2006 年	36.5	7.0	20.0	2.0	3.0	18.5	4.0	9.0

引黄灌溉工程于 1972 年开始引水，实灌面积由最初的 3500hm^2 发展到 2001 ~ 2008 年平均的20 000hm^2，提水量由 0.35 亿 m^{3}增加到 1991 年最大的 1.73 亿 m^3，之后的灌溉引水量基本保持稳定（图 8-18）。灌区耗水量与灌溉引水量的变化基本保持一致。由于降水量稀少，且年际间变化并不显著，景泰川灌区耗水量的变化在一定程度上反映出实际蒸散发的变化。灌区耗水量根据水量平衡计算得到（陈文，2003），可基本满足灌区年灌溉引水量计算精度的要求。在水量平衡分析过程中，将耗水量平均到整个灌区后得到按面积平均的灌区耗水量。此外，景泰川气象站拥有 1957 ~ 2008 年月降水量、日平均气温、最高和最低气温、温度、相对湿度、2m 高度处风速和日照时数等气象要素观测资料。

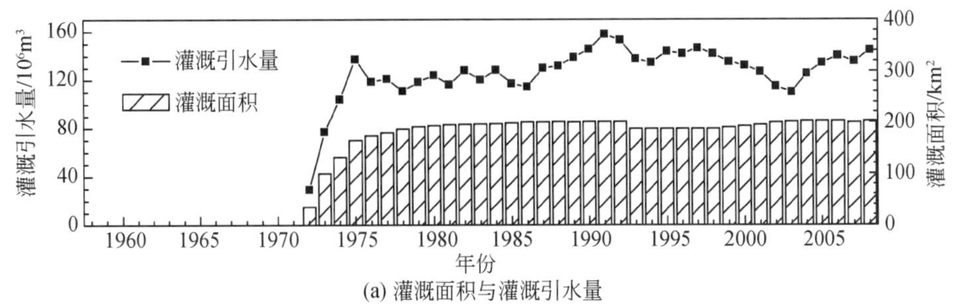

(a) 灌溉面积与灌溉引水量

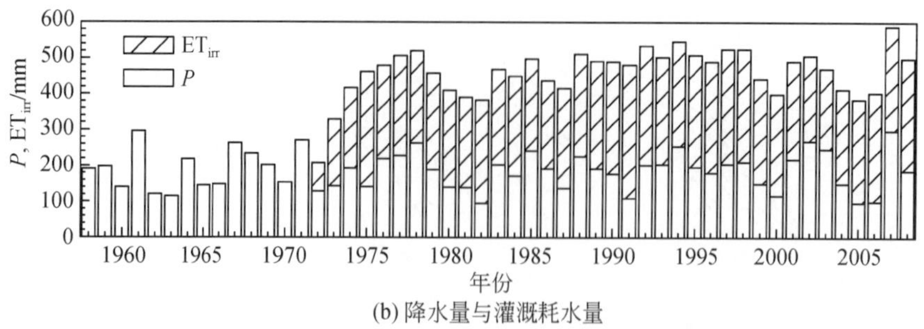

(b) 降水量与灌溉耗水量

图 8-18　1957 ~ 2008 年景泰川引黄提水灌区灌溉要素的变化过程

8.6.2　景泰川灌区潜在蒸散发变化规律及其影响因素

8.6.2.1　潜在蒸散发变化规律

在灌溉引水和灌区耗水量发生变化的同时，景泰川引黄提水灌区的蒸发皿蒸发量和潜在蒸散发量也发生了显著变化。图 8-19 给出了景泰川灌区 1957 ~ 2008 年蒸发皿蒸发量 E_{pan}、Penman 潜在蒸散发量 ET_p、参考作物蒸散发量 ET_0、Priestley-Taylor 潜在蒸散发量 ET_{pt} 以及 Hargreaves 公式计算的蒸散发量 $ET_{0\text{-}Ha}$ 的变化过程。将景泰川灌区分为引黄灌溉前（1957 ~ 1971 年）、引黄灌溉水量增大（1972 ~ 1991 年）和引黄灌溉水量基本稳定（1992 ~ 2008 年）三个阶段，表 8-13 给出了相应阶段的灌区年降水量、潜在蒸散发量均值的比较。尽管 E_{pan}、ET_p 和 ET_0 具有相似的变化过程，但随着灌溉引水量的阶段性变化而发生改变。其中三者在引黄灌溉前都基本保持稳定，引水量迅速增大期间均显著减小，引水量处于稳定阶段时又出现回升趋势。与此同时，ET_{pt} 和 $ET_{0\text{-}Ha}$ 具有增加趋势，与灌溉引水量和耗水量的变化没有明显的相关性。

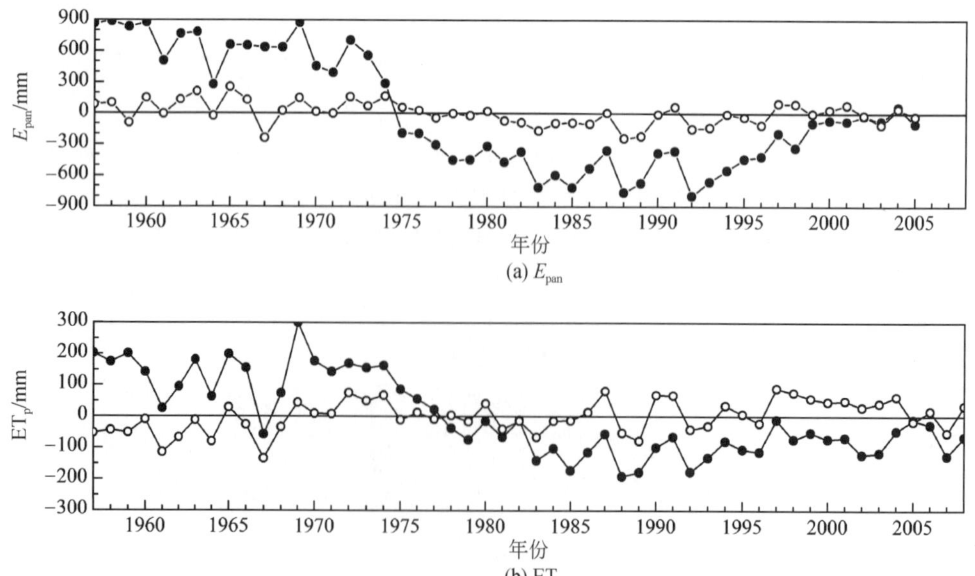

(a) E_{pan}

(b) ET_p

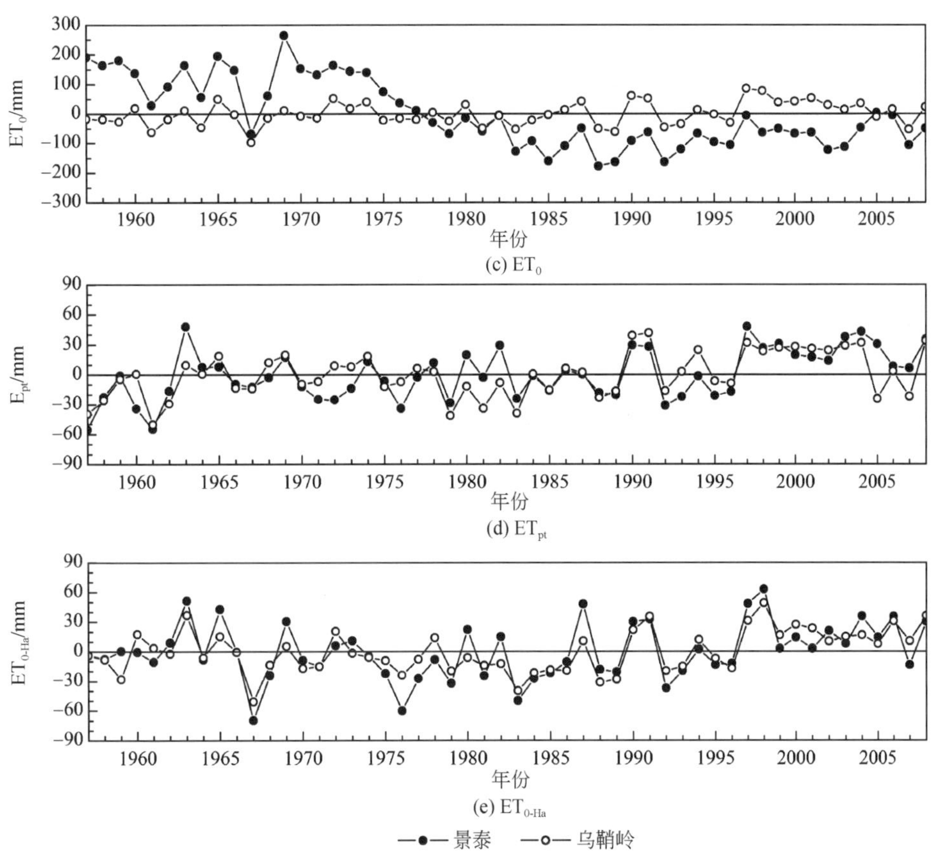

图 8-19 1957 ~ 2008 年景泰川引黄提水灌区年蒸散发量变化过程

表 8-13 景泰川引黄提水灌区不同灌溉发展阶段的年降水量和潜在蒸发量均值的比较

项目	时段	P/mm	E_{pan}/mm	ET_p/mm	ET_0/mm	ET_{pt}/mm	ET_{0-Ha}/mm	T_a/℃	T_{max}/℃	T_{min}/℃	RH/%	u/(m/s)	SD/h
景泰川灌区	1957 ~ 1971 年	186	3353	1356	1183	769	1049	8. 29	15. 24	2. 35	45. 7	3. 66	2718
	1972 ~ 1991 年	176	2364	1184	1024	777	1042	8. 30	15. 21	2. 53	47. 6	2. 54	2734
	1992 ~ 2008 年	193	2314	1136	983	793	1061	9. 35	16. 02	3. 76	47. 1	1. 91	2732
乌鞘岭气象站	1957 ~ 1971 年	390	1610	901	695	627	619	-0. 25	5. 48	-4. 78	57. 1	4. 38	2563
	1972 ~ 1991 年	395	1520	945	710	632	616	-0. 22	5. 52	-4. 67	57. 4	5. 07	2587
	1992 ~ 2008 年	416	1531	959	726	648	637	0. 57	6. 30	-3. 82	58. 4	5. 02	2624

注：RH 为相对湿度，u 为风速。

8. 6. 2. 2 潜在蒸散发影响因素分析

为了分析潜在蒸散发影响因素，表 8-13 还将景泰川引黄提水灌区气象数据与附近未受到人类活动显著影响的乌鞘岭气象站进行了对比。两者之间在 E_{pan}、ET_p 和 ET_0 的变化过程上存在明显差异，而在 ET_{pt} 和 ET_{0-Ha} 具有相似的变化过程，这表明景泰川灌区潜在蒸散发量具有明显局的变化特性，E_{pan} 和 ET_p 的变化与耗水量的变化有着一定联系。景泰川灌区蒸散发能力发生的显著变化，主要受到空气动力学项的影响，而辐射和气温变化的影响却不大，ET_{pt}和$ET_{0\text{-}Ha}$并不能反映该灌区蒸散发能力的变化过程。

由于景泰川引黄提水灌区的日均气温、风速、相对湿度存在不同程度的改变，故需分析这些气象要素的变化对潜在蒸散发的影响。表 8-13 对比列出引黄灌溉前后的气温、太阳辐射、相对湿度和风速的变化情况，并与乌鞘岭气象站进行类比。其中，引黄灌溉基本稳定的 1992 ~ 2008 年相对于引黄灌溉前的 1957 ~ 1971 年，景泰川灌区的气温显著升高，而日照时数变化较小，与乌鞘岭气象站的变化相一致。引黄灌溉水量增大的 1972 ~ 1991 年相对于 1957 ~ 1971 年，景泰川灌区的相对湿度呈增大趋势，这要比乌鞘岭的变化趋势显著。此外，景泰川灌区的风速显著下降，特别是引黄灌溉前后从 3. 66m/s 下降到 1. 91m/s，远大于全国和西北地区的风速平均变化趋势（Han et al.，2009）。

通过上述对比分析说明，景泰川引黄提水灌区的潜在蒸散发变化既受到大尺度气象要素变化的影响，同时也受到局地小气候特性变化的作用，且局地小气候变化明显受到引黄灌溉发展的影响。景泰川引黄提水灌区在灌溉发展前后的年 Penman 潜在蒸散发量下降约 17%，风速下降约 50%，这与其他绿洲灌区相应变化的量级较为接近。韩松俊等（2009）在新疆塔里木河流域 16 个绿洲气象站点、曹红霞等（2007）在陕西关中地区和 Ozdoganet 和 Salvucci（2004）在土耳其东南部 Harran 平原灌区开展的相关研究中，都发现增加引水灌溉与潜在蒸散发量和风速的显著下降同时并举的现象。

8.6.3 引黄灌溉对景泰川灌区潜在蒸散发的影响

在 Priestley-Taylor 潜在蒸散发量保持基本稳定的情况下，随着引黄灌溉水量的增大，景泰川灌区的实际蒸散发量增大，而潜在蒸散发量却下降。图 8-20 给出了景泰川灌区 1957 ~ 2008 年 ET_0 和 ET_{pt}随（$P+I$）的变化关系，可以看出 ET_{pt}与（$P+I$）之间基本没有

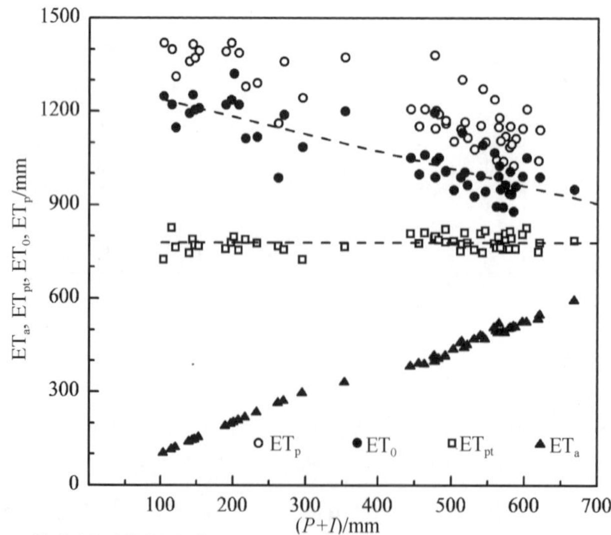

图 8-20 景泰川引黄提水灌区 1957 ~ 2008 年 ET_0 和 ET_p随（$P+I$）的变化关系

相关性，而 ET_0 却随着（$P+I$）的增大而下降，这说明蒸散发互补相关性在景泰川灌区是成立的。引黄灌溉引起的实际蒸散发变化将显著影响干旱内陆灌区的潜在蒸散发量，为此，基于蒸散发互补相关理论能够构建灌区潜在蒸散发量估算模型，用于预测灌溉变化下的灌区蒸散发能力。

8.6.3.1 模型构建与验证

在蒸散发互补相关模型中，一般采用 Penman 公式计算潜在蒸散发量，在灌区作物需水和灌溉需水量分析计算中，则采用参考作物蒸散发 ET_0 代表灌区的蒸散发能力，而 ET_0 与 Penman 潜在蒸散发量之间有着良好的线性相关性。向景泰川引黄提水灌区这样位于干旱内陆区域的灌区，年蒸散发量主要受到降水量和灌溉引水量的影响，其与年降水量与灌溉引水量之和（$P+I$）具有线性相关性。因此，以平流-干旱模型所依据的互补相关关系式（8-5）为基础，采用 ET_0 取代平流-干旱模型中的 Penman 潜在蒸散发量，且以降水量与灌溉引水量之和的一定比例来反映实际蒸散发量，则可建立起 ET_0 与 ET_{pt} 和（$P+I$）之间的线性关系如下：

$$ET_0 = mET_{pt} - n(P + I) \tag{8-41}$$

式中，m 和 n 为参数。

图 8-21 对比了利用式（8-41）计算的 ET_0 与利用气象数据计算的 ET_0，从中可以看出，基于式（8-41）能较好地模拟灌溉影响下的景泰川灌区参考作物蒸散发量的变化趋势。

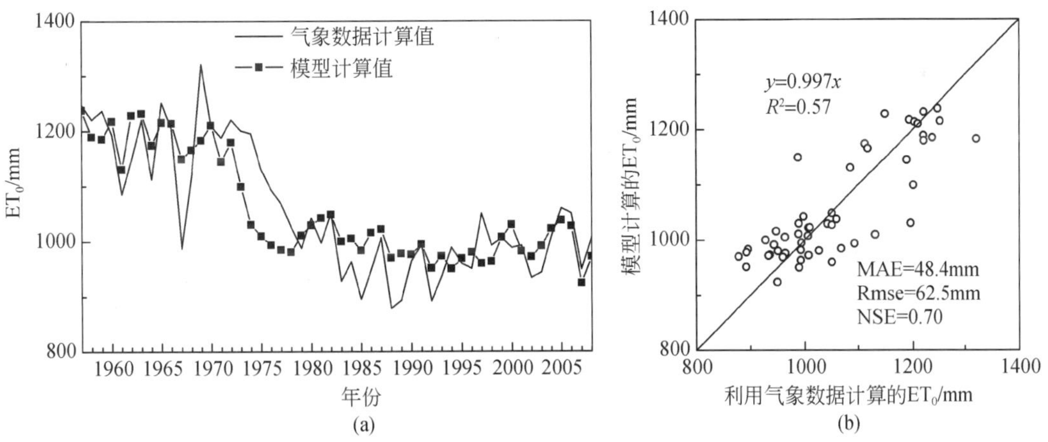

图 8-21 景泰川引黄提水灌区基于蒸散发互补相关模型估算的 ET_0 与利用气象数据计算的 ET_0 比较

8.6.3.2 引黄灌溉对灌区潜在蒸散发的影响

从以上结果分析中可以发现，景泰川引黄提水灌区的参考作物蒸散发量与灌溉引水量之间存在着一定关联，在灌溉发展的不同时期，灌溉引水量对应着不同的蒸散发能力。引黄灌溉前的 1957～1971 年，降水量均值 186mm，参考作物蒸散发量 1183mm，且随引黄灌溉量增大而减小；引黄灌溉增大的 1972～1991 年，年均降水量 177mm，年均引水量 1. 19

亿 m^3，参考作物蒸散发量降为 1024mm；引黄灌溉稳定的 1992 ~ 2008 年，年均降水量 193mm，年均引水量 1.35 亿 m^3，参考作物蒸散发量下降到 983mm。

由此可见，引水灌溉量的变化所引起的实际蒸散发量改变必将影响到潜在蒸散发量，若将景泰川引黄提水灌区不同引水灌溉水平下的潜在蒸散发量作为定值，则在制定灌区用水规划以及预测灌溉需水量时会造成显著的计算误差。表 8-14 给出了不同降水频率（P=50% 和 75%）、不同灌溉引水量下的景泰川灌区参考作物蒸散发量。在模拟预测过程中，假定 ET_{pt} 保持不变为 783.2mm，且 50% 和 75% 降水频率下的降水量分别为 190.3mm 和 139.9mm，则在现状（1999 ~ 2008 年）年平均灌溉引水量 129.9×$10^6 m^3$ 和灌区单位面积灌溉引水量 354.1mm 的条件下，参考作物蒸散发量将分别为 1000.9mm 和 1030.2mm，当灌溉引水量减小或增大时，参考作物蒸散发量将相应增大或减小。在 50% 降水频率下，若灌溉引水量减小 20%，则参考作物蒸散发量会增大约 40mm，而灌溉引水量增大 20%，参考作物蒸散发量将减小约 40mm。

表 8-14　不同降水频率（P=50% 和 75%）、不同灌溉引水量下的景泰川引黄提水灌区参考作物蒸散发量

项目	现状	灌溉引水量减小		灌溉引水量增大	
灌溉引水量/$10^6 m^3$	129.9	103.9	116.9	142.9	155.9
单位面积净灌溉引水量/mm	354.1	283.3	318.7	389.6	425.0
ET_0（P=50%）/mm	1000.9	1042.0	1021.5	980.4	959.9
ET_0（P=75%）/mm	1030.2	1071.2	1050.7	1009.6	989.1

综上所述，在干旱内陆地区发展灌溉必然会在一定程度上影响到区域尺度的蒸散发能力，若以景泰川引黄提水灌区当前灌溉引水状况下的蒸散发能力来估算未来情景下的实际蒸散发量，则会引起预测结果出现一定偏差。为此，在预测灌区用水量和制定合理灌溉定额时，需要科学合理地确定不同灌溉引水状况下的区域（灌区）尺度潜在蒸散发量。

8.6.4　基于灌溉对蒸散发能力影响的景泰川灌区灌溉需水量预测

由于作物需水受到蒸散发能力的影响，故发展灌溉引起的灌区蒸散发能力变化必然影响灌区单位面积的作物需水量和净灌溉需水量。为此，在分析引黄灌溉对景泰川灌区灌溉需水状况影响的基础上，开展不同情景下的灌溉净需水量预测。

8.6.4.1　作物需水与灌溉需水变化规律

作物需水量又称为作物潜在腾发量，是作物在土壤水分适宜、生长正常、大面积高产条件下的棵间土面（或水面）蒸发量与植株蒸腾量之和，一般采用作物系数法计算。

$$ET_c = K_c \cdot ET_0 \tag{8-42}$$

式中，ET_0 为参考作物蒸散发量（mm）；K_c 为作物系数，受土壤、气候、作物生长状况和管理方式等诸多因素影响。

作物需水量一部分由天然降水供给，另一部分由灌溉补充。净灌溉需水量是指为保证作物正常生长并取得高产而需通过灌溉补给作物的水量，其为作物需水量与有效降水量之差。根据每种作物各月的净灌溉需水量，可以计算得到全灌区各月的净灌溉需水量。

$$\mathrm{Nir_m} = \mathrm{ET_{cm}} - P_e \tag{8-43}$$

式中，$\mathrm{Nir_m}$为单位面积的净灌溉需水量（mm）；$\mathrm{ET_{cm}}$为各月的作物需水量（mm）；P_e为各月的有效降水量（mm）。

由各月的净灌溉需水量可计算得到全年的净灌溉需水量，再根据不同作物的种植面积进行加权平均，即可以得到灌区净灌溉需水量 Nir。图 8-22 和表 8-15 给出了 1957 ~ 2008 年景泰川引黄提水灌区小麦单位面积的作物需水量和净灌溉需水量的变化状况，以及全灌区单位面积的净灌溉需水量的变化情况。可以看到，受该灌区蒸散发能力变化的影响，小麦单位面积的作物需水量在引黄灌溉之前较高，且相对稳定，但引黄灌溉开始后却显著下降，随着潜在蒸散发量的稳定，单位面积的作物需水量也保持稳定，且略有回升。全灌区单位面积的净灌溉需水量也具有类似的变化规律，在引黄灌溉之前，根据气象数据计算的全灌区单位面积的净灌溉需水量较大（平均 513mm），随着引黄灌溉快速发展引起的蒸散发能力下降，全灌区单位面积的净灌溉需水量也显著下降，而随着引黄灌溉的保持稳定，全灌区单位面积净灌溉需水量也保持稳定（1999 ~ 2008 年均值 417mm）。

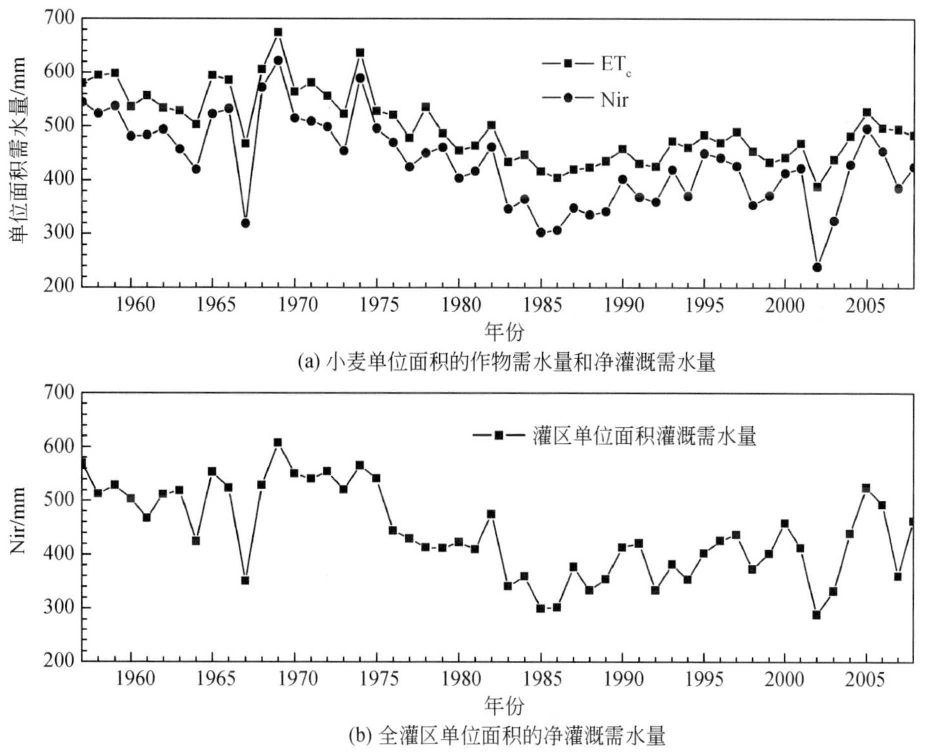

图 8-22 景泰川引黄提水灌区 1957 ~ 2008 年灌溉需水的变化状况

表 8-15 1957～2008 年景泰川引黄提水灌区不同作物单位面积的需水量和净灌溉需水量

项目	时段	作物							
		小麦	胡麻	玉米	谷子	洋芋	蔬菜	牧草	林木
ET_c/mm	1957～1971 年	567	524	743	638	630	737	695	708
	1972～1991 年	477	425	622	531	522	616	588	599
	1992～2008 年	465	416	593	506	506	589	556	567
Nir/mm	1957～1971 年	502	445	589	494	522	586	535	541
	1972～1991 年	412	338	469	390	404	468	433	437
	1992～2008 年	399	320	435	358	384	435	389	393

8.6.4.2 不同灌溉情景下的灌溉净需水量预测

引黄灌溉变化所带来的实际蒸散发变化必将影响到潜在蒸散发能力，进而影响作物需水量和单位面积的净灌溉需水量。若将不同引水灌溉和作物耗水状况下的潜在蒸散发量作为定值考虑，则在开展灌区规划和灌溉需水预测时必然会造成计算误差。因此，当在不同灌溉发展情景下预测净灌溉需水量时，就需要考虑因灌溉引起的蒸散发能力的改变。在将表 8-14 给出的参考作物蒸散发量按多年平均降尺度到日后，可计算得到不同作物单位面积的作物需水量和灌区单位面积的净灌溉需水量（表 8-16）。

表 8-16 考虑因灌溉引起的潜在蒸散发变化下景泰川引黄提水灌区的净灌溉需水量与灌溉面积间的关系

项目		现状	不同灌溉发展情景							
			考虑 Nir 变化				不考虑 Nir 变化			
灌溉引水量 /$10^6 m^3$		129.9	103.9	116.9	142.9	155.9	103.9	116.9	142.9	155.9
P=50%	Nir/mm	414.6	435.5	425.0	404.1	393.7	414.6			
	灌溉面积/km^2	199.5	151.9	175.1	225.1	252.1	159.6	179.6	219.5	239.4
P=75%	Nir/mm	446.4	467.3	456.8	436.0	425.5	446.4			
	灌溉面积/km^2	185.3	141.6	162.9	208.7	233.2	148.2	166.7	203.8	222.3

表 8-16 给出的结果表明，在现状灌溉引水及降水频率为 50% 和 75% 下，灌区单位面积的净灌溉需水量分别为 414.6mm 和 446.4mm。若减小灌溉引水量，则单位面积的净灌溉需水量将随参考作物蒸散发量的增大而增加，其中 50% 降水频率下，如灌溉引水量减小 20%，则单位面积的净灌溉需水量增大约 21mm，若灌溉效率不变，相同灌溉引水量能支撑的灌溉面积将从 199.5km^2 下降到 151.9km^2。对比之下，若灌溉需水预测时不考虑灌溉对潜在蒸散发的影响，即单位面积的净灌溉需水量保持 414.6mm 不变，则灌溉引水量可支撑的灌溉面积仅从 199.5km^2 减小到 159.6km^2。反之，如灌溉引水量增大 20%，则单位面积的净灌溉需水量将减小约 21mm，若灌溉效率不变，相同灌溉引水量能支撑的灌溉面积将从 199.5km^2 增大到 252.1km^2。对比之下，若灌溉需水预测时不考虑灌溉对潜在蒸散发的影响，即单位面积的净灌溉需水量保持 414.6mm 不变，则灌溉引水量可支撑的灌溉

面积仅从 199.5km^2 增大到 239.4km^2（图 8-23）。

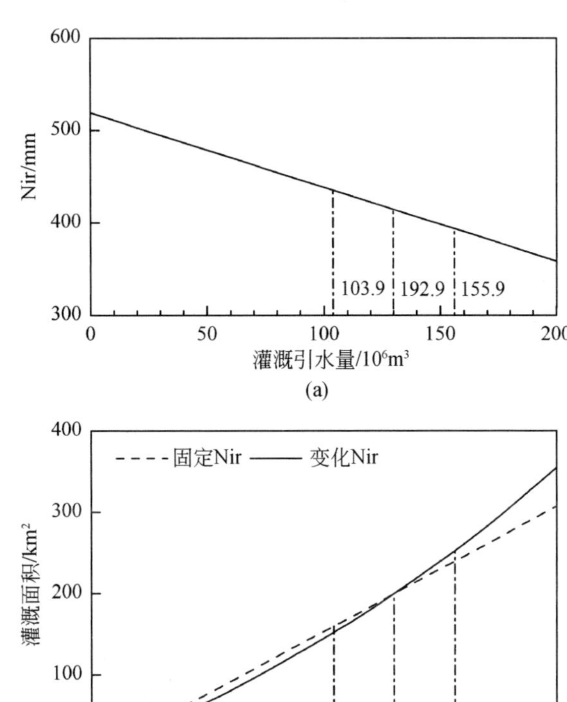

图 8-23　因灌溉引起的潜在蒸散发变化下景泰川引黄提水灌区的净灌溉需水量与灌溉面积间关系

8.7 小　　结

本章基于蒸散发互补相关理论，建立了综合考虑平流-干旱模型和 Granger 模型的蒸散发互补相关模型，并构建起蒸散发互补相关非线性模型，据此量化分析了不同空间尺度下实际与潜在蒸散发间的关系，以及全国范围内的潜在蒸散发变化趋势与特征，以干旱内陆区的甘肃省景泰川灌区为例，分析模拟了灌溉变化对区域（灌区）尺度潜在蒸散发的影响，利用考虑灌溉对潜在蒸散发影响的需水预测方法，开展未来情景下的灌区需水预测，获得的主要结论如下。

1）以 Penman 潜在蒸散发量为标准变量，对现有的平流-干旱模型、Granger 模型和 P-M-KP 模型进行无量纲化分析后发现，三种模型均可以蒸散发比（实际蒸散发与 Penman 潜在蒸散发之比）表示为湿润指数的函数，但具体的函数形式却有所不同。若以 Penman 潜在蒸散发中的辐射项占比替代原 Granger 模型中的湿润指数，则建立在蒸散发互补相关理论基础上的综合性模型对实际蒸散发的估算效果更佳，这为蒸散发互补相关性研究提供了一种新的思路。

2）与平流-干旱模型和修正 Granger 模型以及 P-M-KP 模型对比后发现，构建的非线性模型从理论上分析了不同时间尺度下实际与潜在蒸散发之间相关关系的正负变化规律：日内小时时间尺度下的实际与潜在蒸散发间的关系主要受到实际蒸散发与辐射项之间关系的影响，一般呈正相关性，日或年时间尺度下的实际与潜在蒸散发间的关系同时受到空气动力学项和辐射项变化的影响，湿润情况下多呈正相关性，干燥情况下多呈负相关性。相关成果统一了不同蒸散发研究中假设的实际与潜在蒸散发之间关系的认识，深化了对蒸散发互补相关原理的理解。

3）全国 690 个主要气象站点 1960 ~ 2005 年 5 ~ 9 月潜在蒸散发变化趋势的特征值与各站点 5km 半径范围内的耕地面积占比之间具有显著的相关性，其中受农业生产活动影响较为显著的站点的潜在蒸散发下降趋势要显著强于受农业生产活动影响较小的站点。在干旱/半干旱区，潜在蒸散发的明显下降不仅受到空气动力学项降低的影响，发展灌溉也会加快潜在蒸散发的下降速度，而对半湿润/半干旱区而言，潜在蒸散发的显著下降主要受到空气动力学项和辐射项减少的共同作用，发展灌溉也是重要的影响因素。

4）景泰川引黄提水灌区的年潜在蒸散发量随着灌溉引水量的持续增大而减小，不同灌溉发展水平对应着不同的潜在蒸散发量，进而影响作物需水量和灌溉需水量。若以当前灌溉引水状况下的蒸散发能力来估算未来情景下的实际蒸散发量和灌区需水量，则会造成预测结果出现一定程度的偏差。基于互补相关原理构建的考虑灌溉对潜在蒸散发影响的需水预测方法，可有效地模拟和预测灌溉影响下的景泰川引黄提水灌区参考作物蒸散发量和灌溉需水量的变化，为精准预测灌区需水量提供科技支撑。

下篇　基于蒸散发尺度效应的农业用水效率与效益评价

第 9 章 基于水氮作物耦合模型的通州大兴井灌区农田水氮利用效率评价

灌溉和施肥是保证粮食增产稳产的两大措施。我国是一个水资源相对短缺的国家，农业用水占总用水量的65%以上，但农业灌溉水利用效率较低，仅有50%左右。同时，我国氮肥利用效率也不高，以华北地区冬小麦-夏玉米轮作种植模式为例，通过作物吸收的氮肥占氮素输入总量的51%，通过氨挥发损失、氮淋失和反硝化损失的氮量分别占氮素施入量的21%、23%和3%（赵荣芳等，2009）。为此，基于水氮作物耦合模型，研究农田尺度土壤-作物系统水氮迁移转化规律，开展农田水肥利用效率评价，可为制定合理的灌溉施肥制度与模式提供科学依据，对提高农田水氮利用效率具有重要意义和实用价值。

本章在考虑土壤水、热、溶质迁移转化动力过程的基础上，基于气候因素和土壤水、盐、热、氮等因素对作物生长的影响，将土壤水分运移、氮素迁移转化、土壤温度、作物生长等过程的模拟相结合，构建起模拟土壤水、热、氮迁移转化与作物生长的耦合模型。以北京通州和大兴井灌区为典型研究区域，利用率定和验证后的该耦合模型模拟各子区域内冬小麦-夏玉米轮作下的土壤-作物系统水氮迁移转化过程及作物生长过程，开展不同农田水氮管理模式下的作物水氮利用效率区域空间分布评价。

9.1 水氮作物耦合模型构建

为了寻求最适合的农田水肥管理方案，研究土壤水、溶质及作物生长对不同农田水肥管理措施的响应至关重要。传统的田间试验方法受土壤类型、气象条件、作物种类等因素限制，在应用拓展性上表现出一定的局限性，而应用数学模型和田间试验相结合的研究思路，可在田间试验基础上获得最佳的农田水肥管理措施，并与地理信息系统相结合，研究不同区域农田水肥管理措施对土壤水、溶质及作物产量的影响。在众多的数学模型中，Hydrus-1D 模型是广为应用的模型，可有效模拟一维土壤水、热和溶质的迁移（Šimůnek et al.，1998；Sarmah et al.，2005；Šimů-nek and Hopmans，2009）。但该模型没有考虑作物生长模块，且作物根系吸水速率受到作物生长阶段影响，故有必要建立考虑作物生长状况下的土壤水-作物生长模型。EPIC 作物生长模型（Williams，1995）因其统一的作物生长模块及其较少的作物参数，受到人们的关注（Li et al.，2007；Xu et al.，2013；Wang et al.，2014）。此外，人们已将考虑了氮肥矿化过程建立的氮素迁移转化模型用于不同水肥措施下的氮素迁移转化规律研究（冯绍元，1995；Wang et al.，1998）。为此，在 Hydrus-1D 模型的基础上，将土壤氮素迁移转化模块和作物生长模块与水动力学模型相结合，构建土壤水、热、氮迁移转化与作物生长的耦合模型。

如图 9-1 所示，构建的土壤水、热、氮迁移转化与作物生长耦合模型包括 5 个模块，其中气象模块用于依据 P-M 公式计算参考作物腾发量，并作为作物生长发育模块的输入项，计算作物蒸腾量和土面蒸发量；作物生长发育模块通过根系吸水和根系吸氮过程与土壤水分和氮素迁移转化过程的相互影响，获得产量、叶面积、株高和生物量等数据；土壤水分运移模块可获得每天不同土层的土壤水分状况及下边界水流通量，并影响氮素迁移转化及过程的土壤温度状况；土壤温度模拟模块可计算每天不同土层的土壤温度变化状况，进而影响氮素迁移转化过程；土壤氮素迁移转化模块可反映氮肥在土壤中的迁移转化过程，受土壤水分和温度的双重影响。

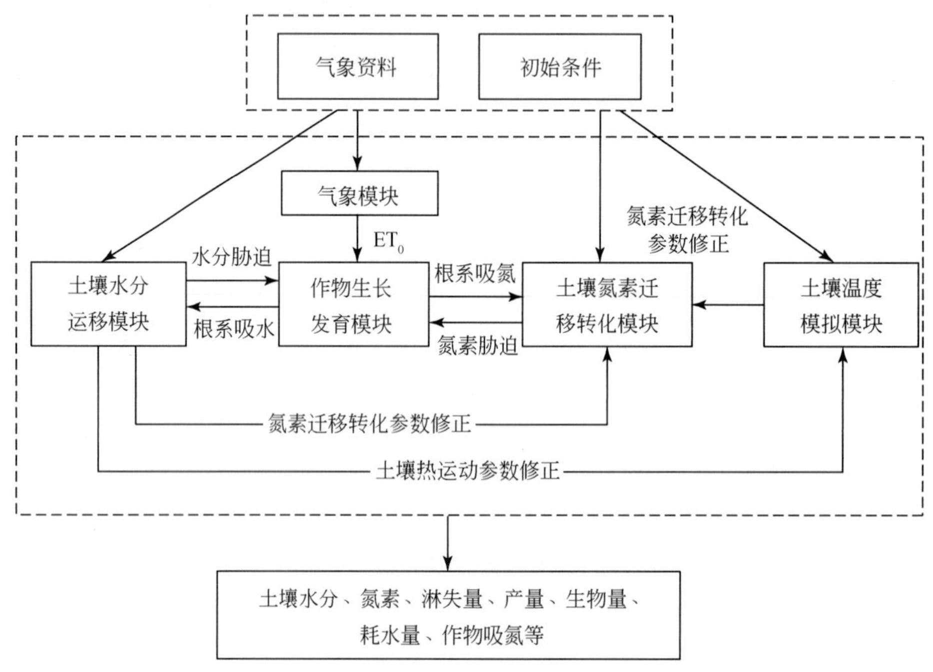

图 9-1　土壤水、热、氮迁移转化与作物生长耦合模型构成

9.1.1　农田土壤水分运动模型

9.1.1.1　控制方程

采用 Richards 方程（Šimůnek et al.，1998）描述一维土壤水分运动：

$$\frac{\partial\theta(h)}{\partial t}=\frac{\partial}{\partial z}\left[K(h)\left(\frac{\partial h}{\partial z}+1\right)\right]-S(z) \tag{9-1}$$

式中，h 为压力水头（cm）；$\theta(h)$ 为土壤体积含水量函数（cm^3/cm^3）；$K(h)$ 为土壤非饱和导水率函数（cm/d）；$S(z)$ 为根系吸水函数（1/d），即单位时间内作物根系从单位体积土壤中所吸收的水量；t 为时间（d）；z 为空间坐标（cm），向上为正。

土壤初始条件：

$$h = h_i(z) \qquad 0 \leqslant z \leqslant L,\ t = 0 \tag{9-2}$$

土壤上边界条件：

$$-K(h)\frac{\partial h}{\partial z} - K(h) = R \qquad z = 0,\quad t > 0 \tag{9-3}$$

式中，R 为由灌溉、降水和土面蒸发引起的通过土壤表面的水分通量（cm/d）。

当表土压力水头低于-1.5MPa 时，土壤上边界变为压力水头边界条件：

$$h = h_0(z) \qquad z = 0,\ t > 0,\ h < h_a \tag{9-4}$$

式中，$h_0(z)$ 为表土压力水头（cm）；h_a为表土最小压力水头（cm）。

土壤下边界条件：

$$h = h_L(z) \qquad z = L,\ t > 0 \tag{9-5}$$

$$-K(h)\frac{\partial h}{\partial z} - K(h) = q_L(t) \qquad z = L,\ t > 0 \tag{9-6}$$

$$\frac{\partial h}{\partial z} = 0 \qquad z = L,\ t > 0 \tag{9-7}$$

式中，L 为土壤下边界深度（cm）；$q_L(t)$ 为土壤下边界水流通量（cm/d）。

9.1.1.2 根系吸水函数

作物根系吸水项表示作物根系在单位时间内从单位体积土壤中所吸收的水分，在深度 z 处的实际根系吸水可按下式计算（Šimůnek et al.，1998）：

$$S(z) = \alpha_w \alpha_s S_p(z) \tag{9-8}$$

式中，α_w为土壤水分胁迫系数，采用 Feddes 等（1978）提出的公式计算；α_s为土壤盐分胁迫系数，采用 van Genuchten 和 Hoffman（1984）提出的公式计算；$S_p(z)$ 为根系吸水空间分布函数（1/d）。

式（9-8）中的土壤水分胁迫系数、土壤盐分胁迫系数和根系吸水空间分布函数分别为

$$\alpha_w = \begin{cases} 0 & h > h_1 \\ \dfrac{h - h_1}{h_2 - h_1} & h_2 < h \leqslant h_1 \\ 1 & h_3 \leqslant h \leqslant h_2 \\ \dfrac{h - h_4}{h_3 - h_4} & h_4 < h < h_3 \\ 0 & h < h_4,\ h > h_1 \end{cases} \tag{9-9}$$

$$\alpha_s = \frac{1}{\left[1 + \left(\dfrac{c}{c_{50}}\right)^p\right]} \tag{9-10}$$

$$S_p(z) = b(z)T_p \tag{9-11}$$

其中

$$b(z) = \frac{b'(z)}{\int_{L_R} b'(z)\mathrm{d}x} \tag{9-12}$$

$$b'(z) = \begin{cases} 0 & z > \mathrm{RD}(t) \\ \dfrac{2.08333}{\mathrm{RD}(t)}\left(1 - \dfrac{z}{\mathrm{RD}(t)}\right) & z < 0.2\mathrm{RD}(t) \\ \dfrac{1.66667}{\mathrm{RD}(t)} & 0.2\mathrm{RD} < z \leqslant \mathrm{RD}(t) \end{cases} \tag{9-13}$$

式中，h_1、h_2、h_3和h_4分别为作物厌氧点、作物最适水分点、作物水分胁迫点和作物凋萎点（cm）；c 为土壤溶液盐分浓度（mg/L）；c_{50} 为 $\alpha_s = 0.5$ 时对应的土壤溶液盐分浓度（mg/L）；p 为经验常数；T_p为作物潜在腾发率（cm/d）；b（z）为正态化的根系吸水分布项（1/d）；RD（t）为根系深度（cm）。

9.1.1.3 土壤水力学特性参数

采用 van Genuchten（V-G）公式（van Genuchten，1980）表达土壤水力学特性参数 θ（h）和 K（h）：

$$\theta(h) = \begin{cases} \theta_r + \dfrac{\theta_s - \theta_r}{[1 + (\alpha|h|)^n]^m} & h < 0 \\ \theta_s & h \geqslant 0 \end{cases} \tag{9-14}$$

$$K(h) = K_s S_e^l [1 - (1 - S_e^{1/m})^m]^2 \tag{9-15}$$

$$S_e = (1 + (\alpha|h|)^n)^{-m} \tag{9-16}$$

式中，θ_s为土壤饱和含水率（$\mathrm{cm^3/cm^3}$）；θ_r为土壤残余含水率（$\mathrm{cm^3/cm^3}$）；K_s为土壤饱和导水率（cm/d）；α、m 和 n 为拟合系数；S_e为有效饱和度（$\mathrm{cm^3/cm^3}$）；l 为孔隙连通参数，一般取值为0.5。

9.1.1.4 潜在和实际蒸发蒸腾

参考作物潜在蒸散发量 $\mathrm{ET_0}$采用 P-M 公式计算，并根据作物系数 K_c计算得到实际蒸散发量 $\mathrm{ET_a}$。潜在蒸发量 E_p 根据 Goudriaan（1977）和 Belmans 等（1983）提出的公式计算。

$$E_p = \mathrm{ET_p}\exp^{-\beta\mathrm{LAI}(t)} \tag{9-17}$$

式中，β 为太阳辐射消光系数，通常取值0.39；LAI（t）为叶面积指数函数。

潜在蒸腾量由下式计算：

$$T_p = \mathrm{ET_p} - E_p \tag{9-18}$$

实际蒸腾量 T_a对式（9-18）求和得到，实际蒸发量 E_a由下式计算：

$$E_a = \begin{cases} E_p & \theta > \theta_s \\ \left(\dfrac{\theta - \theta_r}{\theta_s - \theta_r}\right)^3 E_p & \theta_r \leqslant \theta \leqslant \theta_s \\ 0 & \theta < \theta_r \end{cases} \tag{9-19}$$

9.1.2 土壤溶质运移模型

9.1.2.1 控制方程

采用对流-弥散方程（Šimůnek and van Genuchten，1995）描述土壤溶液中盐分、NH_4^+-N 和 NO_3^--N 的迁移运动过程：

$$\frac{\partial(\theta c)}{\partial t}+\frac{\partial(\rho s)}{\partial t}=\frac{\partial}{\partial z}\left(\theta D\frac{\partial c}{\partial z}\right)-\frac{\partial(qc)}{\partial z}+S_{\mathrm{N}}(z,\ t) \tag{9-20}$$

式中，c 为土壤溶液中盐分、铵态氮 NH_4^+-N 和硝态氮 NO_3^--N 的浓度（mg/L）；ρ 为土壤干容重（g/cm^3）；q 为土壤水流通量（cm/d）；S_{N}（z，t）为总源汇项［mg/(L·d)］，包括作物吸收量和氮素生物转化作用量，当溶质为 NH_4^+-N 时，主要是吸附、解吸、矿化、硝化和根系吸收；当溶质为 NO_3^--N 时，主要是硝化、反硝化、根系吸收和根系吸收；s 为土壤颗粒氮素吸附量（mg/kg）；D 为土壤溶质水动力弥散系数（cm^2/d）。

式（9-20）中的土壤颗粒氮素吸附量和土壤溶质水动力弥散系数被表示为

$$s=K_{\mathrm{d}}c \tag{9-21}$$

$$D=D_{\mathrm{L}}\left|v\right|+D_{\mathrm{w}}\tau_{\mathrm{w}} \tag{9-22}$$

式中，K_{d}为吸附分配系数，对 NO_3^--N，该系数为 0；D_{L}为径向弥散系数（cm）；ν 为流速（cm/d）；D_{w}为自由水中分子扩散系数（cm^2/d）；τ_{w}为液相体中扭曲系数。

土壤初始条件：

$$c=c_i(z)\qquad 0\leqslant z\leqslant L,\ t=0 \tag{9-23}$$

土壤上边界条件：

$$-\theta D\frac{\partial c}{\partial z}+qc=q_0c_0(t)\qquad z=0,\ t>0 \tag{9-24}$$

$$c=c_0(t)\qquad z=0,\ t>0 \tag{9-25}$$

土壤下边界条件：

$$c=c_L(t)\qquad z=L,\ t>0 \tag{9-26}$$

$$-\theta D\frac{\partial c}{\partial z}+qc=q_Lc_L(t)\qquad z=L,\ t>0 \tag{9-27}$$

$$\theta D\frac{\partial c}{\partial z}=0\qquad z=L,\ t>0 \tag{9-28}$$

式中，q_0和 q_L分别为土壤上边界和下边界处的土壤水流通量（cm/d）；c_0和 c_L分别为土壤上边界和下边界处的溶质浓度（mg/L）。

9.1.2.2 土壤溶液铵态氮浓度

当施肥深度为 10cm，且施入的无机氮一般作为铵态氮处理，则在 10cm 深度内的土壤溶液铵态氮浓度可被表示为

$$C_{NH_4}(t) = C_{NH_4}(t-1) + \frac{MX}{10\bar{\theta}} \tag{9-29}$$

式中，$C_{NH_4}(t)$ 和 $C_{NH_4}(t-1)$ 为 t 和 t-1 时刻土壤溶液中的 NH_4^+-N 浓度（mg/L）；M 为施肥量（kg/hm^2）；X 为施肥量中的无机氮含量（%）；$\bar{\theta}$ 为 0 ~ 10cm 土层的平均土壤含水率（cm^3/cm^3）。

9.1.3 土壤氮素迁移转化模型

9.1.3.1 矿化

将土壤有机氮分为三个氮池：土壤有机质氮（Organic-N）、家肥氮（Manure-N）和植物残茬氮（Plant-residue-N），其矿化可分别采用一级动力学方程（Stanford and Smith，1972；Hunt，1977；Hadas et al.，1986）描述如下：

$$N_t = N_o[1 - \exp(-K_1 t)] \tag{9-30}$$

$$N_t = N_{o3}[1 - \exp(-K_3 t)] + N_{o4}[1 - \exp(-K_4 t)] \tag{9-31}$$

$$N_t = N_{o5}[1 - \exp(-K_5 t)] + N_{o6}[1 - \exp(-K_6 t)] \tag{9-32}$$

式中，N_t 为 t 时刻的累积矿化氮量（mg/kg）；N_o、N_{o3}、N_{o4}、N_{o5} 和 N_{o6} 分别为三个氮池的矿化潜势（mg/kg）；K_1、K_3、K_4、K_5 和 K_6 分别为相应的矿化速率常数（1/d）。

由式（9-31）和式（9-32）可知，Manure-N 和 Plant-residue-N 氮池的矿化分别由快速矿化（持续时间很短）和慢速矿化（持续时间很长）组成，故对式（9-30）~式（9-32）进行微分后，可得到 t 时间内三个氮池的矿化氮量：

Organic-N：

$$\Delta N_t = [K_1 N_o \exp(-K_1 t)]\Delta t \tag{9-33}$$

Manure-N：

$$\Delta N_t = [K_3 N_{o3} \exp(-K_3 t) + K_4 N_{o4} \exp(-K_4 t)]\Delta t \tag{9-34}$$

Plant-residue-N：

$$\Delta N_t = [K_5 N_{o5} \exp(-K_5 t) + K_6 N_{o6} \exp(-K_6 t)]\Delta t \tag{9-35}$$

9.1.3.2 硝化

在忽略 NH_4^+-N 硝化作用中间过程（NH_4^+-N 可瞬时硝化为 NO_3^--N）下，土壤 NH_4^+-N 的硝化作用可采用一级动力学方程（冯绍元，1995）描述。

$$-\frac{dC_{NH_4}}{dt} = K_2 C_{NH_4} \tag{9-36}$$

式中，K_2 为硝化速率常数（1/d）。

9.1.3.3 反硝化

NO_3^--N 的反硝化作用可采用一级动力学方程（冯绍元，1995）描述：

$$-\frac{\mathrm{d}C_{NO_3}}{\mathrm{d}t}=K_9C_{NO_3} \tag{9-37}$$

式中，C_{NO_3} 为土壤溶液 NO_3^--N 的浓度（mg/L）；K_9为反硝化速率常数（1/d）。

9.1.3.4 氮转化参数的温度和湿度修正

土壤温度和土壤含水率对矿化速率常数的影响，可采用下式（Kafkafi et al.，1977）表示：

$$K=\begin{cases}K_m10^{9-\frac{2755}{273+T}} & T>20℃\\ 0.06219K_mT^{1.711} & T\leqslant 20℃\end{cases} \tag{9-38}$$

$$N_t=N_o[1-\exp(-K_t)]\frac{\theta}{\theta_f} \tag{9-39}$$

式中，θ_f为土壤田间持水率（cm^3/cm^3）；K_m为最适合条件下的矿化速率常数（1/d）。

对硝化速率常数 K_2做如下修正：

$$K_2=K_{2m}R_TR_m \tag{9-40}$$

其中

$$R_m=\begin{cases}\dfrac{\theta-\theta_r}{\theta_f-\theta_r} & \theta_r<\theta<\theta_f\\ \dfrac{\theta_s-\theta}{\theta_s-\theta_f} & \theta_f\leqslant\theta\leqslant\theta_s\end{cases} \tag{9-41}$$

$$R_T=10^{12.02-\frac{3573}{273+T}} \tag{9-42}$$

式中，K_{2m}为 K_2在最适合条件下的硝化速率常数值。

对反硝化速率常数 K_9进行如下修正：

$$K_9=\begin{cases}K_{9m}\dfrac{\theta-0.35}{\theta_s-0.35}\left(10^{9-\frac{2755}{273+T}}\right) & \theta\geqslant 0.35\\ 0 & \theta<0.35\end{cases} \tag{9-43}$$

式中，K_{9m}为 K_9在最适合条件下的反硝化速率常数值。

9.1.4 土壤热运动模型

当忽略水蒸气扩散影响时，采用一维对流-弥散方程（Šimůnek et al.，1998）描述土壤热传导过程：

$$\frac{\partial C_p(\theta)T}{\partial t}=\frac{\partial}{\partial z}\left[\lambda(\theta)\frac{\partial T}{\partial z}\right]-C_w\frac{\partial qT}{\partial z}-C_wS(z)T \tag{9-44}$$

式中，$\lambda(\theta)$ 为表观热传导率［J/(cm · K)］；q 为土壤水热通量（cm/d）；T 为土壤温度（K）；$S(z)$ 为根系吸水函数；$C_p(\theta)$ 和 C_w 分别为土壤总的和液相的体积热容量［J/(cm^3 · K)］。

$$C_p(\theta)=C_n\theta_n+C_o\theta_o+C_w\theta_w+C_a\theta_a \tag{9-45}$$

式中，C_n、C_o、C_w和C_a分别为土壤固相、有机质、液相和气相的体积热容量［J/(cm^3·K)］；θ_n、θ_o、θ_w和θ_a分别为相应的土壤固相、有机质、液相和气相的体积（cm^3）。

式（9-44）中的$\lambda(\theta)$可采用下式（de Marsily，1986）表示：

$$\lambda(\theta) = \lambda_0(\theta) + \beta_t C_w |q| \tag{9-46}$$

$$\lambda_0(\theta) = b_1 + b_2\theta + b_3\theta^{0.5} \tag{9-47}$$

式中，λ_0（θ）为多孔介质（包括固相和液相）的热传导度［J/(cm·K)］；β_t为热弥散系数（cm）；b_1、b_2、b_3均为经验系数［J/(cm·K)］。

土壤初始条件：

$$T(z, 0) = T_i(z) \qquad 0 \leqslant z \leqslant L,\ t = 0 \tag{9-48}$$

土壤上边界条件：

$$T = T_0(t) \qquad z = 0,\ t > 0 \tag{9-49}$$

$$-\lambda \frac{\partial T}{\partial z} + TC_w q = T_0 C_w q \qquad z = 0,\ t > 0 \tag{9-50}$$

土壤下边界条件：

$$T = T_L(t) \qquad z = L,\ t > 0 \tag{9-51}$$

$$-\lambda \frac{\partial T}{\partial z} + TC_w q = T_L C_w q \qquad z = L,\ t > 0 \tag{9-52}$$

$$\frac{\partial T}{\partial z} = 0 \qquad z = L,\ t > 0 \tag{9-53}$$

式中，T_0和T_L分别为土壤上边界和下边界处的温度（K）。

9.1.5 作物生长模型

作物生长模型是在 EPIC 模型（Williams，1995）作物生长模块的基础上，通过对作物吸氮过程和冬小麦株高生长过程进行修正后建立的。EPIC 模型以积温为基础模拟作物的物候发育过程，作物生长模块采用通用作物模型，可模拟上百种不同作物，由于不考虑作物的微观生理过程，该模型的参数相对较少，且模拟效果已为大量实例所证证实。

9.1.5.1 作物物候发育

作物物候发育以逐日热量单元的累积为基础，可表示为（Williams，1995）

$$\mathrm{HU}_i = \left[\frac{T_{\max,i} + T_{\min,i}}{2}\right] - T_b \qquad \mathrm{HU}_i \geqslant 0 \tag{9-54}$$

式中，HU_i为第 i 天的热量单元值（℃）；$T_{\max,i}$和$T_{\min,i}$分别为第 i 天的最高温度和最低温度（℃）；T_b为作物生长的基点温度（℃）。

热量单元系数 HUI 的取值范围在作物播种时为 0，到生理成熟期为 1：

$$\mathrm{HUI}_i = \frac{\sum_{k=1}^{i} \mathrm{HU}_k}{\mathrm{PHU}} \tag{9-55}$$

式中，HUI_i为第 i 天的热量单元系数，取值范围 [0，1]；PHU 为作物成熟所需最大热量单元。

9.1.5.2 潜在生物量增长

采用 Beer 定律方程计算作物获得的太阳辐射：

$$PAR_i = 0.5RA_i[1 - \exp(-0.65LAI_i)] \tag{9-56}$$

式中，PAR_i为第 i 天作物截获的光合有效辐射（MJ/m^2）；RA_i为太阳辐射（MJ/m^2）；LAI_i为叶面积指数；0.65 为窄行距作物的消光系数。

采用 Monteith 方法（Monteith，1977）计算某天的生物量最大值：

$$\Delta B_{p,i} = BE_i\ PAR_i \tag{9-57}$$

式中，$\Delta B_{p,i}$为逐日生物量潜在增长量（kg/hm^2）；BE 为作物将能量转换为生物量的转换因子。

9.1.5.3 叶面积变化

叶面积指数 LAI 是热量单元、作物胁迫和作物发育阶段的函数，采用下式（Eik and Hanway，1965；Acevedo et al.，1971；Tollenaar et al.，1979）计算：

$$LAI_i = LAI_{i-1} + \Delta LAI \tag{9-58}$$

$$\Delta LAI = (\Delta HUF)(LAI_{max})(1 - \exp[5.0(LAI_{i-1} - LAI_{max})])\sqrt{REG_i} \tag{9-59}$$

$$HUF_i = \frac{HUI_i}{HUI_i + \exp[ab_1 - (ab_2)(HUI_i)]} \tag{9-60}$$

式中，REG_i为最小作物胁迫因子值；LAI_{max}为作物叶面积指数最大值；ab_1和 ab_2均为作物参数。

从叶面积开始下降到生长期结束，采用下式（Williams，1995）计算 LAI：

$$LAI_i = LAI_o\left[\frac{1 - HUI_i}{1 - HUI_0}\right]^{ad} \tag{9-61}$$

式中，ad 为 LAI 衰减速率参数；LAI_o为实际最大叶面积指数。

9.1.5.4 株高增长

模拟作物植株高度的通用式为（Williams，1995）

$$h_i = H_{max}\sqrt{HUF_i} \tag{9-62}$$

对冬小麦株高，采用下式（王仰仁，2004）进行模拟：

$$h_i = \begin{cases} at & 0 < t \leqslant t_1 \\ at_1 & t_1 < t \leqslant t_2 \\ \dfrac{H_{max}}{1 + \exp(b - ct)} & t > t_2 \end{cases} \tag{9-63}$$

式中，h_i为第 i 天的作物高度（cm）；H_{max}为最大植株高度（cm）；t_1为从播种到越冬期的天数（d）；t_2为从越冬到返青期的天数（d）；a、b 和 c 均为拟合参数。

9.1.5.5 根系生长

分配到作物根系的总生物量份额常从幼苗期的0.3～0.5线性下降到成熟期的0.05～0.2，故利用下式（Jones，1985）计算分配到根系的干物质量：

$$\Delta RWT_i = \Delta B_{p,i}(0.4 - 0.2HUI_i) \tag{9-64}$$

式中，ΔRWT为根系重量（kg/hm^2）。

大多数作物的根系深度在生理成熟前常已达到最大根深，故可采用热量单位和最大根系深度的函数表示根系深度（Borg and Grimes，1986；Williams，1995）：

$$RD_i = RD_{i-1} + \Delta RD_i \tag{9-65}$$

$$\Delta RD_i = 2.5RD_{max}\Delta HUF_i \qquad RD_i \leqslant RD_{max} \tag{9-66}$$

$$RD_i = RD_{max} \qquad RD_i > RD_{max} \tag{9-67}$$

式中，RD_i为第i天的根系深度（cm）；ΔRD_i为第i天的根系深度变化量（cm）；RD_{max}为最大根系深度（cm）。

9.1.5.6 作物吸氮

作物逐日需氮量是该天理想氮含量与实际吸氮含量的差值（Williams，1995）：

$$UND_i = (C_{NB})_i B_i - \sum_{k=1}^{i-1}(S_U)_k \tag{9-68}$$

式中，UND_i为第i天作物需氮量（kg/hm^2）；B_i为第i天的累积生物量（kg/hm^2）；S_U为实际氮吸收速率［$kg/(hm^2 \cdot d)$］；$(C_{NB})_i$为第i天作物最佳氮浓度（kg/kg），且由下式计算：

$$(C_{NB})_i = bn_1 + bn_2\exp(-bn_3HUI_i) \tag{9-69}$$

式中，bn_1、bn_2和bn_3分别为苗期、生长中期和成熟期的作物最佳氮浓度参数（kg/kg）。

根据根系吸水速率与土壤溶液氮素浓度计算得到根系吸氮量（Tanji et al.，1981）：

$$S_U(z) = C_N\lambda S_w(z) \tag{9-70}$$

式中，C_N为土壤溶液NH_4^+和NO_3^-浓度（mg/L）；λ为根系对NH_4^+和NO_3^-的吸收系数。

式（9-70）概念清楚，计算简便，需要参数较少，引入根系吸收系数体现了根系对氮素吸收的主动性和被动性，通过根系吸水速率反映了根系分布对其吸氮的影响。

9.1.5.7 作物产量

大多数作物在各种环境条件下的收获指数值通常是相对稳定的，故采用收获指数估算作物产量（Williams，1995）：

$$YLD = HI \cdot B_a \tag{9-71}$$

式中，YLD为作物产量（kg/hm^2）；HI为收获指数；B_a为作物地上部分生物量（kg/hm^2）。

在无胁迫条件下，播种时的收获指数为零，至成熟期为HI，呈非线性递增：

$$\mathrm{HI}_i = \mathrm{HI}\left(\sum_{k=1}^{i} \Delta\mathrm{HUFH}_k\right) \tag{9-72}$$

式中，HI_i为第 i 天的收获指数；HUFH 为影响收获指数的热量单元因子。

$$\mathrm{HUFH}_i = \frac{\mathrm{HUI}_i}{\mathrm{HUI}_i + \exp(6.5 - 10\mathrm{HUI}_i)} \tag{9-73}$$

当环境胁迫对收获指数起到制约作用时，采用下式计算收获指数：

$$\mathrm{HI}_{\mathrm{adj}} = \frac{\mathrm{HI}}{1 + \mathrm{WSYF}(0.9 - \mathrm{WS})\max\left\{0,\ \sin\left[\frac{\pi}{2}\left(\frac{\mathrm{HUI} - 0.3}{0.3}\right)\right]\right\}} \tag{9-74}$$

此时作物实际产量应为

$$\mathrm{YLD}_{\mathrm{a}} = \mathrm{HI}_{\mathrm{adj}} \cdot B_{\mathrm{a}} \tag{9-75}$$

式中，WSYF 为作物对干旱的敏感指数，即为收获指数的下限。

9.1.5.8 环境胁迫对作物生长的影响

环境胁迫对作物生物量的影响被表达如下（Williams，1995）：

$$\Delta B = \Delta B_{\mathrm{p}}\mathrm{REG} \tag{9-76}$$

式中，ΔB 为实际生物量（$\mathrm{kg/hm^2}$）；ΔB_{p}为潜在生物量（$\mathrm{kg/hm^2}$）；REG 为环境影响因子，为以下诸多环境影响因素中的最小值。

1）水分胁迫可表示为

$$\mathrm{WS} = \frac{T_{\mathrm{a}}}{T_{\mathrm{p}}} \tag{9-77}$$

式中，WS 为水分胁迫系数；T_{p}为作物潜在蒸腾速率（mm/d）；T_{a}为作物实际蒸腾速率（mm/d）。

2）温度胁迫可表示为

$$\mathrm{TS} = \sin\left(\frac{\pi}{2}\left(\frac{\mathrm{TG} - T_{\mathrm{b}}}{T_{\mathrm{o}} - T_{\mathrm{b}}}\right)\right) \qquad 0 \leqslant \mathrm{TS} \leqslant 1 \tag{9-78}$$

式中，TS 为植株温度胁迫因子；TG 为日平均气温（℃）；T_{o}为作物生长的最佳温度（℃）；T_{b}为作物生长的基础温度（℃）。

3）氮素胁迫可表示为

$$\mathrm{NS} = \frac{N_{\mathrm{scale}}}{N_{\mathrm{scale}} + \exp(3.52 - 0.026N_{\mathrm{scale}})} \tag{9-79}$$

其中

$$N_{\mathrm{scale}} = 200\left[\frac{\sum_{k=1}^{i}\mathrm{UN}_k}{(C_{\mathrm{NB}})_i B_i} - 0.5\right] \tag{9-80}$$

式中，NS 为氮素胁迫因子；B_i为累积生物量（$\mathrm{kg/hm^2}$）；UN_k为第 k 天作物吸氮量（$\mathrm{kg/hm^2}$）。

9.2 水氮作物耦合模型率定与验证

冬小麦田间灌溉水肥试验于 2005 ~ 2008 年在通州试验站开展，利用获得的相关数据与参考资料，对构建的土壤水、热、氮迁移转化与作物生长耦合模型进行率定和验证，具体的灌溉水肥试验处理设置及其观测方法详见第 2 章。采用均方根误差 Rmse、相对误差 RE、平均相对误差 MRE 和效率指数 ε 等统计指标评价该耦合模型的模拟效果。

9.2.1 耦合模型输入数据及参数

为了率定和验证构建的土壤水、热、氮迁移转化与作物生长耦合模型，所需相关数据资料和参数及其确定方法包括如下内容。

1）气象资料：日最高气温、日最低气温、风速、相对湿度、辐射、降水等，由当地自动气象站获得。

2）土壤水力学特性参数：饱和含水量、残留含水量、饱和导水率等，其中 V-G 公式系数 α 和 n 的初始值根据土壤水分特征曲线实测值，采用 RETC 软件拟合得出，饱和导水率采用室内变水头法测定。

3）土壤热运动参数：土壤固体、有机质、水的比热容值及热导率等，其初始取值参考 Chung 和 Horton 等（1987）成果。

4）土壤氮素迁移转化参数：离子或分子在自由水中的扩散系数、多孔介质的弥散度、矿化反应速率常数、硝化速率常数、反硝化速率常数等，其初始取值参考冯绍元（1995）和查贵峰（2003）成果。

5）作物生长参数：作物生长基温、最佳生长温度、生物量-能量转化参数、最大收获指数、从出苗至叶面积开始下降时段占总生长期的比例、叶面积下降速率、最适叶面积系数曲线上第一点和第二点、最大植株高度、最高和最低收获指数、最大根深、最大叶面积指数以及在作物生长初期、中期和成熟期的作物吸氮参数、作物成熟所需最大热量单元等，其初始取值参考王宗明和梁银丽（2002）及 Li（2002）以及 EPIC 模型中的缺省值。

6）土壤剖面参数：土壤含水率、土壤氮素浓度、土壤温度及有机氮含量等，通过田间和室内试验观测与测定获得。

9.2.2 耦合模型率定

采用 2007 ~ 2008 年冬小麦-夏玉米轮作期 0.50E 喷灌试验处理下获得的观测数据，对构建的土壤水、热、氮迁移转化与作物生长耦合模型进行参数率定。

9.2.2.1 土壤含水率

图 9-2 给出了 0 ~ 100cm 土层土壤含水率的模拟结果与实测值的对比。对 60cm 以下

土层，模拟结构与实测值间的吻合程度良好，60cm 和 100cm 处的 Rmse 值分别为 0.034m³/m³和 0.019m³/m³，MRE 分别为-2.2% 和-5.0%，ε 分别为 0.24 和-1.2，而 60cm 以上土层受灌溉降水影响较大，土壤含水率的变化较下层明显，模拟结果随灌溉的波动大于实测值，5cm、15cm 和 25cm 处 Rmse 值分别为 0.04m³/m³、0.043m³/m³ 和 0.031m³/m³，MRE 分别为 13.5%、0% 和 3.2%，ε 分别为-0.05、0.26 和 0.64。此外，夏玉米生长期土壤水分波动大于冬小麦生长季节，除表层土壤含水率的偏差大于 10% 以外，其他各层均控制在±5% 以内，该耦合模型的模拟结果较好。土壤水力学特性参数的率定结果见表 9-1。

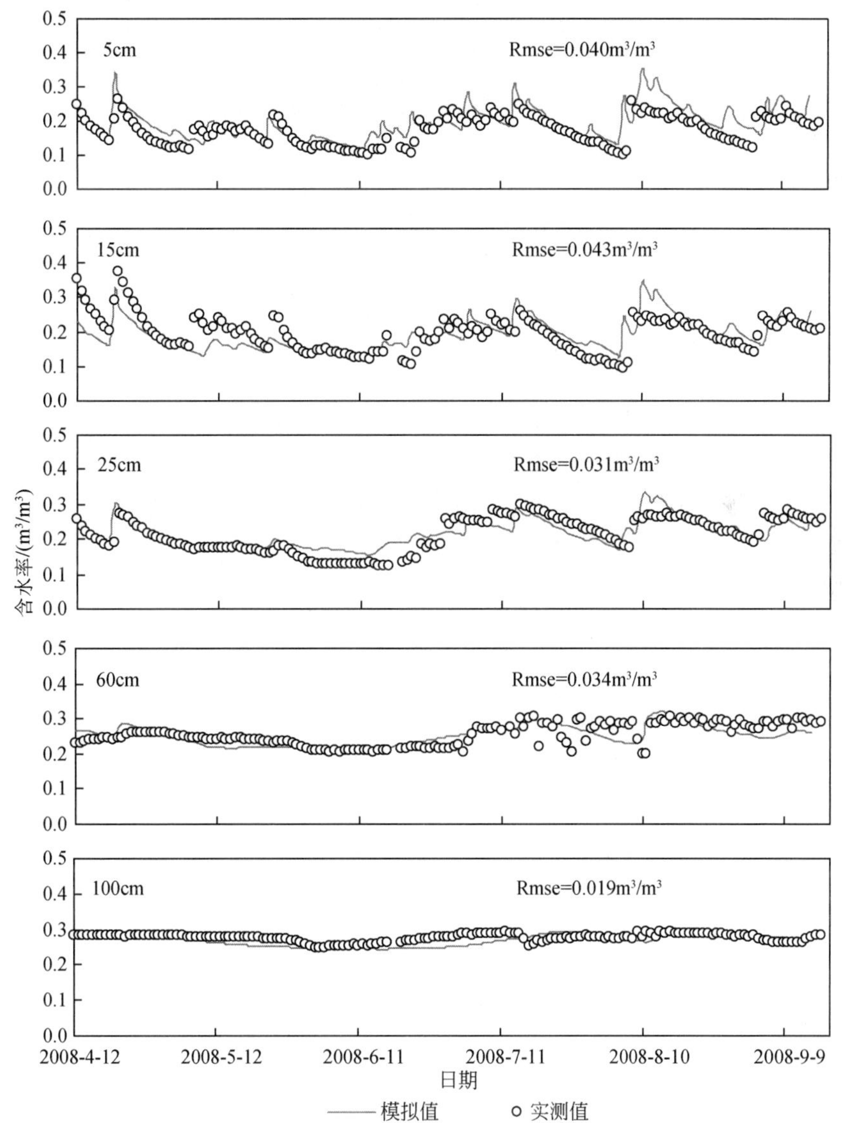

图 9-2　2007～2008 年冬小麦-夏玉米轮作期 0.50E 喷灌处理下土壤含水率的模拟结果与实测值的比较

表 9-1 土壤水力学特性参数的率定值

土层深度/cm	θ_r/(m³/m³)	θ_s/(m³/m³)	α/(1/cm)	n	K_s/(cm/d)
0～20	0.017	0.408	0.0033	1.7409	11
20～55	0.010	0.411	0.0036	1.5288	8
55～90	0.028	0.427	0.0041	1.3607	9
90～120	0.011	0.435	0.0029	1.3728	9
120～160	0.032	0.448	0.0034	1.4966	5
160～180	0.046	0.412	0.0048	1.6938	5

注：θ_r、θ_s、α、n 和 K_s 均为 V-G 模型中的参数，见式（9-14）。

9.2.2.2 土壤硝态氮浓度

0～100cm 土层土壤硝态氮浓度的模拟结果与实测值的对比如图 9-3 所示，可以看出，土壤硝态氮浓度的模拟结果与实测值的变化趋势相一致。其中，10cm、20cm、30cm、40cm、80cm 和 100cm 处的 Rmse 值分别为 9.9mg/L、5.9mg/L、2.5mg/L、2.8mg/L、17.9mg/L 和 4.9mg/L，MRE 值分别为 -34.5%、5.57%、-1.80%、80.6% 和 13.4%，ε 分别为 0.74、0.14、0.50、0.72、-0.376 和 -0.90。模拟的土壤硝态氮浓度在 80cm 深处有累积现象，后期的模拟值偏大，导致 Rmse 和 MRE 值均偏大，模拟效率也降低。土壤氮素迁移转化参数的率定结果见表 9-2。

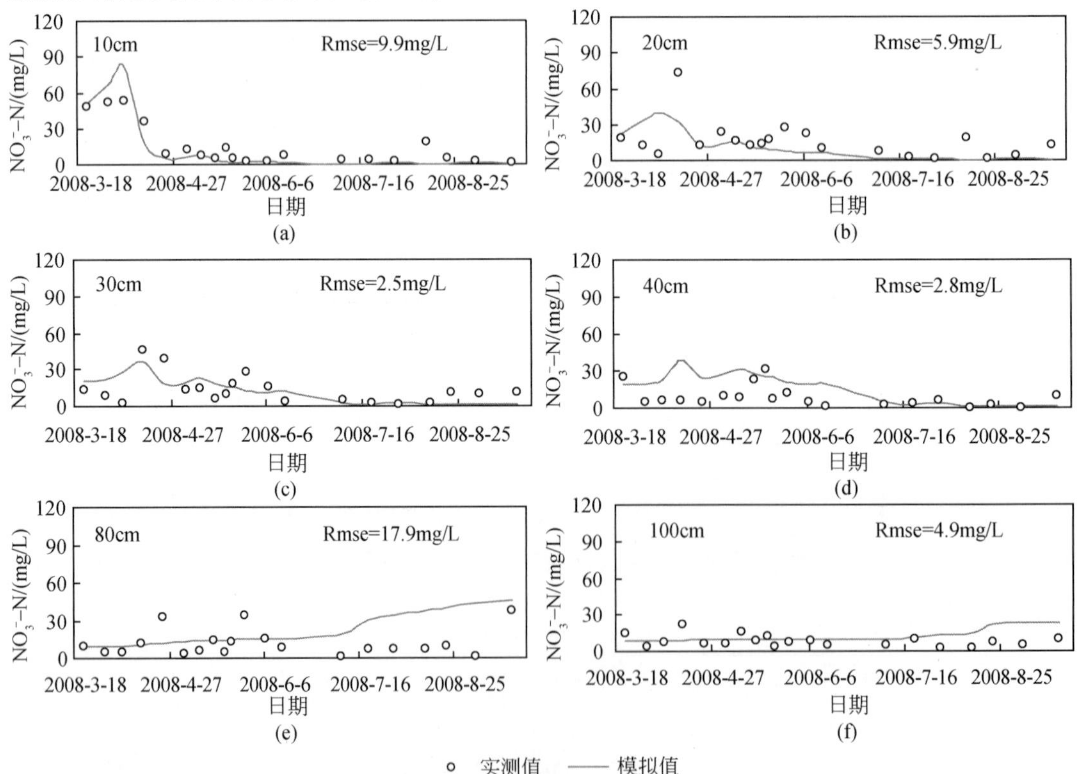

图 9-3 2007～2008 年冬小麦-夏玉米轮作期 0.50E 喷灌处理下土壤硝态氮浓度的模拟结果与实测值的比较

表 9-2　土壤氮素迁移转化参数的率定值

土层深度/cm	D_0/(cm²/d)	D_L/cm	K_1/(1/d)	K_2/(1/d)	K_7/(1/d)
0～20	1.2	4	0.000 14	0.055	0.007 5
20～55	1.2	4	0.000 14	0.035	0.007 5
55～90	1.2	4	0.000 15	0.012	0.007 8
90～120	1.2	4	0.000 15	0.015	0.007 5
120～160	1.2	4	0.000 15	0.025	0.003 5
160～180	1.2	4	0.000 15	0.025	0.003 5

注：表中符号均为 9.1.3 节土壤氮素迁移转化模型参数。

9.2.2.3　作物生长

从表 9-3 可以看出，冬小麦产量、生物量和 ET 的模拟结果和实测值的吻合度良好，RE 在±5%以内，但夏玉米生物量的模拟结果差于冬小麦，RE 为−12.2%。冬小麦和夏玉米的叶面积指数、株高和生物量变化过程的模拟结果分别如图 9-4～图 9-6 所示，模拟结果的变化趋势与实测值一致。对冬小麦叶面积指数模拟结果而言，Rmse、MRE 和 ε 分别为 0.71、15.2%和 0.76，夏玉米的相应值分别为 0.64、31.1%和 0.83。冬小麦株高模拟结果的 Rmse、MRE 和 ε 分别为 7.87cm、15.5% 和 0.92，夏玉米则分别为 26.5cm、33.3%和 0.91。冬小麦生物量模拟结果的 Rmse、MRE 和 ε 分别为 1781kg/hm²、−15.7%和 0.89，夏玉米分别为 1420kg/hm²、206%和 0.94。作物生长参数的率定结果见表 9-4。

表 9-3　作物产量、生物量和 ET 模拟效果评价

项目	实测值	模拟结果	RE/%
冬小麦产量/(kg/hm²)	6 129	6 272	2.34
冬小麦生物量 /(kg/hm²)	12 927	13 351	3.28
冬小麦 ET/(mm)	333	321.9	−3.34
夏玉米生物量/(kg/hm²)	16 334	14 334	−12.2

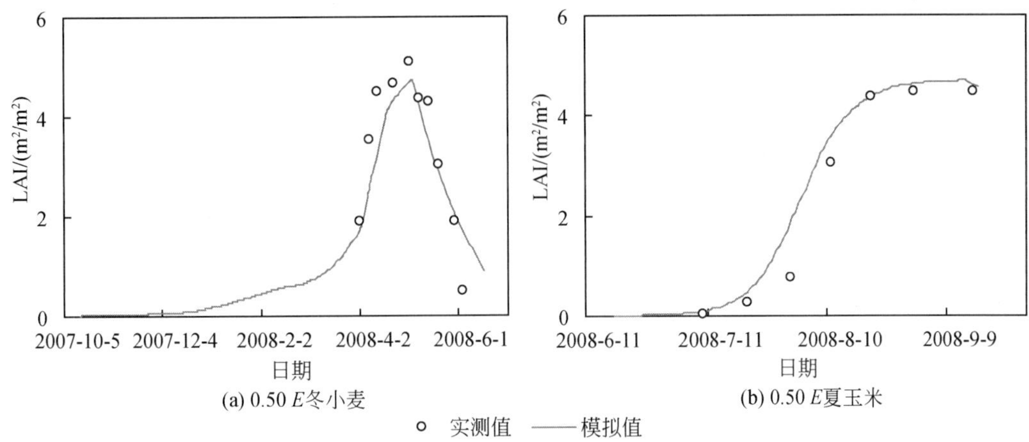

图 9-4　2007～2008 年冬小麦-夏玉米轮作期 0.50E 喷灌处理下作物叶面积指数的模拟结果与实测值的比较

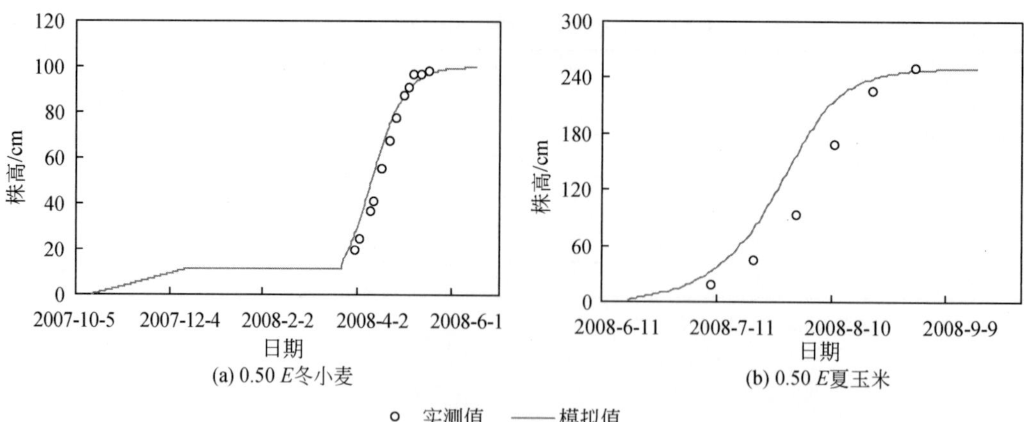

图 9-5　2007 ~ 2008 年冬小麦-夏玉米轮作期 0.50E 喷灌处理下作物株高的模拟结果与实测值的比较

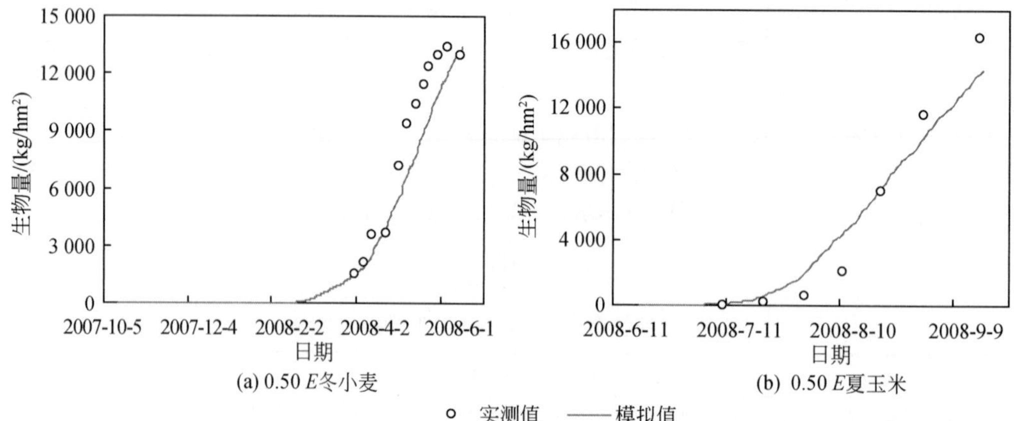

图 9-6　2007 ~ 2008 年冬小麦-夏玉米轮作期 0.50E 喷灌处理下作物生物量的模拟结果与实测值的比较

表 9-4　作物生长参数的率定值

序号	作物生长参数	冬小麦	夏玉米
1	作物生长最低温度 T_b/℃	0	8
2	作物生长最佳温度 T_o/℃	18	26
3	生物量-能量转化参数 BE/ [(kg/hm^2) /(MJ/m^2)]	35	40
4	最适叶面积系数曲线上第一点 ab_1	15.01	20.01
5	最适叶面积系数曲线上第二点 ab_2	50.95	70.90
6	从出苗至叶面积开始下降阶段占总生长期的比例 DLAI	0.55	0.95
7	叶面积下降速率 RLAD	0.3	0.1
8	最大植株高度 H_{max}/cm	100	250
9	株高拟合参数 a	0.1872	—
10	株高拟合参数 b	17.218	—
11	株高拟合参数 c	0.0939	—
12	最大叶面积指数 LAI_{max}	8.5	5
13	最大根系深度 RD_{max}/cm	130	120

续表

序号	作物生长参数	冬小麦	夏玉米
14	出苗时期作物吸氮参数 bn_1	0.0660	0.0322
15	作物生长中期作物吸氮参数 bn_2	0.0203	0.009
16	成熟期作物吸氮参数 bn_3	0.0130	0.012
17	最大收获指数 HI_{max}	0.5	0.54
18	最低收获指数 WSYF	0.2	0.2
19	作物成熟所需最大热量单元 PHU/℃	2400	1700
20	第一个生长阶段的作物系数 kc_1	0.75	0.9
21	第二个生长阶段的作物系数 kc_2	0.46	1.25
22	第三个生长阶段的作物系数 kc_3	1.26	1.26
23	第四个生长阶段的作物系数 kc_4	0.50	1.15

9.2.3 耦合模型验证

采用 2005～2008 年冬小麦-夏玉米轮作期灌溉水肥试验处理下获得的观测数据，在模型参数率定的基础上，对构建的土壤水、热、氮迁移转化与作物生长耦合模型进行验证。

9.2.3.1 土壤含水率

2007～2008 年冬小麦-夏玉米轮作期土壤含水率的验证结果如图 9-7 所示，总体上模拟结果的变化趋势与实测值相吻合。从表 9-5 给出的 Rmse 和 MRE 值可以看出，2007～2008 年的土壤含水率模拟结果要优于 2006～2007 年，各灌溉水肥试验处理下的 Rmse 值较小，MRE 值大部分在±10% 以内，ε 值较高，模拟结果良好，但 2006～2007 年的 ε 值要好于 2007～2008 年。

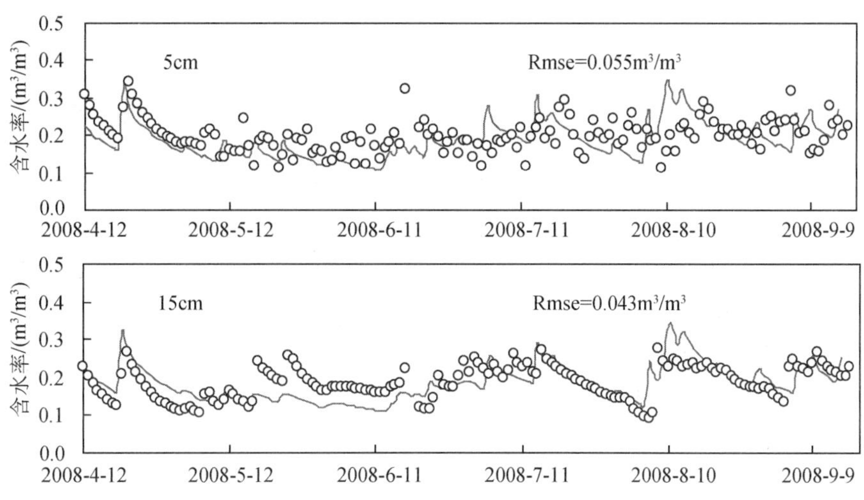

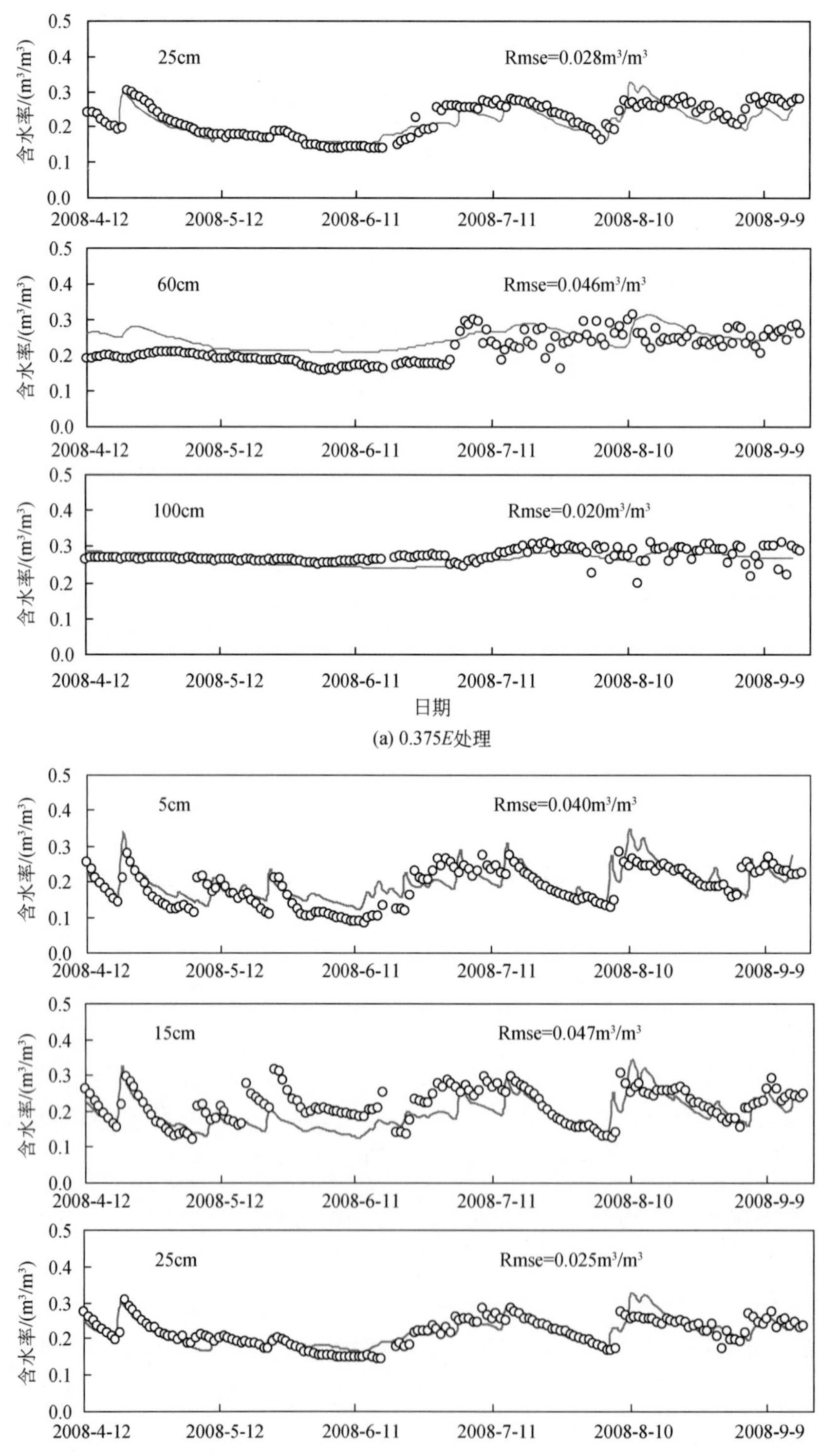
25cm
Rmse=0.028m³/m³
60cm
Rmse=0.046m³/m³
100cm
Rmse=0.020m³/m³
含水率/(m³/m³)
2008-4-12
2008-5-12
2008-6-11
2008-7-11
2008-8-10
2008-9-9
日期
5cm
Rmse=0.040m³/m³
15cm
Rmse=0.047m³/m³
25cm
Rmse=0.025m³/m³

(a) 0.375E处理

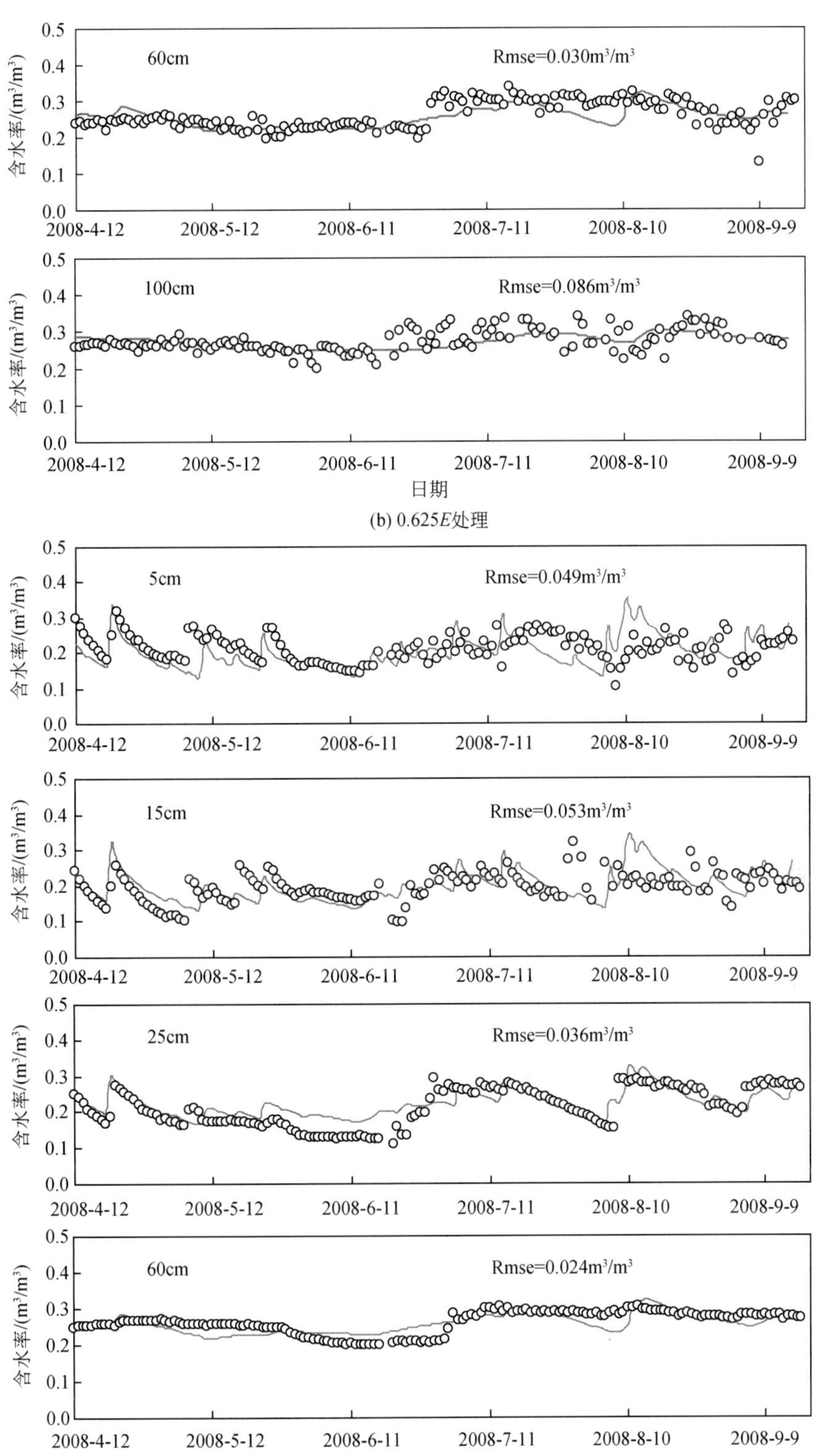
60cm
Rmse=0.030m³/m³
100cm
Rmse=0.086m³/m³
含水率/(m³/m³)
日期
5cm
Rmse=0.049m³/m³
15cm
Rmse=0.053m³/m³
25cm
Rmse=0.036m³/m³
60cm
Rmse=0.024m³/m³
2008-4-12
2008-5-12
2008-6-11
2008-7-11
2008-8-10
2008-9-9

(b) 0.625E处理

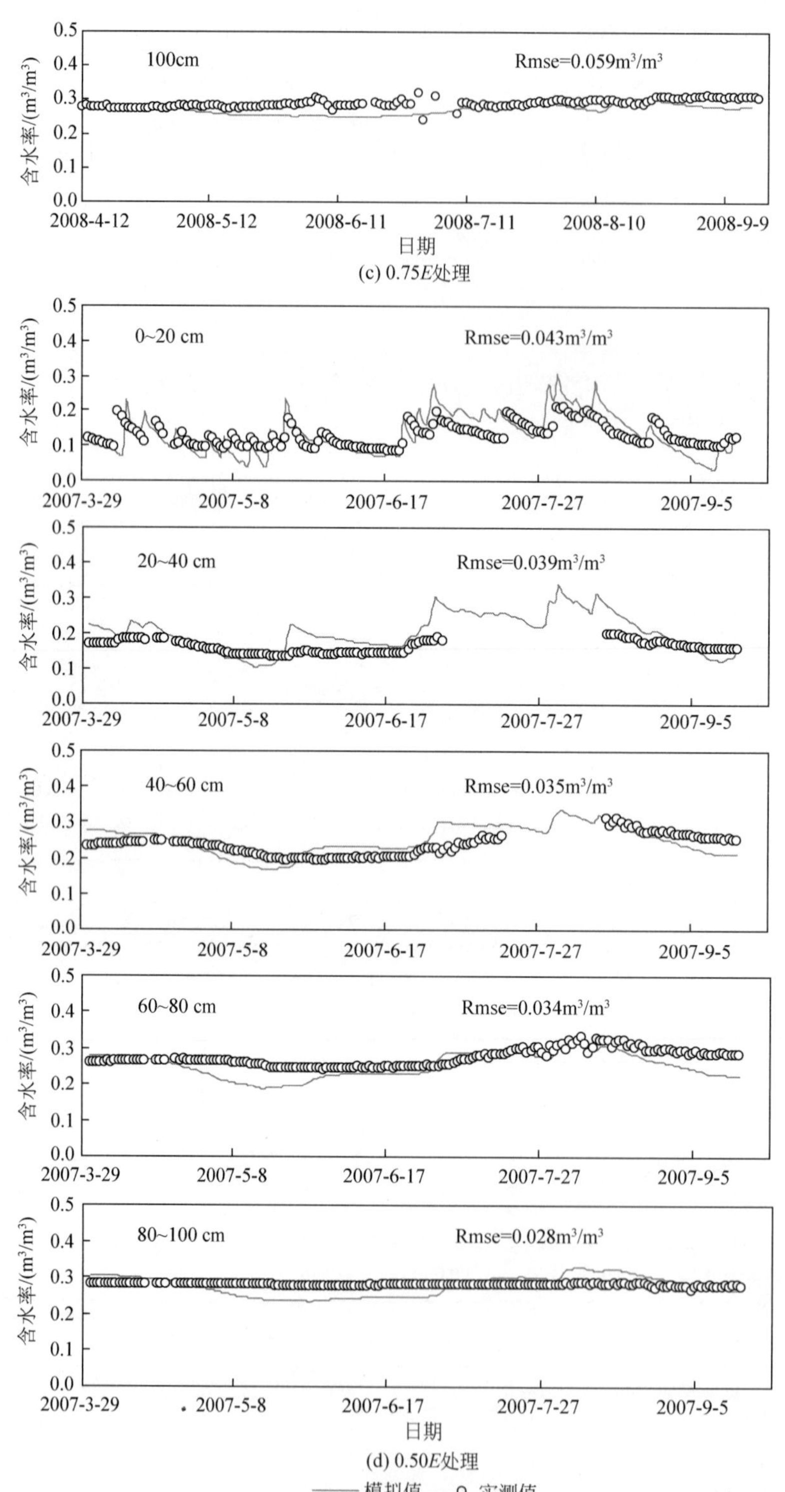

(c) 0.75E处理

(d) 0.50E处理

图 9-7 2007～2008 年冬小麦-夏玉米轮作期不同灌溉水肥试验处理下土壤含水率的模拟结果与实测值的比较

表 9-5　2006 ~ 2008 年冬小麦-夏玉米轮作期不同灌溉水肥试验处理下土壤含水率模拟效果评价

评价指标	时段	土层深度/cm	灌溉水肥试验处理			
			0.375*E*	0.50*E*	0.625*E*	0.75*E*
MRE/%	2007 ~ 2008 年	5	-4.28	13.5	-11.11	7.12
		15	1.91	0	-8.32	6.07
		25	-2.89	3.2	2.26	9.48
		60	15.91	-2.2	-0.62	-0.33
		100	-2.01	-5.0	0.31	-5.0
	2006 ~ 2007 年	0 ~ 20		2.81		1.66
		20 ~ 40		11.81		30.7
		40 ~ 60		-8.81		16.7
		60 ~ 80		-8.92		0.92
		80 ~ 100		-1.68		0.71
Rmse /(cm^3/cm^3)	2007 ~ 2008 年	5	0.055	0.040	0.040	0.049
		15	0.043	0.043	0.047	0.053
		25	0.028	0.031	0.025	0.036
		60	0.046	0.034	0.030	0.024
		100	0.020	0.019	0.086	0.059
	2006 ~ 2007 年	0 ~ 20		0.043		0.038
		20 ~ 40		0.039		0.057
		40 ~ 60		0.035		0.051
		60 ~ 80		0.034		0.033
		80 ~ 100		0.028		0.022
ε	2007 ~ 2008 年	5	-0.51	-0.05	0.43	0.95
		15	0.03	0.26	-0.04	0.01
		25	0.63	0.65	0.56	0.53
		60	-0.33	0.24	0.30	0.35
		100	-0.11	-1.23	0.89	0.15
	2006 ~ 2007 年	0 ~ 20		-0.58		0.71
		20 ~ 40		0.97		0.40
		40 ~ 60		0.99		0.92
		60 ~ 80		0.89		0.76
		80 ~ 100		0.95		0.93

9.2.3.2　土壤硝态氮浓度

图 9-8 给出了 2007 ~ 2008 年冬小麦-夏玉米轮作期土壤硝态氮浓度的验证结果，各试验处理下不同土层处的模拟结果基本上反映了实测值的变化趋势。从表 9-6 可以看出，MRE 为-59.1% ~ 60.9%，Rmse 为 2.3 ~ 24.1mg/L，ε 为-10.84 ~ 0.74。相比表 9-5 给出

的土壤含水率模拟结果而言，模拟效果相对较差，原因可能是下层土壤的饱和导水率设置偏小，致使下边界淋洗通量较小，出现累积现象。此外，夏玉米生长后期的土壤硝态氮实测浓度都很小，即使施肥后也未出现浓度增大的现象。

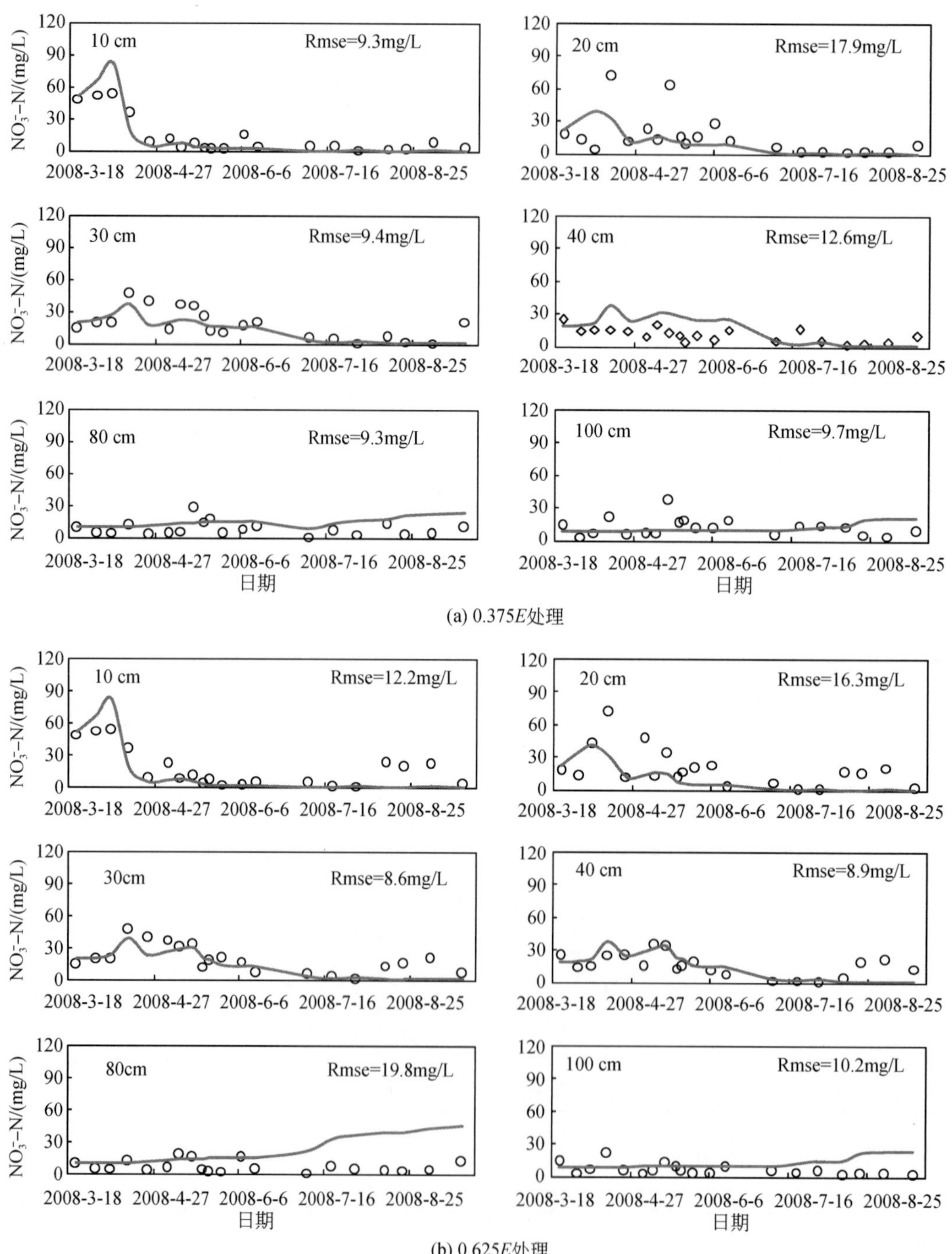

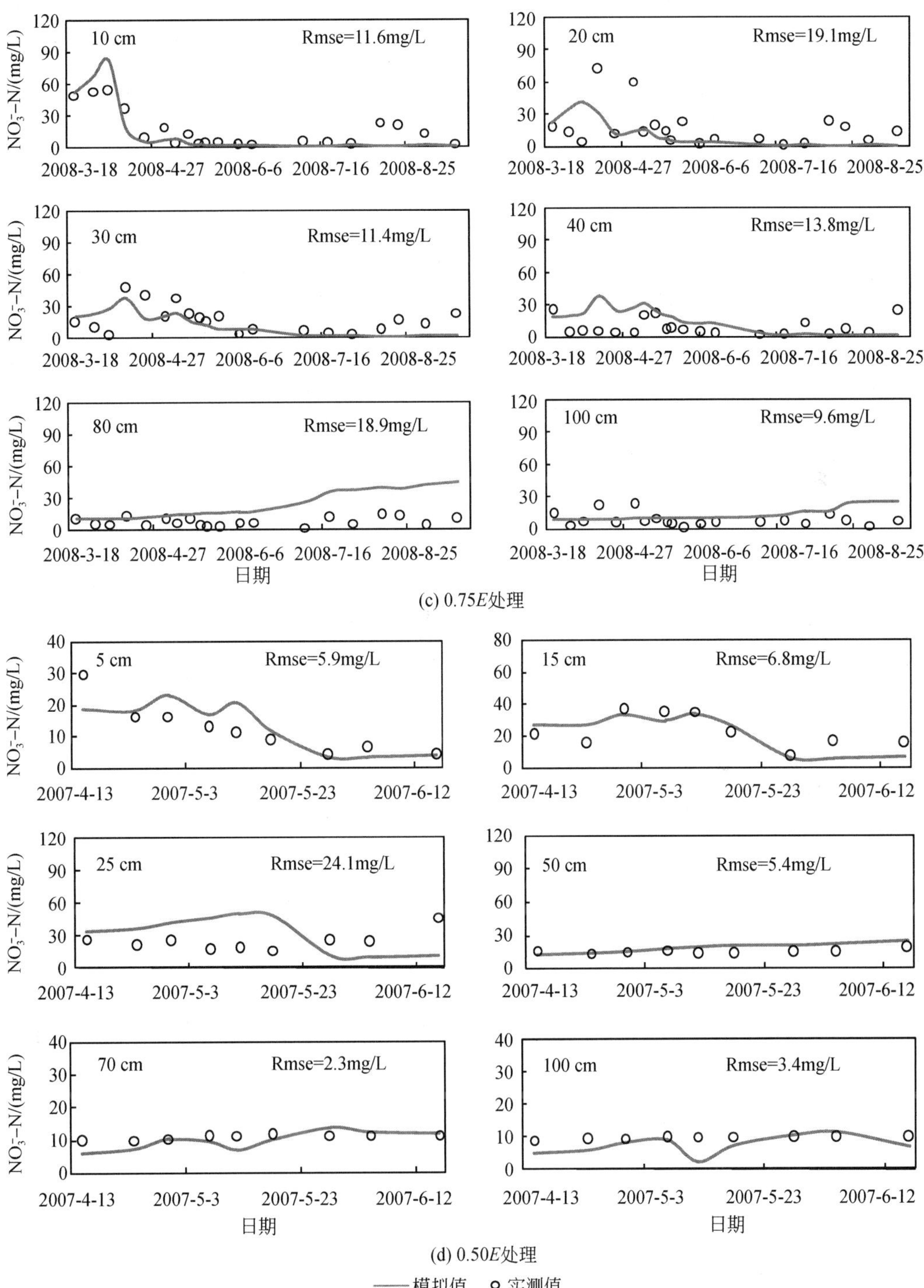

图 9-8 2007 ~ 2008 年冬小麦-夏玉米轮作期不同灌溉水肥试验处理下土壤硝态氮浓度的模拟结果与实测值的比较

表 9-6　2006 ~ 2008 年冬小麦-夏玉米轮作期不同灌溉水肥试验处理下土壤硝态氮浓度模拟效果评价

评价指标	时段	土层深度/cm	灌溉水肥试验处理			
			0.375E	0.50E	0.625E	0.75E
MRE/%	2007 ~ 2008 年	10	5.8	4.6	6.1	5.9
		20	23.7	23.7	24.8	24.8
		30	48.3	48.3	41.8	48.3
		40	-22.9	-22.9	-22.9	-22.9
		80	2.8	-31.2	2.8	2.76
		100	-37.7	-53.8	-37.7	-37.7
	2006 ~ 2007 年	5		11.8		-59.1
		15		-4.6		-34.8
		25		57.9		6.9
		50		27.8		49.6
		70		17.1		-26.4
		100		60.9		-2.1
Rmse /(mg/L)	2007 ~ 2008 年	10	9.3	9.9	12.2	11.6
		20	17.9	5.9	16.3	19.1
		30	9.4	2.5	8.6	11.4
		40	12.6	2.8	8.9	13.8
		80	9.3	17.9	19.8	18.9
		100	9.7	4.9	10.2	9.6
	2006 ~ 2007 年	5		5.9		9.8
		15		6.8		17.7
		25		24.1		15.4
		50		5.4		12.2
		70		2.3		6.9
		100		3.4		6.7
ε	2007 ~ 2008 年	10	0.72	0.74	0.51	0.55
		20	0.10	0.14	0.16	-0.12
		30	0.54	0.50	0.54	0.13
		40	-2.82	0.73	0.15	-0.88
		80	-0.38	-3.76	-2.61	-2.84
		100	-050	-0.90	0.11	-0.06
	2006 ~ 2007 年	5		0.42		-0.41
		15		0.52		-1.07
		25		-6.89		-10.84
		50		-8.59		-5.83
		70		0.11		-0.99
		100		-0.66		-0.16

9.2.3.3 作物生长

图 9-9 给出了 2005 ~ 2008 年不同灌溉水肥试验处理下冬小麦产量的模拟结果与实测值的比较。可以看出，三年冬小麦产量的模拟结果基本都在±1 个标准差内。其中，2005 ~ 2006 年冬小麦产量模拟结果的 Rmse 值为 573kg/hm^2，ε 为-42.8，模型效率较低，主要是 1.25E 处理下的模拟值较大引起的。2006 ~ 2007 年冬小麦产量模拟结果的 Rmse 值为 669kg/hm^2，ε 为 0.85，模拟结果较好。2007 ~ 2008 年冬小麦产量模拟结果的 Rmse 值为 197kg/hm^2，ε 为 0.98，模拟结果较好。

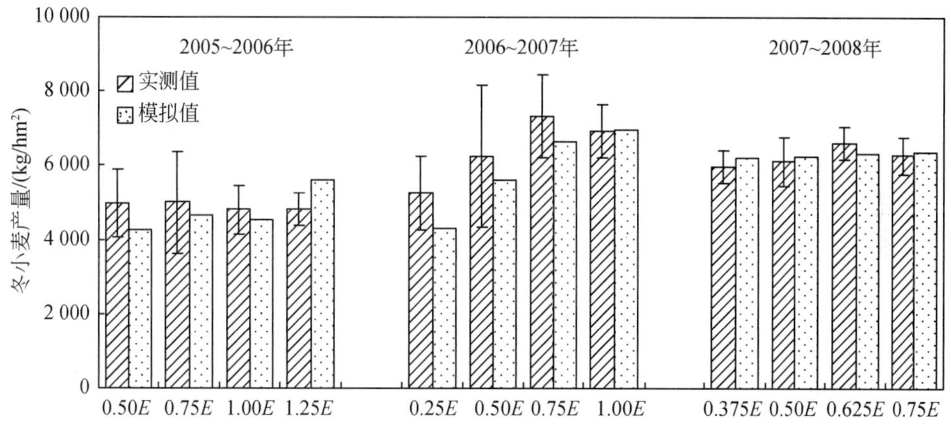

图 9-9 2005 ~ 2008 年不同灌溉水肥试验处理下冬小麦产量的模拟结果与实测值的比较

图 9-10 给出了 2005 ~ 2008 年不同灌溉水肥试验处理下冬小麦生物量的模拟结果与实测值的比较。其中，2005 ~ 2006 年冬小麦生物量模拟结果的 Rmse 值为 4436kg/hm^2，ε 为 -13.2，模型效率较低，主要是模拟结果低于实测值引起的。2006 ~ 2007 年冬小麦生物量模拟结果的 Rmse 值为 1985kg/hm^2，ε 为-0.68。2007 ~ 2008 年冬小麦生物量模拟结果的 Rmse 值为 892kg/hm^2，ε 为 0.80，模拟结果较好。从评价指标来看，冬小麦生物量的模拟结果要差于产量，但也在合理范围内。

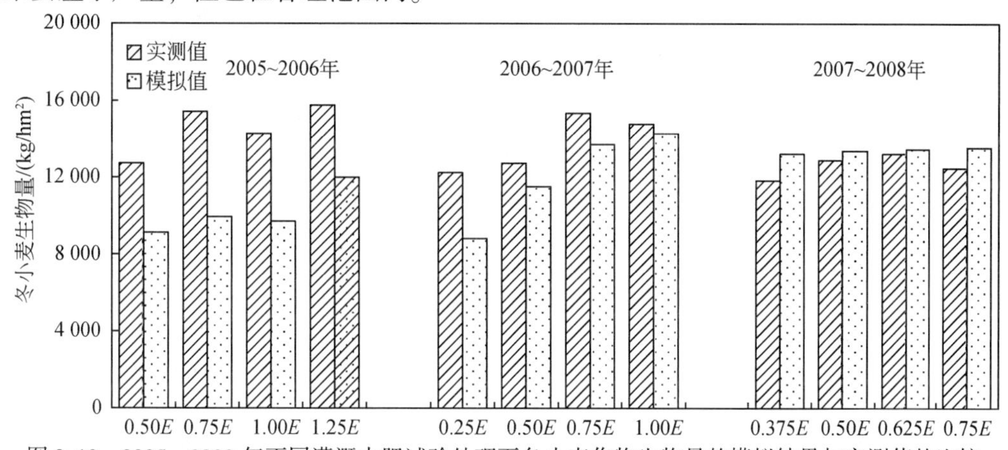

图 9-10 2005 ~ 2008 年不同灌溉水肥试验处理下冬小麦作物生物量的模拟结果与实测值的比较

图 9-11 给出了 2005 ~ 2008 年不同灌溉水肥试验处理下冬小麦 ET 的模拟结果与实测值的比较。2005 ~ 2006 年冬小麦 ET 模拟结果的 Rmse 值为 129mm，ε 为 -6.6。将 2005 ~ 2006 年冬小麦 ET 实测值与 2006 ~ 2008 年相比，前者远大于后两年，这可能是由于土壤水分运动参数变化所引起的。2006 ~ 2007 年冬小麦 ET 模拟结果的 Rmse 值为 47.7mm，ε 为 0.63。2007 ~ 2008 年冬小麦 ET 模拟结果的 Rmse 值为 14.9mm，ε 为 0.98，模拟结果较好。

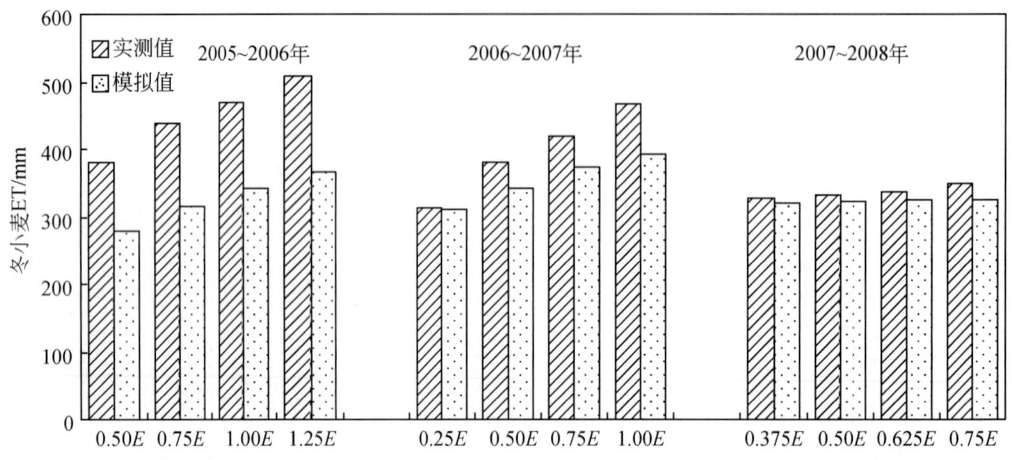

图 9-11 2005 ~ 2008 年不同灌溉水肥试验处理下冬小麦 ET 的模拟结果与实测值的比较

图 9-12 给出了 2007 ~ 2008 年不同灌溉水肥试验处理下冬小麦和夏玉米叶面积指数的模拟值与实测值的比较。从图中可以看出，0.375E、0.625E 和 0.75E 处理下冬小麦叶面积指数模拟结果的 Rmse 值分别为 0.68、0.54 和 0.77，MRE 值分别为 5.6%、-1.7% 和 -9.9%，ε 分别为 0.96、0.69 和 0.63，相应处理小区内的夏玉米叶面积指数模拟结果的 Rmse 值分别为 0.64、0.66 和 0.71，MRE 值分别为 30.6%、20.9% 和 18.7%，ε 分别为 0.96、0.80 和 0.75。

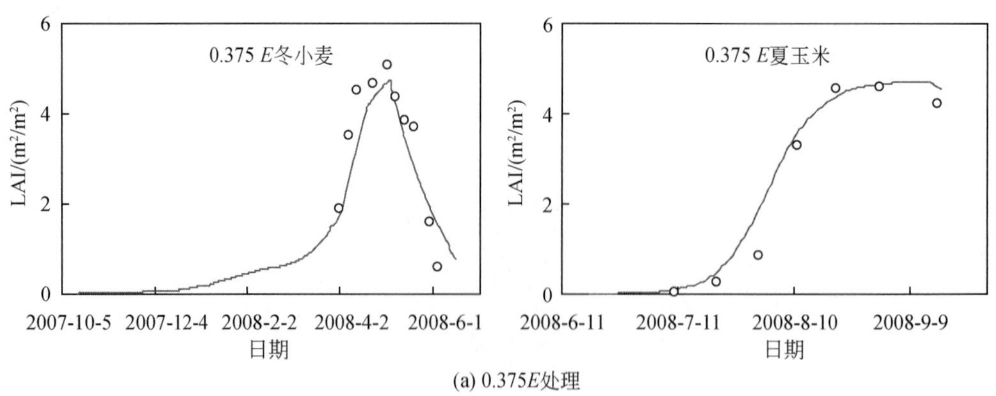

(a) 0.375E处理

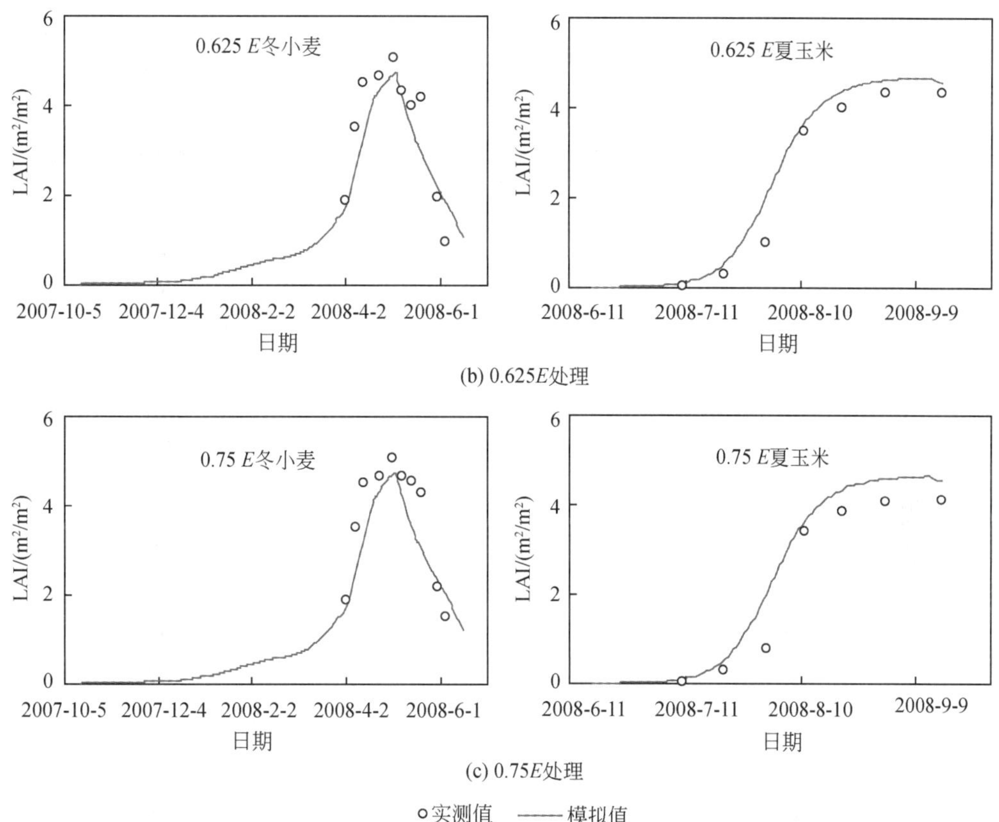

图 9-12　2007 ~ 2008 年不同灌溉水肥试验处理下冬小麦和夏玉米叶面积指数的模拟结果与实测值的比较

图 9-13 给出了 2007 ~ 2008 年不同灌溉水肥试验处理下冬小麦和夏玉米株高的模拟值与实测值的比较。0.375E、0.625E 和 0.75E 处理下冬小麦株高模拟结果的 Rmse 值分别为 7.8cm、7.9cm 和 7.9cm，MRE 值分别为 15.5%、15.1% 和 15.1%，ε 分别为 0.92、0.92 和 0.92，相应处理小区内的夏玉米株高模拟结果的 Rmse 值分别为 38.6cm、25.5cm 和 29.0cm，MRE 值分别为 50.9%、36.6% 和 36.6%，ε 分别为 0.83、0.91 和 0.90。

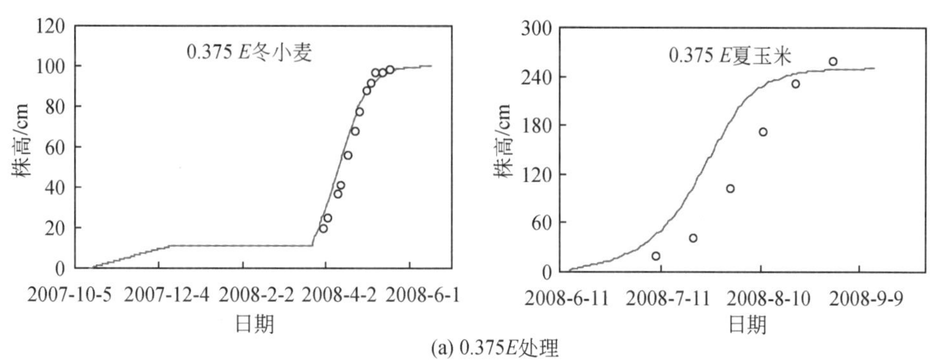

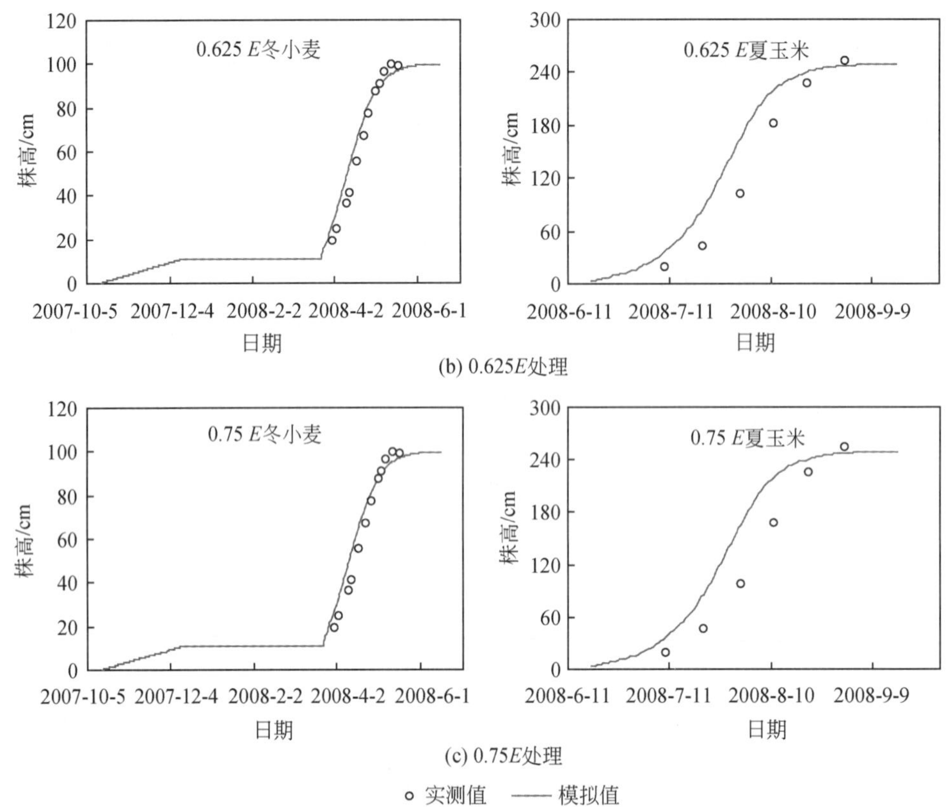

(b) 0.625E处理

(c) 0.75E处理

图 9-13　2007～2008 年不同灌溉水肥试验处理下冬小麦和夏玉米株高的模拟结果与实测值的比较

图 9-14 给出了 2007～2008 年不同灌溉水肥试验处理下冬小麦和夏玉米生物量的模拟值与实测值的比较，两者的变化趋势较为吻合。0.375E、0.625E 和 0.75E 处理下冬小麦生物量模拟结果的 Rmse 值分别为 1639kg/hm^2、2101kg/hm^2 和 1465kg/hm^2，MRE 值分别为-12.5%、-16.9% 和-12.7%，ε 分别为 0.88、0.86 和 0.91，相应处理小区内的夏玉米生物量模拟结果的 Rmse 值分别为 1470kg/hm^2、1482kg/hm^2 和 1412kg/hm^2，MRE 值分别为 237%、203% 和 205%，ε 分别为 0.94、0.94 和 0.94。

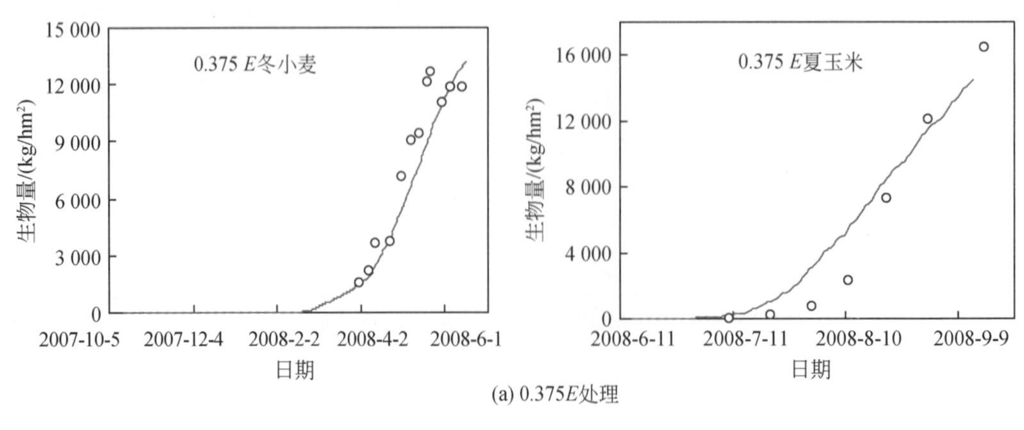

(a) 0.375E处理

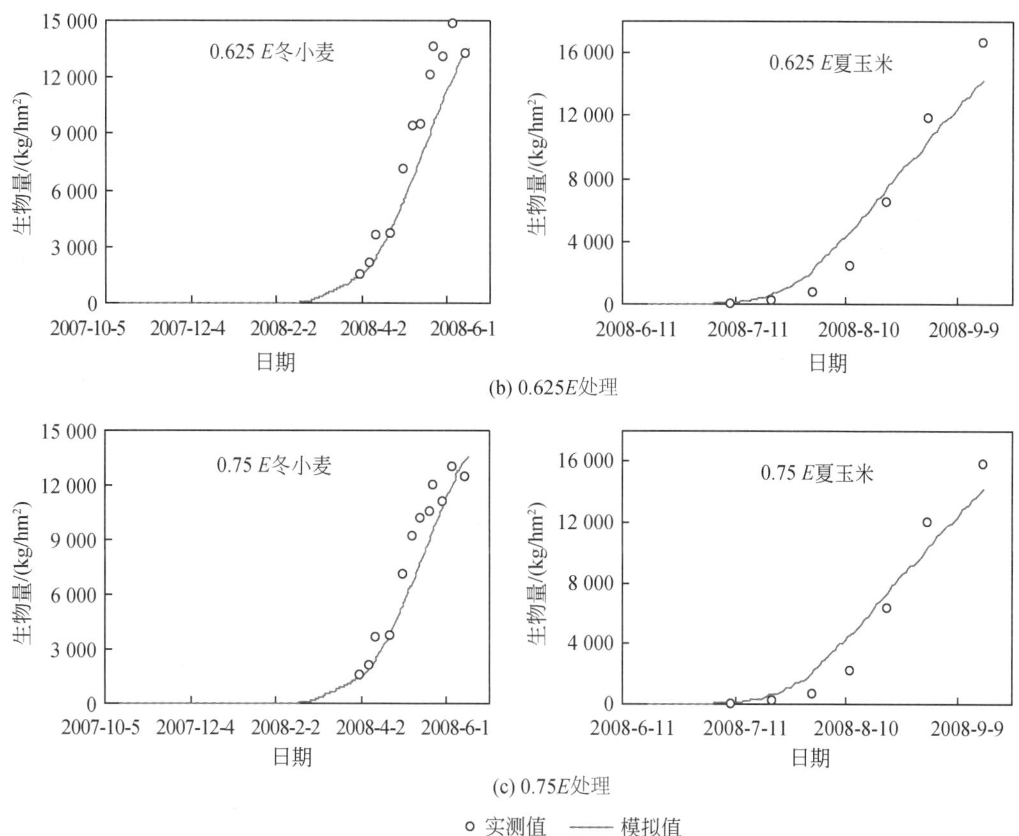

(b) 0.625E处理

(c) 0.75E处理

图 9-14　2007 ~ 2008 年不同灌溉水肥试验处理下冬小麦和夏玉米生物量的模拟结果与实测值的比较

9.2.4　模拟结果分析

在对模型进行率定和验证的基础上，利用构建的土壤水、热、氮迁移转化与作物生长耦合模型开展模拟计算，分析 2005 ~ 2008 年冬小麦-夏玉米轮作期 100cm 深处土壤硝态氮累积淋失量的变化过程，给出 2007 ~ 2008 年冬小麦生育期土壤水氮平衡情况及冬小麦水氮利用效率。模拟过程中使用的初始和边界条件与模型率定和验证时相同，但上边界采用大气边界，下边界在上层 2m 处采用压力水头边界。

9.2.4.1　土壤硝态氮累积淋失量

图 9-15 给出了 2005 ~ 2008 年不同灌溉水肥试验处理下冬小麦-夏玉米轮作下 100cm 土层处模拟的土壤硝态氮累积淋失量的变化过程，其中负值表示淋失，正值表示吸收。可以看出，冬小麦生育季节内的硝态氮淋失量较少，基本上不发生氮淋失。例如，2005 ~ 2006 年和 2007 ~ 2008 年两个生育期内，冬小麦收获时 100cm 土层的硝态氮累积淋失量为正值，而 2006 ~ 2007 年冬小麦生育期除灌水较多的 1.00E 处理外，其他试验处理下的硝态氮累积淋失量也基本大于零。此外，夏玉米生育期内由于降雨较多，三个生长季节内都出现硝态氮淋失现象，虽生长期内没

有灌溉，但仍发现硝态氮累积淋失量与冬小麦灌水量密切相关，灌水量多的处理下土壤含水率相对较高，降雨时土壤更易饱和，易于产生硝态氮淋失。2005～2008 年冬小麦-夏玉米轮作期 100cm 土层处最大硝态氮累积淋失量分别为 5.16kg/hm^2、6.21kg/hm^2 和 3.51kg/hm^2，分别占整个施肥量（266kg/hm^2、362kg/hm^2 和 390kg/hm^2）的 1.9%、1.7% 和 0.9%。

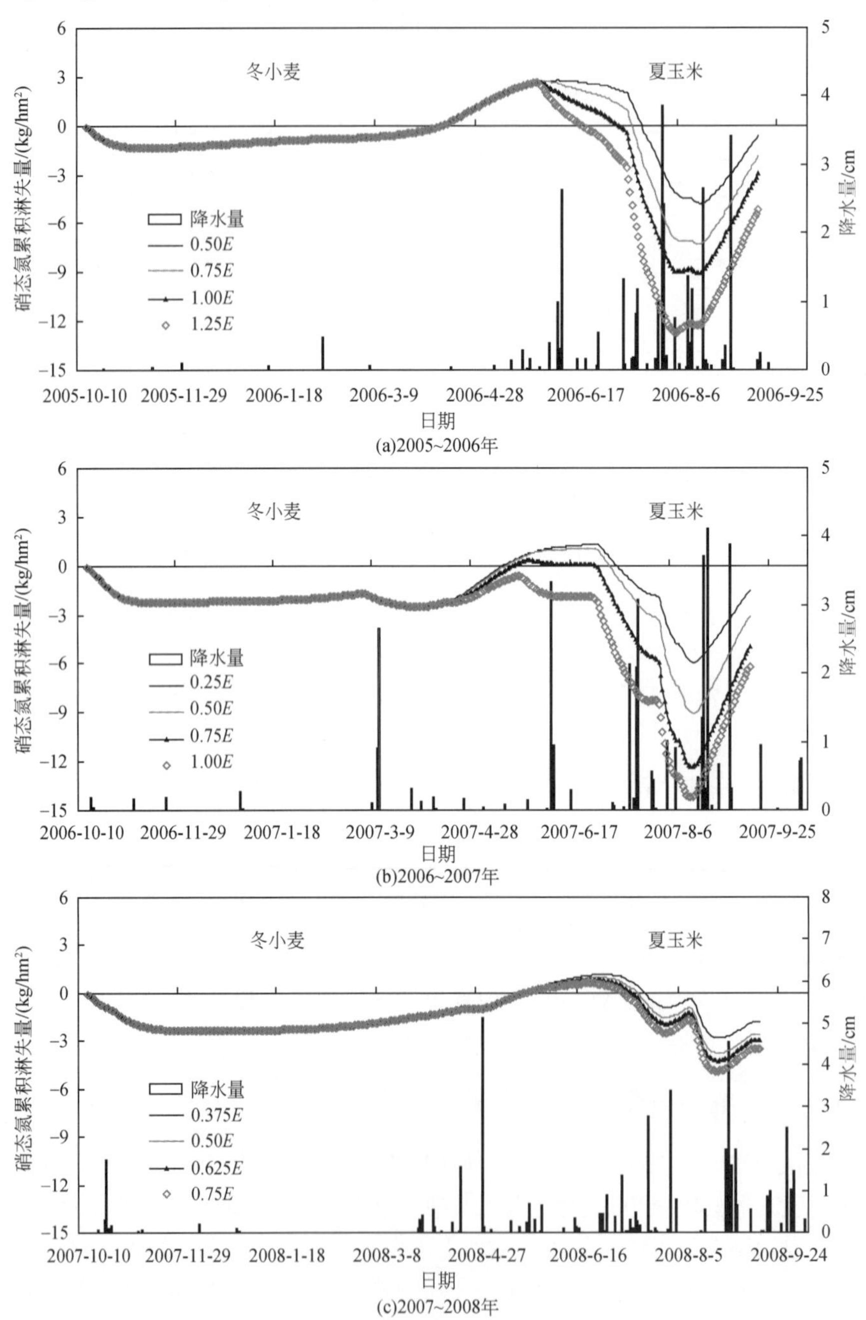

图 9-15　2005～2008 年不同灌溉水肥处理下冬小麦-夏玉米轮作期 100cm 土层处模拟的土壤硝态氮累积淋失变化过程

9.2.4.2 根层土壤水量平衡

以 2007～2008 年冬小麦生育期为例，表 9-7 给出了不同灌溉水肥试验处理下模拟的冬小麦根层土壤（0～100cm）水量平衡结果。不同试验处理下的土体水分变化均为正值，随着灌水增加，土体水分逐渐减少，说明灌溉和降水不能满足作物需水要求，水分收入小于支出，且深层渗漏量占降水和灌水总额的 4.5%～4.8%。由于 2007～2008 年冬小麦返青后的降水量相对较多，灌水量较少，影响深度仅为 40cm，故不同试验处理间在深层渗漏上的区别不大。

表 9-7 2007～2008 年冬小麦生育期不同灌溉水肥试验处理下模拟的根层土壤水量平衡状况

（单位：mm）

试验处理	深层渗漏	蒸散发	灌水量	降水量	根层土壤贮水变化量	绝对误差
0.375*E*	9.99	319.6	45.9	164	117.2	-2.49
0.50*E*	10.11	321.9	55.3	164	110.5	-2.21
0.625*E*	10.14	322.6	66.9	164	100.8	-1.04
0.75*E*	10.64	326.1	73.2	164	97.0	-2.54

9.2.4.3 根层土壤氮素平衡

以 2007～2008 年冬小麦生育期为例，表 9-8 给出了不同灌溉水肥试验处理下模拟的冬小麦根层土壤（0～100cm）氮素平衡结果，当氮素输出小于输入时，变化量为负值，表明根层土壤氮素有累积现象，否则相反。可以发现，不同灌溉水肥试验处理下的土壤氮素淋洗量很少，占氮素输入量（矿化和施肥）的 4% 左右，且彼此之间在深层氮淋失量的差异较小，这与水分深层渗漏较小有关。不同试验处理下的作物吸氮差别也较小，这既与小区施肥量存在着差异有关，也可能与模型采用的根系吸氮函数有关，由于作物根系吸水差别不大，导致作物吸氮差别亦较小。此外，不同试验处理下的土壤反硝化作用基本一致，反硝化量占氮素输入量的 4.5% 左右，但 100cm 以上土层的反硝化量较小，这可能与相应的土壤含水率（图 9-2 和图 9-7）低于土壤反硝化临界含水率（田持含水率或稍高于田持含水率）有关（李韵珠和李保国，1998），进而导致反硝化作用较弱。

表 9-8 2007～2008 年冬小麦生育期不同灌溉水肥试验处理下模拟的根层土壤氮素平衡状况

（单位：kg/hm^2）

试验处理	淋失量	作物吸收	反硝化	矿化	施肥	根层变化	绝对误差
0.375*E*	1.19	180.0	12.6	65.2	218.3	-92.5	-2.79
0.50*E*	1.21	180.7	12.6	62.0	218.3	-92.3	-6.51
0.625*E*	1.21	181.5	12.6	64.8	218.3	-86.2	1.59
0.75*E*	1.26	180.4	12.6	63.3	218.3	-84.6	2.72

9.2.4.4 作物水氮利用效率

表9-9 给出了2007～2008 年冬小麦生育期不同灌溉水肥试验处理下模拟的水氮利用效率，其中4 种试验处理下的产量、水分消耗量、氮素利用效率等均无显著差异，这可能与在模拟季节内的灌水相对较少而降水量较大有关。

表9-9 2007～2008 年冬小麦生育期不同灌溉水肥试验处理下模拟的水氮利用效率

试验处理	产量/(kg/hm²)	水分消耗量/mm	水分利用效率/(kg/m³)	作物吸氮量/(kg/hm²)	氮素利用效率/(kg/kg)
0.375E	6195	319.6	1.94	180.0	34.42
0.50E	6273	321.9	1.95	180.7	34.71
0.625E	6324	322.6	1.96	181.5	34.84
0.75E	6366	326.1	1.95	180.4	35.29

9.3 基于水氮作物耦合模型的农田水氮利用效率评价

以北京市通州区和大兴区为研究区域，在将其划分为28 个子区域（大兴区16 个+通州区12 个）的基础上，利用以上率定和验证后的土壤水、热、氮迁移转化与作物生长耦合模型，结合地理信息系统，模拟分析各子区域内传统的和优化的农田水氮管理措施下冬小麦-夏玉米轮作的作物产量、耗水量和土壤氮素淋失量，开展基于农田水氮优化管理模拟下的农田水氮利用效率区域空间分布评价。

9.3.1 研究区概况

研究区域包括北京市通州区和大兴区，两区位于该市东南郊，与市区相距20km 左右，是北京的东南大门，地处东经116°32′～116°43′，北纬39°26′～39°51′，北与丰台、朝阳区相接，西隔永定河与房山区、河北省涿州市、固安县相连，东南与河北廊坊市、天津武清区相连，南北长为68km，东西宽为63km，总面积为1937km^2。

研究区域属暖温带大陆性季风气候，年均气温为11.85℃，最热月份为7 月，平均温度为26.05℃，最冷月份在1 月，平均气温为-4.55℃；全年无霜期为185 天，降水量年际变化较大，季节间分布不均，多年平均降水量为554.5mm，其中70%以上集中在6～9 月。研究区内土壤主要包括3 个土类：褐土、潮土和风沙土。其中，通州区的潮土广泛分布于各乡镇，高起处为脱潮土，其他大部为砂质和壤质潮土，在地势低平、排水不畅的地区，出现盐潮土，主要分布在东南部的永乐店和漷县；褐土主要为潮褐土和菜园潮褐土，主要分布在永顺和梨园；风沙土集中在宋庄，西集有零星分布。大兴区的大部分土壤是潮土，在地下水位较低的地区，土壤经历黏化过程，发育为褐土，在靠近永定河堤地区，由于成土时间短，有少量风沙土和固定沙丘分布。

通州区和大兴区共有 24 个乡镇，1016 个行政村，2008 年总人口 123 万人，其中农业人口 66 万人，非农业人口 57 万人，两区的生产总值分别为 250.2 亿元和 214.5 亿元。通州区耕地面积为 30 182hm^2，其中粮食播种面积为 23 569hm^2；大兴区耕地面积为 38 400hm^2，其中粮食播种面积为 36 933hm^2；两区内以冬小麦-夏玉米轮作种植模式为主，冬小麦需进行充分灌溉，夏玉米一般无需灌溉，灌溉水源来自地下水，以地面畦田灌溉方式为主。

9.3.2 土壤、气象、作物基础数据

基础数据主要涉及研究区域内与土壤类型和特性、水文和气象、作物生长与分布等有关的信息，采用实地采样调查与相关数据库获取相结合的数据收集和采集方式。

9.3.2.1 土壤类型与特性

图 9-16 给出了研究区域内表层土壤类型分布现状，据此于 2007 ~ 2008 年在整个研究

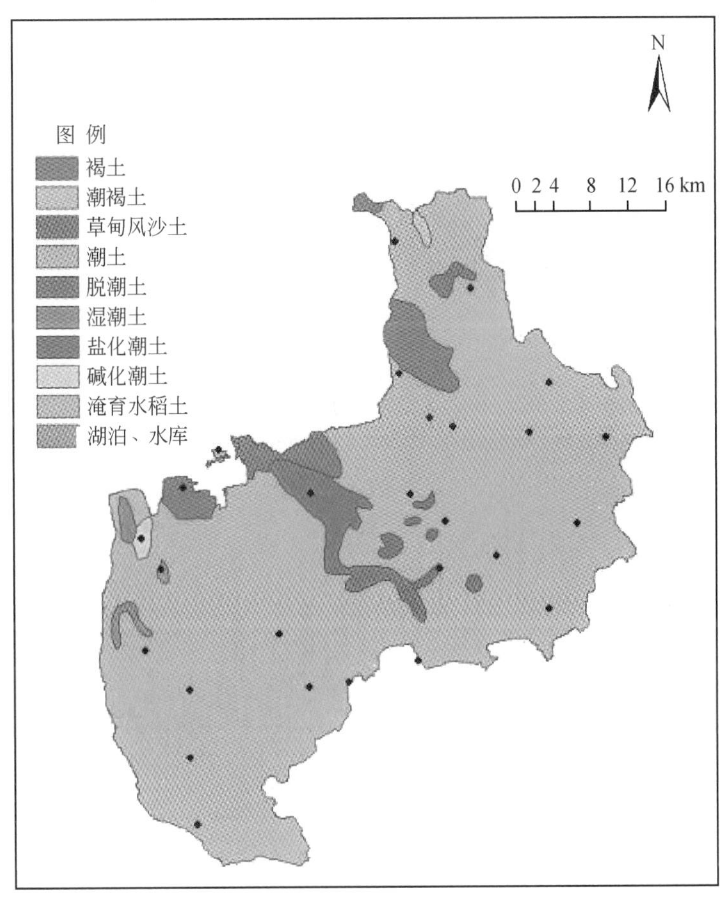

图 9-16 研究区域内土壤类型分布和土壤特性采样点分布

区域内根据相对均布和考虑主要土壤类型的原则选择 28 处土壤采样点，开展实地土壤剖面采样与调查工作。在此基础上，以选择的 28 处土壤采样点为核心，将全区划分为 28 个子区域，并假定各子区域内土壤特性相近，从而建立起相应的土壤理化性质和土壤水力学特性数据库，其中土壤理化性质来自各采样点处的典型土壤剖面资料，土壤水力学特性参数则通过田间试验测定或基于土壤理化性质利用土壤传递函数估算获得。由此大兴区的土壤特性资料由代表 16 个子区域的 16 处 0 ~ 110cm 土壤剖面的物理性质（分层、机械组成、质地、容重等）和土壤水力学特性等数据构成（王蕾等，2014），通州区的土壤特性资料则由代表 12 个子区域的 12 处 0 ~ 160cm 土壤剖面的理化性质（分层、机械组成、质地、容重、有机质含量、全氮含量等）和土壤水力学特性等数据组成（王相平，2010）。

9.3.2.2 水文与气象

气象资料采用北京站（54511）的气象数据，来自国家气象信息中心——中国气象科学数据共享服务网。其中，包括日最高和最低气温、辐射、风速、相对湿度、降水量等，图 9-17 显示出 2007 ~ 2008 年冬小麦-夏玉米轮作期间的气象要素日平均变化过程。

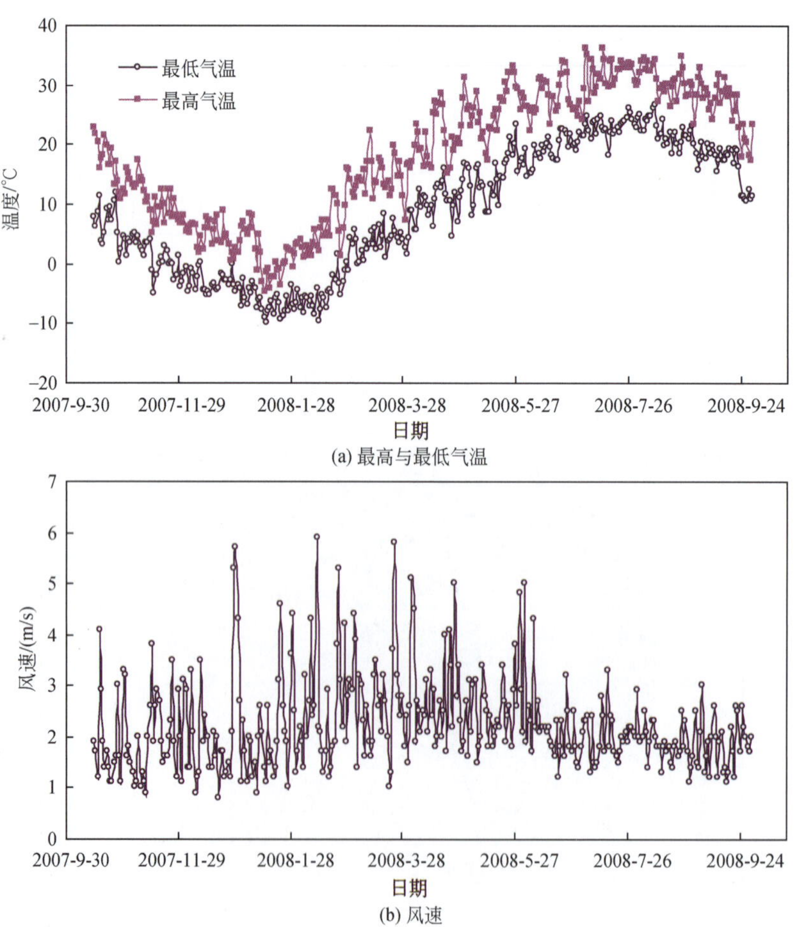

(a) 最高与最低气温

(b) 风速

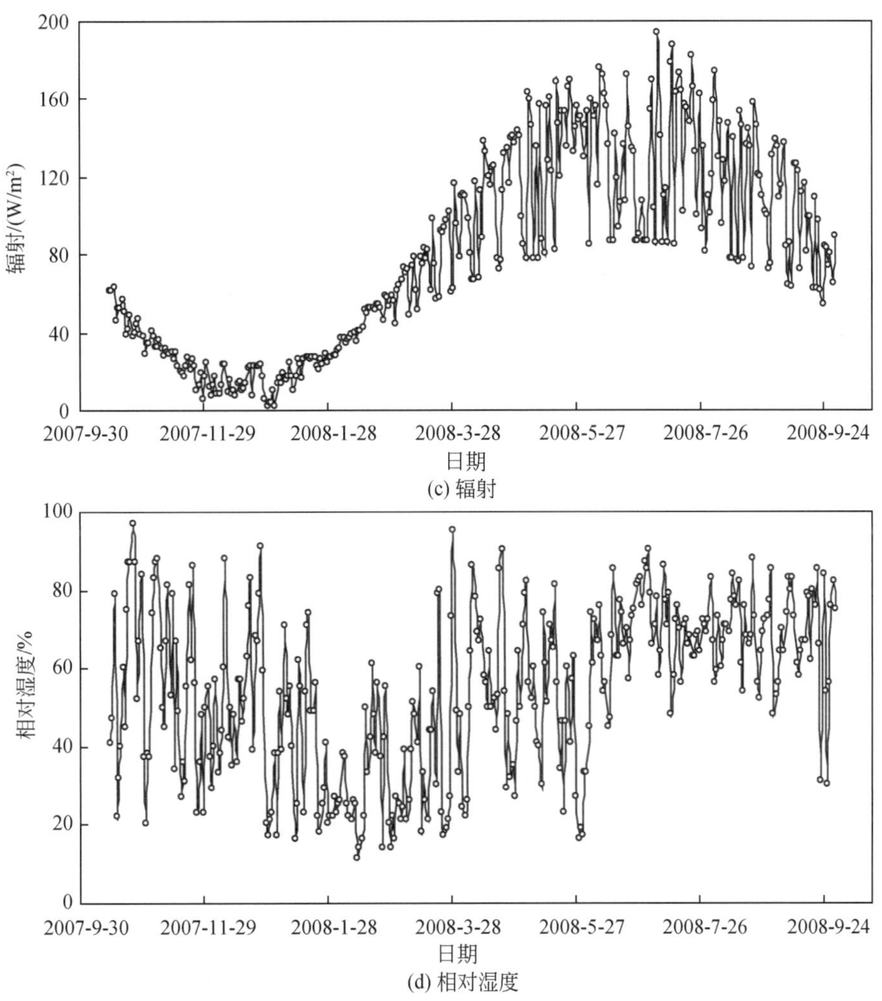

图 9-17　2007 ~ 2008 年主要气象要素的日平均变化过程

9.3.2.3　作物种植模式与水肥管理方式

研究区域内的土地利用类型分布状况由中国科学院地理科学与资源研究所提供 (Xiong et al. , 2010), 其中在农田耕地上均采用冬小麦-夏玉米轮作种植模式, 并假定农田水肥管理方式相同。

9.3.3　初始与边界条件及模型参数确定

研究区采样点的选择基本依据是以乡镇为单元, 每个乡镇选取一土壤剖面, 进行土壤理化性质的测定及土壤水力学参数的测定。认为每个研究单元内土壤性质均一, 采用相同的土壤水力学参数。本研究假定研究区域土壤溶质运移参数和作物生长参数与试验区一致，因此仅考虑因土壤水力学性质对作物产量、腾发量及氮淋失量的影响。

9.3.3.1 初始与边界条件

模拟中28个子区域的土壤含水率和土壤氮素含量初值均采用2007～2008年土壤采样时测定的土壤含水率和土壤含氮量。模拟中采用的上边界条件为大气边界，下边界条件为土深2m处的压力水头边界。模型输入数据包括逐日气象数据以及各子区域的土壤物理特性和水力学参数、溶质运移参数、作物生长参数、灌水施肥数据等。

9.3.3.2 土壤水力学特性参数

模拟中采用van Genuchten方程描述土壤水分特征曲线和土壤非饱和导水率函数。其中，通州区各子区域的土壤水力学特性参数根据田间试验实测得到，大兴区各子区域的土壤水力学特性参数则基于土壤理化性质利用土壤传递函数估算获得：

$$\theta_s=0.608+0.006\times\text{clay}-0.232\times\rho+0.037\ln(\text{silt})-0.031\ln(\text{clay}) \quad R^2_{adj}=0.72,\ N=61 \tag{9-81}$$

$$\theta_r=0.109-0.001\times\text{silt} \quad R^2_{adj}=0.185,\ N=61 \tag{9-82}$$

$$\alpha=0.482+0.002\times\text{silt}-0.003\times\text{clay}-0.073\times\rho+0.011\times\text{om}-0.113\ln(\text{silt}) \quad R^2_{adj}=0.335,\ N=61 \tag{9-83}$$

$$n=1.456+0.027\times\text{clay}-0.283\ln(\text{clay}) \quad R^2_{adj}=0.328,\ N=61 \tag{9-84}$$

$$K_s=98.702-0.586\times\text{silt}+1.819\times\text{clay}-15.66\times\ln(\text{sand}) \quad R^2_{adj}=0.431,\ N=62 \tag{9-85}$$

根据得到的28个子区域内不同土层剖面的土壤理化性质及土壤水力学特性参数数据，结合GIS工具，采用反距离权重插值法，绘制得到整个研究区域部分土壤特性参数的空间分布图（图9-18）。

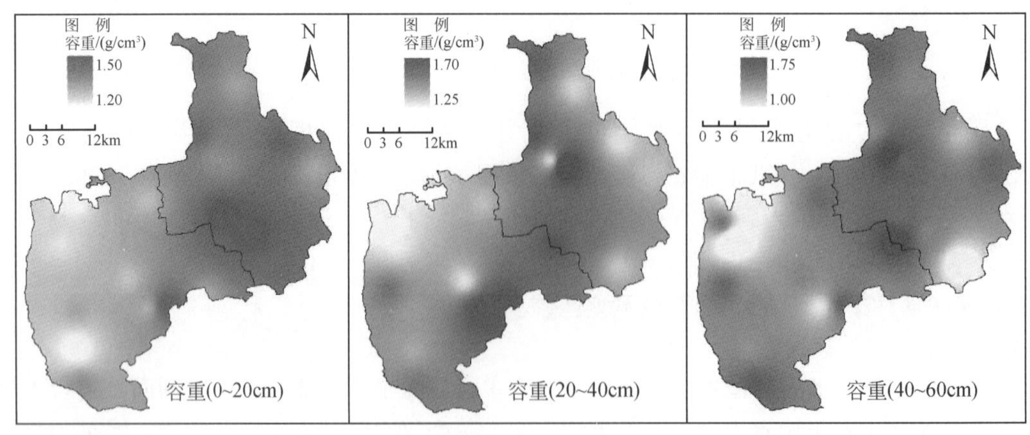

(a) 土壤容重

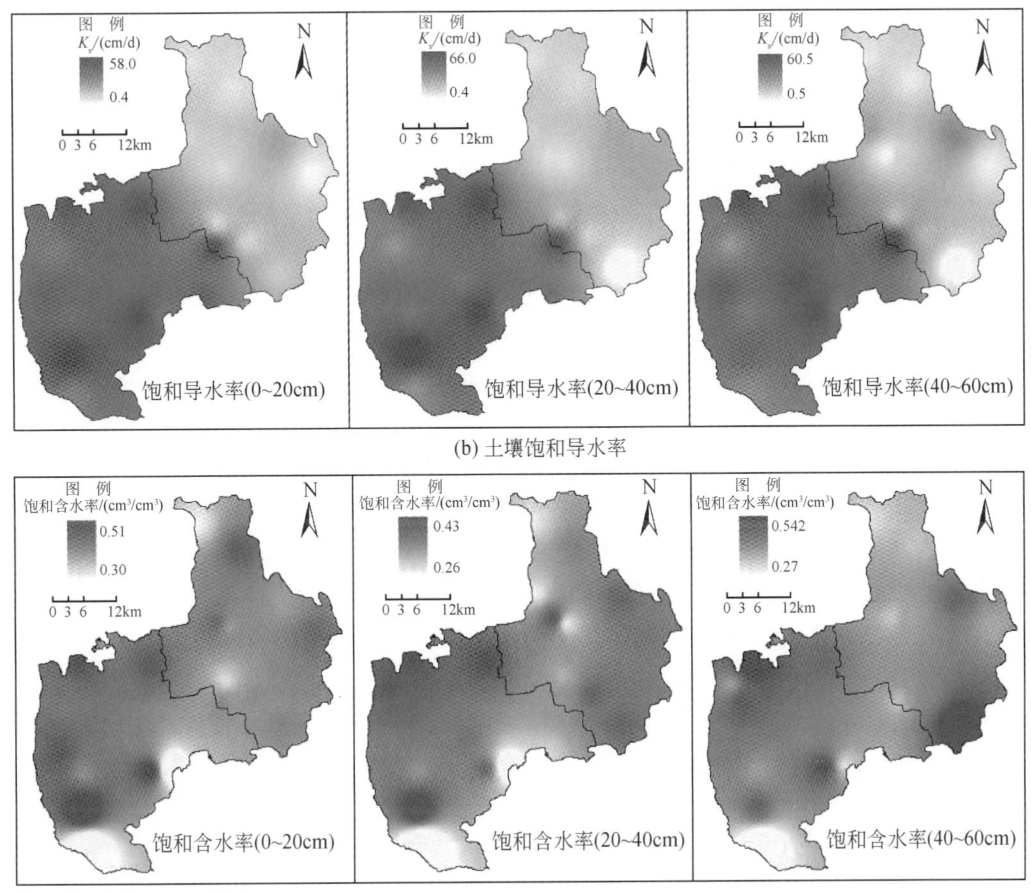

(b) 土壤饱和导水率

(c) 土壤饱和含水率

图 9-18 研究区域部分土壤特性参数空间分布图

9.3.3.3 土壤溶质运移与氮素迁移转化参数

模拟中 28 个子区域采用相同的土壤溶质运移与氮素迁移转化参数，具体数值参见表 9-2。

9.3.3.4 作物生长参数

在整个研究区域内采用统一的作物管理方式。其中，2007 ~ 2008 年冬小麦的播种时间为 2007 年 10 月 15 日，收获时间为 2008 年 6 月 16 日；夏玉米播种时间为 2008 年 6 月 18 日，收获时间为 2008 年 9 月 23 日。冬小麦生育期内灌水 3 次，分别为底墒水、拔节水和抽穗水，每次灌水深度为 80mm；施肥量为 300 kg N/hm^2，分别于播种时和开春后随灌水施入。玉米生育期内灌水 1 次，灌水深度为 80mm；施肥量为 240 kg N/hm^2，分底肥和灌溉追肥施入。模拟中 28 个子区域采用相同的作物生长参数（表 9-4）。

9.3.4 农田水氮管理现状模拟评价

基于以上给出的初始与边界条件以及模型参数，利用率定和验证后的土壤水、热、氮迁移转化与作物生长耦合模型，在分别模拟各子区域内 2007 ~ 2008 年冬小麦-夏玉米轮作种植模式下作物产量、耗水量、土壤氮素累积淋失量的基础上，结合地理信息系统，采用反距离权重插值法，得到整个研究区域耕地范围内的作物产量与耗水量和土壤氮素累积淋失量分布现状，开展基于农田水氮管理现状模拟下的作物水氮利用效率区域空间分布评价。

9.3.4.1 作物产量

图 9-19 给出了 2007 ~ 2008 年模拟的冬小麦和夏玉米产量在研究区域内的分布状况。其中，冬小麦产量为 4025 ~ 7936kg/hm^2，平均产量为 5699kg/hm^2，标准差为 492kg/hm^2，研究区域内北部和东部的冬小麦产量相对较高，且产量在 5000 ~ 6000kg/hm^2 的区域占比 78.3%，在 6000 ~ 7936kg/hm^2 的区域占比 16.4%。根据通州区统计局资料，现有农田水肥管理模式下的冬小麦产量多在 4000 ~ 6000kg/hm^2，而大兴区的田间试验结果表明（史宝成等，2007），冬小麦灌 1 水处理下产量最低为 4166kg/hm^2，灌 3 水处理下的产量最高为 5888kg/hm^2。这表明冬小麦产量模拟结果与研究区域的产量统计数据以及田间试验资料基本相符，基本反映了当地冬小麦产量的现状。

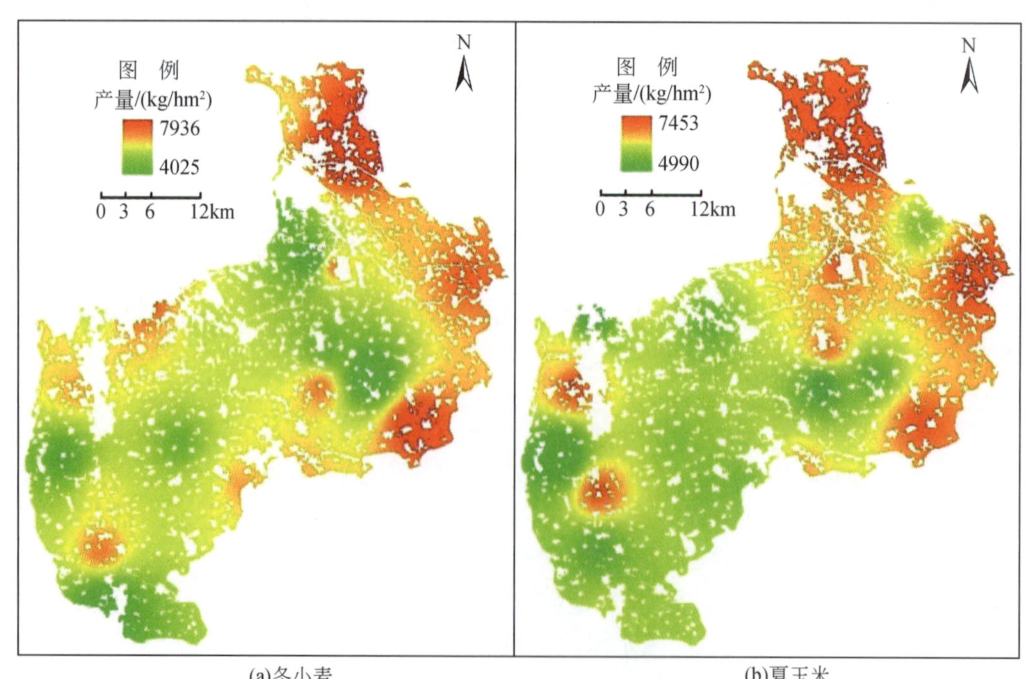

(a)冬小麦 (b)夏玉米

图 9-19 2007 ~ 2008 年研究区域内模拟的作物产量分布状况

从图 9-19 还可看出，夏玉米产量为 4990 ~ 7453kg/hm^2，平均产量为 6242kg/hm^2，标准差为 362. 6kg/hm^2，研究区域内北部和东部的夏玉米产量相对较高，且产量在 5800 ~ 6800kg/hm^2 的区域占比 81. 2%，大于 6800kg/hm^2 的区域占比 9. 7%。根据通州区统计局资料，现有农田水肥管理模式下的夏玉米产量多在 5000 ~ 6000kg/hm^2，而大兴区的夏玉米产量多在 6000 ~ 7000kg/hm^2（徐艳等，2004），夏玉米产量的模拟结果变化范围与实测值基本一致。

9. 3. 4. 2　作物耗水量

图 9-20 给出了 2007 ~ 2008 年模拟的冬小麦和夏玉米作物耗水量在研究区域内的分布状况。其中，冬小麦作物的耗水量为 270 ~ 460mm，平均值为 374 mm，标准差为 30. 5mm，研究区域内东部和中部的冬小麦耗水量相对较高，且耗水量在 300 ~ 400mm 的区域占比 78. 6%，大于 400mm 的区域占比 20. 3%。曹巧红和龚元石（2003）研究表明该地区冬小麦作物的耗水量多在 300 ~ 400mm，这说明模拟结果的变化范围在合理区间内。

如图 9-20 所示，夏玉米作物的耗水量为 245 ~ 412mm，平均值为 331mm，标准差为 26. 2mm，研究区域内东部和中部的冬小麦耗水量相对较高，且耗水量在 300 ~ 400mm 的区域占比 90. 1%。与研究区域内类似研究成果相比，模拟的夏玉米耗水量变化在合理范围内。曹云者等（2003）在河北曲周对不同处理下的夏玉米耗水研究表明，耗水量变化范围在263. 8 ~ 410. 4mm，易镇邪等（2008）研究也表明，夏玉米耗水量变化较大为 231. 3 ~ 467. 5mm。

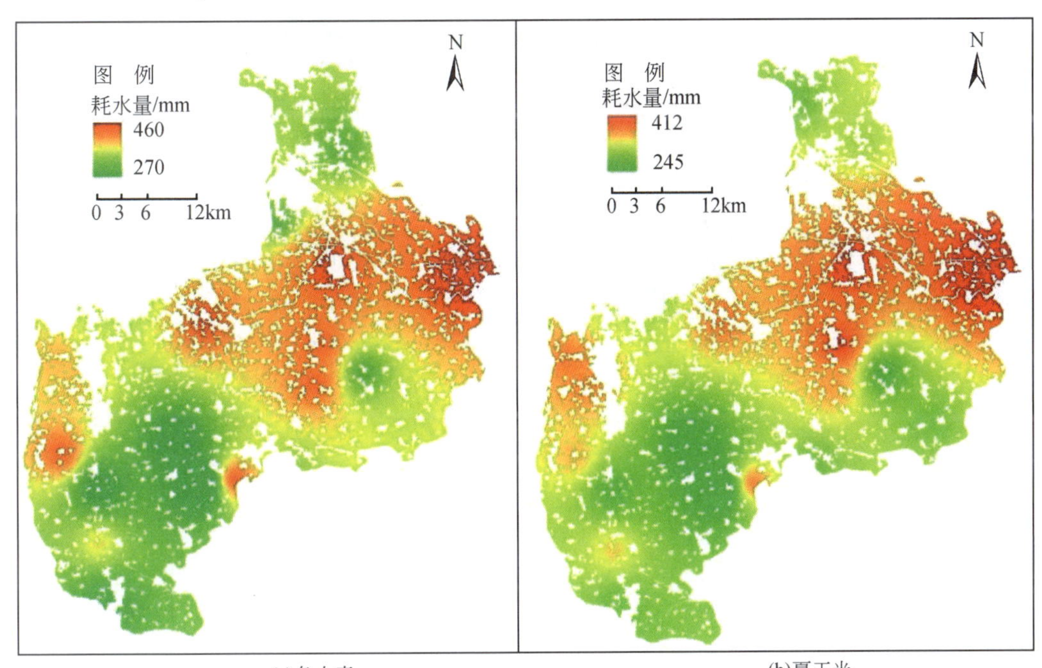

图 9-20　2007 ~ 2008 年研究区域内模拟的作物耗水量分布状况

9.3.4.3 土壤氮素累积淋失量

图9-21给出了2007～2008年冬小麦-夏玉米轮作期内模拟的100cm深处土壤氮素累积淋失量在研究区域内的分布状况。土壤氮素累积淋失量为15～140kg/hm^2，平均值为57.4kg/hm^2，标准差为22.9kg/hm^2，大兴区较通州区更易发生土壤氮素淋失，且淋失量小于30kg/hm^{2}的区域占比19.2%，在30～60kg/hm^{2}的区域占比67.2%，大于60kg/hm^{2}的区域占比13.6%，土壤氮素累积淋失量占施肥量的比例为2.7%～25.9%。赵荣芳等（2009）对华北地区土壤氮素淋失的研究表明，冬小麦-夏玉米轮作下的氮素累积淋失量占氮肥施用量的35%以内，平均25%，这与本研究结果基本一致。此外，对照作物产量分布状况（图9-19）可以看出，土壤氮素累积淋失量较大的地区，作物产量一般也较低，反之亦然。

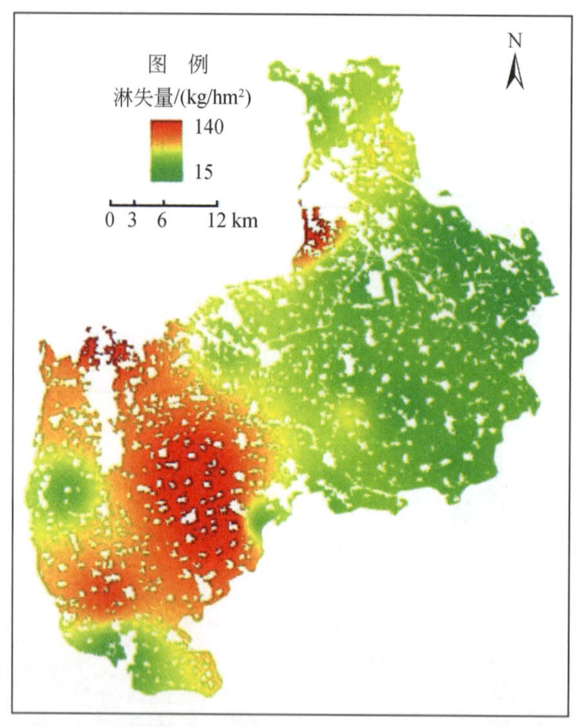

图9-21 2007～2008年研究区域内模拟的土壤氮素累积淋失量分布状况

9.3.4.4 作物水分利用效率

图9-22给出了2007～2008年冬小麦-夏玉米轮作期内模拟的作物水分利用效率在研究区域内的分布状况。其中，冬小麦作物水分利用效率为1.1～2.4kg/m^3，平均值为1.5kg/m^3，标准差为0.18kg/m^3，通州区北部、南部和大兴区南部的水分利用效率相对较高，且水分利用效率为1.3～1.7kg/m^{3}的区域占比8.1%，大于1.7kg/m^{3}的区域占比17.2%。夏玉米作物水分利用效率为1.5～2.4kg/m^3，平均值为1.9kg/m^3，标准差为0.16kg/m^3，也是通州区北部、南部和大兴区南部的水分利用效率相对较高，且水分利用

效率为 1.5 ~ 2.0kg/m³ 的区域占比 73.3%，大于 2.0kg/m³ 的区域占比 26.7%。高如泰（2005）对黄淮海平原冬小麦和夏玉米的水分利用效率研究表明，冬小麦和夏玉米的水分利用效率均为 1.0 ~ 1.25kg/m³，查贵峰（2003）的研究结果表明，夏玉米水分利用效率为 1.81 ~ 3.05kg/m³，冬小麦水分利用效率为 0.52 ~ 0.84kg/m³。此外，由于作物水分利用效率空间分布受作物产量及蒸散发量的双重影响，故与作物产量（图 9-9）和耗水量（图 9-20）分布状况进行对比后发现，在作物产量较低及耗水量较高的区域，水分利用效率偏低，反之亦然。

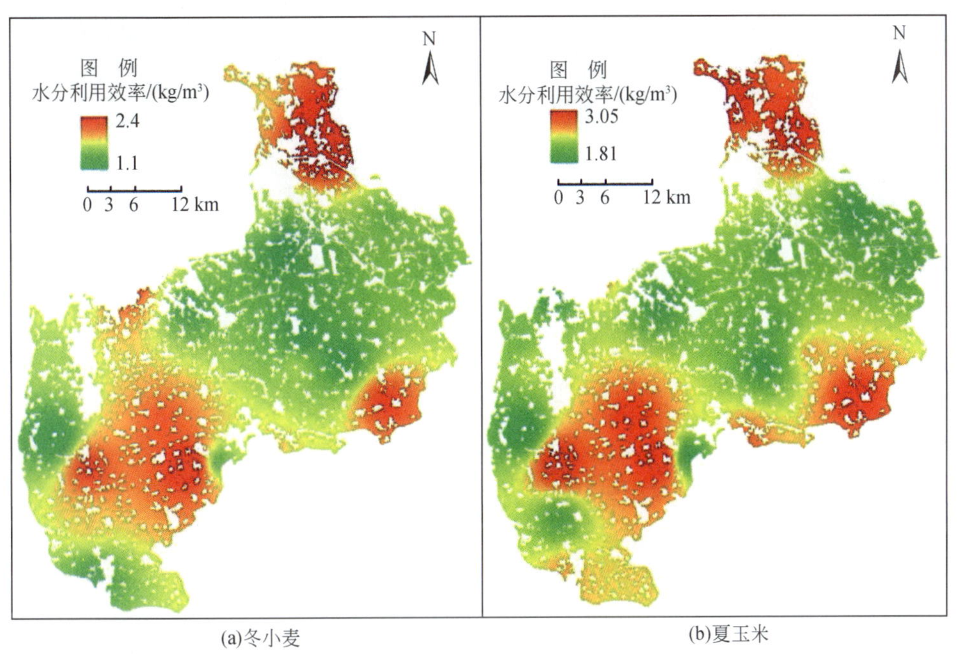

(a)冬小麦　　(b)夏玉米

图 9-22　2007 ~ 2008 年研究区域内模拟的作物水分利用效率分布状况

9.3.4.5　作物氮素利用效率

图 9-23 给出了 2007 ~ 2008 年冬小麦-夏玉米轮作期内模拟的作物氮素利用效率在研究区域内的分布状况。其中，冬小麦作物氮素利用效率为 21 ~ 38kg/kg，平均值为 28.6kg/kg，标准差为 3.9kg/kg，北部地区的冬小麦作物氮素利用效率要高于南部，氮素利用效率大于 26kg/kg 的区域占比 74.3%。曹巧红和龚元石（2003）对北京海淀区冬小麦氮素利用效率研究表明，冬小麦作物氮素利用效率为 32 ~ 39kg/kg，高如泰（2005）也发现黄淮海平原冬小麦作物氮素利用效率多在 15 ~ 20kg/kg，这说明研究区域的冬小麦作物氮素利用效率模拟值在合理范围之内。

夏玉米作物氮素利用效率为 33 ~ 45.6kg/kg，平均值为 33.8kg/kg，标准差为 1.6kg/kg，且最大值位于大兴区北部和南部地区（图 9-23），氮素利用效率为 33 ~ 37.3kg/kg 的区域占比 96.3%。查贵峰（2003）对通州区永乐店不同灌水施肥处理下的夏玉米氮素利用效率研究表明，夏玉米氮素利用效率为 38 ~ 48kg/kg，这表明以上模拟结果在合理范围之内。

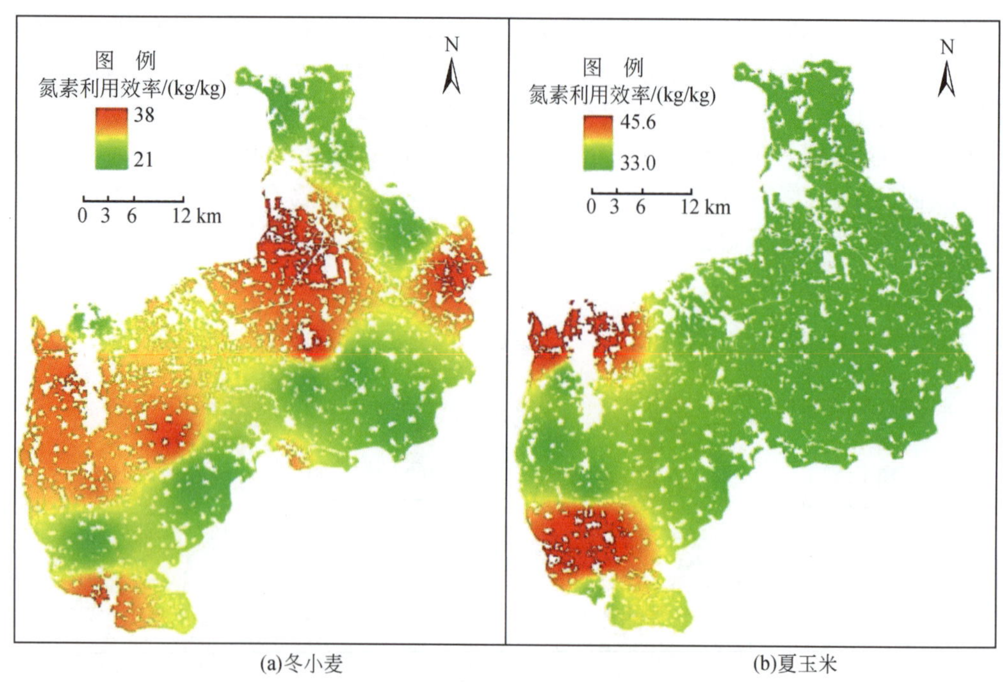

(a)冬小麦　　(b)夏玉米

图 9-23　2007～2008 年研究区域内模拟的作物氮素利用效率分布状况

9.3.5　农田水氮优化管理模拟评价

通州区和大兴区研究区域内通常采用传统地面灌溉方式，每次灌水 80mm 左右，冬小麦和夏玉米期施肥量分别为 309kg N/hm^2 和 256kg N/hm^2（Li et al.，20076）。根据通州试验站 2005～2008 年得到的田间灌溉水肥试验结果表明，喷灌下次灌水量不高于 40mm，即可获得较高的作物产量及水分利用效率，王相平（2007）对当地作物施肥制度进行了优化，指出施用 50% 的现有施肥量，作物即可获得较高的产量及氮素利用效率。为此，在现有灌溉水肥施用量均减半的农田水氮优化管理模式下，当其他农艺措施相同时，利用率定和验证后的土壤水、热、氮迁移转化与作物生长耦合模型，分别估算各子区域内冬小麦-夏玉米轮作种植模式下的作物产量和土壤氮素累积淋失量，开展基于农田水氮优化管理模拟下的作物水氮利用效率区域空间分布评价，定量评估采用农田水氮优化管理模式后产生的影响作用。

9.3.5.1　作物产量

农田水氮优化管理下估算的冬小麦产量及与农田水氮管理现状间差值的分布状况如图 9-24 所示。优化管理下的冬小麦产量为 4200～8900kg/hm^2，平均值为 6065kg/hm^2，标准差为 465kg/hm^2，作物增产幅度在 0～1300kg/hm^2 的区域占比 70.8%，大于 1300kg/hm^2 的区域占比 26.5%，而减产的区域占比为 2.7%。冬小麦最低和最高产量均高于现状，平均值增加 366kg/hm^2，增产约 6%，采用优化的农田水氮管理模式可提高研究区域冬小麦产量。

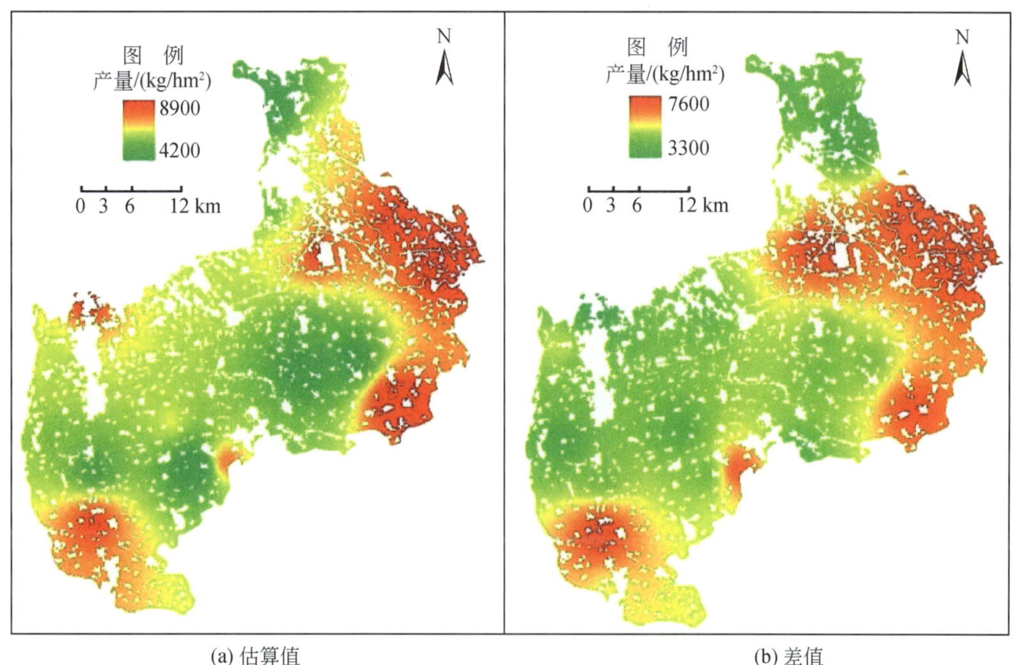

(a) 估算值　　(b) 差值

图 9-24　农田水氮优化管理下估算的冬小麦产量及与农田水氮管理现状间差值的分布状况

从图 9-25 显示的结果可知，优化管理下的夏玉米产量为 3300～7600kg/hm^2，平均值为 5911kg/hm^2，标准差为 590kg/hm^2，增产的地区主要位于通州区的东部、南部和大兴区

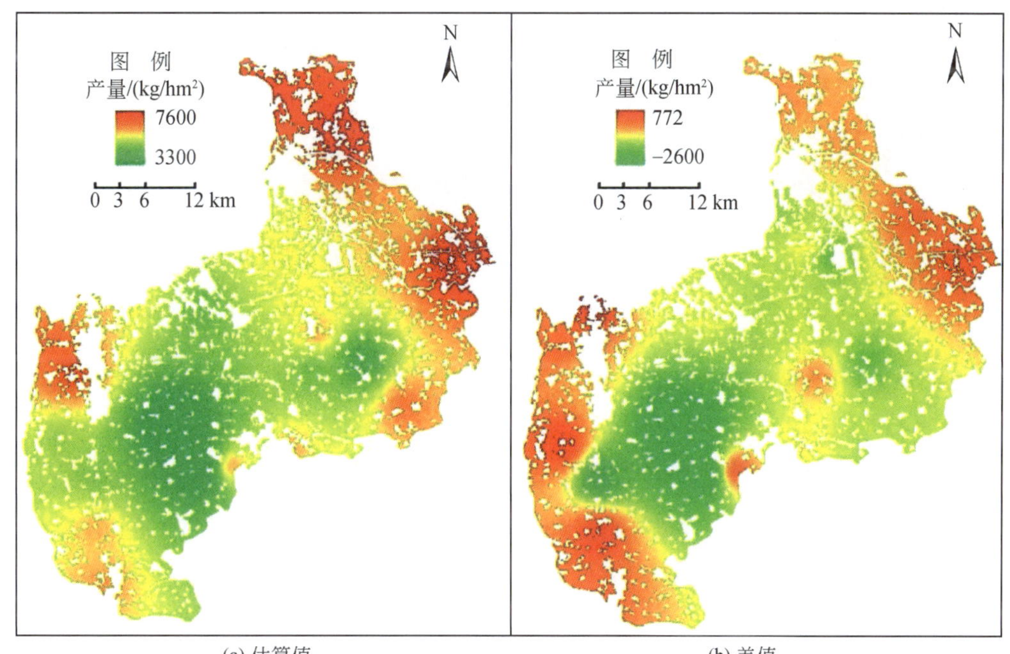

(a) 估算值　　(b) 差值

图 9-25　农田水氮优化管理下估算的夏玉米产量及与农田水氮管理现状间差值的分布状况

的西北部。作物减产幅度大于600kg/hm^2 的区域占比 18.5%，小于600kg/hm^2 的区域占比 61.5%；作物增产的区域占比 20.1%，增幅小于 700kg/hm^2。尽管农田水氮优化管理下的夏玉米平均产量较现状减少了 331kg/hm^2，减产 5% 左右，但却节约了 50% 的氮肥用量，优化的水氮管理模式具有较高的性价比。

9.3.5.2 土壤氮素累积淋失量

农田水氮优化管理下估算的土壤氮素累积淋失量及与农田水氮管理现状间差值的分布状况如图 9-26 所示。优化管理下的土壤氮素累积淋失量为 6.8 ~ 160kg/hm^2，平均值为 43.4kg/hm^2，标准差为 26.8kg/hm^2，淋失量小于 40kg/hm^2 的区域占比 60.5%，在 40 ~ 80kg/hm^2 的区域占比 28.0%，大于 80kg/hm^2 的区域占比 11.5%。与现状相比，农田水氮优化管理措施下土壤氮素累积淋失量的平均值每公顷减少 14kg，整个研究区域减少淋失量约 1609t，有效降低了当地地下水受到硝酸盐污染的风险。

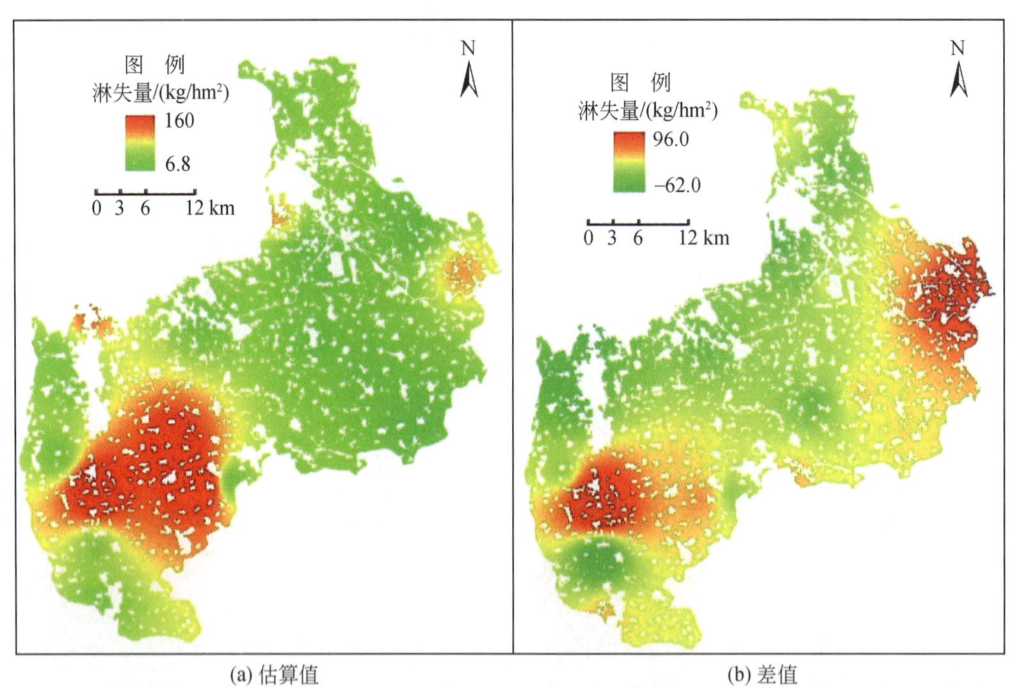

(a) 估算值　　(b) 差值

图 9-26　农田水氮优化管理下估算的土壤氮素累积淋失量及与农田水氮管理现状间差值的分布状况

9.3.5.3 作物水分利用效率

农田水氮优化管理下估算的冬小麦和夏玉米水分利用效率分布状况如图 9-27 所示。冬小麦水分利用效率为 1.26 ~ 2.61kg/m^3，平均值为 1.83kg/m^3，标准差为 0.21kg/m^3，水分利用效率低于 1.5kg/m^{3}的区域占比 5.8%，在 1.5 ~ 2.0kg/m^{3}的区域占比 70.8%，大于 2.0kg/m^{3}的区域占比 23.4%。与传统的农田水氮管理模式相比，作物水分利用效率的平均值增加 0.33kg/m^3，增长约 22%，采用优化的农田水氮管理措施可显著提高冬小麦水分利用效率。

如图 9-27 所示，夏玉米水分利用效率为 1.31 ~ 2.41kg/m^3，平均值为 1.95kg/m^3，标准差为 0.12kg/m^3，水分利用效率低于 1.9kg/m^3 的区域占比 41.2%，其他地区的水分利用效率为 1.9 ~ 2.41kg/m^3。农田水氮优化管理措施下夏玉米水分利用效率的平均值增加 0.05kg/m^3，变动较小，这与夏玉米生长季节内基本无需灌溉有关。

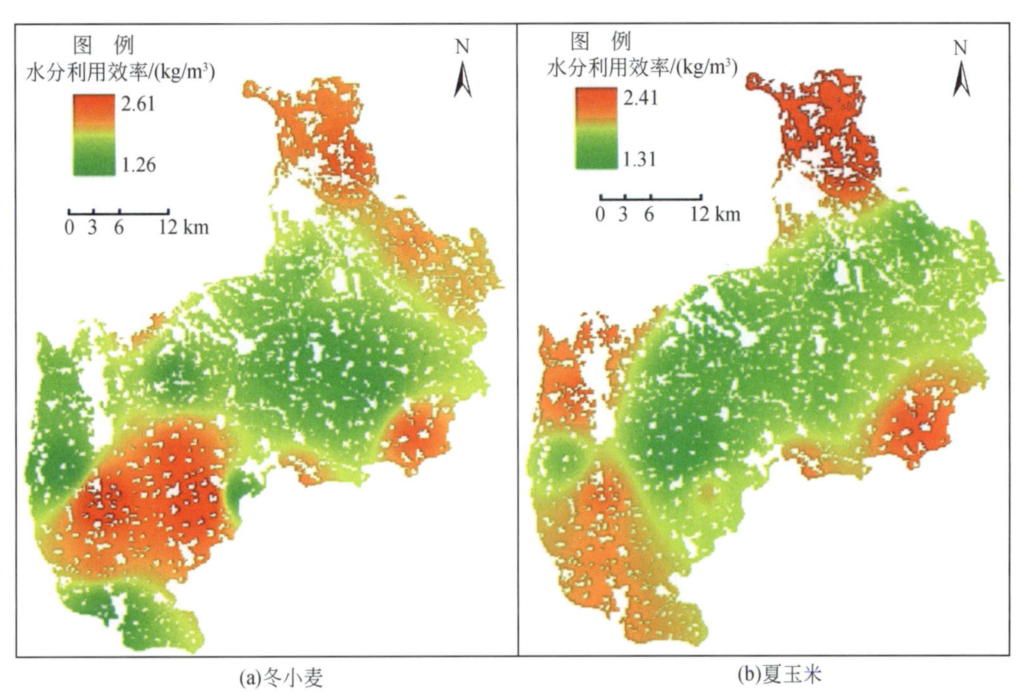

图 9-27 农田水氮优化管理下估算的冬小麦和夏玉米水分利用效率的分布状况

9.3.5.4 作物氮素利用效率

农田水氮优化管理下估算的冬小麦和夏玉米氮素利用效率分布状况如图 9-28 所示。冬小麦氮素利用效率为 20.7 ~ 36.3kg/kg，平均值为 25.1kg/kg，标准差为 2.65kg/kg，氮素利用效率在 20.7 ~ 24kg/kg 的区域占比 39.6%，在 24 ~ 28kg/kg 的区域占比 45.4%，约 15% 的区域大于 28kg/kg。与传统的农田水氮管理措施相比，作物氮素利用效率的平均值减少 3.5kg/kg，减幅 12.2%，但氮肥用量却减少了 50%，采用优化的农田水氮管理模式可明显节约施氮量并维持一定的冬小麦氮素利用水平。

图 9-28 显示的结果还表明，夏玉米氮素利用效率为 26.7 ~ 41.2kg/kg，平均值为 33.1kg/kg，标准差为 1.63kg/kg，氮素利用效率在 26.7 ~ 33kg/kg 的区域占比 46.8%，约 46.8% 的区域在 33 ~ 35kg/kg。与传统的农田水氮管理措施相比，作物氮素利用效率的平均值减少 0.7kg/kg，减幅 2% 左右，同时氮肥用量节约了 50%，采用优化的农田水氮管理措施同样可显著节约氮肥用量并维持一定的夏玉米氮素利用水平。

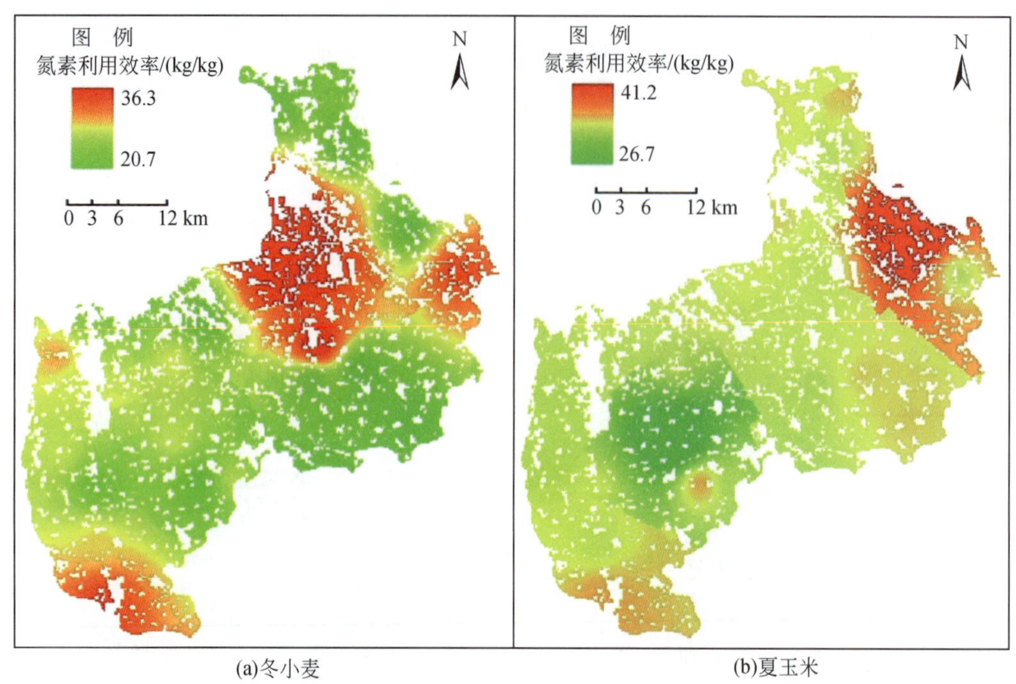

(a)冬小麦　　(b)夏玉米

图 9-28　农田水氮优化管理下估算的冬小麦和夏玉米氮素利用效率的分布状况

综合以上分析可以看出，优化的农田水氮管理措施与传统模式相比，冬小麦产量增加 366 kg/hm^2，增产约 6%，作物水分利用效率增加 0.33kg/m^3，增长约 22%，作物氮素利用效率减少 3.5kg/kg，降低约 12.2%；夏玉米产量减少 331kg/hm^2，减产 5% 左右，作物水氮利用效率基本不变；冬小麦-夏玉米轮作期全年的土壤氮素累积淋失量每公顷减少约 14kg，研究区域内减少淋失量 1609t，节约灌水量及氮肥用量 50%。采用优化的农田水氮管理模式可在维持研究区域内作物较高产量和作物水氮利用效率的同时，大幅度减少水肥施用量，有效降低土壤氮素累积淋失量，对缓解当地水资源短缺现状、减轻区域农业面源污染具有显著作用。

9.4　小　　结

本章基于气候因素及土壤水、盐、热、氮等要素对作物生长的影响，将土壤水分运移、氮素迁移转化、土壤温度、作物生长等过程模拟相结合，构建起模拟土壤水、热、氮迁移转化与作物生长耦合模型。在应用 2005 ~ 2008 年通州试验站冬小麦-夏玉米轮作期间观测的田间数据对该耦合模型进行率定和验证的基础上，模拟估算了北京通州和大兴井灌区不同农田水氮管理措施下冬小麦和夏玉米的作物产量、耗水量和土壤氮素累积淋失量，开展基于农田水氮优化管理模拟下的农田水氮利用效率区域空间分布评价，获得的主要结论如下。

1）构建的土壤水、热、氮迁移转化与作物生长耦合模型以 Hydrus-1D 模型为基础，耦合了考虑氮素矿化作用过程的氮素转化模型和 EPIC 作物生长模型，既融合了 Hydrus-1D、EPIC 等模型具有的优点，又具备了输入参数简便、模拟结果准确、通用型强、可快速查看模拟结果的突出特点。构建的该耦合模型为开展基于农田水氮优化管理模拟下的农田水氮利用效率区域空间分布评价提供了实用的模拟工具。

2）与当地采用的传统农田水氮管理模式相比，采用灌溉水肥施用量均减半的农田水氮优化管理措施下的水氮作物耦合模型模拟结果表明，冬小麦增产 6%，水分利用效率增长 22%，氮素利用效率减少 12%，与此同时，夏玉米减产 5%，水氮利用效率基本保持不变。在整个冬小麦-夏玉米轮作期内土壤氮素累积淋失量每公顷减少 14kg，区域内减少淋失量共计 1609t，采用优化的农田水氮管理措施对缓解当地水资源短缺现状、减轻区域农业面源污染等起到重要作用。

第10章　基于生态水文模型的位山引黄灌区农业用水效率评价

蒸散发和碳通量与灌区耗水、粮食产量及CO_2排放等要素紧密相关，是农业生态水文研究的重要方面。研究农业生态水文过程机理的核心在于揭示陆气之间水分—能量—碳通量传输的基本特征以及彼此之间的耦合关系，识别农业生态系统的主导过程及其主要控制因素，这不仅是研究灌区（乃至全球陆地）生态水文循环规律的基础，也是制定灌区水资源、粮食生产及CO_2减排等管理模式所需的科学基础。农业对区域（灌区）乃至全球碳循环有着重要的影响，定量掌握区域（灌区）尺度水碳循环的长期变化过程与规律，预测未来气候情景下的水分及碳循环响应，可为当地水资源合理配置以及实现CO_2减排的目标提供科学依据。

本章以山东位山引黄灌区为典型，在分析灌区水文气候要素变化规律的基础上，基于改进的Hydrus-1D模型和构建的生态水文模型HELP-C分别对田间水循环过程和作物耗水及产量进行模拟，分析田间尺度水分利用效率变化规律与特点；在定义冠层水分利用效率并对其进行标准化处理的基础上，基于相关实测数据，描述冠层尺度作物耗水和碳同化量变化过程，分析冠层（农田）尺度水分利用效率的季节性变化规律及其主控因素；在选择的未来气候模式模型下开展未来气候变化对位山灌区气象要素影响的模拟分析，利用HELP-C模型从事未来灌溉情景对位山灌区作物、灌溉、水分利用效率等影响的模拟研究，分析灌区尺度水分利用效率变化规律与特征。

10.1　引黄灌区水文气候要素变化规律分析

在对山东省位山引黄灌区的基本情况进行概述的基础上，围绕与当地农业用水效率相关的水文气候因素，重点分析位山引黄灌区地下水位和引黄灌溉水量的变化规律，以及灌区气候因子与灌溉要素的长期变化趋势，为构建生态水文模型HELP-C，评价田间、农田、灌区尺度水分利用效率奠定基础。

10.1.1　研究区概况

位山灌区位于华北平原中部，地处东经115°24′~116°30′和北纬36°12′~37°00′，隶属于山东省聊城市，是黄河下游最大的引黄灌区，设计灌溉面积约为3600km^2。该灌区属温带季风、半湿润气候，具有明显的季节变化和季风气候特征。干湿季节明显，光照充足，雨热同步，降水时空分布不均，境内盛行南风和偏南风。全区平均气温为13.8℃，由北向东南递增；平均降水量为 534mm，东部和东南部多于西部和西北部；平均蒸发量为 1021mm，西南至东北一带较低，而东南和西北部较高；平均灌溉量为 196mm，沿干渠从南到北逐渐减少，灌区边界附近及北部和东北部地区的灌溉量要显著低于靠近引水口的东南部地区。由于降雨和灌溉空间分布不均，致使灌区中南部以及东部的供水较多，而其余地区供水较少。

位山灌区内的地面高程从西南向东北逐渐降低，平均坡降 1/7500，海拔高度在 13 ~ 58m。区内土壤为黄河泥沙沉积而成，主要有潮土和脱潮土两种，其中潮土约占 70%，脱潮土约占 26%，两种土壤的土壤水分特征类似。因灌区内地势平缓，排水不畅，导致易涝易碱，地下水平均埋深为 3 ~ 6 m。灌区内的主要排水河道有徒骇河和马颊河，均属于海河水系，为季节性河流。此外，灌区内绝大部分土地为农田，2000 年农田面积占灌区总面积的 81%，城镇用地占 16%，且绝大部分农田采用冬小麦-夏玉米轮作种植模式，仅在北部农田种植棉花。每年在夏玉米收割后进行翻耕，冬小麦收割后不进行耕作。

位山灌区从位山闸引黄河水，通过两条总干渠进入东、西沉沙池，后经 3 条干渠输水到各县市所在地，3 条干渠总长 274km，共计分干渠 53 条，支渠 385 条，各类水工建筑物 5000 余座，排水主要依靠天然河道（图 10-1）。位山灌区始建于 1958 年，由于大水漫灌造成大面积盐碱化，被迫于 1962 年停灌，经排水改造，于 1970 年开始复灌。自 20 世纪 80 年代以来，由于华北地区气候连续偏旱，加之社会经济高速发展，使得该地区水资源短缺问题日趋严重。为此，位山灌区从 1984 年开始实行“测流计量，按方收费”的灌溉管理方式。

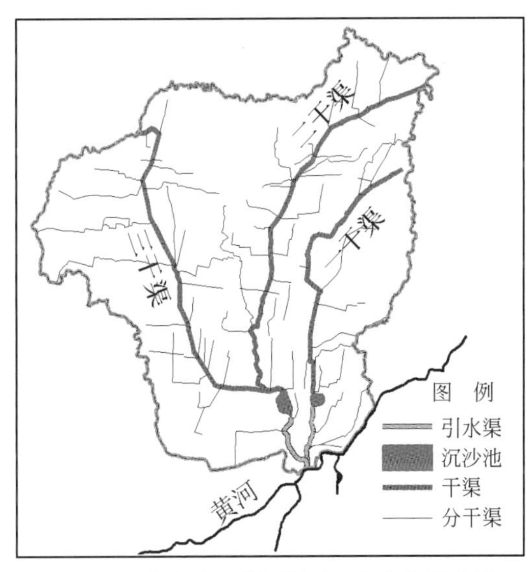

图 10-1　位山灌区灌溉渠系工程分布示意图

10.1.2　地下水位变化规律

如图 10-2 所示，位山灌区现有地下水位长观井 5 眼和普通井 19 眼，前者具有长系列的地下水位观测数据（1974～2007 年），后者则系列较短，观测间隔均为 1 次/5d。此外，2008 年 5 月又在灌区布设了 8 个自记式地下水埋深观测井，作为对现有地下水位数据的补充。其中，自设水位观测井都位于干渠沿线，普通观测井在灌区内分布较为均匀，在徒骇河和马颊河沿线各有 4 眼（表 10-1）。对获得的上述地下水位观测数据进行线性插值后，统一处理为逐日数据。

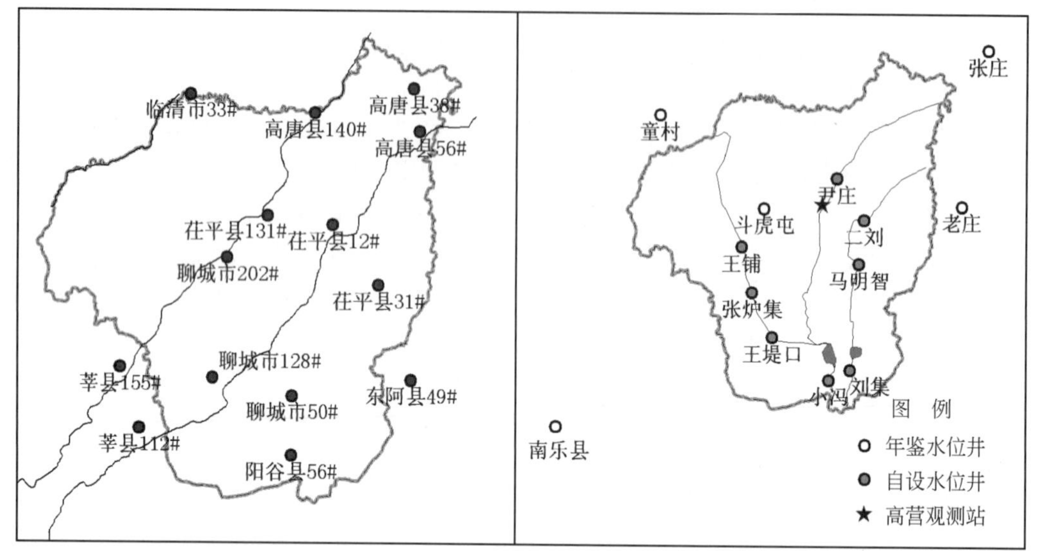

(a) 长观井和自设井　　(b) 普通井

图 10-2　位山灌地下水位观测井分布状况

表 10-1　位山灌区普通井地下水位观测情况

数据来源	观测井个数/总数	观测频率	数据系列长度	数据采集方式
地下水位年鉴	1/5	5d	2008-1-1～2008-12-31	人工测量
聊城水文局	11/14	5d	2008-1-1～2009-12-31	人工测量
自设水位井	8/8	1h	2008-5-8～2009-12-31	自记式水位计

10.1.2.1　地下水位季节性变化特征

基于自设井观测得到的地下水位数据，对各干渠沿线的地下水位季节性变化进行分析（将东、西引水渠分别划入一、二干渠）。图 10-3 给出了 2008 年 5 月～2009 年 12 月各自设井地下水位的日变化过程，以及位山观测站 2008～2009 年的降水和灌溉日变化过程。

从图 10-3（a）～图 10-3（c）中可以看出，各干渠沿线的地下水位变化过程较为一致，张炉集观测井的地下水位在 2009 年 7～9 月的波动较其他观测井更为剧烈，这可能是由于局部抽取地下水所致。结合图 10-3（d）可知，干渠沿线的地下水位受降水和灌溉过程变化的影响明显，在灌溉或大量降水后，地下水位均明显抬升，随后受蒸散发和排水影响逐渐降低并趋于稳定。2008 年年底至 2009 年年初的因气候持续干旱，但由于灌溉补给

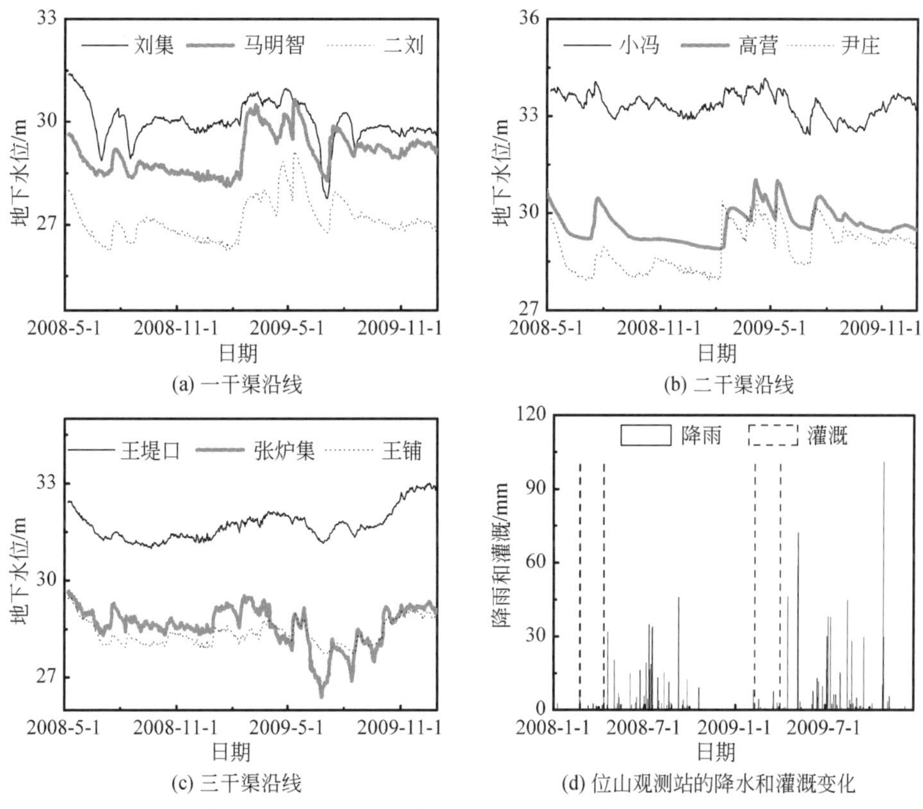

(a) 一干渠沿线
(b) 二干渠沿线
(c) 三干渠沿线
(d) 位山观测站的降水和灌溉变化

图 10-3　位山灌区主干渠沿线地下水位季节变化以及位山试验站降水和灌溉变化

的作用，使得整个灌区的地下水位未出现明显下降。总体而言，各自设井的地下水位在短期内随地下水补给和排泄作用影响会发生较大波动，但平均水位基本上保持稳定。此外，对徒骇河和马颊河沿线的地下水位变化过程进行分析表明（图 10-4），两河沿线的地下水位变化过程的一致性不如干渠沿线明显，各观测井的水位受降雨影响较大，但对灌溉的响应不如干渠沿线显得直接。

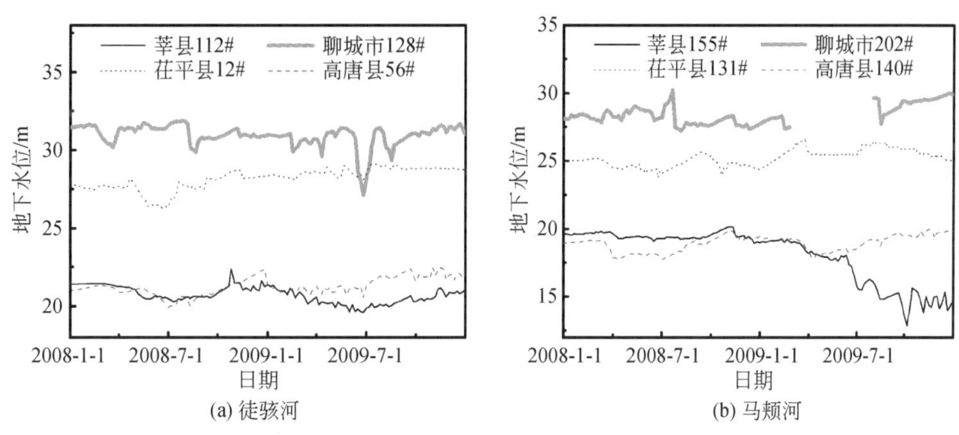

(a) 徒骇河
(b) 马颊河

图 10-4　位山灌区主要排水河道沿线的地下水位季节性变化过程

综合以上分析可知，影响位山灌区地下水位季节性变化的主要原因包括降雨和灌溉补给、蒸散发消耗以及地下水开采等。根据灌区内各观测井得到的 2008 ~ 2009 年地下水位日变化过程可以推知，地下水位的年内波动幅度在 1 ~ 3m。

10. 1. 2. 2　地下水位空间分布特征

从图 10-3 中可知，各干渠沿线的地下水位呈现出上游总体高于下游的趋势，且从图 10-4 还可看出，对徒骇河和马颊河在位山灌区内的河道部分而言，中游附近的地下水位最高，故地下水位具有明显的空间分布特征。若选取干渠与其延长线附近的地下水位观测井对灌区内外地下水位差别进行比较（图 10-5）后可以看出，尹庄与张庄观测井的地下水位有着较大差异，前者高出后者 11m 左右，该差异与本地区地势西南高、东北低的特点有关，也与灌区是以引黄灌溉作为补给源有关。此外，位于灌区外部的童村水位观测井与灌区内的斗虎屯和王铺水位观测井的地下水位非常接近，这可能是由于 2008 年 1 月 25 日 ~ 6 月 17 日，通过三干渠进行的引黄入卫（济淀）应急生态调水，导致了三干渠与卫运河交界处的地下水位普遍较高。

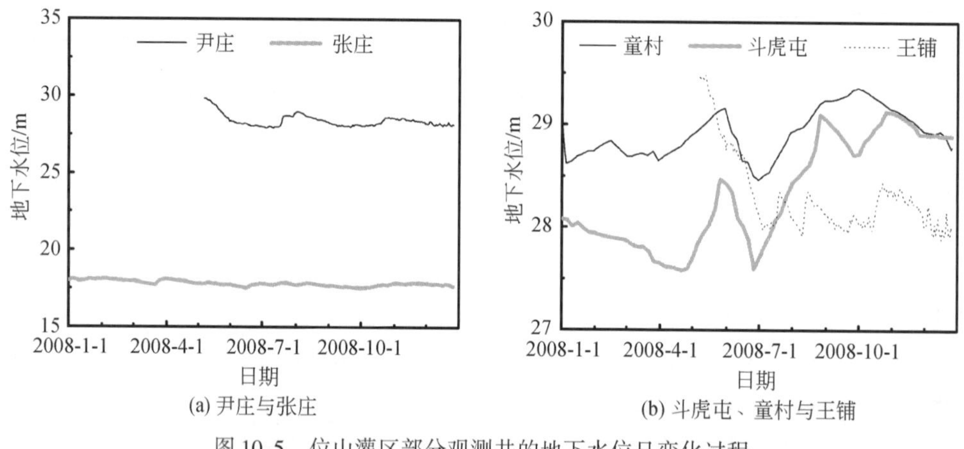

(a) 尹庄与张庄　　(b) 斗虎屯、童村与王铺

图 10-5　位山灌区部分观测井的地下水位日变化过程

由于 2008 年 6 ~ 12 月的地下水位观测数据较为齐全（表 10-1），故基于该时段内 28 眼观测井的平均地下水位，利用 Kriging 空间插值方法，得到灌区地下水位空间分布状况，并结合灌区地表高程，获得灌区地下水埋深分布状况（图 10-6）。可以看出，靠近黄河取水口处的地下水位最高，而灌区西部及东北部的地下水位最低；渠道上游和渠道附近的地下水位较高，而渠道末端和距离渠道较远处的地下水位较低。此外，三干渠沿线的地下水位略高于其他两条干渠，且卫运河附近的地下水位较高，这可能是由于 2008 年上半年引黄入卫引起的。从地下水位分布状况可以推测，灌区的地下水流向总体上是从引水渠道上游流向下游（自南向北），从中部流向东西两侧，而灌区地下水埋深总体上表现为西深东浅的趋势，这主要是由灌区地势西南高、东北低的现状所决定的。

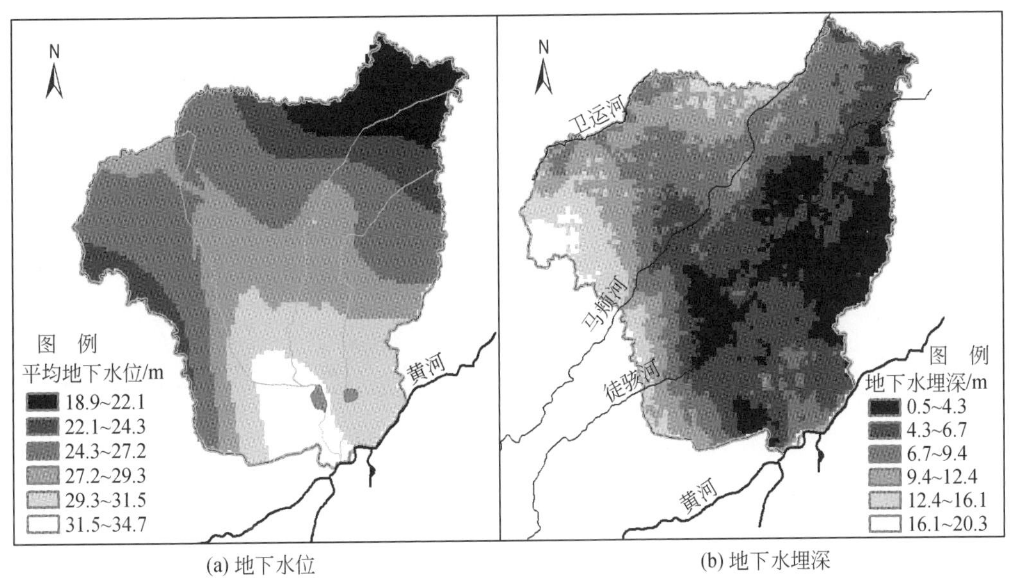

(a) 地下水位

(b) 地下水埋深

图 10-6 位山灌区地下水位和地下埋深分布状况

10.1.2.3 地下水位长期变化特征

根据位山灌区 5 眼长观井获得的 1974 ~ 2007 年长系列年地下水位数据，对整个灌区的地下水位长期变化情况进行了分析（图 10-7 和图 10-8）。可以看出，位于引水渠道下游的高唐县 38#井和临清市 33#井的地下水位在 1974 ~ 2007 年有较为明显的下降趋势，此外，高唐县 7#井的地下水位略有下降，而位于灌区中部的两眼观测井的地下水位则比较稳定。导致这种差异的原因可能是渠道下游获得的灌溉水量较少，且灌区北部以种植棉花为主，基本不灌溉，故引黄灌溉应是维持位山灌区地下水位现状的主要原因。

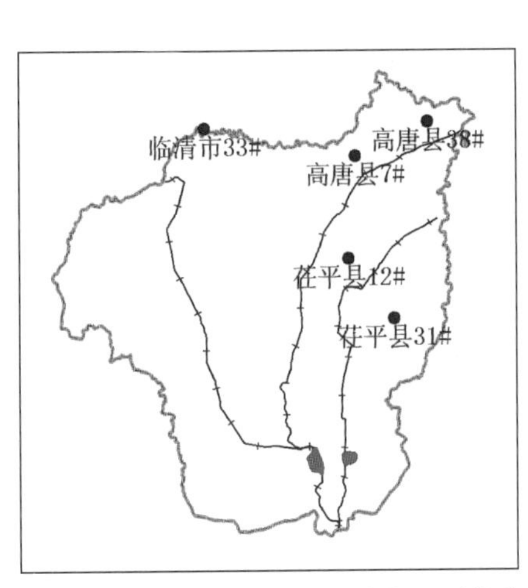

图 10-7 位山灌区长系列地下水位观测井分布

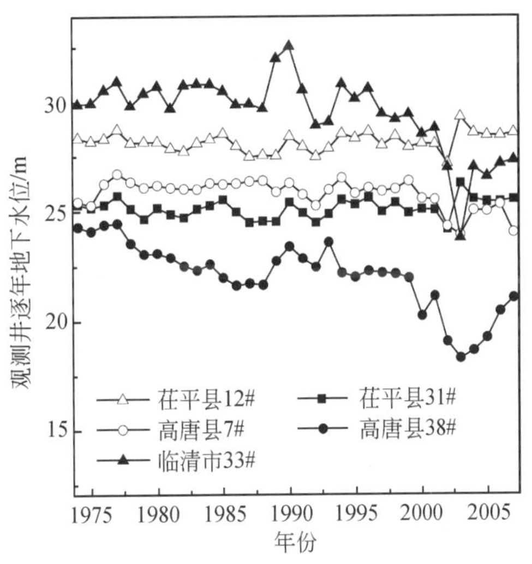

图 10-8 位山灌区地下水位长期变化过程

图 10-9（a）给出了基于 5 眼长观井数据平均后得到的位山灌区平均地下水位年变化过程，平均水位值在 1974～2007 年表现出较为明显的下降趋势。若只采用茌平县 12#和 31#以及高唐县 7#这 3 眼长观井的地下水位数据进行平均，则得到的地下水位变化过程如图 10-9（b）所示，该地下水位在 1974～2007 年无明显变化。

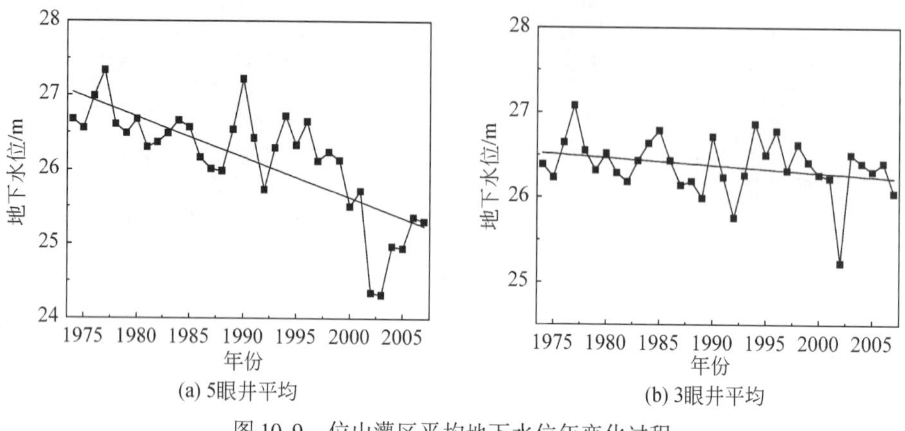

图 10-9 位山灌区平均地下水位年变化过程

10.1.3 引黄灌溉水量变化规律

图 10-10 显示出 1958～2005 年位山灌区引黄灌溉水量的变化过程。灌区多年平均引黄灌溉水量约 10 亿 m^3，自 20 世纪 70 年代复灌以来，引黄灌溉水量逐年增加，1989 年达到最大值 18 亿 m^3。此后，引黄灌溉水量开始减少，2000 年以来的引水量均不到多年平均水平，这主要是由于黄河下游的径流量急剧减少所致。据监测黄河进入山东高村站的年均径流量已由 50 年代的 475 亿 m^3减少到 90 年代的 246 亿 m^3，下降 48%，进而导致黄河下游频繁出现断流。

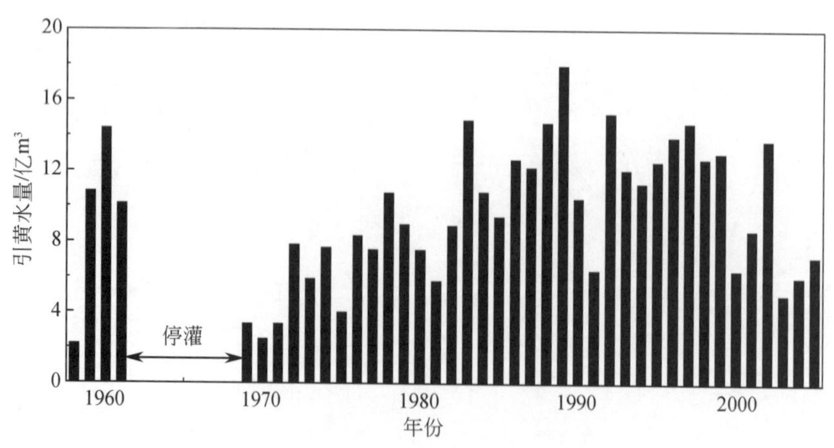

图 10-10 1958～2005 年位山灌区引黄灌溉水量变化过程

基于 1970 ~ 2007 年位山灌区逐年引黄灌溉水量和引黄灌溉面积数据，可得到单位面积上的引黄灌溉水量（简称黄灌区灌溉量）。根据 1983 年二干渠的监测数据，全灌区的灌溉水利用系数为 0.44，据此计算得到黄灌区灌溉量。图 10-11 给出了 1970 ~ 2007 年位山灌区黄灌区灌溉量和降水量的年变化过程，其中黄灌区灌溉量与降水量之间具有一定互补性，同期内的降水量为 538mm，黄灌区灌溉量为 196mm，后者为前者的 36%，而在枯水年份，两者相当。

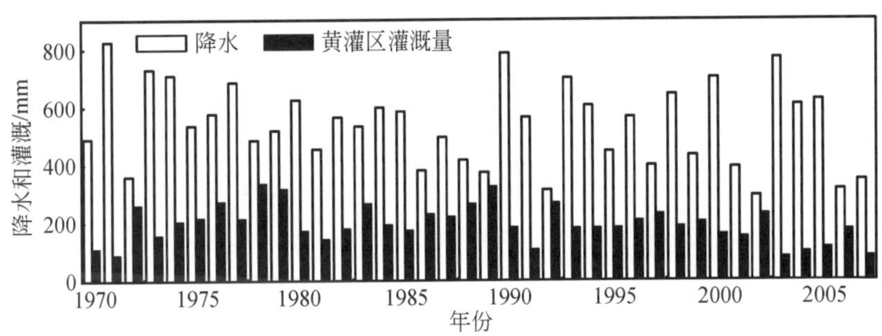

图 10-11　1970 ~ 2007 年位山灌区黄灌区灌溉量和降水量的年变化过程

从整个灌区水平衡的角度出发，将黄灌区灌溉量平均到整个灌区面积上可得到单位面积上的平均灌溉量。由于渠系输水损失占灌溉水量总损失的 86%，因此在计算整个灌区单位面积上的平均灌溉量时，可直接以实际引黄水量进行计算。图 10-12 给出了位山灌区单位面积上的平均灌溉量逐年变化过程与降水量的对比情况，引黄灌溉是构成全灌区水量平衡的重要组分，灌区单位面积上的平均灌溉量为 180mm，约为降水量的 1/3。

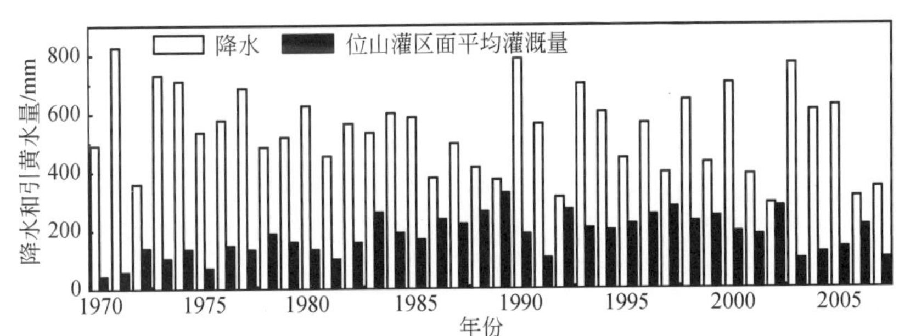

图 10-12　1970 ~ 2007 年位山灌区单位面积上的平均灌溉量和降水量的年变化过程比较

从以上分析可知，引黄灌溉在位山灌区水平衡计算中具有重要作用，在黄灌区内尤为明显，灌溉水量与降水量的互补性保证了灌区获得较为稳定的水量补给。结合位山灌区地下水位长期变化过程可知，引黄灌溉应是维持该灌区地下水位基本保持稳定的主要原因。

10. 1. 4　气候与灌溉要素变化趋势检验

根据 1958 ~ 2007 年位山灌区气象站观测数据可得到全灌区降水量和平均气温的年变

化过程（图 10-13），而图 10-14 给出了位山灌区复灌以来（1970～2007 年）引黄水量和引黄灌区面积的年变化过程，图 10-15 则为引黄灌区灌溉量的年变化过程。

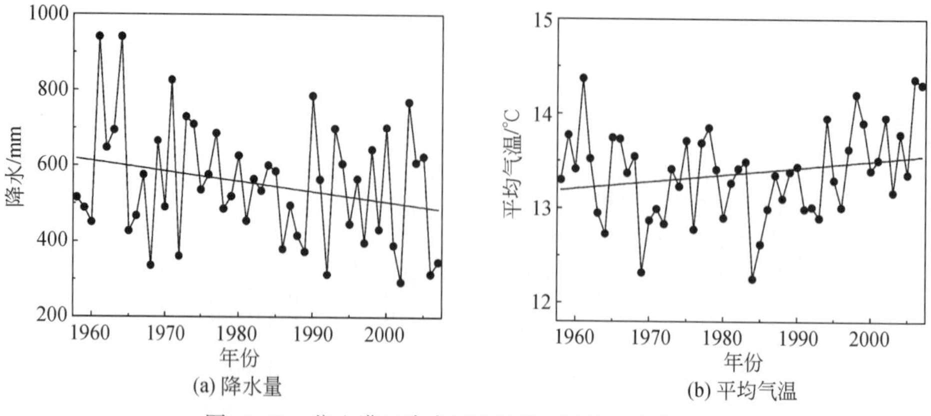

图 10-13　位山灌区降水量和平均气温的年变化过程

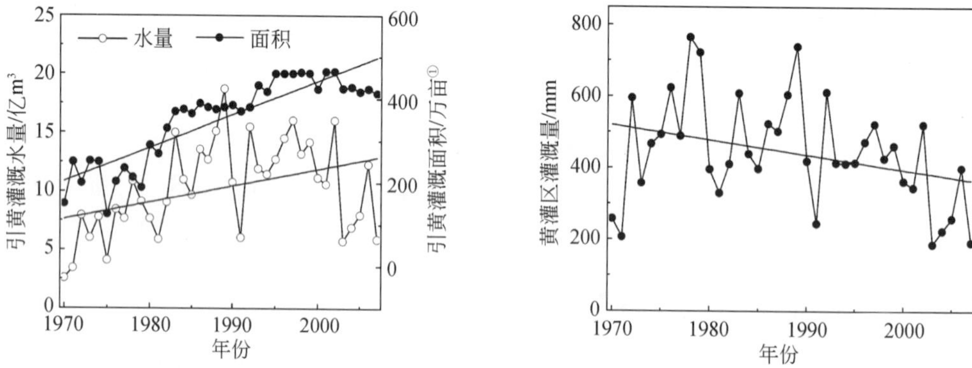

图 10-14　位山灌区引黄灌溉水量和面积的年变化过程　图 10-15　位山灌区引黄灌区灌溉量的年变化过程

从图 10-14 中可以看出，位山灌区引黄灌区面积在 1995 年以前有较为明显的增加，之后趋于稳定，而 2000 年后则有所下降，这在一定程度上反映出黄河水资源供需矛盾的加剧对全灌区灌溉用水量的影响，当然这也可能与 2000 年以来灌区采用渠道衬砌等节水改造措施后，导致灌溉水利用系数有所提高等因素有关。

采用经过预置白处理的 Mann-Kendall 非参数检验方法对位山灌区年降水、平均气温、引黄水量、引黄灌区面积等进行变化趋势检验（表 10-2），其中年降水量和平均气温分别具有减少和升高的趋势（α=0.1），引黄水量和引黄灌溉面积则显著增加（α=0.05）；就标准化斜率（斜率/均值）而言，气温升高的速度最慢，而引黄灌溉面积增加的速度则最快。

---

① 1 亩≈666.7m^2。

表 10-2　位山灌区气候与灌溉要素的变化趋势检验结果

气候与灌溉要素	系列长度	均值	斜率	斜率/均值	显著性水平 α
降水量	50	552mm	-2.76	-0.5%	10%
平均气温	50	13.4℃	0.01	0.1%	10%
引黄灌溉水量	38	10.24 亿 m^3	0.13	1.3%	5%
引黄灌溉面积	38	357 万亩	8.6	2.4%	5%

10.2　田间尺度水分利用效率评价

在对位山渠灌区水文、气候、灌溉要素现状及其变化过程进行分析的基础上，对潜在蒸散发公式中用于估算表面阻抗的方法进行改进，据此改善 Hydrus-1D 模型，并利用改进后的 Hydrus-1D 模型和构建的生态水文模型 HELP-C 分别对田间水循环过程和作物耗水及产量进行模拟，分析田间尺度水分利用效率变化规律与特点。Hydrus-1D 模型具有模拟非饱和土壤水分运动特性较好的特点，由作者构建的 HELP-C 模型（雷慧闽，2011）可较好地模拟作物耗水与产量、能量通量、CO_2通量的变化过程，合理反映 ET 和 CO_2交换对灌溉及大气 CO_2浓度变化的响应，预报未来气候变化不同灌溉情景下的作物耗水和产量，该模型已在位山灌区得到率定和验证。

10.2.1　改进 Hydrus-1D 模型

Hydrus-1D 模型（Šimůnek et al.，1998，2008）是应用较为广泛的田间尺度水分与物质综合模拟模型，包括饱和-非饱和带水分运移、蒸散发、能量传输及溶质运移等多个模块。该模型采用 Richards 方程描述饱和-非饱和带土壤水分运移，利用 Galerkin 有限元法对土壤剖面进行空间离散，采用隐式差分格式进行时间离散。模型上边界可选择降雨（灌溉）和潜在土壤蒸发作为通量边界，其中潜在土壤蒸发量可直接作为模型输入，也可以输入气象数据由模型自身计算得到；下边界条件包括水头边界、侧向排水、深层渗漏、通量边界等。在有植被覆盖时，模型将根据气象和水分条件计算植被蒸腾量，再将蒸腾量（即根系吸水量）根据根系的垂向分布进行分配，得到各土层的根系吸水量，并将其作为 Richards 方程的源汇项。

10.2.1.1　改进表面阻抗估算方法

Hydrus-1D 模型采用 FAO（Allen et al.，1998）推荐的 P-M 公式计算潜在蒸散发：

$$\mathrm{ET_p} = \frac{1}{\lambda}\left[\frac{\Delta(R_n - G)}{\Delta + \gamma(1 + r_s/r_a)} + \frac{\rho C_p(e_a - e_d)/r_a}{\Delta + \gamma(1 + r_s/r_a)}\right] \tag{10-1}$$

式中，$\mathrm{ET_p}$为潜在蒸散发量，即充分供水条件下植被蒸腾与土壤蒸发之和（mm/d）；λ 为水的汽化潜热（MJ/kg）；R_n为净辐射［MJ/(m·d)］；G 为土壤热通量［MJ/(m·d)］；ρ 为大气密度（kg/m^3）；C_p为空气定压比热［J/(kg·℃)］；e_a与 e_d分别为饱和水汽压和实际水汽压（kPa）；r_s为表面阻抗，即水汽通过土壤表面蒸发和通过植被蒸腾时克服的阻抗（s/m）；r_a为空气动力学阻抗，即水汽从蒸发界面到达冠层上方的空气中遇到的阻抗（s/m）；Δ 为饱和水汽压与温度之间函数的梯度（kPa/℃）；γ 为湿度计常数（kPa/℃）。

式（10-1）中的表面阻抗 r_s与作物类型及生长阶段有关，若采用 FAO 定义的参考作物表面阻抗 70s/m，则 ET_p即为参考作物蒸散发量 ET_0，若采用农田实际作物状况估计表面阻抗，则 ET_p为农田潜在蒸散发量，Hydrus-1D 模型采用后一种方式。

在充分供水条件下，对覆盖度为 100% 的密集植被地表而言，表面阻抗可根据作物叶面积指数由下式估算：

$$r_s = \frac{r_l}{\mathrm{LAI}_{\mathrm{active}}} \tag{10-2}$$

式中，r_l为单叶片的平均气孔阻抗（s/m）；$\mathrm{LAI}_{\mathrm{active}}$为有效叶面积指数（$m^2/m^2$），是密集冠层中被阳光照射到的那部分叶面积。

在充分供水条件下，r_l约为 100s/m，对密集植被，有效叶面积指数约为叶面积指数的 1/2，因此 r_s可简化为

$$r_s = \frac{200}{\mathrm{LAI}} \tag{10-3}$$

先根据 Beer 定律（Ritchie，1972）将潜在蒸散发进行分配，得到潜在土壤蒸发和潜在植被蒸腾，根据潜在蒸发和蒸腾分别计算实际蒸发和蒸腾：

$$\begin{aligned} T_p &= \mathrm{ET}_p(1 - e^{-k\mathrm{LAI}}) \\ E_p &= \mathrm{ET}_p e^{-k\mathrm{LAI}} \end{aligned} \tag{10-4}$$

式中，ET_p为潜在蒸散发；T_p与 E_p 分别为潜在植被蒸腾和潜在土壤蒸发；k 为冠层的消光系数，反映太阳辐射在冠层中的衰减程度。

Hydrus-1D 模型中采用式（10-3）作为式（10-1）中估算表面阻抗的方法，表面阻抗与 LAI 之间的关系与植被类型有关，但式（10-3）只反映了一种平均情况，不能体现出不同作物之间的差别。另外，由于该法是在密集植被假设基础上提出的，因此对植被覆盖度很低的情况并不适用。对冬小麦-夏玉米轮作农田而言，二者之间在叶片气孔阻抗上有较大差别（Lei et al.，2010）。同时，在作物收割及播种前后，地表植被覆盖度很低，蒸散发主要以土壤蒸发为主，不符合式（10-3）的适用条件，上述这些因素均会导致模型计算的潜在蒸散发产生较大误差。

为此，参考 Cleugh 等（2007）提出的方法，综合考虑植被和土壤对表面阻抗的影响，对不同的作物类型采取不同的参数，使潜在蒸散发的计算更趋合理，则使用如下公式计算表面阻抗：

$$\frac{1}{r_s} = g_s = c\mathrm{LAI} + g_{s,\mathrm{min}} \tag{10-5}$$

式中，g_s为冠层导度（m/s）；c 为单层叶片的平均导度（m/s），与植被类型有关；$g_{s,\mathrm{min}}$为反映土壤的导度（m/s），其倒数可认为是裸土情况下的表面阻抗；c 和 $g_{s,\mathrm{min}}$作为模型参数需要进行率定。

10.2.1.2　模型参数确定与率定

基于位山试验站 2006 ~ 2009 年的田间实测数据，确定和率定改进后的 Hydrus-1D 模型参数。如图 10-16 所示，考虑到垂向土壤特性空间变异性，将模拟的土壤剖面（0 ~ 8m）分为 4 种土壤质地，并采用不同的土壤参数。土壤剖面被划为 93 个计算单元（94 个节点），单元厚度一般为 10cm，表层处加密。以降水（灌溉）和潜在土壤蒸发作为上边界条件，其中潜在土壤蒸发通过输入气象数据由模型计算，以变水头为下边界条件，最大地下水埋深 3.6m。

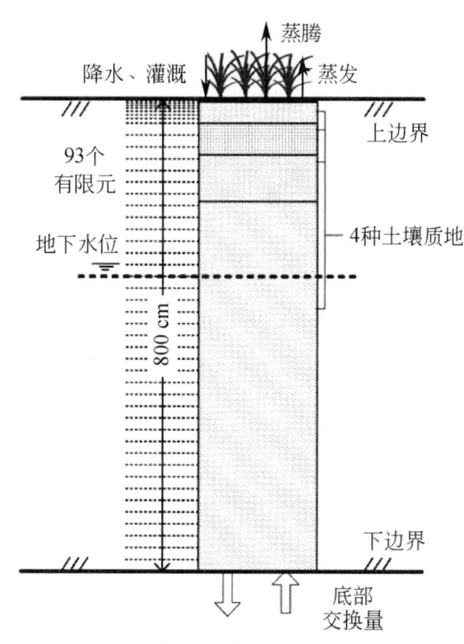

图 10-16　模拟条件和边界设置示意图

（1）植被参数

2006 ~ 2009 年，位山试验站对 LAI 进行了不定期观测，共积累 53 个观测值。由于缺少整个模拟时段内的 LAI 连续观测数据，故采用遥感数据估算逐日 LAI 值。当基于 NDVI 数据对 LAI 进行估算时，二者关系是非线性的，故 LAI 较大时的敏感性不强。为此，采用 Gitelson（2004）提出的宽范围植被指数 WDRVI 估算 LAI，该指数与 LAI 有较好的线性关系。

$$\mathrm{WDRVI} = \frac{(\alpha + 1)\mathrm{NDVI} + (\alpha - 1)}{(\alpha - 1)\mathrm{NDVI} + (\alpha + 1)} \tag{10-6}$$

式中，α 为权重系数，取值在 0.1 ~ 0.2（MODIS 数据下可取 0.2）。

采用基于 8 天合成的 250m 分辨率的 MODIS 地表反射率数据计算该田间网格的 NDVI 值，通过线性插值得到逐日的 NDVI 值，再根据式（10-6）得到逐日的 WDRVI 值。2006 ~ 2009 年，冬小麦季生长节内的 WDRVI 最大、最小值分别为 0.36 和 -0.56，夏玉米季节内的 WDRVI 最大、最小值分别为 0.68 和-0.53。

根据 2006 ~ 2009 年位山试验站的 LAI 观测数据，取冬小麦和夏玉米的 LAI 最大值分别为6.2 和5.0，最小值均取为0。由于 WDRVI 与 LAI 呈线性关系，可分别得到冬小麦和夏玉米下两者间的关系。

冬小麦：

$$\mathrm{LAI}=\frac{\mathrm{WDRVI}-(-0.56)}{0.36-(-0.56)}\times 6.2=6.75\times \mathrm{WDRVI}+3.77 \tag{10-7}$$

夏玉米：

$$\mathrm{LAI}=\frac{\mathrm{WDRVI}-(-0.53)}{0.68-(-0.53)}\times 5.0=4.13\times \mathrm{WDRVI}+2.20 \tag{10-8}$$

在冬小麦-夏玉米生长期间，对每年 10 月 16 日 ~ 次年 6 月 15 日，采用式（10-7）计算冬小麦的 LAI，对 6 月 16 日 ~ 10 月 15 日，采用式（10-8）计算夏玉米的 LAI，即可由逐日 WDRVI 值估算得到逐日 LAI，该估值与实测值的比较情况如图 10-17 所示，二者间的相关系数为 0.88。

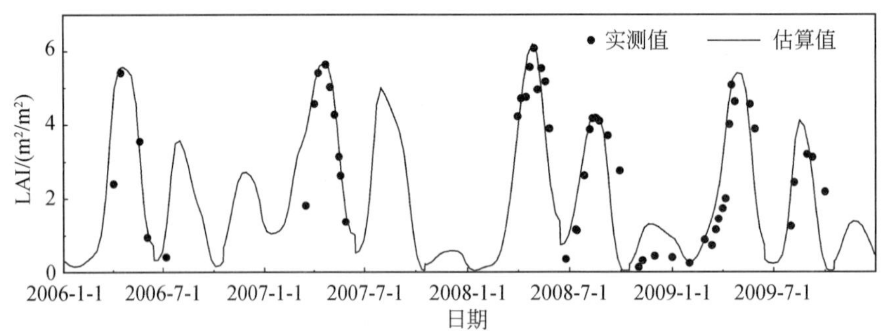

图 10-17　2006 ~ 2009 年的 LAI 估值与实测值间的对比

（2）土壤水力学特性参数

土壤水分特征曲线采用 V-G 模型（van Genuchten，1980）描述，其中的参数通过实测数据拟合得到。在田间分层取原状土后，在实验室进行脱湿试验，根据脱湿过程中土壤吸力与含水量对应数据，采用最小二乘法拟合得到土壤饱和含水率、残余含水率以及参数 α 和 n。土壤干容重通过烘干法称重得到，饱和导水率参考文献（Lei et al.，2011）确定（表 10-3）。

表 10-3　V-G 模型参数

土层深度/cm	饱和含水率 θ_s /(m^3/m^3)	残余含水率 θ_r /(m^3/m^3)	α/(1/cm)	n	干容重 /(g/cm^3)	饱和导水率 /(cm/d)
0 ~ 18	0.424	0.033	0.0174	1.41	1.34	110
18 ~ 45	0.393	0.080	0.0067	1.77	1.49	80
45 ~ 85	0.350	0.000	0.0048	1.36	1.52	40
85 ~ 800	0.435	0.148	0.0053	2.54	1.47	10

(3) 其他参数

采用 2006 年实测的潜在蒸散发数据对表面阻抗计算公式中的参数进行率定，$g_{s,min}$ = 0.001m/s，冬小麦和夏玉米的 c 值分别为 0.0015m/s 和 0.001m/s，Beer 定律中的消光系数 k 取模型推荐值 0.463。

在计算土壤实际蒸发时，田间持水量取土壤吸力为 20kPa 所对应的土壤含水率，表土田间持水量为 0.26m^3/m^3，毛管断裂含水量取田间持水量的 65%（芮孝芳，2004），表土为 0.17m^3/m^3。

Feddes 模型参数取值见表 10-4，其中根系吸水允许的最大及最小土壤势 h_1 和 h_4 分别取为土壤饱和与作物凋萎时对应的土壤势，h_2 和 h_3 通过模型率定得到。

表 10-4　Feddes 模型参数　（单位：cm）

土壤势	h_1	h_2	h_3	h_4
数值	0	-1	-250	-15 000

10.2.1.3　模型模拟效果验证

(1) LAI 和 ET 模拟结果

对改进前后的 Hydrus-1D 模型的蒸散发计算结果与实测值进行比较。由于冬小麦和夏玉米生长期 LAI 和 ET 的年内变化规律基本一致，故图 10-18 给出了 2006～2009 年平均日 LAI 值以及日平均 ET 模拟结果与实测值的对比情况，其较为直观地显示出改进表面阻抗估算方法后对潜在蒸散发模拟结果的影响。

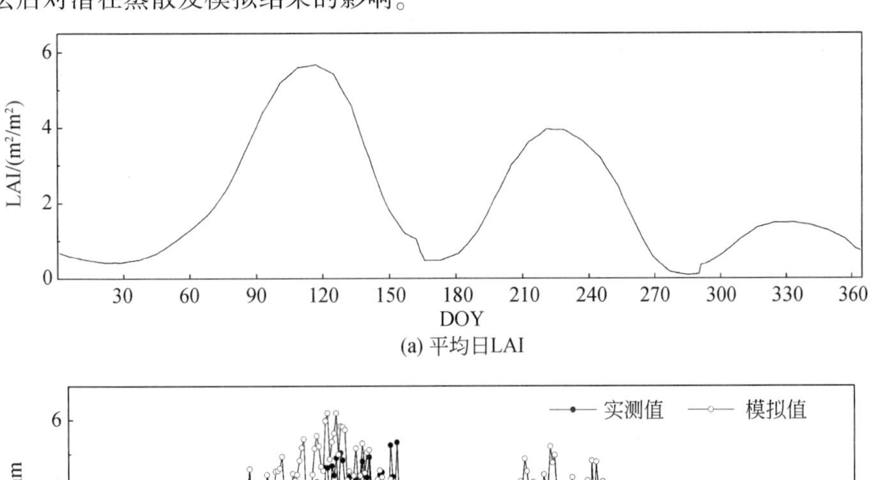

(a) 平均日LAI

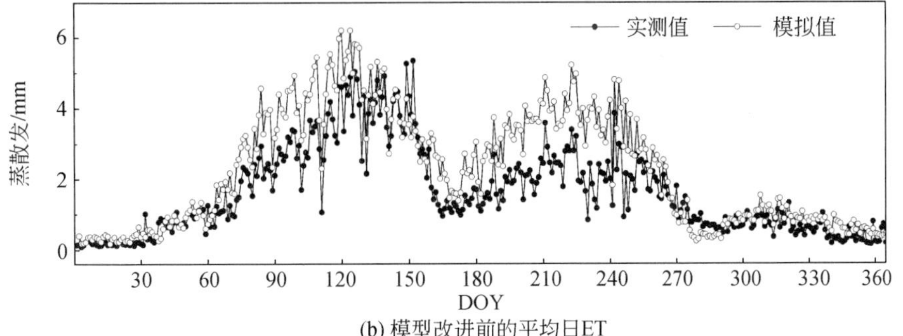

(b) 模型改进前的平均日ET

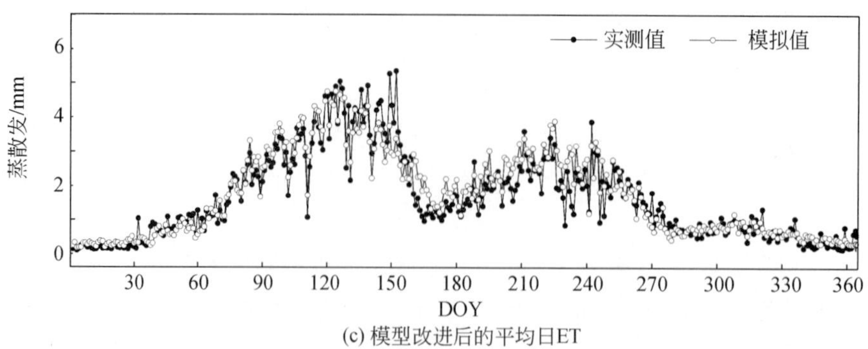

(c) 模型改进后的平均日ET

图 10-18　2006～2009 年日平均 LAI 以及日平均 ET 模拟结果与实测值的对比

模型改进前 ET 模拟结果的均方根误差 Rmse、平均相对误差 MRE 和效率指数 ε 分别为 1.06mm、31.6% 和 0.47，改进后的相应值分别为 0.67mm、4.2% 和 0.79（表 10-5）。其中，Rmse 减小意味着对日蒸散发量的模拟更为准确，ε 有所提高表明模拟的蒸散发随时间变化过程更为合理。此外，从图 10-18 可以看出，模型改进前的 ET 模拟结果总体上偏高，尤其是在夏玉米季节内更为明显，而当模型得到改进后，冬小麦和夏玉米采用了不同的参数计算表面阻抗，且在土壤蒸发计算中考虑了土壤含水率低于田间持水量时的土壤蒸发量减少，致使 ET 模拟结果有了较大改善。在模型改进前，当 LAI 很低时，ET 的模拟结果偏低，故在作物收获期附近的模拟值存在着误差。

（2）土壤含水率模拟结果

将模拟的和实测的土壤含水率在 0～10cm、10～50cm 和 50～160cm 土层内分别进行平均，对比土壤含水率的模拟结果与实测值（表 10-5）。由于土壤含水率自身变化范围较小，故模拟结果的 ε 值都很低，就 Rmse 和 MRE 值而言，表层土壤含水率的模拟结果相对较差，而深层土壤的模拟结果相对较好（图 10-19）。

表 10-5　改进后的模型土壤含水率模拟效果评价

评价指标	ET	土壤含水率		
		0～10cm	10～50cm	50～160cm
Rmse	0.67mm	0.027m^3/m^3	0.017m^3/m^3	0.014m^3/m^3
MRE	4.2%	-6.3%	1.6%	0.3%
ε	0.79	0.20	0.52	-0.11

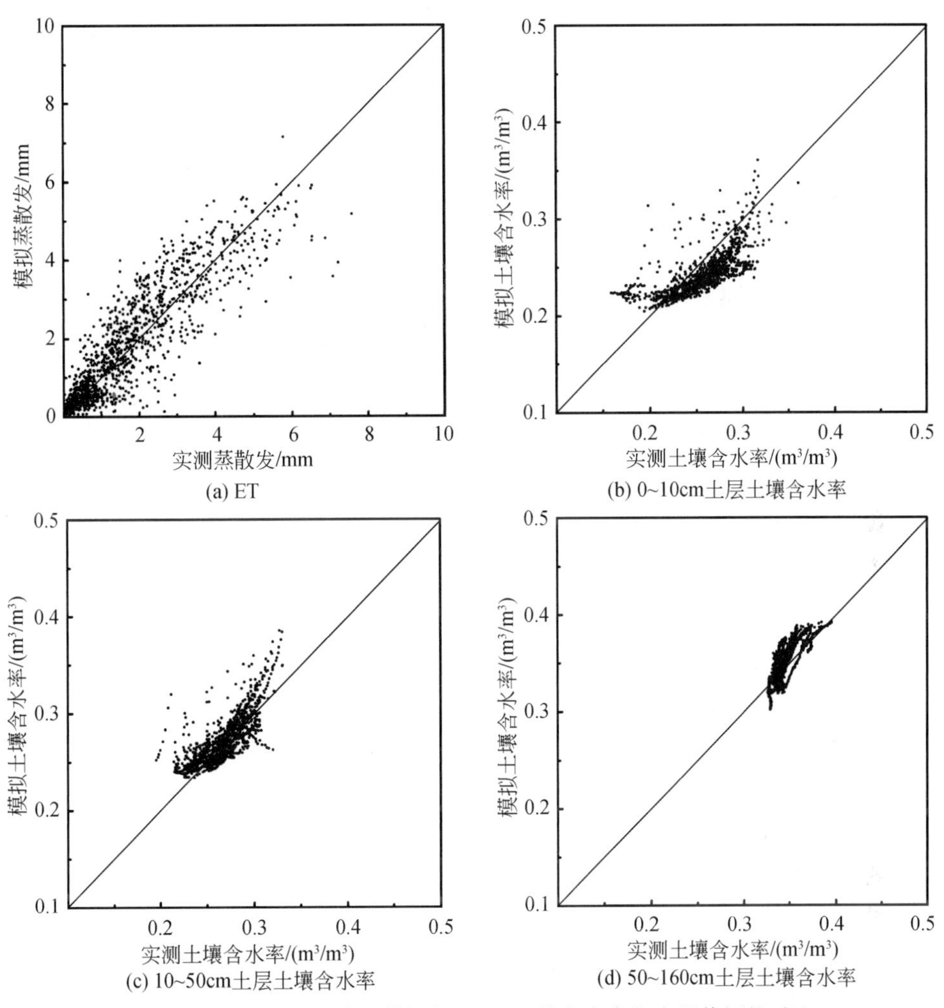

图 10-19　模型改进前后模拟的 ET 和土壤含水率与实测值间的对比

10.2.2　田间水循环过程模拟

基于位山试验站 2006 ~ 2009 年监测得到的降水、灌溉和地下水数据，利用改进后的 Hydrus-1D 模型模拟当地灌溉条件下的田间水量平衡及水循环过程。其中，以已知水头作为下边界条件，输出结果中除 ET 和土壤含水率外，还包括下边界底部水量交换。由于下边界位于地下水位以下，该交换量可能是因深层地下水流动所造成。

10.2.2.1　田间水平衡分量变化规律

在 2006 ~ 2009 年模拟时段内，观测的降水、灌溉和地下水埋深以及模拟的土壤蒸发、作物蒸腾和下边界底部交换量的日变化过程如图 10-20 所示，其中底部交换量向上为正，表示水分由深层补给浅层；向下为负，表示水分由浅层向深层渗漏。

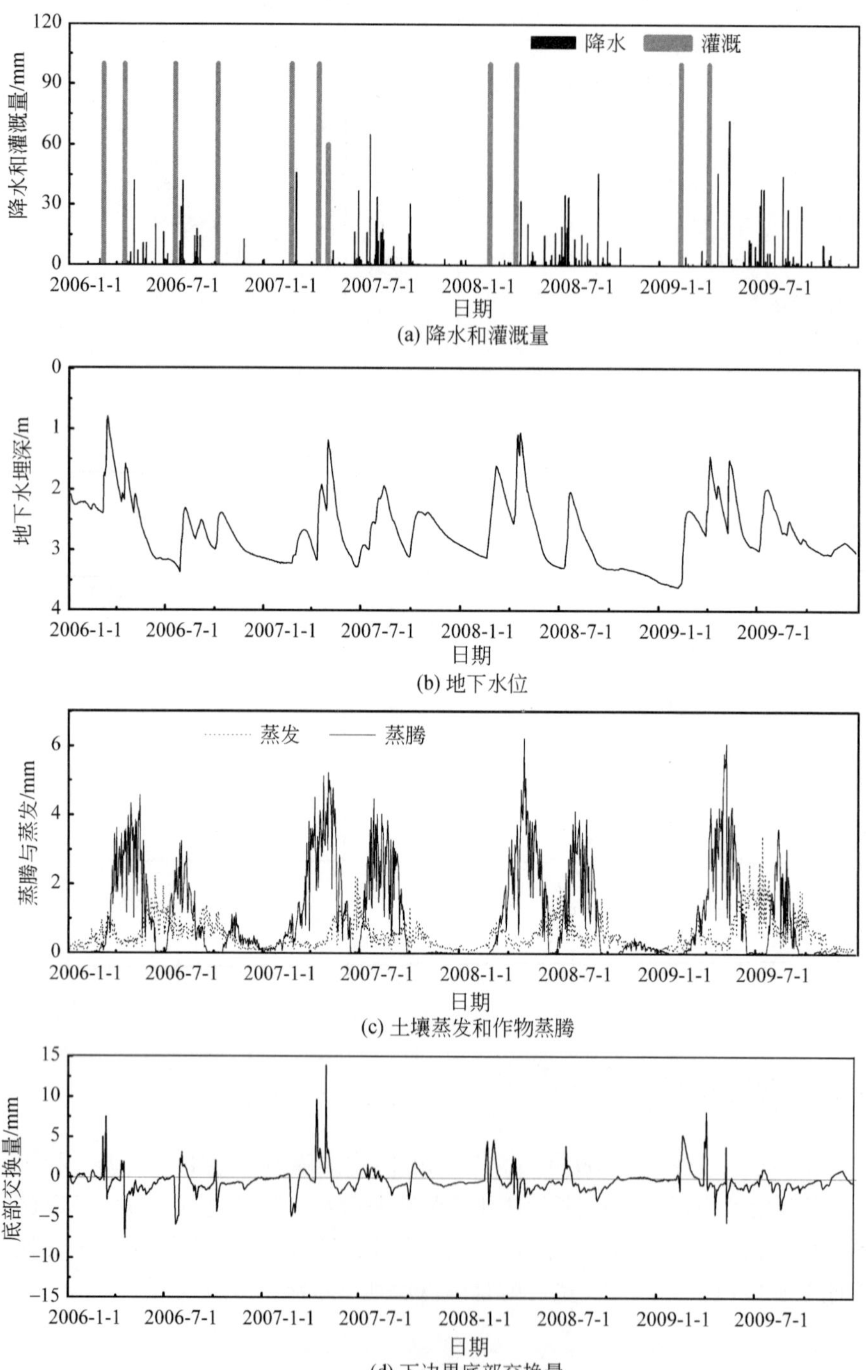

(a) 降水和灌溉量

(b) 地下水位

(c) 土壤蒸发和作物蒸腾

(d) 下边界底部交换量

图 10-20　2006～2009 年观测的降水、灌溉和地下水埋深以及模拟的土壤蒸发、作物蒸腾、底部交换量日变化过程

从图 10-20（a）和图 10-20（b）中可以看出，地下水埋深受降水和灌溉影响明显，一般在降水和灌溉当天即发生上升响应，随后因蒸散发和排水而逐渐降低，土壤非饱和带与地下水之间的水量交换显著。如图 10-20（c）所示，蒸散发 ET 在作物生长旺季以作物蒸腾 T 为主，而在作物生长初期则以土壤蒸发 E 为主。对比图 10-20（a）和图 10-20（d）可以看出，在降水和灌溉期间，模拟的底部交换量相对活跃，但无降水和灌溉下的水量交换则不明显。将模拟的下边界底部交换量按灌溉期间、汛期和非汛期（无灌溉）分别进行统计后发现，灌溉期间（年均 62 天）的底部交换量为正（平均强度 0.65mm/d），土壤水分受深层补给；汛期和非汛期（无灌溉）的底部交换量均为负，田间土壤发生排水或深层渗漏，其中汛期排水与渗漏量（年均 188 天，平均强度为 0.82mm/d）要明显大于非汛期（年均 115 天，平均强度为 0.29mm/d）。

10.2.2.2 田间水平衡结果分析

表 10-6 给出了 2006 ~ 2009 年的田间水平衡模拟结果，其中渗漏量即为底部交换量的相反数，蓄变量为 0 ~ 8m 土层内土壤水和地下水总量的变化量。可以明显看到，引黄灌溉是位山灌区田间水循环的重要组分，降水和灌溉的 80% 消耗于蒸散发，其余 20% 为农田排水与渗漏损失。蓄变量和地下水位变化与当年的水分补给（消耗）状况及初始状态有关，如 2006 年年初的地下水位较高导致该年内的蓄水量和地下水位明显下降。

表 10-6 2006 ~ 2009 年田间水平衡模拟结果 （单位：mm）

年份	降水	灌溉	蒸散发	排水与渗漏	蓄变量
2006	336	400	596	255	-114
2007	489	260	646	70	34
2008	464	200	619	143	-96
2009	593	200	608	108	81
平均	471	265	617	144	-25

实际蒸散发与潜在蒸散发的模拟结果反映在表 10-7 中。2006 ~ 2009 年，位山试验站实际蒸散发约占潜在蒸散发的 90%（617mm/697mm），这表明蒸散发基本上不受土壤水分胁迫的影响。年均作物蒸腾量和土壤蒸发量分别为 404mm 和 213mm，前者约为后者的近 2 倍。

表 10-7 2006 ~ 2009 年蒸散发模拟结果 （单位：mm）

年份	实际蒸散发			潜在蒸散发		
	蒸散发	土壤蒸发	作物蒸腾	蒸散发	土壤蒸发	作物蒸腾
2006	596	217	379	672	289	382
2007	646	188	458	724	254	470
2008	619	202	417	706	283	423
2009	608	247	361	688	319	369
平均	617	213	404	697	286	411

10.2.3 田间水分利用效率模拟评价

基于改进后的 Hydrus-1D 模型和 HELP-C 生态水文模型，以 1984 ~ 2007 年逐日气象数据和引黄灌溉数据作为输入，开展不同灌溉情景下的田间水循环过程模拟和作物耗水及产量模拟。其中，土壤剖面划分、参数取值以及上边界条件均与前述保持一致，由于缺乏地下水位长观数据，采用零通量边界作为下边界条件，用于反映无排水和侧向交换条件下的田间土壤水分运动过程。

图 10-21 给出了位山试验站周围的气象站和引黄流量监测站的位置。长系列气象数据来自邻近位山试验站的 3 处气象站（茌平、临清和高唐）的逐日均值。由于缺乏净辐射数据，故采用日照时数与最高和最低温度对其进行估算（Allen et al.，1998）。引黄灌溉数据来自关山引黄流量监测站的逐日资料，灌溉水量为每次灌溉时的引水流量（灌溉水利用系数 0.44）与当年引黄灌区灌溉面积的比值。此外，长系列遥感 NDVI 数据来自 GIMMS NOAA/AVHRR 全球数据产品，LAI 的估算方法与上相同。

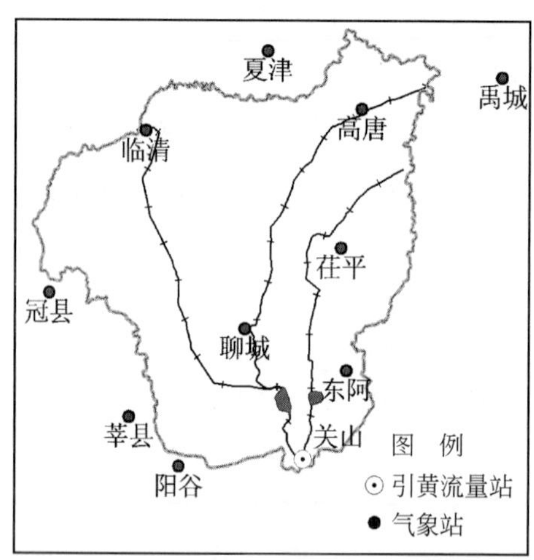

图 10-21　位山试验站周围的气象站和引黄流量监测站的位置

10.2.3.1 灌溉情景设置

设置 3 种灌溉情景开展田间水循环过程模拟，分析不同灌溉条件对田间水循环过程的影响。其中的情景 1 为现状灌溉条件，以实际灌溉水量作为模型输入；情景 2 为灌溉水量受到限制，若某年份的引黄水量小于 8.5 亿 m^3，则以该年实际灌溉水量作为输入，若大于 8.5 亿 m^3，就以此作为该年的总引黄水量，年内各次灌水量按 8.5 亿 m^3 与实际引黄水量的比例折减；情景 3 为不进行灌溉，仅以降水作为水量输入。

10.2.3.2 田间水平衡分量长期变化规律

图 10-22 给出了 1984 ~ 2007 年实测的逐月降水和实际灌溉水量的变化过程。从图中可

以看出，降水多集中在每年的 6 ~ 9 月，且年际变化较大，灌溉与降水具有一定的互补性，每年的 3 ~ 5 月冬小麦生长期间均需灌溉，且在干旱年份夏玉米季节内也会少量补充灌溉。

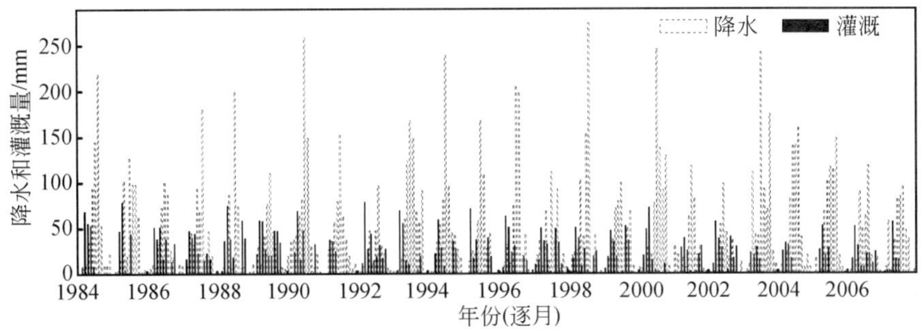

图 10-22　1984 ~ 2007 年实测的逐月降水和灌溉量的变化过程

以现状灌溉和不灌溉两种情景为例，分别得到逐月的地表径流、地下水埋深、蒸散发以及 0 ~ 120cm 土层平均土壤含水率的变化过程。从图 10-23（a）中可以较为直观地看出，灌溉对田间水循环过程的影响非常明显，其中现状灌溉下时常产生地表径流，而不灌溉下产生的径流则很少。由于下边界设置为零通量条件，故模拟的地表径流实际上是径流与排水的综合反映。此外，从图 10-23（b）~ 图 10-23（d）可以看出，不灌溉下的地下水埋深、根层土壤含水率、蒸散发等均明显低于现状灌溉条件。其中现状灌溉条件下的地下水埋深多年平均值为 1.36m，而不灌溉下的该值为 2.36m，灌溉是保持当地较高地下水位的主要原因。

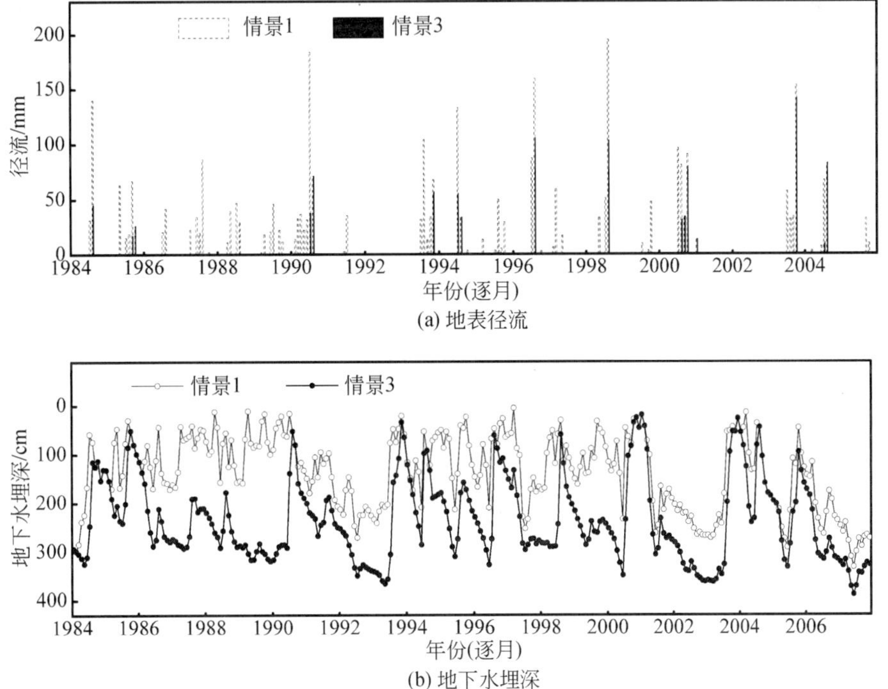

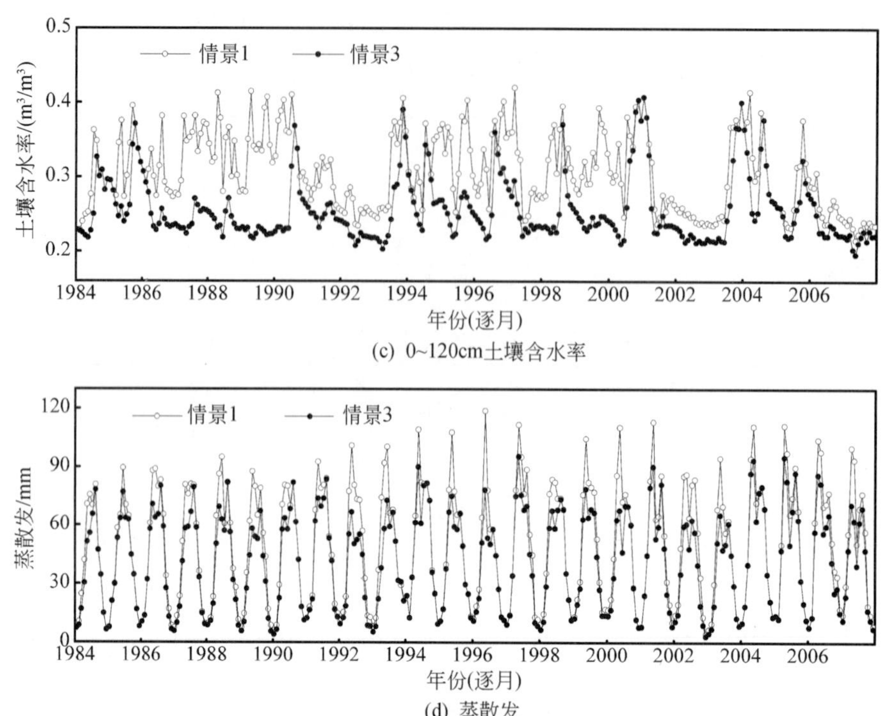

(c) 0~120cm土壤含水率

(d) 蒸散发

图 10-23　1984 ~ 2007 年模拟的逐月地表径流、地下水埋深、蒸散发以及 0 ~ 120cm 土层土壤含水率的变化过程

10.2.3.3　长期田间水平衡结果分析

3 种灌溉情景下模拟的长期田间水平衡结果见表 10-8。从水量收支平衡角度出发，若不出现农田排水和深层渗漏，则情景 1 下的降水和灌溉水量中约 80% 消耗于蒸散发，其余 20% 产生径流损失；情景 2 下约 86% 的降水和灌溉水量消耗于蒸散发，其余 14% 为径流损失；情景 3 下 93% 的降水消耗于蒸散发，仅产生少量径流损失。从作物受土壤水分胁迫影响角度出发，情景 1 下的实际蒸散发占潜在蒸散发的 96%，而情景 2 和情景 3 下的该值则分别为 93% 和 81%，这说明当年引黄水量被限制在 8.5 亿 m^3 以内时，作物需水可基本得到满足，若不灌溉作物生长将受到较大胁迫影响。此外，还需说明的是 2006 年与 2007 年的田间水平衡结果与上述模拟结果有所不同，其中在潜在蒸散发上的差异主要是由于估算净辐射的气象数据要比 2006 ~ 2007 年位山试验站的实测值略高，而其他水平衡项间的差异则主要是由于灌溉数据不同所造成的。

表 10-8　1984 ~ 2007 年的田间水平衡模拟结果

年份	降水	潜在蒸散发	情景 1（现状）			WUE	情景 2（限灌）			WUE	情景 3（无灌）		WUE
			灌溉	蒸散发	径流		灌溉	蒸散发	径流		蒸散发	径流	
1984	604	492	195	485	172	3.17	150	478	134	3.03	418	45	3.11
1985	535	513	177	512	191	2.85	154	512	167	2.51	484	43	2.32

续表

年份	降水	潜在蒸散发	情景 1（现状）			WUE	情景 2（限灌）			WUE	情景 3（无灌）		WUE
			灌溉	蒸散发	径流		灌溉	蒸散发	径流		蒸散发	径流	
1986	369	583	244	583	62	2. 72	144	568	0	1. 82	501	0	1. 68
1987	521	537	228	537	165	2. 76	148	537	74	1. 89	456	0	1. 69
1988	394	573	270	573	127	2. 68	150	567	48	2. 02	480	0	1. 65
1989	373	558	336	558	121	2. 83	148	532	0	1. 67	414	0	1. 07
1990	746	561	188	561	393	2. 62	146	560	275	2. 12	497	109	2. 08
1991	486	593	99	592	39	2. 57	99	592	31	2. 20	539	0	1. 99
1992	280	606	270	572	0	2. 54	148	516	0	1. 75	406	0	1. 21
1993	738	594	179	593	252	2. 60	130	553	174	2. 08	467	56	2. 22
1994	639	638	182	633	170	2. 40	135	625	143	2. 08	587	89	1. 94
1995	466	588	184	581	101	2. 47	122	565	51	1. 99	507	0	1. 72
1996	599	535	215	531	251	2. 73	122	509	193	2. 21	437	105	1. 91
1997	423	670	247	632	83	2. 41	122	609	21	1. 92	539	0	1. 54
1998	686	587	194	587	280	2. 46	121	573	185	2. 31	509	103	2. 23
1999	461	604	219	602	61	2. 37	122	580	0	1. 48	499	0	0. 87
2000	749	613	174	604	302	2. 51	133	579	254	2. 07	488	144	1. 51
2001	395	641	150	603	13	2. 53	121	592	13	1. 78	537	13	1. 73
2002	297	633	228	589	0	2. 51	121	527	0	1. 39	418	0	0. 53
2003	824	520	89	493	279	2. 87	89	470	237	2. 45	400	143	2. 23
2004	627	642	107	640	160	2. 25	107	640	160	1. 93	606	91	1. 81
2005	594	732	126	646	43	2. 26	126	646	43	1. 84	582	0	1. 54
2006	376	703	191	641	0	2. 17	132	614	0	1. 57	535	0	1. 28
2007	453	758	94	586	0	2. 32	94	566	0	1. 41	467	0	1. 32
平均	526	603	191	581	136	2. 57	128	563	92	1. 98	490	39	1. 72

注：WUE 单位为 kg/m^3，其余数据单位为 mm。

10. 2. 3. 4　田间水分利用效率

表 10-8 给出了不同灌溉情景下模拟的田间水分利用效率 WUE 的变化过程。现状灌溉水平下，由于供水充足，年均田间尺度 WUE 高达 2. 57kg/m^3；无灌溉下的作物生长受到水分胁迫影响，WUE 下降到 1. 72kg/m^3；限制灌溉也会对作物生长产生一定影响，灌溉对提高作物产量的重要性不言而喻。另外，现状灌溉水平下的 WUE 年际变异性较小，标准差为 0. 23kg/m^3，低于限制灌溉下的 0. 37kg/m^3 和无灌溉下的 0. 54kg/m^3。

10.3 冠层（农田）尺度水分利用效率

在定义冠层水分利用效率并对其进行标准化处理的基础上，基于位山试验站 2005 ~ 2009 年观测的降水灌溉和气象数据以及涡度协方差系统监测数据，描述冠层尺度作物耗水和碳同化量的变化过程，分析不同作物种植条件下冠层（农田）尺度水分利用效率的季节性变化规律及其主控因素。

10.3.1 水分利用效率定义

叶片尺度的水分利用效率被定义为光合作用速率与蒸腾量的比值，而在冠层（农田）尺度上，通常定义为总生态系统生产力（gross primary productivity，GPP）或净生态系统碳交换量（net ecosystem exchange，NEE）与蒸散发 ET 的比值，也可被定义为地上生物量（或产量）与 ET 的比值（于贵瑞和王秋凤，2010）。

GPP 是指单位时间内生物通过光合作用途径所固定的光合产物量或有机碳总量，是生态系统碳循环的基础。根据位山试验站 2005 ~ 2009 年的气象数据和涡度协方差系统监测数据，基于光合有效辐射和光能利用效率的相关估算公式（莫兴国等，2011）得到当地的 GPP 值。若以 GPP 值为分子，则冠层（农田）尺度的 WUE_{GPP}被表示为

$$WUE_{GPP} = \frac{GPP}{ET} = \frac{GPP}{T_r + E_s} \tag{10-9}$$

式中，T_r为作物蒸腾量（mm）；E_s为土壤蒸发量（mm）。

NEE 是指生态系统光合同化作用与呼吸作用之间的平衡，它表征陆地生态系统呼吸大气 CO_2能力的高低。根据位山试验站 2005 ~ 2009 年的气象数据和涡度协方差系统监测数据，基于 LPJ 模型动态植被模式中采用的相关估算公式（张晴和李力，2009）得到当地的 NEE 值。若以 NEE 值为分子，则冠层（农田）尺度的 WUE_{NEE}被表达如下，且 WUE_{NEE}通常小于 WUE_{GPP}。

$$WUE_{NEE} = \frac{NEE}{ET} = \frac{GPP - R_{eco}}{T_r + E_s} \tag{10-10}$$

式中，R_{eco}为生态系统呼吸量。

当采用饱和水汽压差 VPD 或参考作物蒸散发量 ET_0对冠层（农田）尺度的 WUE_{GPP}进行标准化处理后，可有效消除环境因子对其产生的影响，其中采用 ET_0要比 VPD 的效果更好（Steduto et al. , 2007）。

$$WUE_{ET_0} = \frac{GPP}{ET/ET_0} \tag{10-11}$$

$$WUE_{VPD} = \frac{GPP}{ET/VPD} \tag{10-12}$$

当作物覆盖度较低时，E_s是 ET 的主要组分，将对 WUE 产生较大影响。为尽可能地消除其作用，选取 LAI 值大于 $2m^2/m^2$ 时期的作物生长数据进行分析。

10.3.2 水分利用效率季节性变化

图 10-24 为位山试验站 2005 ~ 2009 年不同作物生长季节内冠层（农田）尺度 WUE_{GPP} 的变化过程。冬小麦从 4 月初拔节期开始，光合作用速率和蒸散发开始迅速增强，前者的增加速度高于后者，引起 WUE 值迅速升高，峰值常出现在 4 月底的抽穗期，最大值在 5 ~ 6g C/kg H_2O；到灌浆期后，随着冬小麦进入成熟阶段，WUE 开始逐渐降低。同时，夏玉米生长季节内 WUE 峰值常出现在 8 月中期，最大值在 7 ~ 8g C/kg H_2O，但在 2006 年 7 月也出现了明显的高值，这是因为此时气温显著较高导致 GPP 值较高（Hu et al.，2008）。

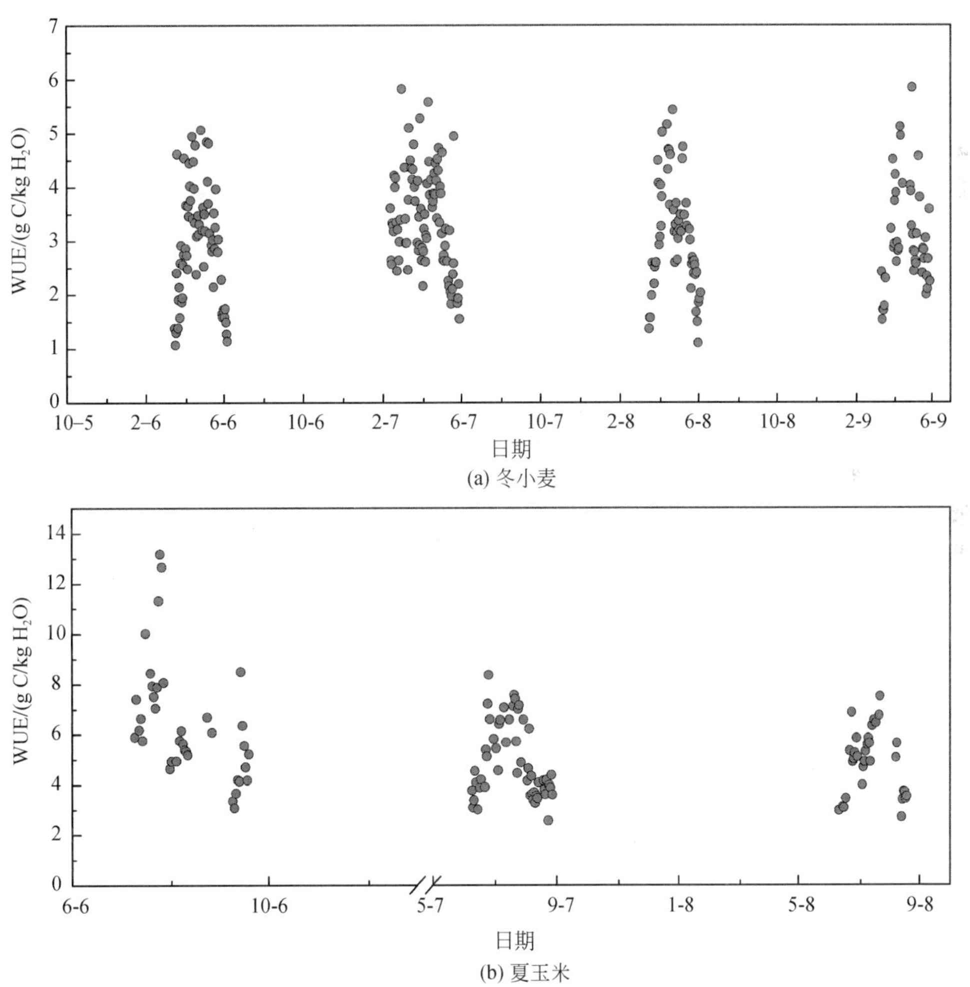

图 10-24　2005 ~ 2009 年不同作物生长季节内冠层（农田）尺度 WUE_{GPP} 的变化过程

2005 ~ 2009 年冬小麦和夏玉米生长季节内的 WUE_{ET_0} 同样表现出明显的季节性变化规律（图 10-25），相应的最大值范围分别为 11 ~ 14g C/m^2 和 18 ~ 25g C/m^2，虽然采用了

LAI 大于 $2m^2/m^2$ 时期内的作物生长数据进行分析，但仍无法彻底消除土壤蒸发及自养呼吸的季节性变化对WUE_{ET_0}的影响，这表明 LAI 是影响WUE_{ET_0}季节性变化的主控因子（图 10-26）。Tong 等（2009）的研究也表明，当 LAI 较大（$3.5m^2/m^2$）时，叶片和冠层尺度的WUE_{ET_0}十分接近，而当 LAI 较小（$0.8m^2/m^2$）时，冠层尺度WUE_{ET_0}要明显低于叶片尺度。此外，大气 CO_2浓度的季节性变化也是引起WUE_{ET_0}季节变化的原因之一。

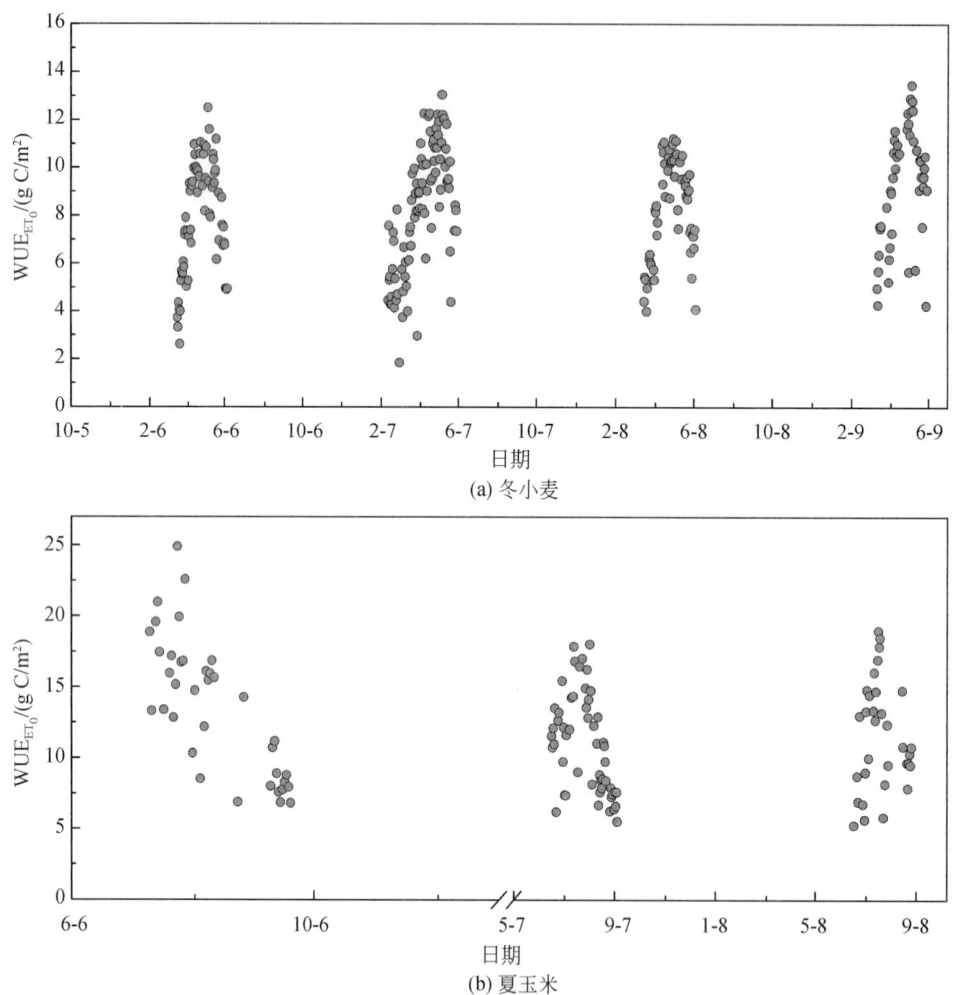

图 10-25　2005～2009 年不同作物生长季节内冠层（农田）尺度WUE_{ET_0}的变化过程

如图 10-27 所示，GPP 与 ET 的线性回归斜率即为作物生长期的平均 WUE，对冬小麦和夏玉米而言，两者间均表现出较强的线性关系。相比于 GPP 与 ET 之间的非线性关系（Yu et al.，2008），其线性关系表明碳吸收和水分损失之间的耦合关系更为紧密。冬小麦生长季节内的平均 WUE_{GPP}为 2.81g C/kg H_2O，夏玉米期内为 4.81g C/kg H_2O。同时，NEE 与 ET 之间显示的线性关系（图 10-28）表明，冬小麦和夏玉米的 WUE_{NEE}分别为 1.34g C/kg H_2O 和 3.14g C/kg H_2O，约合 4.90mg CO_2/g H_2O 和 11.5mg CO_2/g H_2O，该结

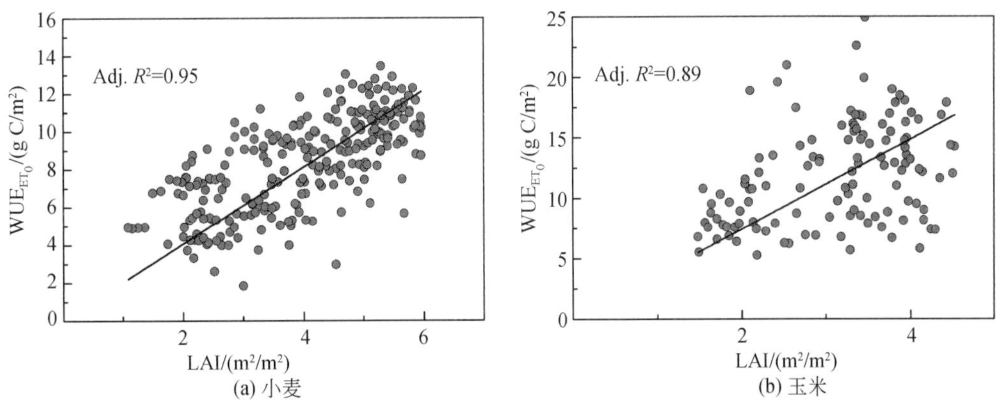

图 10-26　冬小麦和夏玉米冠层（农田）尺度WUE_{ET_0}与 LAI 之间的关系

果与 Tong 等（2009）得到的冬小麦和夏玉米的 WUE_{NEE} 分别为 7.1mg CO_2/g H_2O 和 11.0mg CO_2/g H_2O 以及 Zhao 等（2007）得到的冬小麦 WUE_{NEE} 为 6.3mg CO_2/g H_2O 的结果近似。

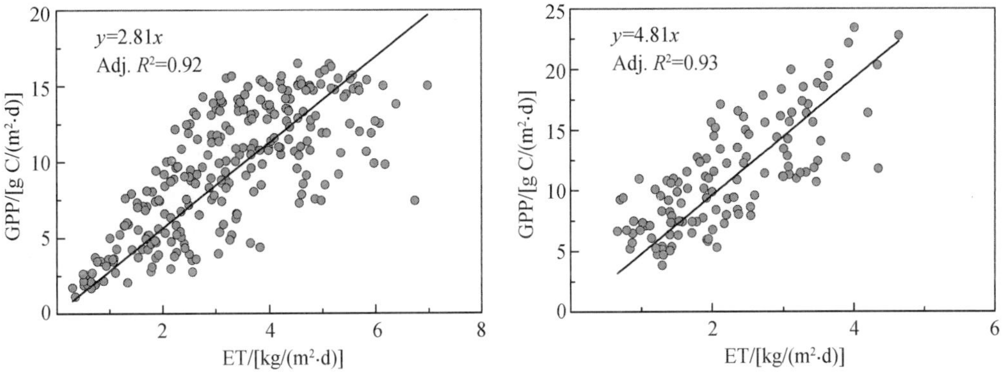

(a) 冬小麦　(b) 夏玉米

图 10-27　不同作物生长季节内 GPP 与 ET 间的关系

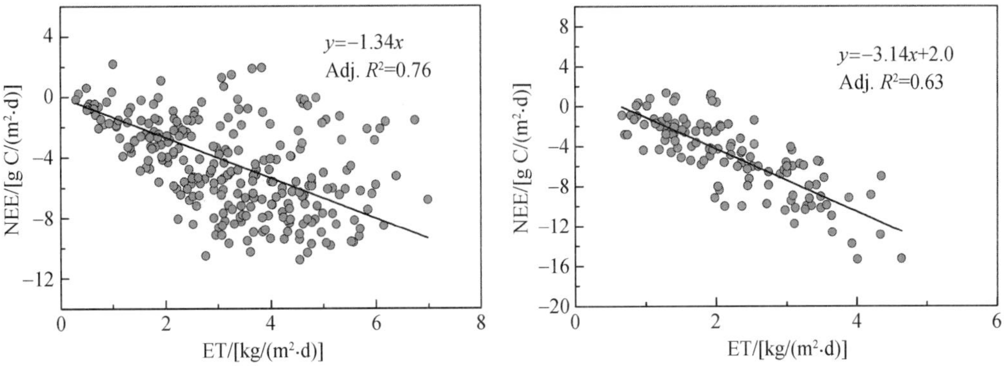

(a) 冬小麦　(b) 夏玉米

图 10-28　不同作物生长季节内 NEE 与 ET 间的关系

冬小麦季节内 GPP 与 ET/ET_0 的线性回归斜率为 10.6g C/m^2，夏玉米季节内为 16.3g C/m^2，冬小麦和夏玉米季节内 GPP 与 ET/VPD 的线性回归斜率分别为 2.4 和 3.2（g C/m^2）/（mm·kPa）。冬小麦两种标准化后的 WUE 均与 Suyker 等（2010）得到的大豆 WUE 相近，其中 WUE_{ET_0} 和 WUE_{VPD} 分别为 12.1g C/m^2 和 2.5（g C/m^2）/（mm·kPa），由于冬小麦和大豆同属于 C3 类作物，故二者间相近的 WUE 结果进一步证明了 Steduto 等（2007）理论分析的正确性。此外，Suyker 和 Verma（2010）得到玉米的 WUE_{ET_0} 和 WUE_{VPD} 分别为 17.9g C/m^2 和 4.6（g C/m^2）/（mm·kPa），略大于上述研究结果，这可能缘于位山试验站夏玉米生长期内的光照条件较差。Tong 等（2009）指出，当光合有效辐射 PAR 值小于 1000μmol/(m^2·s) 时将导致 WUE 降低。实测的 PAR 资料表明，夏玉米季节内仅晴天正午时分的 PAR 才大于 1000μmol/(m^2·s)，故较低的 PAR 值是导致标准化 WUE 值较低的主要原因，这也说明通过改变夏玉米作物对较低光照条件的适应性，其 WUE 尚有提高空间。

2005～2009 年位山试验站观测的冬小麦和夏玉米耗水量和产量以及计算的水分利用效率结果列于表 10-9，其中水分利用效率被定义为产量与 ET 的比值。可以看出，夏玉米年均 WUE（2.16kg/m^3）要高于冬小麦（1.51kg/m^3），且两种作物 WUE 年际间的变化均不大，年均冠层（农田）尺度 WUE 为 1.82kg/m^3。

表 10-9　2005～2009 年观测的冬小麦和夏玉米耗水量和产量以及计算的水分利用效率

作物	年份	降水和灌溉/mm	ET/mm	产量/(kg/亩)	WUE/(kg/m^3)
夏玉米	2005	949	390	499	1.92
冬小麦	2006	284	396	428	1.62
夏玉米	2006	389	298	440	2.21
冬小麦+夏玉米		673	694	868	1.88
冬小麦	2007	481	455	390	1.29
夏玉米	2007	383	329	482	2.20
冬小麦+夏玉米		864	783	872	1.67
冬小麦	2008	376	393	424	1.62
夏玉米	2008	324	330	504	2.29
冬小麦+夏玉米		701	723	928	1.93
冬小麦	2009	531	402	407	1.52

10.3.3　水分利用效率影响因子

已有研究成果表明，VPD 和 PAR 是影响冠层（农田）尺度 WUE_{GPP} 的主要因素（Zhao et al.，2007；Tong et al.，2009），这也被图 10-29 和图 10-30 给出的结果所证实。冬小麦和夏玉米的 WUE_{GPP} 随 VPD 或 ET_0 增加而减小，两者间呈现出较好的倒数关系。这从理论上说明较低的 VPD 环境是提高 WUE 的途径之一，同时也进一步表明，经标准化处理后得到的WUE_{ET_0}和 WUE_{VPD}能消除 VPD 或 ET_0对 WUE 的非线性影响。实际上，在冬小麦和夏玉米耗水最高时期内（冬小麦为 4～5 月，夏玉米为 8～9 月），VPD 达到年内较低水平，通过改变作物种植周期（避开 VPD 较高时期）提高 WUE 的空间不大。此外，LAI 是控制标准化处理后 WUE 的主要因子（图 10-26），故减少 LAI 较低时期的土壤蒸发是提高 WUE 的主要途径之一。

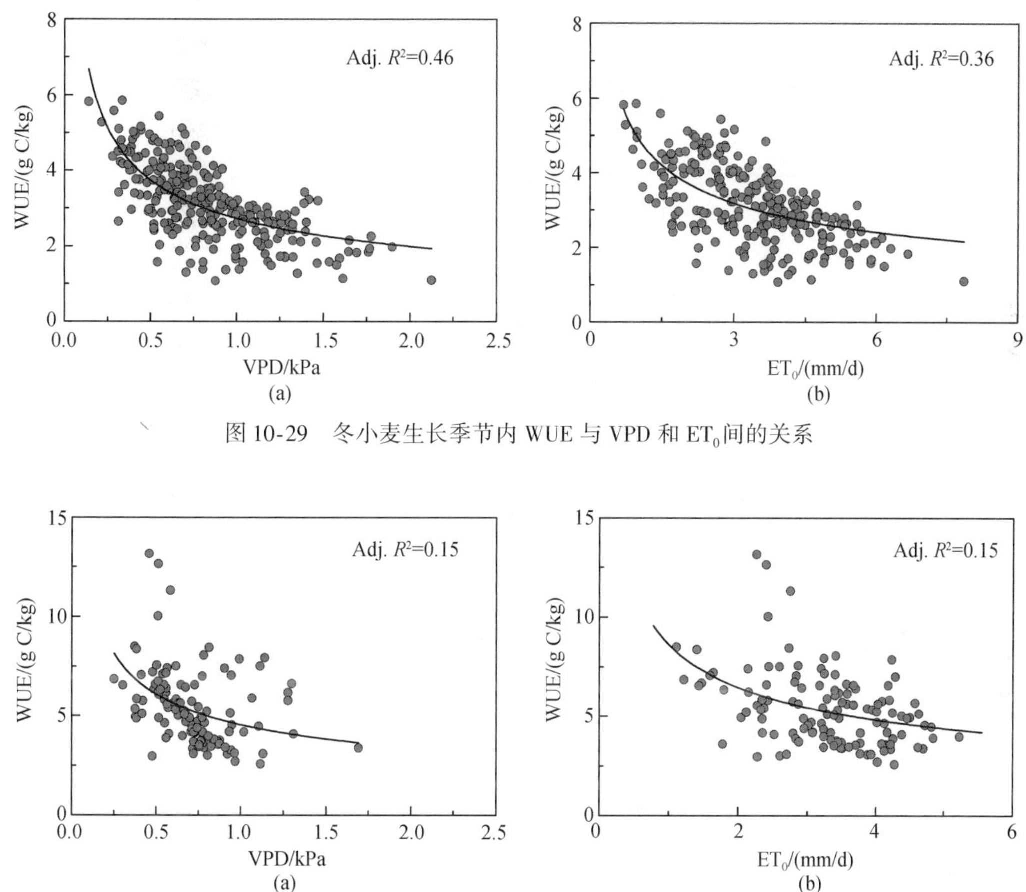

图 10-29　冬小麦生长季节内 WUE 与 VPD 和 ET_0间的关系

图 10-30　夏玉米生长季节内 WUE 与 VPD 和 ET_0间的关系

10.4　未来气候变化下灌区尺度水分利用效率评价

在探讨未来气候变化下的渠灌区蒸散发和碳通量响应规律时，人们更为关注这些变量的时间相对变化以及气候模式输出结果的空间精度所带来的影响，从而为实现灌区水资源的合理配置和 CO_2减排目标提供科学依据。为此，以 IPCC 提出的未来温室气体排放的 4 种基本情景作为选择 5 种未来气候变化模式模型的依据，开展未来气候变化对位山灌区气象要素影响的模拟分析，并在此基础上，利用构建的生态水文模型 HELP-C，开展 3 种未来灌溉情景对位山灌区作物、灌溉、水分利用效率影响的模拟研究，分析灌区尺度水分利用效率的变化规律与特点。

10.4.1 气象数据来源

紧邻位山灌区的朝阳气象站属于国家基准气象站，具备较为完整齐全的气象观测数据。为此，基于该站以往 50 年（1960 ~ 2009 年）的实测数据和未来 50 年（2010 ~ 2059 年）的预报资料分别作为未来气候模式模型和生态水文模型 HELP-C 的输入。

朝阳气象站距位山灌区中心约 80km，观测数据包括 1960 ~ 2009 年逐日的降水、最高气温、平均气温、最低气温、平均相对湿度、平均风速和日照时数等。将朝阳气象站的观测数据与位山灌区聊城气象站的观测资料进行对比分析后表明，两站之间在观测的气象因子上均无显著性差异，故采用朝阳站的气象观测数据可以用于描述位山灌区气象因子的以往状况以及未来变化的趋势。

10.4.2 未来气候变化对气象要素的影响

由世界气象组织（WMO）和联合国环境规划署（UNEP）联合建立的政府间气候变化专门委员会（IPCC）将未来温室气体排放分为 4 种基本情景：A1、A2、B1 和 B2（IPCC，2007）。其中的 A1 情景设定为全球经济迅速发展，即全世界人口在 21 世纪中叶达到顶峰后开始下降，人类越来越快地利用新的和更为有效的技术，不同区域的发展主题和能力建设开始趋同，不同文化和社会间的融合日趋密切，不同区域的人均收入差距越来越小。此外，根据能源系统技术变化的方向，将 A1 设定 3 种前景：高强度使用化石燃料情景（A1F1）、非化石能源来源（A1T）和所有能源的平衡利用（A1B）（图 10-31）。

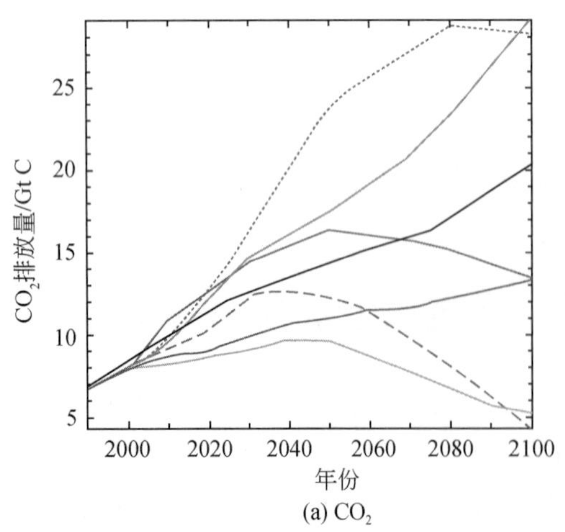

(a) CO_2

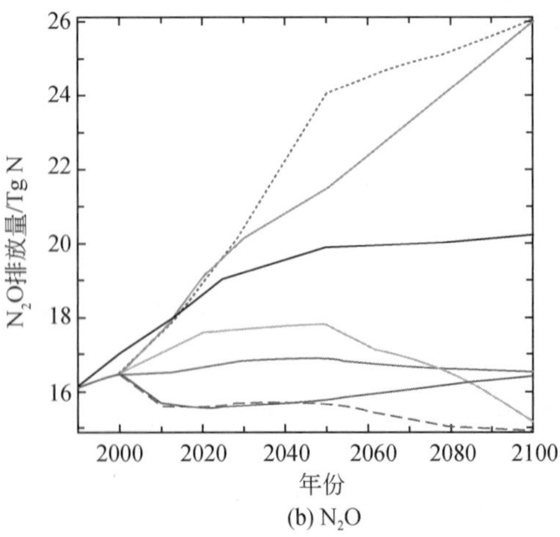

(b) N_2O

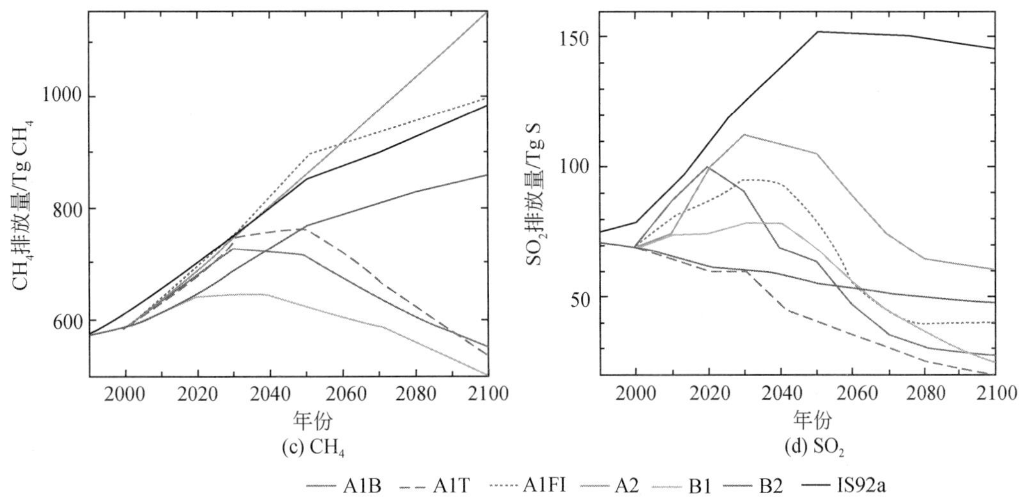

图 10-31 不同排放情景下人类活动产生的 CO_2、CH_4、N_2O 以及 SO_2 放排量预测

资料来源：http://www.ipcc.ch/ipccreports/tar/wg1/029.htm

10.4.2.1 气象要素确定

由于辐射、降水、气温以及大气 CO_2 浓度是影响灌区水分和碳循环的主要因素，故仅考虑这些变量的影响。在采用 A1B 作为未来温室气体排放情景下，分别采用碳循环模型 ISAM 和 BERN（IPCC，2007）计算未来大气 CO_2 浓度，并采用二者的预报平均值作为以下 5 种未来气候模式模型和生态水文模型 HELP-C 的输入（图 10-32）。若选定 2010 ~ 2059 年（50 年）作为预测期，1960 ~ 2009 年（50 年）为过去期，则 A1B 情景下预测的平均 CO_2 浓度为 471ppm①，而过去期内的平均 CO_2 浓度为 347ppm。

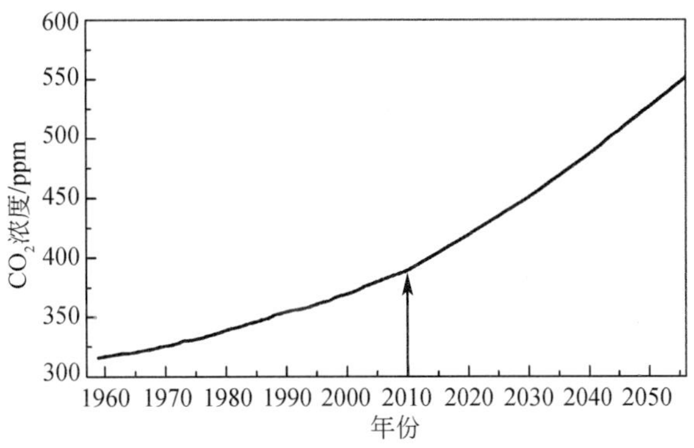

图 10-32 A1B 情景下预测的 CO_2 浓度变化过程

A1B 情景下的辐射、降水与气温数据来自全球气候模式 GCM 的预测结果，在 IPCC-

① $1ppm = 1 \times 10^{-6}$。

AR4 中共有 21 种未来气候模式模型参加了评估，根据对海平面气压场 SLP 预报精度的评估，选择出 5 种模拟效果相对较好的未来气候模式模型，这包括 MPI（Max-Planck-Institute for Meteorology，德国）、GFDL（Geophysical Fluid Dynamics Laboratory，美国）、MRI（Meteorological Research Institute，日本）、NCAR（National Centre for Atmospheric Research，美国）和 HADCM3（UK Met. Office，英国）。此外，在降尺度模拟评估中采用了 20C3M 数据，即运行未来气候模式模型的输入数据是 20 世纪实际温室气体排放量。由于 GCM 预报数据的空间分辨率较低（250km），为了降低预报结果的不确定性，需对 GCM 预报的降水和辐射进行统计降尺度分析。

为此，采用朝阳气象站所在 GCM 网格内的平均太阳短波辐射近似表示位山灌区辐射的相对变化趋势，降水和气温的统计降尺度由中国气象科学研究院完成（Kang et al.，2009）。通过统计降尺度得到的数据为月尺度，还需将其降尺度到日尺度，故采用美国农业部开发的随机天气生成器 CLIGEN（Meyer et al.，2007）生成日降水和日气温数据，再利用气象数据降尺度方法将日数据降尺度到小时数据，作为 5 种未来气候模式模型的输入数据。

10.4.2.2 模拟结果分析

1960～2009 年，朝阳气象站年均降水量为 537mm。从 5 种未来气候模式下模拟的年均降水量结果（图 10-33）中可以看出，预测期内仅有 MPI 模式的预报结果（541mm）略高于过去期，而其余 4 种模式的预报值均低于过去期。这 5 种未来气候模式下的年均降水量为 438mm，比过去期减少 18%，其中冬小麦生长季节内的降水量显著减少 46%，夏玉米季节内的降幅为 8%。

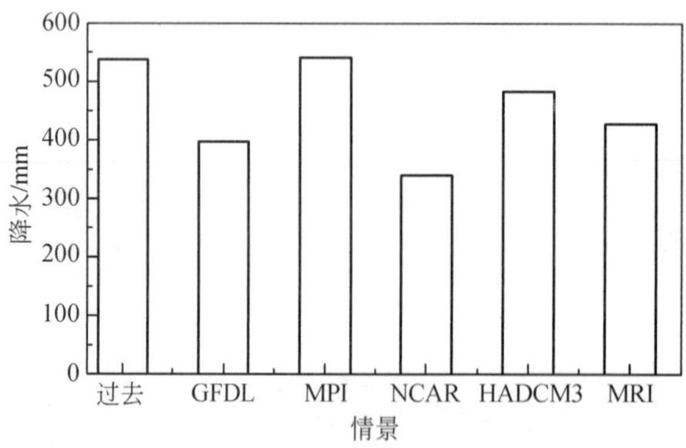

图 10-33　5 种未来气候模式模拟的年均降水量比较

表 10-10 和表 10-11 给出了过去期和预测期内模拟的太阳短波辐射 R_{sd} 的相对变化情况。在冬小麦生长期内，5 种未来气候模式下的 3 种模式的模拟结果呈下降趋势，其余 2 种模式略微上升，平均 R_{sd} 表现为下降趋势，相对变化率为 -1.9%。在夏玉米生长期内，同样有 3 种未来气候模式的模拟结果呈下降趋势，平均 R_{sd} 同样为下降趋势，相对变化率 -0.9%。

表 10-10　冬小麦主要生长期（11 月～次年 5 月）内模拟的平均太阳短波辐射 R_{sd} 比较

未来气候模式	R_{sd}/(W/m^2) (1960～2009 年平均)	R_{sd}/(W/m^2) (2010～2059 年平均)	相对变化量/%
GFDL	158	148	-6.5
MPI	159	160	0.9
NCAR	154	154	0.0
HADCM3	166	162	-2.2
MRI	159	154	-3.0
模式平均	159	156	-1.9

表 10-11　夏玉米主要生长期（7～9 月）内模拟的平均太阳短波辐射 R_{sd} 比较

未来气候模式	R_{sd}/(W/m^2) (1960～2009 年平均)	R_{sd}/(W/m^2) (2010～2059 年平均)	相对变化量/%
GFDL	197	185	-6.0
MPI	217	217	-0.2
NCAR	240	241	0.5
HADCM3	189	194	2.7
MRI	253	249	-1.7
模式平均	219	217	-0.9

不同未来气候模式下的气温模拟结果也存在差异（表 10-12 和表 10-13）。在冬小麦生长季节内，NCAR、HADCM3 和 MRI 气候模式的日最高和最低气温模拟结果均为升高，而 GFDL 和 MPI 模式则为下降，日最高和最低气温分别平均升高 0.23℃和 0.24℃。同时，夏玉米生长季节内的温度变化幅度相对较小，GFDL、MPI 和 MRI 气候模式模拟的日最高温度为上升，NCAR 和 HADCM3 模式为下降，日最低温度的模拟结果只有模式 GFDL 和 MRI 为上升，其余模式均为下降，日最高和最低气温平均分别升高 0.08℃和 0.03℃。总体来说，不同未来气候模式下的气象要素模拟结果间存在差异，这意味着对未来气候变化的预测也存在不确定性。未来 50 年内的气候（辐射、降水和气温）变化主要表现在冬小麦生长季节内，而夏玉米生长季节内的变化却相对较小。

表 10-12　冬小麦主要生长期（11 月～次年 5 月）内模拟的日最高和最低气温比较

未来气候模式	T_{max}/℃	变化趋势	T_{min}/℃	变化趋势
过去	13.03	—	1.73	—
GFDL	12.95	下降	1.65	下降
MPI	12.95	下降	1.65	下降
NCAR	13.57	上升	2.29	上升
HADCM3	13.55	上升	2.25	上升
MRI	13.29	上升	2.00	上升
模式平均	13.26	上升	1.97	上升
变化量	0.23	—	0.24	—

表 10-13　夏玉米主要生长期（7～9 月）内模拟的日最高和最低气温比较

未来气候模式	T_{max}/℃	变化趋势	T_{min}/℃	变化趋势
过去	29.55	—	19.93	—
GFDL	29.63	上升	19.97	上升
MPI	29.58	上升	19.92	下降
NCAR	29.41	下降	19.75	下降
HADCM3	29.35	下降	19.68	下降
MRI	30.16	上升	20.50	上升
模式平均	29.63	下降	19.96	下降
变化量	0.08	—	0.03	—

为了探讨未来太阳短波辐射的变化对作物耗水和产量的影响，表 10-14 给出了相关敏感性分析结果，其中 R_{sd}的变化范围取自 5 种未来气候模式模拟值的上、下限。可以看出，作物耗水和产量的变化均与 R_{sd}的变化呈正相关性，但二者的变幅均小于太阳短波辐射，其中作物耗水对 R_{sd}变化的响应较产量更为敏感，且夏玉米耗水和产量对 R_{sd}的敏感程度略高于冬小麦。此外，这 5 种未来气候模式的平均模拟结果还表明，减少太阳短波辐射可使冬小麦和夏玉米的耗水分别减少 1.9% 和 0.9%，而产量分别下降 0.5% 和 0.6%，这说明未来太阳短波辐射的变化对作物耗水和产量模拟结果的影响甚微，故在研究未来气候变化对作物耗水及碳通量的影响时，可忽略太阳短波辐射变化的影响，而着重于降水、气温及大气 CO_2浓度发生变化所产生的影响。

表 10-14　作物耗水和产量对太阳短波辐射 R_{sd} 的敏感性分析

作物	R_{sd}变化量	作物耗水量/mm	作物产量/（kg/hm^2）
冬小麦	现状条件（0%）	415	6645
	-6.5%（最低）	394（-5.1%）	6555（-1.4%）
	0.9%（最高）	418（0.7%）	6660（0.2%）
	-2.3%（平均）	407（-1.9%）	6615（-0.5%）
夏玉米	现状条件（0%）	429	7530
	-6.0%（最低）	408（-4.9%）	7215（-4.2%）
	2.7%（最高）	439（2.3%）	7665（1.8%）
	-0.9%（平均）	425（-0.9%）	7485（-0.6%）

注：括号内数值表示相对现状条件的变化率。

10.4.3　未来灌溉情景对作物、灌溉、产量和水分利用效率等的影响

基于构建的生态水文模型 HELP-C，开展未来气候模式下不同灌溉情景对作物耗水量、灌溉需水量、生态系统变量、产量和水分利用效率的影响。为此，共设置 3 种未来灌溉情

景，包括充分灌溉、无灌溉和设定灌溉。

设定灌溉是参考位山灌区原有充分灌溉制度确定的，即在冬小麦生长季节内灌水 4 次，分别为冬前水（11 月 1 日）、返青水（3 月 1 日）、拔节水（4 月 8 日）和灌浆水（5 月 13 日），每次灌水量 60mm；在夏玉米生长季节内，于 7 月下旬拔节期（7 月 20 日）灌水 1 次，灌水量 60mm。根据原有的充分灌溉制度，当根层土壤含水率低于某一阈值时，即开始灌溉，灌溉水量 I 由下式计算：

$$I = (\theta_u - \theta_d)z \tag{10-13}$$

式中，z 为根区厚度（cm）；θ_u 为灌后土壤含水率上限（cm^3/cm^3）；θ_d 为灌前土壤含水率阈值（cm^3/cm^3）。这里 θ_u 和 θ_d 分别为 $0.6\theta_{fld}$ 和 $0.4\theta_{fld}$，其中 θ_{fld} 为田间持水率。

10.4.3.1 作物耗水量

表 10-15 给出了未来灌溉情景下作物耗水量的模拟结果，其中冬小麦和夏玉米的耗水量均有所下降，前者下降率为 10% ~28%，后者为 7% ~8%。充分灌溉下冬小麦和夏玉米耗水量分别减少 10% 和 7%；设定灌溉下分别减少 12% 和 7%，与充分灌溉之间的差异相对较小；无灌溉下的冬小麦缺水严重，耗水量下降率 28%，而夏玉米耗水量降低较小，为 8%。如上所述，相比于太阳短波辐射，降雨和气温是影响作物耗水的主要因素。

表 10-15 未来灌溉情景下作物耗水量模拟结果比较 （水量单位：mm）

未来气候模式	未来灌溉情景					
	冬小麦			夏玉米		
	充分灌溉	设定灌溉	无灌溉	充分灌溉	设定灌溉	无灌溉
过去	415	398	246	429	392	286
GFDL	374 ↓	346 ↓	156 ↓	400 ↓	354 ↓	247 ↓
MPI	378 ↓	374 ↓	225 ↓	413 ↓	402 ↑	309 ↑
NCAR	363 ↓	321 ↓	154 ↓	388 ↓	324 ↓	193 ↓
HADCM3	379 ↓	370 ↓	195 ↓	395 ↓	380 ↓	290 ↑
MRI	379 ↓	349 ↓	153 ↓	409 ↓	369 ↓	279 ↓
模式平均	375 ↓	352 ↓	177 ↓	401 ↓	366 ↓	264 ↓
相对变化率/%	-10	-12	-28	-7	-7	-8

注：↑ 为较过去升高；↓ 为较过去降低，下同。

10.4.3.2 灌溉需水量

表 10-16 给出的结果表明，对充分灌溉情景而言，MPI、HADCM3 和 MRI 气候模式下模拟的冬小麦平均灌溉需水量减少，而 GFDL 和 NCAR 模式下却增加，这主要是由于不同气候模式对降雨的预测结果存在差异所造成，其余灌溉情景下的冬小麦平均灌溉需水量模拟结果之间没有发生改变。5 种未来气候模式下的平均模拟结果表明，充分灌溉下冬小麦平均灌溉需水量仅增加 1%，折合水量 0.17 亿 m^3。虽然未来灌溉情景下的冬小麦耗水量在减少，但同期的降雨量也在显著减少，这反而引起灌溉需水量略微增加。夏玉米平均灌溉需水量变化趋势与冬小麦相

反，充分灌溉下的平均灌溉需水量减少 22%，折合水量 1.26 亿 m^3。从全年来看，充分灌溉下的平均灌溉需水量共减少 1.09 亿 m^3，约占位山灌区年引黄灌溉水量（1984～2005 年平均）的 10% 左右，灌溉需水量的减少有利于缓解该地区水资源供需紧张的矛盾。

表 10-16　未来灌溉情景下平均灌溉需水量模拟结果比较　（水量单位：mm）

未来气候模式	未来灌溉情景					
	冬小麦			夏玉米		
	充分灌溉	设定灌溉	无灌溉	充分灌溉	设定灌溉	无灌溉
过去	322	240	0	100	60	0
GFDL	377↑	240	0	90↓	60	0
MPI	270↓	240	0	31↓	60	0
NCAR	411↑	240	0	124↑	60	0
HADCM3	299↓	240	0	53↓	60	0
MRI	269↓	240	0	92↓	60	0
模式平均	325↑	240	0	78↓	60	0
相对变化率/%	1	0	—	-22	0	—

10.4.3.3　生态系统变量

生态系统变量是指植物在单位时间和单位面积上由光合作用产生的有机物质总量中扣除自养呼吸后的剩余部分，称为净初级生产力（net primary productivity，NPP），是生产者能用于生长、发育和繁殖的能量值，反映了植物固定和转化光合产物的效率，也是生态系统中其他生物成员生存和繁衍的物质基础。从表 10-17 中可以看到，充分灌溉下冬小麦 NPP 增加 11%，而夏玉米仅增加 3%，而设定灌溉和无灌溉下两种作物均受到不同程度的水分胁迫影响，相应的 NPP 值随之降低。冬小麦设定灌溉下的 NPP 只增加 8%，无灌溉下甚至减少 16%。由于降雨充沛，夏玉米生长期未来灌溉情景下的 NPP 变化量间相差不大。由于前述分析结果表明气象要素的变幅较小，导致夏玉米 NPP 增量也较小，如充分灌溉下的 NPP 仅提高 3%。

表 10-17　未来灌溉情景下净初级生产力模拟结果比较　（NPP 单位：g C/m^2）

未来气候模式	未来灌溉情景					
	冬小麦			夏玉米		
	充分灌溉	设定灌溉	无灌溉	充分灌溉	设定灌溉	无灌溉
过去	1040	992	578	1188	1100	789
GFDL	1183↑	1094↑	425↓	1232↑	1124↑	757↓
MPI	1179↑	1151↑	669↑	1233↑	1196↑	929↑
NCAR	1095↑	968↓	422↓	1212↑	1063↑	566↓
HADCM3	1150↑	1106↑	526↓	1212↑	1174↑	903↑
MRI	1159↑	1058↑	394↓	1238↑	1139↑	847↑
模式平均	1153↑	1075↑	487↓	1225↑	1139↑	800↑
相对变化率/%	11	8	-16	3	4	1

生态系统呼吸在陆地生态系统碳循环中占有重要地位，是碳循环中仅次于生态系统总初级生产力 GPP 的第二大通量组分。在生态系统呼吸中，除了土壤呼吸外，还包括植物呼吸、微生物呼吸等各个子系统的呼吸。不同未来灌溉情景下的土壤呼吸变化模拟结果见表 10-18。未来气候模式下灌溉情景的改变对土壤呼吸的影响较小。在冬小麦生长期内，随着灌溉需水量增加，土壤呼吸的相对变化率从无灌溉时的-2% 增加到充分灌溉下的 1%，而夏玉米生长季节内均有所减少，下降率为-2% ~ -1%，与未来灌溉情景无明显关系。灌溉对土壤呼吸具有促进作用，以过去期为例，充分灌溉下的土壤呼吸要比无灌溉大 11%（冬小麦）和 2%（夏玉米）。

表 10-18　未来灌溉情景下土壤呼吸模拟结果比较　（土壤呼吸单位：g C/m^2）

未来气候模式	未来灌溉情景					
	冬小麦			夏玉米		
	充分灌溉	设定灌溉	无灌溉	充分灌溉	设定灌溉	无灌溉
过去	834	816	753	562	550	551
GFDL	813↓	788↓	709↓	553↓	548↓	548↓
MPI	817↓	803↓	716↓	554↓	551↑	561↑
NCAR	880↑	852↑	742↓	543↓	529↓	517↓
HADCM3	859↑	844↑	771↑	540↓	536↓	541↓
MRI	862↑	835↑	755↑	572↑	561↑	561↑
模式平均	846↑	824↑	739↓	552↓	545↓	546↓
相对变化率/%	1	1	-2	-2	-1	-1

不同未来灌溉情景下的净生态系统碳交换量 NEE 模拟结果由表 10-19 给出。夏玉米生长季节内的 NEE 均有所减少，从无灌溉下的 7% 到充分灌溉下的 8%，这意味着夏玉米作物的碳汇有一定增强。此外，冬小麦生长期内灌溉对 NEE 的变化影响极为显著，充分灌溉和设定灌溉下的 NEE 分别减少 49% 和 43%，冬小麦作物的碳汇明显增强，无灌溉下的 NEE 增加 43%，冬小麦的碳源在增加。

表 10-19　未来灌溉情景下净生态系统碳交换量模拟结果比较　（NEE 单位：g C/m^2）

未来气候模式	未来灌溉情景					
	冬小麦			夏玉米		
	充分灌溉	设定灌溉	无灌溉	充分灌溉	设定灌溉	无灌溉
过去	-206	-176	176	-626	-550	-238
GFDL	-370↓	-306↓	284↑	-679↓	-576↓	-209↑
MPI	-361↓	-348↓	47↓	-679↓	-645↓	-368↓
NCAR	-215↓	-115↑	320↑	-669↓	-534↑	-49↑
HADCM3	-291↓	-262↓	245↑	-672↓	-638↓	-362↓
MRI	-297↓	-223↓	361↑	-666↓	-578↓	-286↓
模式平均	-307↓	-251↓	251↑	-673↓	-594↓	-255↓
相对变化率/%	-49	-43	43	-8	-8	-7

10.4.3.4 作物产量

表 10-20 显示出作物产量依未来灌溉情景变化所产生的差异。充分灌溉下冬小麦增产 21%，夏玉米则减产 3%；设定灌溉下冬小麦和夏玉米分别增产 15% 和 1%；无灌溉下冬小麦减产 21%，夏玉米则增产 3%。由此可见，灌溉情景对作物产量的影响远大于气候变化带来的影响。在相同的未来气候模式下，作物产量随灌溉增加而增大，其中充分灌溉下的冬小麦产量是无灌溉下的 4.4 倍，夏玉米则为 1.34 倍。若考虑太阳短波辐射减弱对作物产量的负面作用，则由前述太阳短波辐射变化对作物耗水和产量影响的敏感性分析可知，冬小麦增产幅度会略微减弱，但夏玉米则会略微增大。

表 10-20 未来灌溉情景下作物产量模拟结果比较 （产量单位：kg/hm²）

未来气候模式	未来灌溉情景					
	冬小麦			夏玉米		
	充分灌溉	设定灌溉	无灌溉	充分灌溉	设定灌溉	无灌溉
过去	6645	6105	2445	7530	6780	5535
GFDL	8237 ↑	6990 ↑	1560 ↓	7305 ↓	6855 ↑	5400 ↓
MPI	8310 ↑	7875 ↑	2865 ↓	7260 ↓	7185 ↑	6720 ↑
NCAR	7845 ↑	6315 ↑	1620 ↓	7305 ↓	6585 ↓	4560 ↓
HADCM3	7935 ↑	7335 ↑	2085 ↓	7290 ↓	7080 ↑	6360 ↑
MRI	7935 ↑	6690 ↑	1470 ↓	7290 ↓	6585 ↓	5430 ↓
模式平均	8052 ↑	7041 ↑	1920 ↓	7290 ↓	6858 ↑	5694 ↑
相对变化率/%	21	15	−21	−3	1	3

考虑到未来引黄供水无法满足作物充分灌溉的需求，即假设由过去期的充分灌溉调整为预测期的设定灌溉，则冬小麦和夏玉米的灌溉需水量将分别减少 85mm 和 18mm（折合引黄灌溉水量分别为 4.9 亿 m^3 和 1.0 亿 m^3），此时冬小麦仍增产 6%，但夏玉米却减产 9%。与此同时，冬小麦的碳汇将增强 22%，而夏玉米的碳汇将减弱 5%。

10.4.3.5 水分利用效率

灌区尺度水分利用效率 WUE 被定义为灌区作物平均产量与作物耗水量的比值，相关预测结果见表 10-21。对不同未来气候模式而言，冬小麦充分灌溉下的 WUE 均高于无灌溉条件，且从无灌溉下的 9% 明显提高到充分灌溉下的 34%；夏玉米充分灌溉下的 WUE 均低于无灌溉条件，且从无灌溉下的 12% 明显下降到充分灌溉下的 4%。这表明未来气候模式下冬小麦的 WUE 将随灌溉增加而明显提高，夏玉米的 WUE 却随灌溉增加而减少，这是因为雨养条件下的夏玉米 WUE 已达到较高水平，额外灌溉反而会降低 WUE。

表 10-21　未来灌溉情景下水分利用效率模拟结果比较

（WUE 单位：kg/m^3）

未来气候模式	未来灌溉情景					
	冬小麦			夏玉米		
	充分灌溉	设定灌溉	无灌溉	充分灌溉	设定灌溉	无灌溉
过去	1.60	1.53	0.99	1.76	1.73	1.94
GFDL	2.20	2.02	1.00	1.83	1.94	2.19
MPI	2.20	2.11	1.27	1.76	1.79	2.17
NCAR	2.16	1.97	1.05	1.88	2.03	2.36
HADCM3	2.09	1.98	1.07	1.85	1.86	2.19
MRI	2.09	1.92	0.96	1.78	1.78	1.95
模式平均	2.15	2.00	1.08	1.82	1.87	2.16
相对变化率/%	34	30	9	4	8	12

10.5　小　　结

本章以山东位山引黄灌区为典型，在分析灌区水文气候要素变化规律的基础上，基于改进的 Hydrus-1D 模型、构建的生态水文模型 HELP-C 和选择的未来气候模式模型，对田间水循环过程和作物耗水及产量进行模拟，根据相关实测数据描述冠层尺度作物耗水和碳同化量变化过程，开展未来灌溉情景对位山灌区作物、灌溉、水分利用效率影响的模拟研究，分析田间、冠层（农田）和灌区尺度水分利用效率的变化规律与特点，获得的主要结论如下。

1）在改善表面阻抗估算方法的基础上，对 Hydrus-1D 模型中潜在蒸散发公式进行了改进，与田间实测数据对比后表明，改进的 Hydrus-1D 模型的蒸散发模拟精度有了大幅提高，基于该模型和构建的生态水文模型 HELP-C 模拟分析了田间水循环过程和作物产量，年均田间尺度水分利用效率为 2.57kg/m^3。

2）冬小麦和夏玉米生长季节的 WUE_{GPP} 分别为 2.81g C/kg H_2O 和 4.81g C/kg H_2O，WUE_{ET_0} 分别为 10.6g C/m^2 和 16.3g C/m^2，夏玉米的水分利用效率明显高于冬小麦，C4 作物具有较高的水分利用效率。气象要素中的饱和水汽压差 VPD 和光合有效辐射 PAR 以及反映植物群体生长状况的叶面积指数 LAI 是控制 WUE_{ET_0} 季节性变化的主要因素。基于 2005 ~ 2009 年冬小麦和夏玉米耗水量和产量观测数据以及计算的水分利用效率可知，年均冠层（农田）尺度水分利用效率为 1.82kg/m^3。

3）5 种未来气候变化模式下模拟的降水、太阳短波辐射、日最高和最低气温存在差异，未来 50 年位山灌区的气候变化主要表现在冬小麦生长季节，夏玉米生长期的变化相对较小。减少太阳短波辐射可使冬小麦和夏玉米耗水分别下降 1.9% 和 0.9%，产量分别降低 0.5% 和 0.6%，未来太阳辐射变化对作物耗水和产量影响甚微，应关注降水、气温及大气 CO_2 浓度变化的影响。

4）未来气候模式下灌溉情景变化对作物耗水、灌溉需水、生态系统变量、产量和水分利用效率的影响存在较大差异。与以往相比，未来 50 年在不考虑辐射变化且灌溉充分的条件下，冬小麦和夏玉米的耗水量分别下降 10% 和 7%，灌溉需水量分别增加 1% 和减少 22%，产量分别增加 21% 和下降 3%，水分利用效率分别增加 34% 和 4%，净生态系统碳交换量分别减少 49% 和 8%，农田碳汇明显增强。年均灌区尺度水分利用效率为 1.68kg/m^3，依次低于农田和田间尺度水分利用效率。

第 11 章 基于 SWAT 模型的大兴井灌区农业用水效率与效益综合评价

农业生产的特殊性决定其对土地和水等自然资源以及生态环境的依赖，而水资源短缺和生态环境恶化将给农业生产带来巨大威胁。在农业用水总量不增加的前提下，提高农业综合生产能力，建立节水、高效、生态环保的现代农业的核心所在是提高农业用水效率与效益。提高效率是从技术角度要求农业用水更为高效，而提高效益则需从经济、社会、生态环境等角度，考虑农业用水对提升农业生产能力、推动区域经济社会发展、改善生态环境带来的积极作用，而这将取决于农业用水的多功能性。因此，开展基于农业用水多功能性的农业用水效率与效益综合评价研究是十分必要的。

本章在分析农业用水多功能性的基础上，构建起农业用水效率与效益综合评价理论，建立了基于层次分析法的农业用水效率与效益综合评价方法，以北京大兴井灌区为典型，借助分布式水文模型开展区域（灌区）尺度水平衡过程模拟，对当地农业用水效率与效益进行综合评价。

11.1 农业用水多功能性与农业用水综合效益

水资源是农业生产所需要的最基本要素之一。无论是天然降水还是灌溉引水，在满足农作物生长需求之外，还对改善区域小气候、维系区域生态环境、满足居民对河流湖泊等水体休憩等多方面的需求。由此可见，农业用水除具有经济功能外，还具有生态环境和社会等多功能性。因此，研究农业用水效率与效益问题，不能单纯探讨农业用水技术水平的高低，带来了多少经济效益，还要关注农业用水的非经济效益，明确农业用水具有哪些服务功能，这些服务功能能为人类社会带来何种效益。

11.1.1 农业用水多功能性

人类的经济活动发生在地球及其大气圈系统之内，且是该系统的组成部分，通常称之为“自然资源—环境系统”（罗杰·伯曼等，1998）。自然资源是人类存在的物质基础，也是人类经济活动的物质基础。传统意义上的自然资源包括土地、生物、水、气候、矿产、能源和旅游七类（石玉林，2008）。环境则被认为是一种介质，通过它而使空气污染、噪声、水污染以及舒适性资源等与外部性紧密相连。但随着人们逐步认识到自然资源提供服务的多样性及其外部性的重要时，自然资源与环境间的区别就显得画蛇添足了。为此，人们提出了一个更为宽泛的自然资源和环境资源的概念，即把其视为一个有多种产出及其关联产品的复合系统，简称为自然环境（罗杰·伯曼等，1998）。自然环境可为人类及其经济活动提供四类服务：① 提供企业的生产投入资源，用 R 表示；② 消化吸收生产和消费过程中产生的废物，用 W 表示；③ 提供居民的娱乐服务，用 A 表示；④ 为企业或居民提供生命支持系统服务，用 L 表示。

按照学术界对水资源的定义，水资源除自然属性外，还具有社会和经济属性。从开发利用的角度来看，水资源是指能被人类利用的那部分水。可利用的水资源是指在一定社会经济技术条件下能够被利用或待利用的水。据此，农业用水是指参与到农业生产过程中的水资源，包括有效降水量、通过水利工程设施得以被农业所利用的地表水量和地下水量，生活污水和工业废水经处理后也可作为农业用水加以利用。江河湖泊的地表径流，可为国民经济各种用水部门提供水源，但不是全部水量都可构成可利用的水资源，如为了维护河道生态平衡，就必须有一部分河道径流进入海洋。此外，水源开发工程虽可实现水量的年内及年际调蓄，但在丰水周期内也会产生无法调蓄的弃水。

尽管学术界对水资源的定义存在一定争议，但基本上认可水资源是能被人类开发利用并给人类带来福利、舒适或有价值的各种形态的天然水体。水资源除具有自然属性外，还具有社会和经济属性。自然属性决定了水资源能为人类社会提供多种服务性功能，社会和经济属性决定了人类如何开发利用这些服务性功能。农业用水是目前我国水资源开发利用中占比最大的部分，其在参与农业生产过程的同时也为人类提供了其他各种服务。农业用水的来源主要包括：降水、灌溉水、地下水和土壤水，图 11-1 描述了其参与农业生产的过程及其最终去向，一是通过植物蒸腾、土面或水面蒸发消耗；二是通过排水、退水等方式汇入地表径流；三是通过入渗补给地下水；四是作为土壤水存储在土壤中。

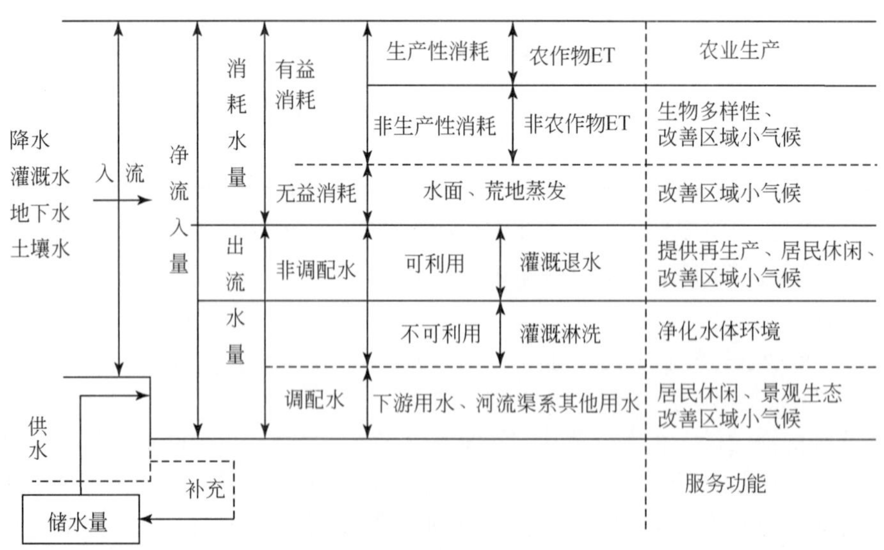

图 11-1 农业用水开发利用过程及最终去向示意图

在国际水资源管理研究所提出的水资源核算框架体系中，将消耗水量划分为有益消耗和无益消耗，将出流水量划分为调配水和非调配水。在消耗水量中，有益消耗是指水分的消耗能产生一定的效益，如农作物耗水可保障农业生产经济效益，植被耗水能维持植被生长生态环境效益；无益消耗则是指水分的消耗不能产生直接效益或可能产生负效益，如水面蒸发或土面蒸发等。实际上，无益耗水不能直接产生经济或生态效益，但可通过水循环对改善区域小气候起到积极作用。在出流水量中，调配水是指为了保证航运、生态、景观功能以及下游用水需要而必须分配的那部分水量，显然其对维持和改善区域生态环境、提供区域休憩以及其他公益性服务具有重要作用；非调配水是指农业生产用水过程中的灌溉退水或淋洗用水等，这部分水除满足农业生产经济效益外，也对改善区域水土状况、吸纳农业污染物、改善生态环境有着积极作用。

不管是消耗水量还是出流水量，实际上都是通过不同形式为区域经济、社会和生态效益的发展和改善做出贡献。表 11-1 给出了农业用水提供的多功能性，其中第一列为农业用水在参与农业生产过程中可能的去处（或者产出物）；第二列表示产出物的一种或多种服务类型，农业用水提供的这些服务性功能绝大多数是交叉的，不具备唯一性；第三列对接受这些服务性功能的对象做出界定，可分割性、排他性和是否付费对这些服务功能做了进一步界定。对作物 ET 的可分割性和排他性主要是因为灌溉可通过管理措施加以控制，农民通过支付灌溉成本可以获得相对排他性的灌溉水源，但对农业用水提供的其他服务而言，则属于不可分割性和非排他性的。

表 11-1　农业用水的多功能性分类

产出物	服务属性	使用者	可分割性	可排他性	是否需要付费
来自灌溉的作物 ET	R	农民	D	E	P
来自其他水源的作物 ET	R	农民	D	E	NP
植被与生物多样性	R，A，L	所有居民	ND	NE	NP
维持渠系水域	R，A，L	所有居民	ND	NE	NP
土壤保墒	R，L	农民	ND	NE	NP
净化各种污染	R，W，L	所有居民	ND	NE	NP
改善小气候	R，L	所有居民	ND	NE	NP
回补地下水	R	所有居民	D	NE	NP

注：①服务属性中的代码含义见 11.1.1 节；②D 表示可分割性，ND 表示不可分割性；③E 表示可排他性，NE 表示不可排他性；④P 表示需要付费，NP 表示不需要付费。

11.1.2　农业用水综合效益

在农业用水所提供的多种服务性功能中，作物生长所需的 ET 是利用水资源的最直接目的，但同时人类也直接或间接享受了水资源所提供的其他服务性功能。农业用水所提供的四种服务性功能，有些是人类在从事农业生产中有目的的追求结果，有些则是属于伴随性的结果。不管有无目的，这些服务都在不同程度上满足了人类的各种需求，是人类在农业生产过程中对水资源开发利用的效果及所获得的效益。

农业用水效益有狭义和广义两层含义，狭义的农业用水效益仅仅是从农业生产的角度来考虑，农业生产过程同时也是水资源的消耗过程，伴随着水资源的蒸腾蒸发而带来作物生长会产生经济效益。随着世界经济持续快速的发展，人类社会对以水资源为代表的自然资源的需求急剧增加，对资源的迫切需求与资源有限性间的矛盾更加突出，尤其是在可持续发展的观点被提出后，人们除了关注水资源在农业生产过程中的生产功能外，也越来越关注水资源所具有的环境和社会功能。广义的农业用水效益是指人类在开发利用水资源的生产功能、环境功能和社会功能时，可为人类社会带来相应经济、环境和社会等综合效益。

与普通商品生产中只追求经济效益不同，人们除主动追求农业用水经济效益外，还被动地接受水资源提供的多种服务性功能。在农业生产过程中，人类在面对水资源带来的经济、生态环境和社会等多重效益时，不同人群可能对不同的效益偏好不一，如农民更多地“偏好”农业生产经济效益，其他人群更多地“偏好”非经济效益。这些效益体现在经济上，是度量水资源用于农业生产所带来的经济效益；体现在非经济上，则包括度量水资源改善生态环境所带来的生态环境效益，度量农业用水服务人们生活和社会活动等方面所能带来的社会效益。为此，基于农业用水多功能性所提供的不同效益，表 11-2 给出了可将其划分为经济、社会和生态环境等不同效益类别。

1）经济效益。在市场经济前提下，农业生产是市场行为，这必然要考虑成本效益问题。因此，水资源作为农业生产的最基本投入要素之一，应该要分析经济效益。农业用水经济效益强调的是农业用水在生产过程中的消耗及产出问题，衡量的标准一般分为两类，即单位用水量的农产品产量和单位用水量的农产品价值。

2）社会效益。农业用水的社会效益体现在以下几个方面：从技术角度来说，促进农业生产技术进步，提高农业劳动生产效率；从经济社会角度来说，吸纳农村劳动力结业，促进农村经济发展；从人文社会角度来看，农业用水所参与维系的“自然资源—环境系统”为人们可提供的休憩娱乐空间。

3）生态环境效益。农业用水的生态环境效益主要体现在水资源循环过程中对其所在环境系统的促进和改善方面，包括渠系、堰塘等农村水生态系统维持、耕地保墒、净化污染物、保持生物多样性以及维持区域小气候等方面。

表 11-2　农业用水多功能效益分类

服务功能	属性	效益类别
农作物生产	R	EC，SC
植被与生物多样性	R，A，L	EE，SC
维持渠系水域	R，A，L	EC，EE，SC
土壤保墒	R，L	EC，EE
净化各种污染	R，W，L	EE
改善小气候	R，L	EE
回补地下水	R	EE

注：EC 表示经济效益；EE 表示生态环境效益；SC 表示社会效益。

11.2 农业用水效率与效益综合评价框架

科学合理地评价区域农业用水水平，对正确认识该地区的水资源开发利用程度、制定科学合理的农业用水开发计划具有重要意义和作用。传统灌溉农业用水效益评价的核心是灌溉用水效率，但忽略了农业用水的非经济效益等方面。尽管近年来一些类似研究逐步关注社会效益、生态环境效益等，但仍主要围绕灌溉工程的效率和效益展开，很少从农业用水的角度出发，研究其对整个区域经济及非经济的影响。从农业用水多功能性出发，农业用水效率与效益综合评价不仅从技术角度评价农业用水效率和水平问题，还从经济角度评价农业用水投入产出问题，更重要的是从非经济角度评价农业用水的生态环境效益和社会效益。要想全面合理地构建农业用水效率与效益综合评价框架体系，关键在于提出和筛选可正确反映农业用水多功能性的各类评价指标，建立综合评价指标体系。

11.2.1 农业用水效率与效益综合评价

在水资源短缺日益严重和追求可持续发展的大前提下，人类社会利用水资源参与农业生产不仅仅是简单地追求经济效益最大化，而应该是农业用水效率与效益的统筹兼顾。追求高效率是从技术上做到先进用水技术带来的高产出，而追求高效益是在经济、社会、生态环境效益之间实现均衡高效，达到社会公平、公益性基础上的经济高效。单纯追求高效率或高效益的目标都是不可取的，一味强调高效率而不考虑技术的适应性和投入产出的费用效益比，则将违背经济规律。同样在追求高效益过程中，也不能单纯地追求经济效益而不考虑农业用水的生态性和公益性。因此，农业用水的合理目标是实现效率与效益的有机统一，即在适当高效率基础上追求社会、经济和生态环境效益三者的综合效益最大化。

综合评价农业用水效率与效益需借助一定的理论方法，采用一定的判断标准，对特定的系统进行评定。农业用水的多功能性决定了农业用水具有经济、社会和生态环境效益。要科学合理地评价农业用水的效率与效益，除要考虑效率所关注的用水技术问题外，还要考虑效益所包含的农业用水多功能性。显然，这属于多目标综合评价问题。多目标综合评价又称为多变量综合评价方法、多指标综合评估等，其特点是能将不同属性、不同量纲的子目标，通过一定的数学方法，统一到一个度量尺度内进行综合评价。要想综合评价农业用水效率与效益，就需从农业用水开发利用的效果出发，由农业用水开发所获得的效益加以体现。其中，经济效益是度量农业用水用于生产目的带来的效果，生态环境效益是度量农业用水改善生态环境带来的效果，社会效益是度量农业用水服务人们生活和社会活动等方面带来的效应。

11.2.2 综合评价框架

农业用水效率与效益综合评价是个多目标综合评价问题，需在可持续发展观点下，从农业用水开发利用所产生的经济、社会和生态环境效益等方面入手，分析不同影响因子对农业用水效率与效益的影响程度以及各因子之间的相互关系，建立能够准确表征不同评价目标的评价指标体系，借助现代数据监测收集采集方法获取和处理数据，选择适当的评价方法开展综合评价。图 11-2 给出了构建的农业用水效率与效益综合评价框架，主要包括四部分：评价模型、指标体系、评价方法和评价分析反馈。

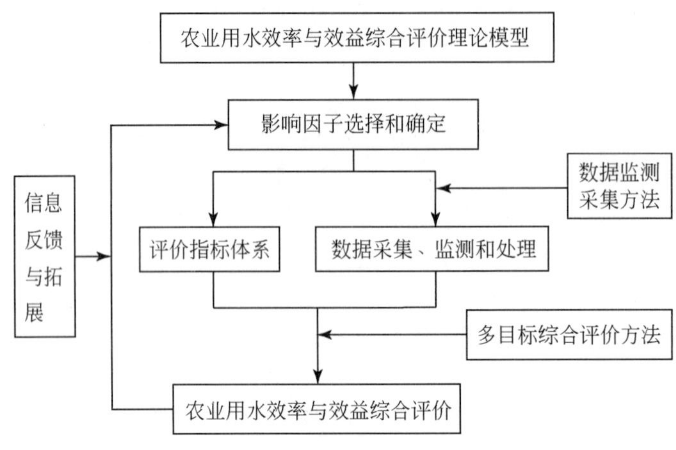

图 11-2　农业用水效率与效益综合评价框架

11.2.3　综合评价指标体系

构建合理的农业用水效率与效益综合评价指标体系应该遵守以下原则。

1）科学性：指标概念必须明确，具有一定科学内涵，能较为客观地反映农业用水效率与效益的结构关系，并能较好地度量农业用水效率与效益，度量和反映水资源在农业生产过程中被利用的特点、问题以及发展趋势。指标的选择、数据的获取及计算必须要有相应的科学原理支撑，指标体系作为整体可全面反映农业生产过程中水资源利用对农村社会、生态和经济发展带来的冲击和问题，指标的选择和计算口径要一致。指标的选择和计算应尽量客观合理，避免人为因素的干预，以保证结果的公正和合理。

2）可操作性：指标的选择、计算和评价具有实际操作性。选择指标必须立足于实际情况，能获得相应的数据。指标具有可测性和可比性，易于量化，同时避免指标体系过于繁杂。

3）针对性：反映一个区域内社会、经济和环境状况的指标数目繁多庞大，但并非每个指标都和农业用水相关，既然是综合评价农业用水效率与效益，则指标的选择必须要具有针对性。

4）一致性：评价的结果是以数值形式表现，必然存在着一个评价标准，即数值的大或小能反映出农业用水效率与效益的好坏。因此指标必须具有一致性，即指标数值的相同趋势变化能反映节水效益。对变化趋势相反的指标，应对其进行一致性处理，使其变化趋势与评价结果的变化趋势相同。

5）层次性：农业用水效率与效益综合评价涵盖社会、经济和环境三大效益，每种效益的衡量指标不同，不同层次指标的综合评价最终将形成一个指标来反映水资源效益。因此，构建的指标体系必须紧密围绕农业用水效率与效益评价目的层展开，使评价结论能正确反映评价的意图。

此外，在构建综合评价指标体系的过程中，还必须考虑区域的差别和用水特点，不同的农业用水开发利用方式下的评价指标体系可能存在一定差别。基于以上原则和考虑，从资源禀赋、水资源利用的可持续性、经济合理性、社会公平与进步性、环境协调性、生态友好性等多方面选择 11 个具有代表性的指标，构建起农业用水效率与效益评价指标体系（表 11-3）。

表 11-3　农业用水效率与效益综合评价指标体系

目标层	准则层	指标层	指标选择标准	指标属性
农业用水效率与效益	经济效益	可利用水资源量/（m^3/hm^2）	评价区域农业用水禀赋	资源禀赋
		农业有效耗水系数	评价生产消耗用水水平	可持续性
		水分生产效率/（g/mm）	评价农业用水生产能力	经济合理性
		农业用水产出效益/（元/m^3）	评价农业用水直接经济效益	经济合理性
	社会效益	水管体制合理化程度	反映水资源管理制度和能力	社会进步性
		节水意识改进度	反映区域居民对节水的认识	社会公平性
		节水灌溉率/%	反映节水技术对当地的贡献	社会进步性
	生态环境效益	广义生态耗水比例	评价区域有益耗水利用程度	可持续性
		灌区水质综合指数	评价当地农业用水污染程度	环境协调性
		灌区林草覆盖率/%	反映当地生态指标情况	生态友好性
		地下水采补比	评价当地地下水采补情况	环境协调性

11.3　基于层次分析法的农业用水效率与效益综合评价方法

农业用水多功能性及其在农业生产过程中所能提供的服务功能多重性，决定了农业用水效率与效益综合评价是一个多目标的综合评价问题。在建立了基于农业多功能性的农业用水效率与效益综合评价框架和指标体系后，需要选择合适的数学方法进行综合评价。对多目标综合评价，人们已开发出各种评价值的计算方法，这些方法各有特点，应用范围也有所侧重，但都符合综合评价的要求，能获得评价总体的综合评价值，达到对总体做出定量评价和分析的目的。如何选择和确定适合的综合评价方法，使其既能清楚表达“农业用水效率与效益评价指标体系”的层次结构关系，又能解决不同指标处于不同量纲、量级甚至定性指标定量化处理等关键问题。

11.3.1　多目标综合评价方法比较

采用多目标综合评价方法对农业用水效率与效益进行综合评价。多目标综合评价方法又称为多变量综合评价方法、多指标综合评估方法等。近几十年来，统计综合评价技术的理论研究与实践活动有了很大发展，从最初的评分评价、综合指数评价法、功效系数法到后来的多元统计评价法、模糊综合评判法、灰色系统评价法、层次分析法等，再到近年来的数据包络分析法、人工神经网络法等，评价方法日趋复杂化、多学科化，一些典型的方法如下。

1）多属性效益法：其利用决策者的偏好信息，构造一个价值函数，以此将决策者的偏好定量化，然后根据各个方案的价值函数进行评价和排序，从而找出带决策者偏好的优化结果。此法假设条件较多，并受决策者主观偏好的影响，因而应用较少。

2）字典序数法：首先决策者对目标的重要性分等级，然后用最重要目标对备选方案进行筛选，保留满足此目标的方案，再用次重要目标对已筛选方案进行再次筛选。如此重复进行，直至剩下最后一个方案，这个方案便是满足多个目标的最佳方案。

3）模糊数学法：模糊决策理论就是通过对备选方案和评价指标之间构造模糊评价矩阵，来进行方案优选的方法。模糊决策方法正成为决策领域中一种很实用的工具。

4）德尔菲法：德尔菲法依据系统的程序，采用匿名发表意见的方式，即专家之间不得互相讨论，不发生横向联系，只能与调查人员发生关系。通过多轮次调查专家对问卷所提问题的看法，经过反复征询、归纳、修改，最后汇总成基本一致的看法，作为方案预测的结果，也即是最佳方案。这种方法具有广泛的代表性，较为可靠。

11.3.2 基于层次分析法的综合评价方法

农业用水效率与效益综合评价中涉及众多因素，从评价体系来看划分为目标层、准则层、指标层三个层次，涉及农业用水的经济、社会和生态环境效益三方面的综合评价。在这些因素指标中，尤其是非经济效益的评价指标非常复杂，想对这些因素进行准确定量化描述几乎不可能。采用层次分析法（analytic hierarchy process，AHP）可较好地避免这些问题，该法是美国运筹学家 Saaty 于 20 世纪 70 年代提出的将定性与定量分析相结合的多目标决策方法，可对有关专家的经验判断进行量化，将定性、定量方法结合，采用数值衡量方案差异，使决策者对复杂对象的决策思维过程条理化。该法特别适用于对目标结构复杂且缺乏必要数据的多目标多准则系统进行分析评价（甘应爱等，1990），层次分析法的主要步骤如下。

1）构建层次模型，确立系统的递阶层次关系：根据具体问题，一般将评价系统分为目标层、准则层和指标层，更复杂的系统还可划分为总目标层、子目标层、准则层（准则亚层）、方案措施层等。

2）构造判断矩阵，判断指标相对权重：对同一层次的各个元素关于上一层次中的某一准则的重要性进行成对比较，构造出判断矩阵 $\boldsymbol{T}$，其标度原则见表 11-4。

$$\boldsymbol{T} = \begin{bmatrix} 1 & t_{12} & t_{13} & \cdots & t_{1n} \\ 1/t_{12} & 1 & t_{23} & \cdots & t_{2n} \\ 1/t_{13} & 1/t_{23} & 1 & \cdots & t_{3n} \\ \vdots & \vdots & \vdots & & \vdots \\ 1/t_{1n} & 1/t_{2n} & 1/t_{3n} & \cdots & 1 \end{bmatrix} \tag{11-1}$$

表 11-4　层次分析法的标度原则

标度 t_{ij}	原则
1	i 指标与 j 指标同等重要
3	i 指标比 j 指标略微重要
5	i 指标比 j 指标较重要
7	i 指标比 j 指标非常重要
9	i 指标比 j 指标绝对重要
2，4，6，8	为以上两个判断之间的中间状态对应的标度值
倒数	若 j 指标与 i 指标，其标度值 $t_{ij}=1/t_{ji}$，$t_{ii}=1$

3）求解判断矩阵 $\boldsymbol{T}$ 的最大特征值 λ_{max} 和特征向量 W，并进行一致性检验：当且仅当 $\boldsymbol{T}$ 具有唯一非零 $\lambda_1=\lambda_{max}=n$ 时，该矩阵具有完全一致性，否则存在偏差。当不完全一致性时，就需对 $\boldsymbol{T}$ 进行一致性检验。

$$\mathrm{CR} = \mathrm{CI}/\mathrm{RI} \tag{11-2}$$

$$\mathrm{CI} = \frac{\lambda_{max} - n}{n - 1} \tag{11-3}$$

式中，CR 为判断矩阵 $\boldsymbol{T}$ 的一致性检验指标，为随机一致性比例；CI 为判断矩阵 $\boldsymbol{T}$ 偏离一致性指标的均值；RI 为判断矩阵 $\boldsymbol{T}$ 随机一致性标准，Saaty 对该取值做了规定（表 11-5）。

表 11-5　层次分析法中 RI 取值表

W 的阶数	1	2	3	4	5	6	7	8	9
RI 取值	0. 00	0. 00	0. 58	0. 90	1. 12	1. 24	1. 32	1. 41	1. 45

判断矩阵 $\boldsymbol{T}$ 一致性的判别标准：若 $\mathrm{CR}<0.10$，则认为 $\boldsymbol{T}$ 具有满意一致性，否则要调整判断矩阵。

4）根据判断矩阵 $\boldsymbol{T}$ 的特征值和特征向量，确定相应的权重：主要方法有方根法和组合权重计算等。

11. 3. 3　综合评价步骤

按照以上建立的农业用水效率与效益综合评价框架，在确立评价指标体系后，即可对农业用水效率与效益进行综合评价，基本步骤包括确立评价目标函数、评价指标值的标准化处理和指标权重的确立。

11. 3. 3. 1　目标函数

农业用水效率与效益综合评价指标体系包括，目标层：农业用水效率与效益；准则层：经济、社会和生态环境效益；指标层：相应于准则层的不同评价指标。根据各层次之间的关系，确定农业用水效率与效益综合评价目标函数 R 如下：

$$R = \sum_{i=1}^{n} a_i \left(\sum_{j=1}^{k} a_{ij} R_{jk} \right) \tag{11-4}$$

式中，a_i、a_{ij} 分别为准则层和指标层的不同指标团或指标的系数；R_{jk} 为指标层的指标标准化数值。

11.3.3.2 指标的无量纲化

反映农业用水效率与效益的评价指标涵盖社会、经济和生态各领域，相关指标不仅具有不同的量纲，而且有些指标的数量级上也有很大差异。在开展综合效益评价中，对这些不同量纲、不同数量级的指标数值是不能进行直接比较或求和计算的，需要对指标进行无量纲化处理，通常采用标准化法和离差法。这两种方法在无量纲化处理上基本相同，均存在一个比较明显的不足，即要求被评价对象为一较长序列的数值向量，故无法对某一年的灌区状况进行评价。但若能得出指标的阈值，则可利用阈值的极值性对指标的无量纲化方法进行改进，根据阈值极值法进行指标的无量纲化处理。阈值极值法就是采用指标阈值的极大值和极小值分别代替原离差法中的最大和最小值。

当评价指标为正指标时：

$$R_{ij} = \frac{r_{ij} - \min(\bar{r})}{\max(\bar{r}) - \min(\bar{r})} \tag{11-5}$$

当评价指标为负指标时：

$$R_{ij} = \frac{\max(\bar{r}) - r_{ij}}{\max(\bar{r}) - \min(\bar{r})} \tag{11-6}$$

式中，$\min(\bar{r})$ 和 $\max(\bar{r})$ 分别为该指标阈值中的最小值和最大值。

由于针对特定类型的灌区，每个指标阈值的极值是固定的，故采用阈值极值法就可以避免因为评价对象时间序列单一而造成的无法对指标进行无量纲化处理的问题，从而可以实现对单一年份的农业用水效率与效益进行综合评价和判断。

11.3.3.3 指标权重确定方法

选用层次分析法确定各指标的权重。根据 11.3.2 节介绍的层次分析法基本步骤和方法，确定指标权重需要构建判断矩阵，求解特征根。判断矩阵的构建主要采用专家打分法，专家打分的原则采用如表 11-4 所规定的层次分析法标度原则。根据该原则和 11.2.3 节构建的农业用水效率与效益综合评价指标体系结构，构建起基于准则层对目标层的判断矩阵（表 11-6）和指标层对准则层的判断矩阵（表 11-7 ~ 表 11-9）。

表 11-6 指标权重判断矩阵 R–A_i

R	a_1	a_2	a_3
a_1	1	3	1
a_2	1/3	1	1/3
a_3	1	1	1

表 11-7　指标权重判断矩阵 A_1-A_{1j}

A_1	a_{11}	a_{12}	a_{13}	a_{14}
a_{11}	1	1/7	1/9	1/9
a_{12}	7	1	1/3	1/3
a_{14}	9	3	1	1
a_{14}	9	3	1	1

表 11-8　指标权重判断矩阵 A_2-A_{2j}

A_2	a_{21}	a_{22}	a_{23}
a_{21}	1	1	1/3
a_{22}	1	1	1/3
a_{23}	1	3	1

表 11-9　指标权重判断矩阵 A_3-A_{3j}

A_3	a_{31}	a_{32}	a_{33}
a_{31}	1	3	1/3
a_{32}	1/3	1	1/5
a_{33}	3	5	1

在构建判断矩阵后，为了得出不同层级的权重，需利用矩阵运算求解判断矩阵的最大特征值和特征向量，并进行一致性检验。只有通过一致性检验后，其矩阵的特征值才能作为相应指标的权重。判断矩阵特征值求解及一致性检验方法在 11. 3. 2 节中已做详细描述。

11.4　基于 SWAT 模型的农业用水效率与效益综合评价

在建立农业用水效率与效益综合评价指标与评价方法后，只是从理论角度解决了农业用水效率与效益综合评价要做什么以及怎么做的问题，而检验该评价方法是否具有实用性和可操作性，应将其用于生产实践当中。为此，以华北平原北京大兴井灌区为典型，运用建立的农业用水效率与效益综合评价方法，对该灌区的农业用水效用进行综合评价。为了更合理地获取大兴地区各类农业用水数据，基于 SWAT 模型模拟整个区域的水循环过程，计算得到评价年份的灌溉用水、不同类型的耗水以及地下水开采和补给等情况。

11.4.1　研究区概况

11.4.1.1　自然状况

如图 11-3 所示，北京市大兴区位于我国海河流域中北部，地处 39°26′N ~ 39°50′N 和

116°13′E～116°43′E，共辖14个乡镇和2个农场，南北长约44km，东西宽约44km，总面积1030km^2。

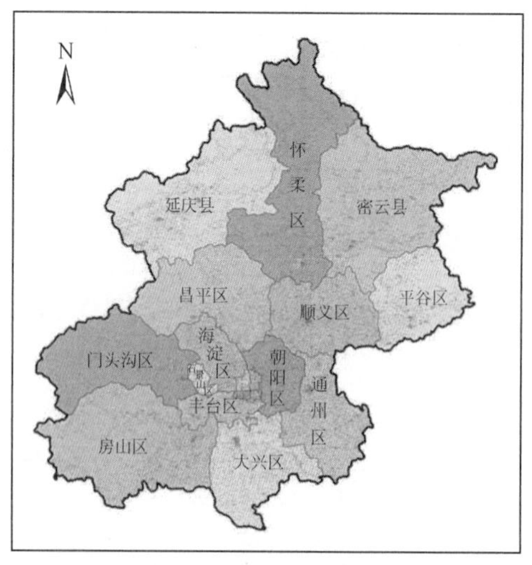

图11-3 大兴区地理位置

大兴区属于中纬度区区域，地处西风带，为北温带半湿润季风型大陆性气候。多年平均降水量516mm，年均气温12.0℃，年均无霜期215天，年均日照总时数2672.8h，年均太阳辐射量565KJ/cm^2。该区地处永定河洪冲积平原，地势自西北向东南缓倾，因受永定河决口及河床摆动影响，全境可分为三个地貌单元：①永定河洪冲积扇分布于新凤河流域，地表冲积洪积物以砂土、砂壤土为主，部分地区为细粉砂土；②永定河河床自然堤分布于永定河河床至大堤附近，由永定河冲积洪积而成，主要由砂砾石、粗砂及中细砂组成；③永定河冲积平原分布于新凤河以南的广大地区，地表以砂性土、砂壤土为主，局部地区出现连续的黏性土。

2010年大兴区总人口55.48万人，其中农业人口34.50万人，占总人口的62.18%，非农业人口20.98万人，占总人口的37.81%。全区生产总值137.7亿元，其中第一、第二、第三产业分别为13.4亿元、61.6亿元、62.7亿元；工农业总产值91.0亿元，其中工业总产值51.2亿元，农业总产值39.8亿元；农民人均纯收入6724.1元。

11.4.1.2 水资源及开发利用状况

大兴区多年平均降水量516.4mm，其中丰水年（P=20%）672.8mm，平水年（P=50%）490.5mm，枯水年（P=75%）364.8mm，特枯水年（P=95%）239.6mm。降水量年内分布极不均匀，多年平均汛期（6～9月）降水量429.3mm，占多年平均降水量的83.1%，其中7月比重最大，占34.26%，8月次之，占31.94%，其他几个月的比重很小，仅占14.08%。从年际分布来看，降水量有逐年下降的趋势，尤其是1980～1994年为连续枯水年份。从空间分布来看，降水量在西北部相对较大，中部次之，南部最小。大兴区水资源总量多年平均25 849.5万m^3，其中地表可利用水资源量1722.2万m^3，地下水资源多年平均 22 123.6 万 m^3，可开采量 26 230.8 万 m^3，扣除地下水与地表水之间的重复量，大兴区多年平均水资源可利用总量 27 611.5 万 m^3。

自 20 世纪 80 年代以来，由于年降水量逐渐减少，全区境内的永定河、天堂河等河流逐渐干枯，区内水库也多年无水。大多数河道均为过境污水及本区生活和工业排放的污水，水质污染严重，已经基本丧失使用功能。大兴区近 30 多年来，工农业和城镇生活用水量基本来源于地下水（表 11-10），农业灌溉均采用井灌形式。2000～2006 年大兴区用水量分别为 3.40 亿 m^3、3.24m^3、3.20 亿 m^3、3.45 亿 m^3、3.14 亿 m^3、3.55 亿 m^3和 3.53 亿 m^3，其中农业用水比例占 80% 以上（图 11-4）。

表 11-10　大兴区用水量及构成　（单位：万 m^3）

年份		2000	2001	2002	2003	2004	2005	2006
农业用水		28 966	27 207	26 600	28 021	24 820	30 121	29 310
工业用水		3 190	3 279	3 300	3 394	3 350	1 010	1 143
建筑业用水		—	—	—	—	—	94	133
家庭居民生活用水		1 893	1 937	2 100	3 115	3 209	2 947	3 014
其中	城镇居民	—	—	—	—	—	1 314	1 246
	农村居民	—	—	—	—	—	1 633	1 768
公共服务用水		—	—	—	—	—	1 057	1 263
城镇环境用水		—	—	—	—	—	282	471
合计		34 049	32 423	32 000	34 530	31 379	35 511	35 334

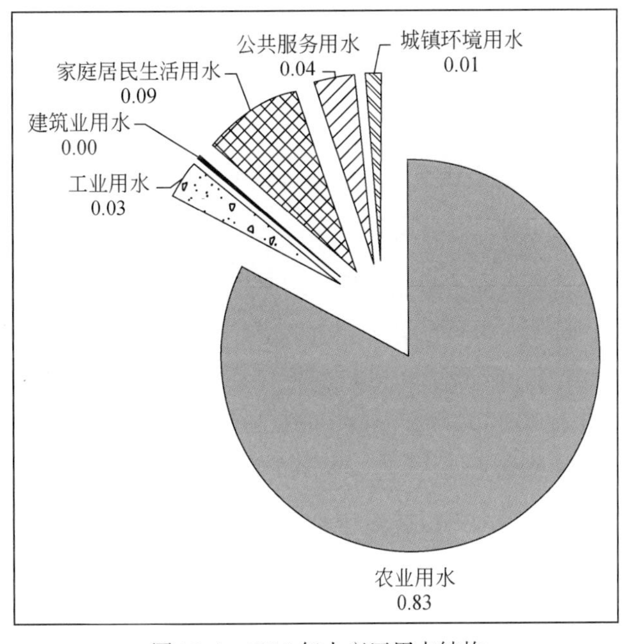

图 11-4　2006 年大兴区用水结构

11.4.2 SWAT 模型

灌区水循环是一个十分复杂的水分运动过程。虽然对降水量、蒸散发量、径流量、土壤含水率的变化以及地下水位等水平衡要素可以通过试验监测获得，但仍然只能在田块尺度有限的测点上进行，不能在整个灌区尺度上进行无限的数据监测，且试验方法也难以获取不同变化环境（如灌溉模式变化、气象条件变化及农业管理措施变化等）下灌区水量平衡的变化过程。为此，利用分布式水文模型，借助有限测点处观测的降水、地下水等水文变量作为模型的输入或边界条件，在一定计算精度条件下，再现变化环境及不同水管理条件下的区域水循环变化过程。

目前尚没有一个真正的水文模型是面向灌区水循环过程开发的，大多数模型只是在原有水文模型基础上添加了可反映灌区水循环过程特征的模块。SWAT（soil and water assessment tool）模型是最具代表性的分布式水文模型，于20世纪90年代，由美国农业部农业研究中心（USDA-ARS）开发。SWAT 模型主要基于 SWRRB 模型，并吸收了 CREAMS、GLEAMS、EPIC、ROTO 等模型的优点，整合得到的面向流域尺度的分布式水文模型，可用于预测不同土壤类型、土地利用方式、农业管理措施对大尺度复杂流域水文、泥沙、水质运动过程的影响。作为分布式水文模型的典型代表，SWAT 模型在自然流域和灌区已得到广泛应用。由于该模型既可以模拟水循环过程，又可模拟作物产量，因而基于其构建灌区分布式水文模型，用于灌区水平衡要素及作物产量模拟。由于流域下垫面和气候因素具有时空变异性，故 SWAT 模型的核心思想在于合理表征流域的空间变异性，在将流域离散为不同的水文响应单元后，使其能够响应气候因素和下垫面因素的时空变化以及农业耕作措施对流域水文循环过程的影响。

11.4.2.1 模型基本原理

水量平衡方程是陆面水文循环的基础，水文响应单元是 SWAT 模型开展水平衡计算的最小单元，各个单元在垂直方向上分为五层：根系层、渗流层、浅层地下水、不透水层和承压地下水，且可独立计算水循环的各个部分及其定量转化关系（图 11-5）。流域水文过程分为两部分：陆面部分包括降雨产流和坡面汇流，控制子流域内的水、沙、营养物质和化学物质等负荷输入量，水面部分包含河道汇流，控制子流域内的水、沙、营养物质和化学物质等通过各级河网输移到流域出口。

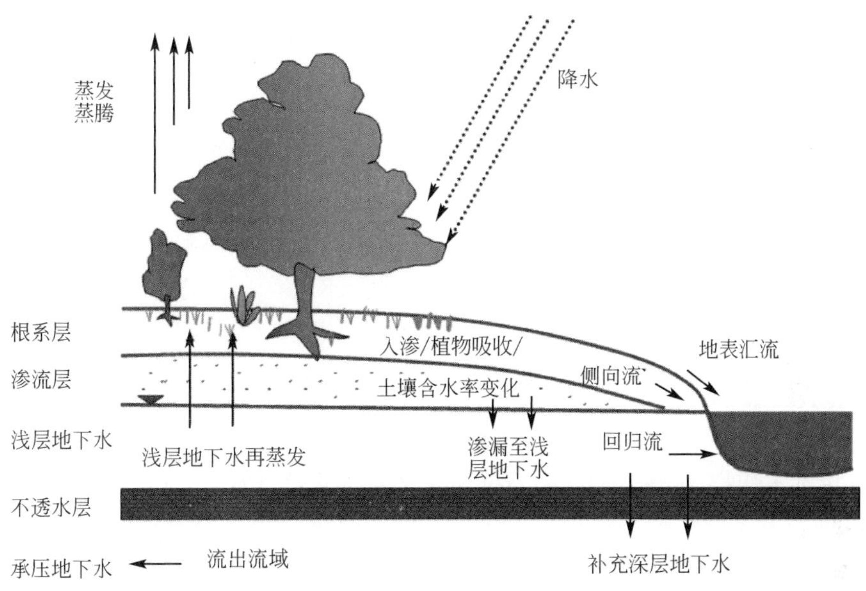

图 11-5　SWAT 模型中描述的区域水文过程结构示意图

(1) 地表产流

采用 SCS（soil conservation service）模型对流域地表径流量进行模拟，该模型是美国农业部水土保持局在 20 世纪 50 年代研制的水文模型，已在世界各地得到广泛应用（张志成和袁作新，1990）。SCS 模型的降雨–径流基本关系为

$$\frac{F}{Q}=\frac{Q}{P-I_a} \tag{11-7}$$

式中，P 为次降水量（mm），Q 为地表径流量（mm）；I_a 为降水初损（mm），即产生地表径流之前的降水损失；F 为降水后损（mm），即产生地表径流之后的降水损失。

流域最大可能水分滞留量 S 在空间上与土地利用方式、土壤类型和地面坡度等下垫面因素密切相关，引入 CN 值可较好地确定 S：

$$S=\frac{25400}{\mathrm{CN}}-254 \tag{11-8}$$

式中，S 为流域最大可能水分滞留量（mm），是降水后损 F 的上限值；CN 为无量纲参数，反映降水前期流域特征的综合参数，综合考虑了前期土壤湿度、坡度、土地利用方式和土壤类型状况等因素。

(2) 蒸散发

蒸散发是指所有地表水转化为水蒸气的过程，包括树冠截留的水分蒸发、蒸腾和升华以及土壤水蒸发。蒸散发是水分转移出流域的主要途径，在许多江河流域，蒸发量都大于径流量。准确评价蒸散发量是估算水资源量的关键，也是研究气候和土地覆被变化对河川径流影响的关键问题。

SWAT 模型提供 Penman-Monteith、Priestley-Taylor 和 Hargreaves 三种计算潜在蒸散发的方法，另外还可使用实测资料或已经计算好的逐日潜在蒸散发资料。

在潜在蒸散发的基础上计算实际蒸散发。首先从植被冠层截留蒸发开始计算，然后计算最大蒸腾量、最大升华量和最大土壤水分蒸发量，最后计算实际的升华量和土壤水分蒸发量。根据冠层蓄水量和参考作物腾发量的差别确定冠层截留蒸发量：

$$E_{can} = ET_0 \qquad ET_0 < R_{int} \tag{11-9}$$

$$E_{can} = R_{int} \qquad ET_0 \geqslant R_{int} \tag{11-10}$$

式中，E_{can}为自由水面蒸发量（mm）；ET_0为参考作物蒸散发量（mm）；R_{int}为植被冠层蓄水量（mm）。

假设植被生长在一个理想条件下，利用下式得到作物最大蒸腾量E_{pmax}：

$$E_{pmax} = \frac{ET_0 LAI}{3} \qquad 0 \leqslant LAI \leqslant 3 \tag{11-11}$$

$$E_{pmax} = ET_0 \qquad LAI > 3 \tag{11-12}$$

式中，ET_0为参考作物蒸散发量（mm）；LAI 为叶面积指数（m^2/m^2）。

实际蒸散发量是以最大蒸散发量为基础逐层计算的作物根系吸水量，规定 50% 的水量从 6% 的根系层深度上吸收而得。为了满足第 i 层根系能够充分吸收水分，加入根系吸水补偿系数进行调节，进而得到第 i 层的最大可能吸水量。随着根系吸水补偿系数的增大，上层根系能够从下层中获得更多的水量，实际吸水量则是最大吸水量和土壤含水率的函数。

$$W_{i,\ act-up} = W_{i,\ up}\exp\left[5\left(\frac{SW_i}{0.25AWC_i} - 1\right)\right] \qquad SW_i < \frac{1}{4}AWC_i \tag{11-13}$$

$$W_{i,\ act-up} = W_{i,\ up} \qquad SW_i \geqslant \frac{1}{4}AWC_i \tag{11-14}$$

式中，$W_{i,act-up}$和$W_{i,up}$分别为第 i 层根系的实际吸水量和最大吸水量（mm）；SW_i为第 i 层土壤含水率（%）；AWC_i为可利用的土壤含水率（%），即田间持水量与凋萎点之差。

(3) 侧向流

下渗到土壤中的水将以不同方式运动，SWAT 模型采用动力蓄水模型计算侧向流，这需要考虑土壤饱和水力传导度、地面坡度和土壤含水率。

$$Q_{lat} = 0.024\left(\frac{2SW_{i,\ ex}K_{sat}Slp}{\varphi_d L_{hill}}\right) \tag{11-15}$$

式中，Q_{lat}为侧向流（mm）；$SW_{i,ex}$为当天第 i 层的作物生育水量（mm）；K_{sat}为土壤饱和水力传导度（mm/d）；Slp 为子流域地面坡度；φ_d为土壤孔隙度；L_{hill}为地面坡长（m）。

(4) 地下径流

SWAT 模型将地下水分为浅层地下水和深层地下水。浅层地下水径流汇入流域内河网，深层地下水径流汇入流域外河流，并视为本流域的损失。地下径流计算方程为

$$Q_{gw,\ i} = Q_{gw,\ i-1}\exp(-\alpha_{gw}\Delta t) + W_{rchrg,\ i}[1 - \exp(-\alpha_{gw}\Delta t)] \tag{11-16}$$

式中，$Q_{gw,i}$和$Q_{gw,i-1}$分别为第 i 天和第 i-1 天进入河道的地下水（mm）；$W_{rchrg,i}$为第 i 天蓄水层内的补给量（mm）；α_{gw}为基流退水系数；Δt 为时间步长。

(5) 作物-水分生产函数

SWAT 模型采用的 EPIC 模型虽是经典的作物产量模拟模型，但其需考虑的因素较为全面，所需数据资料也较多。由于一般流域灌区只能通过获得若干站点或采样点获得有限

的资料，因此应用该模型推广到流域尺度的结果可信度较低（谢先红，2008），而应用作物-水分生产函数描述产量与水分关系是较为流行成熟的方法（崔远来等，1999）。图 11-6 显示出作物全生育期水分生产函数属于抛物线形式，产量 Y 与耗水量 ET 之间的关系可分为三个阶段：第一个阶段是作物-生产函数曲线 C 点左边，在该区间内，作物产量随 ET 而增加，达到 C 点时的作物水分生产效率最高；第二个阶段是作物-水分生产函数曲线过 C 点之后，作物产量仍随 ET 而增加，但作物水分生产效率开始下降，到达 A 点时获得最大产量；第三个阶段是作物-水分生产函数曲线过 A 点后，随 ET 增加产量反而减少。故从理论分析而言，作物-水分生产关系属二次抛物线函数形式。

$$Y = ax^2 + bx + c \tag{11-17}$$

式中，Y 为作物产量（kg）；x 为作物的 ET（mm）；a、b 和 c 分别为经验系数。

基于式（11-17）描述第一阶段的作物-水分生产函数关系相对较难，这是因为对大田作物而言，只要不是在极端干旱条件下，抛物线函数中展示的第一阶段数据一般缺失比较严重。分析已有结果也表明，利用二次抛物线函数描述的作物-水分生产函数关系，大多严格控制在实验条件下应用，该关系多用于作物耗水机理分析，较少直接用于大田作物的产量估算。

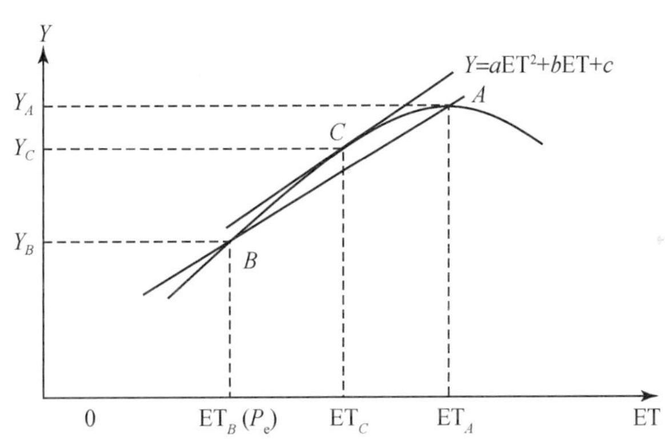

图 11-6　作物-水分生产函数关系

注：P_e 为有效降水。

实际上，在作物产量达到极点 A 之前，作物产量随耗水量变化的增长趋势趋向于线性关系，故 FAO 给出当作物因水分短缺产生水分胁迫时的线性化作物-水分生产函数（FAO，1998）为

$$\left[1 - \frac{Y_a}{Y_m}\right] = K_y\left[1 - \frac{ET_{cadj}}{ET_c}\right] \tag{11-18}$$

式中，Y_a 和 Y_m 分别为作物实际产量和最大产量（kg）；ET_{cadj} 和 ET_c 分别为实际作物蒸散发量和无水分胁迫条件下的作物蒸散发量（mm）；K_y 为作物产量响应因子。

蔡学良等（2007）和谢先红（2008）应用 SWAT 模型对湖北漳河灌区水稻产量进行了模拟。但该模型在作物-水分生产函数线性关系假设前提下还有另外一个假设，即模拟的最大 ET 是无水分胁迫条件下的作物蒸散发量 ET_c，也就是说不适宜采用该生产函数模

拟 A 点右边的产量。此外，利用式（11-17）还必须知道 ET_C 和最大产量 Y_m，这就限制了该模型的适应性。为了更为简化和实用，以简单的线性产量关系模拟作物产量，但该关系仅能模拟 B–A 区间的作物产量。

$$Y = a + b\mathrm{ET} \qquad \mathrm{ET}_B < \mathrm{ET} < \mathrm{ET}_C \tag{11-19}$$

式中，Y 为作物产量（kg）；ET 为作物蒸散发量（mm）；a 和 b 为经验系数。

11.4.2.2 模型参数设置与数据来源

(1) 参数设置

如图 11-7 所示，根据北京大兴井灌区所在区域的 DEM 与河流分布图，在指定本流域出口后，将大兴井灌区划分为 56 个子流域。随后根据土地利用分类图和土壤分类图进一步划分各水文响应单元（HRU）。在划分 HRU 时，设定的土地利用（植被）临界值为 10%，土壤临界值为 10%，共得到 296 个 HRU。经临界值筛选，每个子流域内小于上述临界值的植被和土壤被忽略，从而扩大了主要植被和土壤类型，图 11-8 显示出经过上述处理后可将原来的 17 种利用类型简化为 6 种利用类型。

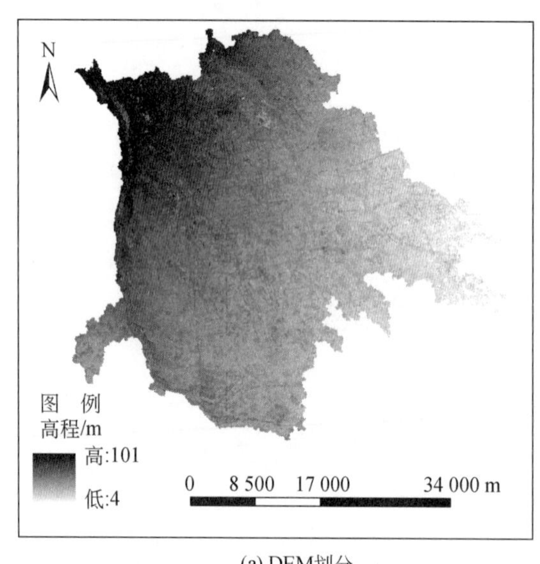

(a) DEM划分

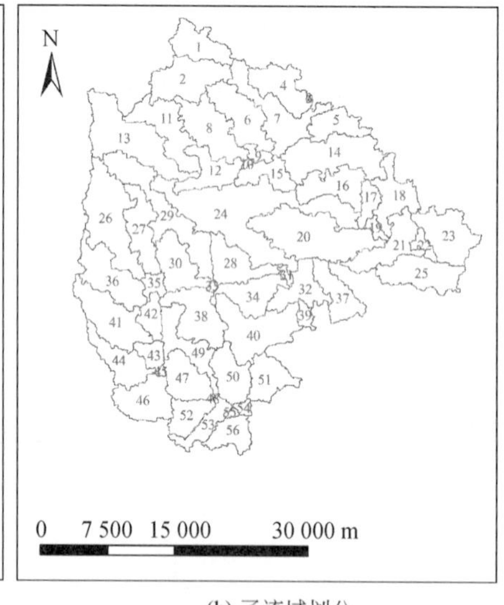

(b) 子流域划分

图 11-7 大兴井灌区的 DEM 和子流域划分

(2) 数据来源

利用北京大兴井灌区的遥感数据、气象数据、土壤数据、地下水监测数据和田间试验观测数据等资料对 SWAT 模型进行参数校验和模型率定。其中，流域 DEM 所需数据来自中国科学院遥感与数字地球研究所，空间分辨率 90m，土地利用数据基于 TM 遥感数据进行，空间分辨率 30m，土壤类型图是在综合全国土壤分类和北京土壤分类图的基础上，将大兴井灌区分为 14 种土壤类型。

气象数据包括逐日的降水量、最高和最低气温、太阳辐射、相对湿度、风速等，来自大

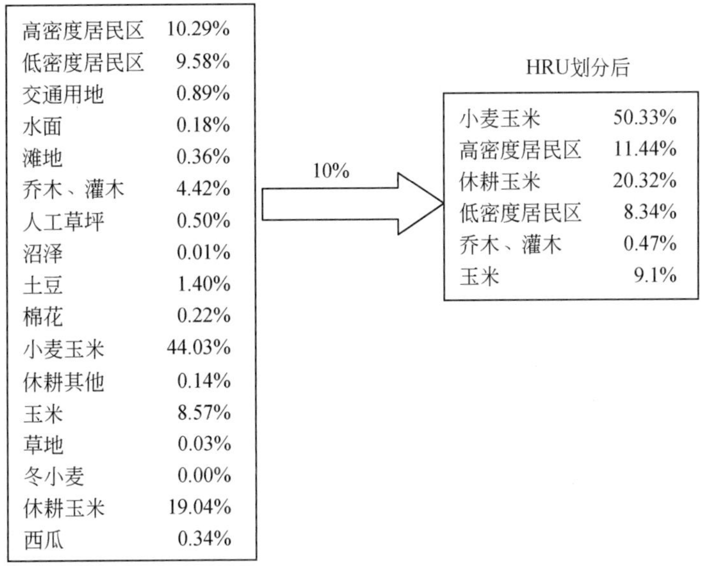

图 11-8　大兴井灌区子流域内根据土地利用（植被）类型划分 HRU

兴区及其附近 5 个气象站 2004 ~ 2008 年的数据资料。地下水监测数据主要来自大兴区 36 个地下水监测点 2004 ~ 2009 年的数据资料。根据大兴地区土地作物种植结构图分析，大兴地区主要大田作物为“冬小麦-夏玉米”轮作和“休耕-春玉米”两种种植模式，占总播种面积的 70%。其中，夏玉米的生长期与大兴地区雨季重合度较高，正常降雨年份下不需要灌溉。冬小麦和春玉米则需要灌溉。田间试验观测数据来自大兴试验站，冬小麦和春玉米作物灌溉制度以 2003 ~ 2004 年在该站获得的灌溉制度为基础（表 11-11 和表 11-12）。

表 11-11　大兴井灌区冬小麦灌溉制度（2003 ~ 2004 年）

项目	生育初期	快速发育期	生育中期	成熟期	总灌水量
生育期	9 月 22 日 ~ 次年 4 月 14 日	4 月 15 日 ~ 5 月 1 日	5 月 2 ~ 25 日	5 月 26 日 ~ 6 月 17 日	
灌水量（日期）	90mm（12 月 22 日）	60mm（4 月 17 日）	60mm（5 月 3 日）	60mm（5 月 3 日）	270mm

表 11-12　大兴井灌区春玉米灌溉制度（2004 年）

项目	苗期	拔节期	抽雄吐丝期	成熟期	总灌水量
生育期	4 月 29 日 ~ 5 月 15 日	5 月 15 日 ~ 7 月 2 日	5 月 3 日 ~ 7 月 25 日	7 月 26 日 ~ 8 月 27 日	
灌水量（日期）	30mm（5 月 3 日）	60mm（7 月 1 日）		40mm（8 月 12 日）	130mm

大兴井灌区内的非农占地比例较大，分布着许多城镇和农村居民用地以及工业用地。工业和生活用水主要来源于当地的地下水。在 SWAT 模型中，采用《北京市大兴区水资源综合规划》给出的 2000 年用水定额数据（表 11-13）。

表 11-13　大兴区生活和工业用水定额　　　　[单位：L/(人·d)]

水平年	农村家庭生活用水定额	城镇家庭生活用水定额	城镇综合用水定额
2000 年	80	86.6	283.5

(3) 率定参数确定

选择和确定 SWAT 模型中的敏感参数主要关注作物蒸散发量和产量，在参考现有研究成果（谢先红，2008）的基础上，表 11-14 给出了需要被率定的主要模型参数。

表 11-14　需要被率定的主要模型参数

序号	参数符号	参数名称	物理过程	取值范围	输入文件
1	CN2	SCS 径流曲线系数	地表径流	35 ~ 98	. mgt
2	SOL-K	土壤饱和水力传导度	土壤	实测值：0.4 ~ 1.6	. soil
3	SOL-AWC	土壤可利用水量	土壤	实测值：0.4 ~ 1.6	. soil
4	ESCO	土壤蒸发补偿系数	蒸发	0 ~ 1	. hru
5	EPCO	作物吸收补偿系数	蒸发	0 ~ 1	. hru
6	SOL-ALB	湿润土壤地表反射率	蒸发	0.05 ~ 0.25	. soil
7	CANMX	最大植被截留量	径流	0 ~ 10	. hru
8	ALPHA-BF	基流消退系数	地下水	0 ~ 1	. gw
9	GW-REVAP	浅层地下水再蒸发系数	地下水	0.02 ~ 0.2	. gw
10	CH-K（2）	河道有效水力传导度	径流	-0.01 ~ 150	. Rte
11	CH_ COV	渠道覆盖系数	径流	0 ~ 1	. Rte

(4) 模拟效果评价指标

采用确定性系数 R^2、一致性指数 d 和均值标准误差 MRE 来评价 SWAT 模型的模拟效果。其中，R^2 用于衡量模拟值与实测值间的相关程度，值域范围在 0 ~ 1，该值越大，表示模拟效果越好。MRE 越小，表明模拟效果越好，而 d 值越接近 1，说明模拟效果越好。

11.4.2.3　模型率定与验证

(1) ET 率定与验证

分别采用大兴区 2004 年的遥感 ET 数据和试验站蒸渗仪 2007 ~ 2008 年的田间 ET 数据率定和验证面上和点上的 ET 模拟值，相关结果如图 11-9 ~ 图 11-11 和表 11-15 所示。ET 的模拟和实测结果吻合较好，模拟值基本反映出 ET 的实际情况。ET 空间分布的验证状况相对较差，主要原因或许与遥感数据的精度有关。

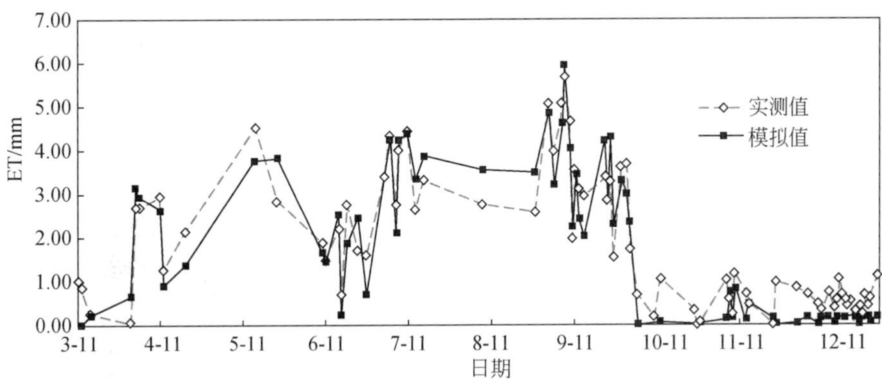

图 11-9 田间 ET 模拟值率定（2007 年）

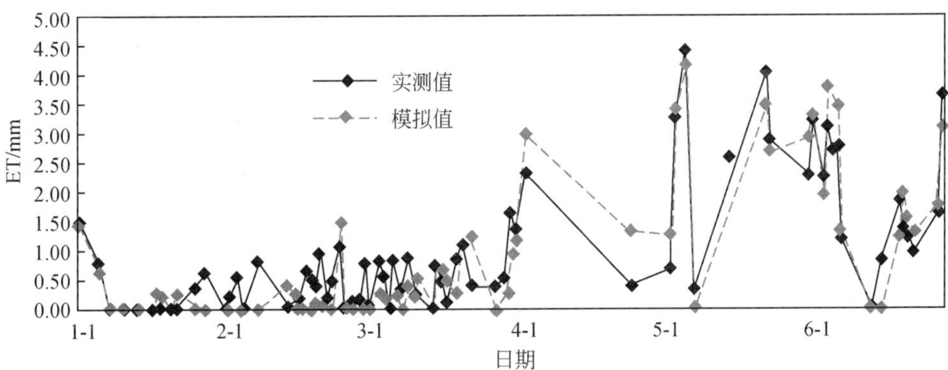

图 11-10 田间 ET 模拟值验证（2008 年）

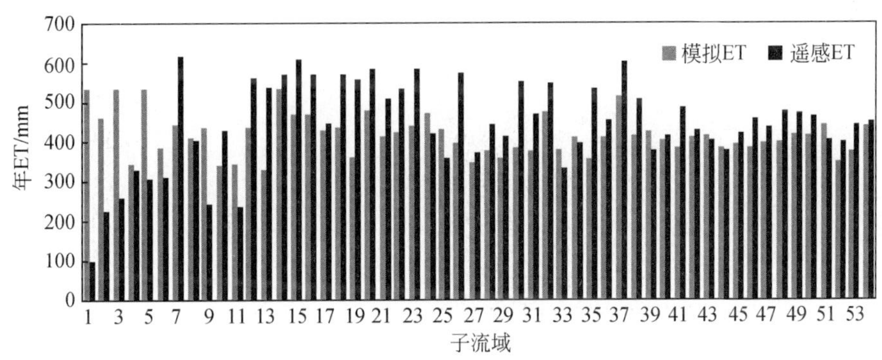

图 11-11 大兴区遥感 ET 空间分布验证（2004 年）

表 11-15 ET 模拟效果评价

项目	R^2	MRE/%	d
ET 率定	0.95	-10.3	0.86
ET 时间分布验证	0.93	-9.6	0.84
ET 空间分布验证	0.62	-6.2	0.19

根据对 ET 率定与验证结果的分析，确定的主要模型参数见表 11-16。

表 11-16　由 ET 率定与验证后确定的主要模型参数

模型参数	优化值
SCS 径流曲线系数 CN2	77
土壤蒸发补偿系数 ESCO	0.05
作物吸收补偿系数 EPCO	0.6
最大植被截留量 CANMX/mm	10

（2）作物-水分生产函数率定与验证

采用大兴试验站的田间灌溉试验数据对冬小麦和春玉米水分生产函数进行率定和验证。对冬小麦作物，分别采用 2007～2008 年和 2008～2009 年生长期内的产量和 ET 数据进行率定和验证（表 11-17），而对春玉米，分别采用 2008 年和 2009 年的产量和 ET 数据开展率定和验证（表 11-18）。相关结果表明，模拟的产量与实测值基本吻合，率定和验证的产量的相对误差约 60% 以上控制在小于 5% 以内，模拟的拟合度大于 0.6。模型对产量的模拟在合理范围内，这说明模拟的产量函数和参数的合理性。

表 11-17　冬小麦产量模拟结果

样本点	率定期（2007～2008 年）			验证期（2008～2009 年）		
	实测值/(g/m^2)	模拟值/(g/m^2)	MRE/%	实测值/(g/m^2)	模拟值/(g/m^2)	MRE/%
1	349.91	319.27	-8.23	688.84	679.75	-1.61
2	488.42	518.13	6.08	686.21	678.33	-1.15
3	500.59	526.20	5.12	754.11	686.55	-8.96
4	509.34	551.37	8.25	692.34	691.28	-0.15
5	708.07	590.31	-16.63	760.28	706.59	-9.06
6	601.54	598.41	-0.52	624.37	710.19	13.74
7	569.30	609.00	6.62	729.83	722.03	-0.80
8	518.82	621.99	19.88	666.16	730.39	9.64
9	589.48	635.64	9.83	676.12	739.97	9.15
10	606.86	642.72	5.91	820.76	739.09	-9.95
11	653.76	642.89	-1.66	795.57	778.32	-2.17
12	780.22	649.26	-16.79	688.84	319.27	-1.61

注：冬小麦水分生产函数为 $Y=134.231+0.883\text{ET}$，$R^2=0.853$。

表 11-18　春玉米产量模拟结果

样本点	率定期（2008 年）			验证期（2009 年）		
	实测值/(g/m²)	模拟值/(g/m²)	MRE/%	实测值/(g/m²)	模拟值/(g/m²)	MRE/%
1	910.5	833.91	-8.41	791.63	818.96	3.45
2	909.4	848.77	-6.46	858.83	829.59	-3.40
3	861.3	859.75	-0.41	836.63	838.77	0.26
4	748.7	870.73	16.30	711.63	849.48	19.09
5	858.8	873.19	1.68	631.83	853.92	35.15
6	829.6	945.19	13.93	858.83	861.13	0.27
7	944.1	945.29	0.13	835.05	878.34	5.18
8	1004.6	969.28	-3.71	990.43	892.89	-9.85
9	1019.3	985.41	-3.32	955.53	923.20	-3.38
10	1039.1	996.29	-4.12	930.03	928.92	-0.12

注：春玉米水分生产函数为 $Y=249.477+1.783\text{ET}$，$R^2=0.668$。

11.4.3　模拟结果分析

11.4.3.1　水循环过程模拟

基于 SWAT 模型模拟大兴井灌区水循环过程，产流由地表径流、地下径流、侧流等扣除输水损失和堰塘蓄水量后获得。图 11-12 和图 11-13 分别给出了大兴区 2007 年和 2008 年各子流域水循环过程的模拟结果，由于近年来地表河流已经干枯，在各子流域内的水量交换主要发生在垂向，侧向产流十分微弱，故在分析大兴水资源开发利用时应将重点放在水分垂向运动上。

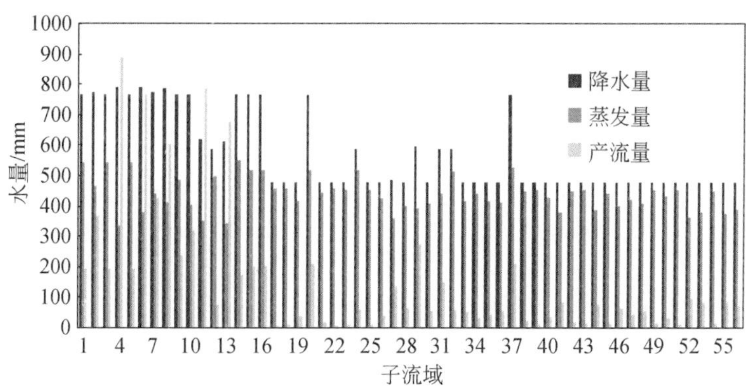

图 11-12　2007 年大兴井灌区各子流域内的水平衡模拟结果

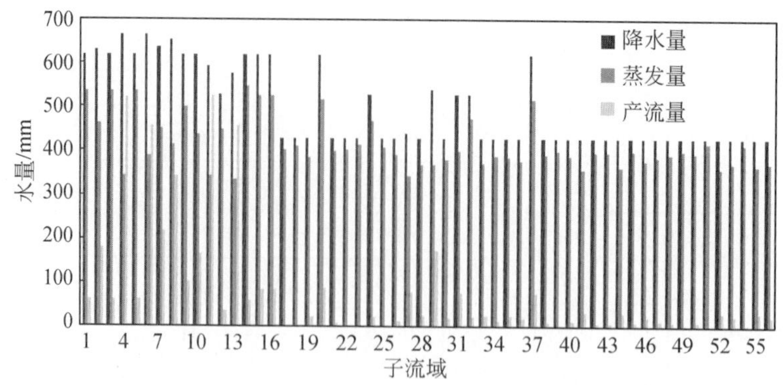

图 11-13　2008 年大兴井灌区各子流域水平衡模拟结果

11.4.3.2　耗水量模拟

利用 SWAT 模型模拟得到 2003 ~ 2008 年大兴井灌区六种不同土地利用类型下的耗水量情况（表 11-19），年均耗水量 44 166.89 万 m^3，其中农田耗水 37 646.91 万 m^3，占总耗水量的 85%，从耗水量的年际变化趋势看，2006 年最低，2004 年最高。

表 11-19　2003 ~ 2008 年大兴井灌区不同土地利用类型下的耗水量

（单位：万 m^3）

年份	玉米地	小麦地	其他作物地	城镇用地	农村居民用地	林草用地	合计
2003	22 792.79	10 332.94	3 768.43	3 279.42	3 979.16	224.37	44 371.11
2004	27 949.46	10 781.72	4 150.53	3 390.53	2 942.96	148.67	49 363.87
2005	22 911.41	9 319.78	3 068.44	2 771.72	3 415.82	183.62	41 670.79
2006	15 010.42	6 864.94	2 133.85	2 285.79	2 079.66	106.44	28 481.10
2007	28 720.05	11 910.37	4 196.72	3 222.32	3 743.06	176.98	51 969.50
2008	27 495.69	10 760.68	3 735.26	3 369.78	3 619.85	185.73	49 166.99
平均	24 146.64	9 995.07	3 508.87	3 053.26	3 296.75	170.97	44 171.56

11.4.3.3　作物产量模拟

在 SWAT 模型运行中，采用大兴试验站田间灌溉试验数据获得的作物-水分生产函数模拟大兴井灌区冬小麦和玉米的产量，其中冬小麦种植面积为 238.64km^2，平均产量为 2310 ~ 4080kg/hm^2，春玉米和夏玉米种植面积为 591.02km^2，平均产量为 4200 ~ 8850kg/hm^2。

11.4.4　农业用水效率与效益综合评价

11.4.4.1　指标数值处理

开展农业用水效率与效益综合评价所需要的原始数据来源于大兴区统计资料、大兴试验站数据资料、SWAT 模型模拟结果和农户数据调查。与大兴区农业用水相关的统计资料来源于大兴区水务局、农业局、气象局等相关部门和大兴区统计年鉴等，数据包括评价年份的社会、经济、气象、环境等资料。基于率定验证后 SWAT 模型模拟了大兴区 2003 ~ 2008 年的水平衡状况，相关模拟结果为综合评价指标计算提供了依据。农户数据调查主要针对社会效益指标中关于水管体制合理化和节水意识改进度两个定性指标，通过调查问卷的形式征求农户的意见，给出评价结果。

在表 11-20 列出的 2003 ~2008 年大兴井灌区农业用水效率与效益综合评价指标值中，涉及经济效益的指标值是根据 SWAT 模型模拟结果计算获得的，涉及资源禀赋和灌区生态环境效益的指标值是由大兴区统计资料获取的，涉及社会效益的定性指标值则是通过农户调查得到的。

表 11-20　2003 ~ 2008 年大兴井灌区农业用水效率与效益综合评价指标

指标属性	指标	指标代码	不同水平年的指标值					
			2003 年	2004 年	2005 年	2006 年	2007 年	2008 年
经济效益	可利用水资源量/(m^3/hm^2)	a_{11}	5755.9	5735.1	5764.1	5761.4	5777.7	5804.1
	农业有效耗水系数	a_{12}	0.55	0.66	0.74	0.50	0.65	0.68
	水分生产效率/(g/mm)	a_{13}	2.61	2.50	2.67	3.36	2.45	2.55
	农业用水产出效益/(元/m^3)	a_{14}	12.48	15.24	13.12	13.09	14.01	15.20
社会效益	水管体制合理化程度	a_{21}	0.61	0.65	0.71	0.71	0.75	0.77
	节水意识改进度	a_{22}	0.42	0.45	0.53	0.49	0.47	0.45
	节水灌溉率	a_{23}	0.87	0.89	0.91	0.93	0.95	0.95
生态环境效益	广义生态耗水比例	a_{31}	0.76	0.70	0.74	0.74	0.71	0.73
	灌区水质综合指数	a_{32}	0.76	0.79	0.78	0.81	0.79	0.80
	地下水采补比	a_{33}	0.81	0.87	0.76	0.84	0.79	0.85

农业用水效率与效益评价指标涵盖经济、社会、生态各个领域，各指标不仅具有不同的量纲，且各指标之间在数量级也有较大差异。在开展综合评价中，这些具有不同量纲和量级的指标值之间是不能直接进行求和和比较的，必须对其先进行无量纲化处理。表 11-21给出了基于指标标准化处理方法得到的 2003 ~2008 年大兴井灌区农业用水效率与效益综合评价指标的标准化值。

表 11-21　2003 ~ 2008 年大兴井灌区农业用水效率与效益综合评价指标的标准化值

指标属性	指标	指标代码	不同水平年的指标值					
			2003 年	2004 年	2005 年	2006 年	2007 年	2008 年
经济效益	可利用水资源量	a_{11}	0.64	0.64	0.64	0.64	0.64	0.64
	农业有效耗水系数	a_{12}	0.73	0.87	0.99	0.67	0.87	0.90
	水分生产效率	a_{13}	0.75	0.71	0.76	0.96	0.70	0.73
	农业用水产出效益	a_{14}	0.69	0.85	0.73	0.73	0.78	0.84

续表

指标属性	指标	指标代码	不同水平年的指标值					
			2003 年	2004 年	2005 年	2006 年	2007 年	2008 年
社会效益	水管体制合理化程度	a_{21}	0.61	0.65	0.71	0.71	0.75	0.77
	节水意识改进度	a_{22}	0.42	0.45	0.53	0.49	0.47	0.45
	节水灌溉率	a_{23}	0.87	0.89	0.91	0.93	0.95	0.95
生态环境效益	广义生态耗水比例	a_{31}	0.76	0.70	0.74	0.74	0.71	0.73
	灌区水质综合指数	a_{32}	0.24	0.21	0.22	0.19	0.21	0.20
	地下水采补比	a_{33}	0.46	0.42	0.49	0.44	0.48	0.43

11.4.4.2 指标权重值确定

采用层次分析法确定各个评价指标的权重值。采用专家打分的方式建立指标权重的判断矩阵，即通过问卷调查 8 位在大兴区从事农业节水试验研究、技术示范推广应用的专家以及 3 位与农业和水务管理相关人员的意见，通过个人背对背打分方式，构建起权重的判断矩阵，然后对该判断矩阵进行层次排序，计算出各指标的权重值，相关结果见表 11-22 ~ 表 11-25。

表 11-22　指标权重判断矩阵 R–A_i 及其特征值 R

R	a_1	a_2	a_3	W_i
a_1	1	3	1	0.375
a_2	1/3	1	1/3	0.250
a_3	1	1	1	0.375
CR = 0.0043 < 1				

表 11-23　指标权重判断矩阵 A_1–A_{1j} 及其特征值 R

A_1	a_{11}	a_{12}	a_{13}	a_{14}	W_{1j}
a_{11}	1	1/7	1/9	1/9	0.07
a_{12}	7	1	1/3	1/3	0.23
a_{14}	9	3	1	1	0.35
a_{14}	9	3	1	1	0.35
CR = 0.0042 < 1					

表 11-24　指标权重判断矩阵 A_2–A_{2j} 及其特征值 R

A_2	a_{21}	a_{22}	a_{23}	W_{2j}
a_{21}	1	1	1/3	0.29
a_{22}	1	1	1/3	0.29
a_{23}	1	3	1	0.43
CR = 0.0001 < 1				

表 11-25　指标权重判断矩阵 A_3–A_{3j} 及其特征值 R

A_3	a_{31}	a_{32}	a_{33}	W_{3j}
a_{31}	1	3	1/3	0.32
a_{32}	1/3	1	1/5	0.21
a_{33}	3	5	1	0.47
CR=0.0012<1				

通过对得到的指标权重判断矩阵进行层次单排序、层次总排序及其一致性检验，根据不同层次内的指标数量对指标进行总体修正后，得出准则层和指标层对总体评价目标的权重。由于影响经济效益（A_1）、社会效益（A_2）、生态环境效益（A_3）的评价指标个数不完全相同，故需对其权重 W_i 进行加权修正。

$$\overline{W}_i = \frac{n_i W_i}{\sum_{i=1}^{m} n_i W_i} \tag{11-20}$$

式中，n_i 为 W_i 所支配的指标个数；$\overline{W}_i$ 为修正后的评价指标 A_i 对农业用水效率与效益指标 R 的权重。

经过计算，修正后的 A_i 对 R 的权重指标向量：

$$\overline{W} = (0.44,\ 0.22,\ 0.34)^{\mathrm{T}}$$

若 $\overline{W}_{ij}$ 为评价指标 a_{ij} 对 R 的权重向量，则 $\overline{W}_{1j} = \begin{pmatrix} 0.03 & 0.06 & 0.11 \\ 0.10 & 0.06 & 0.07 \\ 0.15 & 0.10 & 0.16 \\ 0.15 & & \end{pmatrix}$。

11.4.4.3　农业用水效率与效益综合评价

在对大兴区井灌区农业用水效率与效益进行综合评价中，经济、社会和生态环境效益是三个基本准则。表 11-26 给出了 2003 ~ 2008 年大兴井灌区农业用水效率与效益综合结果。

表 11-26　2003 ~ 2008 年大兴井灌区农业用水效率与效益综合评价结果

准则 \ 年份	2003	2004	2005	2006	2007	2008
经济效益	0.72	0.79	0.79	0.79	0.76	0.80
社会效益	0.66	0.69	0.74	0.74	0.75	0.75
生态环境效益	0.51	0.47	0.51	0.48	0.50	0.48
综合效益	0.64	0.66	0.68	0.67	0.67	0.68

如图 11-14 ~ 图 11-16 所示，大兴井灌区农业用水经济效益基本维持在较高水平，其

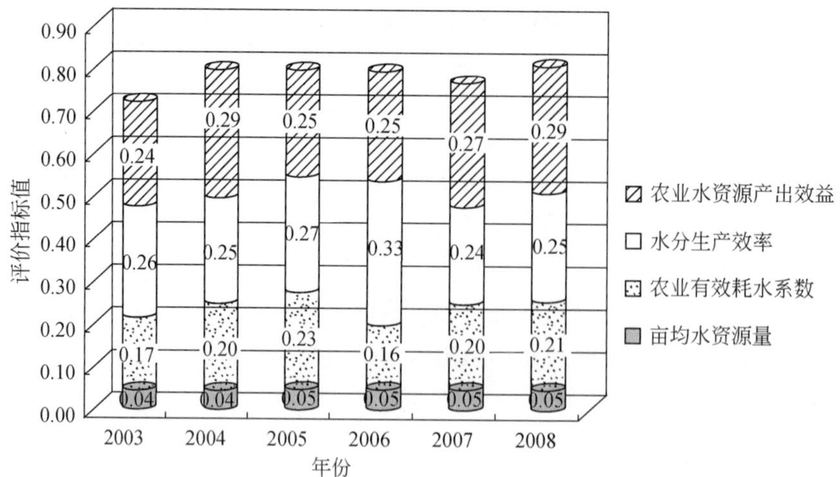

图 11-14　2003～2008 年大兴井灌区农业用水经济效益评价值

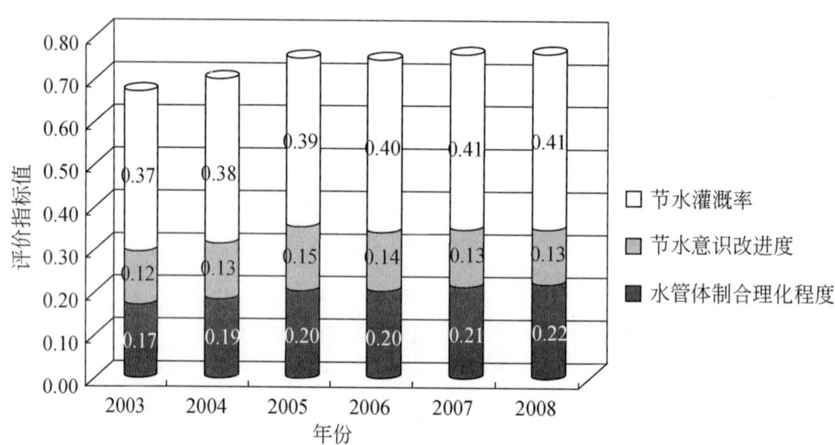

图 11-15　2003～2008 年大兴井灌区农业用水社会效益评价值

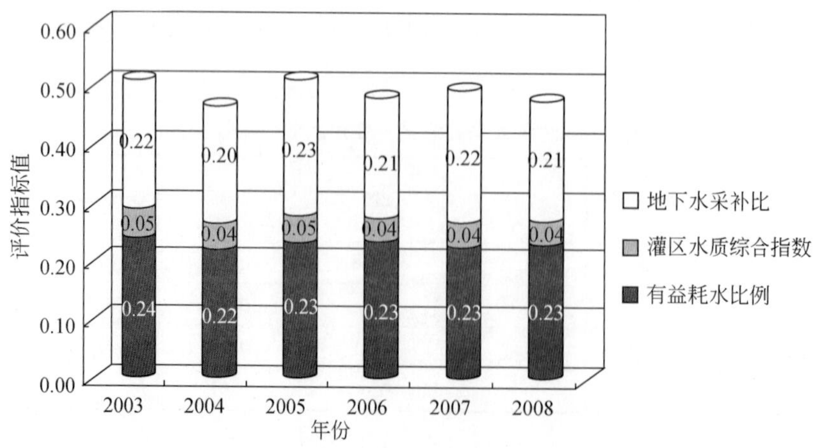

图 11-16　2003～2008 年大兴井灌区农业用水生态环境效益评价值

中农业用水产出效益和作物水分生产效率的贡献最大，其次为农业有效耗水系数，贡献最低的是可利用水资源量。农业用水社会效益也基本呈现出逐年上升的趋势，原因在于近年来大兴水资源状况比较紧张，农业工程节水发展较好，农业用水管理较为合理，但居民的节水意识还存在起伏不定的趋势。与经济效益和社会效益相比，大兴井灌区农业用水带来的生态环境效益却不理想，评价指标值在 0.4 ~ 0.5 低位徘徊，原因一是受工业和农业污染影响严重，水体的水质较差，二是地下水量超采严重。

图 11-17 给出的大兴井灌区农业用水效率与效益综合评价结果表明，2003 年的综合评价值为 0.64，其中经济效益贡献排名第一，贡献率 50%，其次为生态环境效益，贡献率 26%，社会效益的贡献率为 24%。2004 年的综合评价值为 0.66，其中经济效益的贡献率 53%，社会效益的贡献率 24%，生态环境效益的贡献率 23%。2005 年的综合评价值为 0.69，其中经济效益贡献率 51%，生态环境效益贡献率 25%，社会效益贡献率 24%。2006 年的综合评价值为 0.68，其中经济效益贡献 52%，生态环境效益和社会效益贡献率均为 24%。2007 年的综合评价值为 0.67，其中经济效益贡献率为 50%，生态环境效益和社会效益贡献率均为 25%。2008 年的综合评价值为 0.69，其中经济效益贡献率为 52%，社会效益贡献率 25%，生态环境效益贡献率 23%。

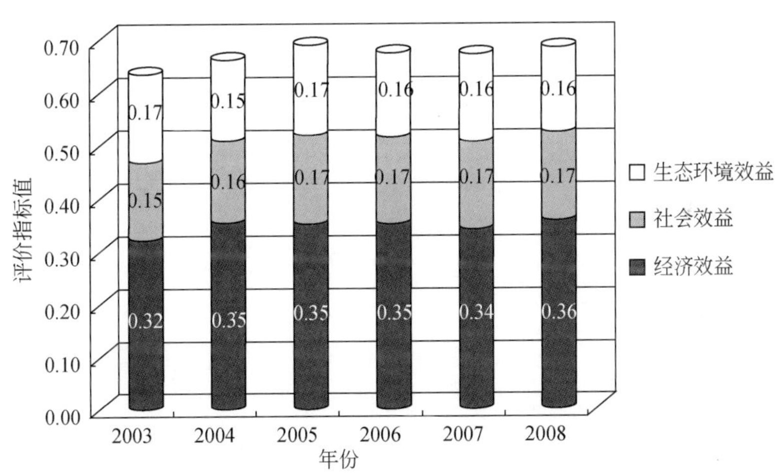

图 11-17　2003 ~ 2008 年大兴井灌区农业用水效率与效益综合评价值

11.4.4.4　综合评价结果分析

为了分析判断大兴井灌区农业用水效率与效益综合评价结果，需给出农业用水效率与效益状态的区间，确定定量的区间分界点。采用层次分析法评价农业用水效率与效益时，其指标值在经标准化处理并加权计算后，综合评价值处于 0 ~ 1。结合传统分析方法，通过对综合评价值范围的划分，给出各类状态的值域范围（表 11-27）。当状态值低于 0.2 时，农业用水综合评价状况处于极差；状态值处于 0.2 ~ 0.4 时，农业用水综合评价状况处于较差；状态值在 0.4 ~ 0.5 时，农业用水综合评价状况处于警戒状态；状态值大于 0.5 时，农业用水综合评价状况处于正常状态以上，且状态值越高，评价效果越理想。

表 11-27　大兴井灌区农业用水效率与效益综合评价状态及值域范围

状态分类	理想状态	良好状态	一般状态		较差状态	极差状态
			正常状态	警戒状态		
值域范围	[1, 0.8)	[0.8, 0.6)	[0.6, 0.5)	[0.5, 0.4)	[0.4, 0.2)	[0.2, 0)

表 11-28 给出了根据表 11-27 得到的结果获得的 2003 ~ 2008 年大兴井灌区农业用水效率与效益综合评价状况的评判结果，其中经济效益和社会效益的评价状况均保持在良好状态以上，而生态环境效益的评价状况却从 2006 年开始处于警戒状态，虽然综合效益的评价状况仍处于良好状态以上，但因农业用水引起的环境问题必须给予足够的重视。

表 11-28　2003 ~ 2008 年大兴区井灌区农业用水效率与效益综合评价状况评判结果

准则＼年份	2003	2004	2005	2006	2007	2008
经济效益	良好	良好	良好	良好	良好	良好
社会效益	良好	良好	良好	良好	良好	良好
生态环境效益	正常	警戒	正常	警戒	警戒	警戒
综合效益	良好	良好	良好	良好	良好	良好

11.5　小　　结

本章从“自然资源-环境系统”的多功能性出发，分析了水资源参与农业生产过程中提供的生产、生态和社会等多功能性，构建起农业用水效率与效益综合评价理论，建立了基于层次分析法的农业用水效率与效益综合评价方法，并以北京大兴井灌区为典型，借助 SWAT 分布式水文模型开展区域（灌区）尺度水平衡过程模拟，对当地农业用水效率与效益进行综合评价，获得的主要结论如下。

1）根据农业用水多功能性的属性和特点以及服务对象，将其归纳界定为经济效益、社会效益和生态环境效益三大类别，从理论上解释了农业用水效率和效益综合评价中划分为三大效益的原则、依据和理论来源，建立了分属这三类效益的农业用水效率与效益综合评价指标体系。尽管选择的这些指标具有一定普遍性和代表性，但在对具体灌区开展农业用水效率与效益综合评价时，还需根据评价对象的特点增减指标。

2）考虑到农业用水效率与效益综合评价的多目标特点，借助分布式水文模型模拟灌区水循环过程中各种变量变化的临界状态，得到各评价指标的阈值，进而避免因评价对象时间序列单一造成的无法对评价指标进行无量纲化处理的难题，实现对单一年份的农业用水效率与效益进行综合评价和判断的目的。

3）大兴井灌区农业用水的经济效益维持在较高水平，社会效益也呈现出逐年上升的趋势，但生态环境效益却并不理想，评价指标值徘徊在低位的 0.4 ~ 0.5，工农业污染影响严重，水体水质较差，地下水超采严重。尽管近年来当地的农业用水经济社会效益以及综合效益的评价状况均在良好以上，仍而生态环境效益的评价状况却从 2006 年开始处于警戒状态，因农业用水引起的生态环境问题需给予足够的重视。

第 12 章 基于生态服务功能评价模型的白洋淀湿地水资源利用效率评价

湿地水文过程与生态过程之间相互联系、相互影响。水文过程在湿地的形成、发育、演替甚至消亡全过程中起着直接且重要的作用，甚至被认为是决定湿地类型形成及湿地过程维持的唯一重要因素。水文过程通过调节湿地植被、营养动力学和碳通量之间的相互作用，影响着湿地地形的发育和演化，改变并决定着湿地下垫面的性质及其特定的生态系统响应（Hollis and Thompson，1998）。湿地水文过程控制着生态系统中营养物、污染物和矿物质等的运移和转化，湿地水位波动、淹水周期和淹水频率等影响着湿地的植被类型与分布及生产量。同时，湿地的植被群落特征、地貌以及下垫面性质等因素又影响着湿地的水文过程，湿地植被通过沉积物拦蓄、为地表水遮阴、蒸腾作用等调节着湿地的水文过程功能（邓伟等，2003）。此外，湿地的水资源消耗量和存储量均支撑着不同的生态服务功能，通过对湿地水资源量进行分解，建立各水资源分量与湿地所发挥的生态服务功能间的耦合关系，可对湿地生态用水效率进行评价，这对人们了解湿地水资源利用结构和指导湿地保护与管理实践具有重要意义。

本章以河北白洋淀湿地为典型，将其具有的生态服务功能划分为生物资源、水资源、大气调节、气候调节、洪水控制、净化水质、生物栖息地、养分循环、维持生态系统完整性、教学科研以及旅游 11 种类型，评价这些生态服务功能具有的价值。在此基础上，从湿地生态服务功能所支撑的角度出发，将白洋淀湿地的水资源利用量划分为植物蒸散发、水面蒸发、渗漏、土壤、栖息地、环境净化、景观保护和娱乐 8 种类型的生态环境需水量，并对之进行量化估算，建立起湿地生态环境需水量与生态服务功能间的耦合关系，开展白洋淀湿地生态系统水资源利用效率分析评价。

12.1 湿地生态服务功能评价

生态系统服务功能的概念始于 20 世纪 60 年代，70 年代后开始发展成为生态经济学研究的重要分支。Daily（1997）全面介绍了生态系统服务功能的概念、内涵及评估原则，将生态系统服务功能定义为：生态系统与生态过程所形成及所维持的人类赖以生存的自然环境条件与效率。同年，Costanza 等（1997）对全球生态服务功能进行了价值评价，自此生态系统服务功能价值评价逐渐成为生态经济学领域研究的热点。

湿地与森林、海洋并称为全球三大生态系统，是自然界最富生物多样性和生态功能最高的生态系统之一，被誉为“地球之肾”。据统计，全世界湿地生态系统面积约为 5.7 亿 hm^2，其不仅为人类的生产、生活与休闲提供了多种资源，还具有巨大的环境调节功能和环境效益，在抵御洪水、调节气候、提供生物栖息地、控制水体污染、降解污染物等方面具有不可替代的作用，具有很高的科学、生态及社会经济价值。2001 ~2005 年开展的千年生态系统评估 MA（Millennium Ecosystem Assessment，2005）国际合作项目中，将湿地生态系统服务功能划分为供给功能、调节功能、支持功能和文化功能 4 个部分。其中，供给功能是指人类从生态系统所获得的各种产品，如食物、纤维、水资源等；调节功能是指人类从生态系统过程的调节作用中获得的效益，如维持空气质量、侵蚀控制以及净化水源等；支持功能是指生态系统生产和支撑其他服务功能的基础功能，如养分循环、形成土壤等；文化功能是指通过丰富精神生活、消遣娱乐以及美学欣赏等方式，使人类从生态系统中获得的非物质效益。

湿地与气候变化之间的关系是相互影响、相互作用的，湿地既是气候变化的调节器，又是气候变化的指示器。湿地在气候调节方面发挥着重要作用，主要表现在区域气候调节和温室气体收支调节两个方面。《湿地公约》和《联合国气候变化框架公约》均特别强调了湿地对区域气候调节的重要作用。湿地的水分蒸发和植被叶面的水分蒸腾，使得湿地和大气之间不断地进行着能量和物质交换，从而对区域气候产生了重要影响，湿地在增加局部区域空气湿度、缩小昼夜温差等方面具有明显的调节作用。

然而，由于人类对湿地的不合理开发利用，全球湿地生态系统正遭受着空前的冲击与破坏，湿地萎缩严重，其生态服务功能正迅速衰退，许多湿地的主导服务功能已经发生了巨大变化。据相关资料显示，20 世纪 50 年代海河流域内白洋淀等 12 个主要湿地面积共有 3801km^2，到 21 世纪初，这一数据已经下降到 538km^2，减少了 5/6（新华社，2006）。其中，位于该流域的河北白洋淀湿地的水面也呈现逐渐缩小趋势，淀区面积由 50 年代的 561km^2 减至 21 世纪初的 366km^2。其根本原因在于湿地的环境功能和社会经济价值未能得到全社会公众、政府和湿地开发管理部门的足够重视。为此，重新审视湿地的生态系统服务功能并对之价值进行定量评估，将有利于提高全社会对湿地的保护意识以及对湿地开展研究、保护与利用的水平。此外，将湿地生态系统中的资源及环境服务功能通过明确的市场价值加以体现，运用必要的经济手段对其进行有效保护，将有利于促进湿地生态环境的可持续发展。对湿地生态系统服务功能价值进行合理地评估，并将湿地生态服务功能的经济价值核算纳入到国民经济核算体系中，可为制定湿地保护政策以及合理地保护和利用湿地提供科学依据。

12.1.1 研究区概况

白洋淀是华北平原海河流域的典型湖泊湿地，在当地经济发展和社会稳定方面发挥着至关重要的作用。在海河流域水资源十分短缺的情况下，保障白洋淀湿地生态格局用水是海河流域水资源配置的重要目标，其水资源利用效率研究对缺水地区湿地生态环境保护具有借鉴意义。

12.1.1.1 自然地理

白洋淀湿地位于河北省保定市境内，介于东经 115°38′ ~116°07′，北纬 38°43′ ~39°02′，是海河流域大清河水系中游缓洪、滞沥和综合利用的大型平原洼淀。入淀河流有潴龙河、孝义河、府河、漕河、瀑河、萍河、唐河以及白沟引河八条，流域面积 31 200km^2，横跨山西、河北、北京三省（市）（图 12-1）。白洋淀东西长约 39.5km，南北宽约 28.5km，总面积为 366km^2，由大小 143 个淀泊和 3700 多条壕沟组成，是华北地区面积最大的淡水湿地，素有“北国江南”、“华北明珠”之称。

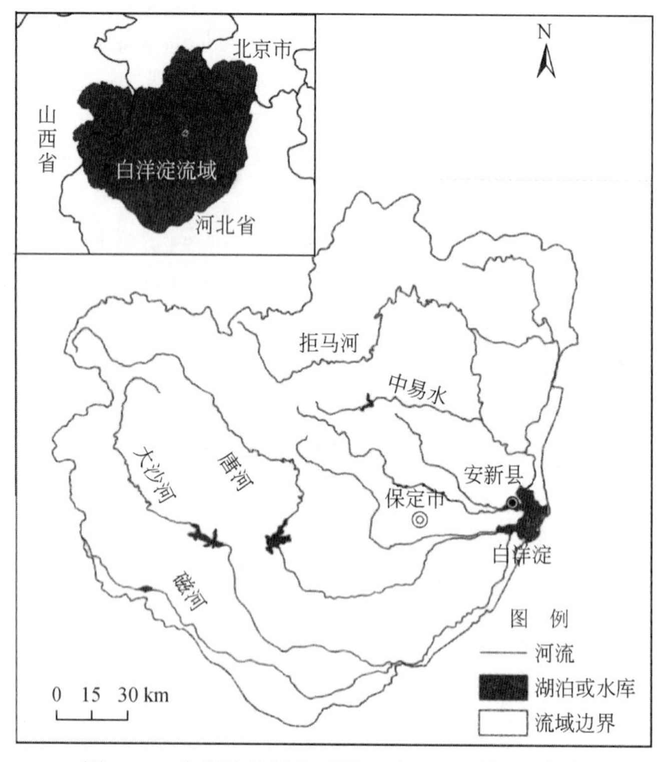

图 12-1 白洋淀流域位置图（欧阳志云等，2014）

12.1.1.2 水文气象

白洋淀湿地属温带半干旱大陆性季风气候，四季分明，春季干旱少雨，夏季炎热多雨，秋季天高气爽，冬季寒冷少雪。夏季盛行高温多湿的东南季风，与北来冷气流相遇形成降雨，春秋季受蒙古变性气团影响，降水稀少。白洋淀年均气温为 12.1℃，年均相对湿度为 66%，年均蒸发量为 1369mm，年均降水量为 525mm。降水具有明显的季节性，80% 的降水集中于 6 ~ 9 月，降水年际变化悬殊（张素珍等，2007）。

自 20 世纪 50 年代以来，白洋淀流域降水量呈明显递减趋势。流域平均降水量由 1956 ~ 1959 年的 725.6mm 分别下降至 60 年代的 600.2mm、70 年代的 560.4mm、80 年代的 503.0mm、90 年代的 543.0mm 和 2001 ~ 2008 年的 475.2mm（杨春霄，2010）。白洋淀入淀水量包括天然入淀量、上游水库补水量和跨流域调水补水量 3 部分。入淀水量变化过程可划分为 3 个阶段（尹健梅等，2009）：20 世纪 60 年代中期之前，白洋淀入淀水量丰富，且与流域降水基本同步；1965～1980 年，由于流域降水量减少和水库调蓄作用，白洋淀入淀水量严重下降；1980 年至今，随着用水量明显增加，且产汇流条件的变化，白洋淀入淀水量进一步减少。由于白洋淀水深浅，调节库容小，加之水量年内、年际变化大，不能实现多年调节，造成丰水年大量弃水，枯水年多次出现干淀的情况。

白洋淀早期水质优良，可直接为淀区居民饮用。自 20 世纪 60 年代后期开始，随着经济发展，大量城市工业废水和城市污水排放到白洋淀中。降水量和入淀水量减少、人口增长，旅游业发展需水量增加等诸多因素，致使白洋淀水质日益恶化。目前白洋淀淀内只有部分断面的水质达到Ⅲ类标准，其余断面分别为Ⅳ类、Ⅴ类或劣Ⅴ类水质，污染类型以有机污染为主。

12.1.2 气候调节功能分析

在白洋淀湿地生态服务功能中，气候调节功能是一项非常重要的服务功能，其可以影响局地或区域性的气温、湿度以及其他气候过程，在调节局部小气候、改善温湿状况、缓解气候变化带来的冲击上发挥着至关重要的作用。

陆鸿宾（1981）对云南抚仙湖的气候特征进行了研究，指出湖区水面气温高于湖周地面气温。荣其瑞（1989）在对新疆博斯腾湖气候效应的研究中，认为该湖具有缓和气温变化、增加降水量、减少蒸发量等明显的气候调节作用。王积强（1994）利用新疆柴窝堡湖的数据资料，认为荣其瑞提出的湖泊可增加降水量的结论值得商榷。杨定稳和沙光明（1997）通过对江苏里下河地区小湖泊的气候考察，得出白天陆上气温高于湖上气温、夜间湖上气温高于上风陆上气温、下风陆上气温高于湖上气温的结论。高俊琴等（2002）对黑龙江三江平原湿地的冷湿效应进行了研究，得出无论白天还是夜间，湿地气温始终低于周边农田区域的结论。张芸等（2004）也选取三江平原沼泽湿地为研究背景，分析了湿地降温、调湿效应与湿地面积之间的相关性，认为湿地植被面积越大，其冷湿作用则越强。李荫堂等（2007）采用数值模拟方法研究了湿地对周边区域的降温调湿效应，建立了空气、水汽的流动与扩散混合模型。王继国（2007）通过计算新疆艾比湖的年水汽蒸发、蒸腾量估算了其气候调节的生态服务价值。

为了分析白洋淀湿地的气候调节能力，在白洋淀试验站安装了微气象自动观测系统，可获得气温、相对湿度以及净辐射等气象数据。另外，在白洋淀周边的安新、高阳和容城县内均分布有气象站（表 12-1 和图 12-2），具有气温、相对湿度等大量数据资料。

表 12-1 白洋淀及其周边气象站的地理位置

站点	纬度	经度	距离/km
白洋淀	38°53′N	116°01′E	0.0
安新县	38°56′N	115°56′E	9.0
容城县	39°03′N	115°51′E	23.5
高阳县	38°43′N	115°46′E	28.5

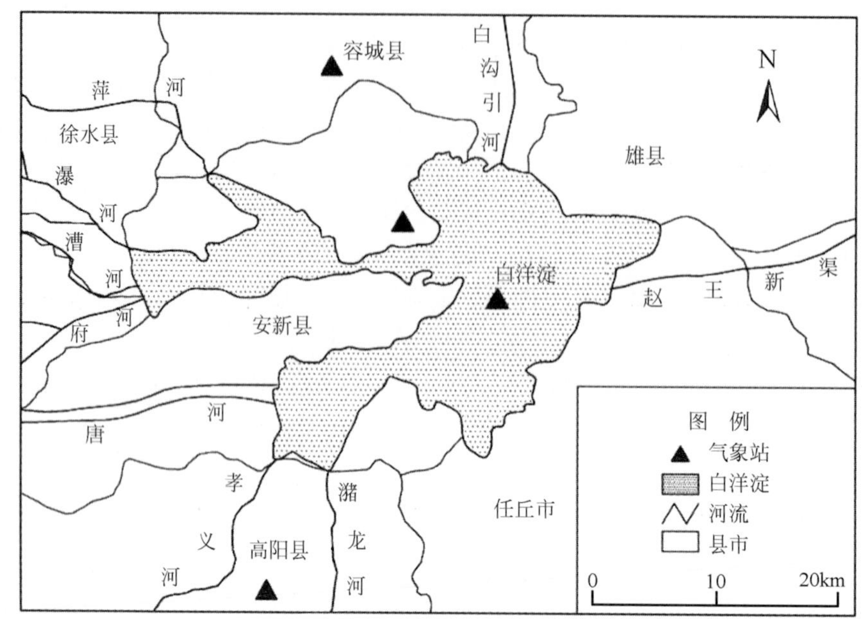

图 12-2　白洋淀湿地及周边的气象站分布图

通过对白洋淀湿地内部与湿地周边气象条件之间的对比，揭示其局地的气候调节能力。为此，选取白洋淀湿地及周边安新县，高阳县和容城县 4 个气象站每天 2：00、8：00、14：00 和 20：00 的气象数据，分析白洋淀湿地对气温和相对湿度两个重要气候指标的调节能力，其中所述的气温和相对湿度的日平均值均为这 4 个时段的平均值。如图 12-3 和图 12-4 所示，白洋淀试验站的气象数据与安新县、高阳县和容城县的相应数据间具有明显的一致性，其中日均气温间的确定性系数均达到 99.5% 以上，日均相对湿度间的确定性系数分别达到 91.2%、88.5% 和 88.3%。

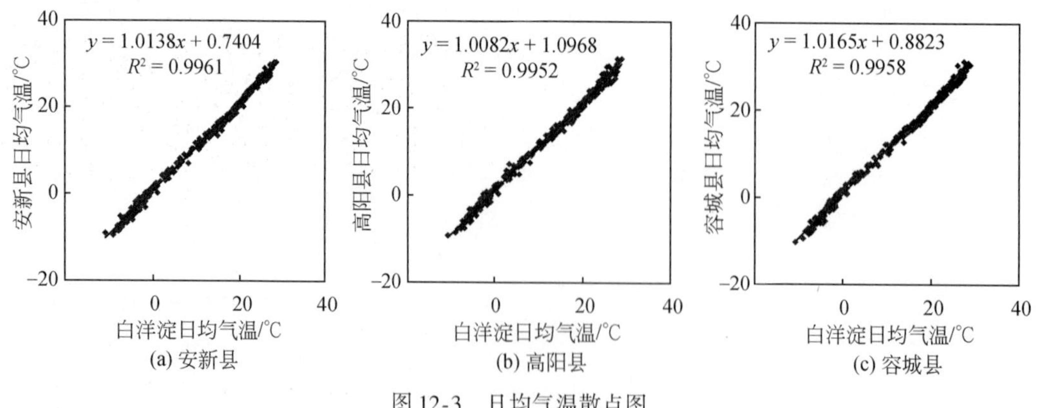

图 12-3　日均气温散点图

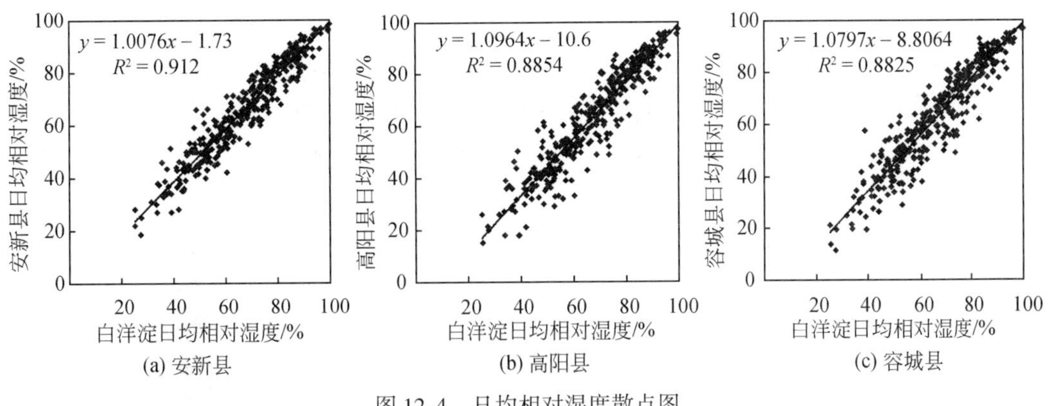

(a) 安新县　(b) 高阳县　(c) 容城县

图 12-4　日均相对湿度散点图

12.1.2.1　日均气温调节作用

若采用白洋淀湿地与周边地区间的日均气温差值表达当日白洋淀湿地相对于周边地区的日均气温调节作用，则图 12-5 给出了 2009 年白洋淀湿地相对于安新县、高阳县和容城县的日均气温调节作用变动过程。可以看出，2009 年各月份白洋淀湿地的日均气温始终低于周边地区，尤其是在 5 ~ 7 月，白洋淀湿地的日均气温调节能力最强，与周边地区间的温差均在 1℃以上，该时期白洋淀湿地的蒸散发最为活跃，强烈的水面蒸发和植被蒸腾作用需要吸收大量热量，进而有效降低了白洋淀湿地自身的气温。

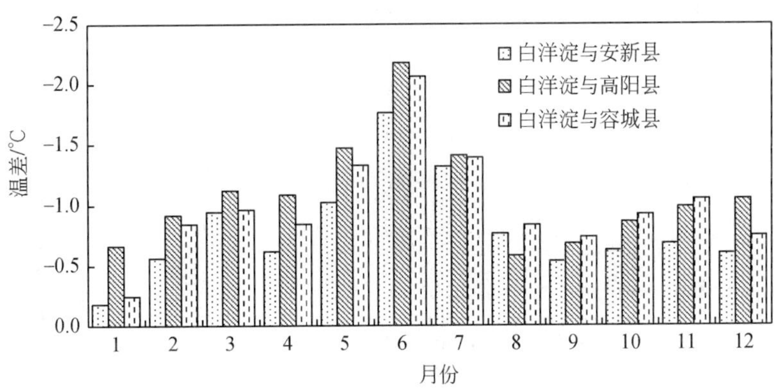

图 12-5　2009 年白洋淀湿地的日均气温调节作用

上述现象在 2008 年 8 ~ 10 月也较为明显，图 12-6 显示出白洋淀湿地相对于安新县和容城县的日均气温调节作用变动过程。除个别情况外，8 ~ 9 月安新县的日均气温低于容城县，10 月两地的日均气温大致相当。由此可以看出，8 ~ 9 月白洋淀湿地的低温现象可有效影响与白洋淀距离较近的安新县，对距离相对较远的容城县则影响相对较弱。进入 10 月后，随着植被蒸腾作用衰竭，白洋淀湿地自身对安新县的气温调节不再明显，白洋淀与安新县及容城县间水陆下垫面的差异对白洋淀气温调节能力起着决定性作用。在该时期内，随着气温降低，白洋淀湿地与周边地区间的温差有减小趋势，8～10 月白洋淀湿地较安新县的日均气温分别低 1.32℃、1.01℃和 0.61℃，较容城县分别低 2.08℃、1.72℃和 0.65℃。在气温相对较高的 8 月和 9 月，白洋淀湿地的低温效应明显，在气温相对较低的 10 月，低温效应减弱，白洋淀湿地具有的气候温和的特点为农业和旅游业发展提供了极佳的条件。

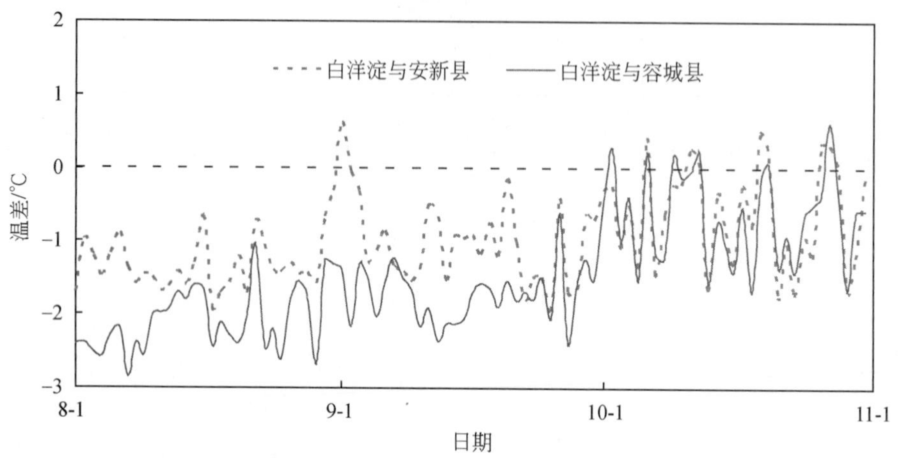

图 12-6　2008 年 8～10 月白洋淀湿地的日均气温调节作用变动过程

12.1.2.2　日气温过程调节作用

从图 12-7 给出的白洋淀湿地相对于安新县、高阳县在每天 2：00、8：00、14：00 和 20：00 的日气温过程调节作用中可以发现，当日内白洋淀湿地相对于周边地区的温差在 2：00时最小，14：00 时最大。在气温相对较高的 7 月，白洋淀湿地各时刻的气温均低于周边地区，而在气温相对较低的 1 月、4 月和 10 月，白洋淀湿地在 2：00 时的气温要高于周边地区，在气温最低的 1 月，除 14：00 外，气温均高于安新县。

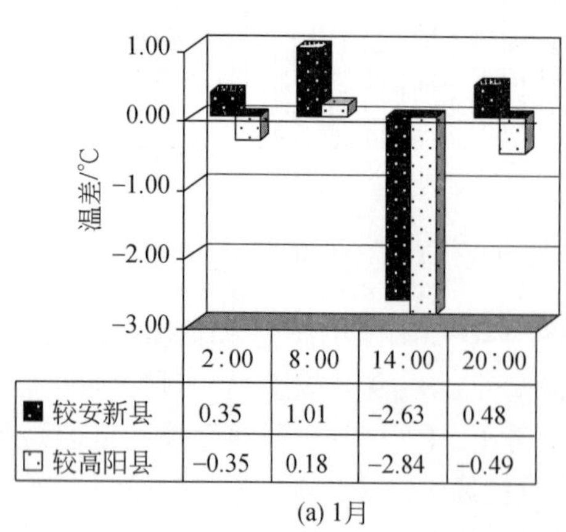

	2:00	8:00	14:00	20:00
■ 较安新县	0.35	1.01	−2.63	0.48
□ 较高阳县	−0.35	0.18	−2.84	−0.49

(a) 1月

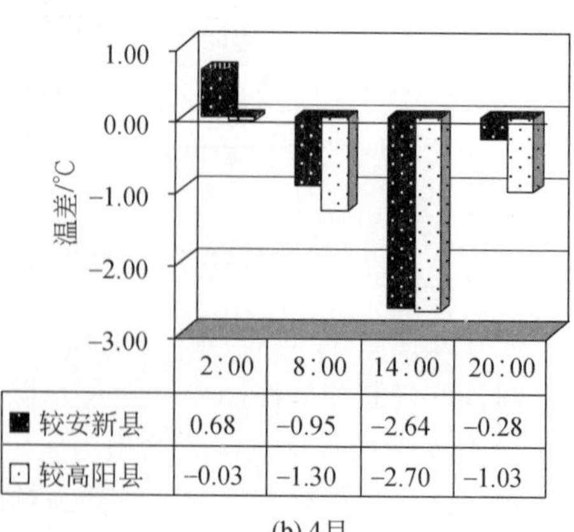

	2:00	8:00	14:00	20:00
■ 较安新县	0.68	−0.95	−2.64	−0.28
□ 较高阳县	−0.03	−1.30	−2.70	−1.03

(b) 4月

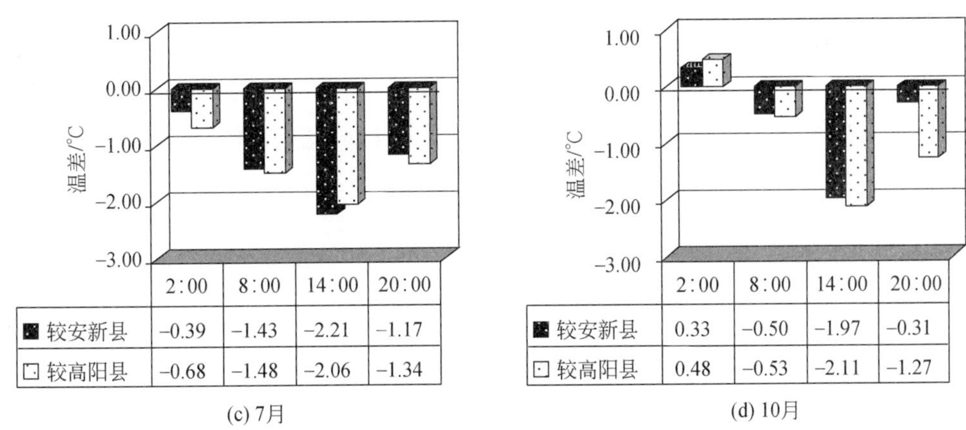

图 12-7　白洋淀湿地的日气温过程调节作用

当日的最低气温出现在 2：00，且白洋淀湿地的气温略低于甚至高于周边地区，而最高气温出现在 14：00，且白洋淀湿地的气温与周边地区差别较大，偏低 2℃以上。这说明了白洋淀湿地具有短时的“恒温”效应，可对气温升高与降低的变化过程进行自动调节。由于湿地水体的热容量要比陆面土壤的热容量大得多，故在白天，湿地水体可以吸收大量的太阳辐射热量，使湿地自身的气温不至升高过快，而在夜间，当气温较低时，湿地水体又可将储存的热量散发出来，使湿地自身的气温不至降低过快。白洋淀湿地可使低温升高、高温降低，保证了自身的环境温度日变化过程处于相对稳定的状态。

12.1.2.3　气温日较差调节作用

以 2008 年 8 ~ 10 月为典型，图 12-8 显示出白洋淀湿地与安新县和高阳县的气温日较差对比关系。可以发现，白洋淀湿地的气温日较差小于周边的安新县和高阳县，该期内白洋淀湿地的平均气温日较差为 8.3℃，而安新县和高阳县的平均气温日较差分别为 10.9℃和 10.8℃。期间，白洋淀湿地的最高气温日较差为 15.1℃（10 月 14 日），安新县和高阳县的最高气温日较差分别为 19.6℃（10 月 19 日）和 19.9℃（10 月 12 日）。

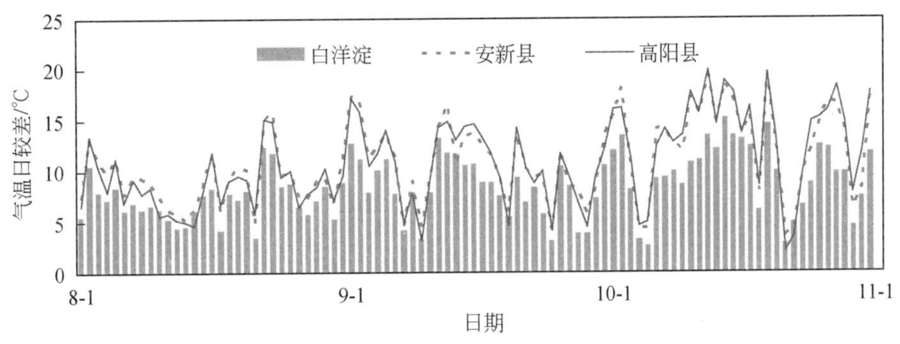

图 12-8　白洋淀湿地与周边地区的气温日较差对比

研究还发现，白洋淀湿地周边地区的气温日较差越大，该湿地对气温日较差的调节作用就更加明显。若采用白洋淀湿地与周边地区间的气温日较差的差值表达当日白洋淀湿地相对于周边地区的气温日较差调节作用，则图 12-9 显示出白洋淀湿地相对于安新县的气温日较差调节作用随安新县气温日较差的变化关系。可以看出，白洋淀湿地的气温日较差调节作用变化趋势与安新县的气温日较差的变化趋势十分相似，当安新县的气温日较差较大时，白洋淀湿地的气温日较差调节作用也相应变大，反之亦然。这充分说明了白洋淀湿地具有减缓气温变幅、缓冲气温变动的作用，使得气温日较差的变动状况相对趋于平缓。

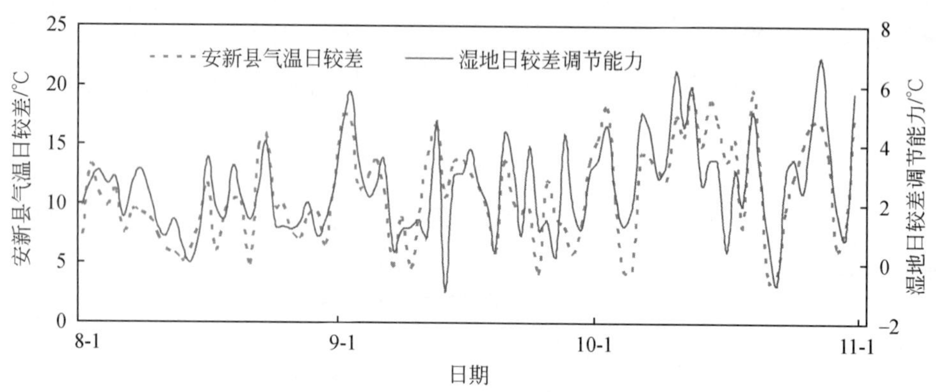

图 12-9　白洋淀湿地与周边地区的气温日较差调节能力响应机制

12.1.2.4　日最低气温调节作用

图 12-10 给出了白洋淀湿地与周边安新县和高阳县的日最低气温对比关系。可以看出，2008 年 8 ~ 10 月，白洋淀湿地的日最低气温下降过程相对较为平缓，日最低气温的最小值为 5.2℃，而安新县和高阳县的日最低气温最小值则分别为 1.1℃和 0.1℃。从图 12-10 还可看出，当白洋淀周边地区的日最低气温剧烈下降时，湿地自身对该过程具有自我调节功能，可有效地缓和日最低气温下降的剧烈程度。这说明白洋淀湿地具有有效阻止极低气温出现的能力，可为当地农业生产和人民生活提供更为有利的环境条件。

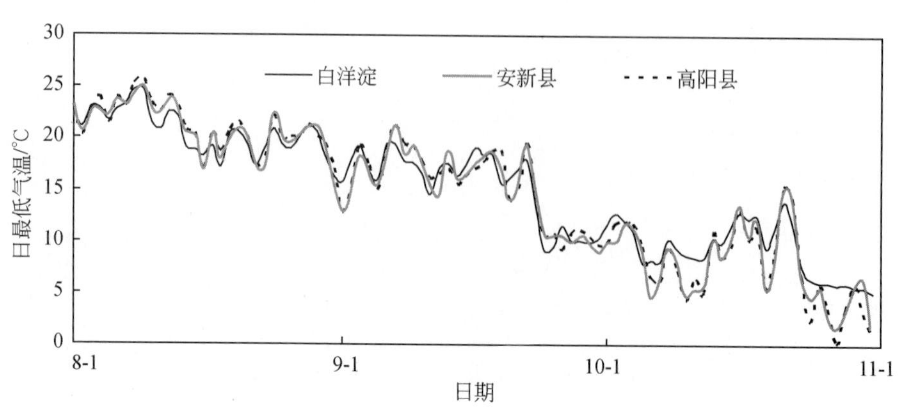

图 12-10　白洋淀湿地与周边地区的日最低气温对比

12.1.2.5 日均相对湿度调节作用

白洋淀湿地广阔自由水面引起的水汽蒸发以及芦苇植被的剧烈蒸腾作用，会显著增加湿地内部的空气湿度。与安新县、高阳县和容城县相比，2009 年白洋淀湿地的日均相对湿度分别高出 1.75%、2.60% 和 5.82%。若采用白洋淀湿地与周边地区间的日均相对湿度差值表达当日白洋淀湿地相对于其周边地区的日均相对湿度调节作用，则图 12-11 显示出 2008 年 8～10 月，白洋淀湿地相对于安新县和容城县的日均相对湿度调节作用变动过程。可以看出，与对日均气温的调节作用相似，在植被蒸腾剧烈的 8～9 月，白洋淀湿地的湿度有效影响着距离较近的安新县，导致该县的相对湿度高于容城县，而进入 10 月后，白洋淀对安新县的相对湿度调节作用明显减弱，安新县和容城县间的相对湿度基本保持一致。

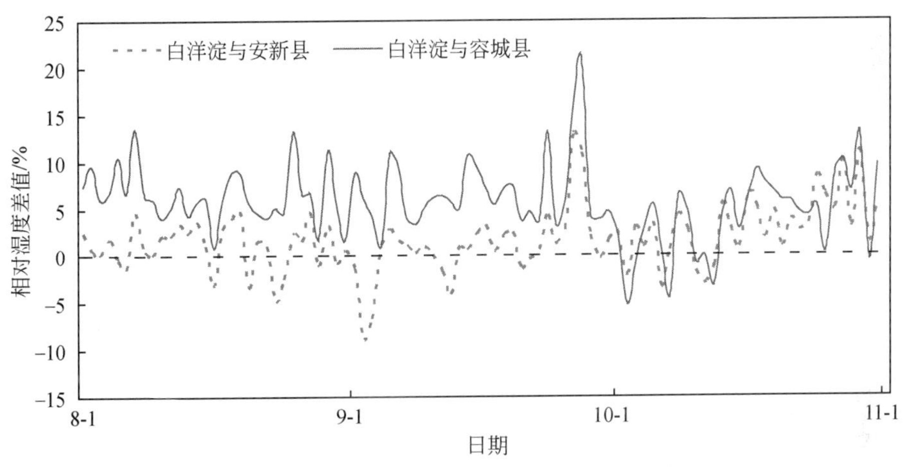

图 12-11 白洋淀湿地相对周边地区的日均相对湿度调节作用

12.1.3 湿地生态服务功能评价模型

生态系统的复杂性决定了其服务功能评价不同于一般商品，对其系统功能的正确定位和合理分类是有效进行价值评价的前提。为此，结合白洋淀湿地实际情况，参照为千年生态系统评估项目采用的划分原则，构建白洋淀湿地生态服务功能价值评价指标体系，据此建立白洋淀湿地生态服务功能价值评价模型。

12.1.3.1 湿地生态服务功能评价指标体系

Daily（1997）将生态系统服务功能定义为生态系统与生态过程所形成及所维持的人类赖以生存的自然环境条件与效率。同年，Costanza 等将全球生态系统服务功能划分为大气调节、气候调节、干扰调节、水分调节、水分供给、侵蚀控制和沉积物保持、土壤形成、养分循环、废物处理、授粉、生物控制、栖息地、食物生产、原材料、基因资源、休闲娱乐和文化 17 种类型。2001 ~ 2005 年开展的千年生态系统评估 MA 国际合作项目（Millennium Ecosystem Assessment，2005）中，将生态服务功能划分为供给功能、调节功能、支持功能和文化功能 4 个部分。其中，供给功能是指人类从生态系统所获得的各种产品，如食物、纤维、水资源等；调节功能是指人类从生态系统过程的调节作用中获得的效益，如维持空气质量、侵蚀控制以及净化水源等；支持功能是指生态系统生产和支撑其他服务功能的基础功能，如养分循环、形成土壤等；文化功能是指通过丰富精神生活、消遣娱乐以及美学欣赏等方式，使人类从生态系统中获得的非物质效益。

对于不同的研究对象，生态服务功能的主要内容不尽相同。参照千年生态系统评估项目采用的划分原则，结合白洋淀湿地的实际情况，表 12-2 给出了白洋淀湿地生态服务功能价值评价指标体系。

表 12-2　白洋淀湿地生态服务功能评价指标体系

供给功能	调节功能	支持功能	文化功能
生物资源（BR）	大气调节（GR）	养分循环（NC）	教学科研（TSR）
	气候调节（CR）		
	洪水控制（FC）		
水资源（WR）	净化水质（WP）	维持生态系统完整性（MEI）	旅游（T）
	生物栖息地（BH）		

12.1.3.2　湿地生态服务功能价值评估方法

生态系统服务功能价值评估方法通常分为常规市场法和假想市场法两类。常规市场法又称为替代市场法，它以直接市场价值或替代品的市场价值来表达生态系统服务功能的经济价值；假想市场法适用于缺乏实际市场和替代市场交换商品的价值评估，通过人们对某种生态系统服务的支付意愿来估计生态系统服务的经济价值。

傅娇艳和丁振华（2007）结合生态经济学和环境经济学研究成果，将湿地生态系统服务功能价值评估方法分为收益市场评估、受损市场评估、推断市场评估和假设市场评估等方法。

（1）收益市场评估方法

收益市场评估方法是指湿地产生的收益可通过直接或间接的市场交易获得评估，包括市场价值法、生产函数法、机会成本法及影子工程法。

市场价值法是对市场价格的生态系统产品和功能进行评估，通过某种生态系统产品和功能的定量值及其市场价格，同时考虑生态系统生产过程中可能投入的物质成本和人力投入，得到生态系统真正的物质生产功能价值（辛琨，2001）。

生产函数法是指列出产出与不同投入水平的函数关系，如干物质与产出 CO_2 之间的函数关系，主要用于根据碳税法估算湿地固定 CO_2 的价值。碳税即为各国指定的对温室气体排放的税收，尤其是对 CO_2 的排放税收，碳税法以瑞典政府提议的 0.15 美元/kg C 为标准。

机会成本法是指在其他条件相同时，把一定的资源用于生产某种产品时所放弃的生产另一种产品的价值，或者利用一定的资源获得某种收入时所放弃的另一种收入。

影子工程法是利用建造人工工程的花费来替代生态系统所提供的功能服务，如湿地具有涵养水源的功能，建造一个同样容量的水库所需的工程花费，就是该湿地生态系统所提供的涵养水源的功能价值，涵养水源功能的价值等于总的水资源涵养量与单位蓄水量库容成本的乘积。

（2）受损市场评估方法

受损市场评估方法是指通过估算补偿由于湿地受损应付的代价间接获得其价值，包括生产力变动法、人力资本法、恢复费用法和防护费用法。

生产力变动法又称生产效应法，指环境变化可通过生产过程影响生产者的产量、成本和利润，或是通过消费品的供给与价格变动影响消费者的福利，是利用生产力的变动评估环境状况变动影响的方法。

人力资本法就是将生态系统的自然服务功能转化为人的劳动价值，通过工资收入来体现生态系统服务功能的大小。

恢复费用法是指当生态系统遭到破坏时，想要恢复这些生态系统所需付出的代价。

防护费用法又称预防消费法，是根据保护某种生态系统或者功能免受破坏所需投入的费用来估算生态系统服务功能价值的方法。

（3）推断市场评估方法

推断市场评估法是指通过观察人们的市场行为、推测人们的环境偏好所形成的价值，包括费用支出法、旅行费用法、享乐价值法等。

费用支出法是以消费者对某种生态系统服务功能的支出费用来衡量其价值的方法，常用于估算生态旅游价值中旅游者对某种自然景观旅游的总费用支出。

旅行费用法是利用旅游的费用资料求出“旅游商品”的消费者剩余，作为生态旅游价值的一部分。

享乐价值法是指由于人们购买的商品中包含了湿地的某种生态环境价值属性，通过人们为此支付的价格来推断湿地价值的方法。

（4）假设市场评估方法

假设市场评估法是指因缺乏真实的市场数据甚至无法通过间接观察人们的市场行为来定价，这需要建立假想的市场，通过调查人们的意愿进行评估，从而确定某种非市场性物品或服务的价值，包括替代费用法和权变估值法。

替代费用法是对于没有直接的市场交易和市场价格的生态系统服务功能，通过计算其替代品的价值来代替其经济价值，即以使用技术手段获得与某种生态系统服务相同的结果所需的生产费用为依据，间接估算其经济价值。

权变估值法通常称为条件价值法，是一种直接调查方法，适用于缺乏实际市场和替代市场交换商品的价值评估，能评估各种环境效益的经济价值。

综上所述，湿地生态服务功能价值评估方法很多。对于湿地提供的可直接进入市场并获得价格的资源，大多采用市场价值法，其直观、便捷，但价格受地区经济状况影响较大；对于因湿地生态遭到破坏导致的生产力下降、人类健康受到威胁等现象，一般无法正面评估其价值，常采用生产力变动法、人力资本法等，其强调了湿地受损前后各种服务的变化；对于湿地提供的大多数社会文化服务价值评估，或根据替代法推测或根据权变估值法假设市场行为来判断。

12.1.4 湿地生态服务功能价值评估

湿地生态系统所具有的服务功能的复杂性决定了其评估方法的多样性。在湿地具备的多项服务功能和各种价值评估方法之间，如何建立起有效的对应关系是决定该评估结果是否科学合理的重要环节。不可能针对同一服务功能采用所有可行的价值评估方法，也不可能使用同一评估方法针对所有可能的湿地服务功能。

对于各种价值评估方法的选取，应视其可获得信息的种类、数量和质量，以及获取信息的可行性和费用而定。当资金和时间有限且相关信息缺乏时，可采用成果参照法，适当借用其他项目的数据、具有可比性的其他地区和国家的数据、当地专家的意见以及历史记录等。但在参照已有成果时，要具体分析在不同时空条件下的自然状况和社会经济状况差异，并做适当处理。为此，结合白洋淀湿地的实际情况，表 12-3 给出了选择的白洋淀湿地生态服务功能价值评估方法。

表 12-3 白洋淀湿地生态服务功能价值评估方法

生态服务功能	评估方法	生态服务功能	评估方法
生物资源	市场价值法	维持生态系统完整性	市场价值法
水资源	市场价值法	教学科研	成果参照法
气候调节	机会成本法	大气调节	生产函数法 市场价值法
洪水控制	影子工程法		
净化水质	替代费用法	旅游	旅行费用法 成果参照法
生物栖息地	成果参照法		
养分循环	市场价值法		

12.1.4.1 评估依据与价格标准

(1) 生物资源

白洋淀湿地是华北地区重要的淡水鱼渔场，也是全国重要的芦苇生产基地，水生动植物资源丰富。据统计 20 世纪 50 年代白洋淀的鱼类年均产量为 6.05×10^6kg，芦苇年均产量为 3.5×10^7kg。2008 年白洋淀的鱼类产量为 2.62×10^7kg，芦苇产量为 7.5×10^7kg。由于水产养殖力度增大，与 50 年代相比，白洋淀的鱼类产量翻了两番。同时，由于湿地水面面积减小，芦苇生长面积有了较大扩展，产量增长了 1 倍。

在白洋淀湿地生物资源供给功能评价中，考虑一般芦苇和优良芦苇的市场价格差异，以两者的市场价格区间 0.32～0.50 元/kg（崔丽娟，2002）为标准，评估白洋淀湿地的芦苇供给价值。与此同时，考虑到养殖类和捕捞类鱼产品价格差异，以两者的市场价格区间 6～8 元/kg（张素珍等，2006）为标准，评估白洋淀湿地的鱼类产品供给价值。

（2）水资源

白洋淀湿地是华北平原的天然贮水库，可为周边及下游地区提供宝贵的工农业生产和城镇生活用水。同时，它也是地下水的重要补给源之一，通过渗漏补充当地的地下水。20 世纪 50 年代，白洋淀水面的平均水位为 8.9m，相应的水资源量为 $4.81\times10^8\,m^3$。2004 年经生态补水后，白洋淀生态水位达到 7.2m，水资源量仅为 $1.27\times10^8 m^3$。

20 世纪 50 年代，白洋淀的水质良好，可满足居民用水要求，采用表 12-4 给出的水价评价白洋淀湿地的水资源供给功能。在现状条件下，白洋淀湿地主要依靠外界调水来维持其生态系统的正常运行，水质状况仅能满足农业用水和一般景观用水要求。2004 年，白洋淀从邯郸岳城水库调水 $4.3\times10^8\ m^3$济淀，补水工程的建设投资约 2.5×10^7元，工程管理经费约2.0×10^6元，除去沿途蒸发、渗漏等损失外，入淀水量仅 $1.59\times10^8 m^3$。按照2000 年《国家计委关于调整岳城水库供水价格的通知》，岳城水库供给农业用水的价格为 0.03 元/m^3，供给工业和自来水厂的水价为 0.145 元/m^3，可得到本次入淀水资源的折算价格为 0.25～0.56 元/m^3，据此评价白洋淀湿地现状条件下的水资源供给价值。

表 12-4　河北省部分地区的现行水价　　（单位：元/m^3）

城市	工业	居民	商业	宾馆	建筑	机关	特种	平均
石家庄	2.57	1.72	2.64	3.08	2.64	2.47	22.65	2.25
保定	2.08	1.45	2.08	11.53	2.08	1.98	16.53	2.06
张家口	3.10	1.80	3.10	4.10	3.10	2.70	13.00	2.52
沧州	2.49	2.36	—	—	—	—	10.00	2.47
承德	4.80	2.20	5.00	—	—	2.60	10.00	2.50

（3）大气调节

芦苇是白洋淀湿地中分布面积最大、最典型的水生植被，在湿地功能发挥中起着不可忽视的重要作用。根据光合作用方程式：

$$6\,CO_2(264g) + 6H_2O(108g) \longrightarrow C_6H_{12}O_6(180g) + 6O_2(192g) \longrightarrow \text{多糖}(162g) \quad (12\text{-}1)$$

每生产 1g 干物质即需要 1.63g CO_2，并释放出 1.2g O_2，则根据下式：

$$\text{年固 C 量} = \text{年植物生产量} \times 1.63 \times 0.2727 \quad (12\text{-}2)$$

$$\text{年释放 } O_2 \text{ 量} = \text{年植物生产量} \times 1.2 \quad (12\text{-}3)$$

可计算得出 20 世纪 50 年代芦苇的固 C 量为 1.56×10^7 kg，2008 年为 3.33×10^7kg。

国际上通常采用碳税法评估湿地植物的固碳价值，碳税率以瑞典政府提议的 0.15 美元/kg 为标准。该标准对我国偏高，故多采用造林成本法，以我国造林成本 0.25 元/kg 为标准进行估价（薛达元，1997；鞠美庭等，2009）。为此，以我国造林成本和瑞典碳税率组成的区间 0.25～1.20 元/kg 为标准，评估白洋淀湿地的固碳价值。

与此同时，20 世纪 50 年代白洋淀湿地芦苇年释放的 O_2量为 4.2×10^7kg，2008 年为

9.0×10^7kg。为此，按造林成本和工业制氧价格 0.4 元/kg（国家统计局，1992）组成的区间 0.25 ~0.4 元/kg 为标准，评估白洋淀湿地的释氧价值。

（4）气候调节

白洋淀部分湿地水体通过植物蒸腾和水分蒸发作用，源源不断地散失到大气中，从而增加了空气湿度、降低了空气温度。由前述生态环境需水量计算结果可知，该降温增湿气候调节功能的发挥，通过植被蒸散和水面蒸发作用共同消耗的湿地水资源量为 $1.2\times10^8\text{m}^3$。20 世纪 50 年代，白洋淀湿地水面的平均水位为 8.9m，计算的水面面积约 217.5km^2。由于缺乏 20 世纪 50 年代白洋淀水资源蒸散发数据，故采用白洋淀多年平均蒸发量 1369mm 和湿地水面面积的乘积 $3.0\times10^8\text{m}^3$ 近似作为该时期的湿地蒸散发损失量。按照水资源供给功能评价中得出的白洋淀湿地水资源价格分别评价 20 世纪 50 年代和现状条件下的白洋淀湿地气候调节价值。

（5）洪水控制

白洋淀位于大清河中游，承受着其以上约 3 万 km^2 的洪涝沥水，是大清河径流量调节的重要枢纽。据统计 20 世纪 50 年代和 90 年代，年均入淀水量分别为 $18.27\times10^8\text{m}^3$ 和 $5.70\times10^8\text{m}^3$（李英华等，2004；杨春霄，2010）。因白洋淀流域内的降水集中，故将年均入淀水量作为其年洪水调节量进行计算。采用影子工程法，以 1990 年为不变价，全国水库库容需年投入成本 0.67 元/m^3 为标准，评估白洋淀湿地的洪水控制价值。

（6）净化水质

白洋淀淀区分布广阔的水生植物如芦苇、香蒲、浮萍等，可有效起到净化淀区水质的功能。白洋淀的污水主要来自流入府河的保定市工业废水和生活污水，水中含有较多的铵态氮和溶解态磷酸盐，易被生物吸收和土壤颗粒所吸附。

20 世纪 50 年代，当地工业发展尚处于起步阶段，排入白洋淀的工业废水很少，主要污染源是农村生活污水。自 60 年代开始，随着工业的发展，入淀的工业污水与日俱增。据 2007 年李上达和寇建林（2007）对府河、漕河、瀑河等 6 条主要入淀河流的 37 个排污口的调查结果，这 6 条河流的年承纳污水排放量为 1.44×10^{11}kg，其中工业污水占比 58.2%，生活污水 41.8%，这些污水大多未经处理而直接流入白洋淀，对水质造成了严重威胁。故假设 50 年代白洋淀湿地无工业废水排入，而 50 年代至今，生活污水排放量未发生变化。为此，采用替代费用法，按目前国家二级污水处理厂处理污水的成本 1.6×10^{-4} ~ 3.0×10^{-4}元/kg 为标准，评价白洋淀湿地的净化水质价值。

（7）生物栖息地

白洋淀是华北地区中部鱼类和鸟类的理想栖息地之一，为野生生物提供了良好的避难场所。据调查白洋淀自然保护区内有国家级保护鸟类 187 种，其中国家Ⅰ级保护鸟类 3 种，国家Ⅱ级保护鸟类 26 种。此外，还有国家级保护动物 5 种。

20 世纪 50 年代白洋淀的水面面积为 561km^2，而 21 世纪初只有 366km^2。采用由我国单位面积湿地生态系统生物栖息地价值（2203 元/hm^2）和 Costanza 等评估的全球单位面积湿地生态系统生物栖息地价值 304 美元/hm^2 组成的区间 2203 ~2432 元/hm^2 为标准，评估白洋淀湿地的生物栖息地价值（吴平和付强，2008）。

(8) 养分循环

不同生态系统类型的湿地对营养物质的固定量见表 12-5（崔丽娟，2004），通过湿地固定的氮、磷、钾总量与平均化肥价格的乘积，计算得到湿地的养分循环价值。在估算白洋淀湿地的养分循环价值时，现状年下的淹没面积营养物质的固定量按类型 2 计算，而现状年下的淹没面积与湿地总面积之间的区域则按类型 1（草地）进行计算。

表 12-5　不同类型湿地的营养物质年固定量　（单位：kg/hm^2）

生态系统类型	氮	磷	钾
1	128.775	0.875	86.325
2	132.727	1.818	155.455

20 世纪 50 年代白洋淀的湿地总面积为 $561km^2$，水面平均水位为 8.9m，相应的水面面积为 $217.5km^2$。现状下白洋淀的湿地总面积为 $366km^2$，水面面积为 $47.3km^2$（欧阳志云等，2014）。采用 2011 年国产三元复合肥（氮磷钾含量为 45%）的价格波动区间 2.74～2.87 元/kg 为标准，评估白洋淀湿地的养分循环价值。

(9) 维持生态系统完整性

白洋淀湿地生态系统保证了系统内部生物种群之间的能量流动以及生物群落与环境之间的物质循环，维护了物种生存与进化的正常进程。为了维护白洋淀湿地生态系统的完整性，保证其生态服务功能的正常发挥，近年来，每年均采取应急补水措施向白洋淀补水，尤其是 2004 年，从邯郸岳城水库调水 $4.3\times10^8m^3$ 济淀，扣除沿途蒸发、渗漏等损失外，入淀水量为 $1.59\times10^8m^3$，水位由补水前的 5.8m 上升到 7.2m，据白洋淀水位-容积曲线（马涛，2012），补水后的淀内水量为 $1.27\times10^8m^3$，基本可改善白洋淀的水生态环境。

若以 2004 年补水后的淀内水量为维持生态系统完整性的最低标准，则 20 世纪 50 年代白洋淀的水资源量为 $4.81\times10^8m^3$，其中的 $1.27\times10^8m^3$ 水量发挥了维持生态系统完整性的功能，以水价 1.45～2.36 元/m^3 为标准，评估白洋淀湿地 20 世纪 50 年代的维持生态系统完整性价值。2004 年通过调水 $4.3\times10^8m^3$ 才能满足维持生态系统完整性的要求，水价为 0.03～0.145 元/m^3。另外，补水工程的建设投资约 2.5×10^7 元，工程管理经费约 2.0×10^6 元，据此评价现状条件下白洋淀湿地的维持生态系统完整性价值。

(10) 教学科研

白洋淀湿地是华北地区高等院校及科研单位开展科研活动的基地，为生物学、生态学、水文学等领域提供了研究平台，具有很高的教学科研价值。我国单位面积湿地生态系统的平均科研价值为 382 元/hm^2，以此为标准评估白洋淀湿地的教学科研价值。

(11) 旅游

白洋淀有“北地西湖”、“华北明珠”之称，风景资源和人文资源丰富，且其地处京、津、石金三角地带，旅游业发展迅速。旅游价值可采用旅行费用法计算，包括直接旅游收入、旅行费用价值和旅游时间价值等部分。李建国等（2005）计算出 2001 年白洋淀具有的旅游价值为 1.62×10^8 元。自 2007 年白洋淀被评为国家首批 5A 级旅游景区后，旅游业得到迅猛发展。据统计 2010 年白洋淀共接待游客 110 万人次，创造社会效益 5.5×10^8 元。取以上两者组成的价值区间 1.62×10^8 ~ 5.5×10^8 元为标准，评估目前白洋淀湿地的旅游价值。

20 世纪 50 年代的白洋淀面积更加辽阔，水质更为清澈，自然景观更为秀丽，其生态环境条件与现状相比具有更大的旅游价值。由于缺乏相关计算方法，为了分析白洋淀生态服务功能变化的需要，假设当时和现状条件下具有的旅游价值与两时期内的湿地面积成正比，由此得到 50 年代白洋淀湿地生态环境所具有的旅游价值为 2.48×10^8 ~ 8.43×10^8 元。

12.1.4.2 价值评估结果

（1）主导服务功能的变化

主导服务功能识别对于了解湿地用水结构、认识湿地价值组成及存在的意义至关重要。利用市场价值法、影子工程法、生产函数法、机会成本法、替代费用法、成果参照法等价值评估方法，评价了白洋淀湿地生态系统 20 世纪 50 年代以及现状条件下所具有的生态服务功能价值，给出了主导服务功能的变化情况（表 12-6）。结果表明，自 20 世纪 50 年代以来，白洋淀湿地生态服务功能退化严重，生态服务功能价值由原来的 30.9 亿 ~ 45.7 亿元下降至目前的 10.3 亿 ~ 16.8 亿元。50 年代，白洋淀湿地的生态服务功能按比重排序依次为调节、供给、文化和支持功能。而目前调节功能占比虽仍最大，但已由 50 年代的 51.3% 下降为目前的 44.5%，供给功能占比也由 25.4% 下降到 19.6%，调节功能和供给功能的退化现象明显。与之相反，文化功能所占比例有所上升，已取代供给功能，以 27.3% 的占比成为第二服务功能。

表 12-6　白洋淀湿地生态服务功能价值评价结果

<table>
<tr><th colspan="2" rowspan="2">生态服务功能</th><th colspan="3">20 世纪 50 年代</th><th colspan="3">现状</th></tr>
<tr><th>价值/万元</th><th colspan="2">所占比重/%</th><th>价值/万元</th><th colspan="2">所占比重/%</th></tr>
<tr><td rowspan="2">供给功能</td><td>生物资源供给</td><td>4 750 ~ 6 590</td><td>1.5</td><td rowspan="2">25.4</td><td>18 120 ~ 24 710</td><td>15.8</td><td rowspan="2">19.6</td></tr>
<tr><td>水资源供给</td><td>69 745 ~ 113 516</td><td>23.9</td><td>3 175 ~ 7 112</td><td>3.8</td></tr>
<tr><td rowspan="5">调节功能</td><td>大气调节</td><td>1 440 ~ 3 552</td><td>0.7</td><td rowspan="5">51.3</td><td>3 083 ~ 7 596</td><td>3.9</td><td rowspan="5">44.5</td></tr>
<tr><td>气候调节</td><td>43 500 ~ 70 800</td><td>14.9</td><td>3 000 ~ 6 720</td><td>3.6</td></tr>
<tr><td>洪水控制</td><td>122 409</td><td>31.9</td><td>38 190</td><td>28.2</td></tr>
<tr><td>净化水质</td><td>963 ~ 1 806</td><td>0.4</td><td>2 304 ~ 4 320</td><td>2.5</td></tr>
<tr><td>生物栖息地</td><td>12 359 ~ 13 644</td><td>3.4</td><td>8 063 ~ 8 901</td><td>6.3</td></tr>
<tr><td rowspan="2">支持功能</td><td>养分循环</td><td>8 358 ~ 8 754</td><td>2.2</td><td rowspan="2">8.5</td><td>5 026 ~ 5 265</td><td>3.8</td><td rowspan="2">8.6</td></tr>
<tr><td>维持生态系统完整性</td><td>18 415 ~ 29 972</td><td>6.3</td><td>3990 ~ 8935</td><td>4.8</td></tr>
<tr><td rowspan="2">文化功能</td><td>教学科研</td><td>2 143</td><td>0.6</td><td rowspan="2">14.8</td><td>1 398</td><td>1.0</td><td rowspan="2">27.3</td></tr>
<tr><td>旅游</td><td>24 831 ~ 84 303</td><td>14.2</td><td>16 200 ~ 55 000</td><td>26.3</td></tr>
<tr><td colspan="2">合计</td><td>308 913 ~ 457 489</td><td colspan="2">100</td><td>102 549 ~ 168 147</td><td colspan="2">100</td></tr>
</table>

白洋淀湿地的主导服务功能已由原来的洪水控制功能、水资源供给功能和气候调节功能转变为目前的洪水控制功能、旅游功能和生物资源供给功能，其湿地生态服务功能的演

化情况如图 12-12 所示。由表 12-6 和图 12-12 可以看出，白洋淀湿地的生物资源供给价值和大气调节价值较 20 世纪 50 年代均有所增加，这是因为湿地水面面积持续减小和芦苇群落生长面积的增加，引起芦苇供给功能和大气调节功能价值的升高。芦苇供给功能已由 50 年代的 0.11 亿～0.18 亿元增长到目前的 0.24 亿～0.38 亿元，大气调节价值由 0.14 亿～0.36 亿元增长到 0.31 亿～0.76 亿元。另外，由于近年来白洋淀湿地加大了水产品养殖的力度，致使水产品供给能力增幅较大，水产品供给价值也由 50 年代的 0.36 亿～0.48 亿元增加到目前的 1.57 亿～2.10 亿元，翻了两番。从表 12-6 和图 12-12 还可看出，随着湿地水量的减少以及纳污量的增加，白洋淀湿地的净化水质功能价值升高，由 50 年代的 0.10 亿～0.18 亿元增加到目前的 0.23 亿～0.43 亿元。

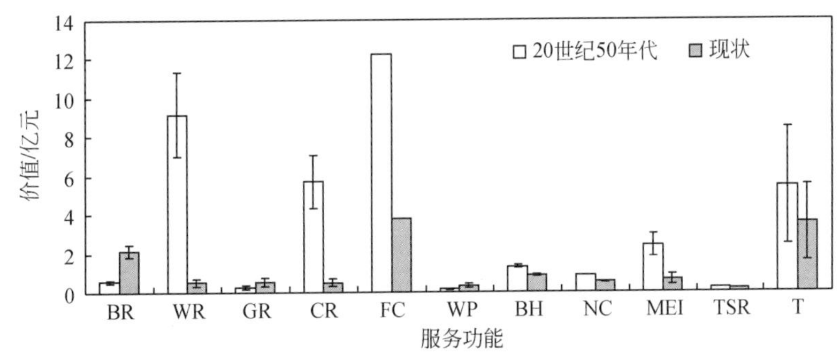

图 12-12　白洋淀湿地的生态服务功能对比图

注：BR. 生物资源供给功能；WR. 水资源供给功能；GR. 大气调节功能；CR. 气候调节功能；FC. 洪水控制功能；WP. 净化水质功能；BH. 生物栖息地功能；NC. 养分循环功能；MEI. 维持生态系统完整性功能；TSR. 教学科研功能；T. 旅游功能。

除此之外，由于白洋淀湿地面积的减小，其所发挥的气候调节、生物栖息地、养分循环、教学科研和旅游等服务功能价值均出现不同程度的下降，生态服务功能退化严重。尤其是随着白洋淀湿地水资源数量和质量的下降，水资源供给价值以由 20 世纪 50 年代的 6.97 亿～11.35 亿元下降到目前的 0.32 亿～0.71 亿元，降幅达 94.4%，在各项生态服务功能中下降的幅度最大。同时，由于入淀水量的减少，占据白洋淀湿地主导服务功能地位的洪水控制功能目前未得到充分发挥，其服务价值已由 50 年代的 12.24 亿元下降到目前的 3.82 亿元。

据统计全球湿地生态系统的面积约 5.7 亿 hm^2，仅占陆地面积的 6%，但其生态服务功能价值却高达 5 万亿美元，单位面积的生态服务功能价值折合人民币约 7.04 万元/hm^2。2003 年全国首次湿地资源调查结果显示，我国自然湿地总面积 3620 万 hm^2，占国土面积的 3.77%，低于 6% 的世界平均水平。陈仲新和张新时（2000）估算我国湿地的生态系统服务功能总价值为 2.7 万亿元，单位面积的生态服务功能价值为 7.46 万元/hm^2。

崔丽娟（2002，2004）对扎龙湿地（$2.10\times10^5 hm^2$）和鄱阳湖湿地（$3.95\times10^5 hm^2$）的生态服务功能价值进行了评价，得到两湿地的单位面积生态服务功能价值分别为 7.45 万元/hm^2 和 7.62 万元/hm^2。据此，20 世纪 50 年代白洋淀湿地的生态服务功能价值应为 30.9 亿～45.7 亿元，单位面积的生态服务功能价值为 8.44 万～12.49 万元/hm^2，平均为

10.47 万元/hm^2，而现状条件下为 10.3 亿 ~16.8 亿元，单位面积上为 2.81 万 ~4.59 万元/hm^2，平均为 3.70 万元/hm^2，远低于扎龙湿地、鄱阳湖湿地以及全国的平均水平。

(2) 主导服务功能变因分析

首先，气候变化是造成白洋淀水资源量下降、生态服务功能退化的重要原因。白洋淀位于大清河水系中游，主要靠上游地区大气降水形成的地表径流补给，故白洋淀的兴衰与气候条件的变化息息相关。20 世纪 50 年代以来，白洋淀流域的气候向干旱趋势发展，平均降水量由 50 年代（1956 ~ 1959 年）的 725.6mm 分别下降至 600.2mm（60 年代）、560.4mm（70 年代）、503.0mm（80 年代）、543.0mm（90 年代）和 475.2mm（2001 ~ 2008 年），下降趋势明显。在降水量减少的同时，气温上升致使白洋淀的蒸发耗水增加。据统计中国北部气温在过去 30 年内上升了 0.3 ~1℃，而年均气温每上升 1℃，蒸发就将增加 10% ~15%（马敏立等，2004）。

其次，人类活动是导致白洋淀生态服务功能价值下降的主要原因。20 世纪 50 年代的白洋淀水量丰富，但自 1958 年年始，白洋淀上游兴建水库 143 座，使得入淀水量剧减，干淀现象频繁发生。在 1966 ~ 1988 年，白洋淀经常处于干淀状态（1966 年、1972 年、1973 年、1976 年、1982 年、1984 ~ 1988 年）。据统计白洋淀流域 1971 年比 1957 年的降水量增加了 19.1mm，但入淀水量反而减少了 6.51 亿 m^3（贾毅，1992）。此外，流域内工农业发展，人口急剧增长，加之后来的旅游业发展，均造成白洋淀水环境条件的恶化。据调查 1958 年白洋淀的水体清澈，漾堤口、杨庄子及枣林庄等处的水透明度分别达到 150cm、200cm 和 170cm，而到了 70 年代，府河及大清河河道内的水已十分浑浊，透明度明显减小，90 年代府河口一带的水域水色如酱油，透明度极低。

长期以来，由于未能正确处理社会经济发展与生态环境保护之间的关系，向土地要粮，大力兴修水利工程，使得湿地补给水源明显减少，栖息地功能严重退化。同时，农业非点源污染及工业“三废”的不合理处理，更加剧了湿地的退化进程。

12.2 湿地生态环境需水量估算

湿地生态环境需水量是一个复杂的概念，目前国内外仍未形成统一、明确的定义（东迎欣，2006）。人们从不同的研究对象、目的和角度出发，持有不同的观点和分类方式（杨爱民等，2004；韩曾萃等，2006），故湿地生态环境需水量易与生态需水量、生态用水量、生态耗水量、环境需水量或生态系统需水量等诸多概念混用（马铁民，2005）。由于湿地生态环境需水量涵盖了一般意义上的“生态需水”和“环境需水”两方面内容，故采用广义的湿地生态环境需水量定义（杨志峰等，2003），即湿地生态环境需水量是指湿地为维持自身存在和发展以及发挥其应有的环境效益所需要的水量，包括湿地给生态环境所应提供的功能、用途和属性所需的水量。

湿地生态环境需水量的计算方法主要有水量平衡法、换水周期法、最小水位法和功能法。其中，功能法无论从理论基础、计算原则及步骤还是从需水量的分类和组成上，都较为准确地反映了湿地生态系统的健康状态与需水量之间的相互关系（刘静玲和杨志峰，

2002)，为此，采用该法计算白洋淀湿地的生态环境需水量。

白洋淀湿地不仅具有较强的生态功能（生物栖息地、养分循环和自我调节等），还具备较强的环境功能（生物资源供给、水资源供给、大气调节、气候调节、洪水控制、净化水质、教学科研和娱乐等），故将其生态环境需水量划分为以下 8 种类型分别予以定量计算：植物蒸散需水量、水面蒸发需水量、渗漏需水量、土壤需水量、栖息地需水量、环境净化需水量、景观保护需水量和娱乐需水量。其中，植物蒸散需水量、水面蒸发需水量和渗漏需水量属于消耗型需水量，其余类型属于非消耗型需水量。由于目的在于计算白洋淀湿地发挥的各类生态服务功能所对应的需水量，而非是最小生态环境需水量分析，因此，对以上划分方式导致的重复计算部分，将在湿地生态环境需水量利用效率评价中分析。

12.2.1 单元蒸散发总量推求及验证

由于蒸散发在湿地水循环过程中占有举足轻重的地位，湿地植物需水和水面蒸发需水历来是生态环境需水量计算的重点。植物需水通常包括植物同化过程耗水、植物体所含水分、植株蒸腾耗水和植被群落水面蒸发耗水等内容，前两者称为植物生理需水，后两者称为植物生态需水，其中植物生态需水占植物需水的 99%，而植物生理需水仅占 1%（周林飞等，2007）。因此，可将植物需水量近似理解为植被群落的植物叶面蒸腾和棵间水面蒸发的水量之和，称之为植物蒸散发需水量（Hughes et al.，1992）。在第 2 章中对白洋淀试验站点尺度上的主要植物蒸散耗水规律进行了分析，故在植物蒸散发需水量计算过程中，只需将站点尺度的研究结果向白洋淀全域进行空间尺度扩展即可。

由于地表几何结构及物理性质的水平非均匀性，与植物蒸散发相关的地表类型、植被覆盖情况、气象因子等变量的空间分布差异较大。站点尺度的蒸散发监测虽具有较高精度，但其“点值”并不能代表区域尺度的“面值”。因此，“点值→面值”的空间尺度转换一直是蒸散发研究的重点和难点。遥感技术发展为解决区域蒸散发整体估算提供了新的途径和手段（Kustas and Norman，1996；辛晓洲等，2003；Guo and Cheng，2004；Courault et al.，2005)。遥感图像具有的可见光、近红外和热红外波段等数据能反映植被覆盖和地表温度的时空分布特征，有利于能量平衡方程中净辐射、土壤热通量及感热通量等参数的反演，且遥感与气象资料的结合能较为客观地反映地面湍流热通量的大小和地表的湿热状况，使得遥感方法在区域蒸散发估算方面具有明显的优势（郭玉川，2007）。

在蒸散发遥感反演方法中，需将反演结果与实际观测数据进行对比，验证反演方法的精度和可靠性。然而，由遥感计算得到的是每个像元的平均通量值，而一个像元代表着地面一小块面积而不是一个点，一般像元的尺度为几十米至几百米甚至更大，故使用站点蒸散发观测数据直接进行验证只有在均匀覆盖条件下才具有代表性。为了解决这个问题，在白洋淀试验站内选取了一个湿地单元，通过对其水量收支项的监测，以蒸散发核算为验证手段，探讨站点观测与单元尺度间的蒸散发尺度扩展方法，为区域蒸散发遥感反演验证提供基础。

12.2.1.1 单元水量收支平衡方程

对于在白洋淀试验站内选取的湿地单元而言，水量补给来源主要是降水和人工补水，消耗途径主要包括蒸散发损失和渗漏损失。其中，渗漏损失包括侧渗和垂直渗漏，因白洋淀连续多年没有干淀，地下含水层处于饱和状态，故垂直渗漏量很小，可认为湿地单元的渗漏量为该单元内的水体通过侧渗与外部水体之间进行交换的水量。在选取的湿地单元内，水量收支平衡方程如下：

$$P + I = \mathrm{ET} + S + \Delta_{\mathrm{w}} \tag{12-4}$$

式中，P 为降水量（mm）；I 为补水量（mm）；ET 为蒸散发量（mm）；S 为侧渗量（mm），渗出为正，渗入为负；Δ_{w} 为蓄水变化量（mm），蓄水量增加为正，蓄水量减少为负。

由前述站点尺度的蒸散发耗水规律研究结果可知，湿地水面蒸发量与植物群落蒸散量之间存在着巨大差异，为了便于对单元的水循环过程进行考察，应将式（12-4）中的蒸散发项加以细化为湿地水面蒸发量和植物群落蒸散量。其中，植物群落蒸散量又可根据单元内植被分布的类型和生长状态，再次划分为不同的植被群落蒸散量，据此单元水量收支平衡状况可表达为如图 12-13 所示的结构。

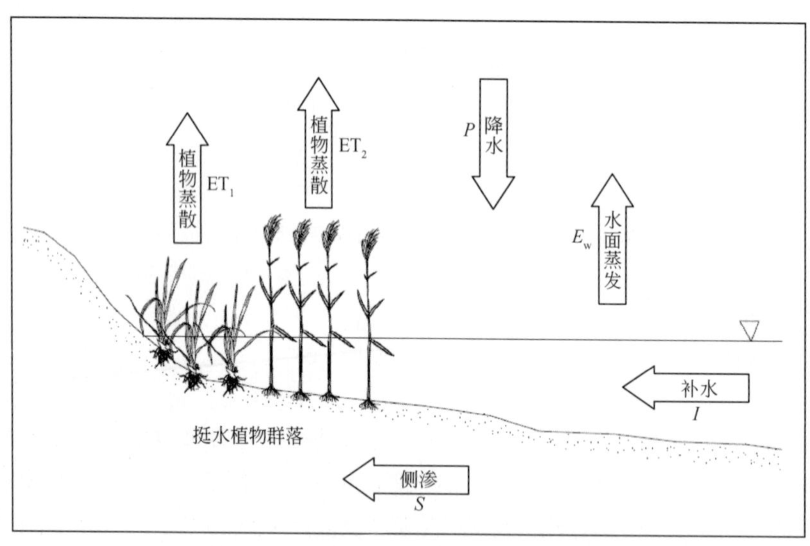

图 12-13 单元水量收支平衡状况示意图

12.2.1.2 点面尺度转换法推求单元蒸散发总量

根据如图 12-13 所示的不同植被群落划分方式，利用多筒蒸散发仪法获得站点尺度湿地水面蒸发量和不同种类与生长状态下植被群落蒸散量后，通过测量得到的单元内水面及各植被群落的分布面积，即可由下式直接获得蒸散发总量（水面蒸发量+植被群落蒸散量）：

$$\mathrm{ET} = \frac{\sum_{i=1}^{n} A_i \mathrm{ET}_i + \left(A - \sum_{i=1}^{n} A_i\right) E_{\mathrm{w}}}{A} \tag{12-5}$$

式中，A 为单元面积（m^2）；A_i为单元内第 i 种植物的分布面积（m^2）；ET_i为第 i 种植物群落的蒸散量（mm）；E_w为湿地水面蒸发量（mm）。

白洋淀试验站内选取的湿地单元含有 3 个子单元（图 12-14），两两相邻，但各自相互独立。其中Ⅰ、Ⅱ和Ⅲ子单元的面积分别为 $11.6\times10^3 m^2$、$127\times10^3 m^2$ 和 $170\times10^3 m^2$。在 2009 年 7 月中旬，采用 GPS 导航仪（GPS315，MAGELLAN，USA）测量了各子单元内的植被群落分布面积，其中Ⅰ子单元内无植被分布；Ⅱ子单元内的芦苇分布面积为 $1283m^2$，香蒲分布面积为 279 m^2；Ⅲ子单元的植被面积分布最广，芦苇分布面积为 $134\times10^3 m^2$。

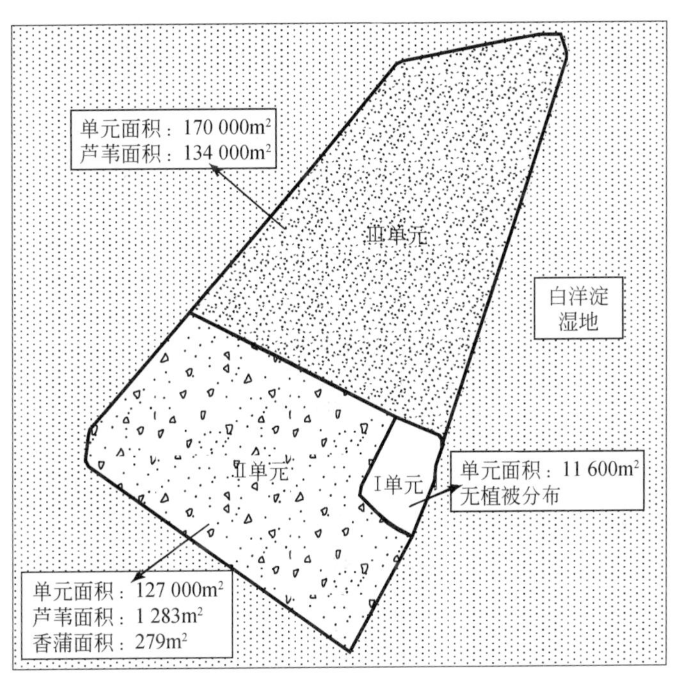

图 12-14 白洋淀试验站湿地单元内各子单元面积和植被群落的分布面积

由于Ⅰ子单元内无植被分布，Ⅱ子单元内虽分布有一定面积的芦苇和香蒲群落，但分布比较散乱，不符合白洋淀植被的分布特点，故选择Ⅲ子单元进行单元蒸散发总量估算。在Ⅲ子单元内芦苇群落的不同位置处选取 6 个小区域，测得该期内该单元芦苇叶面积指数的平均值为 $6.9m^2/m^2$，其大小介于站点试验所设置的芦苇带Ⅱ和芦苇带Ⅲ同期所具有的叶面积指数之间（马涛，2012）。假设Ⅲ子单元内的芦苇叶面积指数季节变化动态与站点试验中的芦苇带Ⅱ和芦苇带Ⅲ相一致，则基于芦苇带Ⅱ和芦苇带Ⅲ的蒸散发测量结果进行线性插值，便可求得Ⅲ子单元内芦苇群落日蒸散发量的年序列结果，结合站点尺度观测的水面蒸发序列，利用式（12-5）即可推求得出子单元Ⅲ的蒸散发总量的年序列值。

由于上述方法是将站点尺度测得的植被蒸散量和水面蒸发量数据，按照单元内植被群落和湿地水面的分布面积分配到整个单元上，进而求得单元的蒸散发总量，实现了由“点值”推求“面值”的空间尺度转换，故称为“点面尺度转换法”。

12.2.1.3 水量平衡法推求单元蒸散发总量

2009 年 6 月 28 日 ~9 月 28 日，在日常蒸散发监测的同时，还观测了 I 子单元、Ⅲ子单元以及白洋淀区域的水位波动、补水量以及降水量数据，I 子单元和白洋淀区域的蓄水量随降水量和补水量的波动状况如图 12-15 所示。

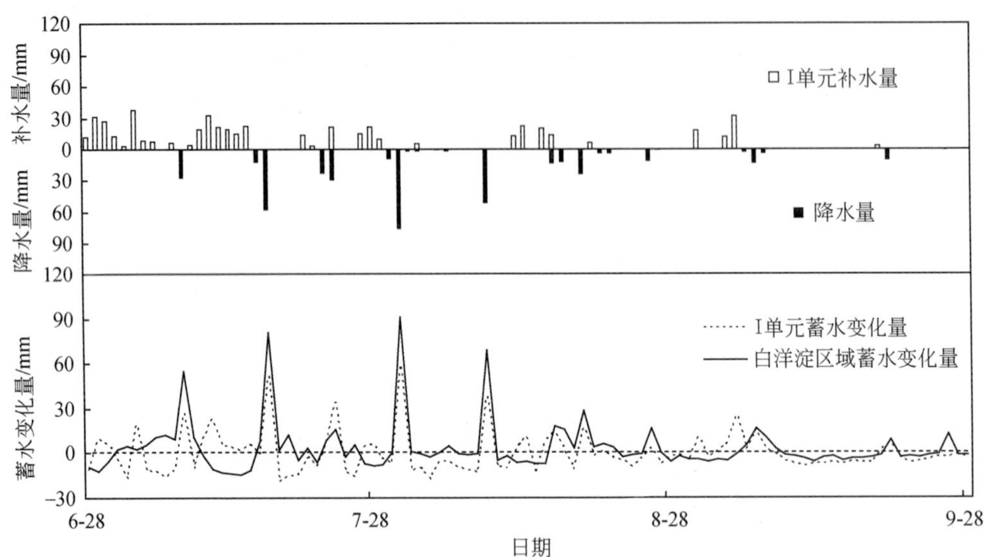

图 12-15 白洋淀试验站 I 子单元和白洋淀区域的蓄水量随降水量和补水量的波动状况

由于 I 子单元内没有植被分布，水量消耗途径仅有水面蒸发和侧渗。根据白洋淀试验站站点水面蒸发监测结果及降水量、补水量和蓄水变化量的数据资料，由式（12-4）可求得该子单元的侧渗量变化过程（图 12-16）。可以看出，I 子单元的侧渗量呈现出下降趋势，这是由于当时处于白洋淀汛期，水位上升明显，I 子单元与白洋淀区域间的水头差逐渐减小所引起的。

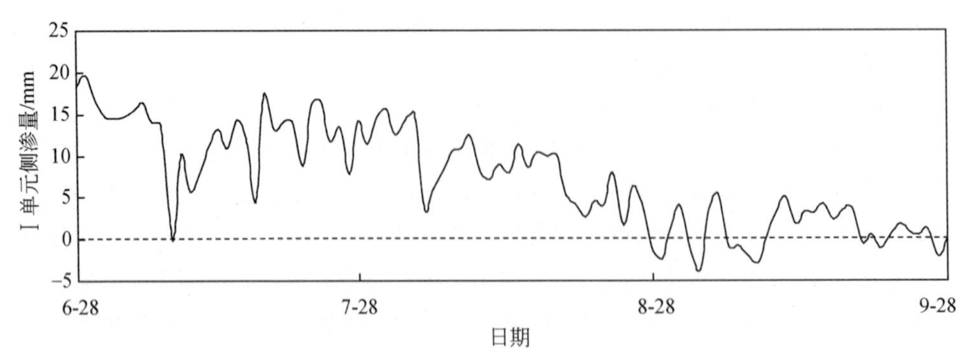

图 12-16 白洋淀试验站 I 子单元侧渗量变化过程

当假设没有垂直入渗时，如图 12-17 所示，I 子单元与白洋淀区域之间围堰的单宽渗

漏量可表示为

$$q = K \cdot \frac{H_1 - H_2}{L} \cdot \frac{H_1 + H_2}{2} \tag{12-6}$$

式中，q 为围堰单宽渗漏量 [$m^3/(d \cdot m)$]；K 为围堰渗透系数（m/d）；L 为围堰渗漏距离（m）；H_1和 H_2分别为围堰前后的水头（m）。

基于式（12-6），Ⅰ子单元的渗漏总量可计算如下：

$$S = q \cdot B \tag{12-7}$$

式中，S 为渗漏总量（m^3/s）；B 为渗漏总宽度（m）。

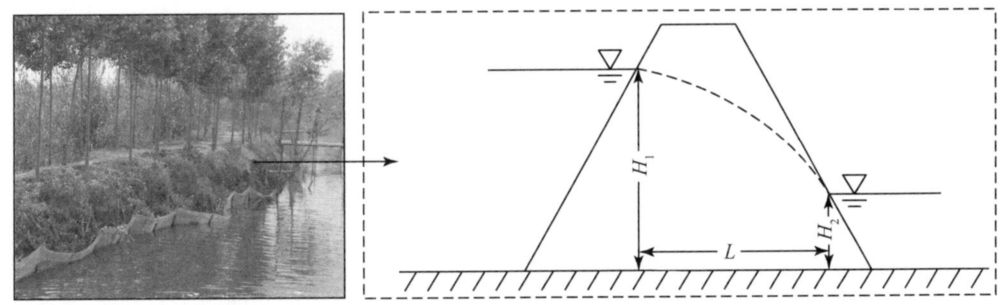

图 12-17 围堰结构及单宽渗漏量计算图

由于 3 个子单元的围堰类型相同，故假定各子单元的围堰具有相同的渗透系数。由式（12-7）可知，在各子单元水位基本一致的情况下，可认为其围堰具有相同的单宽流量，且子单元的渗漏总量与其围堰周长成正比，故Ⅱ子单元和Ⅲ子单元的渗漏总量可由下式估算：

$$S_i = \frac{B_i}{B_{\mathrm{I}}} S_{\mathrm{I}} \tag{12-8}$$

式中，S_i为第 i 子单元的渗漏总量（mm）；B_i为第 i 子单元的围堰周长（m）；S_{I}为Ⅰ子单元的渗漏总量（mm）；B_{I}为Ⅰ子单元的围堰周长（m）。

测得Ⅰ、Ⅱ和Ⅲ子单元的围堰总长分别为 450m、1520m 和 1770m，结合Ⅲ子单元的降水量、补水量以及蓄水变化量数据，即可利用式（12-4）推算得出Ⅲ子单元的蒸散发总量。由于该法是以水量平衡为基础推求单元蒸散发总量，故称为“水量平衡法”。

12.2.1.4 单元蒸散发总量核算

对以上“点面尺度转换法”和“水量平衡法”推求得到的单元蒸散发总量进行相关分析，以水量平衡为依据，通过蒸散发核算的方式检验点面尺度转换法推求得到的单元蒸散发总量的可行性。以 2009 年 7 月为例，图 12-18 给出了由这两种方法得到的Ⅲ子单元蒸散发总量的散点图，确定性系数 R^2=0.718，具有较好的相关性。

由点面尺度转换法求得Ⅲ子单元 7 月的蒸散发总量为 272.9mm，而水量平衡法求得的同期蒸散发总量为 234.0mm，前者高出后者 16.6%。这可能是由于单元内植被分布不均引起的，受试验条件所限，使用点面尺度转换法推求单元蒸散发总量的过程中，未对Ⅲ子

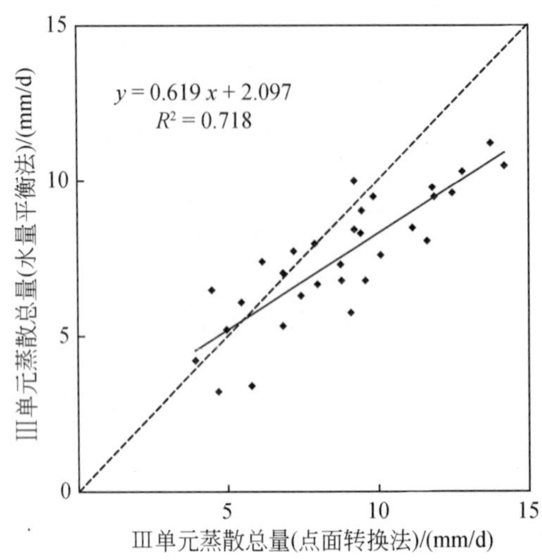

图 12-18　两种方法得到的Ⅲ子单元蒸散发总量的散点图

单元内的芦苇群落叶面积指数进行精细划分，只是使用了多次测量求均值的方法对该子单元的芦苇叶面积指数进行了概化。另外，所统计的芦苇植被分布区域内不可避免地存在有明水面区域，这也是可能导致点面尺度转换法结果偏高的原因之一。

从点面尺度转换法和水量平衡法推求的单元蒸散发总量相关性出发，两种方法结果的一致性较好，若借助遥感图像分类和叶面积指数反演对单元植被叶面积指数加以细化，应能提高利用点面尺度转换法将多筒蒸散仪法测得的站点数据向单元扩展的精度。

12.2.1.5　单元蒸散遥感反演率定

为了核准湿地卫星遥感影像解译结果的精度，通过地面站点试验中推求的单元尺度蒸散结果对遥感蒸散发量的反演模型参数进行率定。选取白洋淀湿地 2008 年（4 月 28 日和 5 月 30 日）及 2009 年（9 月 22 日）的三景 TM 遥感图像进行蒸散反演分析。TM 图像数据集包含六个多光谱波段图像和一个热红外波段图像，空间分辨率分别是 30m 和 120m。组合模型的算法程序通过专业遥感图像处理软件 Erdas Imagine 编程功能实现，由原始的 TM 遥感图像结合地表气象参数和大气参数作为输入，就可得到对应于地表蒸发和植被蒸腾作用的地表下垫面层和植被冠层的潜热通量数据的图像输出结果。组合模型的计算结果对应的是卫星过境时刻的瞬时值，通过时间尺度推算实现对更有实际应用价值的蒸散发量日均值的计算，从而可与地面推求得到的单元蒸散量进行对比分析。

表 12-7 给出了白洋淀湿地全区 2008 年 4 月 28 日和 5 月 30 日以及 2009 年 9 月 22 日的水面蒸发和芦苇群落蒸散量反演结果。可以看出，湿地内不同区域水面蒸发量的差别不大，最大水面蒸发量只有最小水面蒸发量的 1.3 倍。而在芦苇群落中，由于芦苇生长状态及分布的不均匀性，其蒸散量统计结果表现出较大的空间差异性，最大植被蒸散量为最小植被蒸散量的 2.0 倍，与地面试验结果基本一致。

表 12-7　白洋淀湿地日蒸散发量反演结果　　（单位：mm）

日期	地物类型	最小蒸散、蒸发	最大蒸散、蒸发	平均蒸散、蒸发	地面试验结果
2008-4-28	湿地水面	3.27	4.15	3.72	4.0
2008-4-28	芦苇群落	3.97	9.25	6.72	6.9
2008-5-30	湿地水面	4.91	6.33	5.75	5.6
2008-5-30	芦苇群落	6.38	12.19	9.59	10.7
2009-9-22	湿地水面	5.11	6.94	5.94	5.6
2009-9-22	芦苇群落	6.40	11.24	7.86	8.7

从表 12-7 还可看出，遥感反演得到的湿地水面蒸发量和芦苇群落蒸散量的平均值与地面试验中推求所得的单元蒸散结果之间具有较好的一致性，两者间的确定性系数 R^2 达到 0.973%，遥感反演结果与地面试验数据间的对比如图 12-19 所示。

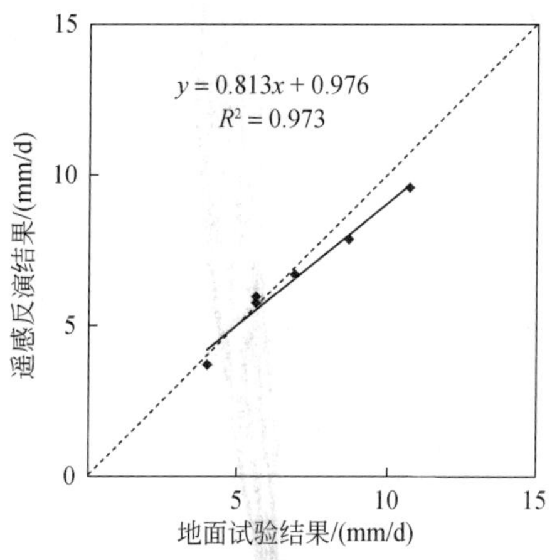

图 12-19　单元蒸散量与全区蒸散量散点图

12.2.2　湿地生态环境需水量估算模型与结果

如 12.2 节所述，将白洋淀湿地生态环境需水量划分为以下 8 种类型：植物蒸散需水量、水面蒸发需水量、渗漏需水量、土壤需水量、栖息地需水量、环境净化需水量、景观保护需水量和娱乐需水量，并利用不同的计算方法分别开展估算。

12.2.2.1　消耗型生态环境需水量

（1）植物蒸散需水量和水面蒸发需水量

由于蒸散发过程在白洋淀湿地水循环中占有举足轻重的地位，且植物蒸散发需水属于消耗型需水，故将植物蒸散需水量和水面蒸发需水量作为生态环境需水量计算的重点。

以上结合站点测量、单元率定和遥感反演等手段，分析了白洋淀湿地的蒸散发耗水规律，并对站点测量结果进行了空间尺度扩展，得到了白洋淀区域水面蒸发量和芦苇蒸散量的日平均值。再利用 P-M 公式进行时间尺度扩展（Allen et al.，1998；杜嘉等，2010），可最终得到白洋淀湿地的年蒸散发总量。

在白洋淀试验站点中设置了 3 种具有不同叶面积指数的芦苇群落，获得了各群落的蒸散发时程序列。假定由蒸散发遥感反演得到的白洋淀区域日蒸散发量是由某均一叶面积指数的芦苇群落所产生，将该假定叶面积指数的芦苇群落蒸散量与试验中所设置的 3 个芦苇群落Ⅰ、Ⅱ和Ⅲ的蒸散量进行对应，利用线性插值法可求得白洋淀区域的蒸散发时程序列。

由于芦苇是白洋淀湿地的优势种群，可以芦苇群落的蒸散量概化为湿地植物蒸散量。另外，以现状条件下植物实际蒸散量和水面实际蒸发量分别作为植物蒸散需水量和水面蒸发需水量。

$$W_p = ET_pA_p \tag{12-9}$$

$$W_w = E_wA_w \tag{12-10}$$

式中，W_p和 W_w分别为植物蒸散需水量和水面蒸发需水量（m^3）；ET_p和 E_w分别为植物年蒸散总量和水面年蒸发总量（m）；A_p和 A_w分别为植被群落面积和湿地水面面积（m^2）。

2008 年白洋淀湿地的芦苇群落年蒸散总量 1188mm，水面蒸发总量 532mm，以白洋淀湿地的芦苇分布面积 $80km^2$ 和水面面积 $47.3km^2$ 计算，则白洋淀植物蒸散需水量 $0.95\times10^8m^3$，水面蒸发需水量 $0.25\times10^8m^3$。

（2）渗漏需水量

湿地生态系统不断通过蒸散发和渗漏与大气和土壤进行水分交换，这部分水量是维持湿地生态系统正常运行所必须消耗的水量，也是维持湿地面积不萎缩所必须补充的水量。目前，大量湿地面积萎缩的一个重要原因就在于，消耗型生态需水大于降雨的情况下，未能及时补充湿地水量。

湿地渗漏需水量采用渗漏系数与湿地面积乘积计算：

$$W_i = KIA_iT \tag{12-11}$$

式中，W_i为湿地渗漏需水量（m^3）；K 为土壤渗透系数（m/d）；I 为水力坡度；A_i为渗流剖面面积（m^2）；T 为计算时段长度（d）。

由于白洋淀多年来没有干淀，垂向渗漏量很小，湿地的渗漏量主要是通过总长度 202.6km 的堤防和地下水侧渗进入到湿地周边区域。由于缺乏足够的数据，采用李英华等（2004）的成果估算白洋淀湿地的渗漏需水量 $0.17\times10^8m^3$。

12.2.2.2 非消耗型生态环境需水量

（1）土壤需水量

土壤需水量是指湿地重新蓄水时需要首先满足的需水量，在维持湿地生态系统完整性方面发挥着重要作用。对于多年不干涸的湿地而言，该水量可认为是非消耗型水量，无需进行补充。土壤需水量的大小与土壤持水量、土壤厚度以及土壤面积等有关。

$$W_s = \alpha H_sA_s \tag{12-12}$$

式中，W_s为土壤需水量（m^3）；α 为田间持水量或饱和持水量（%）；H_s为土壤厚度

(m); A_s为土壤面积(m^2)。

由于白洋淀湿地常年积水，土壤处于饱和状态，α 选用饱和持水量的 50%，土壤厚度取 1.5m，土壤面积为白洋淀湿地现状面积 182.6km²，则白洋淀湿地土壤需水量为 $1.37\times10^8 m^3$。

(2) 栖息地需水量

白洋淀湿地具有丰富的动植物资源，栖息地需水量是维持这些动植物生存所需的生境条件，是保护生物多样性的基本水量。栖息地需水量与提供的生物栖息地的面积和生境维持所需的最小水深等因素有关。此外，生物多样性研究结果显示，水面和沼泽植被面积两者之间的比值是决定物种多样性的关键参数（郭跃东等，2004），因此，栖息地需水量采用以下公式计算：

$$W_h = \varepsilon H_h A_h \tag{12-13}$$

式中，W_h为栖息地需水量(m^3)；ε为湿地水面面积比例（%）；H_h为生境维持所需最小水深(m)；A_h为栖息地面积(m^2)。

在白洋淀富含的各种动植物物种中，鱼类对水深的要求最高，一般不能小于 1.5m。湿地现状条件下的水面面积为 47.3km²，沼泽面积为 135.3km²，栖息地面积采用白洋淀现状面积为 182.6km²，由此计算得到白洋淀湿地的栖息地需水量为 $0.96\times10^8 m^3$。

(3) 环境净化需水量

湿地具有很强的降解和转化污染物的能力，被誉为“地球之肾”。湿地生态系统利用物理、化学和生物三重作用，通过过滤、吸附、沉淀、植物吸收、微生物降解等方式实现对污染物质的分解和净化（安树青，2004）。环境净化需水量是指湿地在正常接纳上游污染排放过程中，维持自身水质保持在一定标准下，不致出现水质恶化而需要的水量。

白洋淀湿地的污染源主要是上游地区工业废水和生活污水排放，以及淀内居民的生产、生活垃圾。李上达和寇建林（2007）对府河、漕河以及瀑河等 6 条入淀河流的调查结果显示，污染物 COD（化学需氧量）和氨氮的排放量分别为 3.17×10^7 kg 和 2.97×10^6 kg。湿地净化污染物的过程包括稀释和自净两部分，芦苇沼泽湿地对有机污染废水具有较高的自净能力，对 COD 和氨氮的自净率分别为 80% 和 50% 左右（Verhoeven and Meuleman, 1999），据此，采用以下公式计算湿地环境净化需水量：

$$W_{ep} = \max\left\{\frac{Q_i(1-\beta_i)}{\rho_i}\right\} \tag{12-14}$$

式中，W_{ep}为环境净化需水量(m^3)；Q_i为第 i 种污染因子进入湿地的总量(g)；β_i为湿地相对于第 i 种污染因子的自净率（%）；ρ_i为允许水质标准下第 i 种污染因子的浓度(mg/L)，按照国家《地表水环境质量标准》(GB 3838—2002)，各类水质氨氮和 COD 的浓度限值见表 12-8。

表 12-8　污染因子的允许浓度　　（单位：mg/L）

污染因子	Ⅰ类	Ⅱ类	Ⅲ类	Ⅳ类	Ⅴ类
COD	15	15	20	30	40
氨氮	0.15	0.5	1.0	1.5	2.0

以控制白洋淀水质达到Ⅴ类标准，即满足农业用水和一般景观要求为目标，污染物COD的净化需水量为 $1.59\times10^8 m^3$，氨氮的净化需水量为 $7.43\times10^8 m^3$。由此可见，白洋淀湿地的环境净化需水量巨大，在现状污染排放条件下，白洋淀湿地根本无法满足环境净化用水需要，这导致湿地污染现象越来越严重。

(4) 景观保护需水量

白洋淀的自然景观和人文景观丰富，其中以水、沼泽、芦苇、荷花为主要景观的自然景观是白洋淀景观最为重要的组成部分，也是保护需水量最大的景观。白洋淀芦苇丛生、水波荡漾，荷花大观园荟萃中外名荷有366种，占地面积为 $130hm^2$，是我国荷花种植面积最大、品种最多的生态旅游景区。

白洋淀的芦苇生长最佳水深为0.5～1m（鲍达明等，2007），莲藕按适宜水深划分为浅水藕和深水藕两种，浅水藕的适宜水深为0.05～0.5m，深水藕的适宜水深为0.5～1m。当白洋淀景观保护水位取为0.5m时，景观保护需水量按下式计算：

$$W_{lc} = H_{lc}A_{lc} \tag{12-15}$$

式中，W_{lc}为景观保护需水量（m^3）；H_{lc}为景观保护水位（m）；A_{lc}为景观保护面积（m^2）。

由于白洋淀湿地全域中均分布有芦苇群落，故景观保护面积以白洋淀现状面积进行近似，计算得到的白洋淀景观保护需水量为 $0.91\times10^8 m^3$。

(5) 娱乐需水量

1998年以来，白洋淀进行了大规模的旅游开发，先后兴建了水泊梁山宫、鸳鸯岛、九龙潭、圣水玉等景点，游客人数从2001年的51万增加到2010年的110万，翻了一番。

湿地娱乐需水量是指满足游客和居民旅游娱乐需求，维持旅游娱乐所必需的景观、交通条件所需要的水量。一般而言，水深为0.7m以上的水面可以划船，水深大于2m的水面适宜机械船只航行（刘立华，2005）。当白洋淀娱乐需水水位取2m时，娱乐需水量可按下式计算：

$$W_e = H_eA_e \tag{12-16}$$

式中，W_e为娱乐需水量（m^3）；H_e为娱乐需水水位（m）；A_e为娱乐区面积（m^2）。

若娱乐区面积以白洋淀现状水面面积作为近似，可计算得到白洋淀湿地的娱乐需水量为 $0.95\times10^8 m^3$。

12.3 湿地水资源利用效率分析评价

湿地生态环境需水量与生态服务功能间的耦合关系如图12-20所示。可以看出，一部分湿地水体通过植物蒸腾和水面蒸发作用源源不断地散失到大气中，增加了空气湿度，降低了空气温度，起到降温增湿的气候调节功能。然而，植物蒸腾是芦苇等水生植物生长所必需消耗的水量，棵间水面蒸发量是维持水生植物生境所需消耗的水量。因此，植物蒸散需水量对生物资源供给功能也起到支撑作用，而水面蒸发需水量对生物资源供给功能则属于无效耗水量。湿地内丰富的植物群落可以吸收大量 CO_2，并释放出 O_2，从而有效调节大气组分。此外，湿地中的一些植物还具有吸收有害气体的功能，起到净化空气的作用。因此，植物蒸散需水量还支撑了湿地的大气调节服务功能，而这是水面蒸发需水量所不具备的。

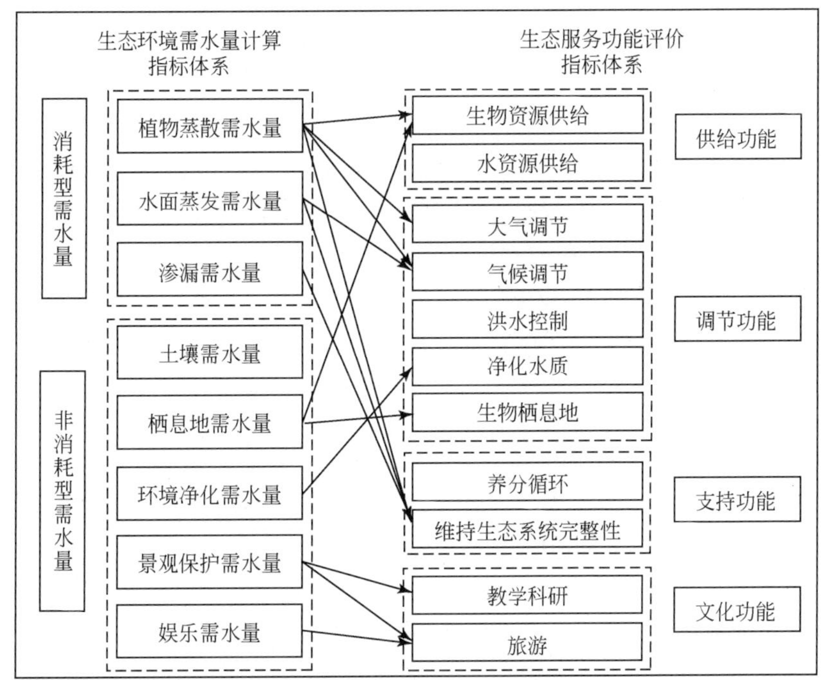

图 12-20　湿地生态环境需水量与生态服务功能间的耦合关系

在生态环境需水量的划分类型中，植物蒸散需水量、水面蒸发需水量和渗漏需水量属于消耗型需水量，是维持湿地生态系统完整性所必须补充的水量。由于在湿地生态系统正常运行过程中，这三部分需水量对于湿地水体的消耗是必然的，不可被阻止，故认为这三者对于维持生态系统的完整性功能具有支撑作用。

湿地具有大面积的苇田、滩涂和水域，为野生动物尤其是一些珍稀或濒危野生动物提供了良好的栖息地和生存环境，是野生动物栖息、繁衍、迁徙、越冬的场所，其中一部分野生动物（如鱼、虾、蟹等）作为水产品成为当地居民收入的主要来源之一。因此，栖息地需水量对于栖息地功能和生物资源供给功能具有支撑作用。同时，湿地丰富的自然、人文景观，具有重要的教学科研和旅游价值。景观保护需水量支撑了白洋淀湿地的教学科研和旅游功能。此外，环境净化需水量和娱乐需水量分别支撑了净化水质功能和旅游功能。

综上所述，以上 8 种类型的湿地生态环境需水量对维系湿地不同的生态服务功能具有各自重要的意义和作用，为此，提高各类生态环境需水量的利用效率将有助于改善湿地水资源利用效率，对湿地生态服务功能可持续性有着重要保障作用。

12.3.1　湿地水资源利用效率评价方法

根据湿地水资源利用效率的内涵，认为湿地生态系统水资源利用效率可定义为单位湿地水资源量投入所能获得的生态服务功能价值，其中湿地水资源量可分为消耗量和存储量两方面。湿地生态环境需水量与生态服务功能间存在着多种关联，根据湿地生态系统水资源利用效率的定义、湿地生态环境需水量与生态服务功能间的耦合关系，以及确定贡献系数的原则，建立7种不同类型的湿地生态环境需水量利用效率评价公式。

12.3.1.1 湿地生态系统水资源利用效率涵义

国内外相关研究中并没有直接给出水资源利用效率的定义，研究主要集中在如何通过价格机制提高用水效率及水价政策对水资源及社会经济发展的影响方面。左东启等（1996）在水资源评价指标体系研究中，采用单方水国民收入、工业供水单方产值和农业供水单方产值三个指标，从水资源的投入—产出角度评价水资源利用效果，成为水资源利用效率评价的雏形。许新宜等（2010）在中国水资源利用效率评估中指出，水资源利用效率是指单位水资源所带来的经济、社会或生态等效益。

目前，水资源利用效率评价研究主要集中在农业水资源利用效率与配置、城市供水效益计算与评估等方面。在全国水资源综合规划研究中，水资源利用效率相关指标包括：城镇人均生活用水量、农村人均生活用水量、工业用水定额、农田灌溉定额、供水管网漏损率、灌溉水综合利用系数、工业用水重复利用率、单方水农业GDP产出量、单方水工业GDP产出量、单方水粮食产量等，但大多数指标体系均未涉及生态、环境等水资源可持续发展指标。针对湿地生态系统，考察湿地水体的投入—产出关系，建立湿地水资源利用效率评价理论与方法，对发展和健全水资源利用效率评价体系无疑具有重要意义。

根据效用价值论，水资源等自然资源是否具有价值取决于两个因素：①是否有效用；②是否短缺（姜文来，2001）。由于湿地水体消耗量和存储量均支撑着不同的生态服务功能，在满足人类对生态环境需求、改善人类福祉等方面发挥着重要作用，且又具有紧缺性，故湿地水体消耗量和存储量均具有价值因素，其产出是可采用国民收入加以量化的生态服务功能。从这个角度而言，湿地生态系统水资源利用效率可定义为单位湿地水资源量（消耗量和存储量）投入所能获得的生态服务功能价值。

12.3.1.2 湿地生态环境需水量利用效率评价方法

湿地水资源利用量主要是指维持湿地生态环境所需要的水量，即湿地生态环境需水量，故湿地生态系统水资源利用效率主要是针对湿地生态环境需水量利用效率。从图12-20所示的湿地生态环境需水量与生态服务功能间的耦合关系来看，湿地生态环境需水量与生态服务功能间的对应关系存在着多种关联。

1）若某种生态环境需水量只对应着一种生态服务功能，且该生态服务功能只是由该生态环境需水量所支撑（如环境净化需水量与净化水质功能），则该种生态环境需水量利用效率由下式计算：

$$e = \frac{V_{esf}}{W} \tag{12-17}$$

式中，e 为某种生态环境需水量利用效率（元/ m^3）；V_{esf} 为该种生态环境需水量所支撑的生态服务功能价值（元）；W 为该种生态环境需水量（m^3）。

2）若某种生态环境需水量只对应着一种生态服务功能，而该种生态服务功能由多种生态环境需水量所支撑（如渗漏需水量与生态系统完整性功能、娱乐需水量与旅游功能），则该种生态环境需水量利用效率由下式计算：

$$e = \frac{\alpha_0 V_{\mathrm{esf}}}{W} \tag{12-18}$$

式中，α_0 为贡献系数，表示该种生态环境需水量对于该生态服务功能价值的贡献。

3）若某种生态环境需水量对应着多种生态服务功能（如植物蒸散需水量、水面蒸发需水量、栖息地需水量和景观保护需水量），则该种生态环境需水量利用效率由下式计算：

$$e = \frac{\alpha_1 V_{\mathrm{esf1}} + \alpha_2 V_{\mathrm{esf2}} + \cdots + \alpha_n V_{\mathrm{esf}n}}{W} \tag{12-19}$$

式中，V_{esf1}，V_{esf2}，…，$V_{\mathrm{esf}n}$ 分别为该种生态环境需水量所支撑的 n 种生态服务功能价值（元）；α_1，α_2，…，α_n 为贡献系数，表示该种生态环境需水量对于 n 种生态服务功能价值的贡献，若某种生态服务功能只由该生态环境需水量所支撑，则其所对应的经验系数为 1。

从湿地生态服务功能角度出发，由多种生态环境需水量所支撑的生态服务功能包括生物资源供给、气候调节、维持生态系统完整性和旅游 4 种类型（图 12-20），在相关的湿地生态环境需水量利用效率计算中，确定贡献系数时需考虑如下原则。

1）当与生物资源供给功能相关的生态环境需水量为植物蒸散需水量和栖息地需水量时，其中的植物蒸散需水量支撑的是生物资源供给中的植物（如芦苇等）供给功能，而栖息地需水量则支撑的是生物资源供给中的野生动物（如鱼、虾、蟹等）供给功能，故植物蒸散需水量和栖息地需水量对生物资源供给功能的贡献系数，可分别采用植物供给功能和野生动物供给功能与生物资源供给功能之间的比值表示。

2）当与气候调节功能相关的生态环境需水量为植物蒸散需水量和水面蒸发需水量时，虽然植物蒸散需水量和水面蒸发需水量的水分流失途径不同，但其均通过向空气中散失水分起到气候调节的目的，故相对于气候调节功能而言，两者的作用机理一致，故植物蒸散需水量和水面蒸发需水量对气候调节功能的贡献系数，可分别采用植物蒸散需水量和水面蒸发需水量与湿地蒸散发总需水量之间的比值表示。

3）当与维持生态系统完整性相关的生态环境需水量为植物蒸散需水量、水面蒸发需水量和渗漏需水量时，由于植物蒸散需水量、水面蒸发需水量和渗漏需水量都属于消耗型需水量，对维持生态系统完整性而言，其地位和意义均等，故可采用各类需水量占三者总和的比例表示各类需水量对生态系统完整性功能的贡献系数。

4）当与旅游功能相关的生态环境需水量为景观保护需水量和娱乐需水量时，对旅游功能而言，景观保护需水量和娱乐需水量缺一不可，同等重要，故可取两者对旅游功能的贡献系数均为 0.5。

根据以上湿地生态系统水资源利用效率定义、湿地生态环境需水量与生态服务功能间的耦合关系以及确定贡献系数的原则，建立起以下 7 种类型的湿地生态环境需水量利用效率评价公式。

（1）植物蒸散需水量利用效率

植物蒸散需水量支撑生物资源供给功能、大气调节功能、气候调节功能和维持生态系统完整性功能4种生态服务功能类型，植物蒸散需水量利用效率评价公式如下：

$$e_{\mathrm{p}} = \frac{a_{\mathrm{p}} V_{\mathrm{BR}} + V_{\mathrm{GR}} + b_{\mathrm{p}} V_{\mathrm{CR}} + c_{\mathrm{p}} V_{\mathrm{MEI}}}{W_{\mathrm{p}}} \tag{12-20}$$

式中，e_{p}为植物蒸散需水量利用效率（元/ m^3）；V_{BR}、V_{GR}、V_{CR}、V_{MEI}分别为生物资源供给功能、大气调节功能、气候调节功能和维持生态系统完整性功能服务价值（元）；W_{p}为植物蒸散需水量（m^3）；a_{p}、b_{p}、c_{p}分别为植物蒸散需水量相对于生物资源供给功能、气候调节功能和维持生态系统完整性功能的贡献系数。

（2）水面蒸发需水量利用效率

水面蒸发需水量支撑气候调节和维持生态系统完整性两种生态服务功能类型，水面蒸发需水量利用效率评价公式如下：

$$e_{\mathrm{w}} = \frac{b_{\mathrm{w}} V_{\mathrm{CR}} + c_{\mathrm{w}} V_{\mathrm{MEI}}}{W_{\mathrm{w}}} \tag{12-21}$$

式中，e_{w}为水面蒸发需水量利用效率（元/ m^3）；W_{w}为水面蒸发需水量（m^3）；b_{w}和c_{w}分别为水面蒸发需水量相对于气候调节功能和维持生态系统完整性功能的贡献系数。

（3）渗漏需水量利用效率

渗漏需水量支撑维持生态系统完整性生态服务功能类型，渗漏需水量利用效率评价公式如下：

$$e_{\mathrm{i}} = \frac{c_{\mathrm{i}} V_{\mathrm{MEI}}}{W_{\mathrm{i}}} \tag{12-22}$$

式中，e_{i}为渗漏需水量利用效率（元/ m^3）；W_{i}为渗漏需水量（m^3）；c_{i}为渗漏需水量相对于生态系统完整性功能的贡献系数。

（4）栖息地需水量利用效率

栖息地需水量支撑生物资源供给功能和生物栖息地功能两种生态服务功能类型，栖息地需水量利用效率评价公式如下：

$$e_{\mathrm{h}} = \frac{\alpha_{\mathrm{h}} V_{\mathrm{BR}} + V_{\mathrm{BH}}}{W_{\mathrm{h}}} \tag{12-23}$$

式中，e_{h}为栖息地需水量利用效率（元/m^3）；V_{BH}为生物栖息地功能服务价值（元）；W_{h}为栖息地需水量（m^3）；α_{h}为栖息地需水量相对于生物资源供给功能的贡献系数。

（5）环境净化需水量利用效率

环境净化需水量支撑净化水质生态服务功能类型，环境净化需水量利用效率评价公式如下：

$$e_{\mathrm{ep}} = \frac{V_{\mathrm{WP}}}{W_{\mathrm{ep}}} \tag{12-24}$$

式中，e_{ep}为环境净化需水量利用效率（元/ m^3）；W_{ep}为环境净化需水量（m^3）；V_{WP}为净化水质功能服务价值（元）。

(6) 景观保护需水量利用效率

景观保护需水量支撑教学科研和旅游两种生态服务功能类型，景观保护需水量利用效率评价公式如下：

$$e_{lc} = \frac{V_{TSR} + d_{lc}V_T}{W_{lc}} \tag{12-25}$$

式中，e_{lc}为景观保护需水量利用效率（元/m^3）；V_{TSR}和 V_T分别为教学科研功能和旅游功能服务价值（元）；W_{lc}为景观保护需水量（m^3）；d_{lc}为景观保护需水量相对于旅游功能的贡献系数。

(7) 娱乐需水量利用效率

娱乐需水量支撑旅游生态服务功能类型，娱乐需水量利用效率评价公式如下：

$$e_e = \frac{d_e V_T}{W_e} \tag{12-26}$$

式中，e_e为娱乐需水量利用效率（元/m^3）；W_e为娱乐需水量（m^3）；d_e为娱乐需水量相对于旅游功能的贡献系数。

在以上 7 种类型的湿地生态环境需水量利用效率评价公式中，共涉及 4 类 9 个贡献系数，根据前述确定贡献系数时所需考虑的原则，其计算方法见表 12-9。

表 12-9　贡献系数的计算方法

贡献系数	代表意义	计算公式
a_p	植物蒸散需水量相对于生物资源供给功能的贡献系数	$\frac{V_p}{V_{BR}}$
a_h	栖息地需水量相对于生物资源供给功能的贡献系数	$\frac{V_a}{V_{BR}}$
b_p	植物蒸散需水量相对于气候调节功能的贡献系数	$\frac{W_p}{W_p + W_w}$
b_w	水面蒸发需水量相对于气候调节功能的贡献系数	$\frac{W_w}{W_p + W_w}$
c_p	植物蒸散需水量相对于维持生态系统完整性功能的贡献系数	$\frac{W_p}{W_p + W_w + W_i}$
c_w	水面蒸发需水量相对于维持生态系统完整性功能的贡献系数	$\frac{W_w}{W_p + W_w + W_i}$
c_i	渗漏需水量相对于维持生态系统完整性功能的贡献系数	$\frac{W_i}{W_p + W_w + W_i}$
d_{lc}	景观保护需水量相对于旅游功能的贡献系数	0. 5
d_e	娱乐需水量相对于旅游功能的贡献系数	0. 5

注：V_p和 V_a分别表示生物资源供给功能中植物产品供给价值和野生动物供给价值。

综上所述，构建湿地生态系统水资源利用效率评价方法的主要步骤如下。

1）根据湿地实际情况，结合湿地实际支撑的生态服务功能，按照全面性原则，对湿地生态环境需水量进行分解及定量计算；

2）建立湿地生态系统服务功能评价指标体系，定量评估各类生态服务功能价值，使湿地的服务功能重要性能以价值的方式体现出来；

3）考察各种生态环境需水量对生态服务功能所起到的支撑作用，确定生态环境需水量与生态服务功能间的耦合关系；

4）根据生态环境需水量对生态服务功能的支撑原理，确定两者之间的贡献系数，最终计算得到各种生态环境需水量利用效率。

12.3.2 湿地水资源利用效率评价结果

基于以上湿地生态服务功能评价和生态环境需水量估算结果，结合建立的水资源利用效率分析评价方法，以白洋淀湿地为研究目标进行实例分析，给出白洋淀湿地水资源利用效率的评价结果。

12.3.2.1 湿地水资源利用效率评价结构

湿地生态环境需水结构分解及湿地生态服务功能价值定量评价是开展湿地水资源利用效率评价的重要前提和基础，为此，应遵循全面性、合理性、可比较性等原则。全面性是指在构建生态环境需水量计算和生态服务功能评价指标体系时，应在当前认识水平下充分结合湿地的实际情况，对湿地生态环境需水结构和湿地生态服务功能进行尽可能全面的概括；合理性是指进行生态环境需水量计算和生态服务功能评价时，应根据多学科相关知识，选用或建立科学合理的计算方法；可比较性是指进行生态服务功能评价时，统计范围和量化口径等方面应保持统一。

如表 12-10 所示，先将白洋淀湿地生态服务功能划分为生物资源供给、水资源供给、大气调节、气候调节、洪水控制、净化水质、生物栖息地、养分循环、维持生态系统完整性、教学科研以及旅游 11 种类型。再将白洋淀湿地生态环境需水量划分为植物蒸散需水量、水面蒸发需水量、渗漏需水量、土壤需水量、栖息地需水量、环境净化需水量、景观保护需水量和娱乐需水量 8 种类型，相应的生态环境需水量计算公式由表 12-11 给出。最后，在考察白洋淀湿地各种生态环境需水量对生态服务功能所起的支撑作用基础上，建立起两者间的耦合关系（表 12-12）。

表 12-10　白洋淀湿地生态服务功能评价结构

生态服务功能类型		所需参数
供给功能	生物资源供给	芦苇产量、鱼类产量、芦苇市场价格、鱼类市场价格
	水资源供给	湿地水资源量、现行水资源价格
调节功能	大气调节	芦苇产量、碳税率、工业氧市场价格
	气候调节	植被蒸散量、水面蒸发量、现行水资源价格
	洪水控制	年入淀水量、水库库容建设成本
	净化水质	年纳污量、污水处理投资成本
	生物栖息地	湿地面积

续表

生态服务功能类型		所需参数
支持功能	养分循环	湿地水面面积、湿地沼泽面积、单位营养物质固定量、三元复合肥市场价格
	维持生态系统完整性	生态水位需水量、生态补水量、工程建设与管理成本
文化功能	教学科研	湿地面积
	旅游	旅游收入、旅行费用、旅游时间价值

表 12-11　白洋淀湿地生态环境需水量计算公式

生态环境需水量类型		计算公式	所需参数
消耗型需水量	植物蒸散需水量	$W_p = \mathrm{ET}_p A_p$	植被蒸散量、植被分布面积
	水面蒸发需水量	$W_w = E_w A_w$	水面蒸发量、湿地水面面积
	渗漏需水量	$W_i = KIA_i T$	渗透系数、水力坡度、渗流剖面面积
非消耗型需水量	土壤需水量	$W_s = \alpha H_s A_s$	田间持水量、土壤厚度、土壤面积
	栖息地需水量	$W_h = \varepsilon H_h A_h$	湿地水面面积百分比、生境维持所需的最小水深、栖息地面积
	环境净化需水量	$W_{ep} = \max\left\{\dfrac{Q_i(1-\beta_i)}{\rho_i}\right\}$	污染因子总量、自净率、允许污染因子浓度
	景观保护需水量	$W_{lc} = H_{lc} A_{lc}$	景观保护水位、景观保护面积
	娱乐需水量	$W_e = H_e A_e$	娱乐需水水位、娱乐区面积

表 12-12　白洋淀湿地生态环境需水量与生态服务功能间的耦合关系

生态环境需水量		生态服务功能		
类型	水量/亿 m^3	类型	价值/万元	贡献系数
植物蒸散需水量	0.95	生物资源供给	18 120 ~ 24 710	0.132 ~ 0.152
		大气调节	3 083 ~ 7 596	1
		气候调节	3 000 ~ 6 720	0.792
		维持生态系统完整性	3 990 ~ 8 935	0.693
水面蒸发需水量	0.25	气候调节	3 000 ~ 6 720	0.208
		维持生态系统完整性	3 990 ~ 8 935	0.183
渗漏需水量	0.17	维持生态系统完整性	3 990 ~ 8 935	0.124
栖息地需水量	0.96	生物资源供给	18 120 ~ 24 710	0.868 ~ 0.848
		生物栖息地	8 063 ~ 8 901	1
环境净化需水量	1.27	净化水质	2 304 ~ 4 320	1
景观保护需水量	0.91	教学科研	1 398	1
		旅游	16 200 ~ 55 000	0.5
娱乐需水量	0.95	旅游	16 200 ~ 55 000	0.5

12.3.2.2 湿地水资源利用效率评价结果分析

基于上述构建的湿地生态系统水资源利用效率评价方法，由式（12-20）~式（12-26）便可计算得到白洋淀湿地各种生态环境需水量利用效率，同时获得白洋淀湿地生态系统水资源利用效率分析评价结果（表12-13）。

表 12-13 白洋淀湿地水资源利用效率评价结果

生态环境需水量利用效率类型	生态服务功能类型	水资源利用效率/(元/m^3)
植物蒸散需水量利用效率	生物资源供给、大气调节、气候调节、维持生态系统完整性	1.12 ~ 2.41
水面蒸发需水量利用效率	气候调节、维持生态系统完整性	0.54 ~ 1.21
渗漏需水量利用效率	维持生态系统完整性	0.29 ~ 0.65
栖息地需水量利用效率	生物资源供给、生物栖息地	2.48 ~ 3.11
环境净化需水量利用效率	净化水质	0.18 ~ 0.34
景观保护需水量利用效率	教学科研、旅游	1.04 ~ 3.18
娱乐需水量利用效率	旅游	0.85 ~ 2.89

现状条件下白洋淀湿地的主导服务功能为洪水控制功能、旅游功能和生物资源供给功能。其中，旅游功能和生物资源供给功能与湿地水资源利用效率之间有着紧密联系，其价值的大小影响着植物蒸散需水量利用效率、栖息地需水量利用效率、景观保护需水量利用效率和娱乐需水量利用效率的高低，为此，这4种需水量利用效率在整个白洋淀湿地水资源利用效率评价体系中相对较高，分别为1.12 ~ 2.41 元/m^3、2.48 ~ 3.11 元/m^3、1.04 ~ 3.18 元/m^3和0.85 ~ 2.89 元/m^3（表12-13）。此外，湿地在环境净化方面发挥着重要作用，环境净化需水量利用效率最低为0.18 ~ 0.34 元/m^3，这是因为环境净化功能对水量的需求很大，通过环境净化需水量计算得知，白洋淀湿地对污染物COD的净化需水量为$1.59\times10^8 m^3$，对氨氮的净化需水量为$7.43\times10^8 m^3$。现状条件下白洋淀湿地的水量根本无法满足生态环境净化需水要求，故在湿地水资源利用效率评价中，采用2004年生态补水后白洋淀所具有的水量$1.27\times10^8 m^3$计算其环境净化需水量利用效率。

从水资源量分解的角度来看，植物蒸散需水量、水面蒸发需水量和渗漏需水量分别与其他生态环境需水量之间相互独立，由于通过多筒蒸散仪站点测量和蒸散发遥感组合模型算法，已对白洋淀湿地植物蒸散量和水面蒸发量进行了细分，故在水资源利用效率评价中这三者之间不存在重复评价的问题。然而，栖息地需水量、环境净化需水量、景观保护需水量和娱乐需水量都属于白洋淀湿地的非消耗型需水量，故在水量分解上，这4种需水量之间相互联系，无法精确区分。

由于栖息地需水量、环境净化需水量、景观保护需水量和娱乐需水量均属于白洋淀储水量的一部分，且环境净化需水量为白洋淀湿地现状储水量，在对白洋淀水量存储量所支撑的生态服务功能价值进行考察的基础上，基于下式整体评价白洋淀湿地储水量的水资源利用效率：

$$e_{\text{storage}} = \frac{a_{\text{h}} V_{\text{BR}} + V_{\text{BH}} + V_{\text{WP}} + V_{\text{TSR}} + d_{\text{lc}} V_{\text{T}} + d_{\text{e}} V_{\text{T}}}{W_{\text{storage}}} \tag{12-27}$$

式中，$e_{storage}$为白洋淀储水量的水资源利用效率（元/m^3）；$W_{storage}$为白洋淀储水量（m^3）。

通过式（12-27）计算得到，白洋淀湿地储水量的水资源利用效率为 3.44 ~ 7.13 元/m^3。目前关于农业水资源利用效率评价的研究已取得一些成果，贾大林和姜文来（2000）在农业水资源利用效率研究中指出，我国 1995 年农业水资源利用效率为 10.7 元/m^3。郑煜等（2006）对北京市灌溉农田水资源利用效率进行了分析，得出春花生的水分利用效率为 3.91 元/m^3，苹果的水分利用效率为 12.15 元/m^3。然而，针对湿地生态系统开展的水资源利用效率研究并不多见，本研究对此领域进行了探索，取得了一些有益的成果，但仍需对建立的湿地水资源利用效率评价方法加以完善，以便更好地服务于湿地保护与恢复工作。

12.4 小　　结

本章以海河流域重要湿地白洋淀为典型，将其生态服务功能划分为生物资源供给、水资源供给、大气调节等 11 种类型，将湿地生态环境需水量划分为植物蒸散发、水面蒸发、渗漏等 8 种类型，并分别进行了量化估算和评价。在此基础上，建立起湿地生态环境需水量与生态服务功能间的耦合关系，开展了白洋淀湿地生态系统 7 种水资源利用效率的分析评价，获得的主要结论如下。

1）在湿地生态服务功能评价中，系统分析了白洋淀湿地具备的生态服务功能，建立了白洋淀湿地生态服务功能评价指标体系。对不同类型的指标，采用适应性的经济价值计算方法分别进行了定量评估，并综合计量得到湿地生态服务功能总价值。对白洋淀湿地生态服务价值定量评估的结果表明，自 20 世纪 50 年代以来，白洋淀湿地服务功能退化严重，生态服务价值由原来的 30.9 亿 ~ 45.7 亿元降至现状条件下的 10.3 亿 ~ 16.8 亿元。主导服务功能由原来的洪水控制、水资源供给和气候调节功能转变为现状条件下的洪水控制、旅游和生物资源供给功能。

2）针对湿地生态环境需水量计算中存在的水面蒸发、植物散发和边界渗漏水量难以区分的问题，采用研发的多筒蒸散仪对湿地蒸散发量进行分离监测，利用长期监测数据建立的点面转换模型计算了单元蒸发和散发量，并以推求得到的湿地单元蒸散量为依据，基于卫星遥感影像得到白洋淀全域的蒸散发分离反演结果。对白洋淀湿地生态环境需水量的计算表明，年均消耗型需水量为 $1.37\times10^8 m^3$，非消耗型需水中环境净化需水量最大为 $7.43\times10^8 m^3$。为维系白洋淀湿地正常运行，除每年需补充消耗型需水量维持水量平衡外，还需要有一定数量的供水满足环境净化需水量。

3）从湿地生态环境需水量对生态服务功能的支撑作用衡量湿地水资源利用效率理念出发，建立起用于湿地水资源利用效率评价的需求与功能耦合算法。在白洋淀湿地生态环境需水量和生态服务功能多类型划分的基础上，计算得到白洋淀湿地植物蒸散需水量利用效率、栖息地需水量利用效率、景观保护需水量利用效率和娱乐需水量利用效率相对较高，分别为 1.12 ~ 2.41 元/m^3、2.48 ~ 3.11 元/m^3、1.04 ~ 3.18 元/m^3和 0.85 ~ 2.89 元/m^3，而环境净化需水量利用效率最低，为 0.18 ~ 0.34 元/m^3。

参考文献

《安新县水利志》编纂委员会．1995. 安新县水利志．石家庄：河北科学技术出版社．

安树青．2004. 湿地生态工程——湿地资源利用与保护的优化模式．北京：化学工业出版社．

保罗·萨缪尔森，威廉·诺德．1998. 经济学（第16版）．萧琛，等译．北京：华夏出版社．

鲍达明，胡波，赵欣胜，等．2007. 湿地生态用水标准确定及配置——以白洋淀湿地为例．资源科学，29（5）:110-120.

北京市大兴区统计局．2006. 大兴区“十一五”时期社会经济统计资料汇编．北京：北京市大兴区统计局．

北京市大兴区统计局．2008. 北京市大兴区统计年鉴2007年．北京：北京市大兴区统计局．

蔡甲冰，许迪，刘钰，等．2010. 冬小麦返青后作物腾发量的尺度效应及其转换研究．水利学报，41（7）：862-869.

蔡锡填，徐宗学，苏保林，等．2009. 区域蒸散发分布式模拟及其遥感验证．农业工程学报，25（10）：154-160.

蔡学良，崔远来，代峻峰，等．2007. 长藤结瓜灌溉系统回归水重复利用．武汉大学学报（工学版），2：46-50.

曹红霞，粟晓玲，康绍忠，等．2007. 陕西关中地区参考作物蒸发蒸腾量变化及原因．农业工程学报，23（11）：8-16.

曹巧红，龚元石．2003. 应用Hydrus-1D模型模拟分析冬小麦农田水分氮素运移特征．植物营养与肥料学报，9（2）：139-145.

曹云者，宇振荣，赵同科．2003. 夏玉米需水及耗水规律的研究．华北农学报，18（2）：47-50.

陈鹤．2013. 基于遥感蒸散发的陆面过程同化方法研究．北京：清华大学博士学位论文．

陈景玲．1998. 实用光源的lx与μmol $m^{-2}s^{-1}$的转换关系．河南农业大学学报，32（2）：199-202.

陈文．2003. 景泰川“提黄”灌区水量还原分析研究．农业科技与信息，6：47-48.

陈仲新，张新时．2000. 中国生态系统效益的价值．科学通报，45（1）：17-22.

丛振涛，倪广恒，杨大文．2008. “蒸发悖论”在中国的规律分析．水科学进展，19：147-152.

崔丽娟．2002. 扎龙湿地价值货币化评价．自然资源学报，17（4）：451-456.

崔丽娟．2004. 鄱阳湖湿地生态系统服务功能价值评估研究．生态学杂志，23（4）：47-51.

崔秀丽，侯玉卿，王军．1999. 白洋淀生态演变的原因、趋势与保护对策．保定师专学报，12（2）：86-89.

崔远来，李远华，袁宏源，等．1999. 考虑随机降雨时稻田高效节水灌溉制度．水利学报，07：41-46.

崔远来，董斌，李远华，等．2007. 农业灌溉节水评价指标与尺度问题．农业工程学报，23（7）：1-7.

代俊峰，崔远来．2006. SWAT模型及其在灌区管理中的应用前景．中国农村水利水电，6：34-36.

邓伟，潘响亮，栾兆擎．2003. 湿地水文学研究进展．水科学进展，14（4）：521-527.

丁妍．2007. 应用DSSAT模型评价土壤硝态氮淋洗风险——以北京大兴区为例．北京：中国农业大学硕士学位论文．

东迎欣．2006. 扎龙湿地生态环境需水量研究．长春：吉林大学硕士学位论文．

董斌，崔远来，黄汉生，等．2003. 国际水管理研究院水量平衡计算框架和相关评价指标．中国农村水利水电，1（5）：8.

杜嘉，张柏，宋开山，等．2010. 三江平原主要生态类型耗水分析和水分盈亏状况研究．水利学报，41（2）:155-163.
段爱旺．2005. 水分利用效率的内涵及使用中需要注意的问题．灌溉排水学报，24（1）：8-11.
樊引琴，蔡焕杰．2002. 单作物系数法和双作物系数法计算作物需水量的比较研究．水利学报，3：50-54.
方国华，胡玉贵，徐瑶．2006. 区域水资源承载能力多目标分析评价模型及应用．水资源保护，22（6）：9-14.
冯绍元．1995. 土壤-水-植物系统中氮素运移、转化与吸收模拟研究．北京：中国农业大学博士学位论文．
傅抱璞．1981. 论陆面蒸发的计算．大气科学，5（1）：23-28.
傅娇艳，丁振华．2007. 湿地生态系统服务、功能和价值评价研究进展．应用生态学报，18（3）：681-686.
甘应爱，田丰，李维铮，等．1990. 运筹学．北京：清华大学出版社．
高传昌，张世宝，刘增进．2001. 灌溉渠系水利用系数的分析与计算．灌溉排水，20（01）：50-54.
高俊琴，吕宪国，李兆富．2002. 三江平原湿地冷湿效应研究．水土保持学报，16（4）：149-151.
高鹭，胡春胜，陈素英．2006. 喷灌条件下冬小麦根系分布与土壤水分条件的关系．华南农业大学学报，27（1）：5-8.
高如泰．2005. 黄淮海平原农田土壤水氮行为模拟与管理分析．北京：中国农业大学博士学位论文．
高彦春，龙笛．2008. 遥感蒸散发模型研究进展．遥感学报，12（3）：515-528.
龚元石．1995. Penman-Monteith 公式与 FAO-PPP-17Penman 修正式计算参考作物蒸散量的比较．北京农业大学学报，21（1）：68-75.
郭方，刘新仁．2000. 以地形为基础的流域水文模型：TOPMODEL 及其拓宽应用．水科学进展，11（3）：296-301.
郭晓寅，程国栋．2004. 遥感技术应用于地表面蒸散发的研究进展．地球科学进展，19（1）：107-114.
郭玉川．2007. 基于遥感的区域蒸散发在干旱区水资源利用中的应用．乌鲁木齐：新疆农业大学硕士学位论文．
郭跃东，何岩，邓伟，等．2004. 扎龙国家自然湿地生态环境需水量研究．水土保持学报，18（6）：163-166，174.
国家统计局．1992. 中国统计年鉴．北京：中国统计出版社．
韩松俊，胡和平，杨大文，等．2009. 塔里木河流域山区和绿洲潜在蒸散发的不同变化及影响因素．中国科学 E 辑：技术科学，52：1375-1383.
韩希福，王所安，曹玉萍，等．1991. 白洋淀重新蓄水后鱼类组成的生态学分析．河北渔业，（6）：8-11.
韩曾萃，尤爱菊，徐有成，等．2006. 强潮河口环境和生态需水及其计算方法．水利学报，37（4）：395-402.
何淑媛．2005. 农业节水综合效益评价指标体系与评价方法研究．南京：河海大学博士学位论文．
何淑媛，方国华．2008. 农业节水综合效益评价模型研究．水利经济，5：62-69.
胡和平，汤秋鸿，雷志栋，等．2004. 干旱区平原绿洲散耗型水文模型——Ⅰ模型结构．水科学进展，15（2）:140-145.
黄妙芬．2003. 地表通量研究进展．干旱区地理，26（2）：159-165.
黄聿刚，丛振涛，雷志栋，等．2005. 新疆麦盖提绿洲水资源利用与耗水分析——绿洲耗散型水文模型的应用．水利学报，36（9）：1062-1066.

贾大林，姜文来．2000. 试论提高农业用水效率．节水灌溉，(5)：18-21.

贾毅．1992. 白洋淀环境演变的人为因素分析．地理学与国土研究，8（4）：31-33.

姜文来．1998. 水资源价值论．北京：科学出版社．

姜文来．2001. 关于水资源价值的三个问题．水利发展研究，(1)：13-14，44.

蒋高明．1996. LI-6400 光合作用测定系统：原理、性能、基本操作与常见故障的排除．植物学报，S1：72-76.

金菊良，张礼兵，魏一鸣．2004. 水资源可持续利用评价的改进层次分析法．水科学进展，15（2）：229-232.

鞠美庭，王艳霞，孟伟庆，等．2009. 湿地生态系统的保护与评估．北京：化学工业出版社．

巨晓棠，潘家荣，刘学军，等．2003. 北京郊区冬小麦-夏玉米轮作体系中氮肥去向研究．植物营养与肥料学报，9（3）：64-70.

康绍忠，熊运章．1990. 干旱缺水条件下麦田蒸散量的计算方法．地理学报，45（04）：475-483.

雷波．2010. 农业用水效率与效益综合评价研究．北京：中国农业科学研究院研究生院博士学位论文．

雷波，姜文来．2006. 旱作节水农业综合效益评价体系研究．干旱地区农业研究，24（5）：99-104.

雷波，刘钰，许迪，等．2009. 农业用水效率与效益综合评价研究进展．水科学进展，20（5）：732-738.

雷波，刘钰，杜丽娟，等．2011a. 灌区节水改造环境效应综合评价研究初探．灌溉排水学报，30（3）：100-103.

雷波，刘钰，许迪．2011b. 灌区农业灌溉节水潜力估算理论与方法．农业工程学报，27（1）：10-14.

雷慧闽．2011. 华北平原大型灌区生态水文机理与模型研究．北京：清华大学博士学位论文．

雷慧闽，杨大文，沈彦俊，等．2007. 黄河灌区水热通量的观测与分析．清华大学学报（自然科学版），47（6）：23-33.

雷志栋，杨诗秀，谢森传．1988. 土壤水动力学．北京：清华大学出版社．

雷志栋，胡和平，杨诗秀，等．2006. 塔里木盆地绿洲耗水分析．水利学报，37（12）：1470-1475.

李慧伶，王修贵，崔远来，等．2006. 灌区运行状况综合评价的方法研究．水科学进展，17（4）：543-549.

李建国，李贵宝，崔慧敏，等．2004. 白洋淀芦苇湿地退化及其保护研究．南水北调与水利科技，2（3）:35-38.

李建国，李贵宝，王殿武，等．2005. 白洋淀湿地生态系统服务功能与价值估算的研究．南水北调与水利科技，3（3）：18-21.

李建云，王汉杰．2009. 南水北调大面积农业灌溉的区域气候效应研究．水科学进展，20（3）：343-349.

李玲，徐中民．2008. 生态经济价值理论浅析．生态经济研究，6：44-49.

李上达，寇建林．2007. 白洋淀污染成因及对策．河北水利，(7)：36-47.

李思恩，康绍忠，朱治林，等．2008. 应用涡度相关技术监测地表蒸发蒸腾量的研究进展．中国农业科学，41（9）：2120-2726.

李荫堂，李志勇，方飞，等．2007. 湿地降温调湿效应的数值模拟研究．西安交通大学学报，41（7）：825-828，846.

李英华，崔保山，杨志峰．2004. 白洋淀水文特征变化对湿地生态环境的影响．自然资源学报，19（1）：62-68.

李远华，崔远来．2009. 不同尺度灌溉水高效利用理论与技术．北京：中国水利水电出版社．

李远华，张明炷，苑之昌，等．1994. 非充分灌溉条件下作物需水量分析计算研究．武汉水利电力大学学报，10（5）：23-29.

李远华，董斌，崔远来．2005. 尺度效应及其节水灌溉策略．世界科技研究与发展，27（6）：31-35.
李韵珠，李保国．1998. 土壤溶质运移．北京：科学出版社．
梁宝成．2006. 白洋淀可持续发展对策．水科学与工程技术，(4)：41-43.
梁艳萍，许迪，白美健，等．2009. 冬小麦不同畦灌施肥模式水氮分布田间试验．农业工程学报，25（3）:22-27.
廖永松．2006. 中国的灌溉用水与粮食安全．北京：中国水利水电出版社．
刘昌明，王会肖．1999. 土壤—作物—大气界面水分过程与节水调控．北京：科学出版社．
刘昌明，郑红星，王中根．2006. 流域水循环分布式模拟．北京：黄河水利出版社．
刘鹄，赵文智．2007. 农业水生产力研究进展．地球科学进展，22（1）：58-65.
刘国水，刘钰，蔡甲冰，等．2011. 农田不同尺度蒸散量的尺度效应与气象因子的关系．水利学报，42（3）:284-289.
刘静玲，杨志峰．2002. 湖泊生态环境需水量计算方法研究．自然资源学报，17（5）：604-609.
刘立华．2005. 白洋淀湿地水环境承载能力及水环境研究．保定：河北农业大学硕士学位论文．
刘文兆．1998. 作物生产、水分消耗与水分利用效率间的动态联系．自然资源学报，13（1）：23-27.
刘学军，赵耀红．2006. 白洋淀渔业资源生态环境保护修复的探讨．河北渔业，(9)：3-5，32.
刘钰，Pereira L S. 2000. 对 FAO 推荐的作物系数计算方法的验证．农业工程学报，16（05）：26-30.
刘钰，Perira L S. 2001. 气象数据缺测条件下参照腾发量的计算方法．水利学报，3：11-17.
刘钰，Perira L S，蔡林根．1997. 参照腾发量的新定义及计算方法对比．水利学报，6：27-33.
龙秋波，贾绍凤．2011. 茎流计发展及应用综述．水资源与水工程学报，4：18-23.
卢俐，刘绍民，徐自为，等．2009. 不同下垫面大孔径闪烁仪观测数据处理与分析．应用气象学报，20（2）:171-178.
鲁传一．2004. 资源与环境经济学．北京：清华大学出版社．
陆鸿宾．1981. 抚仙湖的气候特征．海洋湖泊通报，(4)：1-12.
罗杰·伯曼，马越，詹姆斯·麦吉利夫雷．1998. 自然资源与环境经济学．侯兆元，张涛，姜文来，等译．北京：中国经济出版社．
马敏立，温淑瑶，孙笑春，等．2004. 白洋淀水环境变化对安新县经济发展的影响．水资源保护，(3)：5-8.
马涛．2012. 湿地生态环境耗水规律及水资源利用效用评价．大连：大连理工大学博士学位论文．
马铁民．2005. 扎龙湿地生态系统需水量研究．南京：河海大学硕士学位论文．
马中．2006. 环境与自然资源经济学概论．北京：高等教育出版社．
明道绪．1986. 通径分析的原理与方法．农业科学导报，1（1）：39-43.
莫兴国，项月琴，刘苏峡．1996. 冬小麦群体叶片气孔导度差异性分析．植物学报，38（6）：467-474.
莫兴国，林忠辉，刘苏峡．2000. 基于 Penman-Monteith 公式的双源模型的改进．水利学报，6：6-11.
莫兴国，刘苏峡，林忠辉，等．2011. 华北平原蒸散和 GPP 格局及其对气候波动的响应．地理学报，66（5）:589-598.
穆兴民，徐学选，陈霁巍．2001. 黄土高原生态水文研究．北京：中国林业出版社．
欧阳志云，郑华，彭世章，等．2014. 海河流域生态系统演变、生态效应及其调控方法．北京：科学出版社．
彭世彰，索丽生．2004. 节水灌溉条件下作物系数和土壤水分修正系数试验研究．水利学报，(1)：17-21.
齐学斌，庞洪斌．2000. 节水灌溉的环境效益研究现状及研究重点．农业工程学报，16（4）：39-40.
乔国庆，胡清华，莫军．2005. 主成分回归在水稻需水量预测中的应用．塔里木大学学报，17（2）：6-9.

邱新法，曾燕，刘昌明. 2003. 陆面实际蒸散研究. 地理科学进展，22（2）：118-124.
邱扬. 2001. 黄土丘陵小流域土壤水分空间预测的统计模型. 地理研究，20（6）：739-751.
屈艳萍，康绍忠，张晓涛，等. 2006. 植物蒸发蒸腾量测定方法述评. 水利水电科技进展，26（3）：72-77.
荣其瑞. 1989. 博斯腾湖气候效应初探. 干旱区地理，12（3）：28-32.
芮孝芳. 2004. 水文学原理. 北京：中国水利水电出版社.
桑学锋，秦大庸，周祖昊，等. 2009. 基于广义ET的水资源与水环境综合规划研究Ⅲ：应用. 水利学报，40（12）：9-16.
申双和，孙照渤，陈镜明. 2005. 北方黑云杉林冠内空气 CO_2 浓度及其上方通量模拟. 气象学报，63（6）：969-979.
沈大军，梁瑞驹，王浩，等. 1998. 水资源价值. 水利学报，5：11-19.
沈小谊，黄永茂，沈逸轩. 2003. 灌区水资源利用系数研究. 中国农村水利水电，1（1）：21-24.
沈逸轩，黄永茂，沈小谊，等. 2005. 年灌溉水利用系数研究. 中国农村水利水电，7：7-8.
沈振荣，汪林，于福亮，等. 2000. 节水新概念——真实节水的研究与应用. 北京：中国水利水电出版社.
施雅风，沈永平，李栋梁，等. 2003. 中国西北气候由暖干向暖湿转型的特征和趋势探讨. 第四纪研究，23：152-164.
石惠春，王芳. 2009. 石羊河流域下游生态系统服务功能价值的评估. 福建师范大学学报（自然科学版），28（4）：18-24.
石玉林. 2006. 资源科学. 北京：高等教育出版社.
史宝成，刘钰，蔡甲冰. 2007. 不同供水条件对冬小麦生长因子的影响. 麦类作物学报，27（6）：1089-1095.
史海滨，何京丽，郭克贞. 1997. 参考作物潜在腾发量计算方法及其适用性评价. 灌溉排水，16（4）：50-54.
司建华，冯起，张小由，等. 2005. 植物蒸散耗水量测定方法研究进展. 水科学进展，16（3）：450-459.
宋从和. 1993. 波文比能量平衡法的应用及其误差分析. 河北林学院学报，8（1）：85-96.
宋松柏，蔡焕杰. 2004. 区域水资源可持续利用评价的人工神经网络模型. 农业工程学报，6：89-92.
苏友华. 2000. 多指标综合评价理论及方法问题研究. 厦门：厦门大学博士学位论文.
孙景生，刘祖贵，张寄阳，等. 2002. 风沙区春小麦作物系数试验研究. 农业工程学报，6：55-58.
孙龙，王传宽，杨国亭，等. 2007. 应用热扩散技术对红松人工林树干液流通量的研究. 林业科学，43（11）：8-14.
孙鹏森，马履一. 2002. 水源保护树种耗水特性研究与应用. 北京：中国科技文献出版社.
通州区国土资源和房屋管理局. 2003. 北京市通州区土地开发整理规划.
汪富贵. 2001. 大型灌区灌溉水利用系数的分析方法. 节水灌溉，6（06）：25-26.
王浩，王成明，王建华，等. 2004. 二元年径流演化模式及其在无定河流域的应用. 中国科学E辑，34（增刊）：42-48.
王积强. 1994. 关于博斯腾湖对降水量的影响. 干旱区地理，17（4）：88-90.
王继国. 2007. 艾比湖湿地调节气候生态服务价值评价. 湿地科学与管理，3（2）：38-41.
王蕾，刘钰，许迪，等. 2014. 基于作物耗水定额控制的灌溉管理模型. 中国水利水电科学研究院学报，12（1）：30-35.
王菱，倪建华. 2001. 以黄淮海为例研究农田实际蒸散量. 气象学报，59（06）：784-794.

王相平．2007. 再生水灌溉条件下农田水氮迁移转化的 RZWQM 模拟．北京：中国农业大学硕士学位论文．

王相平．2010. 区域农田水氮利用效率及氮素淋失风险模拟研究．北京：中国农业大学博士学位论文．

王笑影．2003. 农田蒸散估算方法研究进展．农业系统科学与综合研究，19（2）：81-84.

王仰仁．2004. 考虑水分和养分胁迫的 SPAC 水热动态与作物生长模拟研究．杨凌：西北农林科技大学博士学位论文．

王忠，顾蕴洁．2006. 农林院校必修课考试辅导丛书：植物生理学分册．北京：科学技术文献出版社．

王宗明，梁银丽．2002. 应用 EPIC 模型计算黄土塬区作物生产潜力的初步尝试．自然资源学报，17（4）：81-87.

魏天兴，朱金兆．1999. 林分蒸散耗水量测定方法述评．北京林业大学学报，21（3）：85-91.

吴家兵，关德新，张弥，等．2005. 涡动相关法与波文比-能量平衡法测算森林蒸散的研究——以长白山阔叶红松林为例．生态学杂志，24（10）：1245-1249.

吴景社．2003. 区域节水灌溉综合效应评价方法与应用研究．杨凌：西北农林科技大学博士学位论文．

吴明隆．2009. 结构方程模型——AMOS 的操作与应用．重庆：重庆大学出版社．

吴平，付强．2008. 扎龙湿地生态系统服务功能价值评估．农业现代化研究，29（3）：335-337.

吴现兵．2009. 白洋淀与上游水库群防洪联合调度研究．保定：河北农业大学硕士学位论文．

夏桂敏，康绍忠，李王成，等．2006. 甘肃石羊河流域干旱荒漠区柠条树干液流的日季变化．生态学报，26（4）：1186-1193.

谢柳青，李桂元，余健来．2001. 南方灌区灌溉水利用系数确定方法研究．武汉大学学报（工学版），34（2）：17-19.

谢先红．2008. 灌区水文变量标度不变性与水循环分布式模拟．武汉：武汉大学博士学位论文．

谢仲伦．1996. 相关性通径分析问题剖析．农业系统科学与综合研究，12（3）：33-36.

辛琨．2001. 生态系统服务功能价值估算——以辽宁省盘锦地区为例．沈阳：中国科学院应用生态研究所博士学位论文．

辛晓洲，田国良，柳钦火．2003. 地表蒸散定量遥感的研究进展．遥感学报，7（3）：233-240.

新华社．2006. 海河流域水资源开发利用过度，湿地减少六分之五．中央政府门户网站．www. gov. cn/jrzg/2006-02/11/Content_ 186089. htm.

熊隽，吴炳方，闫娜娜，等．2008. 遥感蒸散模型的时间重建方法研究．地理科学进展，2：53-59.

熊伟，王彦辉，于澎涛，等．2008. 华北落叶松树干液流的个体差异和林分蒸腾估计的尺度上推．林业科学，44（1）：34-40.

徐惠风，刘兴土，沙箓，等．2004. 遮荫条件下乌拉苔草叶片气孔阻力与脯氨酸、叶绿素含量的研究．农业系统科学与综合研究，20：232-234.

徐艳，张凤荣，汪景宽，等．2004. 20 年来我国潮土区与黑土区土壤有机质变化的对比研究．土壤通报，32（2）：102-105.

徐英，陈亚新，史海滨，等．2004. 土壤水盐空间变异尺度效应的研究．农业工程学报，20（2）：1-5.

徐自为，黄勇彬，刘绍民．2010. 大孔径闪烁仪观测方法的研究．地球科学进展，25（11）：1139-1147.

许迪．2006. 灌溉水文学尺度转换问题研究综述．水利学报，37（2）：141-149.

许迪，刘钰，李益农，等．2008. 现代灌溉水管理发展理念及改善策略研究综述．水利学报，39（10）：1204-1212.

许迪，龚时宏，李益农，等．2010a. 农业水管理面临的问题及发展策略．农业工程学报，26（11）：1-7.

许迪，龚时宏，李益农，等．2010b. 作物水分生产率改善途径与方法研究综述．水利学报，41（6）：

631-639.
许新宜，王红瑞，刘海军，等．2010. 中国水资源利用效率评估报告．北京：北京师范大学出版社．
薛达元．1997. 生物多样性经济价值评估：长白山自然保护区案例研究．北京：中国环境科学出版社．
闫风茹，申玉兰．2003. 略论综合评价方法．山西统计，1：16-19.
杨爱民，唐克旺，王浩，等．2004. 生态用水的基本理论与计算方法．水利学报，（12）：39-45.
杨春霄．2010. 白洋淀入淀水量变化及影响因素分析．地下水，32（2）：110-112.
杨大文，李翀，倪广恒，等．2004. 分布式水文模型在黄河流域的应用．地理学报，59（01）：143-154.
杨大文，丛正涛，胡四一，等．2008. 生态水文学．北京：中国水利水电科学出版社．
杨定稳，沙光明．1997. 江苏里下河地区小湖泊的热效应．中国农业气象，18（5）：30-34.
杨汉波．2008. 流域水热耦合平衡方程推导及其应用．北京：清华大学博士学位论文．
杨汉波，杨大文，雷志栋，等．2008. 任意时间尺度上的流域水热耦合平衡方程的推导及验证．水利学报，39（5）：610-617.
杨晓光，Bouman B A M，张秋平，等．2006. 华北平原旱稻作物系数试验研究．农业工程学报，22（2）：37-41.
杨志峰，崔保山，刘静玲，等．2003. 生态环境需水量理论、方法与实践．北京：科学出版社．
易永红，杨大文，刘钰，等．2008. 区域蒸散发遥感模型研究的进展．水利学报，39（9）：1118-1124.
易镇邪，王璞，陈平平，等．2008. 不同夏玉米品种水分利用效率对氮肥与降水量的响应．干旱地区农业研究，26（1）：51-56.
尹健梅，程伍群，严磊，等．2009. 白洋淀湿地水文水资源变化趋势分析．水资源保护，25（1）：52-54，58.
尹世洋．2008. 基于 GIS 的北京市再生水灌区地下水防污性能区划研究．北京：中国农业大学硕士学位论文．
于贵瑞，孙晓敏．2006. 陆地生态系统通量观测的原理与方法．北京：高等教育出版社．
于贵瑞，王秋凤．2010. 植物光合、蒸腾与水分利用的生理生态学．北京：科学出版社．
于文颖，周广胜，迟道才，等．2007. 湿地生态水文过程研究进展．节水灌溉，1：19-23.
袁作新．1990. 流域水文模型．北京：水利水电出版社．
张宝忠．2011. 农田 ET 时空变异及尺度转换模式研究．北京：中国水利水电科学研究院博士学位论文．
张宝忠，刘钰，许迪，等．2011. 基于夏玉米叶片气孔导度提升的冠层导度估算模型．农业工程学报，27：80-86.
张大鹏，粟晓玲，马孝义，等．2009. 基于 CVM 的石羊河流域生态修复评估．中国水土保持，8：39-43.
张和喜，迟道才，刘作新，等．2006. 作物需水耗水规律的研究进展．现代农业科技，3：52-54.
张晴，李力．2009. 我国净生态系统碳交换量（NEE）的时空变化特征研究．安徽农业科学，37（7）：3108-3040.
张素珍，王金斗，李贵宝．2006. 安新县白洋淀湿地生态系统服务功能评价．中国水土保持，（7）：12-15.
张素珍，马静，李贵宝．2007. 白洋淀湿地面临的生态问题及可持续发展对策．南水北调与水利科技，5（4）:53-56，60.
张依章，刘孟雨，唐常源，等．2007. 华北地区农业用水现状及可持续发展思考．节水灌溉，（6）：1-3.
张于心，智明光．1995. 综合评价指标体系和评价方法．北方交通大学学报，19（3）：393-400.
张芸，吕宪国，倪健．2004. 三江平原典型湿地冷湿效应的初步研究．生态环境，13（1）：37-39.
张志成，袁作新．1990. 地下径流的参数分割法．水文，1：14-19.

张致和．1984. 白洋淀水产资源及综合治理意见．保定：保定地区行署畜牧水产局．

赵春龙，肖国华，罗念涛，等．2007. 白洋淀鱼类组成现状分析．河北渔业，(11)：49-50.

赵荣芳，陈新平，张福锁．2009. 华北地区冬小麦-夏玉米轮作体系的氮素循环与平衡．土壤学报，46 (4):684-697.

赵彦红，连进元，赵秀平．2005. 白洋淀自然保护区湿地生物生境安全保护．石家庄职业技术学院学报，17 (2)：1-4.

赵益新，陈巨东．2007. 通径分析模型及其在生态因子决定程度研究中的应用．四川师范大学学报（自然科学版)，30 (1)：120-123.

郑煜，陈阜，张海林，等．2006. 北京市灌溉农田水资源利用效率研究．水土保持研究，13 (6)：55-57.

周林飞，许士国，李青山，等．2007. 扎龙湿地生态环境需水量安全阈值的研究．水利学报，38 (7)：845-851.

朱治林，孙晓敏，贾媛媛，等．2010. 基于大孔径闪烁仪（LAS）测定农田显热通量的不确定性分析．地球科学进展，25 (11)：88-96.

左大康，谢贤群．1991. 农田蒸发研究．北京：气象出版社．

左东启，戴树声，袁汝华，等．1996. 水资源评价指标体系研究．水科学进展，7 (4)：367-374.

A. 迈克尔・弗里曼．2002. 环境与资源价值评估．北京：中国人民大学出版社．

Abdul R B, Olena K, Gunnar K. 2009. Sensitivity of drainage to rainfall, vegetation and soil characteristics. Computers and Electronics in Agriculture, 68: 1-8.

Abtew W, Melesse A. 2012. Evaporation and Evapotranspiration: Measurements and Estimations. Dordrecht: Springer.

Acevedo E, Hsiao T C, Henderson D W. 1971. Immediate and subsequent growth responses of maize leaves to changes in water status. Plant Physiol., 48: 631-636.

Ali M F, Mawdsley J A. 1987. Comparison of two recent models for estimating actual evapotranspiration using only recorded data. Journal of Hydrology, 93: 257-276.

Allen R G. 2000. Using the FAO-56 dual crop coefficient method over an irrigated region as part of an evapotranspiration intercomparison study. J of Hydrol., 229 (1-2): 27-41.

Allen R G, Jensen M E, Wright J L, et al. 1989. Operational estimates of reference evapotranspiration. Agron. J, 81: 650-662.

Allen R G, Pereira L S, Raes D, et al. 1998. Crop Evapotranspiration: Guidelines for Computing Crop Water Requirements. Rome: FAO Irrigation and Drainage Paper No. 56. Food and Agricultural Organization of the United Nations.

Allen R G, Pereira L S, Smith M, et al. 2005a. FAO-56 dual crop coefficient method for estimating evaporation from soil and application extensions. J Irrig Drain Eng., 131: 2-13.

Allen R G, Tasumi M, Morse A, et al. 2005b. A Landsat-based energy balance and evapotranspiration model in Western US water rights regulation and planning. Irrigation and Drainage Systems, 19 (3-4): 251-268.

Allen R G, Tasumi M, Trezza R. 2007. Satellite-based energy balance for mapping evapotranspiration with internalized calibration (METRIC) model. Journal of Irrigation and Drainage E-ASCE, 133: 380-394.

Amano E, Salvucci G D. 1999. Detection and use of three signatures of soil-limited evaporation. Remote Sensing of Environment, 67: 108-122.

Anadranistakis M, Liakatas A, Kerkides P, et al. 2000. Crop water requirements model tested for crops grown in Greece. Agr Water Manage, 45 (3): 297-316.

Angus D E, Watts P J. 1984. Evapotranspiration-how good is the Bowen ratio method. Agr Water Manage, 8 (1):133-150.

Anthoni P M, Law B E, Unsworth M H. 1999. Carbon and water vapor exchange of an open-canopied ponderosa pine ecosystem. Agr Forest Meteorol, 95 (3): 151-168.

Arora V K. 2002. The use of the aridity index to assess climate change effect on annual runoff. Journal of Hydrology, 265: 164-177.

Bagley J M. 1965. Effects of competition on efficiency of water use. Journal of Irrigation and Drainage Division of the American Society of Civil Engineers, 91: 69-77.

Ball J T. 1988. An Analysis of Stomatal Conductance. Stanford: Stanford University.

Bastiaanssen W G M. 2000. SEBAL-based sensible and latent heat fluxes in the irrigated Gediz Basen, Turkey. Journal of Hydrology, 229: 87-100.

Bastiaanssen W G M, Menenti M, Feddes R A, et al. 1998. A remote sensing surface energy balance algorithm for land (SEBAL): 1. Formulation. Journal of Hydrology, 212-213: 198-212.

Bear J, Wang F L, Shaviv A. 1998. An N-dynamics model for predicting N-behavior subject to environmentally friendly fertilization practices: Ⅰ-Mathematical Model. Transport in Porous Media, 31: 249-274.

Belmans C, Wesseling J C, Feddes R A. 1983. Simulation of the water balance of a cropped soil: SWATRE. Journal of Hydrology, 63: 271-286.

Bernatowicz S, Leszczynski S, Tyczynska S. 1976. The influence of transpiration by emergent plants on the water balance in lakes. Aquatic Botany, 2: 275-288.

Betts A, Ball J H. 1998. FIFE surface climate and site-average dataset 1987- 1989. Journal of Atmosphyeric Science, 55 (7): 1091-1108.

Biftu G F, Gan T Y. 2001. Assessment of evapotranspiration models applied to a watershed of Canadian Prairies with mixed land uses. Journal of Hydrologic Processes, 14: 1305-1325.

Borah D K, Bera M. 2003. Watershed-scale hydrologic and nonpoint-source pollution models: Review of mathematical bases. Transactions of the ASAE, 46 (6): 1553-1566.

Borg H, Grimes D V. 1986. Depth development of roots with time: an empirical description. Trans. ASAE, 29: 194-197.

Bos M G. 1985. Der Einfluss der Grosse der Bewasserungseinheiten auf die verschienden Bewasserungswirkungs-grade. Zeitschriftfür Bewasserungs Wirtschaft, Bonn, 14 (1): 139-155.

Bouchet R. 1963. Evapotranspiration reelle at potentielle, signification climatique. IAHS Publication, 62 (1): 134-142.

Bowen I S. 1926. The ratio of heat losses by conductions and by evaporation from any water surface. Physical Reviews, 27 (6): 779-787.

Brenner A J, Incoll L D. 1997. The effect of clumping and stomatal response on evaporation from sparsely vegetated shrublands. Agr Forest Meteorol, 84 (3-4): 187-205.

Brisson N, Itier B, L' Hotel J C, et al. 1998. Parameterisation of the Shuttleworth-Wallace model to estimate daily maximum transpiration for use in crop models. Ecological Modelling, 107: 159-169.

Brown K W, Rosenberg N J. 1973. A resistance model to predict evapotranspiration and its application to a sugar beet field. Agronomy Journal, 65: 341-347.

Brutsaert W. 1982. Evaporation into the Atmosphere: Theory, History, and Application. Dordrecht: D. Reidel Publishing Company.

Brutsaert W, Parlange M B. 1998. Hydrologic Cycle explains the evaporation paradox. Nature, 396: 30.

Brutsaert W, Stricker H. 1979. An advection-aridity approach to estimate actual regional evapotranspiration. Water Resources Research, 15: 443-450.

Budyko M I. 1974. Climate and Life. San Diego: Academic Presss.

Burba G, Anderson D. 2010. A Brief Practical Guide to Eddy Covariance Flux Measurements: Principles and Workflow Examples for Scientific and Industrial Applications, Version 1. 0. 1. Lincoln: LI-COR Biosciences, LI-COR, Inc.

Carlson T N, Gillies R R, Perry E M. 1994. A method to make use of thermal infrared temperature and NDVI measurements to infer surface soil water content and fractional vegetation cover. Remote Sensing Review, 52: 45-59.

Carlson T N, Capehart W J, Gillies R R. 1995. A new look at the simplified method for remote sensing of daily evapotranspiration. Remote Sensing of Environment, 54: 161-167.

Chavez J L, Neale C M U, Prueger J H, et al. 2008. Daily evapotranspiration estimates from extrapolating instantaneous airborne remote sensing ET values. Irrigation Science, 27 (1): 67-81.

Chemin Y, Alexandridis T. 2001. Improving spatial resolution of ET seasonal for irrigated rice in Xhanghe, China. Singapore: 22nd Asian Conference on Remote Sensing.

Chen J M, Liu J, Cihlar J, et al. 1999. Daily canopy photosynthesis model through temporal and spatial scaling for remote sensing applications. Ecological Modelling, 124: 99-119.

Choudhury B J, Monteith J L. 1988. A four-layer model for the heat budget of homogeneous land surfaces. Royal Meteorological Society, Quarterly Journal, 114: 373-398.

Christopher B S T, Simmonds L P, Wheeler T R. 2001. Modelling the partitioning of solar radiation capture and evapotranspiration in intercropping systems (2nd) . Brussels, Belgium: International Conference on TCMH.

Christopher B S T, Simmonds L P, Wheeler T R. 2006. Modelling the partitioning of evapotranspiration in a maize-sunflower intercrop. Malaysian Journal of Soil Science, 6: 27-41.

Chung S Q, Horton R. 1987. Soil heat and water flow with a partial surface mulch. Water Resource Research, 23 (12): 2175-2186.

Cleugh H A, Leuning R, Mu Q, et al. 2007. Regional evaporation estimates from flux tower and MODIS satellite data. Remote Sensing of Environment, 106 (3): 285-304.

Colaizzi P D, Evett S R, Howell T A, et al. 2006. Comparison of five models to scale daily evapotranspiration from one-time-of-day measurements. Transactions of the ASAE, 49 (5): 1409-1417.

Costanza R, dArge R, deGroot R, et al. 1997. The value of the world' s ecosystem services and natural capital. Nature, 387 (6630): 253-260.

Courault D, Seguin B, Olioso A. 2005. Review on estimation of evapotranspiration from remote sensing data: from empirical to numerical modeling approaches. Irrigation and Drainage Systems, 19 (3): 223-249.

Crago R, Crowley R. 2005. Complementary relationships for near-instantaneous evaporation. Journal of Hydrology, 300: 199-211.

Crago R D. 1996. Comparison of the evaporative fraction and the Priestley-Taylor α for parameterizing daytime evaporation. Water Resour Res, 32 (5): 1403-1409.

Cramer W, Kicklighter D W, Bondeau A, et al. 1999. Comparing global models of terrestrial net primary productivity (NPP): overview and key results. Global Change Biology, 5 (Suppl. 1): 1-15.

Crow W T, Wood E F. 2003. The assimilation of remotely sensed soil brightness temperature imagery into a land surface model using Ensemble Kalman filtering: a case study based on ESTAR measurements during SGP97. Advances in Water Resourses, 26: 137-149.

Crundwell M E. 1986. A review of hydrophyte evapotranspiration. Rev. Hydrobiol. Trop, 19 (3-4): 215-232.

Daily G C. 1997. Nature's service: Societal dependence on natural ecosystem. Washington D C: Island Press.

de Marsily G. 1986. Quantitative Hydrogeology. London: Academic Press.

de Vries D A. 1963. The Thermal Properties of Soils, in Physics of Plant Environment. Amsterdam: North Holland.

Domingo F, Villagarc A L, Brenner A J, et al. 1999. Evapotranspiration model for semi-arid shrub-lands tested against data from SE Spain. Agr Forest Meteorol, 95 (2): 67-84.

Donohue R J, Roderick M L, McVicar T R. 2007. On the importance of including vegetation dynamics in Budyko's hydrological model. Hydrological Earth System Science, 11: 983-995.

Doorenboos J, Pruitt W O. 1977. Crop Water Requirements. Rome: FAO Irrigation and Drainage Paper.

Doorenbos J, Pruitt W O. 1975. Guidelines for Predicting Crop Water Requirements. Rome: FAO Irrigation and Drainage Paper.

Eagleson P S. 2002. Ecohydrology: Darwinian Expression of Vegetation form and Function. Cambridge: Cambridge University Press.

Edwards W R N, Warwick N W M. 1984. Transpiration from a kiwifruit vine as estimated by the heat pulse technique and the Penman-Monteith equation. New Zeal J Agr Res, 27 (4): 537-543.

Egea G, Verhoef A, Vidale P L. 2011. Towards an improved and more flexible representation of water stress in coupled photosynthesis: stomatal conductance models. Agr Forest Meteorol, 151: 1370-1384.

Eik K, Hanway J J. 1965. Some factors affecting development and longevity of leaves of corn. Agron. J., 57: 7-12.

Evensen G. 1994. Sequential data assimilation with a nonlinear quasi-geostrophic ocean model. Journal of Geophysical Research, 97: 17905-17924.

FAO. 1998. Crop Evapotranspiration: Guidelines for Computing Crop Water Requirements. Rome: FAO Irrigation and Drainage Paper.

Farahani H J, Ahuja L R. 1996. Evapotranspiration modeling of partial canopy/residue-covered fields. Transactions of the American Society of Agricultural Engineers, 39 (6): 2051-2064.

Farahani H J, Bausch W C. 1995. Performance of evapotranspiration models for maize-bare soil to closed canopy. T Asae, 38 (4): 1049-1060.

Farquhar G D, von Caemmerer S V, Berry J A. 1980. A biochemical model of photosynthetic CO_2 assimilation in leaves of C3 species. Planta, 149 (1): 78-90.

Feddes R A, Bresler E, Neuman S P. 1974. Field test of a modified numerical model for water uptake by root systems. Water Resources Research, 10 (6): 1199-1206.

Feddes R A, Kowalik P J, Zaradny H. 1978. Simulation of Field Water Use and Crop Yield. New York Toronto: John Wiley & Sons.

French A N, Jacob F, Anderson M C, et al. 2005. Surface energy fluxes with the advanced spaceborne thermal emission and reflection radiometer (ASTER) at the Iowa 2002 SMACEX site (USA). Remote Sensing of Environment, 99: 55-65.

Friend A D. 1995. PGEN: an integrated model of leaf photosynthesis, transpiration, and conductance. Ecological Modelling, 77 (2-3): 233-255.

Furon A C, Warland J S, Wagner-Riddle C. 2007. Analysis of scaling-up resistances from leaf to canopy using numerical simulations. Agron. J, 99 (6): 1483.

Gassman P W, Reyes M R, Green C H, et al. 2009. The Soil and Water Assessment Tool: Historical Development, Applications, and Future Research Directions. Ames: Center for Agricultural and Rural Development, Iowa State University.

Gentine P, Entekhabi D, Chehbouni A, et al. 2007. Analysis of evaporative fraction diurnal behaviour. Agricultural and Forest Meteorology, 143: 13-29.

Gitelson A A. 2004. Wide dynamic range vegetation index for remote quantification of biophysical characteristics of vegetation. Journal of Plant Physiology, 161 (2): 165-173.

Goudriaan J. 1977. Crop Meteorology: A Simulation Study. Wageningen: Simulation monographs, Pudoc.

Granger R J. 1989. A complementary relationship approach for evaporation from nonsaturated surfaces. Journal of Hydrology, 111: 31-38.

Grundwell M E. 1986. A review of hydrophyte evapotranspiration. Revue d'Hydrobiologie Tropicale, 19 (3-4): 215-232.

Guo X Y, Cheng G D. 2004. Advances in the application of remote sensing to evapotranspiration research. Advances in Earth Science, 19 (1): 107-114.

Hadas A, Feigenbaum S, Feigin A, et al. 1986. Nitrification rates in profile of differently managed soil types. Soil Science Society of America, 50: 633-639.

Hall W A. 1960. Performance parameters of irrigation systems. Transactions of the American Society of Agricultural Engineers/ASAE, 3 (1): 75, 76.

Han S, Hu H, Yang D, et al. 2009. Differences in changes of potential evaporation in the mountainous and oasis regions of the Tarim basin, northwest China. Sci. China Ser E, 52: 1981-1989.

Han S, Hu H, Yang D, et al. 2011. A complementary relationship evaporation model referring to the Granger model and the advection-aridity model. Hydrological Processes, 25 (13): 2094-2101.

Han S, Hu H, Tian F. 2012. A nonlinear function approach for the normalized complementary relationship evaporation model. Hydrological Processes, 26: 3973-3981.

Han S, Tang Q, Xu D, et al. 2014. Irrigation - induced changes in potential evaporation: more attention is needed. Hydrol Process, 28: 2717-2720.

Hansen V E, Israelson O W, Stringham G E. 1980. Irrigation Principles and Practices (4th edition). Chichester, Sussex, UK: John Wiley & Sons.

Hart W E, Skogerboe G V, Peri G. 1979. Irrigation performance: an evaluation. Journal of the Irrigation and Drainage Division, 105 (3): 275-288.

Hatton T J, Catchpole E A, Vertessy R A. 1990. Integration of sapflow velocity to estimate plant water use. Tree Physiol, 6 (2): 201-209.

Herbst M, Kappen L. 1999. The ratio of transpiration versus evaporation in a reed belt as influenced by weather conditions. Aquatic Botany, 63 (2): 113-125.

Hillel D, Monteith J L, Miller R D, et al. 1980. Applications of Soil Physics. New York: Academic Press.

Hoedjes J C B, Chehbouni A, Jacob F. 2008. Deriving daily evapotranspiration from remotely sensed instantaneous evaporative fraction over olive orchard in semi-arid Morocco. Journal of Hydrology, 354: 53-64.

Hollis G E, Thompson J R. 1998. Hydrological data for wetland management. Journal of the Chartered Institution of Water and Environmental Management, 12 (1): 9-17.

Hu Z, Yu G, Fu Y, et al. 2008. Effects of vegetation control on ecosystem water use efficiency within and among four grassland ecosystems in China. Global Change Biology, 14: 1609-1619.

Huber B. 1932. Observation and measurements of sap flow in plant. Berichte der deutscher Botanishcen Gesselfschaf, 50: 89-109.

Hughes R M, Whittier T R, Thiele S A, et al. 1992. Lake and stream indicators for the united states environmental protection agency' s environmental monitoring and assessment program// McKenzie D H, Hyatt D E, McDonald V J. Ecological indicators. New York: Elsevier Applied Science: 305-335.

Hunsaker D J, Pinter P J, Kimball B A. 2005. Wheat basal crop coefficients determined by normalized difference vegetation index. Irrigation Science, 24 (1): 1-14.

Hunt H W. 1977. A simulation model for decomposition in grasslands. Ecology, 58: 469-484.

Ibanez M, Castellvi F. 2000. Simplifying daily evapotranspiration estimates over short full-canopy crops. Agron J, 92 (4): 628-632.

IPCC. 2007. Climate Change 2007: The Physical Scientific Basis. Contribution of Working Group I to the Fourth Assessment Report of the Intergovernmental Panel on Climate Changes. Cambridge, New York: Cambridge University Press.

Irmak S, Mutiibwa D, Irmak A, et al. 2008. On the scaling up leaf stomatal resistance to canopy resistance using photosynthetic photon flux density. Agricultural and Forest Meteorology, 148 (6-7): 1034-1044.

Jackson R D, Reginato R J, Idso S B. 1977. Wheat canopy temperature: a practical tool for evaluating water requirements. Water Resourses Research, 13: 651-656.

Jackson R D, Hatfield J L, Reginato R J, et al. 1983. Estimation of daily ET from one-timeday measurements. Agricultural Water Management, 7: 351-362.

Jarvis P G. 1976. The interpretation of the variations in leaf water potential and stomatal conductance found in canopies in the field. Philosophical Transactions of the Royal Society of London. Series B, Biological Sciences, 273 (927): 593-610.

Jensen M E, Burman R D, Allen R G. 1990. Evapotranspiration and irrigation water requirements. Manuals and Reports on Engineering Practice, No. 70. New York: American Society of Civil Engineers.

Jiang L, Islam S. 1999. A methodology for estimation of surface evapotranspiration over large areas using remote sensing observations. Geophysical Research Letters, 26: 2773-2776.

Jones C A. 1985. C-4 Grasses and Cereals. New York: John Wiley & Sons, Inc.

Kafkafi U, Bar-Yosef B, Hadas A. 1977. Fertilization decision model: a synthesis of soil and plant parameters in a computerized program. Soil Science, 125: 261-268.

Kalma J D, Mcvicar T R, Mccabe M F. 2008. Estimating land surface evaporation: a review of methods using remotely sensed surface temperature data. Surveys in Geophysics, 29 (5): 421-469.

Kang H, Park C, Hameed S N, et al. 2009. Statistical downscaling of precipitation in Korea using multi-model output variables as predictors. Monthly Weather Review, 37: 1928-1938.

Katerji N, Perrier A. 1983. Modelisation de l' evapotranspiration reelle d' une parcelle de luzerne: role d' un coefficient cultural. Agronomie, 3: 513-521.

Katerji N, Rana G. 2006. Modelling evapotranspiration of six irrigated crops under Mediterranean climate conditions. Agr. Forest Meteorol, 138 (1-4): 142-155.

Katerji N, Rana G, Fahed S. 2011. Parameterizing canopy resistance using mechanistic and semi-empirical estimates of hourly evapotranspiration: critical evaluation for irrigated crops in the Mediterranean. Hydrological

Processes, 25: 117-129.

Kato T, Kimura R, Kamichika M. 2004. Estimation of evapotranspiration, transpiration ratio and water-use efficiency from a sparse canopy using a compartment model. Agr Water Manage, 65 (3): 173-191.

Kiendl J. 1953. Zum wasserhaushalt des phragmitetum communis und des glycerietum aquaticae. Ber Dt Bot Ges., 66: 246-263.

Kirda C, Kanber R. 1999. Water, no longer a plentiful resource, should be used sparingly in irrigated agriculture. Crop Yield Response to Deficit Irrigation: 1-20.

Kumagai T, Nagasawa H, Mabuchi T, et al. 2005. Sources of error in estimating stand transpiration using allometric relationships between stem diameter and sapwood area for Cryptomeria japonica and Chamaecyparisobtusa. Forest EcolManag, 206 (1-3): 191-195.

Kustas W P, Norman J M. 1996. Use of remote sensing for evapotranspiration monitoring over land surfaces. Hydrological Science Journal, 41: 495-516.

Laio F, Porporato A, Ridolfi L, et al. 2001. Plants in water-controlled ecosystems: active role in hydrologic processes and response to water stress - Ⅱ. Probabilistic soil moisture dynamics. Advances in Water Resources, 24 (7): 707-723.

LeDrew E F. 1979. A diagnostic examination of a complementary relationship between actual and potential evapotranspiration. Journal of Applied Meteorology, 18: 495-501.

Legates D R, Mccabe Jr G J. 1999. Evaluating the use of "goodness-of-fit": measures in hydrologic and hydroclimatic model validation. Water Resourses Research, 35 (1): 233-241.

Lei H, Yang D, Shen Y, et al. 2011. Evaluation of the Simple Biosphere Model in simulating evapotranspiration and carbon dioxide flux in the wheat-maize rotation croplands of the North China Plain. Hydrological Processes, 25: 3107-3120.

Lei H M, Yang D W. 2010. Interannual and seasonal variability in evapotranspiration and energy partitioning over an irrigated cropland in the North China Plain. Agricultural and Forest Meteorology, 150 (4): 581-589.

Lei H M, Yang D W, Lokupitiya E, et al. 2010. Coupling land surface and crop growth models for predicting evapotranspiration and carbon exchange in wheat-maize rotation croplands. Biogeosciences, 7: 3363-3375.

Leuning R. 1995. A critical appraisal of a combined stomatal-photosynthesis model for C3 plants. Plant Cell Environ., 18: 339-356.

Lhomme J P, Guilioni L. 2006. Comments on some articles about the complementary relationship. Journal of Hydrology, 323: 1-3.

Li S, Kang S, Li F, et al. 2008. Vineyard evaporative fraction based on eddy covariance in an arid desert region of Northwest China. Agricultural Water Management, 95: 937-948.

Li Y. 2002. A spatially referenced model for identifying optimal strategies for managing water and fertilizer nitrogen under intensive cropping in the North China Plain. Melbourne: University of Melbourne.

Li Y, White R, Chen D L, et al. 2007a. A spatially referenced water and nitrogen management model (WNMM) for (irrigated) intensive cropping systems in North China Plain. Ecological Modelling, 203: 395-423.

Li Y, Chen D, White R E, et al. 2007b. Estimating soil hydraulic properties of Fengqiu County soils in the North China Plain using pedo-transfer functions. Geoderma, 138: 261-271.

Liang S. 2000. Narrowband to broadband conversions of land surface albedo I Algorithms. Remote Sensing of Environment, 76: 213-238.

Liu X J, Ju X T, Zhang F S, et al. 2003. Nitrogen dynamics and budgets in a winter wheat- maize cropping system in the North China Plain. Filed Crops Research, 83: 111-124.

Liu Y, Teixeira J L, Zhang H J, et al. 1998. Model validation and crop coefficients for irrigation scheduling in the North China plain. Agr Water Manage, 36 (3): 233-246.

Lovelli S, Perniola M, Arcieri M, et al. 2008. Water use assessment in muskmelon by the Penman- Monteith "one-step" approach. Agr Water Manage, 95 (10): 1153-1160.

Ma Y M, Song M, Ishikawa H, et al. 2007. Estimation of the regional evaporative fraction over the Tibetan Plateau area by using Landsat-7 ETM data and the field observations. Journal of Meteorological Society of Japan, 85A: 295-309.

Magnani F, Leonardi S, Tognetti R, et al. 1998. Modelling the surface conductance of a broad-leaf canopy: effects of partial decoupling from the atmosphere. Plant, Cell and Environment, 21 (8): 867-879.

Malek E, Bingham G E, Mccurdy G D. 1992. Continuous measurement of aerodynamic and alfalfa canopy resistances using the Bowen ratio-energy balance and Penman-Monteith methods. Boundary-Layer Meteorology, 59 (1): 187-194.

Margulis S A, Mclaughlin D, Entekhabi D, et al. 2002. Land data assimilation and estimation of soil moisture using measurements from the Southern Great Plains 1997 field experiment. Water Resourses Research, 38 (12): 1-18.

Maruyama A, Kuwagata T. 2008. Diurnal and seasonal variation in bulk stomatal conductance of the rice canopy and its dependence on developmental stage. Agr Forest Meteorol, 148 (6-7): 1161-1173.

McCabe M F, Wood E F. 2006. Scale influences on the remote estimation of evapotranspiration using multiple satellite sensors. Remote Sensing of Environment, 105 (4): 271-285.

Mclaughlin D. 2002. An integrated approach to hydrologic data assimilation: interpolation, smoothing, and filtering. Advances in Water Resourses, 25: 1275-1286.

McNaughton K G, Spriggs T W. 1989. An evaluation of the Priestley and Taylor equation and the complementary relationship using results from a mixed layer model of the convective boundary layer// Estimation of Areal Evapotranspiration. Wallingford: IAHS Press: 89-101.

Meyer C R, Renschler C S, Vining R C. 2007. Implementing quality control on a random number stream to improve a stochastic weather generator. Hydrological Processes, 22: 1069-1079.

Mielke M S, Oliva M A, de Barros N F, et al. 1999. Stomatal control of transpiration in the canopy of a clonal Eucalyptus grandis plantation. Trees-Struct Funct, 13 (3): 152-160.

Millennium Ecosystem Assessment. 2005. Ecosystems and Human Well-being: Wetlands and Water Synthesis. Washington D C: World Resources Institute.

Mohan S, Arumugam N. 1994. Crop coefficients of major crops in South India. Agr Water Manage, 26 (1): 67-80.

Molden D. 1997. Accounting for Water Use and Productivity. SWMI Paper1. Colombo, Srilanka: International Irrigation Management Institute.

Monsi M, Saeki T. 1953. über den lichtfaktor in den pflanzen-gesellschaften und seine bedeutung für die stoffproduktion. Japanese Journal of Botany, 14: 22-52.

Monteith J L. 1965. Evaporation and environment. Proceedings of the 19th Symposium of the Society for Experimental Biology. Cambridge: Cambridge University Press: 205-234.

Monteith J L. 1977. Climate and the efficiency of crop production in Britain. Phil. Trans. Res. Soc. London Ser.

B. , 281: 277-329.

Monteith J L, Unsworth M H. 1990. Principles of environmental physics. London: Academic Press.

Moradkhani H, Sorooshian S. 2008. General Review of Rainfall-Runoff Modeling: Model Calibration, Data Assimilation, and Uncertainty Analysis // Sorooshian S, et al. Hydrological Modeling and the Water Cycle. Berlin: Springer: 1-24.

Moran M S, Clarke T R, Inoue Y, et al. 1994. Estimating crop water deficit using the relation between surface air temperature and spectural vegetation index. Remote Sensing of Environment, 49: 246-263.

Morton F I. 1983. Operational estimates of areal evapotranspiration and their significance to the science and practice of hydrology. Journal of Hydrology, 66: 1-76.

Müller J, Eschenröder A, Christen O. 2014. LEAFC3-N photosynthesis, stomatal conductance, transpiration and energy balance model: Finite mesophyll conductance, drought stress, stomata ratio, optimized solution algorithms, and code. Ecological Modelling, 290: 134-145.

Neitsch S L, Arnold J G, Kiniry J R, et al. 2009. Soil and Water Assessment Tool: Theoretical Documentation (version 2009) . Texas: Texas Water Resources Institute.

Nichols W D. 1992. Energy budgets and resistances to energy transport in sparsely vegetated rangeland. Agr Forest Meteorol, 60 (3-4): 221-247.

Norman J M, Arkebauer T J. 1991. Predicting canopy light use efficiency from leaf characteristics. Modeling plant and soil system, Agronomy Monograph No. 31. Madison: ASA-CSSA-SSSA.

Norman J M, Kustas W P, Humas K S. 1995. Sources approach for estimating soil and vegetation energy fluxes in observations of directional radiometric surface temperature. Agricultural for Meteorology, 77: 283-293.

Ol' dekop E M. 1911. On evaporation from the surface of river basins. Transactions on meteorological observations, 4: 200.

Ondok J P, Priban K, Kvet J. 1990. Evapotranspiration in littoral vegetation// Jorgensen S E, Loffler H. Lake shore management. Guidelines of lake management, vol 3. Shiga: International Lake Environment Committee and UNEP: 5-11.

Ortega-Farias S, Carrasco M, Olioso A, et al. 2007. Latent heat flux over Cabernet Sauvignon vineyard using the Shuttleworth and Wallace model. Irrigation Sci, 25 (2): 161-170.

Ozdogan M, Salvucci G D. 2004. Irrigation-induced changes in potential evapotranspiration in southeastern Turkey: Test and application of Bouchet's complementary hypothesis. Water Resources Research, 40: W04301.

Park H, Yamazaki T, Yamamoto K, et al. 2008. Tempo-spatial characteristics of energy budget and evapotranspiration in the eastern Siberia. Agr Forest Meteorol, 148 (12): 1990-2005.

Parlange M B, Katul G G. 1992. Estimation of the diurnal variation of potential evaporation from a wet bare soil surface. Journal of Hydrology, 132: 71-89.

Patel N R, Rakhesh D, Mohammed A J. 2006. Mapping of regional evapo- transpiration in wheat using Terra/ MODIS satellite data, Hydrological Sciences Journal-Journal Des Sciences Hydrologiques, 2006, 51 (2): 325-335

Pauliukonis N, Schneider R. 2001. Temporal patterns in evapotranspiration from lysimeters with three common wetland plant species in the eastern United States. Aquatic Botany, 71 (1): 35-46.

Pauwels V, Samson R. 2006. Comparison of different methods to measure and model actual evapotranspiration rates for a wet sloping grassland. Agr Water Manage, 82 (1-2): 1-24.

Peng Y, Jiang G, Liu X, et al. 2007. Photosynthesis, transpiration and water use efficiency of four plant species with grazing intensities in Hunshandak Sandland, China. Journal of Arid Environments, 70 (2): 304-315.

Penman H L. 1948. Natural evaporation from open water, bare soil and grass. Proceedings of the Royal Society of London. Series A 193, Mathematical and Physical Sciences, 193 (1032): 120-145.

Penman H L. 1956. Evaporation: an introductory survey. Netherlands Journal of Agricultural Science, 4 (1): 9-29.

Pereira L S, Alves I, Perrier A, et al. 1999. Evapotranspiration: concepts and future trends. Journal of Irrigation and Drainage Engineering, 125 (2): 45-50.

Perry C J. 1996. The IIMI Water Balance Framework: A Model for Project Level Aanalysis. Research Report S. Colombo, Sri Lanka: International Irrigation Management Institute.

Philip J R. 1966. Plant water relations: some physical aspects. Annual review of plant physiology, 17 (1): 245-268.

Pitman A J. 2003. The evolution of, and revolution in, land surface schemes designed for climate models. International Journal of Climatology, 23: 479-510.

Priestley C H B, Taylor R J. 1972. Assessment of surface heat flux and evaporation using large-scale parameters. Monthly Weather Review, 100: 81-92.

Qualls R J, Gultekin H. 1997. Influence of components of the advection-aridity approach on evapotranspiration estimation. Journal of Hydrology, 199: 3-12.

Ramírez D A, Bellot J, Domingo F, et al. 2007. Stand transpiration of Stipatenacissima grassland by sequential scaling and multi-source evapotranspiration modelling. J Hydrol, 342 (1-2): 124-133.

Rana G, Katerji N. 1996. Evapotranspiration measurement for tall plant canopies: the sweet sorghum case. Theor Appl Climatol, 54 (3): 187-200.

Rana G, Katerji N. 2000. Measurement and estimation of actual evapotranspiration in the field under Mediterranean climate: a review. Eur J Agron, 13 (2-3): 125-153.

Rana G, Katerji N, Mastrorilli M, et al. 1997a. A model for predicting actual evapotranspiration under soil water stress in a Mediterranean region. Theor Appl Climatol, 56 (1): 45-55.

Rana G, Katerji N, Mastrorilli M, et al. 1997b. Validation of a model of actual evapotranspiration for water stressed soybeans. Agricultural and Forest Meteorology, 86: 215-224.

Rana G, Katerji N, Lorenzi F D. 2005. Measurement and modelling of evapotranspiration of irrigated citrus orchard under Mediterranean conditions. Agricultural Forest Meteorology, 128: 199-209.

Richard G, Allen, Pereira L S, et al. 2011. Evapotranspiration information reporting: I. Factors governing measurement accuracy. Agricultural Water Management, 98 (6): 899-920.

Ritchie J T. 1972. Model for predicting evaporation from a row crop with incomplete cover. Water Resources Research, 8 (5): 1204-1213.

Rochette P, Pattey E, Desjardins R L, et al. 1991. Estimation of maize (*Zea mays* L.) Canopy conductance by scaling up leaf stomatal conductance. Agricultural and Forest Meteorology, 54: 241-261.

Roderick M L, Hobbins M T, Farquhar G D. 2009. Pan Evaporation Trends and the Terrestrial Water Balance. I. Principles and Observations. Geography Compass, 3: 746-760.

Rodriguez-iturbe I, Porporato A, Ridolfi L, et al. 1999. Probabilistic modelling of water balance at a point: the role of climate, soil and vegetation. Proceedings of the Royal Society of London Series A-Mathematical Physical and Engineering Sciences, 455: 3789-3805.

Rolim J, Godinho P, Sequeira B, et al. 2006. SIMDualKc, a software tool for water balance simulation based on dual crop coefficient. Computers in Agriculture and Natural Resources: 781-786.

Romero M G. 2004. Daily evapotranspiration estimation by means of evaporative fraction and reference evapotranspiration fraction. Utah: Utah State University.

Rosa R D, Paredes P, Rodrigues G C, et al. 2012. Implementing the dual crop coefficient approach in interactive software. 1. Background and computational strategy. Agr Water Manage, 103: 8-24.

Rudescu L, Niculescu C, Chivu I P. 1965. Monografia Stufului Din Delta Dunarii. Bucurest: Academici Romania.

Šimůnek J, van Genuchten M Th. 1995. Numerical model for simulating multiple solute transport in variably-saturated soils. Proc. "Water Pollution Ⅲ: Modelling, Measurement, and Prediction// Wrobel L C, Latinopoulos P. Water Pollution in Modelling, Measuring, and Prediction. Ashurst, Southampton, UK: Computation Mechanics Publication Ashurst Lodge: 21-30.

Šimůnek J, Hopmans J W. 2009. Modeling compensated root water and nutrient uptake. Ecological Modelling, 220: 505-521.

Šimůnek J, Huang K, van Genuchten M Th. 1998. The HYDRUS Code for Simulation the One-dimensional Movement of Water, Heat, and Multiple Solutes in Variably Saturated Media (Version 6. 0) . U. S. Salinity Laboratory.

Šimůnek J, Šejna M, Saito H, et al. 2008. The HYDRUS-1D Software Package for Simulating the Movement of Water, Heat, and Multiple Solutes in Variably Saturated Media, Version 4. 08, HYDRUS Software Series 3. Department of Environmental Sciences, University of California Riverside, Riverside, California, USA.

Salamon P, Feyen L. 2009. Assessing parameter, precipitation, and predictive uncertainty in a distributed hydrological model using sequential data assimilation with the particle filter. Journal of Hydrology, 376: 428-442.

Sanchez-Carrillo S, Alvarez-Cobelas M, Benitez M, et al. 2001. A simple method for estimating water loss by transpiration in wetlands. Hydrological Sciences, 46 (4): 537-552.

Sarmah A K, Close M E, Pang L, et al. 2005. Field study of pesticide leaching in a Himatangi sand (Manawatu) and Kiripaka bouldery clay loam (Northland) . 2. Simulation using LEACHM, HYDRUS-1D, GLEAMS, and SPASMO models. Soil Research, 43 (4): 471-489.

Schreiber P. 1904. Ober die BeziehungenzwischendemNiederschlag und der Wasserftihrung der Flube in Mitteleuropa. Z. Meteorol. , 21 (10): 441-452.

Scott R L, Hamerlynck E P, Jenerette G D, et al. 2010. Carbon dioxide exchange in a semidesert grassland through drought-induced vegetation change. Journal of Geophysical Research, 115, G03026, doi: 10. 1029/2010JG001348.

Scrase F J. 1930. Some characteristics of eddy motion in the atmosphere Geophysical Memoirs, PP56. London: Meteorological Office.

Seckler D, Molden D, Sakthivadivel R. 2003. The concept of efficiency in water resources management and policy. Water Productivity in Agriculture: Limits and Opportunities for Improvement, Comprehensive Assessment of Water Management in Agriculture, (1): 37-51.

Seguin B, Itier B. 1983. Using midday surface temperature to estimate daily evaporation from satellite thermal IR data. International Journal Remote Sensing, 4: 371-383.

Sellers P J, Los S O, Tucker C J, et al. 1996a. A revised land surface parameterization (SiB2) for atmospheric GCMs. Part Ⅱ: the generation of global fields of terrestrial biophysical parameters from satellite data. Journal of

Climate, 9: 706-737.

Sellers P J, Randall D A, Collatz G J, et al. 1996b. A revised land surface parameterization (SiB2) for atmospheric GCMs. Part I: model formulation. Journal of Climate, 9: 676-705.

Sene K J. 1994. Parameterisations for energy transfers from a sparse vine crop. Agr Forest Meteorol, 71 (1-2): 1-18.

Seo D J, Lee C, Corby R, et al. 2009. Automatic state updating for operational streamflow forecasting via viriational data assimilation. Journal of Hydrology, 367: 255-275.

Shnitnikov A V. 1974. Current methods for the study of evaporation from water surfaces and evapotranspiration. Hydrological Sciences Journal, 19 (1): 85-97.

Shuttleworth W J. 1993. Evaporation, in Handbook of Hydrology. New York: McGraw-Hill.

Shuttleworth W J, Wallace J C. 1985. Evaporation from sparse crops: an energy combination theory. Quarterly Journal of the Royal Meteorological Society, 111: 839-855.

Shuttleworth W J, Gurney R J, Hsu A Y, et al. 1989. FIFE: The variation in energy partition at surface flux sites. IAHS Publication, 186: 67-74.

Smid P. 1975. Evaporation from a reedswamp . Journal of Ecology, 63 (1): 299-309.

Spitters C. 1986. Separating the diffuse and direct component of global radiation and its implications for modeling canopy photosynthesis Part Ⅱ. Calculation of canopy photosynthesis. Agr Forest Meteorol, 38 (1-3): 231-242.

Stanford G, Smith S J. 1972. Nitrogen mineralization potential of soil. Soil Science Society of America, 36: 465-472.

Stannard D I. 1993. Comparison of Penman-Monteith, Shuttleworth-Wallacc and modificd Priestley-Taylor evapotranspiration models for wildland vegetation in semiarid rangeland. Water Resour Res, 29 (5): 1379-1392.

Steduto P, Hsiao T, Fereres E. 2007. On the conservative behavior of biomass water productivity. Irrigation Science, 25: 189-207.

Stella P, Lamaud E, Brunet Y, et al. 2009. Simultaneous measurements of CO_2 and water exchanges over three agroecosystems in South-West France. Biogeosciences, 6: 2957-2971.

Su Z. 2002. The Surface Energy Balance System (SEBS) for estimation of turbulent heat fluxes. Hydrology and Earth System Sciences, 6 (1): 85-99.

Sugita M, Brutsaert W. 1991. Daily evaporation over a region from lower boundary layer profiles measured with radiosondes. Water Resources Research, 27 (5): 747-752.

Sun R, Gao X, Liu C M, et al. 2004. Evapotranspiration estimation in the Yellow River Basin, China using integrated NDVI data. International Journal of Remote Sensing, 25 (13): 2523-2534.

Suyker A E, Verma S B. 2010. Coupling of carbon dioxide and water vapor exchanges of irrigated and rainfed maize-soybean cropping systems and water productivity. Agricultural and Forest Meteorology, 150: 553-563.

Swinbank W C. 1951. The measurement of vertical transfer of heat and water vapor by eddies in the lower atmosphere. American Meteorological Society, 8 (3): 135-145.

Szilagyi J. 2007. On the inherent asymmetric nature of the complementary relationship of evaporation. Geophysical Research Letters, 34: L02405.

Tanaka N, Kume T, Yoshifuji N, et al. 2008. A review of evapotranspiration estimates from tropical forests in Thailand and adjacent regions. Agricultural and Forest Meteorology, 148 (5): 807-819.

Tang Q H, Rosenberg E A, Lettenmaier D P. 2009. Use of satellite data to assess the impacts of irrigation withdrawals on Upper Klamath Lake, Oregon. Hydrology and Earth System Sciences, 13 (5): 617-627.

Tang R, Li Z, Jia Y, et al. 2011. An intercomparison of three remote sensing-based energy balance models using Large Aperture Scintillometer measurements over a wheat – corn production region. Remote Sens Environ, 115 (12):3187-3202.

Tang R L, Li Z, Tang B. 2010. An application of the Ts-VI triangle method with enhanced edges determination for evapotranspiration estimation from MODIS data in arid and semi-arid regions: Implementation and validation. Remote Sensing of Environment, 114 (3): 540-551.

Tanji K K, Mehran M, Gupta S K. 1981. Water and nitrogen fluxes in the root zone of irrigated maize//Frissed M J, van Veen J A. Simulation of nitrogen behavior of soil-plant systems. the Netherlands: Wageningen.

Tasumi M, Trezza R, Allen R G, et al. 2003. Validation tests on the SEBAL model for evapotranspiration via satellite. Proceedings of 54th IEC meeting of the international commission on irrigation and drainage (ICID) Workshop remote sensing of ET for large regions, Montpellier, France.

Teixeira A H, Bastiaanssen W, Bassoi L H. 2007. Crop water parameters of irrigated wine and table grapes to support water productivity analysis in the Sao Francisco river basin, Brazil. Agricultural Water Management, 94 (1-3):31-42.

Thornthwaite C W. 1948. An approach toward a rational classification of climate. American Geographical Society, 38 (1): 55-94.

Thornthwaite C W, Holzman B. 1939. The determination of evaporation from land and water surfaces. American Meteorological Society, 67 (1): 4-11.

Timmermans W J, Kustas W P, Anderson M C, et al. 2007. Anintercomparison of the Surface Energy Balance Algorithm for Land (SEBAL) and the Two-Source Energy Balance (TSEB) modelingschemes. Remote Sensing of Environment, 108: 369-384.

Todorovic M. 1999. Single-layer evapotranspiration model with variable canopy resistance. Journal of Irrigation and Drainage Engineering, 125 (5): 235-245.

Tollenaar M, Daynard T B, Hunter R B. 1979. Effect of temperature on rate of leaf appearance and flowering date of maize. Crop Sci., 19: 363-366.

Tong X J, Li J, Yu Q, et al. 2009. Ecosystem water use efficiency in an irrigated cropland in the North China Plain. Journal of Hydrology, 374: 329-337.

Tourula T, Heikinheimo M. 1998. Modelling evapotranspiration from a barley field over the growing season. Agr Forest Meteorol, 91 (3-4): 237-250.

Trambouze W, Bertuzzi P, Voltz M. 1998. Comparison of methods for estimating actual evapotranspiration in a row-cropped vineyard. Agricultural and Forest Meteorology, 91 (3-4): 193-208.

Trezza R. 2002. Evapotranspiration using a satellite-based surface energy balance with standardized ground control. Logan, Utah: Utah State University.

Tuschl P. 1970. Die transpiration von *phragmites communis trin.* Im geschlossenen bestand des neusiedler sees. Wissenschaftliche Arbeiten aus dem Burgenland, 44: 126-186.

Tyagi N K, Sharma D K, Luthra S K. 2000. Evapotranspiration and crop coefficients of wheat and sorghum climate in India. Journal of Irrigation and Drainage Engineering, 126 (4): 215-222.

Tyree M T, Zimmermann M H. 1983. Xylem structure and the ascent of sap. New York, Tokyo: Spinger-verlag Berlin, Heideberg.

van Genuchten M Th. 1980. A closed-form equation for predicting the hydraulic conductivity of unsaturated Soils.

Soil Science Society of America Journal, 44: 892-898.

van Genuchten M Th, Hoffman G J. 1984. Analysis of Crop Salt Tolerance Data, in Soil salinity under Irrigation: Processes and Management, I. Berlin: Springer-Verlag.

Venturini V, Bisht G, Islam S, et al. 2004. Comparison of evaporative fractions estimated from AVHRR and MODIS sensors over South Florida. Remote Sensing of Environment, 93: 77-86.

Verhoeven J T A, Meuleman A F M. 1999. Wetlands for wastewater treatment: opportunities and limitations. Ecological Engineering, 12 (1-2): 5-12.

Wallace J S. 1995. Calculating evaporation: resistance to factors. Agricultural and Forest Meteorology, 73: 353-366.

Wang F L, Bear J, Shaviv A. 1998. An N-dynamics model for predicting N-behavior subject to environmentally friendly fertilization practices: Ⅱ-Numerical Model and Model Validation. Transport in Porous Media, 33: 309-324.

Wang J, Huang G H, Zhan H B, et al. 2014. Evaluation of soil water dynamics and crop yield under furrow irrigation with a two-dimensional flow and crop growth coupled model. Agricultural Water Management, 141: 10-22.

Wang Y P, Leuning R. 1998. A two-leaf model for canopy conductance, photosynthesis and partitioning of available energy I: Model description and comparison with a multi-layered model. Agr Forest Meteorol, 91 (1-2):89-111.

Watts W R. 1972. Leaf extension in Zea mays. Ⅱ. Leaf extension in response to independent variation of the temperature of the apical meristem, of the air around the leaves, and of the root zone. J. Exp. Bot., 23: 713-721.

Whitehead D. 1998. Regulation of stomatal conductance and transpiration in forest canopies. Tree Physiol, 18 (8-9):633.

Whitehead D, Okali D U U, Fasehun F E. 1981. Stomatal response to environmental variables in two tropical forest species during the dry season in Nigeria. Journal of Applied Ecology, 18 (2): 571-587.

Willardson L S. 1985. Basin-wide impacts of irrigation efficiency. Journal of Irrigation and Drainage Engineering, 111 (3): 241-246.

Williams J R. 1995. The EPIC Model, in Computer Models of Watershed Hydrology. Water Resources Publications: Highlands Ranch.

Wilson K, Goldstein A, Falge E, et al. 2002. Energy balance closure at FLUXNET sites. Agr Forest Meteorol, 113 (1-4): 223-243.

Wright I R, Manzi A O, Da Rocha H R. 1995. Surface conductance of Amazonian pasture: model application and calibration for canopy climate. Agricultural and Forest Meteorology, 75: 51-70.

Wright J L. 1981. Crop coefficients for estimates of daily crop evapotranspiration. Proc Irrig Scheduling Conf, Chicago, IL: 18-26.

Xiong J, Wu B, Yan N, et al. 2010. Estimation and validation of land surface evaporation using remote sensing and meteorological data in North China. Selected Topics in Applied Earth Observations and Remote Sensing, IEEE Journal of, 3 (3): 337-344.

Xu C Y, Gong L B, Tong J, et al. 2006. Analysis of spatial distribution and temporal trend of reference evapotranspiration and pan evaporation in Changjiang (Yangtze River) catchment. Journal of Hydrology, 327 (1-2): 81-93.

Xu X, Huang G H, Sun C, et al. 2013. Assessing the effects of water depth on water use, soil salinity and wheat yield: searching for a target depth for irrigated areas in the upper Yellow River basin. Agricultural Water Management, 125: 46-60.

Yang D, Tamagawa K. 2005. Hydrological improvement of the land surface process scheme using the CEOP observation data. Tokyo: CEOP/IGWCO Joint Meeting. .

Yang D, Sun F, Liu Z, et al. 2007. Analyzing spatial and temporal variability of annual water-energy balance in non-humid regions of China using the Budyko hypothesis. Water Resourses Research, 43: W04426.

Yang H, Yang D, Lei Z D, et al. 2008. New analytical derivation of the mean annual water-energy balance equation. Water Resources Research, 44: W04426.

Ye Z P. 2007. A new model for relationship between irradiance and the rate of photosynthesis in oryza sativa. Photosynthetica, 45: 637-640.

Yoshifuji N, Kumagai T, Tanaka K, et al. 2006. Inter-annual variation in growing season length of a tropical seasonal forest in northern Thailand. Forest Ecology and Management, 229 (1-3): 333-339.

Yu G, Zhuang J, Yu Z. 2001. An attempt to establish a synthetic model of photosynthesis-transpiration based on stomatal behavior for maize and soybean plants grown in field. J Plant Physiol, 158 (7): 861-874.

Yu G, Song X, Wang Q, et al. 2008. Water-use efficiency of forest ecosystems in eastern China and its relations to climatic variables. New Phytologist, 177: 927-937.

Yu G R, Nakayama K, Lu H Q. 1996. Modeling stomatal conductance in maize [zea mays] leaves with environmental variables. J Agr. Meteor. , 52: 321-330.

Yu G R, Nakayama K, Matsuoka N, et al. 1998. A combination model for estimating stomatal conductance of maize (*Zea mays* L.) Leaves over a long term. Agr Forest Meteorol, 92: 9-28.

Yue G, Zhao H, Zhang T, et al. 2008. Evaluation of water use of Caraganamicrophylla with the stem heat-balance method in Horqin Sandy Land, Inner Mongolia, China. Agr Forest Meteorol, 148 (11): 1668-1678.

Yue S, Pilon P, Phinney B, et al. 2002. The influence of autocorrelation on the ability to detect trend in hydrological series. Hydrological Processes, 16: 1807-1829.

Zhang B, Kang S, Li F, et al. 2008. Comparison of three evapotranspiration models to Bowen ratio-energy balance method for a vineyard in an arid desert region of northwest China. Agr Forest Meteorol, 148 (10): 1629-1640.

Zhang B, Kang S, Zhang L, et al. 2009. An evapotranspiration model for sparsely vegetated canopies under partial root-zone irrigation. Agr Forest Meteorol, 149 (11): 2007-2011.

Zhang K, Kimball J S, Nemani R R, et al. 2010. A continuous satellite-derived global record of land surface evapotranspiration from 1983 to 2006. Water Resources Research, 46 (9): W09522.

Zhang L, Lemeur R. 1995. Evaluation of daily evapotranspiration estimates from instantaneous measurements. Agricultural and Forest Meteorology, 74 (1-2): 139-154.

Zhang L, Dawes W R, Walker G R. 2001. Response of mean annual evapotranspiration to vegetation changes at catchment scale. Water Resources Research, 37 (3): 701-708.

Zhang X, Zhang L, Mcvicar TR, et al. 2007. Modelling the impact of afforestation on average annual streamflow in the Loess Plateau, China. Hydrological Processes, 22 (12): 1996-2004.

Zhao F H, Yu G R, Li S G, et al. 2007. Canopy water use efficiency of winter wheat in the North China Plain. Agricultural Water Management, 93: 99-108.